国外计算机科学教材系列

交互式计算机图形学
——基于 WebGL 2.0 的自顶向下方法
（第八版）

Interactive Computer Graphics
Eighth Edition

[美] Edward Angel 著
Dave Shreiner

张荣华 赵 阳 张铭泉 徐伟峰 译

电子工业出版社
Publishing House of Electronics Industry
北京 · BEIJING

内 容 简 介

本书采用自顶向下方法并辅以面向编程的方式，基于现代可编程 GPU 的 WebGL 2.0 着色器编程，综合利用 HTML5、JavaScript 和 GLSL（OpenGL ES 3.0），开发可以在各种浏览器中运行的三维图形应用程序，同时系统地介绍了现代计算机图形学的核心概念、原理和方法。本书是作者多年教学与科研的结晶，涵盖了交互式图形编程、可编程 GPU 绘制流水线、变换与观察、光照与着色、曲线与曲面建模等计算机图形学的基本内容，以及离散技术、层级建模、过程建模、光线跟踪、并行绘制、体绘制和虚拟现实等高级内容。为了方便读者进一步深入学习和研究计算机图形学，本书在每章末尾提供了相关的建议阅读资料。

本书既可作为具有一定编程基础的计算机及相关专业高年级本科生或研究生的计算机图形学教材，也可作为相关技术人员的参考书。

版权贸易合同登记号　图字：01-2020-3689

图书在版编目（CIP）数据

交互式计算机图形学：基于 WebGL 2.0 的自顶向下方法：第八版 ／（美）爱德华·安杰尔（Edward Angel），（美）戴夫·斯赖纳（Dave Shreiner）著；张荣华等译. — 北京：电子工业出版社，2024.1
（国外计算机科学教材系列）
书名原文：Interactive Computer Graphics, Eighth Edition
ISBN 978-7-121-47118-6

I. ①交⋯　II. ①爱⋯　②戴⋯　③张⋯　III. ①计算机图形学—高等学校—教材　IV. ①TP391.41

中国国家版本馆 CIP 数据核字（2024）第 020913 号

责任编辑：冯小贝　　　文字编辑：徐　萍
印　　刷：三河市鑫金马印装有限公司
装　　订：三河市鑫金马印装有限公司
出版发行：电子工业出版社
　　　　　北京市海淀区万寿路 173 信箱　　　邮编：100036
开　　本：787×1092　1/16　印张：34.75　　字数：1051 千字
版　　次：2009 年 7 月第 1 版（原著第 5 版）
　　　　　2024 年 1 月第 4 版（原著第 8 版）
印　　次：2024 年 1 月第 1 次印刷
定　　价：149.00 元

凡所购买电子工业出版社图书有缺损问题，请向购买书店调换。若书店售缺，请与本社发行部联系，联系及邮购电话：(010) 88254888，88258888。
质量投诉请发邮件至 zlts@phei.com.cn，盗版侵权举报请发邮件至 dbqq@phei.com.cn。
本书咨询联系方式：fengxiaobei@phei.com.cn。

译 者 序

计算机图形学(computer graphics)产生于 20 世纪 60 年代，是研究图形的计算机生成、处理和显示的一门学科。目前，计算机图形学已经渗透到工业生产和社会活动的各个领域，从飞机、汽车的计算机辅助设计到近几年持续升温的数字孪生、元宇宙，从视频游戏到数字电影，从天气预报到地质勘探，无一不应用计算机图形生成技术。因此，以图形人机接口和可视化技术为代表的计算机图形学已成为计算机学科中最活跃的分支之一。

当回顾计算机图形学的发展历史时，我们发现人们希望创建更具真实感图形的愿望总是超过了计算机硬件的发展。虽然在现有的商用图形硬件上能够每秒绘制数以亿计的三角形，但是像飞行模拟、虚拟现实和计算机游戏等应用可能需要超过每秒数十亿个三角形的绘制速度。而且，当绘制速度提高以后，存储的数据也急剧增加，单个数据集包含的三角形可能超过十亿个。在过去十几年，GPU 得到了迅速发展，目前它已经与 CPU 同样复杂，甚至比 CPU 要复杂得多。GPU 不仅具有用于图形处理的专用模块，而且还具有高度的并行性。目前，GPU 内部包含的处理单元已超过 1000 个，其中的每一个处理单元都是用户可编程的，现代 GPU 的功能如此之强大，以至于可以把它作为小型超级计算机用于通用计算[即通用图形处理器(General-Purpose Computing on Graphics Processing Units，GPGPU)]。此外，图形处理器也增加了许多新的特性，图形硬件的进步势必导致图形应用程序开发的重大变化，三维图形程序也经历了从运行速度的提高到拥有高质量图形表现力的转变，图形绘制系统性能的增长速度远远超过了摩尔定律的定义，并且 GPU 的可编程性也在不断增强。

对于现代的 OpenGL 应用程序，新的可编程结构通过着色器控制绘制流水线特定的阶段，比如顶点着色器、细分曲面着色器、几何着色器和片元着色器。GPU 的最新进展为应用程序编程人员提供了许多基于可编程着色器的新的可能性和灵活性。例如，片元着色器的可编程性使得许多新的实时纹理处理技术成为可能；GPU 内置了大量的内存，从而消除了离散方法的主要瓶颈之一，即在处理器内存与 GPU 之间需要频繁地传送图像数据；通过为片元处理提供高度并行的机制，新设计的 GPU 结构能够快速地处理离散数据；现代 GPU 使用浮点类型的帧缓存，从而消除了许多困扰图像数据处理技术的精度问题；等等。本书采用的所有方法都是基于这种新的可编程绘制流水线结构的。目前，桌面版 OpenGL 的最新版本为 OpenGL 4.6。OpenGL 2.0 的出现是 OpenGL 的重大进步，因为它引入了 OpenGL 着色语言，允许应用程序编程人员编写自己的着色器程序，从而充分利用GPU的强大能力。随着移动终端和因特网的广泛应用，OpenGL 的变体 —— OpenGL ES（"ES"是嵌入式系统的缩写）和 WebGL 陆续衍生出来。例如，OpenGL ES 2.0 基于 OpenGL 2.0，而 OpenGL ES 3.0 基于 OpenGL 4.x，它们在嵌入式设备(如智能手机、平板电脑和游戏机等)的应用中都获得了良好的图形表现。但是，桌面版 OpenGL 和简化版的 OpenGL ES 都被设计成在本地运行，不能充分利用现代 Web 浏览器的优势。2011 年，Khronos Group 发布的第一个 WebGL 版本（WebGL 1.0）源自 OpenGL ES 2.0。WebGL 1.0 是运行在当前大多数 Web 浏览器上的 OpenGL ES 2.0 的 JavaScript 接口，可以为 HTML5 canvas 元素提供硬件 3D 加速绘制，因此可以借助本地的图形硬件在几乎所有最新的浏览器上流畅地展示 3D 场景和模型，而不需要额外的专用插件或库。随着 GPU 和 JavaScript 引擎的速度与复杂性的日益增加，用户希望更多的图形应用程序都可以使用 WebGL 开发或者移植到 WebGL 中。例如，three.js 已成为 Web 应用程序(尤其是 CAD 社区)的标准场景图，它建立在WebGL之上，并利用了许多强大的JavaScript库。最新版本的WebGL 2.0是OpenGL ES 3.0的JavaScript实现。

目前，国外许多大学都已经将基于可编程GPU的高级着色语言融入计算机图形学的教学与实践中，如美国MIT、哈佛大学、普度大学、布朗大学、新墨西哥大学等。因此，随着目前可编程GPU和图形绘制API的快速发展，为了切实提高计算机图形学课程的教学质量与教学水平，更好地与国际最新计算机图形学教育及科研实践接轨，逐渐在我国高校的计算机图形学课程与实验中引入基于可编程GPU绘制流水线及面向着色器编程的最新教学内容已是当务之急。译者多年从事计算机图形学的教学与研究，深知选择这样一本"基础性与先进性、理论性与应用性、科学性与通俗性"相结合且能满足目前计算机图形学新型教学模式的与时俱进的教材的重要性。目前，国内鲜有这种基于新型教学模式且反映最新教学内容的计算机图形学书籍，本书第八版基于最新版本的WebGL 2.0，反映了计算机图形学在图形硬件设备和图形绘制标准等方面的最新发展现状。相比之前的版本，第八版基于可编程GPU的WebGL 2.0着色器编程来介绍计算机图形学的相关原理、方法和技术，书中编写的三维图形示例代码更加清晰，能运行于最新的Web浏览器且不需要任何额外的插件或库。本书第八版能很好地满足计算机图形学新型教学模式和最新教学内容的需求。在开发图形应用程序方面，OpenGL已经成为一个被广泛接受的标准，而WebGL则是OpenGL的版本之一。与桌面版OpenGL相比，WebGL 2.0被当前大多数浏览器所支持，不仅易于学习，而且具备桌面版OpenGL和其他流行的图形系统的大多数特征，更适合作为计算机图形学的入门工具。正如作者所述，本书在使用OpenGL/WebGL和自顶向下方法上多多少少是一场革命，大多数计算机图形学入门课程以及几乎所有与之竞争的教材都采用了本书的方法。因此，本书是培养学生基于现代GPU的可编程计算思维的一本非常难得的优秀教材。

本书的主要特色如下。

内容丰富且不乏系统性，基础性内容和拓展性主题相结合。本书涉及了现代计算机图形学课程几乎所有的主要内容，涵盖了交互式图形编程、三维可编程绘制流水线、变换与观察、光照与明暗绘制、曲线与曲面建模等基本的计算机图形学内容，以及离散技术、层级建模、过程建模、光线跟踪、并行绘制、体绘制和基于图像的绘制等高级内容。

内容编排和组织独具特色，综合了知识性和实用性。本书采用了"自顶向下"和面向着色器编程的方法，使学生既能使用WebGL 2.0和JavaScript快速编写自己的交互式三维Web图形应用程序，又能系统地掌握计算机图形学的基本原理、方法和技术。

本书作者结合自己在计算机图形学领域多年的教学和科研成果，为本书提供了大量的经典示例程序、丰富而精美的插图和习题，并在每章后面提供了拓展性的建议阅读资料，为进一步加深读者对有关内容的理解提供了有力支持。

本书既不乏经典理论，又侧重近几年计算机图形学发展的最新成果。本书第八版中新增的某些技术是最近的文献中出现的新技术。为了及时反映计算机图形学的发展现状，本书对第七版中的某些章节进行了调整和更新，并增删了相关内容（参见本书前言）。

所有的应用程序都采用WebGL 2.0技术标准，并且包含三种语言：HTML5、JavaScript和OpenGL着色语言（GLSL，这里特指OpenGL ES着色语言，它基于OpenGL ES 3.0）。书中更新了所有代码以使用WebGL 2.0，新版GLSL使得编写的着色器代码更加清晰。

本书原版是国外诸多大学采用的一本经典的计算机图形学教材，译者甚感荣幸再次承接了本书最新版本的翻译工作。为了确保译文的质量，译者花费了大量时间对译文进行了认真的校对，对于原文中显而易见的错误，译文中直接进行了更正；而对于原文中可能有误的地方，译文中均以"译者注"的形式做了标注，以供读者参照。

本书的翻译得到了很多人的帮助与支持，在此衷心感谢为本书的翻译付出努力的每一个人！也一并感谢参与之前版本翻译的每一位译者！参与本书第八版翻译的人员有：张荣华、赵阳（广东能源集团科学技术研究院有限公司）、张铭泉、徐伟峰。

　　译者在翻译过程中虽然力求准确地反映原书内容，但由于自身的知识局限性，译文中难免有不妥之处，谨向本书作者和读者表示歉意，并敬请读者批评指正。

华北电力大学计算机系

张荣华

前　言①

本书是计算机图形学的入门教材，重点介绍应用程序的编写。本书于 1997 年首次出版，第一版使用了 OpenGL 和自顶向下方法，这多多少少算是一场"革命"。在接下来的 22 年中，本书一共发行了八个版本。到目前为止，大多数计算机图形学的入门课程以及各种与本书类似的教材都采用了本书的方法。

自顶向下方法

图形学的新进展以及本书前七个版本的成功，一直驱使着我们坚持采用自顶向下、面向编程的方法来介绍计算机图形学。虽然许多计算机科学与工程系现在开设了多门计算机图形学课程，但是大多数学生只选修一门。通常在学生学习了编程、数据结构、算法、软件工程和基础数学之后，再给他们安排这样一门图形学课程。因此，教师应以内容充实并且有趣的方式按上述已学内容来组织计算机图形学课程。我们希望这些学生在学习这门课程时尽可能早地编写出三维图形应用程序。底层的算法，例如绘制线段或者填充多边形，可以在学生编写了三维图形应用程序之后再考虑。

当被问到"为什么讲授编程"这个问题时，计算机教育的先驱 John Kemeny 曾经把自顶向下、面向编程的方法与我们熟悉的汽车进行类比：你没有必要知道汽车发动机罩下面是什么，但是如果知道汽车的驾驶方法，就能够驾驶汽车而不是坐在汽车后座上。同样的类比适用于讲授计算机图形学的方法。第一种方法（算法的方法）是把汽车工作原理的方方面面都交代清楚，例如发动机、变速器、燃烧过程等。第二种方法（概览的方法）是雇一名司机，自己则坐在后座上。第三种方法（本书采用的编程方法）是教会你如何驾驶汽车并到达你的目的地。正如一句过时的广告词所说："让我们把你放在驾驶员的位子上。"

本书第六版和第七版反映了由于图形硬件的进步而导致的图形应用程序开发的重大变化。特别是第六版完全基于着色器，使读者能够创建可以充分利用现代 GPU 性能的应用程序。我们注意到，这些改变也包含在 OpenGL ES 2.0 中，后者用于开发嵌入式系统和手持设备（例如手机和平板电脑）以及使用 JavaScript 语言实现的 WebGL 应用程序。当初，通过 HTML5 支持 WebGL 的 Web 浏览器出现的时候，我们并没有预料到大家会对 WebGL 产生如此大的兴趣。从第七版开始，我们从桌面版 OpenGL 切换到了 WebGL。

正如我们在第七版中指出的那样，WebGL 应用程序无处不在，包括运行在一些最新的智能手机上。虽然 WebGL 缺少最新桌面版 OpenGL 的某些高级功能，但是其与 HTML5 的整合，开辟了大量新的应用领域。另外一个好处是，我们发现它比桌面版 OpenGL 更适合讲授计算机图形学。我们在第七版中实现了这个愿望。无论是教学还是开发可在所有平台上运行的实际应用程序，WebGL 已被证明是一种出色的应用程序编程接口（API）。

第七版具有如下特征：

- 所有的示例和程序均使用 WebGL 1.0。
- 所有的代码均使用 JavaScript 编写。
- 所有的代码均可以在最新的 Web 浏览器中运行。
- 增加了一章关于交互的内容。

---

① 中文翻译版的一些字体、正斜体、图示、参考文献等沿用了英文原版的写作风格。——编者注

- 增加了关于绘制到纹理的内容。
- 增加了关于显示网格的内容。
- 包含了一个高效的矩阵-向量工具包。
- 增加了基于 agent 的建模的介绍。

第八版在成功使用 WebGL 的基础上，包含如下变动：

- 将所有示例和程序更新为 WebGL 2.0。
- 增加了许多新的示例。
- 绘制到纹理的内容扩展成单独的一章，其中包括新的主题，如阴影贴图和投影纹理。
- 增加了三维纹理映射的内容。
- 更新了关于建模的章节，其中包括对 three.js（一种流行的高级 JavaScript 场景图 API）的介绍。
- 增加了使用点精灵进行模拟的内容。
- 扩展并更新了有关绘制的内容。
- 加强了对硬件实现和 GPU 体系结构的讨论。

使用 WebGL 和 JavaScript 编程

当本书的第一作者 Edward Angel 在 30 多年前开始讲授计算机图形学的时候，以面向编程的方式讲授这门课程并编写相应教材的最大障碍是，缺乏一个被广泛接受的图形库或者 API。当时遇到的困难包括：高成本、可用性受限、缺乏通用性以及高度复杂性。OpenGL 的开发解决了我们在使用其他 API 以及使用自己编写的软件作为替代方案时所遇到的大多数困难。如今的 OpenGL 在所有的平台上都得到了支持，并被普遍认为是跨平台的标准。WebGL 建立在 OpenGL 被广泛接受（实际上它们是相同的 API）的基础上，但是使用 Web 技术提供了更易于访问的开发平台。

一门计算机图形学课程不能仅讲授如何使用一种特定的 API，而一种好的 API 应使讲授图形学中的一些关键内容变得更加易于理解，这些内容包括三维变换、光照和着色、客户/服务器图形系统、建模以及实现算法。我们相信，OpenGL 的扩展功能以及良好定义的结构，可以为讲授图形学理论和实践这两方面都提供更好的基础，而且 OpenGL 同样也可以为讲授包括纹理映射、合成以及可编程着色器在内的一些高级概念提供更好的基础。

20 多年前，Edward Angel 就开始在授课时使用 OpenGL，结果令他欣喜若狂。到了学期中间，每个学生都能够编写一个中等复杂程度的三维图形应用程序，而编写这样的程序需要理解三维观察和事件驱动的输入。在以往的计算机图形学教学中，Edward Angel 从未获得如此好的教学效果，那次课程孕育出本书的第一版。

本书是关于计算机图形学的教材，而不是 OpenGL 或者 WebGL 使用手册。因此，它并不涵盖 WebGL API 的所有方面，而仅说明了掌握本书内容所必需的那部分。本书在介绍 WebGL 时的定位是允许使用其他 API 的用户可以毫无困难地阅读本书。

与早期版本不同，这一版使用 WebGL 和 JavaScript 来编写所有的示例。WebGL 2.0 是 OpenGL ES 3.0 的 JavaScript 实现，可在最新的浏览器中运行。由于 HTML5 的支持，WebGL 不但提供了和其他应用程序的兼容性，而且不依赖于特定的平台。WebGL 在浏览器中运行，并且可以充分利用本地图形硬件。虽然 JavaScript 不是我们讲授编程课程时常用的语言，但它是一种 Web 语言。在过去的几年中，JavaScript 变得越来越强大。经验告诉我们，那些熟悉 Java、Python、C 或者 C++ 语言的学生在使用 JavaScript 编程时几乎没有遇到困难。为了使本书能够继续支持具有不同背景的广泛读者，我们保留了仅需 ES5 的 JavaScript 基本内容。对 JavaScript 有更多经验的学生可以毫不费力地更新我们的示例和库，从而利用 ES6 中包含的强大的 JavaScript 新特性[①]。

包括 WebGL 在内的所有现代 OpenGL 版本都要求每个应用程序提供两个着色器，这两个着色器用 OpenGL 着色语言（OpenGL Shading Language，GLSL）编写。GLSL 类似于 C 语言，但增加了向量和矩阵作为基本类型，并含有一些 C++语言特性（例如运算符重载）。我们提供了一个 JavaScript 库 MV.js，不仅支持我们使用的图形函数表示，还支持 GLSL 中的类型和操作。这个库包含许多函数，这些函数执行的操作等效于 OpenGL 早期固定功能版本中不推荐使用的那些函数。

适用的读者

本书适用于计算机科学与工程专业的高年级本科生和一年级研究生，以及具有良好编程能力的其他专业的学生。本书对于许多专业人员也具有参考价值。我们已经成功地为专业人员讲授了 100 多次短期课程（包括在 SIGGRAPH 年会上介绍的许多课程，另外 YouTube 上的 SIGGRAPH University 频道也提供了其中的两门课程），甚至还有 Coursera 提供的大型在线开放课程（MOOC）。从这些非传统意义的学生身上获得的经验极大地影响了本书的内容。

在阅读本书之前，读者应该具备 JavaScript、Python、C、C++或 Java 语言的良好编程能力，理解基本的数据结构（数组、链表和树），并具有线性代数和三角学的基础知识。我们发现，计算机科学专业学生的数学背景差异很大，不管是本科生还是研究生都是如此。因此，本书包含了很多计算机图形学基础所需的线性代数和几何学知识。

本书的组织

本书内容组织如下：

- 第 1 章概述了计算机图形学，并介绍了光学设备的成像方法，这样我们从一开始就引入了三维的概念。
- 第 2 章介绍了 WebGL 编程。虽然编写的第一个示例程序是二维的（每一章都有一个或者多个完整的编程示例），但这个程序是嵌入在三维设置下编写的，可以扩展到三维。
- 第 3 章介绍了交互式图形，并在浏览器环境中开发了基于事件驱动的图形程序。
- 第 4 章和第 5 章着重讨论了三维图形学的相关概念。第 4 章讨论了如何定义和处理三维对象，而第 5 章讨论了如何观察它们。
- 第 6 章介绍了光线与材质之间的相互作用和着色。
- 第 7 章和第 8 章介绍了如今被图形硬件和 WebGL 所支持的许多新的离散技术。所有这些技术都涉及各种缓存的使用。第 7 章将重点放在具有单个纹理的经典纹理映射上，而第 8 章则将重点放在使用离屏缓存（off-screen buffer）的纹理映射上。

上述这些章应按顺序讲授，在一个总共 15 周的学期里，大约 10 周可以讲完这些内容。

后面的 5 章可以按照任意顺序阅读。这 5 个主题或多或少是开放性的，读者可以概览，也可以深入探讨其中的一些主题。

- 第 9 章包含层级建模主题中的若干内容，涉及从层级模型（封装了模型各部分之间的关系）的构造到因特网图形绘制的高级方法。这一章还包含对场景图的介绍。
- 第 10 章介绍了许多过程建模方法，包括粒子系统、分形和过程噪声。

---

① ES5 是指 ECMAScript（JavaScript 的核心）的第五个版本，而 ES6 是第六个版本。ES6 在保证向下兼容的前提下，提供了大量的新特性。——译者注

- 第 11 章讨论了曲线与曲面，包括细分曲面。
- 第 12 章讨论了实现。对三维图形绘制流水线中的每个基本步骤(包括裁剪、线段生成和多边形填充)都给出了一种或两种主要算法。
- 最后，第 13 章介绍了一些其他的高级绘制方法。进一步讨论了光线跟踪和辐射度方法，并介绍了基于图像的绘制、并行绘制以及虚拟现实和增强现实的概念。

本书包含几个附录，以提供额外参考：

- 附录 A 提供了读取、编译和链接应用程序与着色器所需的 WebGL 函数的详细信息。
- 附录 B 和附录 C 包含了对数学背景知识的回顾。
- 附录 D 从奈奎斯特定理开始讨论采样和混叠，并将这些结果应用于计算机图形学。

相比第七版的变化

读者对本书前七个版本的绝大多数评价都是肯定的，特别是对于采用 OpenGL/WebGL 和自顶向下方法更是如此。在第六版中，我们放弃了固定功能绘制流水线，转而采用完全基于着色器的 OpenGL。在第七版中，我们使用了 WebGL。WebGL 不仅完全基于着色器(每个应用程序必须提供一个顶点着色器和一个片元着色器)，而且是一个能在最新的 Web 浏览器中使用的版本。

在本书第八版中，我们更新了所有的代码以使用 WebGL 2.0。尽管我们引入了其他一些 WebGL 2.0 的特性(三维纹理映射是一个例外)，但是新版 GLSL 使得编写的着色器代码更加清晰。对于不使用新特性的示例，我们会将 WebGL 1.0 版本的代码保留在本书的配套网站上①。

书中所有的应用程序采用 JavaScript 编写。虽然 JavaScript 具有其自身的特性，并且可能不是学生编程课程中使用的语言，但我们并未发现学生在使用 JavaScript 时有任何问题。JavaScript 有许多变体，学生和教师可能更喜欢使用。另外，有许多方法可以使用其他语言开发的代码，然后通过语言转换编译器(transpiler)将它转换为 JavaScript 代码。各种转换程序并不稳定，因此我们坚持使用在所有地方都可以运行的 JavaScript 程序。

我们对离屏绘制和绘制到纹理增加了其他内容，包括投影纹理和阴影贴图等技术。我们还增加了有关将 GPU 用于各种计算密集型应用(例如图像处理和仿真)的内容。此外，书中还增加了三维纹理映射(WebGL 2.0 中新增的特性)及其在体可视化上的应用。由于增加了很多内容，我们将上一版本的第 7 章分成了两章(第八版的第 7 章和第 8 章)。

读者对之前版本中第 1~6 章的核心内容反响很好，除了将代码更新为 WebGL 2.0，我们对这些章节内容几乎没有做什么变动。我们将第 1~8 章视为计算机图形学入门课程的核心内容，第 9~13 章可以按任意顺序使用，既可以作为一学期的概论课，也可以作为两学期课程的基础内容。

第 9 章已更新，使其与 three.js 场景图更加一致，并且包含了 three.js API 的简介。第 10 章增加了在粒子模拟中使用点精灵的内容。

第 11 章基本上没有变化。有关实现的内容(第七版的第 8 章)已移至第 12 章。有趣的是，我们发现与许多经典算法(例如线段生成和裁剪之类的任务)相关的内容已不再是大多数计算机图形学入门课程的核心部分。我们保留了本章仍然与计算机图形学高度相关的部分内容，并删除了不再用于现代 GPU 的内容。第 13 章(第七版的第 12 章)已更新，以涵盖一些其他的绘制方法，例如延迟着色。

致谢

在过去的几年中，Edward Angel 有幸在美国新墨西哥大学遇到了许多优秀的学生，是这些学

---

① 相关的代码可登录华信教育资源网(www.hxedu.com.cn)下载。

生最早使他对 OpenGL 产生了兴趣，并从他们那里学到了很多东西。这些学生包括：Ye Cong，Pat Crossno，Tommie Daniel，Chris Davis，Lisa Desjarlais，Kim Edlund，Lee Ann Fisk，Maria Gallegos，Brian Jones，Christopher Jordan，Takeshi Hakamata，Max Hazelrigg，Sheryl Hurley，Thomas Keller，Ge Li，Pat McCormick，Al McPherson，Ken Moreland，Martin Muller，David Munich，Jim Pinkerton，Jim Prewett，Dave Rogers，Hal Smyer，Dave Vick，Hue（Bumgarner-Kirby）Walker，Brian Wylie，Jin Xiong。书中的许多插图都出自这些学生之手。

本书第一版是 Edward Angel 在休假期间撰写的，他在 5 个不同的国家访学时完成了这本书。如果没有若干人士以及若干大学、研究机构给他提供帮助，这本书是不可能完成的，他们给 Edward Angel 提供了很多便利。衷心感谢委内瑞拉安第斯大学（Universidad de los Andes）的 Jonas Montilva 和 Chris Birkbeck，厄瓜多尔天球赤道理工大学（Universidad Tecnologica Equinoccial）的 Rodrigo Gallegos 和 Aristides Novoa，中国台湾"清华大学"的 Long Wen Chang，中国香港中文大学的 Kim Hong Wong 和 Pheng Ann Heng。Edward Angel 在许多地方的参观访问都得益于国际超导技术中心（ISTEC）和新墨西哥大学的 Ramiro Jordan 的帮助。无论 Edward Angel 何时有问题，新墨西哥大学的 John Brayer 和 Jason Stewart 以及 Addison-Wesley 出版社的 Helen Goldstein 都设法帮他解决。Edward Angel 的网站上描述了他写作本书第一版的经历。

NVIDIA 的 David Kirk 和 Mark Kilgard 慷慨地为很多算法的测试提供了显卡。还有许多人士给予了极大帮助，他们是：Ben Bederson，Gonzalo Cartagenova，Tom Caudell，Kathi Collins，Kathleen Danielson，Roger Ehrich，Robert Geist，Chuck Hansen，Mark Henne，Bernard Moret，Dick Nordhaus，Helena Saona，Vicki Shreiner，Gwen Sylvan，Mason Woo。OpenGL 社区的 Mark Kilgard、Brian Paul 和 Nate Robins 给予了很多帮助，他们编写了让程序员在各种平台上都能开发 OpenGL 代码的软件。我们的许多 SIGGRAPH 课程都为我们提供了展现想法和进行演示的舞台。NVIDIA 的 Eric Haines 和 Analytic Graphics 的 Patrick Cozzi 作为审稿人，他们提供的帮助尤为重要。

新墨西哥大学的艺术、研究、技术和科学实验室（ARTS Lab）以及高性能计算中心对 Edward Angel 的许多项目提供了支持。新墨西哥大学计算机科学系、新墨西哥大学美术学院的艺术技术中心、美国国家科学基金、美国 Sandia 国家实验室和 Los Alamos 国家实验室资助了 Edward Angel 的许多学生与研究项目，本书的部分内容就来自这些研究项目。曾在 Lodestar Astronomy Center 工作，如今在 ARTS Lab 的 David Beining 为 Fulldome 项目提供了极大的支持。Sheryl Hurley、Christopher Jordan、Laurel Ladwig、Jon Strawn 和 Hue（Bumgarner-Kirby）Walker 通过 Fulldome 项目提供了本书插图中的一些图像。Hue Walker 为以前的版本创作了出色的封面并提供了一些示例。

Edward Angel 还要感谢始创于 Santa Fe Complex 的非正式团体，他们一直与 Redfish 和 Simtable 合作，其中包括：Jeff Bowles，Ruth Chabay，Emma Gould，Stephen Guerin，Kaz Manavi，Bruce Sherwood，Scott Wittenberg。尤其是 JavaScript 的推广者 Owen Densmore，他说服 Edward Angel 在 Santa Fe 讲授计算机图形学课程以深入研究 JavaScript。我们都从这次经历中获益良多。

Dave Shreiner 首先要感谢 Edward Angel 邀请他参与该项目。多年来，我们就有关 OpenGL 以及如何讲授 OpenGL 的知识交换了意见，很高兴将这些概念推广给新的读者。Dave Shreiner 还要感谢那些创建 OpenGL 并在 Silicon Graphics Computer Systems 从事开发的人们，他们是那个时代的领路人。Dave Shreiner 乐于认识 Khronos 的各个工作组，他们不断发展 API 并将图形带到意想不到的地方。最后，正如 Edward Angel 所言，SIGGRAPH 在这些材料的开发中发挥了突出作用，对于那些为探索我们的想法而积极提供测试主题的人士，我们深表感谢。

使用过之前版本原稿的评审人和教师在本书内容的广度与深度方面提出了各种各样的看法。这些评审人和教师包括：Gur Saran Adhar（University of North Carolina at Wilmington），Mario Agrular（Jacksonville State University），Michael Anderson（University of Hartford），Norman I.

Badler（University of Pennsylvania），Mike Bailey（Oregon State University），Marty Barrett（East Tennessee State University），C. S. Bauer（University of Central Florida），Bedrich Benes（Purdue University），Kabekode V. Bhat（The Pennsylvania State University），Isabelle Bichindaritz（University of Washington，Tacoma），Cory D. Boatright（University of Pennsylvania），Eric Brown，Robert P. Burton（Brigham Young University），Sam Buss（University of California，San Diego），Kai H. Chang（Auburn University），Patrick Cozzi（University of Pennsylvania and Analytic Graphics，Inc），James Cremer（University of Iowa），Ron DiNapoli（Cornell University），John David N. Dionisio（Loyola Marymount University），Eric Alan Durant（Milwaukee School of Engineering），David S. Ebert（Purdue University），Richard R. Eckert（Binghamton University），W. Randolph Franklin（Rensselaer Polytechnic Institute），Natacha Gueorguieva（City University of New York/College of Staten Island），Jianchao（Jack）Han（California State University，Dominguez Hills），Chenyi Hu（University of Central Arkansas），George Kamberov（Stevens Institute of Technology），Mark Kilgard（NVIDIA Corporation），Lisa B. Lancor（Southern Connecticut State University），Chung Lee（California State Polytechnic University，Pomona），John L. Lowther（Michigan Technological University），R. Marshall（Boston University and Bridgewater State College），Hugh C. Masterman（University of Massachusetts，Lowell），Bruce A. Maxwell（Swathmore College），Tim McGraw（West Virginia University），James R. Miller（University of Kansas），Rodrigo Obando（Columbus State University），Jeff Parker（Harvard University），Jon A. Preston（Southern Polytechnic State University），Harald Saleim（Bergen University College），Andrea Salgian（The College of New Jersey），Lori L. Scarlatos（Brooklyn College，CUNY），Han-Wei Shen（The Ohio State University），Oliver Staadt（University of California，Davis），Stephen L. Stepoway（Southern Methodist University），Bill Toll（Taylor University），Michael Wainer（Southern Illinois University，Carbondale），Yang Wang（Southern Methodist State University），Steve Warren（Kansas State University），Mike Way（Florida Southern College），George Wolberg（City College of New York），Xiaoyu Zhang（California State University San Marcos），Ye Zhao（Kent State University），Ying Zhu（Georgia State University）。虽然最后的定稿可能没有反映出他们的意见（因为有些意见彼此相左），但每位评审人的意见都鞭策着我们反思书稿的每一页内容。

我们同样感谢 Addison-Wesley 出版社的出版团队。在本书的八个版本和 OpenGL primer 的出版过程中，Edward Angel 与 Peter Gordon、Maite Suarez-Rivas 和 Matt Goldstein 三位编辑合作得非常愉快。对于这个版本，Pearson Education 的 Carole Snyder 提供了很大的帮助。从第二版开始，Paul Anagnostopoulos 一直帮助解决使用 Windfall Software 工具时的排版问题，其帮助之大无法用语言表达。Edward Angel 要特别感谢编辑 Lyn Dupré，如果读者看到过第一版的原稿，就会惊叹于 Lyn Dupré 的妙笔神功。

Edward Angel 在此要特别感谢妻子 Rose Mary，她为本书第一版制作了插图，其中许多插图构成了本书插图的基础。也许只有经历过图书出版过程并撰写过许多文稿的人以及为出版工作做出过贡献的人才能充分理解写书过程的艰辛。真诚地把本书献给 Rose Mary，尽管这仍不足以表达 Edward Angel 对妻子所做贡献的感激之情。

Dave Shreiner 感激妻子 Vicki 的支持和鼓励，没有她，本书的创造性成果就无法展现给读者，她不仅给予 Dave Shreiner 温暖，陪伴左右，而且对本书的叙述和素材提出了宝贵意见。在 Dave Shreiner 对 OpenGL 的所有研究中，她都称得上是一个不可多得的搭档。

Edward Angel

Dave Shreiner

目　录

第1章　图形系统和模型

在我们的生活中，计算机和通信技术的重要性怎么夸大都不为过。当这些技术改变我们日常生活方式的时候，社会活动的许多方面，比如电影制作、出版业、银行业和教育业，都发生了翻天覆地的变化。而计算机、网络和复杂的人类视觉系统通过计算机图形学结合起来，则对这些技术本身的发展起到了积极的促进作用，这也使我们能够以崭新的方式来显示信息、观察虚拟世界以及进行人与人、人与机器之间的通信。

计算机图形学（computer graphics）考虑的是用计算机生成图片或者图像的方方面面。大概 50 年前，**阴极射线管**（cathode-ray tube，CRT）仅能显示一些简单的直线段，这个领域也由此而起步，不过在当时并没有受到重视；而现在，我们可以用计算机生成和真实物体的照片不可区分的图像。模拟飞行器能够实时生成虚拟环境的图形显示，由此我们可以训练飞行员，这已经不稀奇了。完全用计算机制作的长篇电影不仅获得了好评，在经济上也取得了成功。

我们首先简短地讨论计算机图形学的应用，然后简单介绍图形系统和图像的生成。自始至终，本书的方法是强调计算机图形学与手绘或者拍照这些人们更熟悉的成像过程之间的联系。在本书的后面将会看到，这种联系有助于设计应用程序、图形库和图形系统的体系结构。

本书将介绍被当前大多数浏览器所支持的图形软件系统 **WebGL**。在开发图形应用程序方面，OpenGL 已经成为一个被广泛接受的标准，而 WebGL 则是 OpenGL 的版本之一。WebGL 易于学习，而且它也具备完整版 OpenGL（或桌面版 OpenGL）和其他流行的图形系统的大多数特征。本书采用的方法是自顶向下。希望读者能够尽快开始编写具有图形输出的应用程序。在读者开始编写简单的程序之后，我们将讨论底层的图形库和硬件是如何实现的。本章将为读者开始编写程序提供足够的概要介绍。

1.1　计算机图形学的应用

应用社区的需求以及软硬件的进步推动了计算机图形学的发展。计算机图形学的应用是多种多样的，但是可以把它们分为四个主要领域：

1. 信息的显示
2. 设计
3. 仿真和动画
4. 用户界面

虽然许多应用涉及上面两个或者多个领域，但是各领域的发展是独立的，计算机图形学的发展很大程度上建立在这些领域的基础之上。

1.1.1　信息的显示

传统的图形技术是作为一种在人与人之间传递信息的媒介而出现的。尽管口头语言和书面语言也用于类似的目的，但人类视觉系统在数据处理和模式识别方面均无与伦比。4000 多年以前，古巴比伦人在石块上绘制建筑物的平面图。2000 多年以前，古希腊人就以图形的方式表达他们的建筑构想,尽管相关的数学理论直到文艺复兴时期才得到发展。今天,建筑师、机械设计师和绘图人员能够使用计算机交互式绘图系统来生成相同类型的信息。

几个世纪以来,制图师绘制地图以显示天文和地理信息。这样的地图对于航海家是至关重要的,因为他们期望探究地球的尽头。今天,地图对诸如地理信息系统这样的领域同样重要。现在,可以使用智能手机、平板电脑和计算机实时开发与处理地图。

在过去的一百年里,统计领域的工作者研究了图表生成技术,这些图表有助于观察者推断数据集中隐藏的信息。现在,我们有计算机绘图包,它可以提供各种各样的绘图技术和颜色工具,能处理多个大型数据集。尽管如此,仍然需要由人来识别视觉模式,这种模式最终使我们能够解释包含在数据中的信息。从生物信息学中的问题到发现潜在的安全威胁,经常需要理解许多复杂现象,所以信息可视化这个领域变得越来越重要。

医学成像提出了有趣而且重要的数据分析问题。像计算机断层扫描(CT)、磁共振成像(MRI)、超声波和正电子发射断层扫描(PET)这样的现代成像技术能够生成三维数据,但这些数据必须经过算法的处理才能提供有用的信息。图 1.1 显示了一幅人体头部图像,其皮肤显示成透明的,内部结构显示为不透明的。尽管这些数据是由医学成像系统采集的,但反映其内部结构的图像则是通过计算机图形学技术生成的。

现在,超级计算机使得许多领域的研究人员能够求解原先难以解决的问题。科学计算可视化领域提供了图形工具,这些工具可以帮助研究人员解释他们生成的海量数据。在诸如流体力学、分子生物学和数学这样的领域中,计算机图形学把数据转化成可被显示的几何实体,由此生成的图像使人们对许多复杂过程有了新的理解。例如,图 1.2 显示了地幔的流体动力学特性,其采用的绘制系统通过一个数学模型来生成所用到的数据。在本书的其余部分,会通过示例介绍各种可视化技术。

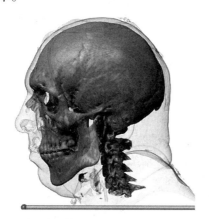

图 1.1　CT 数据的体绘制(由美国犹他大学科学计算与图像学院的 J. Kniss、G. Kindlman 和 C. Hansen 提供)

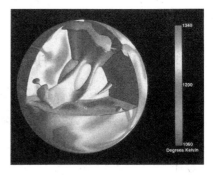

图 1.2　地幔的流体动力学特性,温度和等温面的伪彩色映射(由美国 Los Alamos 国家实验室和高级计算实验室的 James Painter 提供)

1.1.2　设计

像工程和建筑这样的行业需要考虑设计。从一组规范开始,工程师和建筑师期望找到一个满足这些规范的低成本、高效益且符合美学的方案。设计是一个迭代过程。现实世界中的问题很少只存在唯一的最优解。设计问题要么是超定的(overdetermined),即不存在满足所有规范的解,更不用说最优解了;要么是欠定的(underdetermined),即存在多个满足设计规范的解。因此,设计人员是以迭代的方式工作的。他先提出一种可能的设计方案，然后对其进行实验，再把得到的结果作为寻找其他方案的基础。

50 多年前，伊凡·萨瑟兰(Ivan Sutherland)认识到人类与 CRT 屏幕上的图像进行交互的范式的力量。今天，交互式图形工具在计算机辅助设计(CAD)中的使用已经遍及许多领域，比如建筑、机械和超大规模集成电路(VLSI)等的设计。在诸多的此类应用中，使用图形学的方式各有不同。例如，在 VLSI 的设计中，一般通过像菜单和图标这样的工具在用户和设计包之间提供一个交互式接口。此外，在用户生成了一个可能的设计之后，通过其他的工具对这个设计进行分析并把分析结果用图形的方式显示出来。图 1.3 和图 1.4 显示了同一建筑设计的两个视图。这两幅图像是由同一个 CAD 系统生成的，它们说明了在设计过程的不同阶段利用图形系统提供的工具来生成同一对象的不同图像的重要性。

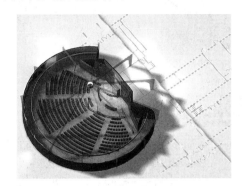

图 1.3　从寺庙外部观察到的正轴测投影图
（由美国新墨西哥州 Albuquerque 市
的建筑师 Richard Nordhaus 提供）

图 1.4　从寺庙内部观察到的透视投影图
（由美国新墨西哥州 Albuquerque 市
的建筑师 Richard Nordhaus 提供）

1.1.3　仿真和动画

当图形系统发展到能够实时生成复杂图像时，工程师和研究人员就开始把它用作模拟器，其中一个最重要的应用就是训练飞行员。飞行模拟器已被证明可以增加安全性并减少训练费用。特殊 VLSI 芯片的使用导致了和飞行模拟器一样复杂的街机游戏的出现。家用计算机使用的游戏和教育软件同样令人印象深刻。

飞行模拟器的成功使得计算机图形学被广泛应用于电视、电影和广告制作业中。现在一部完整的动画片都可以用计算机制作，其成本远低于传统的手工动画绘制技术。计算机图形学和手工动画绘制技术结合在一起可以实现许多技术和艺术效果，对于这些效果，如果只用其中一种方法是无法获得的。计算机动画看起来有些独特，不过我们也可以用计算机生成真实感图像。我们在电视、电影和杂志中看到的图像往往是如此的逼真，以至于无法把计算机生成或是修改的图像和照片区分开。在第 6 章中，将讨论在生成计算机动画时使用的许多光照效果。图 1.3 和图 1.4 显示了由 CAD 和动画软件创建的逼真光照效果。尽管这些图像是为商业动画而制作的，但是用于创建这些效果的交互式软件已经非常普及，图 1.5 显示了使用光线跟踪器创建的光照效果。

虚拟现实(VR)为计算机图形学开拓了许多新的应用空间。头盔式显示器可以使人的左眼和右眼分别看到不同的图像，这样可以获得立体视觉效果。此外，计算机还可以跟踪人体的位置和姿势，可能还包括头部和手指的姿态。还可能有其他的交互设备，包括力传感手套和声音定位设备等。这样，人就可以作为由计算机生成的场景的一部分，人在这个虚拟场景中的活动仅仅受限于计算机生成图像的能力。例如，可以用这种方式训练外科实习医生做手术或者训练宇航员在失重环境中工作。图 1.6 展示了 VR 仿真的一帧图像，其中有一个供医疗人员远程训练的虚拟病人。

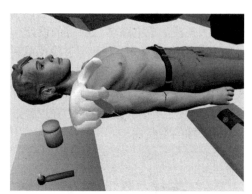

图 1.5　利用光线跟踪器绘制的图像
（由 Patrick McCormick 提供）

图 1.6　Avatar 显示一个正在接受远程医疗专家
诊断和治疗的患者(由美国新墨西哥大学
电气与计算机工程系的 Tom Caudell 提供)

仿真和虚拟现实的结合给电影业带来了许多令人兴奋的体验。目前，立体(3D)电影不仅得到了观众的好评，而且也获得了巨大的经济效益。实际上，所有电影的特效部分都是使用计算机图形学的技术生成的，像场景瑕疵移除这类更常见处理也利用了计算机图形学。可以利用物理仿真技术模拟流体流动和人群动力学这类行为的视觉特效。

1.1.4　用户界面

我们与计算机的交互方式受可视化对象的影响，包括窗口、菜单、图标和定位设备，比如鼠标等。从用户的角度来看，像 X Window System、Microsoft Windows 和 Macintosh OS 这样的视窗系统只是在细节上有所不同。最近，许许多多的人成为因特网用户。他们借助像 Firefox、Chrome、Safari 和 Internet Explorer 这样的图形网络浏览器来访问网络，这些浏览器也使用了同样的界面工具。现在我们已经对这些界面风格习以为常了，以至于时常忘记是在和计算机图形学打交道。

虽然个人计算机和工作站是从多少有些不同的途径发展而来的，但是现在两者之间并没有本质的差别。当将智能手机、平板电脑和游戏控制台包括在内时，我们拥有各种具有强大计算能力的设备，并且都可以通过浏览器来访问万维网。由于没有一个更合适的术语，我们将用计算机来包含所有这些设备。

图 1.7 显示了一个高级建模软件包所使用的界面，其中演示了这样的软件包所提供的多种工具和用户在建模几何对象时可以利用的交互设备。尽管我们对于这类图形用户界面已经很熟悉了，但是像智能手机、平板电脑这类设备已经促使触摸式界面得到推广，并且触摸式界面允许用户与显示屏上的每个像素进行交互。

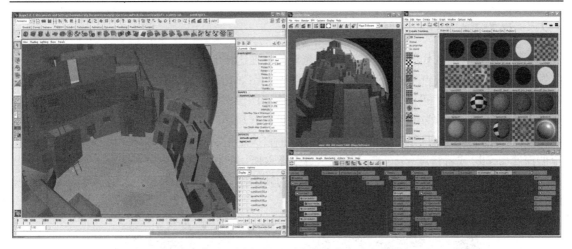

图 1.7　Maya 动画设计界面(由新墨西哥大学艺术实验室的 Hue Walker 提供)

1.2　图形系统

一个计算机图形系统首先是一个计算机系统,因此它必然包含一个通用计算机系统的所有部件。从较高层面来看,图形系统可以用图 1.8 来表示。从该图可以看到,图形系统包含六个主要元素:

1. 输入设备
2. 中央处理单元(CPU)
3. 图形处理单元(GPU)
4. 存储器
5. 帧缓存
6. 输出设备

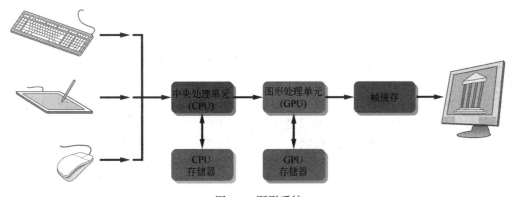

图 1.8　图形系统

这个模型足够通用,可以表示工作站、个人计算机、交互式游戏系统、移动电话、GPS 系统和复杂的图像生成系统。虽然图 1.8 中的大部分部件都出现在标准计算机中,但是从每个部件服务于计算机图形学的方式可以体现出图形系统的特征。由于单个芯片能够包含越来越多的功能,因此许多部件在物理上并不是独立的。例如,CPU 和 GPU 可以置于同一芯片并共享存储器。然而,这个模型仍然描述了计算机图形系统的软件体系结构,在研究计算机图形系统的各个部分时将有所帮助。

1.2.1　像素和帧缓存

实际上，所有的现代图形系统都是基于光栅的。在这样的图形系统中，在输出设备上看到的图像是一个由图形系统产生的图形元素组成的阵列，图形元素也叫**像素**(pixel)，像素阵列也称为**光栅**(raster)。从图 1.9 可以看到，每一个像素对应于图像中的一个位置，或者一块小的区域。这些像素都保存在一个称为**帧缓存**(framebuffer)[①]的储存区域中。帧缓存可以看作图形系统的核心元素。帧缓存中像素的数目称为**分辨率**(resolution)，它决定了从图像中可以分辨出多少细节。帧缓存的**深度**(depth)或者**精度**(precision)是表示每个像素所用的位数，它决定了诸如给定系统中可以表示多少种颜色之类的性质。例如，深度为 1 位的帧缓存只允许有 2 种颜色，而深度为 8 位的帧缓存可以表示 $256(2^8)$ 种颜色。

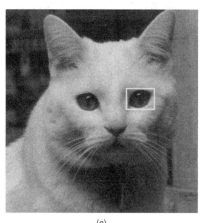
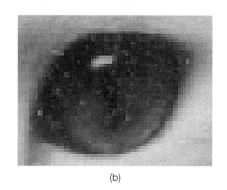

(a)

(b)

图 1.9　像素。(a)白猫图像；(b)眼睛区域的细节，显示了单个像素

使用最广泛的帧缓存为每个像素分配 24 位，可以表示 2^{24} 种不同的颜色，其中每个像素对应三个颜色组，每组包含的 8 位被分别分配给三种原色(或基色)，即大多数显示器所使用的红绿蓝三原色。根据通用表示，$2^{10} = 1024 = 1K$，$1M = 1024K$，这样的帧缓存可以显示 16M 种不同的颜色。**高动态范围**(high dynamic range，HDR)系统给每种原色分配 12 位或更多的位。传统 GPU 的帧缓存使用整数格式存储颜色值，而直到最近，帧缓存使用浮点格式存储颜色值，因此更容易支持 HDR 颜色。

帧缓存内容的显示几乎总是与其内容的生成分离的。例如，在 WebGL 中，帧缓存的内容以稍低于 60 帧每秒(frames per second，fps)的速度显示在浏览器控制的窗口中。通过使用依赖于两个帧缓存的双缓存策略，可以避免在生成帧缓存的新内容和显示其当前内容之间可能出现的冲突。稍后将讨论双缓存，但是现在可以接受的是，所有现代系统都可以防止此类冲突，并且应用程序几乎不必担心这种问题。

在一个非常简单的系统中，帧缓存只存储屏幕上显示的像素的颜色值。在大多数系统中，帧缓存存储的信息比这要多很多，比如为了从三维数据生成图像需要使用的深度信息。在这样的系统中，帧缓存包括许多缓存，其中有一个或多个用于存储要显示的像素颜色，称为**颜色缓存**(color buffer)。目前，可以把帧缓存和颜色缓存视为同义词使用而不会产生混淆。

[①] 有些参考文献不采用 framebuffer 一词，而是称为 frame buffer。

1.2.2　CPU 与 GPU

在一个简单的系统中，可能只有一个处理器，即系统的**中央处理单元**(central processing unit，CPU)，常规的处理和图形处理都必须由这个处理器来完成。处理器要完成的图形处理功能主要是获取由应用程序生成的图元(比如线、圆、多边形)的属性，并为帧缓存中的像素赋值，以最佳地表示这些图元。例如，一个三角形由它的三个顶点所确定，但为了通过由连接顶点的三条边来显示这个三角形的轮廓，图形系统必须生成一组像素，这些像素在观察者看来构成了线段。从几何实体到帧缓存中像素颜色和位置的转换称为**光栅化**(rasterization)或者**扫描转换**(scan conversion)。在早期的图形系统中，帧缓存是标准存储器的一部分，可以被 CPU 直接访问。今天，几乎所有图形系统都已经使用了专用的**图形处理单元**(graphics processing unit，GPU)，它是专门用来完成图形处理功能的。GPU 可以位于独立显卡上，也可以与 CPU 位于同一芯片上(通常称为集成显卡)。帧缓存通过 GPU 访问，对于独立显卡，它通常与 GPU 处于同一电路板上，而对于集成显卡，它处于系统内存中。

随着 GPU 的发展，目前它已经与 CPU 同样复杂，甚至比 CPU 要复杂得多。GPU 不仅具有用于图形处理的专用模块，而且还具有高度的并行性。目前，GPU 内部包含的处理单元已超过 1000 个，其中的每一个处理单元都是用户可编程的。现代 GPU 的功能如此之强大，以至于可以把它作为小型超级计算机用于通用计算。我们将在 1.7 节详细讨论 GPU 体系结构。

1.2.3　输出设备

在通过手机和个人计算机普及计算机图形之前，占主导地位的显示器(监视器)一直是**阴极射线管**(cathode-ray tube，CRT)。图 1.10 是 CRT 的简化示意图。CRT 因电子束轰击涂在管子上的磷光物质而发光。电子束的方向由两对偏转板控制。计算机的输出由数模转换器转换成 x 偏转板和 y 偏转板上的电压值。当强度足够大的电子束轰击到磷光物质上时，CRT 的屏幕就会发光。

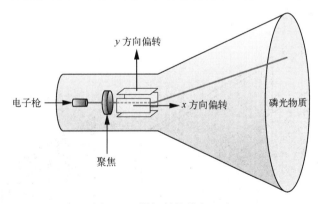

图 1.10　阴极射线管(CRT)

如果控制电子束偏转的电压以恒定的速率改变，那么电子束会扫过一条直线轨迹，观察者是可以看到这条直线轨迹的。这样的设备称为**随机扫描**(random-scan)显示器、**画线**(calligraphic)显示器或者**矢量**(vector)显示器，因为电子束可以直接从任意一个位置移动到另一个任意位置。如果关闭电子枪，那么电子束可以移动到新的位置而不会改变可见的显示输出。这些就是早期的图形系统的基础，今天的光栅技术是在此之后发展起来的。

在磷光物质被电子束激发以后，典型 CRT 的发光只能持续很短的时间，一般是几毫秒。为了让人看到稳定的、不闪烁的图像，电子束必须以足够高的速率重复扫描相同的路径，这就是**刷新**(refresh)，刷新的速率称为**刷新率**(refresh rate)。在早期的系统中，刷新率由电源的频率决定，在美国是 60 Hz，在世界上其他大多数地方是 50 Hz。现代的显示器不再受限于这些较低的频率，刷新率可达大约 85 Hz。

在光栅系统中，有两种基本方式把帧缓存中的像素显示为屏幕上的点。在**逐行扫描**(noninterlaced)显示器中，像素按照刷新率一行一行地显示，或者说一条扫描线一条扫描线地显示。在**隔行扫描**(interlaced)显示器中，奇数行和偶数行被交替刷新。商用电视使用的是隔行扫描显示器。在刷新率是 60 Hz 的隔行扫描显示器中，每秒钟屏幕只被完整刷新 30 次，但是我们会被自己的视觉系统所欺骗，感觉刷新率是 60 Hz 而不是 30 Hz，不过距离屏幕较近的观察者能够观察到隔行扫描和逐行扫描的差异。虽然逐行扫描显示器要以两倍于隔行扫描显示器的速度处理像素，但这类显示器的应用变得越来越广泛。

彩色 CRT 中有三种不同的有色磷光物质(红、绿、蓝)，这些磷光物质被布置成许多小的颜色组。一种通常的做法是把这三种磷光物质布置到称为**三色组**(triad)的一个三角形的颜色组中，每个三色组有三种磷光物质，其中每种磷光物质对应一种原色。大多数彩色 CRT 有三支电子枪，这是和三种磷光物质相对应的。在图 1.11 所示的荫罩式 CRT 中，用一个带有许多小孔的金属屏来确保每个电子枪不会激发其他颜色的磷光物质，这个带孔金属屏称为**荫罩**(shadow mask)。

如今，CRT 已经被平板显示技术所取代。平板显示器实际上也是基于光栅原理的。尽管有许多可用的技术，包括发光二极管(LED)、液晶显示器(LCD)、等离子显示器，但都使用了二维栅格来寻址每个单独的发光元件。图 1.12 所示是通用平板显示器。靠外的两块板包含平行的电线栅，这两块板上电线栅的方向是互相垂直的。通过把电信号加到每个电线栅对应的电线上，这两条电线交点处的电场会变得足够强大，从而可以控制中间板上对应的元件。LED 显示器的中间板上有发光二极管，可以由传递到栅格上的电信号控制开启和关闭。在 LCD 中，利用电场来改变中间板上的液晶分子的排列方向，这样可以允许或者阻挡光线通过。在等离子显示器中，包含电线栅的玻璃板之间有气体，通过栅格上的电压来激发玻璃板之间的气体，获得能量的气体就变成了发光的等离子态。

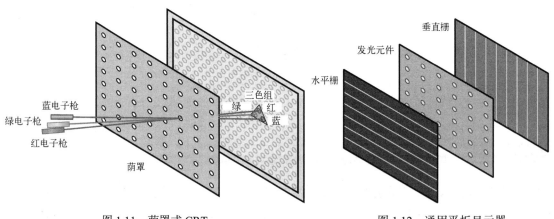

图 1.11　荫罩式 CRT　　　　　　　　　　图 1.12　通用平板显示器

大多数投影系统也是光栅设备，这些系统使用的技术多种多样，包括 CRT 和 DLP(数字光处理)。从用户的角度来看，它们的作用和具有相似分辨率和精度的标准监视器的相同。硬拷贝设备，比如打印机和绘图仪，也是基于光栅的，只是它们不可以刷新。

立体(3D)显示(例如 3D 电视和剧院中的 3D 电影)利用交替的刷新周期在左眼图像和右眼图像

之间切换显示。观看者戴有特殊的眼镜,这些眼镜与 3D 电影放映机的刷新周期相关联,可以产生两个偏振方向不同的图像。观看者佩戴偏光眼镜,这样每只眼睛只能看到两个投影图像的一个。在后面的章节中将会介绍,用计算机生成立体图像主要是通过改变观看者对每一帧的位置来获得左眼和右眼的视图。

最后,虚拟现实头显通常也将平板技术用于其显示系统。消费级的 VR 系统将包含两个光栅显示器(每只眼睛一个),并要求 GPU 每帧生成特定于每只眼睛的视角和位置的图像。功能更强大的 VR 头显可以使用多显示器和先进的光学技术来实现诸如**中心凹形渲染**(foveated rendering)的技术,该技术可以将高分辨率的图像投射到观看者正在观看的位置,同时在较低分辨率的显示器中显示环境的其余部分。

1.2.4 输入设备

大多数图形系统都有键盘,并且至少还有一个其他类型的输入设备。鉴于移动设备的普及,最常见的输入设备是触摸屏,触摸屏也正在成为笔记本电脑的标准配置。更传统的系统,如台式工作站和笔记本电脑,通常包括鼠标或触控板等定点设备,也可能有操纵杆或数据板。它们为系统提供位置信息,并且都配备了一个或多个按钮来向处理器发送信号。这些设备经常被称为**定点设备**(pointing device),它们允许用户在屏幕上指示特定位置。

一些现代图形系统(比如游戏控制台)提供了更丰富的输入设备,而且几乎每周都会出现新的设备。此外,还有一些设备能提供三维或多维输入。因此,为了使图形程序能够接收这些不同设备的输入,有必要提供一个灵活的模型。我们将在第 3 章讨论输入设备及其使用方法。

1.3 物理图像与合成图像

多年以来,讲授计算机图形学的教学方法把课程的起点放在如何在帧缓存中构造简单二维几何实体(比如点、直线、多边形)的光栅图像上。接下来,大多数教材讨论如何在应用程序中定义二维和三维数学对象,以及如何利用二维光栅化图元来绘制它们。

这种方法对于绘制简单对象的简单图像是很好的。可是,在现代图形系统中,我们希望充分利用软硬件的性能来绘制由计算机生成的三维对象的逼真图像,这个任务涉及图像生成的许多方面,比如光照、着色和材质的属性。因为大多数现代计算机图形系统都直接支持这样的功能,所以在这里我们更愿意为介绍生成这些逼真图像的方法做准备,而不是以后再去扩展一个功能有限的模型。

计算机生成的图像是合成的,或者说是人造的,因为被绘制的对象也许物理上并不存在。在本章中,我们要讨论的用计算机来生成图像的方法和传统的成像方法是相似的,照相机和人类视觉系统都是使用传统成像方法的例子。因此,在介绍如何编写生成图像的程序之前,先讨论在光学系统中图像是如何生成的。我们先构造一个图像生成过程的模型,然后就可以用它来理解和开发计算机成像系统。

在本章中,我们很少使用数学概念。我们的目的是建立一个生成图像的范式并给出实现这个范式的计算机体系结构。细节问题将放到后面的章节里讲解,在那里会导出相关的方程。

1.3.1 对象与观察者

我们生活在一个三维的世界里。像测量物体的尺寸和物体间的距离这样的想法都属于简单的思想,但把这些思想在概念上系统化之后就发展出数学的许多分支,包括几何学和三角学。我们经常想用图片或者图像来表达对空间关系的理解，比如地图、绘画、照片等，而且为了看到物体间的空间关系还设计出许多像照相机、显微镜和望远镜这样的物理设备。因此，在图像生成的物理方面和数学方面总是存在着一个基本的联系，我们可以利用这个联系来学习计算机生成图像的方法。

不管成像是数学的还是物理的，在任何成像过程中都必须有两个基本的实体：对象和观察者。对象在空间中的存在是不依赖于任何图像生成过程和任何观察者的。计算机图形学考虑的是合成的对象，通过指定各种几何图元(比如点、线和多边形)的空间位置来构造对象。在大多数图形系统中，利用一组空间中的位置，或者说**顶点**(vertex)，就能够定义或者近似描述大多数对象。例如，两个顶点可以确定一条直线；一个有序的顶点列表可以确定一个多边形；球面可以由在球心的一个顶点和在球面上任意位置处的另一个顶点来确定。CAD 系统的主要功能之一就是要提供一个界面，使用户可以方便地构造现实世界的虚拟模型。在第 2 章中，我们会看到如何用 WebGL 构造简单的对象。在第 9 章中，我们将学习一种定义对象的方法，这种方法可以把对象之间的关系考虑进来。

每个成像系统都必须提供一种从对象生成图像的方法。为了生成一幅图像，必须得有某人或某物在观察对象。观察的实施者可以是人、照相机或者数字化设备，是这个**观察者**(viewer)生成了对象的图像。在人类视觉系统中，在眼睛后部的视网膜上成像；用照相机拍照时，在胶片平面上成像。图像和对象容易被混淆。我们通常从个人的视角看一个对象，而没有注意对于其他位置的观察者来说，他们看到的该对象会和我们所看到的不同。图 1.13(a)所示是两个观察者在观看同一个建筑物，该图是另一个观察者 A 所看到的图像。因为 A 离得足够远，所以建筑物和两个观察者 B 和 C 都能被 A 看到。从 A 的视角来看，B 和 C 跟建筑物一样，都是对象。图 1.13(b)和(c)分别给出了 B 和 C 所看到的图像。所有这三幅图像都包含同一个建筑物，但这个建筑物所成的像在这三幅图像中是各不相同的。

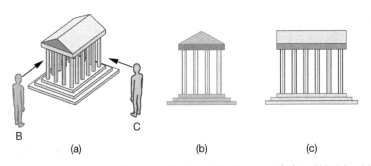

图 1.13　由三个不同的观察者所看到的图像。(a)观察者 A 的视图；(b)观察者 B 的视图；(c)观察者 C 的视图

图 1.14 所示是一个对建筑物拍照的照相机系统。可以看出对象和观察者都处在一个三维世界里。可是，由观察者所定义的图像(在胶片平面上所成的像)是二维的。对对象的指定是与对观察者的指定组合在一起来获得一幅二维图像的，这个过程是图像生成的核心，以后我们会详细讨论。

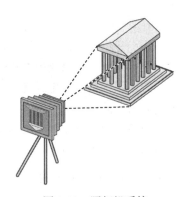

1.3.2　光和图像

前面对图像生成的描述远不完备。比如，我们还没有提到光。如果没有光源，对象看起来是黑的，图像里不会有任何可见的东西。我们没有提及颜色是如何出现在图像中的，也没有提及对象表面的材质属性会对图像有什么影响。

图 1.14　照相机系统

这里的分析方法更注重物理过程,让我们从图 1.15 所示的一个简单的物理成像系统开始讨论。我们看到的依然是一个物理对象和一个观察者(照相机),不过现在场景中有一个光源了。来自光源的光线照射到对象的各个表面,反射的光线中有一部分通过镜头进入到照相机中。光线和对象表面相互作用的细节决定了有多少光线进入照相机。

光是电磁辐射的一种形式。从经典的观点来看,我们把电磁能视为电磁波,即以波[①]的形式传播,可以由其波长或者频率来表征[②],电磁波谱(见图 1.16)包括无线电波、红外线,还有能引起我们视觉系统响应的部分。波长在 350~780 nm 之间的**可见光谱**(visible spectrum)称为可见光。给定光源的颜色由其在不同波长的能量分布决定。可见光谱的中间部分,即波长大约为 520 nm 的光为绿色;波长大约为 450 nm 的光为蓝色;波长大约为 650 nm 的光为红色。正如在彩虹中所看到的那样,波长在红和绿之间的光为黄色;波长比蓝色更短的光为紫色。

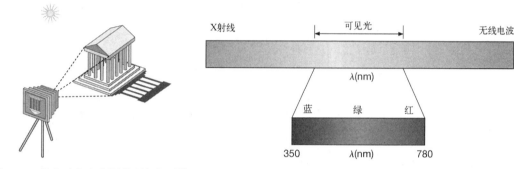

图 1.15　具有对象和光源的照相机系统　　　　　图 1.16　电磁波谱

光源所发出光线的频率可以是一组离散值,也可以是连续的。比如,激光的频率是单一的,而白炽灯则在一个频率范围内辐射能量。幸运的是,在计算机图形学中,除了需要认识到不同的频率表现为不同的颜色,很少需要处理光的物理性质。

相反,我们可以采取更传统的方法来处理光,但前提是光线足够强并且在某种程度上不考虑光的波动性(wave nature)。**几何光学**(geometric optics)把光源建模为具有固定强度的光能发射器。几何光学认为,光线从光源出发沿直线到达与其相互作用的对象。一个理想的**点光源**(point source)从一个点向所有方向均匀地发射光线,发射出的光线可以是单一频率的,也可以包含多个频率。像灯泡这样更复杂的光源可以被认为从一块区域上辐射能量,并且向某个方向发射的光线比向其他方向发射的光线更强。一个特定的光源由其所发射光线的能量依频率和方向的分布来表征。现在我们只考虑点光源,更复杂的光源常常可以由一些精心布置的点光源来近似。第 6 章将讨论光源的建模。

1.3.3　成像模型

给定场景中的一组对象、对象的光反射属性以及场景中的光源属性,有许多方法可以生成该场景的图像。本节将介绍两种物理方法。尽管这些方法不适合我们最终想要的实时图形,但是有助于理解如何构造一个有用的成像系统。在第 13 章中还会深入介绍这些方法。

为了构造一个成像模型,可以先跟踪从光源发出的光线。考虑图 1.17 所示的只有一个点光源的场景。把观察者也画在图中是因为我们对到达观察者眼睛的光线感兴趣。观察者也可以是照相

---

① 在第 13 章中,我们将介绍光子映射,这是一种全局光照方法,它基于离散的能量粒子(即光子)所发射的光。

② 频率(f)和波长(λ)之间的关系是 $f\lambda = c$,其中 c 是光速。

机，如图 1.18 所示。一条**射线**(ray)是从一个点出发，向着一个特定方向无限延伸的半无穷直线。因为光沿直线传播，所以可以把光线看成从点光源出发向所有方向发出的许多条射线。这些射线当中的一部分到达照相机的胶片平面，就形成了图像。例如，如果从照相机可以看到光源，那么一部分光线就可以从光源出发，直接通过镜头到达胶片平面。然而，大多数光线一直照射到无穷远，既没有直接进入照相机，也没有到达任何对象。这些光线对图像没有贡献，尽管它们可能会被其他观察者看到。余下的光线照射到对象，这些光线可以与对象的表面以各种方式相互作用。例如，如果表面是镜子，那么反射光线可能会进入照相机的镜头(这要视表面的方向而定)，从而对生成的图像有贡献。不是理想镜面的表面会把光线向各个方向散射。如果表面是透明的，那么来自光源的光线可以穿过它，然后可能和其他对象相互作用后进入照相机，或者没有到达其他对象而一直射向无穷远。图 1.18 给出了一些可能的情况。

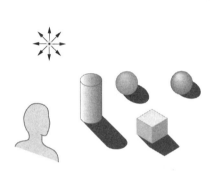

图 1.17   只有一个点光源的场景

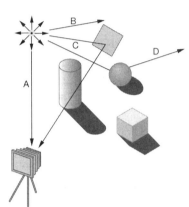

图 1.18   光线和对象表面的相互作用。光线 A 直接进入照相机。光线 B 射向无穷远。光线 C 被镜子反射。光线 D 穿过一个透明球体

　　光线跟踪(ray tracing)和**光子映射**(photon mapping)是基于上面这些思想的图像生成技术，它们可以作为计算机成像的基础。可以利用光线跟踪的思想来模拟任意复杂的物理效果，只要我们愿意进行所要求的计算。虽然跟踪光线可以提供对物理世界的一个很好的近似，但它通常不适合实时计算。

　　其他基于物理的图像生成方法以能量守恒为基础，其中在计算机图形学中最常用的是**辐射度方法**(radiosity)。这种方法最适合于把入射光线均匀地向所有方向散射的表面。但即使是对这种情况，辐射度方法所需要的计算量仍然太大，因而不能实时实现。我们把对这些技术的讨论推迟到第 13 章。

1.4   成像系统

　　现在介绍两种物理成像系统：针孔照相机和人类视觉系统。针孔照相机是成像系统的一个简单例子，它可以帮助我们理解照相机和其他光学成像仪器的工作原理。通过模仿针孔照相机，可以得到一个图像生成的模型。人类视觉系统极其复杂，但是它和其他的光学成像设备遵循相同的物理原理。我们介绍它不仅是将其作为成像系统的一个例子，也是因为理解它的性质有助于更好地利用计算机图形系统所提供的功能。

1.4.1 针孔照相机

如图 1.19 所示的针孔照相机为图像生成提供了一个例子, 我们可以借助简单的几何模型来理解它。**针孔照相机**(pinhole camera)是一个盒子, 盒子一面的中心有一个小孔, 胶片放在盒子内与小孔相对的另一面。假定把针孔照相机沿着 z 轴摆放, 小孔位于原点。假定小孔非常小, 以至于从一点出发, 只能有一条光线进入小孔。胶片平面与针孔的距离为 d。图 1.20 是针孔照相机的侧视图, 由该图可以计算出点 (x, y, z) 在胶片平面 $z = -d$ 上所成像的位置。图 1.20 中的两个三角形相似, 由此可得图像的 y 坐标 y_p 为

$$y_p = -\frac{y}{z/d}$$

类似地, 利用俯视图, 可得

$$x_p = -\frac{x}{z/d}$$

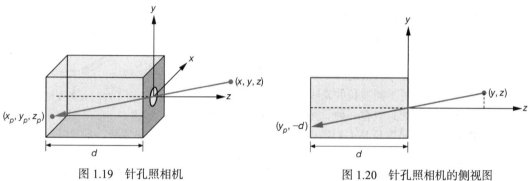

图 1.19 针孔照相机   图 1.20 针孔照相机的侧视图

点 $(x_p, y_p, -d)$ 称为点 (x, y, z) 的**投影**(projection)。在这个理想化的模型中, 胶片平面上点 $(x_p, y_p, -d)$ 的颜色就是点 (x, y, z) 的颜色。照相机的**视域**(field of view)或者**视角**(angle of view)是在胶片平面上能成像的最大可见场景对象所形成的角度。根据图 1.21 可以计算出视角。如果 h 是照相机的高度[①], 那么视角 θ 为

$$\theta = 2\arctan\frac{h}{2d}$$

理想的针孔照相机具有无穷大的**景深**(depth of field): 每个可见点都会被投影到位于照相机后面的胶片上清晰成像。针孔照相机有两个缺点: 第一, 因为孔很小, 一个点光源只能有一条光线通过小孔, 所以几乎没有光线进入照相机; 第二, 照相机的视角不能调节。

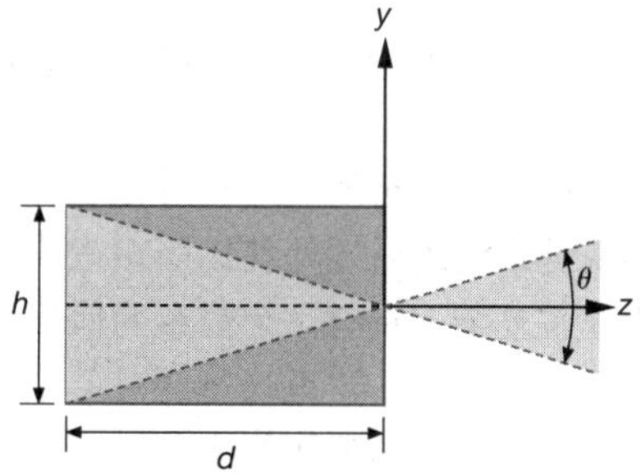

只要做一些小的改进就可以得到更复杂的照相机和其

图 1.21 视角

他具有透镜的成像系统。通过用透镜替换小孔就可以克服上述两个缺点。首先, 透镜收集的光线比小孔所能通过的光线要多。透镜的孔径越大, 所能收集的光线就越多; 其次, 通过选择具有合适焦距的透镜(焦距与针孔照相机中的 d 等价)可以获得任何想要的视角(直到 $180°$)。然而, 实际

---

① 如果是在三维空间而不是二维平面考虑问题, 那么应该用胶片的对角线长度替换 h。

的透镜并不具有无限大的景深：不是所有透镜前的物体都可以清晰成像的。

本章主要考虑针孔照相机，并将照相机的前端到胶片平面的距离 d 当成它的焦距。与针孔照相机类似，在计算机图形学生成的图像中，所有的物体都被清晰成像。

1.4.2　人类视觉系统

我们的视觉系统极其复杂，像照相机或者显微镜这样的物理成像系统所具有的一切部件在人类视觉系统中都能找到相对应的部分。人类视觉系统的主要组成部分如图 1.22 所示。光线通过角膜和晶状体进入眼睛。角膜是一种透明结构，对眼睛有保护作用。通过虹膜的收缩和舒张可以控制进入眼睛光线的强弱。晶状体把像成在眼睛后部一个称为**视网膜**(retina)的二维结构上。分布在视网膜上的视杆细胞和视锥细胞(因其放大后的外观而得名)是光感受器，它们对 350～780 nm 范围内的电磁波敏感。

视杆细胞是低亮度光线的感受器，对颜色不敏感，我们在夜间看东西时就是视杆细胞在起作用。视锥细胞负责我们的颜色视觉。视杆细胞和视锥细胞的大小，以及晶状体和角膜的光学性质，决定了视觉系统的**分辨率**(resolution)或者**视觉灵敏度**(visual acuity)。分辨率是对我们所能看到物体的尺寸的度量。说得技术性更强一些，分辨率是这样的两个点之间的距离，如果这两个点相距再近一些的话就不能分辨出两个点了。

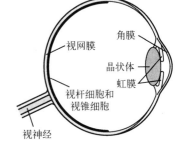

图 1.22　人类视觉系统

人眼中的光感受器对不同波长的光线能量的响应是不同的。视锥细胞有三种，视杆细胞只有一种。强度是对光线能量的物理度量，而**亮度**(brightness)度量是人们所感受到的从物体辐射出的光线有多强。人类视觉系统对单一频率的红光和单一频率的绿光的响应不相同。即使红光和绿光的能量相同，在我们看来它们也并不具有相同的亮度，因为视锥细胞对红光和绿光的敏感度不同。我们对绿光最敏感，对红光和蓝光最不敏感。

亮度度量的是我们对光线强度的总体感受。人类能够区分颜色是由于三种视锥细胞具有不同的光谱敏感度。正因为具有三种视锥细胞，所以可以使用三种标准原色来近似我们能感知的所有颜色，而不需要单独处理所有可见光的波长。因此，大多数图像生成系统，包括电影和视频，只使用三种基色或者**原色**(primary color)。我们将在第 2 章和第 12 章深入讨论颜色。

在人类视觉系统中，对光线的初级处理所利用的原理和大多数光学系统是相同的。然而，人类视觉系统的后端处理比照相机或者望远镜要复杂得多。视神经与视杆细胞和视锥细胞的连接方式非常复杂，具有一个复杂的信号处理器的许多特征。最后的处理是在大脑中一个称为视觉皮层的部分进行的，这里执行像对象识别这类的高级功能。我们只考虑视网膜上所成的像，它由视杆细胞和视锥细胞感知并传递到大脑，而不讨论任何高级处理。

1.5　虚拟照相机模型

从前面介绍的光学成像系统的模型可以自然地引出现代三维计算机图形学的概念基础。我们认为，利用计算机生成图像和在光学系统中成像是相似的，这种模式称为**虚拟照相机模型**(synthetic-camera model)。考虑图 1.23 所示的成像系统。图中仍旧包含对象和一个观察者，这里的观察者是一个折叠暗箱照相机①。图像是在照相机后部的胶片平面上生成的。为了能够模仿这个过程以生成人造图像，我们需要明确一些基本原理。

第一，对象的确定不依赖于观察者。因此，在一个图形库中，可以期望有不同的函数来分别指定对象和观察者。

第二，可以像对针孔照相机所做的那样，利用简单的几何方法计算图像。考虑如图 1.24 所示的包含观察者和简单对象的侧视图。图 1.24(a)所示的视图和针孔照相机的情形类似。注意，物体的成像相对于物体是倒立的。在实际的照相机中，可以通过翻转胶片来获得正立的图像，但对于虚拟照相机，可以使用一个简单的技巧而无须翻转。如图 1.24(b)所示，在透镜前画的另一个平面上绘制，三维的情景如图 1.25

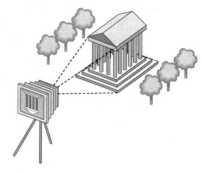

图 1.23　成像系统

所示。为了找出对象上的一点在虚拟成像平面上所成的像，从该点到透镜的中心连一条线，这条线称为**投影线**(projector)，透镜的中心称为**投影中心**(center of projection，COP)。注意，所有的投影线都经过投影中心。在这个虚拟照相机中，将已经移动到透镜前面的那个虚拟成像平面称为**投影平面**(projection plane)。对象上一个点的成像位于投影线和投影平面的交点上。在第 5 章中，我们将详细讨论这个过程并导出相关的数学公式。

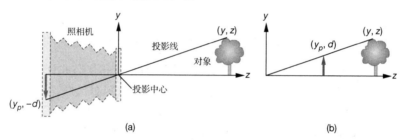

图 1.24　图像生成的两个等价视图。(a)在照相机的后部成像；(b)把成像平面移到照相机前面

我们也必须考虑到图像的大小是受限的。前面已经看到，不是所有的物体都可以在针孔照相机的胶片平面上完整地成像。视角就是用来描述这个限制的。如图 1.26 所示，在虚拟照相机中，可以通过在投影平面内设置一个**裁剪矩形**(clipping rectangle)或者**裁剪窗口**(clipping window)来把这个限制移到透镜的前面。图中的矩形起窗口的作用，位于投影中心的观察者透过这个窗口观察场景。给定投影中心的位置，投影平面的位置和方向，以及裁剪窗口的大小，就能够确定哪些对象会在图像中出现。

图 1.25　使用虚拟照相机成像　　　图 1.26　裁剪。(a) 裁剪窗口位于初始位置；(b) 裁剪窗口被移动之后

---

① 在折叠暗箱照相机中，前面和后面之间的侧面是可变动的。照相机的前面装有透镜，后面是胶片平面。这样，可以移动照相机的胶片平面而不影响前面的透镜，于是在图像生成过程中增加了灵活性。在第 5 章中，我们会利用这种灵活性。

1.6　应用程序编程接口

用户和图形系统交互的方式有很多种。利用功能完备的软件包,比如在 CAD 中所使用的软件包,用户在生成图像时可以使用像鼠标和键盘这样的输入设备和显示器进行交互。在图 1.27 所示的绘图程序这样的典型应用中,用户可以看到表示某些可能操作的菜单和图标。通过点击这些菜单和图标,软件在用户的引导下就可以生成图像,用户是不需要编程的。

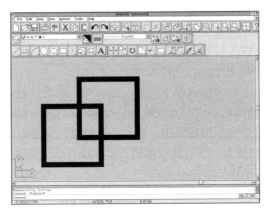

图 1.27　一个绘图程序的界面

当然,得有人为这些应用程序编写代码,即使商用软件已经很复杂并且功能相当强大,我们当中的很多人,也仍然需要编写自己的图形应用程序(甚至是享受这样做的乐趣)。

应用程序和图形系统之间的接口可以通过图形库中的一组函数来指定,这个接口的规范称为**应用程序编程接**口(application programming interface,API)。从应用程序编程人员的角度来看,图形系统的模型如图 1.28 所示。应用程序编程人员只能看到 API,因此图形系统的软硬件实现细节都被屏蔽掉了。软件**驱动程序**(driver)负责解释 API 的输出并把这些数据转换为能被特定硬件识别的形式。从应用程序编程人员的角度来看,API 提供的功能应该同编程人员用来确定图像的概念模型相匹配。通过使用 API 来开发代码,应用程序编程人员可以开发出适用于不同软硬件平台的应用程序。

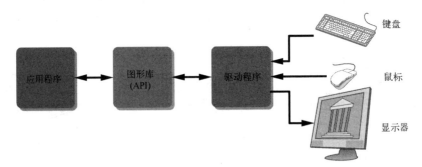

图 1.28　面向应用程序编程人员的图形系统的模型

1.6.1　笔式绘图仪模型

在历史上,早期的大多数图形系统都是二维系统。它们所使用的概念模型现在被称为**笔式绘**

图仪模型(pen-plotter model)，这个名称与那个时候可用的输出设备有关。如图 1.29 所示，**笔式绘图仪**(pen plotter)通过安装在桥形台架上的绘图笔的移动来生成图像，这里的桥形台架是一种可以在纸张的范围内沿两个正交方向移动绘图笔的结构。绘图仪可以根据需要提起和放下绘图笔以绘制想要的图形。笔式绘图仪现在仍在使用，它们很适合于绘制较大的图形，比如设计蓝图。许多 API，比如 LOGO 和 PostScript，都起源于笔式绘图仪模型。用于显示 WebGL 输出的 HTML5 canvas 元素也起源于笔式绘图仪模型。尽管存在差异，这些 API 都把图像生成的过程看成类似于用笔在纸上绘图。用户考虑的是一定尺寸的纸面，在这个二维的纸面上来回移动画笔，从而把图画在纸上。

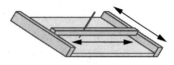

图 1.29　笔式绘图仪

我们可以用下面两个绘图函数来描述这类图形系统：

```
moveto(x, y);
lineto(x, y);
```

函数 moveto 把画笔移动到纸面的位置(x, y)，但不留下划痕。函数 lineto 把画笔移动到(x, y)，并在画笔的旧位置和新位置之间画一条线。只需要再添加一些初始化和终止操作，并且改变画笔颜色或者线条宽度的功能，就得到了一个简单却完备的图形系统。下面是这个图形系统中的一个简单程序的片段：

```
moveto(0, 0);
lineto(1, 0);
lineto(1, 1);
lineto(0, 1);
lineto(0, 0);
```

这个代码段生成的输出如图 1.30(a)所示。如果再增加下面的代码：

```
moveto(0, 1);
lineto(0.5, 1.866);
lineto(1.5, 1.866);
lineto(1.5, 0.866);
lineto(1, 0);
moveto(1, 1);
lineto(1.5, 1.866);
```

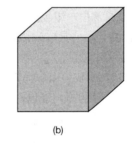

(a)

(b)

图 1.30　笔式绘图仪程序的输出。
(a)正方形；(b)立方体的投影

就得到了如图 1.30(b)所示的立方体斜投影图像。

对于某些应用，比如印刷行业的版面设计，这样的系统工作得很好。例如，页面描述语言 PostScript 在这些想法的基础上进行了复杂的扩展，现已成为排版系统和打印机的标准。

还有一种基于光栅的二维模型，它是把像素直接写到帧缓存中，不过仍然具有局限性。这样的系统可以建立在下面这种形式的单一函数的基础上：

```
writePixel(x, y, color);
```

这里 x, y 是帧缓存中像素的位置，color 是该位置像素的颜色。这样的系统非常适合编写光栅化和数字图像处理算法。

不过我们还是对三维世界更感兴趣。笔式绘图仪模型不能很好地扩展到三维图形系统。比如，要想利用笔式绘图仪模型在二维纸面上生成三维物体的图像，不管用手绘还是通过计算机，都应考虑三维物体上的点要表示在二维纸面上的什么位置。像我们在 1.5 节看到的那样，这些二维平面上的点是三维空间中点的投影。确定投影需要用到的数学分支是三角学。我们将在第 5 章讨论投影的数学推导。理解投影是理解三维计算机图形学的关键。但是，我们更愿意通过 API 来允许用户直接在问题域中考虑问题，这样用户就不需要在应用程序中进行三角计算，至于投影过程的细节则留给计算机来完成。这种方法不需要用户学会如何在绘图板上绘制各种投影或者绘制物体的透视草图，因而是很有好处的。更重要的是，API 的实现中通过软硬件来实现投影，这比用户在自己的程序中实现投影的效率要高得多。

三维打印机彻底改变了设计与制造行业，使得产品的加工制造与机械零件、艺术品以及活体细胞生物制品一样丰富多彩。这说明了将最终产品的底层制作与用于设计的高层软件相分离的重要性。在物理层，它们能够储存油墨以外的任何原料，除此之外，它们的运行过程与我们对笔式绘图仪的描述非常相似。三维作品按层逐步形成，其中每层都可以用笔式绘图仪模型来描述。但是，设计仍然是在三维空间中利用高层 API 完成的，利用高层 API 输出文件，并将该文件转换成供打印机使用的图层堆栈。

1.6.2   三维 API

虚拟照相机模型是许多广为使用的 API 的基础，这些 API 包括 OpenGL 和 Direct3D，如果遵从虚拟照相机模型，那么在 API 中需要指定下面四个要素：

- 对象
- 观察者[①]
- 光源
- 材质属性

对象通常由一组顶点定义。对于简单的几何对象，比如线段、矩形和多边形，顶点(vertex)列表(或者说空间位置)与对象之间存在简单的关系。对于更复杂的对象，可能有多种方法可以从一组顶点定义对象。

大多数 API 为用户提供的图元对象集是相似的。这些图元通常是那些可以在硬件上快速显示的对象。一般的图元集包括点、线段和三角形。WebGL 程序通过顶点列表来定义图元。下面的代码片段给出了一种在 JavaScript 中指定用于 WebGL 的三个顶点的方法：

```
var vertices = [ ];

vertices[0] = [0.0, 0.0, 0.0]; // Vertex A
vertices[1] = [0.0, 1.0, 0.0]; // Vertex B
vertices[2] = [0.0, 0.0, 1.0]; // Vertex C
```

或者

```
var vertices = [ ];

vertices.push([0.0, 0.0, 0.0]); // Vertex A
vertices.push([0.0, 1.0, 0.0]); // Vertex B
vertices.push([0.0, 0.0, 1.0]); // Vertex C
```

我们要么在需要显示这个数组时将它发送到 GPU 中，要么把它存储在 GPU 中以备将来显示。这里要注意的是，这三个顶点只给定了三维空间中的三个位置，并没有指定由它们所定义的几何实体。这三个顶点位置可以描述一个三角形，如图 1.31 所示；或者使用它们来指定两条线段，即使用前面两个顶点位置指定第一条线段，而使用后面两个顶点位置指定第二条线段；也可以使用

[①] 译文中有时也称为视点或虚拟照相机。——译者注

这三个顶点显示与之对应且位于帧缓存中的三个像素。可以在应用程序中通过设置一个参数来说明将这些顶点位置指定为何种几何实体。例如，在 WebGL 中，可以使用 `gl.TRIANGLES`、`gl.LINE_STRIP` 或 `gl.POINTS` 来说明上述三种情形。尽管现在还不准备描述完成这个绘制任务的所有细节，但是我们注意到，无论将这些顶点指定为何种几何实体，一旦指定需要绘制的几何实体，然后就由图形系统决定帧缓存中像素的颜色。

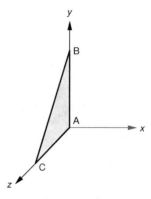

图 1.31　三角形

有些 API 提供读像素和写像素的函数，从而允许应用程序直接访问帧缓存。还有一些 API 把曲线和曲面作为图元提供给用户，不过这些图元在应用程序中一般是通过一系列更简单的图元来近似的。WebGL 允许通过纹理映射访问帧缓存。

可以通过许多方式来指定观察者或者照相机。现有的各种 API 为用户选择照相机所提供的灵活性各有不同，为用户提供的指定照相机的方法也或多或少。通过观察图 1.32，可以发现为了确定照相机，必须指定下列四个要素：

1. **位置**。照相机的位置通常由透镜的中心，即投影中心(COP)给出。
2. **方向**。在确定了照相机的位置后，就可以以投影中心为原点设置一个照相机坐标系，接下来可以分别绕这个坐标系的三个坐标轴旋转照相机。
3. **焦距**。透镜的焦距决定了在胶片平面上所成像的尺寸，或者等价地说，决定了场景中能够被照相机成像的那部分有多大。
4. **胶片平面**。照相机后部的胶片平面有一定的高度和宽度。在折叠暗箱照相机和一些 API 中，照相机后部的胶片平面的方向与透镜的方向无关，可以独立调节。

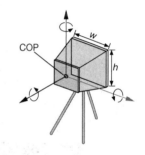

图 1.32　指定照相机

上面这四个要素可以通过许多方法来满足。一种方法是借助一系列坐标系变换来确定照相机的位置和方向。对象的位置最初在某个坐标系中通过对象的顶点坐标来指定，这些变换把对象的位置变换到另一个以 COP 为中心的坐标系中。不论是对于某个特定图形绘制系统的 API 实现，还是对于利用照相机获取各种可能的视图，这种方法都是有用的。从第 5 章开始，我们会广泛地使用这种方法。

然而，如果需要调整的参数太多，那么得到一幅想要的图像就变得困难了。造成这个问题的部分原因在于虚拟照相机模型本身。一些经典的观察技术(比如在建筑设计中使用的观察技术)强调的是观察者和对象之间的联系，而不是虚拟照相机模型所强调的二者各自的独立性。按照这种观点，图 1.33 所示的立方体的两点透视图之所以是两点透视，是因为观察者与立方体的各个面之间存在一种特定的位置关系(参见习题 1.7)，尽管 WebGL API 允许我们完全自由地设置坐标系的变换，我们还是提供了附加的有用函数。作为例子，考虑下面的两个函数调用：

```
lookAt(cop, at, up);
perspective(fieldOfView, aspectRatio, near, far);
```

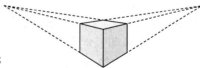

图 1.33　立方体的两点透视图

第一个函数调用使照相机从投影中心(参数 cop)指向我们所期望的位置(参数 at)，并且指定照相机的观察正向(参数

up)。第二个函数为透视投影选择了透镜(视域),还确定了场景中的哪一部分要被成像(宽高比以及 near 和 far 这两个距离)。这些函数使用 WebGL API,但其不是 WebGL 库的一部分。然而,它们如此有用以至于我们将它们添加到自己的库中。

不过,基于虚拟照相机模型的所有 API 都没有提供能够直接按要求确定照相机和对象之间关系的函数。

光源可由其位置、强度、颜色和方向性来表征。在 WebGL 应用程序中,可以为每个光源指定这些参数。材质属性是对象的特征或属性,这些属性在定义每一个对象时由 WebGL 来指定。在第 6 章中,我们将利用着色器实现不同的光与材质相互作用的模型。

1.6.3　使用 WebGL API 绘制的一系列图像

我们从第 2 章开始详细讨论 WebGL API,对 WebGL 的使用将贯穿全书。WebGL 程序所定义的图像是由图像生成过程的软硬件实现自动生成的。

这里将展示一系列图像,让读者看看利用 WebGL API 可以创建什么样的图像效果。这一系列图像是用越来越复杂的技术绘制同样的对象得到的图像。它们的顺序不仅大致上和我们在后面讨论各个相关主题的顺序一致,而且也反映了图形系统在过去 40 年里的发展历程。

图 1.34 是艺术家[①]创作的一个类似太阳的模型。图 1.35 是只利用线段绘制的这个模型的图像。虽然这个模型包括许多部分,程序员也已经使用了复杂的数据结构来表示每个部分以及各个部分之间的联系,但是在绘制的图像中只显示出了各个部分的轮廓。这类图像称为**线框图**(wireframe image),因为我们只能看到表面的边线。如果对象由直线段构成的框架组成,在边线之间没有实体部分,那么就得到了线框图。在光栅图形系统出现之前,利用计算机只能够得到线框图。

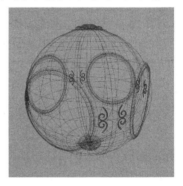

图 1.34　利用 NURBS 曲面创建并使　　　　图 1.35　太阳模型表面的线框图表示形式
　　　　用纹理映射绘制的太阳模型

图 1.36 是对同样的对象利用多边形面片绘制的图像。有一些表面是看不到的,因为在观察者和这些表面之间存在实体表面,这些看不到的表面已经通过**隐藏面消除**(hidden-surface-removal,HSR)算法去掉了。对于大多数光栅系统来说,用单一颜色填充多边形内部所需的时间和显示线框图所需的时间差不多。尽管对象是三维的,但是它的每个面却被显示为单一颜色,这样就不能体现出对象的三维形状。早期的光栅系统可以生成这样的图像。

在第 2 章和第 4 章中,将讨论如何生成包含简单几何对象的图像,这些几何对象包括点、线段和三角形。在第 4 章和第 5 章中,将介绍如何对对象进行三维变换,以及如何获得想要的三维视图,并进行隐藏面消除。

---

① 这一系列图像是由新墨西哥大学艺术实验室的 Hue Walker 创作的。

图 1.37 利用具有平滑着色的三角形来近似该模型，它显示出了模型的三维效果，而且模型的表面是光滑的。我们将在第 6 章介绍 WebGL 支持的着色模型。最近的工作站提供了对这些着色模型的硬件支持，在这些系统上生成明暗图和生成线框图花费的时间差不多。

图 1.36　采用多边形均匀着色方法绘制的太阳模型

图 1.37　采用多边形平滑着色方法绘制的太阳模型

图 1.38 所示的更复杂的线框模型是利用 NURBS 曲面构造的。我们将在第 11 章介绍 NURBS 曲面。这样的曲面为应用程序编程人员在设计过程中提供了极大的灵活性，不过最终还是要借助线段和多边形来绘制。

在图 1.39 和图 1.40 中，我们为该对象增加了纹理。纹理是在第 7 章将要讨论的效果之一。所有最新的图形处理器都在硬件上支持纹理映射，所以绘制基于纹理映射的图像只需要极少的额外时间开销。在图 1.39 中，使用了一种称为**凹凸映射**（bump mapping）的技术，虽然绘制的仍是和其他例子中一样的平面多边形，但利用这种技术获得了粗糙表面的效果。图 1.40 给出了将**环境贴图**（environment map）应用到对象表面的效果，这使得表面看上去像镜面。这些技术将在第 7 章中详细讨论。

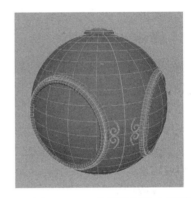

图 1.38　用 NURBS 曲面绘制的太阳模型表面，该模型采用线框图表示，并使用了大量的多边形来绘制 NURBS 曲面

图 1.39　采用凹凸贴图（bump map）绘制的太阳模型

图 1.40　采用环境贴图绘制的太阳模型

图 1.41 和图 1.42 所示的是利用环境贴图绘制太阳模型的一小块区域。图 1.41 显示出的锯齿状瑕疵被称为走样误差，这是由于帧缓存的离散特性造成的。图 1.42 是利用了平滑或者反走样方法绘制的效果，我们将在第 7 章和第 12 章介绍这些方法。

图 1.41　不用反走样技术绘制的太阳模型的一小块区域　　图 1.42　采用反走样技术绘制的太阳模型的一小块区域

这些图像不仅展示了利用当今的硬件技术和优秀的 API 所能提供的功能，而且我们将在后面的章节中看到，生成这些图像也并不复杂。此外，就像这些图像所显示出来的递进绘制效果，生成它们的程序也会相应地逐渐增加新的部分。

1.6.4　建模-绘制模式

无论是从概念上来讲，还是从实际应用出发，把场景的建模和图像的生成，或者称为场景的**绘制**(rendering)[①]分离开是非常有帮助的。这样，就可以把图像生成看成如图 1.43 所示的两步过程。虽然要完成的任务和我们前面讨论的一样，但是这个框图的表示形式说明可以用不同的软件和硬件实现建模器和绘制器。

由于硬件限制，这个模式首先在 CAD 应用和动画中变得非常重要，因为它们需要将对象设计或对象建模与场景生成或场景绘制分离开。

例如，考虑生成动画序列中的单独一帧图像。首先需要设计并摆放对象，这一步是高度交互的，并不需要

图 1.43　建模-绘制模式

处理对象的所有细节，也不需要详尽地绘制场景，如反射效果和阴影效果。因此，我们能够采用标准图形硬件交互地执行这一步。一旦完成了场景的设计，就要绘制场景。为了生成高质量的图像，需要增加光源、材质属性，以及许多其他反映场景逼真度的细节效果。这一步需要大量的计算，所以更希望利用渲染农场(render farm，即用于数值计算的计算机集群)来完成。

建模器和绘制器之间的接口可以简单到就是一个文件，这个文件由建模器生成，用来描述要绘制的对象并且包含只对绘制器很重要的一些附加信息，例如光源、观察者的位置和材质属性。Pixar 公司的 RenderMan 接口就采用了这种方法，定义了一种文件格式，允许建模器把模型信息传递给绘制器。这种方法的另一个优点是可以允许我们针对特殊的应用开发其他的建模器，这些建模器可以使用和原来一样的绘制器。类似地，不同的绘制器也可以把相同的接口文件作为输入。

虽然电影产业仍然使用建模-绘制模式生成具有各种效果的高分辨率图像，但是利用现代GPU，大多数应用不再需要完全按照前面描述的方式把建模和绘制过程分离开。然而，尽管在形式上略有不同，还是能看到这种建模-绘制模式的一些踪影：它已经成为多人计算机游戏生成图像

[①] 译文中有时也称为"渲染"。——译者注

所采用的主流方法。场景的模型，包括几何对象、光照、照相机和材质属性都被放到一个称为**场景图**(scene graph)的数据结构中，场景图再被传递给绘制器或者游戏引擎。我们将在第 9 章讨论场景图。正如将在第 2 章中所看到的，使用 GPU 的标准方法是首先在 CPU 中生成对象的几何图元，然后把这些几何数据发送到 GPU 中进行绘制。因此，从某种意义上说，CPU 是建模器，而 GPU 是绘制器。

1.7 图形绘制系统体系结构

API 的上层是应用程序，下层则是组合起来实现 API 功能的硬件和软件。研究人员已经采取了许多方法来开发支持图形 API 的体系结构。

早期的图形系统采用具有标准冯·诺依曼体系结构的通用计算机。这类计算机的特征是具有单一的处理单元，每次只处理单独一条指令。图 1.44 是这类早期的图形系统的一个简单模型。在这类系统中使用的显示器是画线 CRT，包含必要的电路来显示连接两点的线段。主机的任务是运行应用程序并计算图像中线段的端点坐标(点坐标的单位遵从显示器的物理单位)。为了避免出现闪烁，线段的端点坐标必须以足够高的速率传递到显示器。在计算机图形学的早期，计算机的运算速度还很慢，就连刷新只包含几百条线段的简单图像这样的任务，对于那时昂贵的计算机来说也是沉重的负担。

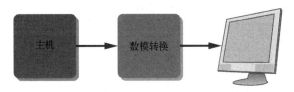

图 1.44 早期的图形系统

1.7.1 显示处理器

最初，制造专用图形系统的努力主要是为了把通用计算机从不间断刷新显示器的任务中解放出来。这些**显示处理器**(display processor)具有传统的体系结构(见图 1.45)，但增加了在显示器上显示图元的指令。生成图像的指令可以在主机中集中存储，然后发送到显示处理器，这些指令可以作为**显示列表**(display list)或者**显示文件**(display file)存储到显示处理器自己的存储器中，这是显示处理器的主要优势。显示处理器会以足够的速率来重复执行显示列表中的程序，从而避免闪烁，这样主机就可以执行其他任务了。这种体系结构和许多系统中使用的客户-服务器体系结构密切相关。

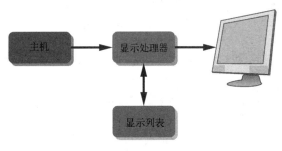

图 1.45 显示处理器体系结构

1.7.2　流水线体系结构

图形绘制系统体系结构的主要进展可以和工作站的进展并驾齐驱。专用 VLSI 芯片对于二者来说都是关键的支撑技术。此外，廉价的固态存储器使光栅显示器得到普及。对计算机图形学的应用来说，定制 VLSI 电路最重要的应用是构建**流水线**(pipeline)体系结构。

图 1.46 以一个简单的算术运算为例，解释了流水线的概念。在我们的流水线中有一个加法器和一个乘法器。如果用这种配置来计算 $a+(b\times c)$，那么需要一次乘法和一次加法，这与只用一个处理器来执行这两个运算所需的计算量相同。然而让我们考虑下面这种情况：同样的计算需要对不同的 a, b, c 执行许多次。现在，乘法器可以把它的运算结果传递给加法器，然后在加法器执行第一组数据的第二步计算的同时进行下一次乘法。这样，尽管对任何一组数据而言，所需的计算时间仍然相同，可当我们一次处理两组数据时，总的计算时间被显著缩短。这样数据通过系统的速率，即系统的吞吐量(throughput)被加倍了。注意，当流水线中的模块数目增加以后，单个数据通过系统的时间也增加了，我们把这个时间称为系统的**延迟**(latency)。在评估流水线的性能时必须对延迟和吞吐量进行权衡。

我们可以对更复杂的算术运算构造流水线，这样吞吐量会增加得更多。当然，除非要对许多数据集进行相同的操作，否则没必要构造流水线。不过在计算机图形学中，这正是我们要做的，因为图形学需要以相同的方式处理数量巨大的顶点和像素。

图 1.46　运算流水线

1.7.3　图形绘制流水线

场景中包含一组对象，每个对象由一组图元组成，每个图元又包含一组顶点。可以认为是图元的类型和顶点集定义了场景的**几何数据**(geometry)。在一个复杂的场景里，可能会使用数千个甚至数百万个顶点来定义对象。为了生成存储在帧缓存中的图像，必须以相似的方式来处理所有这些顶点。如果把生成图像看成处理对象的几何属性，那么可以用图 1.47 所示的框图来表示成像过程的四个主要步骤：

1. 顶点处理
2. 裁剪和图元组装
3. 光栅化
4. 片元处理

图 1.47　几何绘制流水线

我们将在后面的章节讨论这些步骤的细节。这里只是扼要介绍每个步骤，然后说明可以把这些步骤组织成流水线。

1.7.4　顶点处理

在绘制流水线的第一个模块中，对各个顶点的处理是彼此独立的。这个模块的主要功能是执行坐标变换。这个模块也计算每个顶点的颜色值并改变每个顶点的其他属性。

在成像过程中，有许多步骤可以看成对象在不同坐标系下的表示之间的变换。比如，在虚拟照相机成像模式里，观察的一个主要功能是把对象从其被定义的坐标系下的表示转换到照相机坐标系(或观察坐标系)下的表示。在最后把图像传送到输出设备时也会涉及变换。对象的内部表示，不管是在观察坐标系下的表示还是在图形软件使用的其他坐标系下的表示，最终必须转换成在显示器坐标系下的表示。坐标系的每一次变换都可以用一个矩阵来表示。坐标系的多次变换可以表示为矩阵的相乘或者**级联**(concatenation)，于是多个矩阵通过相乘就合并为一个矩阵。我们将在第 4 章详细讨论这些运算。因为用一个矩阵乘以另一个矩阵得到第三个矩阵，一个变换序列很明显是非常适合于用流水线体系结构实现的。此外，由于计算机图形学中使用的矩阵总是小尺寸的(4×4)，因此还可以在流水线的变换模块里进行并行计算。

在经过了多次变换之后，最后还要对几何数据进行投影变换。在第 5 章将会看到这一步可以用 4×4 矩阵实现，这样投影变换也可以被纳入流水线中。一般而言，当对象在流水线中被处理时，希望尽可能久地保留三维信息。因此，绘制流水线中的投影变换多少要比 1.5 节所讲的投影更具一般性，除了保持三维信息，还可以实现许多其他类型的投影，这些投影将在第 5 章介绍。

对顶点颜色的指派可以简单到由程序指定一种颜色，也可以复杂到利用基于物理的真实感光照模型来计算，这样的光照模型考虑了对象的表面属性和场景中的特定光源。我们将在第 6 章讨论光照模型。

1.7.5　裁剪和图元组装

标准图形绘制流水线中第二个基本模块的任务是裁剪和组装图元。因为成像系统不可能一次对整个场景成像，基于这个限制，必须进行裁剪。人类视网膜的尺寸是有限的，对应于大概 90°的视域。照相机的胶片也是大小有限的，其视域可以通过选择不同的镜头来调节。

虚拟照相机的视域也是有限的，这是通过**裁剪体**(clipping volume)来体现的。图 1.25 中镜头前面的锥体就是裁剪体的一个例子，位于裁剪体内部的对象投影后可以成像，而位于裁剪体外部的对象则不会成像，我们说它们被裁剪掉了。跨越裁剪体边界的对象在图像中是部分可见的。第 12 章将讨论高效的裁剪算法。

裁剪必须在逐个图元的基础上进行，而不是逐个顶点地进行。这样，在绘制流水线的这个阶段，在裁剪执行之前，必须把顶点组装成像线段和多边形这样的图元。所以，这个阶段的输出是一组其投影可以被成像的图元。

1.7.6　光栅化

由裁剪模块得到的图元仍然是用顶点表示的，为了生成帧缓存中的像素还必须做进一步处理。例如，如果三个顶点确定了一个由单色填充的三角形，光栅化模块就必须确定在帧缓存中有哪些像素位于这个三角形的内部。我们将在第 12 章讨论线段和多边形的光栅化(也称为扫描转换)过程。光栅化模块对每个图元输出一组**片元**(fragment)，可以把片元看成携带相关信息的潜在像素，片元所携带的信息包括它的颜色和位置，这些信息被用来更新帧缓存中对应位置的像素。片元还可以携带深度信息，这样在绘制流水线后面的阶段就可以确定某个片元是否位于其他片元的后面，这些片元都对应于同一个像素。

1.7.7　片元处理

绘制流水线的最后一个模块利用光栅化模块生成的片元来更新帧缓存中的像素。如果应用程序生成的是三维数据，那么一些片元可能是不可见的，因为它们所定义的表面在其他表面的后面。

如图 1.39 和图 1.40 所示，片元的颜色可以通过纹理映射或者凹凸映射来改变。也可以从帧缓存中读取与片元对应的像素的颜色，再与片元的颜色混合，就可以生成半透明效果。第 7 章将讨论这些效果。

1.8　可编程流水线

图形绘制系统体系结构的设计经历了多次迭代，在其演变过程中，这种图形专用硬件相对于标准 CPU 的重要性也变得起伏不定。然而，无论其结构如何演变，流水线结构的重要性依然不变。其他的图形绘制方法，包括光线跟踪、辐射度方法和光子映射都不能获得实时行为。所谓实时行为就是绘制复杂的动态场景且能让用户看到其逼真显示的能力。然而，随着图形硬件的发展，给"实时性"这个术语下定义已经变得越来越困难了。尽管诸如光线跟踪这样的方法能够接近实时性，但没有一种方法可以通过简单的应用程序和 GPU 程序来获得流水线体系结构所拥有的性能。因此，市场上主流的显卡都把绘制流水线内置到图形处理单元中。这些商用显卡都实现了前面所讲的图形绘制流水线，但增加了更多的可选功能，我们会在后面的章节里讨论这些可选功能。

多年以来，这些流水线体系结构都具有固定的功能。尽管应用程序可以设置许多参数，但绘制流水线中提供的基本操作是固定的。近年来，流水线体系结构有一个较大的进展。顶点处理模块和片元处理模块对于应用程序编程人员来说都是可编程的。这一进展最激动人心的方面之一是许多技术都可以实时实现了，这在以前是做不到的，因为在功能固定的绘制流水线中没有实现这些技术。图 1.40 所示的凹凸映射就是这样一个例子，在以前只能离线实现凹凸映射算法，而现在能够在可编程流水线中实现该算法了。

在可编程流水线中，顶点着色器[①]可以在顶点经过流水线时修改每个顶点的位置或颜色。这样，就可以实现许多光线-材质模型或者创建新型的投影。片元着色器[②]允许我们以许多新的方式来使用纹理，也可以使用片元着色器实现流水线中的其他处理部分，例如实现基于每个片元的光照计算而不是基于每个顶点的光照计算。

目前，包括智能手机和平板电脑在内的许多便携设备都具备可编程性，这些便携设备都包含彩色屏幕和触摸界面。此外，可编程 GPU 的速度和并发性使它们非常适合处理那些并不涉及图形绘制的高性能通用计算。

为了及时反映图形绘制系统体系结构的发展，最新的一些 OpenGL 版本新增了越来越多的可编程性及相关可选项。另外，由这种可编程标准建立的 OpenGL 变体(如 WebGL)可以更好地匹配需要运行这些 API 的设备的性能。例如，在移动设备(比如便携式设备或嵌入式设备)上，OpenGL 的一个版本 —— OpenGL ES(ES 是嵌入式系统的缩写)可用于大多数智能手机和平板电脑。OpenGL ES 具有简化的函数调用，但保留了许多与 OpenGL 相同的功能。严格来讲，内置于 Web 浏览器中的 WebGL 是 OpenGL ES 的一个版本，它可以在内部使用 OpenGL ES 作为绘制引擎。对于起初使用原来的固定功能绘制流水线的编程人员来说，尽管因此使得我们编写第一个程序的时间稍微增加了，但是由此获得的好处也是非常显著的。

1.9　性能特征

在流水线体系结构中，有两类本质上不同的处理。在流水线的前端是几何处理，通过各种变

---

① 顶点着色器指在 GPU 的顶点处理模块中执行的用户程序。——译者注
② 片元着色器指在 GPU 的片元处理模块中执行的用户程序。——译者注

换来处理顶点：顶点着色、裁剪和图元组装。这样的处理很适合流水线实现，而且一般涉及浮点运算。由 Silicon Graphics 公司（SGI）开发的几何引擎把许多这类运算用 VLSI 技术实现在一块专用芯片上，曾经成为一系列高速图形工作站的基础。后来，浮点运算加速芯片把 4×4 矩阵乘法单元做到芯片里，这样矩阵乘法被简化为一条指令。现在，图形工作站和商用显卡使用的图形处理单元（GPU）可以在芯片级执行大多数图形运算。绝大部分高性能的图形系统都采用了流水线体系结构。

从光栅化开始，包括许多其他特性，绘制流水线中的处理涉及许多对帧缓存中二进制比特位的直接操作。因此，流水线中的后端处理和前端处理有着根本的不同，为了有效地实现后端处理，需要使用能够快速批量传送二进制位的体系结构。系统的整体性能由绘制流水线能够以多快的速度处理几何实体以及每秒钟可以修改帧缓存中像素的数量来表征。因此，最快的图形工作站是由前端的几何流水线和后端的并行位处理器来表征的。

直到大约 10 年前，前端处理和后端处理的差异还很明显，并且每种处理都有不同类型的专用部件和电路板。现在，商用显卡使用的 GPU 把整个流水线做到一个芯片上。最新的芯片利用浮点运算实现整个流水线并且具有浮点帧缓存。这些 GPU 功能异常强大，甚至是具有多条流水线的最高端系统也使用了这样的 GPU。

由于处理顶点和处理片元所执行的操作非常类似，现代 GPU 已演变成**统一着色引擎**（unifited shading engine），它能够同时完成顶点着色和片元着色。这个处理过程可能仅限于小型 GPU（比如在手机中）的单核或高性能 GPU 和游戏系统的数百个处理器。这种处理的灵活性允许 GPU 以最优方式利用自身的资源而不考虑应用程序的需求。

流水线体系结构在图形学领域占主导地位，特别是对于需要实时性的场合。前面的介绍已经解释了为什么要利用流水线体系结构来实现系统中的硬件。商用显卡把绘制流水线内置到它们的 GPU 中。目前，即使手机也可以每秒钟绘制数以百万计的经过着色和纹理映射处理的三角形。然而，我们也有同样充分的理由把流水线作为 API 的完整软件实现的基础。

1.10　OpenGL 版本和 WebGL

到目前为止，除了说明 WebGL 是运行于大多数现代浏览器中的一个 OpenGL 版本，我们还没有仔细区分 OpenGL 和 WebGL。为了更好地理解 OpenGL 各个版本之间的区别，这里有必要简单回顾一下 OpenGL 的发展历史。

OpenGL 的前身是 SGI 为其革命性的 VLSI 绘制流水线图形工作站开发的 IRIS GL API。IRIS GL 足够接近硬件，使得应用程序在高效运行的同时，为应用程序开发人员提供工作站图形功能的高级接口。由于 IRIS GL 是为特定的体系结构和操作系统而设计，因此可以将输入函数和窗口函数包含在 API 中。

当将 OpenCL 开发成跨平台绘制 API 时，则去除了输入函数和窗口函数。因此，尽管必须为每个体系结构重新编译应用程序，但是应用程序代码的绘制部分都是相同的。

1992 年发布了 OpenGL 的第一个版本（Version 1.0）。该 API 基于图形绘制流水线体系结构，但是几乎没有直接访问硬件的能力。早期版本致力于**立即绘制模式**（immediate-mode graphics），也就是说，在应用程序中指定图元并立即发送到绘制流水线中进行绘制并显示出来。因此，立即绘制模式没有图元存储区，如果需要重新显示这些图元，则必须将它们重新发送到绘制流水线中。从 OpenGL 的 Version 1.1 到 Version 1.5 逐渐增加了一些新的特性。其他新特性尽管不是标准 OpenGL API 的一部分，但是在特定的图形硬件上可作为扩展得到支持。2004 年发布了 Version 2.0，而 Version 2.1 发布于 2006 年。回顾 OpenGL 的发展历程，Version 2.0 的出现是 OpenGL 的重大进步，因为它引入了 OpenGL 着色语言，允许应用程序编程人员编写他们自己的着色器程序并且充分利用 GPU 的巨大能力。特别地，借助于更好的 GPU 和更多的存储区来储存或保留几何信息，**延迟绘制模式**(retained-mode graphics)变得越来越重要。

一直到 Version 3.0(2008 年发布)，OpenGL 的所有版本都是向后兼容的，从而保证在早期版本上开发的代码可以在后续版本中继续运行。因此，随着更复杂版本的出现，开发者不得不支持更老、更无用的功能。Version 3.0 宣布，从 Version 3.1 开始，所有的实现将不再提供向后兼容，尤其不支持立即绘制模式。后来的一系列版本引入了更多特性，当前版本为 Version 4.6。尽管 OpenGL 已经移植到许多其他的语言之中，但是大多数应用程序仍然使用 C 或 C++编写。

随着版本的升级，OpenGL 提供了越来越多的功能以利用 GPU 技术取得的进步，与此同时，对较简单版本的需求显得更加迫切，这些简单版本可以运行在嵌入式系统、智能手机和其他便携设备上。2008 年发布了基于 OpenGL Version 1.5 的 OpenGL ES 1.1。OpenGL ES 2.0 基于 OpenGL Version 2.0，只支持基于着色器的应用程序，且不支持立即绘制模式。OpenGL ES 3.0 于 2013 年发布。现在我们能够为包含 GPU 的硬件设备(如智能手机)开发三维交互式应用程序。

完整版的 OpenGL 和简化版的 OpenGL ES 都被设计成在本地运行，不能充分利用 Web 的优势。因此，如果想运行在因特网上找到的 OpenGL 应用程序，并要求在相同的 GPU 体系结构下运行，则必须下载它的二进制文件或者下载它的源代码并重新编译。即使可以远程运行一个应用程序并在本地窗口观察它的输出，应用程序也不能利用本地系统的 GPU。WebGL 是运行在现代 Web 浏览器上的 OpenGL ES 2.0 的 JavaScript 接口，这样用户可以访问远程系统上的 WebGL 应用程序的 URL，而且像其他 Web 应用程序一样，程序将运行于本地系统并利用本地的图形硬件。WebGL 和 OpenGL ES 2.0 完全基于着色器。尽管 WebGL 不具备 OpenGL 最新版本的所有特性，但是仍保留了 OpenGL 所有的基本属性和功能。所以，我们一直提到 OpenGL 或 WebGL 而几乎不考虑它们之间的区别。

小结和注释

本章以自顶向下的方式讲解计算机图形学，在本章中，我们为这种自顶向下方法打下了基础。我们描述了总的概貌，这样读者就可以在第 2 章开始着手编写图形应用程序，而不会感到无所依托。

我们强调了计算机图形学是生成图像的一种方法，应该把这种方法和经典的图像生成方法，尤其是像照相机这样的光学系统联系起来。书中介绍了针孔照相机和人类视觉系统，它们都是成像系统的例子。

我们对许多图像生成的典型例子进行了描述，这些例子对计算机图形学都有一定的适用性。虚拟照相机模型对计算机图形学有两个重要影响。首先，它强调了对象和观察者是彼此独立的，由此可以引出一种很好的组织图形库中函数的方式。其次，它引出了流水线体系结构的概念，流水线中的不同阶段对几何实体进行不同的操作，再把处理后的对象传递到下一个阶段。

我们也对通过跟踪光线来生成图像的思想进行了介绍。这个范例对于理解光线与材质的相互作用非常有用，而光线和材质的相互作用对于基于物理的图像生成是必不可少的。由于光线跟踪和其他基于物理的策略不能实时绘制场景，我们把对它们的进一步讨论推迟到第 13 章。

建模-绘制模式现在变得越来越重要。一个标准的图形工作站每秒钟可以生成数百万条线段或数百万个多边形，其分辨率超过 2048×1546 像素，这样的工作站可以使用简单的着色模型对多边形进行着色，并且以相同的速率只显示可见面。不过，真实感图像可能需要高至 6000×4000 像素的分辨率来和电影所要求的分辨率相匹配，还可能要求不能实时实现的光照与材质效果。虽然硬件和软件的性能在不断提高，但建模和绘制的目标差异非常之大，所以可以预期建模系统和绘制系统的区别还会存在下去。

下一步将探讨图形编程的应用层面。我们使用功能强大的 WebGL API，它被现代浏览器所支持，并且具有一个独特的流水线体系结构。从用户编写图形应用程序到最终的图像呈现在显示器上，WebGL 可以使我们理解计算机图形学的工作原理。

建议阅读资料

有许多优秀的图形学教材。Newman 和 Sproull[New73]的著作最早采用了基于虚拟照相机模型的现代观点。Foley 等人[Fol90, Fol94]和 Hughes 等人[Hug13]的著作有多个版本，它们已经成为标准参考书。其他的优秀教材包括 Hearn 和 Baker[Hea11]，Hill[Hil07]以及 Marschner[Mar15]。

一些优秀的常规性参考文献包括：*Computer Graphics*，这是 SIGGRAPH（the Association for Computing Machinery's Special Interest Group for Computer Graphics and Interactive Techniques）的季刊，还有 *IEEE Computer Graphics and Applications* 以及 *Visual Computer*。SIGGRAPH 年会论文集包括最新的技术。这个论文集以前作为 *Computer Graphics* 的夏季刊发行，现在作为 *ACM Transactions on Computer Graphics* 的一期发行，并以 DVD 光盘的形式出版。初学者特别感兴趣的是 SIGGRAPH 的最新动画展示和会议上用于培训的课程讲稿，现在这些都以 DVD 光盘或 ACM 数字库的形式出版。

Sutherland 的博士论文 *Sketchpad : A Man-Machine Graphical Communication System*[Sut63] 可能是交互式计算机图形学发展的开创性论文。Sutherland 第一个意识到了人类与 CRT 显示器上的图像进行交互这种新范式的巨大威力。Sutherland 当年与 CRT 上显示的图像进行交互的录像带拷贝（副本）现在还可以找到。

Tufte 的著作[Tuf90, Tuf97, Tuf01, Tuf06]指出了良好的视觉设计的重要性，还包含了许多有关图形学发展的历史信息。Carlbom 和 Paciorek 的文章[Car78]很好地讨论了用于建筑设计等领域中的经典观察和计算机观察之间的一些关系。

有很多介绍人类视觉系统的书籍。Pratt 的著作[Pra07]对如何处理光栅显示给出了简要的讨论。也可以参考其他作者的书籍：Glassner[Gla95]，Wyszecki 和 Stiles[Wys82]，以及 Hall[Hal89]。

习题

1.1 图像生成的流水线方法并不对应于物理系统的成像过程，这样一种非物理的方法主要有哪些优点和缺点？

1.2 在计算机图形学中，像球面这样的对象一般是利用由多边形面片构造的更简单的对象（多面体）来近似的。请利用经线和纬线，定义一组简单的多边形来近似球心在原点的球面。只利用四边形或者三角形也能近似球面吗？

1.3 近似球面的另一种方法是从 4 个三角形构成的正四面体开始。假定正四面体的中心在原点并且有一个顶点在 y 轴，求出它各个顶点的坐标。对正四面体的各个面不断细分，由此推导出一种算法来获得越来越接近球面的多面体。

1.4 考虑相对矩形裁剪窗口来裁剪线段。证明只需要线段的两个端点就可以确定线段属于下列三种情况中的某一种：（1）完全没有被裁剪；（2）部分可见；（3）完全被裁剪掉。

1.5 对一条线段，证明相对矩形窗口的上边界进行裁剪与相对矩形窗口的其他边界进行裁剪是独立的。利用这个结果证明可以通过四个简单的裁剪器组成的流水线来实现相对矩形窗口裁剪线段。

1.6 把习题 1.4 和习题 1.5 扩展到利用三维的长方体来裁剪线段。

1.7 图 1.48 是立方体的透视投影图。左边的视图称为**一点透视**(one-point perspective),因为沿着一个方向的平行线(例如图中所示的立方体顶面上的两条直线)汇聚到图像中的灭点(vanishing point)。相比之下,右边的视图称为**两点透视**(two-point perspective)。在观察者或者一个简单的照相机与立方体之间存在的某种特定关系决定了左图是一点透视而右图是两点透视,请指出这种特定关系。

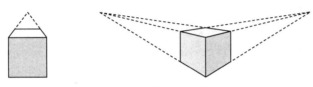

图 1.48   立方体的透视投影图

1.8 为了以足够高的速率刷新显示器来避免闪烁,帧缓存中的内存速度必须足够快。与广播电视兼容的旧显示器是隔行扫描的,分辨率约为 640×480 像素,如果每秒刷新 60 次,那么内存的速度必须有多快?也就是说,从帧缓存中读取一个像素需要多少时间?能够显示高清晰度(HD)广播电视的典型 LED 显示器具有至少 1920×1080 像素的分辨率且逐行扫描。这种显示器的内存的速度必须有多快?

1.9 制作电影的 35 mm 胶片所具有的分辨率大约是 3000×2000 像素。与电影相比,这一分辨率对电视动画的制作有什么意义?

1.10 考虑设计一个二维图形 API,这个 API 针对某个特定的应用,比如 VLSI 设计。列举出在这个系统中应包含的所有图元和属性。

1.11 在一个典型的荫罩式 CRT 中,如果想要获得平滑的图像,每个像素的宽度必须大约是一个三色组宽度的 3 倍。假定某个监视器的分辨率是 1280×1024 像素,CRT 直径为 50 cm,CRT 深度为 25 cm。请估计在荫罩上两个孔之间的间隔。

1.12 一个可以帮助读者理解图形绘制系统的性能提升有多快的有趣练习是,请浏览一些 GPU 制造商的网站,比如 NVIDIA,AMD 和 Intel,看看其产品的规格说明。通常,旧显卡和 GPU 的规格说明往往也可以看到。请读者通过对比体会:几何处理的性能提高有多快?像素处理呢?绘制每个三角形的开销是如何降低的?

第2章 图形学编程

本书讲解计算机图形学的方法是面向编程的，因此我们想让您尽可能快地开始编写图形应用程序。为此，我们将介绍 WebGL 应用程序编程接口（API）。虽然在本章只介绍部分 API，但足以编写出许多有趣的二维和三维图形应用程序，您还可以因此熟悉基本的图形学概念。

在开发图形应用程序的整个过程中，我们将二维图形看成三维图形的特例。尽管在本章也会接触少量的三维概念，但是有了这样的观点，就可以开始编写程序了。本章编写的二维图形应用程序代码不需要修改就可以在任何 WebGL 实现中执行。

我们的图形学编程旅途从绘制 Sierpinski 镂垫开始。这是一个简单的示例，但可以从中学到不少东西。从这个例子可以看到，使用简单的算法和少数几个图形函数就能生成一幅有趣的、复杂得出人意料的图像。尽管使用的 API 是 WebGL，但是所讨论的基础概念足够广泛，可以包含绝大多数现代图形系统。特别地，WebGL 程序的 JavaScript 代码可以很容易地转换为 C 或 C++代码以便用于桌面版 OpenGL[1]。在本章介绍的功能足以编写出不需要和用户交互的基本的二维和三维图形应用程序。

2.1 Sierpinski 镂垫

我们将以 Sierpinski 镂垫的生成和显示作为示例。Sierpinski 镂垫是一个有趣的图形，它有很长的历史，在分形几何这样的领域中是重要的研究对象。可以按递归和随机的方式来定义 Sierpinski 镂垫。但当迭代的次数趋于无限时，它的性质并不是完全随机的。我们从 Sierpinski 镂垫的二维版本开始，不过在 2.10 节将会看到，可以使用几乎相同的算法和程序生成三维版本。

假定从空间中的三个点开始。只要这些点不是共线的，它们就定义了一个唯一的三角形，而且也定义了一个唯一的平面。现在假定这个平面是 $z=0$，并且这些点在某个方便的坐标系[2]下的坐标是 $(x_0, y_0, 0)$，$(x_1, y_1, 0)$ 和 $(x_2, y_2, 0)$。Sierpinski 镂垫的构造过程如下：

1. 在三角形内随机选择一个初始点 $\mathbf{p} = (x, y, 0)$。
2. 从三个顶点随机选择一个。
3. 找出 $\mathbf{p}$ 和随机选择的这个顶点之间的中点 $\mathbf{q}$。
4. 在显示器上把这个中点 $\mathbf{q}$ 所对应的位置用某种标记（比如小圆圈）显示出来。
5. 用这个中点 $\mathbf{q}$ 替换 $\mathbf{p}$。
6. 转步骤 2。

这样，每当计算出一个新的点时，就把它显示在输出设备上。这个过程如图2.1所示，其中 $\mathbf{p}_0$ 是初始点，$\mathbf{p}_1$ 和 $\mathbf{p}_2$ 是该算法生成的前两个点。

在编写程序之前，读者可能会尝试确定该算法会生成什么样的图像。请试着在纸上构造它，您可能会对得到的结果感到惊讶。

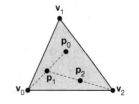

图2.1　Sierpinski 镂垫的生成

---

[1] 本书的早期版本使用了桌面版 OpenGL。

[2] 在第 4 章，将把坐标系的概念扩展到更一般的标架（frame）。

这个图形程序具有如下的伪代码形式:

```
function sierpinski()
{
  initialize_the_system();
  p = find_initial_point();

  for (some_number_of_points) {
    q = generate_a_point(p);
    display_the_point(q);
    p = q;
  }

  cleanup();
}
```

可以非常容易地把这种伪代码形式转换成真正的程序。这是我们的第一种算法,它使用的策略称为**立即绘制模式**(immediate-mode graphics),多年来一直是显示图形的标准方法,尤其是对交互式性能要求很高的图形应用程序。使用立即绘制模式所带来的问题是我们并没有使用额外的内存空间来存储需要绘制的几何数据。如果需要再次显示这些点,那么就必须重新计算这些点才能将它们显示出来。

然而,即便从这个抽象层面来看图形程序,它还存在另外两种形式的算法。首先考虑如下的伪代码形式:

```
function sierpinski()
{
  initialize_the_system();
  p = find_initial_point();

  for (some_number_of_points) {
    q = generate_a_point(p);
    store_the_point(q);
    p = q;
  }
  display_all_points();
  cleanup();
}
```

在这个版本中,首先把所有的点计算出来,然后再把它们存储在一个数组或其他数据结构中。之后可以通过一个函数调用显示所有的点。这种方法不需要每生成一个点就向 GPU 发送少量的数据,从而减少了时间开销,但需要存储所有的数据,因此增加了空间开销。对于这个算法,因为数据存储在一个数据结构中,所以不用重新计算就可以再次显示这些数据。也许要显示的这些点发生了属性上的变化(比如点的颜色或大小),这时只需要把存储这些数据的数组重新发送到 GPU 而不需要重新生成这些点。这种操作方法称为**延迟绘制模式**(retained-mode graphics),这种绘制模式的使用可以追溯到早期的一些专用图形显示硬件。

使用 GPU 的现代图形系统的体系结构导致产生了该程序的第三个版本。第二个算法存在一个主要的缺点。例如,假定要做一个动画,希望用不同的方式反复显示同一个对象,对象的几何外观不变,但是对象的位置可能要移动。每当对象在一个新的位置上显示时,要求把所有需要显示的点从 CPU 发送到 GPU 中。如果数据量非常大,那么从 CPU 到 GPU 的数据传输会成为显示处理的一个瓶颈。下面将考虑第三个算法的伪代码:

```
function sierpinski()
{
  initialize_the_system();
  p = find_initial_point();

  for (some_number_of_points) {
    q = generate_a_point(p);
    store_the_point(q);
    p = q;
  }

  send_all_points_to_GPU();
  display_all_points_on_GPU();
  cleanup();
}
```

与第二个算法一样，也是把数据存储在一个数组中，但是第三个算法把显示处理过程分成了两个部分：首先把数据发送并存储到 GPU 中，然后在 GPU 中显示这些已存储的数据。如果这些数据只需要显示一次，那么第三个算法并没有什么优势。但是如果以动画的形式显示这些数据，那么由于这些数据已经存储在 GPU 中，因此重新显示这些数据不需要额外的数据传输开销，而只需要调用一个简单的函数就可以修改对象移动后的空间位置数据。

虽然最终的 WebGL 程序在组织结构上会与上面的算法稍有不同，但它遵循第三种处理策略。下面分阶段编写这个完整的程序。首先把注意力集中到核心部分：生成点和显示点。为此，必须回答如下两个问题：

- 如何表示空间中的点？
- 应该使用二维、三维，还是其他表示形式？

一旦回答了这两个问题，就可以把对象的几何数据以一种可以绘制的形式放到 GPU 中。于是，就能够使用现代可编程流水线中强大的可编程着色器重新审视对象的绘制过程。

2.2 编写二维图形应用程序

我们将二维应用程序(例如 Sierpinski 镂垫)视为三维应用程序的特例。虽然可以使用基于笔式绘图仪模型的 API，但这样的方法存在局限性。相反，我们选择从三维世界开始。在数学上，把二维平面或者简单的二维曲面视为三维空间的一个子空间。因此，关于更大的三维空间的陈述，不论是实际的还是抽象的，都适用于更简单的二维空间。

平面 $z = 0$ 上的点，既可以表示为三维空间中的点 $\mathbf{p} = (x, y, 0)$，也可以表示为二维平面上的点 $\mathbf{p} = (x, y)$。和大多数三维图形系统一样，WebGL 允许我们使用这两种形式中的任何一种，不过无论用户使用哪种表示形式，系统内部的表示都是一样的。可以用许多方式来表示点，但是最简单的方法是把一个三维空间中的点表示为一个三元组 $\mathbf{p} = (x, y, z)$ 或者一个列矩阵：

$$\mathbf{p} = \begin{bmatrix} x \\ y \\ z \end{bmatrix}$$

列矩阵的分量给出了该点的位置。现在暂时不考虑点 $\mathbf{p}$ 的表示是在哪个坐标系下的问题。

在计算机图形学中使用术语"顶点(vertex)"和"点(point)"的方式有所不同。**顶点**是一个对象，其属性之一就是它在空间中的位置。在计算机图形学中，可以使用空间位置为二维、三维和四维的顶点。使用顶点来定义图形系统可以识别的基本几何图元。最简单的几何图元是空间中的一个点，可以用一个顶点来定义。两个顶点可以定义两个点或连接两个顶点的线段(第二个图元对象)。两个顶点也可以定义一个圆或一个矩形。三个顶点可以定义一个三角形或一个圆；四个顶点可以定义一个四边形；依次类推。

三个顶点还可以定义三个点或两条相连的线段，四个顶点也可以定义其他各种对象，比如两个三角形。因此，要定义几何实体，必须同时定义顶点及其所要定义的对象。其他顶点属性(例如颜色)可以定义几何实体的显示方式。现在，我们只需要一个位置属性，因此可以将顶点视为空间中的位置，可以通过多种方式使用它来定义各种几何实体。

Sierpinski 镂垫程序的核心部分是生成顶点数据，然后将每个顶点显示为一小组像素。为了将第三个算法改写成可以运行的 WebGL 程序，需要稍加介绍一些关于 WebGL 的细节。我们从一个尽可能简单的程序开始介绍。为了简单起见，把程序中涉及的坐标系和坐标变换概念推迟到后面讨论，这里只需把所有需要显示的数据放入一个立方体中，该立方体以坐标原点为中心，边与坐标轴对齐，并且其主对角线上的两个顶点坐标为(-1, -1, -1)和(1, 1, 1)，后面编写的顶点着色器就是使用这个称为**裁剪坐标**(clip coordinates)的系统把数据经流水线送入光栅化模块。位于该立方体外部的对象会被删除或**裁剪**(clipped)，因此不会在显示器上显示。在后面，将学习使用**对象坐标**(object coordinates)这种更适合图形应用开发的坐标来指定程序中的几何数据，并且使用坐标变换将数据变换到裁剪坐标中的表示形式。

在程序中使用了一个具有两个元素的简单数组来存储每个点的 x 值和 y 值。在 JavaScript 中，按照下面的方式构造数组：

```
var p = [x, y];
```

然而，JavaScript 数组并不像 C 那样只是一组有序的数字，它是一个具有方法和属性(例如 length)的对象。因此，下面的代码：

```
var n = p.length;
```

将 n 的值设置为 2。当需要向 GPU 发送数据时，JavaScript 和 C 之间的这种差异变得非常重要，因为 GPU 需要一个由 32 位 IEEE 浮点数组成的简单数组。稍后将介绍一个函数 flatten，它可以将 JavaScript 数组转换成类似于 C 的数组，然后可以将其发送给 GPU。或者，我们可以使用 JavaScript 类型化数组，例如，

```
var p = new Float32Array([x, y]);
```

定义了一个由两个标准的 32 位浮点数构成的连续数组，因此可以通过 WebGL 发送给 GPU。关于 JavaScript 与类型化数组的讨论，以及我们将使用 JavaScript 数组的原因，请参见边注 2.1 的补充材料。无论上面哪种情况，都可以按下面的方式初始化数组元素：

```
p[0] = x;
p[1] = y;
```

如果首先定义一个二维对象来存储这个对象的位置和操作，那么可以生成更清晰的代码。我们创建了这样的对象和方法，并将它们放在 MV.js 中，可以在本书配套网站上找到这个 JavaScript 包。

边注 2.1　JS 数组和类型化数组

像 JavaScript 中的几乎所有内容一样，JS 数组是对象，而不是像 C、Python 和 Java 等语言中由连续数值构建的简单数组。作为对象，JavaScript 数组同时具有属性和方法（或函数）。最有用的是 length 属性以及 push() 和 pop() 函数。可以创建一个空数组，然后使用 push() 方法向其中添加元素，每次添加元素都会增加 length 属性的值。同样，可以使用 pop() 方法提取元素。还可以通过[]来使用标准索引。请注意，JS 数组是动态的，而且与大家比较熟悉的类似于 C 的数组不同，JS 数组的元素可以是任何类型的对象（比如其他的数组），因此可以创建多维数组。

JavaScript 还支持类型化数组，类型化数组类似于 C 的数组，可以具有很多类型，比如 32 位浮点数类型和 8 位字节类型，就像 C 数组一样使用它们。例如，

```
var a  = new Float32Array(100);
```

创建了一个包含 100 个 32 位浮点数的数组，该数组可以按常规方式通过索引来访问。例如，

```
a[0] = 5;
```

设置了数组的第一个元素。请注意，类型化数组是静态的，一旦创建数组，就不能改变其大小。此外，也不能创建多维类型化数组。我们能做的最佳方式就是创建一个 JS 数组，它的元素是类型化数组。

因为类型化数组是如此简单并且是静态的，它们对于数值计算是非常有效的。如果使用 Float32 数组，可以直接将它们的数据发送给 GPU，而不需要使用 flatten 函数。然而，使用类型化数组编写的代码缺乏 JS 数组的优雅性。使用 JS 数组，可以避免几乎所有类似于 C 数组的索引，从而创建更清晰的代码。因此，我们在 MV.js 包中使用 JS 数组。作为一个练习，读者可以直接将 MV.js 转换为使用类型化数组的 JavaScript 包。在本书的网站上还有一个使用类型化数组的 MV.js 版本。

我们在 MV.js 中定义的二维、三维和四维对象以及用于操作它们的函数都与用于编写着色器的 OpenGL ES 着色语言（OpenGL Shading Language，GLSL）[①]的类型匹配。因此，使用 MV.js 会使所有的编码示例更加清晰。尽管 MV.js 中定义的这些类型和函数与 GLSL 相匹配，但由于 JavaScript 不像 C++和 GLSL 等语言那样支持运算符重载，所以我们利用点、向量和其他类型创建了用于算术运算的函数。例如，下面是使用 MV.js 的代码片段：

```
var a = vec2(1.0, 2.0);
var b = vec2(3.0, 4.0);
var c = add(a, b);  // returns a new vec2
```

该代码片段可用于应用程序并很容易转换为着色器代码。可以通过索引访问对象的成员，就像使用下标访问数组元素一样（比如 a[0]和 a[1]）。当需要向 GPU 传输数据时，使用 Mv.js 中的 flatten 函数将数组中的多个顶点数据转换为 GPU 所需的格式。

下面的代码从位于平面 $z=0$ 上的三角形的三个顶点生成了 5000 个位置[②]：

```
const numPositions = 5000;
var positions = [];

var vertices = [
```

---

① 本书的 GLSL 特指 OpenGL ES 着色语言，它基于 OpenGL ES 3.0（编写 WebGL 2.0 应用程序的着色器代码），可以将其看作桌面版 OpenGL 着色语言（GLSL）的子集，包含了 GLSL 的大部分功能。——译者注

② 这里使用术语"位置（position）"而不是"点（point）"来强调生成的是点的位置，而不是点可能拥有的任何其他属性（例如颜色）。

```
      vec2(-1.0, -1.0),
      vec2( 0.0,  1.0),
      vec2( 1.0, -1.0)
    ];
    var u = mult(0.5, add(vertices[0], vertices[1]));
    var v = mult(0.5, add(vertices[0], vertices[2]));
    var p = mult(0.5, add(u, v));

    positions.push(p);

    for (var i = 0; i < numPositions - 1; ++i) {
      var j = Math.floor(Math.random() * 3);

      p = mult(0.5, add(positions[i], vertices[j]));
      positions.push(p);
    }
```

可使用的 JavaScript 数组的特性之一就是 push() 方法，它将传递的对象添加到数组末尾[①]。利用 push() 方法的优点是避免了无关的索引和循环，从而简化了示例。

在由给定的三个顶点所确定的三角形中，首先找到三角形的其中两条边的二等分点，然后在连接这两个二等分点的线段上，找到该线段的二等分点，由此得到初始点的位置。初始点的位置必须位于三角形内部，算法新生成的所有点的位置也一定位于三角形的内部。因此这些点都不会被裁剪掉。

Math.random() 函数是标准的随机数生成器,每次调用它都会生成一个新的 0 到 1 之间的随机数。我们将每个随机数乘以 3，并利用 Math.floor() 函数把这个随机数减小为三个整数 0、1、2 中的一个。对于迭代次数比较少的情况，随机数生成器的特性并不重要，任何其他的随机数生成器都应该不会比 Math.random() 差。

我们希望一次生成这些点的位置，然后把它们发送到 GPU 中。因此，将它们的创建作为初始化函数 init 的一部分。我们在程序中用二维坐标的形式定义点，也可以通过增加 z 坐标用三维的形式定义它们，但使用 vec3 三维类型时，点的 z 坐标值总是等于 0，使用点的三维坐标形式只需对这部分初始化代码做少量的修改。

```
    const numPositions = 5000;
    var positions = [];

    var vertices = [
      vec3(-1.0, -1.0, 0.0),
      vec3( 0.0,  1.0, 0.0),
      vec3( 1.0, -1.0, 0.0)
    ];

    var u = mult(0.5, add(vertices[0], vertices[1]));
    var v = mult(0.5, add(vertices[0], vertices[2]));
    var p = mult(0.5, add(u, v));

    positions.push(p);

    for (var i = 0; i < numPositions - 1; ++i) {
```

---

① 注意，这里将循环迭代的最大次数减少了 1，这是因为在循环语句前面的 positions.push(p) 从 0 开始初始化数组的第一个元素(即 positions[0])。允许循环进行 numPositions 次迭代会使数组溢出一个元素。

```
var j = Math.floor(Math.random() * 3);

p = mult(0.5, add(positions[i], vertices[j]));
positions.push(p);
}
```

可以看到，这个版本和原来的二维版本几乎没有区别。图 2.2 显示了期望看到的典型输出。然而，我们仍然没有编写一个完整的程序。

图 2.2　用 5000 个随机位置生成 Sierpinski 镂垫

可以利用 mix() 函数进一步简化代码，其中，mix() 函数执行两个向量之间的线性插值功能。从数学上看，mix[1] 可以写成：

$$\text{mix}(a,b,s) = s \times a + (1-s) \times b$$

使用 mix() 函数，上面的代码修改为：

```
const numPositions = 5000;
var positions = [];

var vertices = [
  vec3(-1.0, -1.0, 0.0),
  vec3( 0.0,  1.0, 0.0),
  vec3( 1.0, -1.0, 0.0)
];

var u = mix(vertices[0], vertices[1], 0.5);
var v = mix(vertices[0], vertices[2], 0.5);
var p = mix(u, v, 0.5);

positions.push(p);

for (var i = 0; i < numPositions - 1; ++i) {
  var j = Math.floor(Math.random() * 3);

  p = mix(positions[i], vertices[j], 0.5);
  positions.push(p);
}
```

注意，因为任何三个非共线点定义了一个唯一的平面，如果从三个顶点 (x_0, y_0, z_0)，(x_1, y_1, z_1) 和 (x_2, y_2, z_2) 开始，在同一平面内选择一个初始位置，那么生成的 Sierpinski 镂垫将位于这三个顶点定义的平面内。

---

① 一些其他的着色语言（比如 Cg）使用 lerp 代替 mix。

现在已经编写了程序的核心部分。尽管生成了这些数据，但并没有把它们发送到 GPU 中，也没有让 GPU 显示这些数据。我们甚至还没有介绍一个 WebGL 函数。在显示这些数据之前，还应考虑下面一些问题：

1. 用什么颜色来绘制？
2. 图像出现在屏幕的什么位置？
3. 图像会有多大？
4. 如何在显示器上创建一块区域，也就是一个窗口来显示图像？
5. 无限大的绘图表面有多大部分会显示在屏幕上？
6. 图像会在屏幕上持续显示多长时间？

对这些问题的回答是重要的，尽管一开始它们可能看起来不在我们的考虑之内。后面会看到，为了回答这些问题以及控制所绘图形的显示外观而编写的基本代码不会因应用程序的不同而有实质的改变。因此，现在所付出的努力以后会得到回报的。

2.3　WebGL 应用程序编程接口

我们已经有了一个简单图形程序的核心部分。现在想控制对象在屏幕上显示的方式，还想控制程序的执行流程，而且还必须与窗口系统交互，以使应用程序在本地环境真正地运行。在完成该程序之前，还必须对 WebGL 应用程序编程接口(API)进行更详细的介绍。因为不管顶点被指定为二维实体还是三维实体，它们的内部表示都是一样的，所以这里讨论的一切也都适用于三维的情况。当然，三维系统支持的功能更多，可我们现在才刚刚开始。在本章，我们将集中讨论如何定义要显示的图元。

正如在第 1 章中所看到的，WebGL 2.0 是使用 OpenGL ES 3.0 在 JavaScript 中的实现。更具体地说，它在 HTML5 的 canvas 元素中绘制图形，这允许我们在所有的 Web 浏览器上运行三维应用程序。尽管 WebGL 是完整的桌面版 OpenGL 的一个简化版本，但是 WebGL 的结构与大多数的现代图形绘制 API 都是相似的。因此，读者学习 WebGL 所付出的努力也将在学习其他图形软件系统(比如桌面版 OpenGL 和 DirectX)时得到回报。和其他 API 相比，尽管 WebGL 易于学习，但它的功能同样很强大。WebGL 不但支持我们从第 2 章到第 7 章编写的简单的二维和三维程序，而且还支持将在第 9 章到第 13 章学习的高级绘制技术。

我们的主要目标是学习计算机图形学，使用 API 是为了帮助我们达到这个目标。因此，这里并不打算介绍所有的 WebGL 函数，而且会省略很多细节。不过示例程序是完整的。在本章末尾的"建议阅读资料"中可以找到关于 WebGL 和其他 API 的更多详细信息。

2.3.1　图形函数

图形系统的基本模型是一个**黑盒子**(black box)，工程师用这个术语来表示一个不知其内部工作原理的系统，它的性质只能通过输入和输出来描述。我们可以把图形系统看成一个黑盒子，它的输入来自应用程序的函数调用；来自输入设备(比如鼠标和键盘)的测量值；以及其他可能的输入，比如来自操作系统的消息。它的输出主要是发送到输出设备的图形。就目前而言，可以采取简化的观点：输入是函数调用，输出是显示在浏览器上的图元，如图 2.3 所示。

图2.3 图形系统的黑盒子模型

尽管我们将重点放在 WebGL 上，但实际上所有的图形 API 都具有类似的功能。不同图形 API 之间的区别在于支持图形函数的地方不同。OpenGL 和 WebGL 都是基于使用可编程着色器的流水线体系结构设计的。其他 API（例如 DirectX）也支持类似的体系结构，并且与 WebGL 有很多相似的地方。WebGL 与光线跟踪 API 则没有太多的相似点。但是，由于 WebGL 在浏览器中运行，因此它的 API 与其他流水线图形 API 有所不同，因为它必须处理与浏览器的交互。尽管如此，所有的图形系统都必须支持类似的核心功能，因此，除了图形库，图形系统可能还需要使用多个库和程序包。下面简单地讨论典型的交互式计算机图形应用程序所需的基本函数。

我们使用 API 的**图元函数**（primitive function）来指定系统可以显示的底层对象或原子实体。与大多数底层 API 一样，WebGL 直接支持的图元集非常有限，只有点、线段和三角形，所有这些图元都可以在现代硬件上高效地显示。更复杂的对象，比如规则多面体、二次曲面以及 Bézier 曲线和曲面，这些都不是 WebGL 直接支持的，我们通过建立在这些基本类型上的库来支持它们。在后面的章节中，将为绘制这些对象编写代码。

如果说图元就是 API 能显示的基本对象，那么属性就是 API 控制图元在显示器上显示的方式。我们已经在 WebGL 中看到了一个基本的**顶点属性**（vertex attribute）：顶点的位置。 我们很快将看到另一个顶点属性，也就是要显示的颜色。其他的顶点属性还有纹理坐标、表面顶点的法向量以及与应用程序相关的属性，例如顶点处的温度或流速。

可以直接设置属性，就像通常对顶点属性所做的那样，也可以通过允许我们执行操作（例如选择显示整个对象的颜色）的函数来设置。在 WebGL 中，可以通过应用程序把颜色信息传递给着色器来设置颜色；也可以让着色器自己计算颜色。例如，着色器使用光照模型（需要用到光源数据和模型表面的材质属性）计算颜色。

如果要生成一幅图像，就必须对虚拟照相机进行设置。正如在第 1 章中所看到的那样，应指定照相机在场景中的位置和方向，还应指定相当于镜头的其他参数。这个过程不但把视图固定下来，而且允许我们把太近或者太远的对象裁剪掉。通过调用**观察函数**（viewing function）可以指定各种视图，尽管不同的 API 在选择视图的灵活性方面有所不同。WebGL 没有提供任何观察函数，而是通过在应用程序或着色器中使用各种几何变换来得到所需的视图。

一个好的 API 的特征之一是它为应用程序编程人员提供了一组**变换函数**（transformation function），这样用户就可以对对象进行诸如旋转、平移和缩放之类的变换。第 5 章讨论的观察应用程序开发以及第 9 章讨论的建模应用程序开发都需要大量地使用矩阵变换。在 WebGL 中，首先生成所需的变换矩阵，然后在应用程序中或者在着色器中执行变换。

为了开发交互式应用程序，需要一组**输入函数**（input function）。现代图形系统的特征是输入的形式多种多样，通过调用输入函数可以对这些输入数据进行处理。我们需要 API 提供的输入函数以接收来自键盘、鼠标和数据板等设备的输入。第 3 章将介绍使用不同输入模式和各种输入设备的基础知识。尽管输入函数是较早的图形 API（包括 OpenGL 的前身 GL）的一部分，但是 OpenGL 和 WebGL 不提供任何输入函数。由于 WebGL 可运行在任何现代浏览器中，因此可以通过 HTML5 或浏览器可用的众多软件包之一获得输入函数。

在任何实际的应用程序中，还必须考虑到在多处理器和多窗口环境中工作的复杂性，这样的环境通常是连接到网络并有其他用户的网络环境。**控制函数**(control function)使我们能够与窗口系统通信，初始化程序，以及处理在程序执行期间发生的任何错误。我们将使用 initShaders.js 文件中的一个简单函数 initShaders()，它通过许多 WebGL 函数来设置每个着色器并将它们都附加到应用程序中。

如果要编写与设备无关的程序，则应该期望 API 的具体实现会考虑不同设备之间的差异，比如支持的颜色数目或者显示器的尺寸。然而，在一些应用程序中，需要知道 API 的一个特定实现的某些属性。例如，如果事先知道显示器只能支持两种而不是上百万种颜色，我们也许会选择不同的方式来编写程序。更普遍的情形是，在应用程序中，可能经常使用 API 中的其他信息，比如照相机的参数或者帧缓存中的值。此外，通常希望能够检查 API 中的函数所生成的任何错误消息。一个好的 API 通过一组**查询函数**(query function)提供这些信息。

2.3.2　图形绘制流水线和状态机

如果把对图形 API 的这些看法组合在一起，可以得到另一种观点，这种观点与 WebGL 实际采用的组织和实现方式非常相近。可以把整个图形系统看成一个**状态机**(state machine)，即一个包含有限状态机的黑盒子。这个状态机的输入来自应用程序。这些输入可以改变状态机的状态或者使状态机产生可见的输出。从 API 的角度来看，图形函数有两类：一类函数导致图元流经状态机内部的绘制流水线；另一类函数改变状态机的状态。在 WebGL 的大多数绘制中将使用单个函数的变体。大多数其他函数通过启用各种 WebGL 特性(比如隐藏面消除、混合等)或通过设置着色器来设置状态机的状态。

OpenGL 的早期版本定义了许多状态变量，并包含用于设置单个变量值的独立函数。这些变量和函数包括颜色、各种矩阵、法向量和纹理坐标。现代 OpenGL 版本(包括 WebGL)已经删除了其中的大部分状态变量和函数。相反，应用程序可以定义自己的状态变量，并在应用程序或着色器中使用它们。

从状态机的观点可以得出一个重要结论：WebGL 中的状态变量大多数是持续性的，它们的值保持不变，除非通过调用改变状态的函数来显式地改变它们。例如，一旦设置了一种屏幕清除颜色，这种颜色就一直作为当前的清屏颜色，除非再次调用了改变颜色的函数。从这种观点还可以得出另一个结论：虽然有些属性可以和对象在概念上结合起来，比如一条红色的线或者一个蓝色的圆，但是属性通常是状态的一部分，于是要想把线绘制成红色的，只有当前的颜色状态是红色才行。尽管我们在应用程序中把属性和图元捆绑到一起通常是无害的，而且这往往还是更可取的，但是如果忽视了需要改变的状态或者失去了当前的状态信息就可能会导致不良的后果。对于许多属性，例如用于绘制图元的颜色，WebGL 允许我们选择是将属性与图元关联还是使其成为状态的一部分。

2.3.3　OpenGL 和 WebGL

尽管 WebGL 是为在 Web 浏览器上工作而专门设计的，但是 WebGL 是在 OpenGL 的基础上建立起来的，而 OpenGL 是为工作站环境开发的。从这点来看，更详细地讨论这两种工作环境是有帮助的。

在桌面版 OpenGL 中，核心函数都存放在一个称为 GL(在 Windows 中也称为 OpenGL)的函数库中。使用 OpenGL 着色语言(GLSL)编写着色器。除了 OpenGL 核心函数库，OpenGL 至少还需要一个函数库作为 OpenGL 和本地窗口系统的"黏合剂"。尽管有一些函数库提供了 OpenGL 和多窗口系统之间的基本标准接口，但是应用程序必须针对每一个平台重新进行编译

因为 WebGL 在浏览器中运行，并且应用程序是使用 HTML 和 JavaScript 的组合开发的，所有

最新的浏览器都能理解这两种语言，所以不必修改程序以适应本地系统。跨系统运行时，不需要重新编译代码，而且由于代码的通用性，可以在本地运行位于外部服务器上的代码。

为了增加代码的可读性和避免使用令人感到困惑的魔幻般的数字，桌面版 OpenGL 和 WebGL 都大量地使用了预定义常量。在 OpenGL 中，API 中的函数和预定义常量包含在标准的 #include 文件(比如名为 gl.h 的文件)中。在 WebGL 中设置了一个 WebGL 上下文，即一个包含 WebGL 函数和常量的对象。在所有的 WebGL 应用程序中，将看到函数作为上下文的成员，例如 gl.drawLines，其中 gl 是分配给 WebGL 上下文的名称。预定义常量(大写字符串)也作为上下文的成员出现，例如 gl.FILL 和 gl.POINTS。

OpenGL 和 WebGL 都不是面向对象的。因此，OpenGL 必须通过多个不同的函数表示形式来支持各种不同的数据类型，在较小的程度上 WebGL 亦是如此。例如，使用各种不同表示形式的 gl.uniform 函数向着色器传送不同类型的数据。如果传递的是单个浮点数(比如表示时间的数值)，那么可以使用 gl.uniform1f 函数；如果传递的是三维空间中的一个坐标位置，那么可以使用 gl.uniform3fv 函数，该函数的一个参数是指针，它指向一个包含三个成员的数值数组。后面将会使用 gl.uniformMatrix4fv 函数传递 4×4 矩阵。不管应用程序编程人员使用何种函数形式，其底层的表示形式是相同的，就像构建 Sierpinski 镂垫所使用的平面，可以是二维空间，也可以是三维空间中 $z = 0$ 对应的子空间。因为 JavaScript 只有一种数值类型，所以 WebGL 应用程序比相应的桌面版 OpenGL 更简单，只需要考虑 CPU 和 GPU 之间的数据传递操作中所涉及的数据类型。

2.3.4 WebGL 接口

WebGL 可以与其他 Web 应用程序、函数库和工具集成。因为我们只关注图形学，所以从具有最少 Web 概念的应用程序开始，并在后面对它进行扩展。首先需要明确的是，WebGL 应用程序用 JavaScript[1]编写。JavaScript 是一种解释型语言，具有许多和高级语言(例如 C、C++、Python 和 Java)相似的语法，但与其他语言相比仍存在很多特性。尤其是，JavaScript 面向对象的方式与 C+和 Java 截然不同，它具有很少的原生类型，并且函数是"一类对象(first class objects)"。JavaScript 的关键特性是：它是 Web 语言，因此所有现代浏览器都能够执行使用 JavaScript 编写的代码[2]。

WebGL 应用程序运行的基本过程如下。假设要运行位于万维网某个地方的 WebGL 应用程序。应用程序所在的计算机称为**服务器**(server)，运行该应用程序的计算机称为**客户**(client)。我们将在第 3 章详细讨论客户和服务器。浏览器是客户，可以通过称为**统一资源定位符**(Uniform Resource Locator，URL)的地址访问应用程序。

尽管浏览器可以识别某些其他类型的文件，但是我们通常以**超文本标记语言**(Hypertext Markup Language)编写的 Web 页面开始。特别是，我们使用 **HTML5**，这是现代浏览器的标准，一般将它简称为 HTML。HTML 文件用于描述一个文档或 **Web 页面**(Web page)，Web 页面遵循标准的**文档对象模型**(Document Object Model，DOM)。因此，每个 Web 页面都是一个文档对象，而且 HTML 是它的标准描述语言。在 Web 页面的核心部分，一个 HTML 文档包含**标签**(tag)和数据。标签表示诸如文本、图像和布局信息等各种元素(包括字体和颜色)的开始和结束。正如将在示例中所看到的，JavaScript 应用程序和着色器都是在<script>开始标签和</script>结束标签之间描述的页面元素。所有的浏览器都能执行由脚本标签标识的 JavaScript 代码。HTML 的 canvas 元素为在浏览器上执行的应用程序提供一个画布。在大多数现代浏览器中，canvas 元素为使用 WebGL

---

① 有一些可用的程序包能够将其他语言(例如 Java 和 Python)编写的代码转换为 JavaScript 代码。

② JavaScript 标准由欧洲计算机制造商协会制定，JavaScript 的官方名称是 ECMAScript。

的三维图形应用程序提供了画布。因为所有这些文件都用 JavaScript 编写,所以浏览器可以用自身的 JavaScript 和 WebGL 引擎执行这些文件。

在第 3 章讨论交互性时将会发现其他的 HTML 元素。这些 HTML 元素与其他 HTML 元素一起描述诸如按钮和滑动条这样的图形用户接口(Graphical User Interface,GUI)元素。WebGL 的组织结构如图 2.4 所示。

请注意,读取并执行 Web 页面的过程也可以在本地进行。也就是说,可以将一个本地 HTML 文件加载到浏览器中。在大多数系统中,可以直接执行它,因为任何 HTML 文件都会调用浏览器。此时,如果还从未这样做过,那么最好通过运行本书网站上的应用程序对浏览器进行测试。

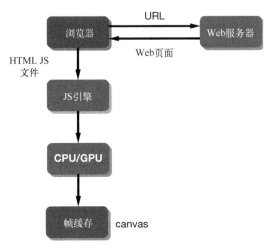

2.3.5　坐标系

现在可以回过头去观察 Sierpinski 镂垫程序的代码,读者可能会对如何解释用来确定顶点 x,y,z 的数值感到困惑。度量它们的单位是什么?是英寸、米还是微米?原点在哪里?对于每种情形,简单的回答是由用户决定的。

最初的图形系统要求应用程序直接按照显示设备的单位来确定所有的信息,比如顶点的位置。如果对高级应用程序来说是这样的话,那么为了确定屏幕上点的位置就应给出这个点离显示器屏幕一角有多少个像素或者多少厘米。这种方法存

图 2.4　WebGL 的组织结构

在明显的问题,其中一个严重的问题是,用计算机屏幕距离来描述光年现象(比如显示天文数据)或微米现象(比如集成电路设计)这样的自然度量单位是荒谬的。图形软件系统的主要进展之一就是用户能够使用任何他们想用的坐标系。**设备无关的图形**(device-independent graphics)的出现使得应用程序编程人员不需要再关心输入和输出设备的细节。用户的坐标系称为**世界坐标系**(world coordinate system)或**应用程序坐标系**(application coordinate system)。在 OpenGL 社区中,大家更愿意将用户的坐标系称为**对象坐标系**(object coordinate system)。在计算机上的浮点运算略有限制的情形下,可以使用适合于特定应用程序的任何数值来表示坐标。

绘制流水线的末端是显示器,它是一个物理实体,图形系统可以在其特定位置上显示颜色。用显示器上的单位度量的数值起初称为**物理设备坐标**(physical-device coordinate)或者就称为**设备坐标**(device coordinate)。对于光栅设备,比如大多数 CRT 显示器和平板显示器,使用的术语是**窗口坐标**(window coordinate)。窗口坐标总是用某种整数类型来表示,因为帧缓存中任何像素的中心都必须位于固定的网格点上,或者等价地说,因为离散性是像素的固有属性,所以用整数指定它们的位置。

在 GPU 绘制流水线的某个阶段,世界坐标系中的值必须映射到窗口坐标系,如图 2.5 所示。这个映射作为绘制过程的一部分自动执行,它由图形系统而不是应用程序负责完成这项任务。在下面几节将会看到,定义这个映射只需要用户指定几个参数,比如用户想要观察场景中的多大范围以及用显示器上的多大区域来显示图像。然而,由于两个着

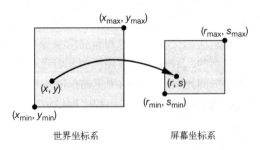

图 2.5　从世界坐标系到屏幕坐标系的映射

色器(顶点着色器和片元着色器)和光栅处理模块位于应用程序和帧缓存之间,在第 4 章和第 5 章中将会看到,我们会使用其他三个中间坐标系。其中一个是裁剪坐标系,我们在 Sierpinski 镂垫程序中遇到过。在这个示例中,由于可以任意选择点的单位,所以直接在裁剪坐标系中指定了顶点位置。因此,该示例中的对象坐标系与裁剪坐标系相同,无须在两个坐标系之间进行变换。

2.4 图元和属性

最新 GPU 超凡的实时性能(绘制速率可以达到每秒数以千万的三角形)已经引起了图形界关于 API 应该支持多少个图元的争论。GPU 达到这个绘制速率的很大一部分原因是因为它们对点、线段和三角形这些基本图元进行了优化。许多 GPU 只能绘制三角形以及可能的四边形,而将点和线段作为多边形的极限情况。稍后编写的代码将会使用 GPU 支持的基本图元通过逼近的方式来绘制各种曲线和曲面。像 WebGL 这样的图形 API 被设计成靠近硬件层,因此能够以高速率绘制一组有限的图元(通常是三角形、点和线段)。

现在转到 WebGL 绘制流水线,我们把图元分成两类:**几何图元**(geometric primitive)和**图像图元**(image primitive),图像图元也称为**光栅图元**(raster primitive)。几何图元由用户的问题域来确定,包括点、线段和三角形。这些图元要经过几何流水线的处理,如图 2.6 所示,其中有一系列几何操作来确定某个图元是否可见,如果可见又将显示在屏幕的何处,以及如何把图元光栅化为帧缓存中的像素。因为几何图元存在于二维或者三维空间中,所以可以对它们进行诸如旋转和平移的几何操作。此外,通过这些几何操作,还可以把它们作为构造其他几何对象的模块。光栅图元的一个例子是像素阵列,它不具有几何属性,不能像对几何图元那样对光栅图元进行几何操作。光栅图元需要经过另一条流水线的处理,这条流水线与几何流水线并行,终点也是帧缓存。我们将在第 7 章介绍纹理映射时再讨论光栅图元。

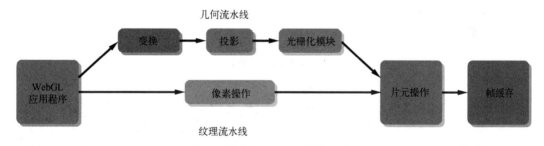

图 2.6 简化的 WebGL 绘制流水线

基本的 WebGL 几何图元是由顶点集确定的。为了显示图形,应用程序首先计算顶点数据(位置和其他属性),然后将计算结果存储到数组并发送到 GPU 中。当需要显示一些几何数据时,可以调用特定的绘制函数并通过其参数来解释这些顶点数据。例如,为了把前面为 Sierpinski 镂垫计算的 `numPositions` 个顶点数据显示出来,可以先将存储这些顶点数据的数组发送到 GPU 中,之后通过下面的函数调用从第一个顶点(作为点)开始绘制数组中所有的顶点:

```
gl.drawArrays(gl.POINTS, 0, numPositions);
```

其中,`g1` 是 WebGL 上下文对象,而 `drawArrays` 是启动图元绘制的 WebGL 函数。我们将在 2.8 节详细讨论 WebGL 上下文。

让我们看看 WebGL 支持的基本类型,即那些可以使用 `gl.drawArrays` 绘制的图元类型。

默认情况下，点(point)的绘制是使用应用程序定义的颜色将每个点绘制成一个单一像素。在下一节将会看到，可以在应用程序中更改颜色并将该值传递给着色器，或者直接在着色器中更改颜色。还可以使用函数更改所绘制的点的大小：

```
gl.pointSize(size);
```

其中，参数 size 给出了点的大小(以像素为单位)。较大尺寸的点通常称为**点精灵**(point sprite)。默认情况下，大尺寸绘制的点是一个像素方阵，它的边与画布的边对齐。对于我们的示例，大尺寸的点可能不会增强显示。但是，由于点必须像其他几何图元一样通过绘制流水线，所以有很多可能性来显示绘制的点。例如，如果使点的大小足够大，可以看到通过片元着色器映射到其表面的纹理(或图片)。虽然只绘制了一个点，但是这个点的图像却与我们使用的图片一样复杂。这种技术在动画中是非常重要的，我们将在第 7 章讨论它。也可以使用第 6 章讨论的点的光照算法。在第 10 章，我们将使用这个概念使点显示为明暗着色的球体，从而避免了使用所有的几何图元通过近似的方式来生成球体。这些技术使我们能够在粒子模拟中显示数百万个相互作用的实体。

如果希望将一组顶点绘制成线段，那么在 WebGL 中有三种选择，如图 2.7 所示。假设 Sierpinski 镂垫程序的顶点数组对象中有 numPositions 个点的位置数据。如果使用下面的绘制函数，那么这些点将绘制成一系列线段。

```
gl.drawArrays(gl.LINES, 0, numPositions);
```

第一条线段将第一个点与第二个点相连，第二条线段将第三个点与第四个点相连，依次类推。尽管这种形式使我们可以使用单个 WebGL 函数显示许多线段，但是除非重复数组中的点，否则这些线段不会彼此连接起来。然而，如果使用下面的绘制函数，那么第一条线段把第一个点和第二个点相连，下一条线段把第二个点和第三个点相连，直到倒数第二个点和最后一个点相连。

```
gl.drawArrays(gl.LINE_STRIP, 0, numPositions);
```

通过这种方式显示点所生成的线段通常称为**折线**(polyline)。如果希望最后一个点通过一条线段自动连接到第一个点，从而创建闭合的线段，则可以使用下面的绘制函数：

```
gl.drawArrays(gl.LINE_LOOP, 0, numPositions);
```

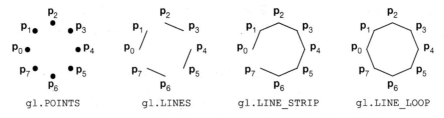

图2.7　点和线段类型

与点类型一样，默认情况下，线段将使用默认颜色和默认宽度(一个像素)。可以使用下面的函数更改线段的粗细：

```
gl.lineWidth(width);
```

当使点变大、线段变宽时，可能开始看到矩形状的像素组。这些较大的像素组会使图像产生锯齿状的外观，我们把这种效果称为走样或更通俗地称为锯齿状。我们会在其他地方看到走样，并将反走样的讨论推迟到第 12 章。

2.4.1 多边形的基本概念

虽然线段可以描述几何对象的边和轮廓，但我们更关心的是显示三维对象的外表面[1]。显示表面的标准方法是使用多边形对曲面进行建模或近似表示，生成的曲面由一组小平面组成，它的每条边都是线段。图 2.8 是使用三角形生成的近似球体。

从数学上讲，**多边形**(polygon)是由一系列顶点(均位于同一平面上)定义的对象。多边形的边都是线段，它们将连续的顶点连接起来，并且最后一个顶点与第一个顶点相连。此外，任何线段都不能与其他线段相交。平坦性(flatness)和非相交性(non-intersection)确保了多边形具有良好定义的内部。注意，数学意义上的多边形只有一个内部和一个外部，多边形的边将内部和外部分开，但它没有宽度。

多边形在计算机图形学中起着特殊的作用，因为我们可以快速地显示它们并使用它们近似任意曲面。有很多方式绘制多边形。可以使用线段绘制它的边，并通过纹理映射使用图案来绘制其内部，如图 2.9 所示。图形系统的性能通常以每秒可绘制的多边形数量来刻画[2]。

图 2.8 使用三角形生成的近似球体

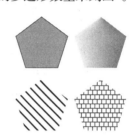

图 2.9 显示多边形的几种方式

由于通过建模或扫描对象产生的任意顶点序列并不总能定义数学意义上的多边形，因此计算机图形学中采用的方法必定比我们希望的要复杂。API(如 WebGL)采用的方法只绘制三角形，这是数学意义上的多边形。这些 API 让应用程序将顶点序列转换为一组三角形。其他 API 接受任意的顶点序列并以某种方式绘制它们，因为将顶点序列转换为一组三角形可以通过多种方式完成，每种方式都可以生成一组不同的三角形。

下面讨论在本节和 2.4.4 节中的一些问题。本章后面的一些习题解决了许多算法问题。注意，许多图形学文献使用术语"多边形"或"填充区域"来表示最后一个顶点与第一个顶点相连的任何顶点序列。我们将在本节的其余部分采用这个术语。

在三维空间中，指定的所有顶点不必位于同一平面上。一种方法是将每个顶点的 z 设置为 0，从而将所有顶点投影到平面 $z = 0$。另一种方法是利用以下事实：任意三个非共线的顶点确定一个唯一的三角形及其所在的平面。因此，可以使用前三个顶点来确定一个平面，并测试其余的顶点是否位于该平面上。

尽管多边形的外边界可以很容易地通过有序的顶点列表来指定，但是如果内部没有很好地定义，那么这个顶点列表可能根本无法绘制或以一种我们并不希望的方式绘制。有两个属性可以确保多边形被正确地显示：它必须是简单的和凸的。

只要多边形的任意两条边都不交叉，就称它是一个**简单**(simple)多边形。如图 2.10 所示，简单

---

① 主要的例外是诸如计算机断层扫描(CT)和磁共振成像(MRI)等应用，在这些应用程序中收集的是体数据，我们试图显示对象的内部，而不仅仅是外部表面。

② 多边形顶点的数量和内部像素的数量都会影响多边形绘制速度的度量。

的二维多边形具有定义良好的内部结构。尽管由顶点的位置就可以确定一个多边形是不是简单的，但是测试的计算开销太高(参见习题 2.12)，所以大部分图形系统要求应用程序进行任何必要的测试。可以提出这样的问题：图形系统会如何显示一个非简单的多边形？是不是有一种办法可以定义一个非简单多边形的内部？我们将在第 12 章进一步讨论这些问题。

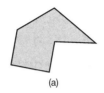 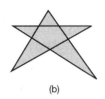

图 2.10   多边形。(a)简单多边形；(b)非简单多边形

从实现填充多边形内部的实用算法的角度来看，仅有简单性通常是不够的。大多数 API 只有对凸多边形才能保证一致的填充效果，否则不同的实现会有不同的填充结果。如果连接对象内部或边界上任意两点的线段上所有的点都在对象内部，那么这个对象就是**凸的**(convex)。如图 2.11 所示，p_1 和 p_2 是多边形内部任意两点，连接它们的线段完全位于多边形的内部。尽管到现在为止我们一直考虑二维对象，但这个定义适用于任何类型和维数的对象。凸对象包括三角形、四面体、矩形、圆、球和平行六面体(参见图 2.12)。有许多测试凸性的方法(参见习题 2.19)。不过和简单性的测试类似，测试凸性的计算开销也很高，所以通常留给应用程序来完成。

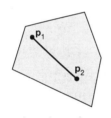   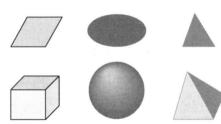

图 2.11   凸多边形   图 2.12   凸对象

2.4.2 WebGL 中的多边形

现在回到 WebGL，如图 2.13 所示，三角形是 WebGL 所支持的唯一的多边形。可以使用点类型(gl.POINTS)将三角形显示为与顶点对应的点；或者使用闭合线段类型(gl.LINE_LOOP)只显示它的边；或者使用后面介绍的三种 WebGL 三角形类型之一将其显示为内部填充的三角形。然而，如果要显示的多边形既要进行内部填充又要显示它的边，那么必须绘制两次：先用填充模式绘制多边形，然后使用相同的多边形顶点绘制闭合的线段。

下面是 WebGL 中的三角形类型：

三角形(gl.TRIANGLES)：相继的三个顶点组合在一起被解释为一个新的三角形。使用 gl.TRIANGLES 生成的三角形的边与使用 gl.LINE_LOOP 绘制的闭合线段，从外观上看是相同的。

三角形条带和三角形扇(gl.TRIANGLE_STRIP, gl.TRIANGLE_FAN)：这些对象把具有公共顶点和边的三角形组合在一起。在三角形条带中，每个顶点和前

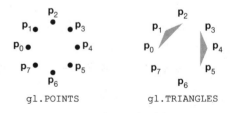

图 2.13   点和三角形类型

两个顶点组合起来定义一个新的三角形(参见图 2.14)。三角形扇的第一个顶点是固定的公共顶点，这个顶点和接下来的两个顶点确定了第一个三角形，从第四个顶点开始，每个顶点和它的前一个顶点还有第一个顶点确定了一个新的三角形。

边注 2.2 用多边形绘制近似球面

利用三角形扇和三角形条带可以方便地绘制许多近似曲面。例如，一种绘制近似球面的方法是使用由一组经线和纬线定义的多边形，如图 2.15 所示。可以利用三角形条带和三角形扇高效地生成这些多边形。考虑一个单位球面，可以使用经度 θ 和纬度 ϕ 通过以下三个方程来描述它。

$$x(\theta, \phi) = \sin \theta \cos \phi$$

$$y(\theta, \phi) = \cos \theta \cos \phi$$

$$z(\theta, \phi) = \sin \phi \quad (0 \leqslant \theta \leqslant 360, \ 0 \leqslant \phi \leqslant 180)$$

假设已经确定了所需的恒定数量的经线圈和纬线圈。考虑两个相邻的纬线圈和两个相邻的经线圈，每个半球上它们都在四个位置相交。可以利用这四个相交点作为顶点构成的四边形来近似球面。然而，由于 WebGL 只支持三角形，而不支持四边形，因此通过生成两个三角形来绘制四边形。一个更好的方法是，在两个相邻纬线圈之间使用单个三角形条带以达到近似球面的目标。不过，在球面的两极处遇到问题：因为所有的经线圈在两极交汇，所以不能再使用三角形条带了，但可以在球面的两极处分别使用一个三角形扇。这样需要多次使用函数 gl.drawArrays (gl.TRIANGLE_STRIP, ...)，并两次使用函数 gl.drawArrays(gl.TRIANGLE_FAN, ...) 来绘制近似球面。

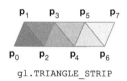
gl.TRIANGLE_STRIP

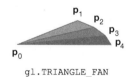
gl.TRIANGLE_FAN

图 2.14 三角形条带和三角形扇

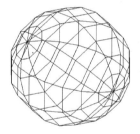

图 2.15 两极为三角形扇的近似球面

2.4.3 三角剖分

我们一直在交替地使用多边形和三角形这两个术语。如果对具有内部区域的对象感兴趣，那么使用一般的多边形可能会出现问题，因为多边形的顶点可能不在同一个平面上，或者给定的多边形不是简单多边形或凸多边形。使用三角形不会出现这样的问题。只要三角形的三个顶点不共线，就可以很好地定义其内部区域，并且三角形一定是简单的、凸的和平坦的。因此，三角形是最容易绘制的多边形，也正因如此，三角形是 WebGL 能识别并可填充的唯一的几何实体。实际上，通常需要处理更一般的多边形。通常使用一种称为**三角剖分**(triangulation)的策略来处理一般的多边形，即从一个顶点列表生成与这个顶点列表所定义的多边形一致的一组三角形。

图 2.16 所示是一个凸多边形以及对该凸多边形进行的两个不同的三角剖分。尽管可以对每一组顶点进行三角剖分，但并不是所有的三角剖分都是等价的。考虑如图 2.17(a)所示的四边形，如果按图 2.17(b)所示的方式对它进行三角剖分，可以得到两个瘦长的三角形，而按图 2.17(c)所示的方式进行三角剖分，则得到两个几乎等边的三角形。在第 6 章讨论光照时将会看到，绘制瘦长的三角形会导致不逼真的绘制效果。有些简单的三角剖分算法能够处理凸多边形。如图 2.18 所示，算法首先用多边

形顶点列表最前面的三个顶点形成一个三角形，然后从顶点列表中删除第二个顶点并重复这个处理过程，直到顶点列表只剩下三个顶点并形成最后一个三角形，此时算法结束。但是，这种算法无法保证得到一组最优的三角形，也不能处理非凸多边形或凹多边形。在第 12 章，作为光栅化算法的一部分，将讨论简单的非凸多边形的三角剖分问题。这种技术允许我们绘制比三角形更一般的多边形。

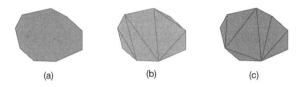

图 2.16   (a)二维多边形；(b)三角剖分；(c)另一个三角剖分

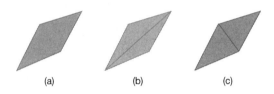

图 2.17   (a)四边形；(b)三角剖分；(c)另一个三角剖分

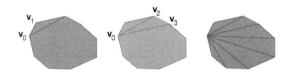

图 2.18   以递归的方式对凸多边形进行三角剖分

在第 11 章讨论曲线和曲面时将再讨论更通用的三角剖分算法。之所以推迟到第 11 章讨论，是因为对物体表面建模还会出现许多相关的处理过程。例如，可以利用激光扫描技术获取数以百万计的非结构化的三维顶点，然后必须从这些顶点生成对象的表面(通常采用三角形网格的形式)。**Delaunay 三角剖分**(Delaunay triangulation)算法能够得到一组最优的三角形，因为 Delaunay 三角形网格中任意一个三角形的外接圆范围内不会有其他的顶点存在。**曲面细分**(tessellation)算法可以把多边形剖分成多边形网格，这种网格不一定都是三角形网格，因此三角剖分只是曲面细分这种更一般的剖分技术的一个特例。通用曲面细分算法非常复杂，尤其是处理内部有孔的多边形。

2.4.4   文本

对于像数据的分析和显示这样的应用，输出的图形需要有文字注释，比如图形上的标注。虽然在非图形应用程序中文本是标准输出，但是在计算机图形学中使用文本还是有很多问题。在非图形应用程序中，通常对简单的字符集感到满意，始终以相同的方式显示它们。然而，在计算机图形学中，通常希望以多种方式显示文本，为此需要设置字体的样式、大小、颜色和其他参数。

有两种类型的文本：笔画文本和光栅文本。**笔画文本**(stroke text)(参见图 2.19)是像其他几何对象那样构造出来的。用顶点来定义每个字符轮廓的线段或曲线。如果字符是由封闭边界定义的，可以对其进行填充。笔画文本的优点是：对任何其他对象能够定义的细节，也可以对它定义。因为对笔画文本的定义方式和其他图形对象一样，所以可以像任何其他几何图元那样对它进行标准的变换和观察操作。通过变换可以放大或者旋转笔画字符，同时保持它的细节和外观。因此，只需要对字符定义一次，就可以通过变换来生成大小和方向都符合要求的字符。

光栅文本(raster text)(参见图 2.20)更简单，绘制也更快。在光栅文本中，字符被定义成由 0 和 1 组成的矩形阵列，这样的位阵列称为**位块**(bit block)。每个位块中 0 和 1 的模式定义了字符。光栅字符可以通过**位块传输**(通常称为 blit 或 bitblt)操作读取到帧缓存中，移动位块的操作只需要调用一个函数。

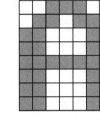

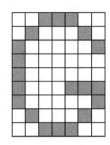

图 2.19　笔画文本(PostScript 字体)　　　　　　　　　图 2.20　光栅文本

可以通过**复制**(replicate)像素来增加光栅字符的大小，但是这样放大的字符会出现块状外观(参见图 2.21)。其他像旋转这样的变换对于光栅字符可能没有意义，因为这样的变换会使位块(定义字符)移动后的位置与帧缓存中像素的位置无法对应起来。

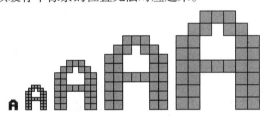

图 2.21　通过复制像素来放大光栅字符

由于图形系统主要关注如何使用 GPU 绘制线段和三角形，因而并不提供文本图元。使用 WebGL 获取文本的一种方法是通过纹理映射(参见第 7 章)。对于光栅文本，可以为每个字符创建一个图像，然后将每个字符映射到一个矩形。或者，可以通过所有浏览器都支持的标准图像类型(如 GIF 和 PNG)获取要映射到几何对象的图像。

此外，由于 WebGL 在浏览器中运行，因此可以单独使用 HTML canvas 对象和其他应用程序生成的内容来显示文本，而不是试图通过 WebGL API 生成文本。

2.4.5　顶点属性

尽管可以通过一组顶点描述几何对象，但是可以使用不同的方式来显示一个给定的对象。图 2.22 给出了一些可能的情形。在最上面的示例中，线段和矩形以纯色绘制。下面的示例表明了将图案(或纹理)映射到所绘制的对象或使用光源和材质属性确定每个像素的颜色的可能性。

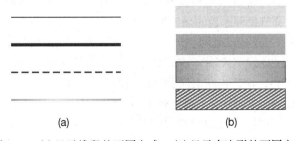

(a)　　　　　　　　　　　　　　　(b)

图 2.22　(a)显示线段的不同方式；(b)显示多边形的不同方式

有两种基本方法可以描述这样的问题，比如为什么用绿色绘制的立方体是绿色的。其中一个观点是，颜色(绿色)通常通过其顶点的颜色属性与对象关联，这些属性称为**顶点属性**(vertex attributes)。

顶点属性(例如颜色)被锁定或**绑定**(bound)到顶点，从而绑定到它们所定义的几何对象。我们会发现，通常更好的方法是通过立方体的各个面来建模一个对象，并且为组成面的顶点指定顶点属性。因此，一个立方体之所以是绿色的，因为它的六个面是绿色的，每个面由两个三角形定义，所以一个绿色立方体最终被绘制成 12 个绿色的三角形。

在绘制流水线结构中，每个顶点都由一个顶点着色器单独处理。如果为三角形的每个顶点分配不同的颜色，光栅化模块可以对这些顶点颜色进行插值，以获得每个片元不同的颜色。顶点属性可以包括其他的几何属性，例如三角形的法向量。顶点属性也可能与具体的应用相关。例如，在模拟某个对象的热量分布时，应用程序需要确定用来定义对象的每个顶点的温度。在第 4 章中，我们将在发送到 GPU 的数据中不仅包含顶点位置，而且还包含顶点属性。

并非所有的属性都需要逐个顶点指定。例如，希望用一种颜色(红色)绘制三角形，可以不用给三角形的每个顶点指定红色，而是将颜色值从应用程序发送到着色器中从而一次性指定对象的颜色，或者直接在着色器中为对象一次性地指定颜色。甚至可以像编写 Sierpinski 镂垫程序那样，设置一个**当前颜色**(current color)用来绘制所有的对象，直到该颜色发生变化。

2.5　颜色

颜色是人类感知，也是计算机图形学中最有趣的方面之一。可以利用第 1 章介绍的人类视觉系统模型得出一个简单但有用的颜色模型。要想让计算机图形学完全体现人类视觉系统所能感知到的全部内容需要对人体解剖学、生理学、心理学和物理学有更深入的理解。第 12 章将对颜色进行更详细的讨论。

如图 2.23 所示，可见光的颜色可以由定义波长的函数 $C(\lambda)$ 来表征，这里 λ 的取值范围大致从 350 nm 到 780 nm。$C(\lambda)$ 在可见光谱范围内一个给定波长 λ 处的值给出了颜色中对应波长分量的强度。

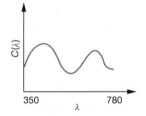

图 2.23　基于波长的颜色分布

尽管这样的表征对于能测量其属性的物理颜色来说是精确的，但它并没有考虑人们是如何感知颜色的。第 1 章提到了人类视觉系统有三类视锥细胞负责颜色视觉。因此，对一种给定的颜色，人类大脑接收到的不是完整的分布 $C(\lambda)$，而是三类视锥细胞对颜色的响应值，这三个响应值称为**三刺激值**(tristimulus values)。这样，颜色被归结为三个数，由此引出了**三色理论的基本原则**(basic tenet of three-color theory)：如果两种颜色的三刺激值相同，那么人眼就无法把它们区分开。

从这个理论可以得出一个推论，那就是在原则上，显示器只需要三种原色就可以获得人类观察者能看到的颜色。通过调节每种原色的强度来生成一种颜色，第 1 章介绍的 CRT 就是这样做的。CRT 是**加色模型**(additive color model)的一个例子，该模型是把原色相叠加来生成颜色。使用加色模型的其他例子有投影仪和胶卷幻灯片。在这样的系统中，三种原色通常是红、绿和蓝。利用加色模型，显示器初始为黑色，原色光在上面叠加得到想要的颜色。

在商业打印和绘图这样的应用中，**减色模型**(subtractive color model)更合适。这个模型从白色的表面(比如一张纸)开始，有色的颜料从照射到表面的光线中去掉一些颜色分量。假定白光照射表面，如果入射光中对应于红色的那部分波长分量被表面反射，除此以外的所有分量都被表面吸收，那么表面的某个地方看起来将是红色的。在减色系统中，所使用的原色通常是**补色**(complementary color)：青色、品红和黄色(CMY，如图 2.24 所示)。这里不讨论减色模型，只需要知道 RCB 加色模型和 CMY 减色模型是对偶关系(参见习题 2.8)

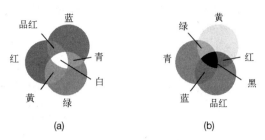

图 2.24 颜色形成。(a)加色模型；(b)减色模型

如图 2.25 所示，可以把一种颜色看成**颜色立方体**(color solid)中的一点。在一个对应于三种原色的坐标系中画这个颜色立方体。沿着一个坐标轴方向的距离代表了颜色中相应原色的分量。如果把每种原色的最大值规范化为 1，那么就可以把所能生成的任何颜色都表示为单位立方体中的一点。颜色立方体的各个顶点所对应的颜色为：黑(三种原色的分量都为零)；红、绿和蓝(一种原色的分量达到最大)；两种原色的组合，包括青(绿和蓝两种原色的分量达到最大)、品红(红和蓝两种原色的分量达到最大)和黄(红和绿两种原色的分量达到最大)；还有白(三种原色的分量都达到最大)。立方体的主对角线连接原点(黑)和对应于白色的顶点。所有主对角线上的颜色的三刺激值都相等，这些颜色是亮度不同的灰色。

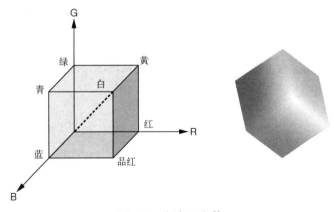

图 2.25 颜色立方体

有许多内容在这里没有详细展开，我们将在第 12 章继续讨论。这些内容主要是各组原色之间的差异以及由于实际设备的物理限制而引起的一些问题。特别是，一个设备可以生成的颜色集，即它的**色域**(color gamut)，不会与其他设备相同，也不同于人眼可感知的色域。此外，同样的一组三刺激值在不同的设备上产生的可见光颜色也不会相同。

2.5.1 RGB 颜色

现在从程序员的角度(即通过 API)来讨论图形系统中的颜色是如何处理的。有两种不同的方法。我们要强调的是 **RGB 颜色模型**(RGB color model)，因为理解它对以后讨论着色是至关重要的。在历史上，**索引颜色模型**(indexed color model)(见 2.5.2 节)更容易被硬件支持，因为这种模型对内存的要求更低，而且过去的显示器能显示的颜色数目也很有限，但是 RGB 颜色已成为现代图形系统的标准。

在使用加色模型的 RGB 三原色系统中，红色、绿色和蓝色图像在概念上有各自的缓存。每个像素都分别有红色、绿色和蓝色分量，每种分量对应于存储器中的某个位置(参见图 2.26)。在一个典型系统中，像素阵列可能为 1280 × 1024，每个像素可能包括 24 位(3 字节)：红、绿、蓝各占

1 字节。目前的商用显卡的存储器容量可达 12 GB，所以按照视频速率存储和显示帧缓存中的内容已经不成问题。

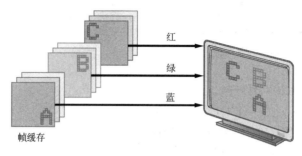

图 2.26　RGB 颜色

作为程序员，希望能够指定可以在帧缓存中存储的任何颜色。对上面提到的每个像素包含 24 位的例子，总共有 2^{24} 种可能的颜色，有时称为 16M 种颜色，其中 M 代表 1024^2，其他的系统可能每种颜色多达 12 位(或更多)或者少到 4 位。因为 API 应该独立于任何特定的硬件，所以希望以不依赖于帧缓存中位深度的方式来指定颜色，并且驱动程序和硬件应该对指定的颜色用尽可能接近的可用颜色来匹配。一种自然的技术是使用颜色立方体并用 0.0 ~ 1.0 之间的数来指定颜色分量，这里 1.0 代表对应原色的最大值[或称为**饱和**(saturated)值]，0.0 代表该原色的零值。

为了在应用程序中为每个顶点指定颜色，可以把颜色存储在单独的对象中，例如，

```
var vertexColors = [
  vec3(1.0, 0.0, 0.0),
  vec3(0.0, 1.0, 0.0),
  vec3(0.0, 0.0. 1.0)
];
```

存储了顶点的红、绿、蓝三个分量颜色，然后把每个顶点的颜色添加到数组中，和前面对顶点位置的处理方式一样。

```
var colors = [];

for (var i = 0; i < numPositions - 1; ++i) {

  // determine the vertexColor[i] to assign to vertex at positions[i]

  colors.push(vertexColors[i]);
}
```

也可以单独创建一个数组同时存储顶点的位置和顶点的颜色。这些数据会被发送到着色器中，经过着色器的处理后，顶点的颜色最终会被应用于帧缓存中的像素。

以后我们还会对四色系统(RGBA)感兴趣。第四个颜色分量(A，或者 **alpha**)和 RGB 值一样也存储在帧缓存中，可以利用具有四个参数的颜色函数对它进行设置。在第 7 章会看到 alpha 分量的各种应用，比如创建雾化效果或者图像混合。在这里指定 alpha 值是作为 WebGL 程序初始化的一部分。如果开启混合功能(参见第 7 章)，那么 alpha 值在 WebGL 中的意义是**不透明度**(opacity)或者**透明度**(transparency)。透明度和不透明度在概念上是互补的。光线完全不能通过一个不透明的物体，但能完全通过一个透明物体。不透明度的值可以从完全透明(A = 0.0)到完全不透明(A = 1.0)。与桌面版 OpenGL 不同，在 WebGL 中，如果未开启混合功能，那么 A 的值与 R，G，B 的

值相乘。因此，如果 A 的值小于 1.0，最终的颜色会变得柔和。因为 WebGL 在 HTML canvas 中绘制，所以可以通过使用 A 与非 WebGL canvas 元素（比如图像）混合。

WebGL 程序在初始化时要完成的首要任务之一是清空屏幕上的一块区域，这是一个绘图窗口，用于显示我们的输出。每当要绘制一帧新的图像时，也必须清空这个窗口。通过使用四维（RGBA）颜色系统，图形和操作系统可以进行交互以创建绘图窗口与其他窗口（这些窗口可能位于绘图窗口的下方）交互的效果，方法是在清空该窗口时操纵指定给该窗口的不透明度。函数调用

```
gl.clearColor(1.0, 1.0, 1.0, 1.0);
```

指定的 RGB 清屏颜色是白色，因为前三个分量是 1.0，而且这种颜色是不透明的，因为 alpha 分量是 1.0。接下来就可以利用函数 gl.clear 把屏幕上的绘图窗口清空成纯白色。

2.5.2 查色表

早期的图形系统帧缓存的位深度很有限，通常只有 8 位。即使如此有限的深度，这样的帧缓存仍然可以用来显示彩色图像。例如，一些系统会将每个像素的 8 位分成更小的位组，并将红色、绿色和蓝色值分配给相应的位组。虽然这样的技术对一些应用是足够的，但通常不能为我们指派颜色提供足够的灵活性。**索引颜色**（indexed color）提供了一种解决方案，允许应用程序显示范围广泛的颜色，只要应用程序需要的颜色数目不超过像素的位深度可以索引的范围。尽管索引颜色不再被现代硬件支持或作为大多数 API 的组成部分，但是可以在应用程序中使用这项具有多种用途的技术。

图形系统利用索引颜色绘制图形和画家使用油画颜料绘画很相似，就从这个类比进一步讨论这项技术。虽然装在小软管里的颜料数目有限，但画家通过把它们混合可以得到几乎无穷多的颜色。我们说画家拥有一个潜在的大**调色板**（palette）。不过，在任何时候，也许由于画笔的数目有限，画家只能使用少数几种颜色。以这种方式，画家可以绘制一幅图像，虽然它包含的颜色种类不多，但却可以表达画家的想法，因为画家可以从一个大调色板中选出这些颜色。

回到计算机中的模型上来，我们有理由认为：如果对每个具体的应用，都能从一个很大的颜色范围（调色板）中选择若干种颜色，那么即使选出的颜色种类不是很多，多数情况下也能生成高质量的图像。

可以按照这样的方式来选择颜色：把位深度有限的像素解释为颜色表的索引而不是颜色值。假定帧缓存中每个像素占 k 位。每个像素的值或者索引是在 0 到 2^k-1 之间的一个整数。假定显示每个颜色分量的精度是 m 位，也就是说，可以有 2^m 种不同强度的红色，2^m 种不同强度的绿色和 2^m 种不同强度的蓝色。于是，可以在显示器上显示 2^{3m} 种颜色，然而帧缓存只能指定这些颜色中的 2^k 种。通过一个用户定义的大小为 $2^k \times 3m$ 的**查色表**（color lookup table）（参见图 2.27）来解决指定颜色的问题。用户在程序中把想要使用的颜色填入查色表的 2^k 个条目（行），每种颜色的红绿蓝三个分量都是 m 位。一旦用户把这个表构造好，就可以通过索引来指定一种颜色，颜色的索引指向查色表中一个合适的条目（参见图 2.28）。对 $k=m=8$ 这样一种通常的配置，用户可以选择 16M 种颜色中的 256 种。查色表中的 256 个条目构成了用户的调色板。

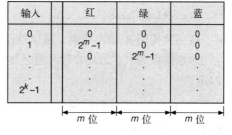

输入	红	绿	蓝
0	0	0	0
1	2^m-1	0	0
·	0	2^m-1	0
·	·	·	·
·	·	·	·
·	·	·	·
2^k-1			
	m 位	m 位	m 位

图 2.27 查色表

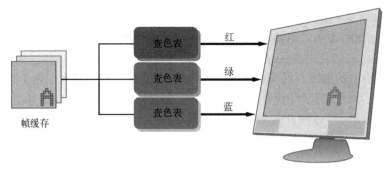

图 2.28　索引颜色

从历史上看，索引颜色模式很重要，因为那时的标准硬件无法支持 RGB 颜色。尽管现在已经不是这样了，但是使用查色表仍然有许多优点。第 7 章将介绍一种称为**伪彩色**(pseudocoloring)的技术，用它来为单色图像赋予彩色。例如，可能希望用颜色显示物理实体的标量值(比如温度)。可以创建这些值到红色、绿色和蓝色的映射，这些映射与用于索引颜色的颜色查找表相同。为了考虑不同设备的调色板之间的差异，还可以为每个颜色分量或**颜色通道**(color channel)使用查色表来调整颜色(参见边注 2.3)。

边注 2.3　*颜色系统*

虽然 RGB 颜色是通过其三刺激值来表示加色模型的标准方法，但它并没有说明每个原色占据了光谱的哪个部分。红色可以是由激光产生的光谱中的单一频率，也可以是由平板显示器中的红色 LED 产生的窄范围颜色。两个 RGB 系统的原色不仅不同，而且会产生不同的色域。同样，一个 RGB 系统的色域不会与另一个 RGB 系统的色域相同，也不会完全匹配人类视觉系统可以感知的颜色。

国家电视系统委员会(NTSC)的 RGB 系统是计算机图形学中使用多年的标准系统，该系统基于 CRT 中荧光粉的颜色分布。存储的 RGB 值(每个颜色分量通常占 8 位)被线性地映射为驱动输出设备的值。最近，sRGB 系统成为显示器的标准系统。sRGB 在将颜色分量值映射到设备的输入中增加了一个非线性步骤，这更好地解释了视觉系统对入射光强度的非线性响应。这个映射的线性部分的斜率称为映射的**伽马值**(gamma)。我们将在第 12 章更详细地讨论这些以及其他的系统。

2.5.3　设置颜色属性

对于简单示例程序，需要设置两个颜色属性。第一个是用于清屏的颜色，我们用下面的 WebGL 函数调用语句把清屏颜色设置为白色：

```
gl.clearColor(1.0, 1.0, 1.0, 1.0);
```

注意，该函数使用 RGBA 颜色，是属性作为状态一部分的示例。

用来绘制点的颜色最终在片元着色器中确定。可以通过 MV.js 中的函数在应用程序中设置一种 RGB 颜色：

```
var pointColor = vec3(1.0, 0.0, 0.0);
```

或者设置一种 RGBA 颜色：

```
var pointColor = vec4(1.0, 0.0, 0.0, 1.0);
```

然后就可以把这个设置好的颜色发送到任意一个着色器中。也可以完全在着色器中设置颜色。我们在后面的章节中还会看到一些选项。在顶点着色器中，通过内置的着色器变量可以把点的大小设置成两个像素高和两个像素宽。

```
gl_PointSize = 2.0;
```

这里要注意的是，点的大小是为数不多的、可以使用内置着色器变量进行设置的状态变量之一。这样，如果两个显示器的像素大小不一样（由于其屏幕尺寸和分辨率的不同），那么绘制的图像可能会稍有不同。一些图形 API 为了确保相同的用户程序在所有的系统上都生成相同的显示，按照与设备无关的方式来指定所有属性。遗憾的是，确保两个图形系统生成同样的显示是比较困难的实现问题。WebGL 兼顾理想的显示效果和实际的约束，使用了更为实用的折中方案。

2.6 观察

现在可以把各种图形信息放到场景中去，并且可以希望这些对象以何种方式显示，但还没有一种方法来确切地指定这些对象中的哪些应该显示在屏幕上。正如在照片上所记录的内容依赖于把照相机对准何方以及使用什么样的镜头一样，在程序中必须做出相似的观察决策。

在第 1 章介绍虚拟照相机模型时有一个基本概念，即在场景中指定对象与指定照相机完全独立。一旦把场景和照相机都确定好了，就可以生成图像。照相机通过曝光胶片生成图像，而计算机系统通过绘制流水线中一系列操作的执行来生成图像。应用程序只需要关心对象和照相机的参数设置，就像摄影师只关心得到的照片，而不关心快门如何工作以及胶片与光线之间发生的光化学作用的细节。

计算机生成图像有一些默认的观察条件，这类似于一个具有固定镜头的简单照相机的基本设置。然而，如果使用位置固定、镜头无法调节的照相机来对场景拍照，那么必然无法得到满意的照片。例如，只有把照相机放到离大象足够远才可以对大象拍照，或者想拍摄蚂蚁时，必须将照相机放置在离它们非常近的地方。我们更希望灵活地改变镜头，以便更容易地生成一组对象的图像。在使用图形系统时情况也是如此。

2.6.1 正投影视图

正投影是最简单的视图，也是 WebGL 中的默认视图。在第 4 章会详细讨论这种投影和其他的投影类型，这里介绍正投影的目的是让读者可以开始编写三维程序。如果虚拟照相机模型中的照相机具有焦距无限大的远摄镜头，并且让照相机无限远离对象，就得到了数学上的正投影。如图 2.29 所示，可以通过固定成像平面，并让照相机远离成像平面来近似实现这个效果。在极限情形下，所有的投影线彼此平行，而投影中心被**投影方向**(direction of projection) 所代替。

无须担心照相机会无穷远。考虑如图 2.30 所示的投影线和投影平面，这里投影线平行于 z 轴正方向，投影

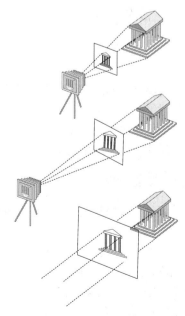

图 2.29　通过让照相机远离投影
　　　　　平面来创建正投影视图

平面是 $z = 0$。注意,不但投影线垂直或者说正交于投影平面,还可以沿 z 轴滑动投影平面,而这不会改变投影线与投影平面的交点。

对于正投影,可以认为在投影平面内有一个特殊的正投影照相机,这对于其他类型的投影是不可能的。或许更精确的说法是,在投影平面内有一个参考点,以这个点为基准可以指定一个**视见体**(view volume)和一个投影的方向。在 WebGL 中,参考点位于坐标原点,照相机对准 z 轴的负向,如图 2.31 所示。正投影把点 (x, y, z) 投影到点 $(x, y, 0)$,如图 2.32 所示。注意,如果场景是二维的,并且所有的顶点都在平面 $z = 0$ 内,那么一个点和对它进行投影之后得到的点是相同的;然而,仍然可以利用三维图形系统的机制来生成图像。

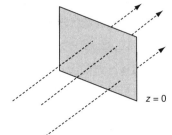

图 2.30 正投影的投影线和投影平面 $z = 0$

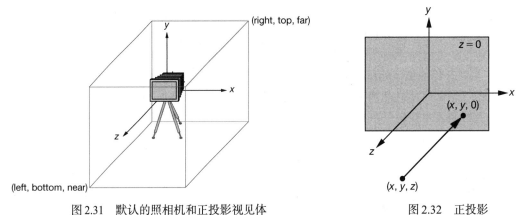

图 2.31 默认的照相机和正投影视见体

图 2.32 正投影

在 WebGL 中,默认的投影是一个视见体为正六面体的正投影。视见体是一个由以下六个平面定义的立方体空间:

$$x = \pm 1 \qquad y = \pm 1 \qquad z = \pm 1$$

正投影只"看到"了位于视见体内的对象。和真实的照相机不同,正投影可以对位于照相机后面的对象成像。这样,由于平面 $z = 0$ 位于-1 和$+1$ 之间,所以它与视见体相交。

我们将在第 4 章和第 5 章学习如何使用几何变换。几何变换也可以用于创建其他的视图。目前需要做的就是通过缩放和平移对象使我们希望观察到的场景位于默认的视见体内。

2.6.2　二维观察

请记住,按照我们的观点,二维图形是三维图形的特例。我们的观察区域位于三维视见体内的平面 $z = 0$ 中,如图 2.33 所示。

也可以用另一种更直接的方式考虑二维观察:从二维场景中选取一块矩形区域并把它的内容传输到显示器上,如图 2.34 所示。场景中被成像的区域称为**观察矩形**(viewing rectangle),或者**裁剪矩形**(clipping rectangle)。位于这个矩形内的对象会出现在图像中,矩形外的对象被裁剪掉(clipped out)而不会显示。跨越裁剪窗口边界的对象在图像中是部分可见的。在屏幕上显示图像的绘图窗口与观察矩形是不同的,绘图窗口的尺寸和它在屏幕上的位置需要单独指定,我们将在 2.7 节再讨论。

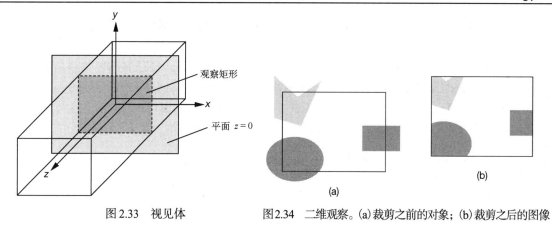

图 2.33 视见体 　　图 2.34 二维观察。(a)裁剪之前的对象；(b)裁剪之后的图像

2.7 控制函数

现在，第一个示例程序几乎已经完成，但是必须首先讨论图形系统与窗口和操作系统的最小接口。考虑 Linux 平台上的 X Window System 或者 PC 上的 Windows，如果看看这些具体环境的细节，就会发现图形系统与窗口和操作系统之间的编程接口可以非常复杂。要充分利用这些环境对应用程序编程人员提供的各种支持，需要学习关于这些系统的特定知识。此外，不同的环境在细节上各有不同，对这些差异的讨论也不会增强我们对计算机图形学的理解。

对于桌面版 OpenGL，有一些特定于平台的库，它们提供了连接应用程序和本地系统的"黏合剂"。此外，有些库虽然必须针对每种体系结构进行编译，但它们在多个平台上提供的功能是相同的，只是更加有限。

与其详细讨论这些问题，不如从图形应用程序的角度来看看必须用到的最低限度的操作有哪些。

桌面版 OpenGL 采用一个简单函数库提供图形系统与窗口和操作系统之间的一系列通用操作。OpenGL 实用工具库(OpenGL Utility Toolkit，GLUT)就是这样一个最常用的函数库，本书前几个版本都用到过这个库。底层窗口系统或者操作系统特有的细节是具体实现应该关心的内容，而不是 API 的一部分。在实际编程时，只需把其他的函数库添加到标准库搜索路径中。然而，除了这个简单函数库(或其他更现代的替代函数库)本身所固有的限制，对于每个窗口系统，应用程序仍需要重新编译并且无法在 Web 上运行。

因为 WebGL 使用 HTML 和 JavaScript，所以不需要为不同的底层窗口系统而更改应用程序。尽管如此，WebGL 不得不处理许多与桌面版 OpenGL 相同的问题。

> 边注 2.4　空间中的对象和照相机，哪个是固定的？
>
> 对于学习计算机图形学的学生来说，一个主要的困惑来源是照相机或对象在空间中是否是固定的。我们是朝着对象移动照相机来拍照，还是朝着照相机移动对象？答案是，两种情形都可以。重要的是对象相对于照相机的位置。我们将在第 4 章进一步讨论这个问题。可以选择其中一种情形，不用知道哪种情形是最好的。WebGL 确实指定了一个固定的坐标系(裁剪坐标系)，将其默认照相机放置在该坐标系的原点并指向负 z 方向。

2.7.1 HTML canvas 元素

HTML5 canvas 元素为 WebGL 提供绘图表面(或画布)，连接着 WebGL 和浏览器。通常，在

HTML 文件中指定 canvas 元素，并通过以下代码为其指定高度和宽度：

```
<canvas id="gl-canvas" width="512" height="512"></canvas>
```

我们在 JavaScript 文件中可以通过 canvas 标识符访问它。因此，canvas 是 HTML 文件所描述的页面的一部分。WebGL 绘制的图像会显示在 canvas 中，它是一个 canvas.height × canvas.width 的像素阵列。在 OpenGL 中，我们称这个区域为窗口。遗憾的是，**窗口**(window)这个术语在图形界有许多不同的含义(参见边注 2.5)。因为我们关注的是 WebGL，所以会在应用程序中看到 canvas 对象和 window 对象。

边注 2.5　什么是窗口？

窗口这个术语在计算机图形学中至少有四种用法。在标准环境中工作时(例如，Microsoft Windows、macOS 或 Linux)，窗口是矩形像素阵列，将输出绘制到其中。桌面版 OpenGL 应用程序为其输出打开这样一个窗口，该窗口通常由本地窗口系统来管理。我们通过连接 OpenGL 与本地系统的 API(例如，Microsoft Windows 系统的 WGL，或移动和嵌入式系统的 EGL)来设置参数(例如该窗口的高度和宽度)。

使用 WebGL 的情形会稍微复杂一些。当通过单击一个 URL 来调用浏览器时，会打开一个浏览器窗口，该窗口显示 HTML 代码所描述的页面。这个页面将包括用户界面元素，比如按钮和菜单，可能还有一些图像，而对我们来说最重要的是 canvas，可以在 HTML 文件中设置它的参数。从 WebGL 的角度来看，canvas 就是我们在 OpenGL 中所称的窗口，它充当帧缓存。到目前为止一切都很顺利。然而，还有一个更复杂的问题：在 JavaScript 中，当打开一个浏览器窗口时，会创建一个全局 window 对象。因此，存在一个全局 window 对象和一个全局 canvas 对象，它们都定义在应用程序之外，但是可以被应用程序访问。两者都有方法和属性。window 对象对应于整个页面，而 canvas 对象是我们的绘图表面。当需要为绘图引用一个特定的位置时(或者当我们需要知道应用程序已经准备好可以开始执行时)，这两者之间的差异将是最明显的。例如，我们将引用 canvas.width 和 canvas.height 来获取用于绘图的 canvas 尺寸。相反，使用 window.onload 指定当应用程序代码加载到 Web 浏览器时需要执行的函数。

虽然物理显示器的分辨率可能达到 1280 × 1024 像素，但使用的 canvas 可以是任意大小。因此，帧缓存的分辨率至少应该等于显示器的分辨率。从概念上讲，如果使用 300 × 400 像素的 canvas，那么可以认为它对应于一个 300 × 400 的帧缓存，即使它只使用一部分浏览器窗口。

在窗口中引用的位置坐标是相对于窗口一角而言的。我们必须注意窗口的哪个角作为坐标原点。在科学和工程中，左下角是原点，其窗口坐标为(0，0)。然而，几乎所有的光栅系统与商业电视系统具有一样的屏幕显示方式：按照从上到下、从左到右的顺序进行扫描。从这个角度看，左上角应该是坐标原点。WebGL 函数假定原点在左下角，可是从浏览器返回的信息(比如鼠标的位置)假定原点在左上角，于是需要把窗口中的位置从一个坐标系转换到另一个坐标系。

2.7.2　宽高比和视口

矩形的**宽高比**(aspect ratio)是这个矩形的宽度与高度之比。因为对象与观察的设置是彼此独立的，所以由照相机参数设置的观察矩形与为 canvas 元素设置的显示窗口可以具有不同的宽高比，这可能会导致不想要的结果。如图 2.35 所示，如果观察矩形和显示窗口的宽高比不同，那么屏幕上的对象就会失真。对象产生失真是由于在默认的操作模式下，整个裁剪矩形被映射到 canvas 窗口。通常，为了把裁剪窗口中的全部内容映射到整个 canvas 窗口，只能把前者的内容变形以使宽高比适应后者。如果保证裁剪矩形和显示窗口的宽高比相同，就可以避免出现这样的失真。

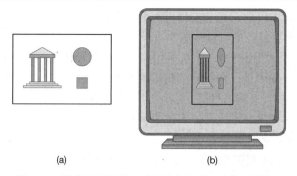

图 2.35　宽高比不匹配。(a)观察矩形；(b)显示窗口

另一种更灵活的方法是使用视口的概念。**视口**(viewport)是 canvas 窗口中的一块矩形区域。默认情况下，视口是整个 canvas 窗口，但可以通过下面的函数把它设置成任何更小的尺寸(像素单位)：

```
gl.viewport(x, y, w, h);
```

这里的(x, y)是视口左下角的位置(相对于 canvas 窗口左下角的坐标原点)，w 和 h 分别是视口的宽度和高度。这些参数都是以像素为单位。图元显示在视口中，如图 2.36 所示。可以调节视口的高度和宽度来匹配裁剪矩形的宽高比，从而防止图像中的任何对象失真。

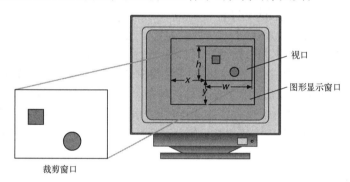

图 2.36　裁剪窗口到视口的映射

视口是 WebGL 状态的一部分。如果在绘制多个对象的中间改变视口或者用改变后的视口重新绘制相同的对象，那么会获得多视口的效果，即在图形显示窗口的不同区域显示不同的图像。我们将在第 3 章进一步介绍视口的应用，并考虑如何交互地改变图形显示窗口的形状和大小。

2.7.3　应用程序的执行

原则上，应该能够把简单的初始化代码与 2.1 节编写的代码结合起来，得到一个完整的生成 Sierpinski 镂垫的 WebGL 程序。遗憾的是，在现代图形系统中，事情还不是这么简单。

我们采用的基本图形绘制机制是构造一个数据结构，其中存储用于指定场景所需的几何数据以及用于控制场景绘制方式的所有属性数据，然后把这个数据结构发送到着色器中，通过着色器处理这些数据并把结果显示出来。一旦通过应用程序把数据发送到着色器中，在着色器处理数据的同时，就可以通过应用程序来完成其他的任务。在一个交互式图形应用程序中，可以继续生成更多的图元，或者响应来自鼠标等设备的输入。

考虑下面的情景。当执行示例程序(Sierpinski 镂垫绘制程序)的核心代码时，只是绘制一些图元然后就结束了。接下来会发生什么？一种可能就是，因为应用程序运行完成，它将退出。很明显，在我们有机会看到输出以前，显示窗口可能会从显示器上消失，这不是我们所希望的。幸运的是，浏览器使用了一个更复杂的机制来解决这个问题。

这里使用一种被大多数图形与窗口系统采用的**事件处理**(event processing)机制，它为应用程序提供交互式控制。**事件**(event)就是由操作系统检测到的行为变化，比如用户在键盘上按下一个按键时，单击鼠标的一个按钮，移动鼠标，或者最小化显示屏上的窗口。事件的种类很多，通常只有一部分事件对图形应用程序非常重要。有的事件在发生时会产生数据，例如，当按下键盘的一个按键时，该按键对应的键码值会被存储起来。

事件产生后会被存放在**事件队列**(event queue)中，应用程序或操作系统可以检查这个队列中的事件。一个特定的事件可以被忽略，也可以激发某个动作。例如，不使用键盘的应用程序会忽略所有按下键盘按键或释放键盘按键所产生的事件，而使用键盘的应用程序则通过键盘事件来控制应用程序的执行流程。

操作系统和窗口系统可以识别许多类型的事件，这些事件大多数与 WebGL 应用程序无关。在 WebGL 应用程序中，能够通过**事件监听器**(event listener)或**回调函数**(callback)识别需要响应的事件。回调函数总是与某类事件关联。因此，一个典型的交互式应用程序可能会用到鼠标回调函数或键盘回调函数。我们将在第 3 章详细讨论交互。

2.8　Sierpinski 镂垫绘制程序

尽管第一个示例程序不要求编写任何回调函数，但我们引入了一个将用于所有应用程序的组织结构。WebGL 程序的起点始终是一个加载到浏览器中的 HTML 文件。这个 HTML 文件将完成两项主要任务。首先，它将收集应用程序所需的各种资源，比如包含图形代码的 JavaScript 文件以及各种包和实用程序。其次，HTML 文件描述了将显示的页面。在第一个示例中，页面只包含 HTML canvas，它提供了绘图表面。在后面的交互示例中，页面还将包含交互元素，比如按钮、菜单和滑动条。HTML 文件可以包含我们编写的着色器，也可以将着色器放在单独的文件中。我们将在本节后面讨论这两种情形。

下面是一个基本的 HTML 文件(gasket1.html)[①]。

```
<!DOCTYPE html>
<html>
<head>
<script src="../Common/initShaders.js"></script>
<script src="../Common/MV.js"></script>
<script src="gasket1.js"></script>
</head>
<body>
<canvas id="gl-canvas" width="512" height="512">
Sorry; your web browser does not support HTML5's canvas element.
</canvas>
</body>
</html>
```

HTML 文件使用各种用作标识的标签。第一行将文件标识为 HTML5 文件。<html>标签表示它后面的代码是用 HTML 脚本编写的。<script>标签指向将由浏览器加载的 JavaScript 文件。initShaders.js 文件包含了读取、编译和链接着色器的代码，代码中使用了许多在每个应用程

---

① 假设读者对 HTML 有一些基本的了解。在后面的示例中，将只对这个示例的 HTML 进行小的修改。

序中都相同的 WebGL 函数。我们将在后面讨论各个函数，但是因为它们与生成图形没有太大关系，所以将推迟讨论它们。MV.js 文件中的函数用于基本的矩阵和向量操作。gasket1.js 文件包含生成 Sierpinski 镂垫的代码。

我们使用 canvas 元素创建一个画布并为它指定标识符 gl-canvas，以便可以在应用程序中引用它，同时指定将在其中显示图形的窗口的初始高度和宽度。如果浏览器不支持 canvas 元素，则将收到一条错误消息。

此时，读者可能想知道着色器在哪里。每个着色器都是一个使用 GLSL 语言编写的独立程序，由应用程序提供，它可以使用标准的文本编辑器来创建。着色器最终会被发送到 WebGL 中，initShaders 中的 WebGL 函数将对其进行处理。关于将这些着色器程序放置在何处，我们有两个选择。可以将每个着色器作为单个字符串放置在应用程序的 JavaScript 文件中。然而，除了最简单的着色器，这种方法对所有的着色器来说都很麻烦。另外，可以将着色器源代码放在一个文件中，并由应用程序来读取。这种方法通常用于桌面版 OpenGL。遗憾的是，为安全起见，某些浏览器不允许应用程序在本地读取文件。本书网站上有一个初始化的示例采用了后一种方法，它与此处使用的方法稍有不同。在此处，我们将着色器放在 HTML 文件中，这种解决方法始终有效。

现在考虑如何组织应用程序代码。从一个包含所有代码（包括着色器）的单个文件，到为应用程序的每个部分使用不同的文件，有许多方法可以解决这个问题。我们采用的方法是把着色器和页面描述放在一个 HTML 文件中，而把 WebGL 应用程序代码放在另一个单独的 JavaScript 文件中。我们的基本规则是，描述页面的代码应该在 HTML 文件中，而处理显示生成的代码应该在 JavaScript 文件中。例如，如果使用按钮进行输入，那么按钮的描述及其在显示器上的位置将在 HTML 文件中，而控制单击按钮结果的代码将在 JavaScript 文件中。

Sierpinski 镂垫程序从 HTML 文件开始执行，该文件包含多个引用 JavaScript 文件的标签，其中一个是包含我们的 WebGL 应用程序的文件。通常，读取这些文件的过程是异步执行的。在 HTML 文件中，<script>标签中引用的文件将按顺序读取，WebGL 着色器也是如此。浏览器随后进入事件驱动的执行阶段。我们将在第 3 章更详细地讨论事件处理，但是现在知道这一点就足够了，即如果有一个函数（例如下面示例中的 myFunction）需要在应用程序中首先执行，那么可以等待**onload 事件**（onload event）发生，此时该函数将被执行：

```
window.onload = function myFunction() { ... }
```

或者等价地，也可以用事件处理程序[①]命名该函数：

```
onload = myFunction;
```

并将函数 myFunction 放在应用程序文件中的某个位置，或者放在一个单独的 JS 文件中，可以通过 HTML 文件读取该文件。当读取所有的脚本文件时，onload 事件发生，从而执行 myFunction 函数。

我们把 onload 函数命名为 init，应用程序将一直拥有这个函数，而且应用程序至少还需要另一个函数 render 来控制在 canvas 上的绘制过程。根据应用程序的要求，可以添加其他函数，并且还将使用 MV.js 和实用工具库中的各种函数。

对于一个典型的应用程序，可以认为代码包含三个主要部分：初始化、生成几何数据和绘制几何数据。初始化包括读取、编译和链接着色器，并生成 GPU 中必要的数据结构。在交互式应用程序中，还需要设置回调函数。

正如 2.1 节所述，生成数据，把数据放入 GPU 中，由 GPU 将这些数据绘制成图像并在屏幕上

---

① 我们也利用了这样一个事实：JavaScript 将会自动地把 onload 函数和全局 window 对象关联起来。

显示出来，这些操作都相互独立。对于复杂的应用程序，可以将应用程序的算法部分和建立应用程序所需的所有初始化部分分开。第一个示例程序的代码非常短，所以把数据生成和初始化部分合并在一起。

改进 2.2 节生成 Sierpinski 镂垫的算法，init 函数中包含的相应代码是：

```
const numPositions = 5000;
var positions = [];

var vertices = [
  vec2(-1, -1),
  vec2( 0,  1),
  vec2( 1, -1)
];

var u = add(vertices[0], vertices[1]);
var v = add(vertices[0], vertices[2]);
var p = mult(0.5, add(u, v));

positions.push(p);

for (var i = 0; i < numPositions - 1; ++i) {
  var j = Math.floor(3*Math.random());

  p = add(positions[i], vertices[j]);
  p = mult(0.5, p);

  positions.push(p);
}

var bufferId = gl.createBuffer();
gl.bindBuffer(gl.ARRAY_BUFFER, bufferId);
gl.bufferData(gl.ARRAY_BUFFER, flatten(positions), gl.STATIC_DRAW);

render();
```

最后四行代码将点数据发送到 GPU 并绘制这些数据。我们将在接下来的两节介绍这些过程。

2.8.1　向 GPU 发送数据

尽管程序已经生成了点数据并且将它们保存在数组中，然而现在必须把这些数据发送到 GPU 中，然后进行绘制。首先利用 init 函数在 GPU 上创建一个**顶点缓冲区对象**(Vertex Buffer Object, VBO)，之后将数据放入其中。利用下面的代码创建缓冲区：

```
var bufferId = gl.createBuffer();
gl.bindBuffer(gl.ARRAY_BUFFER, bufferId);
```

函数 gl.createBuffer 创建缓冲区并返回它的标识符 bufferId。参数 gl.ARRAY_BUFFER 表示缓冲区中的数据是顶点属性数据，而不是指向数据的指针。通过上面的绑定操作，标识符为 bufferId 的缓冲区为**当前缓冲区**(current buffer)。后面所有将数据放入缓冲区的函数都使用这个当前缓冲区，直到绑定另一个缓冲区为当前缓冲区。

现在，已经在 GPU 上分配了缓冲区，但是还没有向缓冲区中放入任何数据。因此，我们已将该步骤作为初始化的一部分。接下来，利用下面的函数将数据放入 VBO 中：

```
gl.bufferData(gl.ARRAY_BUFFER, flatten(positions), gl.STATIC_DRAW);
```

在这个示例程序中，一旦将数据发送到 GPU 中，只需要对这些数据绘制一次。然而在实际的应用中，可能还需要改变这些数据，然后多次重新绘制这些数据，甚至要将这些数据从 GPU 再传回 CPU 中。为了提高数据存储的效率，现代 GPU 允许我们根据应用的类型改变数据存储的方式。gl.bufferData 函数的最后一个参数说明应用程序使用数据的方式。在这个示例程序中，数据从 CPU 到 GPU 只需发送一次并显示它们，因此选择 gl.STATIC_DRAW 作为数据的使用方式是合适的。

GPU 只能接受标准 IEEE 格式的 32 位连续浮点数数组。点数据存储在一个 JavaScript 数组中，它是一个对象而不是一个类似 C 语言的简单数组。因此，使用 MV.js 文件中的函数 flatten 是必要的。该函数在内部临时创建一个 Float32Array 类型的数组，可以直接发送给 GPU。我们还使用 flatten 函数将使用 MV.js 中的矩阵函数创建的数据发送到 GPU。

2.8.2　绘制点数据

可以使用下面的函数绘制 Sierpinski 镂垫的点数据：

```
gl.drawArrays(gl.POINTS, 0, numPositions);
```

调用该函数后，从第一个顶点开始的 numPositions 个顶点会被绘制出来。第一个参数的值是 gl.POINTS，它告诉 GPU 以点作为图元类型绘制离散的点，而不是用同样的这些数据绘制线段或三角形这样的图元。因此，一个简单的绘制函数的代码如下：

```
function render()
{
  gl.clear(gl.COLOR_BUFFER_BIT);
  gl.drawArrays(gl.POINTS, 0, numPositions);
}
```

代码首先清除帧缓存，然后绘制位于 GPU 中的点数据。但这仅仅是刚开始。为了得到存储在帧缓存中的正确像素，需要在流水线结构中执行一个完整的绘制过程，包括顶点着色器、光栅化模块和片元着色器。由于示例程序只使用了点数据，所以只需要开发简单的着色器，然后将应用程序的所有代码链接起来。由于没有默认的着色器，所以尽管着色器非常简单，但为了构建一个完整的应用程序，必须编写一个顶点着色器和一个片元着色器。首先编写着色器，然后讨论在 init 初始化函数中如何将它们链接到应用程序中。此外，因为示例程序生成的是一个静态显示，所以只需要执行一次绘制。

2.8.3　顶点着色器

在顶点缓冲区对象中存储的唯一信息就是每个点的位置。当执行 gl.drawArrays 函数时，numPositions 个顶点中的任何一个都必须经过我们编写的顶点着色器的处理。如果顶点的颜色由片元着色器确定，那么顶点着色器能够做的就是把每个顶点的位置发送到 GPU 的光栅化模块中。后面会看到，尽管可以在顶点着色器中执行更多的任务，但是它必须完成的最低限度的任务就是把顶点的位置发送到光栅化模块中。

我们使用一种类似 C 语言的 OpenGL ES 着色语言(GLSL)编写顶点着色器和片元着色器。在后面编写更复杂的着色器时，会详细讨论 GLSL 语言，但目前编写的只是一个非常简单的**直通**(pass-through)顶点着色器，它除传送顶点的位置信息外不做任何其他的操作，这个顶点着色器的代码如下：

```
#version 300 es

in vec4 aPosition;

void main()
{
    gl_Position = aPosition;
}
```

> **边注 2.6   版本和精度**
>
> 　　随着 OpenGL 的发展，OpenGL 着色语言(GLSL)也随之发展。因此，着色器需要指定要使用的 GLSL 版本，并且每个着色器都必须以版本指令(#version)开始。 我们使用 OpenGL ES 3.0 版本，因此每个着色器都以下面这行代码开始：
>
> ```
> #version 300 es
> ```
>
> 尽管 OpenGL ES 的最大用途是通过 WebGL 用于智能手机和其他手持设备，但它最初是为支持有限精度运算和低功耗要求的嵌入式系统开发的。片元着色器中需要 precision 语句，允许从低精度、中精度或高精度中进行选择，每个值的确切位数取决于实现。顶点着色器的默认精度是高精度，因此我们没有在顶点着色器中指定它。对于片元着色器，默认是中等精度，但与顶点着色器不同，必须包含 precision 语句。
>
> 　　尽管版本和精度代码行必将出现在本书网站的完整代码中，但为了使示例尽可能清晰，我们在文中可能会省略它们。

　　我们编写的所有着色器都从版本指令开始。我们将使用 OpenGL ES 3.0 的 GLSL 版本。每个着色器都是一个包含 main 入口函数的完整的程序。GLSL 扩展了 C 语言的数据类型，它包括矩阵和向量类型。例如，在 GLSL 中，vec4 是向量类型，它相当于一个四元素浮点数组的 C++类。为了与着色器中的数据类型保持一致，在 WebGL 应用程序端，我们在 MV.js 文件中也提供了类似的数据类型，在第 4 章将会详细介绍更多有关这方面的内容。四维向量 aPosition 存储了输入着色器的顶点的位置，在着色器的初始化部分，会通过一个关键词 in 来说明 aPosition 存储的值是着色器的输入数据，该数据来自于应用程序。在上面的顶点着色器中有一个特殊的内置状态变量(gl_Position)，它是每个顶点着色器必须输出的状态变量，该状态变量会把经过顶点着色器处理后的顶点位置传送到 GPU 的光栅化模块中。由于 gl_Position 是 GLSL 的一个内置状态变量，因此不必在着色器中声明该变量。

　　一般来说，顶点着色器需要将坐标系下指定的顶点位置表示变换到光栅化模块中裁剪坐标系下的表示。然而，由于我们的应用程序直接在裁剪坐标系下指定顶点位置，所以顶点着色器不用对输入着色器的数据做任何修改，只是简单地将它们通过内置变量 gl_Position 传送到光栅化模块中。

　　此外，我们还必须建立应用程序中的 positions 数组与顶点着色器中的输入变量 aPosition 之间的关联，这件事情在编译和链接着色器之后再来处理。下面先讨论这个程序的片元着色器。

2.8.4   片元着色器

　　每次执行顶点着色器时都会输出一个顶点，该顶点再经过图元组装模块和裁剪模块的处理后到达光栅化模块。光栅化模块输出位于视见体内部的每个图元的片元。每个片元都会被片元着色器处理。每次执行片元着色器时必须至少输出每个片元的颜色，除非这个片元在片元着色器中被标记为丢弃。下面是一个最简单的 GLSL 片元着色器：

```
#version 300 es

precision highp float;

out vec4 fColor;

void main()
{
    fColor = vec4(1.0, 0.0, 0.0, 1.0);
}
```

这个片元着色器唯一做的事情就是通过输出变量 `fColor` 为每个片元指定一个四维的 RGBA 颜色。RGBA 中的 A 是指颜色的透明度，因为希望绘制的点是不透明的，所以把 A 指定为 1.0，这里将 R 设置为 1.0，而其他两个颜色分量设置为 0.0，所以输出的每个片元都是红色。

　　将浮点变量的精度设置为 `mediump`，可以保证着色器能够在所有支持 WebGL 的设备上运行。现在大多数设备都支持精度为 `highp` 的高精度浮点变量，所以可以直接将浮点变量设置为高精度浮点变量，或者利用编译指令测试系统是否支持高精度，然后在不支持高精度的系统上将浮点变量的精度默认设置为中等精度。

2.8.5　组合各部分代码

　　目前，已经把 Sierpinski 镂垫绘制程序的各部分代码都编写好了，但需要将它们组合起来。尤其是，必须编译着色器，把 WebGL 应用程序中的变量与着色器中对应的变量关联起来，以及把所有的程序链接起来。我们从最基本的操作开始介绍，即必须编译和链接着色器，这些操作一般作为初始化的一部分，因此可以把必要的代码集中放在 `initShaders` 函数中，这个函数对不同的应用程序几乎是不变的。

　　下面开始修改 HTML 文件使它包含着色器：

```
<html>
<head>

<script id="fragment-shader" type="x-shader/x-fragment">
#version 300 es
precision highp float;

out vec4 fColor;

void
main()
{
    fColor = vec4( 1.0, 0.0, 0.0, 1.0 );
}
</script>

<script id="vertex-shader" type="x-shader/x-vertex">
#version 300 es

in vec4 aPosition;

void main()
{

    gl_Position = aPosition;
}
```

```
    </script>

    <script src="../Common/initShaders.js"></script>
    <script src="../Common/MVnew.js"></script>
    <script src="gasket1.js"></script>
    </head>

    <body>
    <canvas id="gl-canvas" width="512" height="512">
    Oops ... your browser doesn't support the HTML5 canvas element
    </canvas>
    </body>
    </html>
```

因为浏览器支持 WebGL，所以它能理解顶点着色器和片元着色器的脚本。我们为每个着色器分配一个标识符(vertex-shader 和 fragment-shader)以便在应用程序中通过标识符访问这些着色器。

2.8.6　initShaders 函数

初始化代码、创建几何数据的代码以及绘制代码都用 JavaScript 编写，而着色器却是用 GLSL 编写的程序。为了得到可执行的模块，必须将这些代码链接起来，该过程涉及的步骤有：从文件中把源代码读入着色器中，编译每个独立的部分，以及把所有的部分链接起来。可以在应用程序中通过使用 WebGL 函数来控制这个过程，我们在附录 A 将会详细介绍这些 WebGL 函数。这里使用简单的方式描述这些步骤已经足够了。

第一个步骤是创建一个称为**程序对象**(program object)的容器，使用程序对象保存着色器和两个着色器对象(每种着色器对应一个着色器对象)。在应用程序中可以通过一个标识符来引用程序对象。在创建了程序对象之后，可以把着色器绑定到程序对象。通常情况下，着色器的源代码以标准的文本文件的形式存在，通过读文件并以字符串的形式把源代码传给着色器，之后可以对着色器进行编译并把它们链接到程序对象中。如果编译成功，那么可以把着色器和应用程序链接起来。假定已经将顶点着色器源代码和片元着色器源代码放在 HTML 文件中，那么可以使用 initShaders.js 文件中的 initShaders 函数通过下面的代码来执行上述步骤：

```
    program = initShaders("vertex-shader", "fragment-shader");
```

其中，initShaders 函数的返回值为程序对象，vertex-shader 和 fragment-shader 是在 HTML 文件中指定的标识符。

把着色器链接到程序对象的过程中会产生一个表，着色器中的变量名会与表中的索引相关联。gl.getAttribLocation 函数返回顶点着色器中，属性变量(例如，我们编写的顶点着色器中的顶点位置属性 aPosition[①])的索引。从应用程序的角度看，必须做两件事情。第一，必须使用 gl.enableVertexAttribArray 函数开启着色器中的顶点属性；第二，必须使用 gl.vertexAttribPointer 函数描述顶点数组(顶点缓冲区)中的数据形式，代码如下：

```
    var positionLoc = gl.getAttribLocation(program, "aPosition");
    gl.vertexAttribPointer(positionLoc, 2, gl.FLOAT, false, 0, 0);
    gl.enableVertexAttribArray(positionLoc);
```

在 gl.vertexAttribPointer 函数中，第 2 个参数和第 3 个参数说明数组 positions 的每个元素都包含两个浮点数。第 4 个参数说明不需要将数据归一化至(0.0，1.0)这个范围，而第 5 个参

---

① 此处原文为 "vPosition"，疑有误。——译者注

数说明数组中的值是连续的。最后一个参数说明缓冲区中数据的起始位置。在 Sierpinski 镂垫绘制程序中，数据存储在数组 positions 中，因此数据的起始位置从 0 开始。

2.8.7　init 函数

下面是 init 函数的一部分，其省略了点数据的创建：

```
function init()
{

    var canvas = document.getElementById("gl-canvas");
    gl = canvas.getContext('webgl2');
    if (!gl)  alert("WebGL 2.0 isn't available");

    // create points here

    // initialization
    gl.viewport(0, 0, canvas.width, canvas.height);
    gl.clearColor(1.0, 1.0, 1.0, 1.0);

    //  Load shaders and initialize attribute buffers
    var program = initShaders(gl, "vertex-shader", "fragment-shader");
    gl.useProgram(program);

    var buffer = gl.createBuffer();
    gl.bindBuffer(gl.ARRAY_BUFFER, buffer);

    var positionLoc = gl.getAttribLocation(program, "aPosition");
    gl.vertexAttribPointer(positionLoc, 2, gl.FLOAT, false, 0, 0);
    gl.enableVertexAttribArray(positionLoc);

    render();
}
```

现在已经看到了 init 函数的大部分，但仍然有两行代码需要详细讲解。HTML 文件指定了一个所需大小的 canvas 并为它指定了标识符 gl-canvas。如果浏览器支持 WebGL 2.0，那么 canvas 对象将返回 WebGL 2.0 上下文(context)，这是一个包含所有 WebGL 函数和参数的 JavaScript 对象。在 Sierpinski 镂垫绘制程序中，用下面的函数创建 WebGL 2.0 上下文：

```
var canvas = document.getElementById("gl-canvas");
gl = canvas.getContext('webgl2');
```

包含在 gl 对象中的 WebGL 函数(如 bindBuffer)通过 gl.前缀调用，如 gl.bindBuffer。WebGL 的参数(如 gl.FLOAT 和 gl.TRIANGLES)也是 gl 对象的成员。

可以在本书网站上找到这个程序的完整清单，包括 initShaders 函数以及后面的章节中编写的其他示例程序。在附录 A 中可以找到 initShaders 函数的详细介绍。

2.8.8　在应用程序中读取着色器

如果浏览器允许，大多数应用程序编程人员更喜欢让应用程序从文本文件中读取着色器，而不是把着色器源代码嵌入到 HTML 文件中。我们创建了 initShaders 函数的第二个版本并且放在本书配套网站的 initShaders2.js 文件中。利用第二个版本，下面的代码假设着色器源代码在 vshader.glsl 和 fshader.glsl 文件中，这两个文件和应用程序的 JavaScript 文件位于相同的目录。

```
initShadersFromFiles(gl, "vshader.glsl", "fshader.glsl");
```
基于这个版本的示例程序 gasket1v2 也可以在本书配套网站上找到。

2.9　使用多边形和递归

　　Sierpinski 镂垫程序绘制的图形(参见图 2.2)显示出了相当精细的结构。如果让程序迭代更多的次数，那么图像中大多数的随机性都会消失。检查这个结构，我们发现不管生成多少个点，在三角形的中心区域是没有点的。如果把初始的三角形各边的中点连接起来，就把它分成了四个三角形，中间的那个三角形不包含绘制的点(参见图 2.37)。

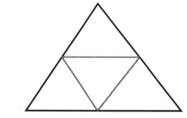

　　查看其他的三个三角形，可以对每个三角形应用相同的观察结果。也就是说，可以通过连接各边的中点把每个三角形分成四个三角形，并且每个中间的三角形也都不会包含绘制的点。

图 2.37　连接各边中点把三角形分成四部分

　　由这种结构可以得出生成 Sierpinski 镂垫的第二种方法，这种方法使用多边形而不是点，而且也不需要使用随机数生成器。使用多边形的优点之一是可以在显示器上填充实体区域。我们的策略是从一个三角形开始，通过平分各边把它分割成四个更小的三角形，然后去掉中间的小三角形不再考虑。重复进行这个步骤，直到要去掉的三角形尺寸小到大约一个像素，这使得我们可以绘制其余的三角形。

　　可以用一个递归程序实现上面这个过程。下面从一个简单的函数开始，这个函数把用来定义三角形的三个顶点放入 positions 数组中[①]：

```
function triangle(a, b, c)
{
  positions.push(a);
  positions.push(b);
  positions.push(c);
}
```
因此，每次调用 triangle 函数都会将三个二维顶点增加到 positions 数组中。

　　假定初始三角形的顶点还是由下列数组给出：

```
var vertices = [
  vec2(-1.0, -1.0),
  vec2(0.0, 1.0),
  vec2(1.0, -1.0)
];
```
然后各边的中点由 MV.js 中的 mix 函数来计算：

```
var ab = mix(a, b, 0.5);
var ac = mix(a, c, 0.5);
var bc = mix(b, c, 0.5);
```
有了存储在 positions 数组中的这六个位置数据，可以调用 triangle 函数绘制三个三角形，即(a, ab, ac)、(c, ac, bc)和(b, bc, ab)。我们并不是想简单地绘制这些三角形，而是想

---

① 在 JavaScript 中，可以使用更简洁的方式，通过单个操作完成所有元素的入栈，即 positions.push(a, b, c);。这里将这些元素分别入栈是为了使代码看起来更清晰。

对它们进行细分，所以需要递归调用函数自身。为此，定义下面的递归函数：

```
divideTriangle(a, b, c, count)
```

这个函数只有在 count 为零时才会绘制三角形，否则它将细分由 a，b 和 c 确定的三角形并把 count 的值每次减 1，该函数的代码如下：

```
function divideTriangle(a, b, c, count)
{
  if (count == 0) {
    triangle(a, b, c);
  }
  else {
    var ab = mix(0.5, a, b);
    var ac = mix(0.5, a, c);
    var bc = mix(0.5, b, c);

    --count;

    divideTriangle(a, ab, ac, count);
    divideTriangle(c, ac, bc, count);
    divideTriangle(b, bc, ab, count);
  }
}
```

可以调用下面的函数初始化细分次数 numTimesToSubdivide：

```
divideTriangle(vertices[0], vertices[1], vertices[2],
        numTimesToSubdivide);
```

其中，参数 numTimesToSubdivide 表示希望对初始三角形细分的次数。

如果不考虑细分后的三角形之间共享顶点（即把每个三角形看成独立的三角形），那么初始的三角形经过 *numTimesToSubdivide* 次细分后，得到的三角形的数目是 $3^{numTimesToSubdivide}$，因此可以用下面的公式计算经过 *numTimesToSubdivide* 次细分后总的顶点数目：

$$numPositions = 3^{numTimesToSubdivide+1}$$

这个程序的其余部分几乎和前面的 Sierpinski 镂垫绘制程序相同。和前面的示例程序一样设置缓冲区对象，然后就可以像第一个示例程序一样使用下面的代码绘制所有的三角形：

```
function render()
{
  gl.clear(gl.COLOR_BUFFER_BIT);
  gl.drawArrays(gl.TRIANGLES, 0, numPositions);
}
```

图 2.38　五次细分后的三角形

图 2.38 显示了五次细分后的输出。可以在本书配套网站上找到名为 gasket2 的完整示例程序。

2.10　三维 Sierpinski 镂垫

我们已经说明了二维图形是三维图形的特例，但还没有看到一个完整的三维程序。下面，把前面的二维 Sierpinski 镂垫程序转换成一个生成三维 Sierpinski 镂垫的程序，也就是说，要绘制的镂垫不再限制在一个平面里。可以仿效对二维镂垫所使用的两种方法中的任何一种。这两种方法的三维扩展都以相似的方式开始，即用一个四面体代替初始的三角形 (参见图 2.39)

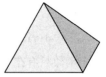

图 2.39　四面体

2.10.1　使用三维点

因为每个四面体都是凸的，所以一个顶点和四面体内的任何一点之间的连线的中点也在四面体内。因此，可以遵循与之前一样的步骤，不过这一次需要用四个初始顶点来定义四面体，而不是用三个顶点定义三角形。注意，只要任意三个顶点不共线，就可以随机地选择四面体的四个顶点而不影响结果。

需要修改的部分主要是将所有的变量从二维变为三维。定义并初始化一个数组来存放顶点，其代码如下：

```
var vertices = [
  vec3(-0.5, -0.5, -0.5),
  vec3( 0.5, -0.5, -0.5),
  vec3( 0.0,  0.5,  0.0),
  vec3( 0.0, -0.5,  0.5)
];
```

我们再次使用数组 positions[①] 存储将要绘制的顶点数据，把四面体内的一点作为初始位置，其代码如下：

```
var positions = [vec3(0.0, 0.0, 0.0)];
```

和前面的二维镂垫程序一样，需要计算一个新的位置，但增加了对 z 分量的中点计算，其代码如下：

```
for (var i = 0; i < numPositions - 1; ++i) {
  var j = Math.floor(Math.random() * 4);
  positions.push(mix(positions[i], vertices[j], 0.5));
}
```

创建的顶点数组和缓冲区对象也与二维版本完全相同，可以使用相同的绘制函数。

在绘制三维镂垫时会遇到一个二维镂垫不会有的问题：因为所绘制的点不再只限于一个平面内，所以从显示出来的二维图像要看出三维结构可能比较困难，尤其是当我们用相同的颜色绘制每个点的时候。

为了使绘制出的图像能体现出一些三维信息，我们在着色器中添加了一个更复杂的颜色设置过程，它使每个点的颜色由其位置来决定。通过观察可发现，颜色立方体和默认的视见体都是立方体，但默认视见体中的任意一个点的 x，y 和 z 的取值范围都是从 -1 到 1，而颜色的每个分量的取值范围必须从 0 到 1，因此，可以使用下面的公式将默认视见体中的每个点映射为一个不同的颜色，该颜色对应于颜色立方体中的一种颜色。

$$r = \frac{1+x}{2} \quad g = \frac{1+y}{2} \quad b\frac{1+z}{2}$$

在顶点着色器中，可以使用 aPosition[②] 中的分量设置每个顶点的颜色，因此修改后的顶点着色器的代码是：

---

① 此处原文为 "points"，疑有误。——译者注
② 此处原文为 "vPosition"，疑有误。——译者注

```
in vec4 aPosition;
out vec4 vColor;

void main()
{
  vColor = vec4((1.0+aPosition.xyz)/2.0, 1.0);
  gl_PointSize = 3.0;
  gl_Position = aPosition;
}
```

注意，在确定 vColor 时使用了索引操作符(.)、重载和构造函数。变量 aPosition.xyz 是 vec3 类型，由 aPosition 的前三个分量组成。加 1.0 意味着将该常量与 aPosition 的每个分量相加，最后使用 vec4 构造函数将第四个颜色分量添加到 vColor 中。变量 vColor 将顶点的颜色输出到光栅化模块，在光栅化模块中进行插值以生成片元着色器中每个片元的颜色。在这种情况下，由于绘制的是点，所以每个顶点只生成一个片元，因此这里的 vColor 将是片元着色器指定给所绘制的顶点的颜色。我们还将所绘制的点的大小从默认值 1 个像素增加到 3 个像素，以使绘制的颜色更加明显。修改后的片元着色器的代码是：

```
in vec4 vColor;
out vec4 fColor;

void main()
{
  fColor = vColor;
}
```

如图 2.40 所示，如果生成的点足够多，那么得到的图形看起来就像是在初始的四面体中不断地去掉越来越小的四面体之后剩下的部分。该应用程序也可以在本书配套网站上找到(gasket3)。

图 2.40　三维 Sierpinski 镂垫

也可以在应用程序中设置颜色，并将其作为另一个属性(第一个属性是顶点位置)发送到顶点着色器。在 JavaScript 文件中，使用数组 colors 存储所生成的每个点的颜色，代码如下：

```
var point = mix(positions[i], vertices[j], 0.5);
positions.push(point);
colors.push(vec4((1.0 + positions[0])/2.0, (1.0 + positions[1])/2.0,
            (1.0+positions[2])/2.0, 1.0));
```

像对点的位置那样设置缓冲区，并将颜色数据发送到顶点着色器，代码如下：

```
var cBufferId = gl.createBuffer();
```

```
gl.bindBuffer(gl.ARRAY_BUFFER, cBufferId);
gl.bufferData(gl.ARRAY_BUFFER, flatten(colors), gl.STATIC_DRAW);

var colorLoc = gl.getAttribLocation(program, "aColor");
gl.vertexAttribPointer(colorLoc, 4, gl.FLOAT, false, 0, 0);
gl.enableVertexAttribArray(colorLoc);
```

此时，顶点着色器的代码简化为：

```
in vec3 aPosition;
in vec4 aColor;
out vec4 vColor;

void
main()
{
  gl_PointSize = 3.0;
  vColor = aColor;
  gl_Position = vec4(aPosition, 1.0);
}
```

片元着色器保持不变。可以在本书配套网站找到这个版本(gasket3v2)。

边注 2.7　命名规范

在前面的示例中，颜色属性以六种不同的形式出现：保存 GPU 中顶点颜色数据的缓存(命名为 cBuffer)；应用程序中存储顶点颜色的数组(命名为 colors)；应用程序中的位置变量(命名为 colorLoc)，它与顶点着色器中的颜色数据相对应；顶点着色器中的顶点颜色变量(命名为 aColor)，它接收来自应用程序发送的每个顶点颜色；顶点着色器输出的颜色变量(命名为 vColor)；片元着色器输出的每个片元的颜色变量(命名为 fColor)。可以为这些变量选择任意的名称，因为应用程序和着色器是独立的程序，所以甚至可以使用相同的名称至少三次。尽管如此，我们在示例中使用的命名约定应该减少变量定义和使用位置的混乱。

在下一章，我们将引入 **uniform 限定符变量**(**uniform qualified variable**)[①]，这些变量将使我们能够将值、属性和其他实体从应用程序发送到顶点着色器或片元着色器中，这些 uniform 变量在应用程序中恒定不变，直到更改后重新发送给着色器。例如，如果希望所有顶点的颜色由应用程序指定一次，那么可以将其指定为具有 uniform 限定符的 vec3 或 vec4 类型的颜色并将其发送到任意一个着色器中。我们将在任意一个着色器中使用前缀 u 来表示 uniform 变量。因此，可以将应用程序中定义的 color 变量值发送到着色器中，在着色器中它将定义为 uColor。

简单归纳一下将使用的命名约定：

- 在应用程序中，属性数组(如数组 colors)不使用修饰符。
- 应用程序中相应的缓存名(如 cBuffer)将以字符作为数据数组的开头。
- 与着色器中变量名对应的应用程序变量名(如 colorLoc)将在属性名后加 Loc。
- 接收来自应用程序每个顶点数据的着色器变量名(如 aColor)将以字母 a 开头。
- 在顶点着色器中计算，之后发送到光栅化模块的变量名(如 vColor)将以字母 v 开头。
- 在片元着色器中计算，之后输出的变量名(如 fColor)将以字母 f 开头。
- 应用程序中对图元恒定不变且发送到顶点着色器或片元着色器中的 uniform 变量在着色器中将以字母 u 开头，比如应用程序中的 uniform 变量 color 和着色器变量 uColor。

---

① 为简单起见，在译文中将"uniform 限定符变量"简称为"uniform 变量"。——译者注

2.10.2 使用多边形的三维 Sierpinski 镂垫

通过使用多边形和把四面体细分成更小的四面体,可以得到一种绘制三维 Sierpinski 镂垫的更有趣的方法。假定从一个四面体开始,找出其六条棱边的中点并连接起来,如图 2.41 所示。这样,在原来四面体的四个顶点处各有一个小四面体,其余位于中间的部分应当去掉。

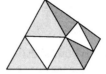

图 2.41 细分后的四面体

仿效生成二维 Sierpinski 镂垫的第二种方法,我们将对保留的那四个小四面体进行迭代细分。因为四面体的四个面是由其四个顶点决定的四个三角形,在细分结束的时候,可以绘制四个三角形,从而完成每一个最终的四面体的绘制。

大部分代码和二维的情形几乎相同。绘制三角形的函数现在使用了三维而不是二维的点,目前暂且不考虑颜色,其代码如下:

```
function triangle(a, b, c)
{
  positions.push(a);
  positions.push(b);
  positions.push(c);
}
```

用下面的函数绘制每个四面体,其代码如下:

```
function tetra(a, b, c, d)
{
  triangle(a, c, b);
  triangle(a, c, d);
  triangle(a, b, d);
  triangle(b, c, d);
}
```

细分四面体的方式与细分三角形相似,其代码如下:

```
function divideTetra(a, b, c, d, count)
{
  if (count == 0) {
    tetra(a, b, c, d);
  }
  else {
    var ab = mix(a, b, 0.5);
    var ac = mix(a, c, 0.5);
    var ad = mix(a, d, 0.5);
    var bc = mix(b, c, 0.5);
    var bd = mix(b, d, 0.5);
    var cd = mix(c, d, 0.5);

    --count;

    divideTetra( a, ab, ac, ad, count);
    divideTetra(ab,  b, bc, bd, count);
    divideTetra(ac, bc,  c, cd, count);
    divideTetra(ad, bd, cd,  d, count);
  }
}
```

现在可以从四个顶点(va, vb, vc, vd)开始进行 numTimesToSubdivide 次细分, 其代码如下:

```
divideTetra(vertices[0], vertices[1], vertices[2], vertices[3],
            numTimesToSubdivide)
```

在得到一个有用的三维程序之前, 还有两个问题需要解决。第一个问题是如何使绘制的四面体的每个面具有不同的颜色。如果与本章的第一个示例程序那样只使用一种颜色, 那么将看不到三维 Sierpinski 镂垫的任何三维结构。因此, 使用本节前面的那个示例程序所采用的方法, 也就是使每个片元的颜色由其对应的点在三维空间中的位置来决定。但是我们希望只使用少量的颜色, 并且从这些颜色中选择一种作为四面体每个面(三角形)的颜色。为此, 可以在应用程序中设置一些基本的颜色, 例如:

```
var baseColors = [
  vec3(1.0, 0.0, 0.0),
  vec3(0.0, 1.0, 0.0),
  vec3(0.0, 0.0, 1.0),
  vec3(0.0, 0.0, 0.0)
];
```

然后把颜色赋给生成的每个点。当使用 triangle 函数生成三角形时, 在其参数中增加一个基于 baseColors 的颜色索引:

```
function tetra(a, b, c, d)
{
  triangle(a, c, b, 0);
  triangle(a, c, d, 1);
  triangle(a, b, d, 2);
  triangle(b, c, d, 3);
}
```

除了顶点数组, 还要生成一个颜色数组。每当增加一个顶点位置, 需要同时增加一个颜色索引, 其代码如下:

```
function triangle(a, b, c, color)
{
  colors.push(baseColors[color]);
  positions.push(a);
  colors.push(baseColors[color]);
  positions.push(b);
  colors.push(baseColors[color]);
  positions.push(c);
}
```

需要把这些颜色数据以及与之相关的顶点数据都发送到 GPU 中。有多种方法可以实现这种从 CPU 到 GPU 的数据传输。可以使用 gl.bufferData 函数在 GPU 中分配一个足够大的数组来存储顶点数据和颜色数据, 然后使用 gl.bufferSubData 函数将颜色数据和顶点数据分别发送到 GPU 中。如果采用这种方法, 可以使用该数组的前半部分存储顶点位置, 而后半部分存储颜色数据。当然, 也可以交替存储顶点的位置和颜色, 这取决于 gl.vertexAttribPointer 函数的第一个参数选项。我们将使用第三种方法, 该方法在 GPU 上为颜色和顶点分别使用单独的缓存, 并且还需要两个顶点数组(colors 和 positions)。以下是相关代码:

```
var cBuffer = gl.createBuffer();
gl.bindBuffer(gl.ARRAY_BUFFER, cBuffer);
gl.bufferData(gl.ARRAY_BUFFER, flatten(colors), gl.STATIC_DRAW);
```

```
var vBuffer = gl.createBuffer();
gl.bindBuffer(gl.ARRAY_BUFFER, vBuffer);
gl.bufferData(gl.ARRAY_BUFFER, flatten(positions), gl.STATIC_DRAW);
```

如果在顶点着色器中将颜色命名为 aColor，那么可以在应用程序的 init 函数中设置 aColor 与颜色缓冲区的关联，其代码如下：

```
var colorLoc = gl.getAttribLocation(program, "aColor");
gl.vertexAttribPointer(colorLoc, 3, gl.FLOAT, false, 0, 0);
gl.enableVertexAttribArray(colorLoc);
```

在顶点着色器中，使用 vColor 设置要发送到片元着色器的颜色。下面是顶点着色器的代码：

```
in vec4 aPosition;
in vec4 aColor;
out vec4 vColor;

void main()
{
  vColor = aColor;
  gl_Position = aPosition;
}
```

注意，在应用程序和着色器之间混合使用不同维度的变量可以增加程序的灵活性。例如，可以在应用程序中使用 vec2 声明位置信息，而在着色器中将对应的变量声明为 vec4。WebGL 使用 vec4 存储位置信息，其默认值为 $(0，0，0，1)$。因此，如果将一个类型为 vec2 的变量(包括 x 分量和 y 分量)发送到着色器中，那么该变量的 z 分量和 w 分量存储的默认值为 0 和 1。

2.10.3 隐藏面消除

如果执行上一节的代码，得到的结果会使人感到困惑。程序按照在程序中指定的顺序绘制三角形。这个顺序由程序中的递归过程来确定，而不是由三角形之间的几何关系来确定。每个三角形都用单色绘制而且覆盖了那些已经绘制在显示器上的三角形。

假设用小的实心四面体来构造三维 Sierpinski 镂垫，那么把此时这些三角形的显示方式和上面绘制三角形的顺序进行对比，就会发现只有在所有其他三角形前面的三角形才会被观察者看到。图 2.42 所示是这个**隐藏面**(hidden-surface)问题的一个简单情形。从观察者的位置，可以清楚地看到四边形 A，但是三角形 B 被挡住了，而三角形 C 只是部分可见。无须深入任何具体算法的细节，读者就能理解：给定了观察者和三角形的位置，就应该能合理地绘制三角形以得到正确的图像。对对象进行排序以正确绘制它们的算法称为**可见面判定算法**(visible-surface algorithm)，也可以称为**隐藏面消除算法**(hidden-surface-removal algorithm)，这要看我们从什么角度来说。我们将在第 4 章和第 7 章详细讨论这些算法。

对于这个例子，可以使用一种特定的隐藏面消除算法，这个算法称为 **z 缓存**(z-buffer)算法，WebGL 也提供了对它的支持。打开(开启)或者关闭(禁用)这个算法很容易。在主程序中，只需要开启深度测试，其代码如下：

```
gl.enable(gl.DEPTH_TEST);
```

这个函数调用通常作为 init 初始化函数的一部分。因为算法要在深度缓存中存储信息，所以必须在需要重绘窗口的时候清空这个缓存。为此，把 render 函数中的清屏操作修改为：

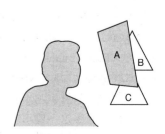

图 2.42 隐藏面问题

```
gl.clear(gl.COLOR_BUFFER_BIT | gl.DEPTH_BUFFER_BIT);
```

绘制函数的代码如下：

```
function render()
{
    gl.clear(gl.COLOR_BUFFER_BIT | gl.DEPTH_BUFFER_BIT);
    gl.drawArrays(gl.TRIANGLES, 0, numPositions);
}
```

迭代三次的结果如图 2.43 所示。在本书配套网站可以找到完整的程序(gasket4)。

图2.43　迭代三次后生成的三维 Sierpinski 镂垫

小结和注释

在本章，我们介绍了足够多的 WebGL API 的内容，在此过程中用到了许多在第 1 章介绍的基本概念。虽然编写的第一个应用程序是二维的，但我们把二维图形看成三维图形的特例，然后只需要用最少的工作就可以把这个例子扩展到三维。

第一个例子是 Sierpinski 镂垫绘制程序，这是一个很重要的示例。在本章后面的习题中可以找到对 Sierpinski 镂垫的一些扩展和有关的数学问题。后面的建议阅读资料提供了许多其他有趣的曲线和表面的例子，利用简单的程序就可以生成它们。

从图形 API 和图形模型的发展历史可以看到从三维开始学习图形学的重要性。第 1 章介绍的笔式绘图仪模型过去被使用了许多年，许多像 PostScript 这样重要的 API 也以它为基础。定义图形 API 国际标准的工作从 20 世纪 70 年代开始，直到 1984 年 GKS 才被国际标准化组织(ISO)采纳。然而，GKS 的基础是笔式绘图仪模型，它作为一个二维 API 在 CAD 领域的应用很有限。尽管这个标准又由 GKS-3D 扩展到三维，基本模型造成的限制导致了它在许多方面的缺陷。像 PHIGS 和 PHIGS+这样的 API 来自 CAD 领域，它们在本质上是三维的，并且基于虚拟照相机模型。

OpenGL 是从 GL API 衍生出来的。GL API 的基本假定是用流水线结构来实现虚拟照相机模型，它是为 Silicon Graphics 公司(SGI)的工作站开发的，这种工作站起初是用专用 VLSI 芯片来实现绘制流水线结构。因此，GL 是特别为高速实时绘制而设计的，尽管 GL 和 PHIGS 有许多相同之处。很多应用程序员意识到了利用 GL 编程的优点，并希望把这些优点扩展到其他平台，OpenGL 的出现正是为了满足这一要求。因为 OpenGL 从 GL 中去掉了输入和窗口函数，功能只集中于绘制，所以这种新的 API 可以移植，同时保留了使 GL 成为强大 API 的那些特征。

虽然大多数使用 OpenGL 的应用程序编程人员更愿意使用 C 语言，但高级接口也受到了相当多的关注。用 C++代替 C 只需要少量的代码改动，但这没有为 OpenGL 提供一个真正的面向对象接口。面向对象的程序员对 OpenGL 和一些更高级的 API 都很感兴趣。尽管没有针对 OpenGL 的官方 Java 绑定，但已经有很多这方面的努力。

OpenGL 的主要竞争对手是只在微软平台上运行的 DirectX（Direct3D）。DirectX 针对 Windows 和 Xbox 平台进行了优化，这一特性在 DirectX 占主导地位的游戏社区中非常重要。尽管很多 DirectX 代码看起来像 OpenGL 代码，但是 DirectX 编程人员可以使用商用显卡中可用设备相关的功能特性。因此，用 DirectX 编写的应用程序不具备 OpenGL 应用程序的可移植性和稳定性。于是，我们看到 DirectX 主导了游戏世界，而科学和工程应用程序通常是用 OpenGL 编写的。对于希望使用特定于某些硬件特性的 OpenGL 程序员来说，OpenGL 具有访问这些特性的扩展机制，但是以可移植性为代价。

由于两个因素，我们现在正处于重大变化之中。第一个是 Web 和手持设备（主要是智能手机）激增的结合。第二个是来自游戏社区的压力，他们希望能够从硬件获得所有可能的性能。

正如我们所看到的，WebGL 应用程序可以在几乎所有最新的浏览器和越来越多的设备上运行。随着 GPU 和 JavaScript 引擎的速度和复杂度的不断提高，我们预计大部分图形应用程序将被移植到 WebGL 上或用 WebGL 来开发。然而，游戏社区（以及越来越多的 AI 社区）希望获得比通过浏览器和在专用平台上更好的性能。针对这些需求，OpenGL 社区推出了一个名为 **Vulkan** 的高性能 API。目前，对 Vulkan 感兴趣的主要是游戏开发者，它的 API 为开发人员提供了对 GPU 的强大控制能力，但代价是不得不编写更加复杂的程序。另外，苹果还开发了专有的 **Metal** API，它取代了苹果平台上的 OpenGL。

因此，我们看到了两股重要的力量。一个是转向基于 Web 的图形，这是我们认为大多数应用程序用户都会使用的图形。另一个是用于游戏和 AI 的高性能图形。也许两者将来会合并。但是，不管是否发生这种合并，大多数应用程序编程人员都倾向于使用基于 Web 的 API 开发图形应用程序。

我们的示例和程序已经说明了如何以一种简单的方式描述和显示几何对象。从第 1 章介绍的建模-绘制模式的角度来看，我们将重点放在建模上。然而，我们的模型完全是非结构化的，只是用顶点和属性列表来表示对象。在第 9 章，我们将介绍构造层级模型，它可以表示对象之间的关系。然而，读者现在应该能够编写有趣的程序。在本章结束时，请完成习题并将一些二维问题扩展到三维。

代码示例

本书配套网站上包含所有章节的代码示例，并全部使用 WebGL 2.0。对于浏览器不支持 WebGL 2.0 的读者，所有不需要 WebGL 2.0 功能的示例都放在本书配套网站上一个单独的文件夹中。这里包含的所有示例都只使用 WebGL 1.0。每个示例由一个 HTML 文件和一个 JavaScript 文件组成。要运行示例，请使用浏览器访问本书配套网站并单击 HTML 文件。本章的示例是：

1. `gasket1.html`：使用 5000 个点位置（用随机算法生成这些点）生成 Sierpinski 镂垫。
2. `gasket1v2.html`：使用与 `gasket1.html` 相同的算法，但是从着色器目录读取着色器文件，而不是将着色器源代码包含在 HTML 文件中。该版本应在服务器上运行，在某些浏览器上可能会产生安全警告。
3. `gasket2.html`：通过递归生成 Sierpinski 镂垫。
4. `gasket3.html`：使用随机算法生成三维 Sierpinski 镂垫。

5. `gasket4.html`：使用细分四面体的方法生成三维 Sierpinski 镂垫。

6. `gasket5.html`：在 `gasket2` 中添加了滑动条，以允许用户更改细分的次数。

建议阅读资料

Sierpinski 镂垫为揭示分形几何的奥秘提供了一个很好的介绍，[Bar93，Hil87，Man82，Pru90] 等教材都深入讨论了分形几何。

PostScript[Ado85]和 LOGO[Pap81]都使用笔式绘图仪 API。LOGO 提供了海龟图形 API，这种 API 学起来挺简单，而且它能够描述我们将在第 11 章讨论的几种二维数学曲线（参见习题 2.4）。这种 API 还可用于基于 agent 建模（agent-based modeling）的应用程序开发，关于这方面的文献，可以参考 NetLogo[Rai11]和 StarLogo [Col01]。

GKS[ANSI85]、GKS-3D[ISO88]、PHIGS[ANSI88]和 PHIGS+[PHI89]既是美国标准，也是国际标准。从美国国家标准学会（ANSI）和 ISO 可以得到它们的形式化描述。许多教材使用了这些 API，如[Ang90，End84，Fol94，Hea04，Hop83，Hop91]。

X Window System[Sch88]已经成为 UNIX 工作站上的标准并且影响了其他平台上窗口系统的开发。[Ups89]介绍了 RenderMan 接口。

OpenGL 的标准参考书是 *OpenGL Programming Guide*[Shr13]，另外还有一本介绍 OpenGL 形式化描述的参考书[Seg92]。[Ros10]、[Shr13]和[Bai12]都是介绍 OpenGL 着色语言的参考书。关于 OpenGL 的标准文档及其他相关的参考资料和代码示例可以参考 OpenGL 官方网站与 Khronos 官方网站。

OpenGL Programming Guide 从第二版开始直到目前的最新版本都使用了由 Mark Kilgard 开发的 GLUT 库[Kil94b]。*OpenGL Programming Guide* 提供了大量的 OpenGL 代码示例。GLUT 以前是为 X Window System 开发的[Kil96]，但现在也有 Windows 和 Macintosh 版本。关于 OpenGL 的许多信息和示例程序都可以在 Internet 上找到。

OpenGL: A Primer[Ang08]是本教材之前版本的配套书，其中包含了这里用到的 OpenGL 函数的细节和更多的示例程序。Windows 用户可以在[Sel16]中找到更多的例子。Mac OS X 用户可以在[Koe08]中找到更多的细节。

Open GL ES 2.0 Programming Guide[Mun09]和 *Open GL ES 3.0 Programming Guide* [Gin14]介绍了 WebGL 的背景知识。许多 WebGL 在线教程都参考了 Khronos 的 WebGL 网站上的内容。目前，介绍 WebGL 的书籍正陆续出版，包括[Can12]、[Par12]和 *WebGL Programming Guide* [Mat13]。另外，也可以参考[Coz12]和[Coz16]。

DirectX API 的图形部分最初称为 Direct3D，它的最新版本是 DirectX 12。有关 Vulkan 和 Metal 的信息，请访问相关网站。

Flanagan[Fla11]和 Crowford[Cro08]是面向具有编程经验的人员的 JavaScript 标准参考书。我们尚未使用最新版本的 JavaScript（1.8）的任何功能。

习题

2.1 对通过三角形细分生成 Sierpinski 镂垫的程序稍微做些改动就可以得到在计算机动画中使用的分形山脉。具体的修改是：在找出三角形每条边的中点之后，对其进行扰动，然后再细分三角形。请绘制这些三角形，但不进行填充。以后可以在三维坐标中做这个习题并增加着色效果。按这个方法进行几次细分之后，就可以生成足够的细节使得这些三角形看起来像山脉。

2.2 Sierpinski 镂垫和习题 2.1 生成的分形山脉展示了许多在分形几何中研究的几何复杂性[Man82]。假定我们利用只有长度而没有宽度的数学上的线来构造 Sierpinski 镂垫。在每次细分之后都把中心三角形去掉，令细分的次数趋于无穷，请问初始三角形的面积还剩下百分之多少？考虑每次去掉中心三角形之后剩余的三角形的周长。令细分的次数趋于无穷，请问所有剩余三角形的总周长会有什么变化？

2.3 在最底层的处理中，直接对帧缓存进行位操作。在 WebGL 中，可以在应用程序中创建虚拟帧缓存并将它作为二维数组。您可以使用在数组中生成单个值的函数来实现简单的光栅化算法，例如绘制线段或圆。请编写一个小型的函数库，使用户能够在内存中创建一个虚拟帧缓存，并对其进行操作。核心的函数应该是 `WritePixel` 和 `ReadPixel`，这个函数库应该允许用户设置并显示自己的虚拟帧缓存，还要允许用户在用户程序中使用函数 `gl.drawArrays` 的 `gl.POINTS` 参数选项对像素进行读写操作。

2.4 海龟图形系统(Turtle graphics)是另一种定位系统。它基于这样一个概念，海龟在屏幕上移动，并用一支笔连接到它的底部。海龟的位置由一个三元组来表示 (x, y, θ)，这个三元组给出了海龟的中心和方向。海龟图形系统的一个典型 API 包含下面的函数：

```
init(x,y,theta); // initialize position and orientation of turtle
forward(distance);
right(angle);
left(angle);
pen(up_down);
```

请利用 WebGL 实现一个海龟图形库。

2.5 请使用习题 2.4 中的海龟图形库生成习题 2.1 和习题 2.2 中的分形山脉和 Sierpinski 镂垫。

2.6 空间填充曲线引起数学家的兴趣已经有几个世纪了。在极限状态，这些曲线的长度无限大，但它们限制在一个有限的长方形里并且永不自相交。许多这样的曲线可以通过递归生成。考虑图 2.44 所示的"规则"，它把一条线段用四条更短的线段替换。请编写一个程序，从一个三角形开始，把那条替换规则递归地应用于所有的线段。最后生成的对象称为 Koch 雪花。文献[Hil07]和[Bar93]中提供了空间填充曲线的更多示例。

图 2.44　生成 Koch 雪花

2.7 从单元格组成的矩形阵列可以生成一个简单的迷宫，这里的每个单元格是包含四条边的小正方形。去掉单元格的边(除了单元格阵列的外边界)直到所有的单元都相连。然后通过从外边界去掉两条单元格的边来生成一个入口和一个出口。图 2.45 所示是一个简单的例子。请利用 WebGL 编写一个程序，它的输入是两个整数 N 和 M，输出是一个 $N \times M$ 迷宫图。

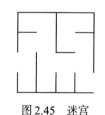

图 2.45　迷宫

2.8 为了允许用户使用减色模型，应如何修改 WebGL 中的 RGB 颜色模型？

2.9 我们看到图形系统中的一个基本操作是把裁剪矩形中的点 (x, y) 映射到位于屏幕窗口中的视口内的点 (x_s, y_s)。假定这两个矩形分别用下面的方式来定义。视口用下面的函数来定义：

```
gl.viewport(u, v, w, h);
```

而观察矩形(裁剪矩形)用下面的形式来定义:

$$x_{min} \leqslant x \leqslant x_{max}$$
$$y_{min} \leqslant y \leqslant y_{max}$$

请找出将 (x, y) 映射成 (x_s, y_s) 的数学公式。

2.10 许多图形 API 使用相对定位。在这样的系统中,API 包含如下形式的函数:

```
move_rel(x,y);
line_rel(x,y);
```

这些函数可以用来绘制线段和多边形。函数 move_rel 把一个内部位置(或者叫光标)移动到一个新的位置。函数 line_rel 移动光标并且在光标的旧位置和新位置之间画出一条线段。相对定位和 WebGL 中使用的绝对定位相比有什么优点和缺点?如何在 WebGL 中实现相对定位?

2.11 在实践中,有时需要判断一个区域内的每个点是否在一个多边形的内部。如果逐个点进行测试,那么效率是非常低的。请描述可以避免进行逐点测试的一般策略。

2.12 请设计一个算法来确定一个二维多边形是否是简单多边形。

2.13 图 2.46 所示是称为网格的一组多边形,这些多边形有公共的边和顶点。请设计一种或者多种简单的数据结构来表示网格。一种好的数据结构应该包含共享顶点和共享边的信息。基于 WebGL 寻找一个有效的方法来绘制利用特定数据结构表示的网格。提示:先考虑包含顶点位置的数组或者链表。

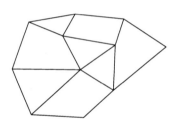

图 2.46   多边形网格

2.14 在 2.4 节中,我们看到在计算机图形学中利用顶点列表来定义多边形。为什么利用边来定义多边形可能会更好呢?提示:考虑如何有效地表示一个网格。

2.15 在 WebGL 中,可以把颜色和顶点关联到一起。如果一条线段的两个端点具有不同的颜色,WebGL 会在绘制这条线段时对这两个颜色进行插值。WebGL 也是这样绘制多边形的。请利用这个性质显示 Maxwell 三角形:顶点分别为红色、绿色、蓝色的等边三角形。请问在 Maxwell 三角形和颜色立方体之间有什么关系?

2.16 在计算机图形学中,可以通过在模型中加入简单的物理机制来模拟许多真实效果。请模拟一个二维弹跳球,这需要考虑到重力和与表面的弹性碰撞。您可以把球建模成一个封闭的多边形,这个多边形的边数足够多以至于看起来是光滑的。

2.17 习题 2.16 的一个有趣但却比较困难的扩展是模拟台球游戏。这里需要考虑多个球,而且球与球桌边之间会碰撞,球与球之间也会碰撞。提示:先考虑两个球,要考虑如何检测可能发生的碰撞。

2.18 广告上说某种具有 CRT 显示器的图形系统可以显示 64 种颜色中的任何一种。请问由此可以得出关于帧缓存和显示器质量的哪些信息?

2.19 请设计一个算法来判断一个二维多边形是否为凸多边形。

2.20 另外一种绘制三维 Sierpinski 镂垫的方法是在每次迭代时只对初始四面体的面进行细分。

请按这种方法编写一个程序。用这种方法绘制的结果与我们在 2.10 节所绘制的结果有什么不同？

2.21 在每次细分四面体时，只保留了四个顶点处的小四面体，所以每次细分之后都把体积减小为原来的 $1/f$。请计算 f 的结果。对一个四面体进行一次细分，得到的四个小四面体的面积之和与原来四面体面积的比是多少？

2.22 要熟悉交互式图形编程，一个很好的方法就是编写简单的游戏。试编写一个西洋跳棋游戏，可以把棋盘上的每个格子看成用户可拾取的对象。游戏开始时，用户可以同时作为游戏的双方来下棋。

2.23 绘图软件包提供了各种显示数据的方法。试编写一个用于绘制曲线的交互式绘图程序。要求应用程序允许用户选择图形的绘制模式（数据的多线段显示模式、柱状图显示模式或饼图显示模式）、颜色和线型。

2.24 在二维和三维 Sierpinski 镂垫示例程序中，我们在初始三角形的内部指定了一个起始点。请修改其中的一个示例程序，对具有任意初始顶点的三角形，要求在三角形的内部计算一个随机点。

第 3 章　交互和动画

现在介绍交互式图形程序的开发。将交互性添加到计算机图形学中使许多应用成为可能，从建筑的交互式设计，到通过图形界面控制的大型系统，虚拟现实系统，再到计算机游戏。

第 2 章的示例程序都只能显示静态的对象。在这些示例中，首先描述一个场景，然后向 GPU 发送数据，最后绘制并显示这些数据。但是，在大多数实际应用中，需要显示更加动态的场景。可能希望将对象显示在新位置，或更改其颜色或形状。或者，可能想移动虚拟照相机以从其他视点查看对象。我们的首要任务是介绍一种创建动画应用程序的简单方法，也就是说，即使没有用户输入，应用程序的显示画面也会随时间变化。

接下来，我们将重点转向为 WebGL 添加交互性，这需要更详细地考虑图形如何与浏览器环境进行交互。作为图形应用开发的一部分，我们将初步讨论缓存，并且在第 7 章将会进一步介绍。然后，介绍可用于交互的各种设备。从两个不同的角度考虑输入设备：(1) 基于物理设备的物理属性对其进行描述；(2) 从应用程序的角度考察这些设备的工作方式。之后再讨论客户端-服务器网络结构和客户端-服务器图形系统。最后，利用这些思想来为图形程序开发基于事件驱动的输入。

3.1　动画

第 2 章的示例程序只能显示静态对象，它们只绘制场景一次，然后不做任何其他事情。现在假设希望改变所看到的图像。例如，假设在屏幕上显示一个像正方形这样的简单对象，并希望正方形以恒定的速率旋转。一个比较低效笨拙的方法就是，应用程序周期性地生成新的顶点数据并把新数据发送到 GPU，然后每发送一次新数据，就利用新数据重新进行一次绘制。这种方法抹杀了使用着色器的许多优势，因为从 CPU 向 GPU 重复地发送数据使得这种方法存在一个潜在的瓶颈。如果现在考虑使用递归绘制过程，其中绘制函数可以调用自身并使用已经存放在 GPU 上的数据，那么可以做得更好。下面，通过一个生成旋转正方形的简单例子来阐述各种实现方法。

3.1.1　旋转的正方形

考虑一个二维坐标点，其表示形式如下：

$$x = \cos\theta \quad\quad y = \sin\theta$$

无论 θ 取什么值，该点总是位于一个单位圆上。另外三个点 $(-\sin\theta, \cos\theta)$，$(-\cos\theta, -\sin\theta)$ 和 $(\sin\theta, -\cos\theta)$ 也位于单位圆上。这四个点等距离地分布在圆周上，如图 3.1 所示。因此，如果把这四个点连接起来形成一个多边形，那么就得到一个以圆点为中心边长为 $\sqrt{2}$ 的正方形。

开始时，$\theta = 0$，由此得到四个顶点 $(0, 1)$，$(1, 0)$，$(-1, 0)$ 和 $(0, -1)$。为了把这四个顶点发送到 GPU，首先设置一个数组：

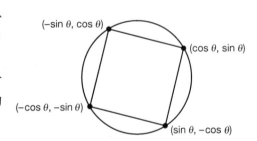

图 3.1　基于圆周上的四个点构建的正方形

```
var vertices = [
  vec2( 0,  1),
  vec2(-1,  0),
  vec2( 1,  0),
  vec2( 0, -1)
];
```

然后将该数组发送到 GPU 中：

```
var bufferId = gl.createBuffer();
gl.bindBuffer(gl.ARRAY_BUFFER, bufferId);
gl.bufferData(gl.ARRAY_BUFFER, flatten(vertices), gl.STATIC_DRAW);
```

正如第 2 章所述，可以利用下面的绘制函数和简单的直通着色器绘制这些数据：

```
function render()
{
  gl.clear(gl.COLOR_BUFFER_BIT);
  gl.drawArrays(gl.TRIANGLE_STRIP, 0, 4);
}
```

现在假设要显示对应于另一个 θ 值的正方形。先计算新顶点，它的位置由使用 θ 值的两个方程确定，然后将顶点数据发送到 GPU，之后进行另一次绘制。如果希望看到正方形旋转，可以把代码放在一个循环中，每循环一次，θ 就会增加一个固定的角度。但是，该策略的效率非常低。它不仅重复地向 GPU 发送数据（当需要显示的不是正方形，而是具有数百或数千个顶点的对象时，这些数据会引起更多问题），而且在 CPU 中执行三角函数计算，而不是在计算三角函数更快的 GPU 中进行。

更好的解决方案是像最初那样将原始数据发送到 GPU 中，然后在绘制函数中改变 θ 的值并把新的 θ 值发送至 GPU。为了从 CPU 向着色器中的变量传输数据，必须引入一个新的着色器变量类型。在给定的应用程序中，可以使用各种不同的方式来改变变量。例如，当我们将顶点属性发送到着色器中时，对图元的每个顶点来说，这些属性可以是不相同的。再比如，当执行 gl.drawArrays 这样的函数时，可能还希望图元的所有顶点（或者换句话说，对所有要显示的顶点）都有相同的参数，我们将这样的变量称为 **uniform 限定符变量**（uniform qualified variable）。

考虑下面的顶点着色器：

```
attribute vec4 aPosition;
uniform float uTheta;

void main()
{
  gl_Position.x = -sin(uTheta) * aPosition.y + cos(uTheta) * aPosition.x;
  gl_Position.y =  sin(uTheta) * aPosition.x + cos(uTheta) * aPosition.y;
  gl_Position.z = 0.0;
  gl_Position.w = 1.0;
}
```

变量 uTheta 有限定符 uniform，所以着色器希望它的值由应用程序提供。利用 uTheta 的值，着色器输出旋转 θ（即代码中的 uTheta）后的顶点位置。

为了得到传递给着色器的 θ 值，需要执行两个步骤：第一，建立着色器中的变量 uTheta 和应用程序中相应变量的关联；第二，将变量值从应用程序传送到着色器中。

假定在应用程序中使用名为 theta 的变量：

```
var theta = 0.0;
```

当着色器和应用程序通过 initShaders 函数编译和链接后，创建了一个可供我们查询的表格，利用 gl.getUniformLocation 函数可以获取顶点着色器中 uniform 变量的地址，代码如下：

```
var thetaLoc = gl.getUniformLocation(program, "uTheta");
```

注意，gl.getUniformLocation 函数的功能类似于建立顶点着色器中的属性变量与应用程序中相应变量的关联。之后，可以把应用程序中 theta 的值发送到着色器中，代码如下：

```
gl.uniform1f(thetaLoc, theta);
```

根据发送的数据的类型(标量、向量或矩阵)以及发送的是数值还是指向数值的指针，gl.uniform 函数有多种不同的形式。此处，1f 表示发送的数据是一个浮点变量。从第 4 章开始，会看到 gl.uniform 函数的其他形式(应用程序向着色器发送向量和矩阵数据)。尽管我们的示例是向顶点着色器发送数据，但是也可以用 uniform 变量向片元着色器发送数据。

再来看我们的示例，在 render 函数中向顶点着色器发送 theta 值，代码如下：

```
function render()
{
  gl.clear(gl.COLOR_BUFFER_BIT);
  theta += 0.1;
  gl.uniform1f(thetaLoc, theta);
  gl.drawArrays(gl.TRIANGLE_STRIP, 0, 4);

}
```

render 函数增加 θ 的值，绘制正方形，最后递归调用它本身。遗憾的是，这种方法的效果并不是很好。事实上，我们只会看到正方形的初始显示。为了解决这个问题，需要讨论显示的正方形是如何变化以及何时变化的。

3.1.2　显示过程

在开始讨论之前，首先概述一下浏览器和窗口系统如何与物理显示设备交互是很有帮助的。考虑一个典型的显示多窗口图像的平面显示器。该图像以像素的形式存储在由窗口系统维护的缓存中，并周期性地在屏幕上自动重绘。**刷新**(refresh)或**重绘**(repaint)操作一般以 60 帧/秒 (60 fps) (或 60 Hz)的速度绘制一幅(或一帧)新图像。实际刷新率由窗口系统设置，而且用户可以调整这个值。

从历史上看，帧率与交流(AC)输电频率紧密相关，北美地区的交流输电频率是 60 Hz，而欧洲各国是 50 Hz，由于 CRT 的磷光物质只能持续很短的发光时间，所以为了看到稳定不闪烁的图像，必须以一定的频率进行刷新。尽管现在 CRT 显示器不再是主流技术，电子产品也不再受限于线路频率，但是对于每种显示技术，仍然存在一个最小刷新率，它必须足够高才能避免视觉瑕疵(如果刷新率过低，大多数情况会出现明显的闪烁)。按照我们的观点，刷新过程与应用程序的执行过程并不同步，但通常也不必担心这一点。如第 1 章所述，重新绘制操作是**逐行的**(progressive)并且每次重绘整个显示屏幕，或者隔行扫描，即交替重绘帧的奇数行和偶数行。

现在考虑显示屏幕上的浏览器窗口。尽管此窗口通过显示过程被重新绘制，但是窗口的内容并没有改变，除非发生某个动作改变显示缓存中的像素。这个动作(或事件)可能由用户的某个动作触发(例如点击鼠标按键或按下键盘的某个键)，或者由视频中出现的需要显示新的帧这类事件所触发。本章稍后将详细讨论事件和事件处理，现在我们要注意到，浏览器以异步方式运行，除非某个事件中断程序的流程或代码执行完毕，否则浏览器会一直执行代码片段并等待另一个事件的发生。

现在假设浏览器窗口包含 WebGL canvas。从示例中可以看到，我们输入包括应用程序文件在内的一系列 JavaScript 文件。onload 事件利用 init 函数来启动应用程序执行。到目前为止，应用程序执行到 render 函数就结束了。我们在 render 函数中调用了 gl.drawArrays 函数。此时，代码执行完毕并显示结果。

```
function render()
{
  gl.clear(gl.COLOR_BUFFER_BIT);
  theta += 0.1;
  gl.uniform1f(thetaLoc, theta);
  gl.drawArrays(gl.TRIANGLE_STRIP, 0, 4);

}
```

但是，上面绘制正方形的代码与前面介绍的基于事件处理循环的实现方法存在根本区别。也就是说，这里绘制正方形的代码通过 render 函数调用它本身来实现，并且这个递归过程将绘制操作放在一个无限循环中。因此，除非发生一个或多个事件，否则无法到达代码的末尾。遗憾的是，这种方法不能完全起作用，因为随着递归调用的堆积，它将导致堆栈溢出问题。我们需要结合显示过程来控制 render 函数的递归调用。

3.1.3 双缓存

在图形系统中，图像在帧缓存中形成。该帧缓存的内容在窗口系统的控制下（对于 WebGL，在浏览器的控制下）显示在输出设备上。正如刚刚讨论的那样，无论哪种情况，物理显示都以恒定的速率刷新，而与图形系统填充帧缓缓存的速率无关。

当我们在前面讨论的正方形旋转程序中尝试时，考虑一下对屏幕的某个区域重复地执行清屏和重绘操作可能会发生什么。尽管正方形旋转程序中的正方形非常简单并且可以在一个刷新周期内绘制出来，但是在这个程序中，在新的正方形绘制到帧缓存中与使用硬件重新显示帧缓存中的内容之间并不存在同步衔接。因此，能否正确地绘制该正方形取决于绘制帧缓存的时机是否恰当，如果绘制的时机不合适，则有可能在绘制该正方形的时候，帧缓存中只有它的一部分内容。我们将这个模型称为**单缓存**(single buffering)，因为它只有一个缓存(帧缓存中的颜色缓存)用于绘制和显示。

双缓存(double buffering)机制为这些问题提供了一种解决方法。假定有两个颜色缓存可供使用，习惯上称之为前端缓存和后端缓存。**前端缓存**(front buffer)是指用于显示图像的那个缓存，而**后端缓存**(back buffer)是指用于存储用户绘制对象内容的那个缓存。WebGL 要求使用双缓存。典型的绘制过程从清除后端缓存开始，然后将对象绘制到后端缓存中，最后是缓存交换过程。在桌面版 OpenGL 中，缓存交换是由应用程序中的某个函数(比如名为 swapBuffers 的函数)强制执行的。

在 WebGL 中，刷新受浏览器的控制。尽管浏览器将继续以恒定的速率刷新显示，但在应用程序发出信号之前，它不会替换与帧缓存相对应的那部分显示。一种方法是在应用程序执行其 JavaScript 代码结束时发出信号，第 2 章中的静态示例就是这样做的。我们将研究另外两种控制浏览器何时在动态应用示例中显示帧缓存的方法：使用定时器和使用 requestAnimationFrame 函数。

需要注意的是，这些策略并不能解决我们在绘制动画时遇到的所有问题。如果要显示的图像非常复杂，那么仍然可能需要把该图像分成好几帧画面依次绘制到帧缓存的后端缓存中。控制缓存并不能使这个过程的处理速度更快，它只能确保对象显示的完整性。然而，如果使用双缓存机制，那么对于这种情况通常可以得到视觉上可接受的显示效果，即便显示帧率只有 10～20 帧/秒。

3.1.4　使用定时器

触发缓存交换并控制显示内容重绘速度的方法之一，就是经过指定的时间(毫秒)后，利用 setInterval 方法重复调用 render 函数。这样，如果用下面的函数代替 init 函数末尾 render 函数的执行，那么 render 函数就会在 16 ms(当定时器间隔已过)后被调用，或者以 60 次/秒的频率调用 render 函数。

```
setInterval(render, 16);
```

如果定时器间隔设置为 0 ms，则会以尽可能快的速度执行 render 函数。每当超时函数结束，程序会继续进行直到绘制结束，从而使浏览器知道它应该更新显示了。

假设用户要检验绘制间隔是否确实是 setInterval 函数指定的时间间隔，或者需要确认执行一段代码所需要的时间，则可以利用 Date 对象在代码中添加一个定时器，以毫秒为单位来度量时间。getTime 方法返回自 1970 年 1 月 1 日午夜(格林尼治标准时间)经过的毫秒数。此处是定时器的一个简单应用，用来输出两个绘制的时间间隔。在进行绘制之前，首先保存起始时间，其代码如下：

```
var t1, t2;

var date = new Date;
t1 = date.getTime();
```

然后在 render 函数中计算时间间隔，其代码如下：

```
t2 = date.getTime();
console.log(t2 - t1);
t1 = t2;
```

3.1.5　使用 requestAnimationFrame 函数

因为 setInterval 函数以及相关的 JavaScript 函数(如 setTimeout 函数)都独立于浏览器，所以很难得到平滑的动画显示。这个问题的解决方法之一，就是使用大多数浏览器支持的函数 requestAnimationFrame，考虑下面的简单绘制函数：

```
function render()
{
  gl.clear(gl.COLOR_BUFFER_BIT);
  theta += 0.1;
  gl.uniform1f(thetaLoc, theta);
  gl.drawArrays(gl.TRIANGLE_STRIP, 0, 4);
  requestAnimationFrame(render);
}
```

函数 requestAnimationFrame 请求浏览器显示下次刷新显示时将要绘制的内容，然后递归调用绘制函数。对于显示像正方形这样的简单对象，可以得到帧率为 60 fps 左右的平滑显示。

最后，正如在绘制函数中所做的那样，可以在 setTimeout 函数中利用 requestAnimationFrame 函数得到另一个不同的帧率，大约为 10 fps，其代码如下：

```
function render()
{
  setTimeout(function() {
    requestAnimationFrame(render);
    gl.clear(gl.COLOR_BUFFER_BIT);
    theta += 0.1;
```

```
        gl.uniform1f(thetaLoc, theta);
        gl.drawArrays(gl.TRIANGLE_STRIP, 0, 4);
    }, 100);
}
```

尽管对于大多数简单动画，这个解决方法表现得很好，但通过关注帧缓存，可以使我们从稍微不同的角度考虑这个问题，至少开始时不必担心浏览器、窗口系统或任何其他因素的影响。

3.2 交互

计算机技术最重要的进展之一就是使用户能与计算机显示器进行交互。与其他任何事件相比，Ivan Sutherland 开发的 Sketchpad 系统最能代表交互式计算机图形学时代的开始。他引入的这个基本范型表面上看来十分简单，用户在显示器上看到了一幅图像，然后借助像鼠标这样的交互式设备对这个图像做出反应。图像响应用户的输入做出改变，用户对这个变化再做出反应，如此反复进行。无论是利用现代窗口系统提供的工具编写程序，还是在交互式博物馆展览中使用的人机交互界面，我们都在使用这个范型。

从 Sutherland 的工作到现在已超过 55 年，期间硬件技术和软件技术都有了很大进展，但他所引入的观点和思想依然支配着交互式计算机图形学。从如何把人机交互界面概念化到如何利用图形数据结构来高效地实现这种人机交互界面，都可以看到这种支配作用的影响。

在本章中，我们采用的方法稍微不同于本书的其他部分。尽管多数现代 API 主要考虑的是绘制，但是交互也是大部分应用程序的重要组成部分。然而，OpenGL 和 WebGL 并不直接支持交互，其主要原因是开发 OpenGL 的设计人员希望通过允许系统在各种环境下工作来增强它的可移植性。因此，窗口和输入函数并没有包含在 API 之中。虽然这个决定使得绘制器成为可移植的，但也使我们对不涉及特定窗口系统的交互的讨论变得更加困难。此外，因为任何一个应用程序与窗口环境都至少有一些基本的接口，如果想编写完整而有价值的程序，就不能完全避免这些问题。如果 API 不支持交互，那么应用程序编程人员面对他的特殊环境就必须考虑其中一些晦涩难懂的细节。

尽管如此，很难想象不包含交互的应用程序，不管它是否简单到只需要输入数据，还是在触摸屏上使用多个手指的手势这样更复杂的应用程序。对于桌面版 OpenGL，一些工具包提供的 API 支持所有窗口系统的通用操作，比如打开窗口、从鼠标或键盘获取数据等。为了在不同的窗口系统运行，使用这些工具包要求重新编译应用程序，但是不需要修改应用程序的源代码。

WebGL 应用程序具有更强的跨平台兼容性。这是因为 WebGL canvas 是 HTML5 的一个元素，可以利用各种工具和各种程序包，这些程序包可以在支持 WebGL 的任何系统上运行。遵循和第 2 章一样的方法，我们只关注用 JavaScript 创建交互式应用程序，而不是使用高级程序包。相信这种方法将会使我们更清楚地认识到交互性是如何工作的，这种方法也因为没有使用不断变化的软件包而更加具有鲁棒性。

在继续下面的内容之前，回想一下在第 2 章对术语"窗口"的多种使用方式的讨论。当通过浏览器运行一个 WebGL 程序时，我们的交互将涉及所有这些不同类型的窗口，甚至会导致更多窗口出现，例如弹出窗口，或者窗口可能会被销毁。所有这些操作都需要操作系统、浏览器、应用程序和各种缓存之间的复杂交互。对这些操作的任何详细讨论都会使我们偏离紧密关注图形学的初衷。本书未深入讨论各种实体之间交互的细节，可以基于这样的高层模型工作，即我们开发的 WebGL 应用程序在支持 WebGL 的浏览器打开的窗口中进行绘制。

首先描述几种交互设备以及与之进行交互的各种方式。之后把这些设备放到客户端-服务器网络环境中，并引入一个包含最小交互功能的 API。最后，我们编写一些示例程序。

3.3　输入设备

可以用两种不同的方式看待输入设备。其中比较直观的方式是把它们看成像键盘或者鼠标这样的物理设备，并考虑它们的工作方式。当然，需要知道输入设备的某些物理性质，因此如果要对输入获得一个完整的理解，这样的考虑是必需的。然而从应用程序编程人员的角度来看，编写应用程序时并不需要知道某个特定物理设备的内部细节。因此，人们更愿意把输入设备当成逻辑设备。从应用程序的角度来看，这些逻辑设备的性质是由其所实现的功能来确定的。一个**逻辑设备**(logical device)的特性是由它与应用程序的高级接口而不是其物理性质来表征的。

在计算机图形学中，逻辑设备的使用稍复杂些，这是因为输入所采用的格式要比非图形应用程序中通常只涉及的位串或者字符串更加多样化。例如，可以使用鼠标(一种物理设备)来选择 CRT 屏幕上的一个位置或者确定想要选择的菜单项，这两个使用输入设备的例子需要用到不同的逻辑输入函数。在第一个例子中，(x, y)坐标值(在某个坐标系中)返回给用户程序；在第二个例子中，应用程序可能会接收到对应于某个菜单项的整数标识符。把物理设备和逻辑设备分开不仅允许我们以多种截然不同的逻辑方式使用相同的物理设备，而且如果鼠标被数据板或追踪球等物理设备取代的话，仍然可以使用相同的程序。

对于图形应用程序的输入，必须考虑第二个问题，即输入数据如何以及何时到达程序变量；同样，来自程序变量的数据如何到达显示设备。这些问题涉及物理设备和操作系统之间的交互，我们稍后将会讨论。

3.4　物理输入设备

从物理角度来看，每种输入设备都有其特殊的性质，这使它比别的设备更适合于某种任务。我们采用大多数有关工作站的文献中的观点，即把物理设备分成两种主要类型：定位设备和键盘设备。**定位设备**(pointing device)允许用户在显示器上指示一个位置，而且为了让用户向计算机发送信号或者中断，这种设备几乎总是有一个或者多个按钮。**键盘设备**(keyboard device)几乎总是对应于物理键盘，但可以推广到包括任何返回字符码的设备。例如，平板电脑利用识别软件来辨认用户借助触控笔书写的字符，最终生成和标准键盘一样的字符码。

3.4.1　键码

多年来，表示字符的标准编码一直是美国标准信息交换码(American Standard Code for Information Interchange，ASCII)，它为每一个字符分配一个字节。ASCII 起初只使用了前 127 个编码，后来扩展到更大范围的 8 位字符集，即 Latin 1，它能表示大多数欧洲语言。尽管如此，8 位仍然不足以支持实际互联网所需要的其他语言。因此，人们开发的 Unicode 为 16 位(2 字节)编码，它包含更丰富的字符集，可以支持事实上的所有语言，成为所有现代浏览器的标准编码。因为 Latin 1 是 ASCII 的超集，Unicode 是 Latin 1 的超集，所以基于早期面向字节的字符集开发的代码能够在任何浏览器中使用。

边注 3.1 光笔

光笔（light pen）在计算机图形学中有很长的历史，Sutherland 早期开发的 Sketchpad 系统使用了这种设备。光笔中有一个像光电池一样的感光设备（参见图 3.2）。如果把光笔放置在 CRT 屏幕上的某个位置，当电子束从该位置另一面轰击磷光物质所发出的光的强度超过光笔中设定的某个阈值时，光笔就会给计算机发送一个信号。因为每一次利用帧缓存对 CRT 进行刷新的时间都很准确，所以可以利用这个信号出现的时间来确定光笔在 CRT 屏幕上的位置（参见习题 3.14）。光笔最初是用在随机扫描设备上的，所以光笔向计算机发送中断信号的时间可以很容易和显示列表中的一段代码相匹配，这使得光笔非常适

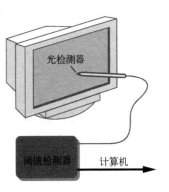

图 3.2 光笔

合于选取由应用程序定义的对象。对于光栅扫描设备，显示器上的位置可以通过扫描开始的时间和每条扫描线的扫描时间来确定。因此，我们就有了一个直接定位的设备。

光笔存在一些缺陷，包括造价高，以及难以获得屏幕上黑暗区域中的位置。在实际应用中，光笔已经被鼠标和跟踪板所取代。不过，平板电脑模仿了原始光笔的使用方式，用户可以使用触控笔在平板（显示器）表面上任意移动。

3.4.2 鼠标和追踪球

鼠标（参见图 3.3）和追踪球（参见图 3.4）的使用方法类似，而且其构造通常也非常类似。一个典型的机械鼠标在翻过来之后看起来就像一个追踪球。在这两种设备中都有一对由球的运动所驱动的编码器，它们测量球在两个正交方向上的运动，并把球的运动转换成信号传送给计算机。注意，许多现代鼠标的滚轮可作为独立的类似一维鼠标的设备。

图 3.3 鼠标

图 3.4 追踪球

这些设备还有许多其他形式。有的使用光检测器而不是机械检测器来测量运动。小型追踪球在便携式计算机上很流行，因为可以把它们直接做到键盘上。在键盘上还可以使用各种压力敏感设备，其功能与鼠标和追踪球相似但是不移动，这种设备的编码器用来测量一个小旋钮经受的压力，这个小旋钮经常位于键盘中部的两个按键之间。

可以把鼠标或者追踪球的输出看成由设备提供的两个独立的数值，这两个数值可以看成坐标位置并由用户程序或者在图形系统内部转换为屏幕坐标或世界坐标中的一个二维坐标位置。如果以这种方式设置该设备的话，可以利用它在显示器上自动放置一个标记（光标），不过很少以这种直接的方式使用这些设备。

鼠标或者追踪球中编码器的输出不一定要解释成位置。设备驱动器或者用户程序也可以把来自编码器的信息解释成两个独立的速度（参见习题 3.4），然后计算机可以对这些值进行积分得到一个二维位置。这样当鼠标在表面上移动时，对速度进行积分可以得到 x 和 y 的值，它们在经过转换后可以用来指示光标在屏幕上的位置，如图 3.5 所示。通过把球滚动的距离解释成速度，可以把

这些设备当成灵敏度可变的输入设备来使用。鼠标相对静止位置的较小偏离会使光标的位置缓慢改变;而鼠标相对静止位置的较大偏离会使光标的位置快速改变。对这两种设备,如果球不旋转,那么积分值没有变化,并且跟踪鼠标位置的光标也不会移动。在这种模式下,这些设备是**相对定位**(relative positioning)设备,因为球通过改变位置来使用户程序获得位置信息,应用程序并不使用球(或者鼠标)的绝对位置。

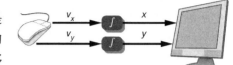

由鼠标或者追踪球提供的相对定位功能并不总是令人满意的,尤其是这样的设备不适合图表跟踪这样的操作。例如,当用户试图用鼠标在屏幕上沿一条曲线移动时,如果释放并移动鼠标,则会失去所跟踪曲线上的绝对位置。

图 3.5 定位光标

3.4.3 数据板、触摸板和触摸屏

数据板(data tablet)提供了绝对定位功能。一个典型的数据板(参见图 3.6)在其表面下方嵌入了行列交错的导线。触控笔内的传感器和数据板内的导线都能够传递电信号,通过这两个信号之间的电磁相互作用可以确定触控笔的位置。对触摸敏感的透明触摸屏可以放在 CRT 的表面上,它具有许多和数据板一样的特性。小的矩形压敏**触摸板**(touch pads)可以嵌入到大部分便携式计算机的键盘中,这

图 3.6 数据板

些触摸板可以配置成相对或绝对定位设备。一些触摸板能够检测到多个手指同时触摸不同的位置,这样的信息可以用来实现更复杂的行为。

边注 3.2 操纵杆

还有一种特别值得介绍的设备:**操纵杆**(joystick)(参见图 3.7),操纵杆沿两个正交方向的运动被编码并解释成两个速度,这两个速度再经过积分得到屏幕上的位置。积分意味着如果操纵杆处于静止位置,光标位置就不会改变;操纵杆离静止位置越远,光标在屏幕上的位置变化得就越快。因此,操纵杆是一种灵敏度可变的设备。操纵杆的另一个优点是它可以和弹簧和阻尼器这样的机械元件一起组装,这样可以在用户推动操纵杆时让用户有阻力的感觉。这种其他设备提供不了的机械感觉使得操纵杆很适合飞行模拟器和游戏控制器这样的应用。

空间球(spaceball)看起来和操纵杆类似,只是在手杆的末端有一个球(参见图 3.8),不过这个手杆是固定的。在球里面的压力传感器可以测量用户施加的力。空间球不但能测量 3 个笔直方向上的力(上-下,前-后,左-右),还可以测量三个独立的扭曲力。这种设备可以测量六个独立的值,所以具有六个**自由度**(degree of freedom)。作为空间球的一个应用示例,可以利用它来确定照相机的位置和方向。

图 3.7 操纵杆   图 3.8 空间球

平板电脑和智能手机以**触摸屏**(touch screen)为主要特征。触摸屏既是显示设备,又是输入设

备。通过显示屏表面的压力变化来检测位置信息，触摸屏由单个或多个压力点进行初始化，而压力可能来自手指或触控笔。由于输入设备覆盖在显示图像上面，所以用户能够直接与显示图像进行交互。如果显示了一个按钮，则用户可以下压按钮。如果显示的是一个对象的图像，则用户可以通过触摸该对象并移动手指或触控笔在屏幕上移动对象的图像。

除此之外，大多数触摸式设备能跟踪多个压力点，从而允许**手势输入**（gestural input），例如常用手势"捏"，即两个手指开始时在两个不同的位置接触到触摸式设备，然后两个手指移动到触摸式设备上的相同点。

3.4.4　多维输入设备

对于三维图形应用，我们更愿意使用三维输入设备。虽然有许多这样的三维设备，但现在还没有一种三维输入设备能像二维输入设备那样获得人们的广泛接受。

激光扫描仪之类的设备可以直接用来测量对象的三维空间位置。用于虚拟现实的各种跟踪系统可以感知用户的姿势。前面描述的几种设备可以提供 2～6 个自由度，而在虚拟现实和机器人领域经常需要更多的自由度。像数据手套这样的设备可以感知人体各个部分的运动，这样就提供了更多的输入信号。最近，像任天堂的 Wii 这样的输入设备除了能够进行无线数据传输，还能利用陀螺仪传感设备感知对象的位置和方向。

目前许多现有的设备都能够充分利用计算机的巨大计算性能，这是设计新型设备的有效途径。例如，**运动捕捉**（motion capture，mocap）系统把由标准数字照相机组成的阵列布置在环境中，并把许多小球形点放在人体的关键部位，比如胳膊和腿的关节，然后利用照相机阵列来捕捉小球形点的反射光输入或来自无线传感器的输入。在一个典型系统中，会有八台照相机监视整个环境并以很高的帧率捕捉小球形点的位置，这样就获取了大量的数据。系统中的计算机通常就是一台普通的 PC 机，它可以通过对小球形点的二维图片进行处理来确定每一帧中每一个小球形点在三维空间中的位置，从而得到最终的捕捉数据。

另外，移动电话中经常有压敏或**触觉**（haptic）设备，可用作键盘或位置信息。热敏设备也适用于此类应用。无论使用哪种设备，都有一种标准的方法可以通过 JavaScript 和 HTML 获得输入。

3.4.5　逻辑设备

现在可以回过头来从应用程序的内部讨论输入设备，也就是从逻辑设备的角度来讨论输入设备。一个输入设备的逻辑行为可以用两个主要特征来描述：(1)该设备返回给用户程序的测量值；(2)该设备返回这些测量值的时间。

一些早期的图形 API 定义了六类逻辑输入设备。例如，**定位设备**（locator device）为用户程序提供对象在对象坐标系中的位置信息，它包括从鼠标到触摸板的许多不同的物理实施例。**拾取设备**（pick device）为用户指向的对象提供标识符，并且通常由与定位设备相同的物理设备来实现。

由于现代窗口系统中的输入不能总是做到与物理设备的属性完全无关，因此现代图形系统不再采用这种方法。通常，我们是从诸如鼠标之类的物理设备与诸如弹出菜单或图形按钮之类的显示器区域之间的交互来获得输入。这样的窗口称为**窗口小部件**（widget）。

3.4.6　输入模式

输入设备向应用程序提供输入的方式可以从两个方面来描述：测量过程和设备触发器。一个设备的**测量数据**（measure）是这个设备返回给用户程序的数据。设备的**触发器**（trigger）是用户向这个设备提供的一个物理输入，通过它用户能够给计算机传送触发信号。例如，键盘的测量数据应该包含单个字符或者一个字符串，触发器可以是 Return 或者 Enter 键。对于定位设备，测量数据包含定位设备的位置，相应的触发器可以是物理设备上的一个按钮。当已经加载了应用程序代码时，测量过程可以由浏览器来初始化。

应用程序可以通过两种重要的模式获得一个设备的测量数据，每种模式都是由测量过程和触发器之间的关系来定义的。测量过程一旦开始，输入设备就会获取测量数据并把它存储在一个缓存中，即使应用程序可能还不能访问该缓存中的内容。例如，不管应用程序是否需要鼠标输入，窗口系统总是连续不断地跟踪鼠标的位置并显示对应的光标。

在**请求模式**(request mode)下，除非设备被触发，否则设备的测量数据不会返回给程序。请求模式在非图形应用程序中是标准的输入模式。例如，如果一个典型的 C 程序需要字符输入，我们使用 C 中 scanf 或 C++中 cin 这样的函数。当程序需要输入时，它在执行到 scanf 或 cin 语句时暂停并且等待，直到在终端上键入字符。可以通过退格来更正所键入的字符，并且可以花费任意长的时间来键入字符。数据存储在一个键盘缓存中，只有当按下一个特定的键时，比如 Enter键(触发器)，这个缓存中的内容才会返回给程序。对于像鼠标这样的设备，可以把它移动到所需的位置上，然后用它的按钮触发它，这个触发会让应用程序获得定位设备的位置。在请求模式下测量和触发器之间的关系如图 3.9 所示。

图 3.9   请求模式

请求模式输入的一个特点是，用户必须识别要提供输入的那个设备。因此，除了指定的这个输入设备，我们忽略其他任何输入设备提供的任何其他信息。请求模式对于程序引导用户的情形很有用，但对于用户控制程序流的应用程序则无用。例如，飞行模拟器或电脑游戏可能有多个输入设备，比如操纵杆(参见边注 3.2)、刻度盘、按钮和开关，在任何时刻都可以使用其中的大多数设备。要编写控制飞行模拟器的程序，只利用请求模式输入几乎是不可能的，因为我们不知道在仿真过程中的某个时刻飞行员会使用什么设备。一般来说，在现代计算环境中可能出现的人机交互多种多样，要处理这些交互方式，只有请求输入模式是不够的。

事件模式(event mode)可以处理其他的交互方式。我们分三步介绍事件输入模式。首先，说明如何基于测量-触发范型把事件模式描述为另一种模式；然后，讨论客户端和服务器的基本概念，因为在客户端-服务器环境中事件模式是我们更愿意采用的交互模式；最后，通过事件处理程序介绍 WebGL 的事件模式接口。

假定我们的环境中有多个输入设备，每个输入设备都有它自己的触发器并且运行一个测量过程。每当一个设备被触发，就产生了一个**事件**(event)。设备的测量数据(包括这个设备的标识符)被放入一个**事件队列**(event queue)中。把事件放入事件队列的过程与应用程序如何对这些事件做出响应完全独立。应用程序处理事件的一种方式如图 3.10 所示。应用程序可以检查事件队列中排在前面的事件，或者如果事件队列是空的，应用程序可以等待直到有事件发生。如果在队列中有事件，程序可以检查第一个事件的类型然后决定做什么。例如，如果第一个事件来自键盘，但应用程序对键盘输入不感兴趣，那么可以把这个事件丢弃并继续检查下一个事件。

图 3.10   事件模式

另一种方法是对每一种特定类型的事件关联一个称为**回调**(callback)的函数。事件类型进一步细分为若干类别。**鼠标事件**(mouse event)包括移动鼠标(或移动其他定位设备)和按下或释放一个或更多鼠标按键。**窗口事件**(window event)包括打开或关闭窗口、用图标替换窗口和通过定位设备改变窗口大小。**键盘事件**(keyboard event)包括按下或释放按键。其他事件类型与操作系统和浏览器相关联,如加载页面时的空闲超时和指示符事件。

从窗口系统的角度来看,操作系统定期检查事件队列中的事件,并且针对事件的类型执行相应的回调函数。我们将采用这种方法,因为它是一些主要窗口系统当前所采用的方法,并且在客户端-服务器环境中已经证明了这种方法的有效性。

3.4.7　客户端和服务器

到目前为止,对于输入的讨论并没有考虑在计算环境中可能发生的其他活动。我们把图形系统看成一个庞大的盒子,除了由我们精心控制的输入设备和显示器与外界有联系,它与外部世界只有有限的联系。网络和多用户计算已经极大地改变了这种状况,而且变化之大已经到了这样一种程度,即使我们用的是一个单用户的孤立系统,它的软件也可能会配置成一个简单的客户端-服务器网络。

要想让计算机图形学服务于各种实际应用,必须使它在分布式计算和网络环境中能够很好地工作。在这种环境中,系统的构造模块是称为**服务器**(server)的实体,它们可以为**客户端**(client)执行任务。客户端和服务器可以分布在网络中,也可以完全包含在一个计算单元中。

我们在这里使用的模型是由 X Window 系统推广开来的。我们使用了这个系统的大部分术语,现在多数窗口系统也使用这些术语,并且非常适合于在图形应用程序中使用。一个工作站在配备了光栅显示器、键盘和像鼠标这样的定位设备之后就成了一个**图形服务器**(graphics server)。这个服务器可以在它的显示器上提供输出服务,还可以通过键盘和定位设备提供输入服务,这些服务对于网络中任何位置的客户端都是可用的。

利用桌面版 OpenGL 编写的 C 或 C++图形应用程序都是利用图形服务器的客户端。在一个孤立的系统中,这种区别可能不太明显,因为我们是在单独一台机器上编写、编译和运行软件的。然而,也能利用网络上其他的图形服务器来运行相同的应用程序。注意,在现代操作系统中,GPU 是负责显示的图形服务器,而 CPU 是请求服务的客户端。

正如第 2 章所述,WebGL 工作于浏览器内部。浏览器访问 Web 服务器上的应用程序,则浏览器是 **Web 客户端**(web client)。我们可将万维网看成一个巨大的信息仓库,这些信息使用标准编码(例如,用于文档的 HTML 或图像的 JPEG)在 Web 服务器中存储为 Web 页面。

3.5　基于事件驱动输入的编程

在本节,我们将通过一些简单的例子来讨论基于事件驱动的输入,这些例子利用了 3.4 节介绍的回调机制。我们讨论 WebGL 通过 HTML5 能够识别的各种事件,并且为应用程序需要处理的事件编写回调函数,以此来控制应用程序如何对这些事件做出响应。注意,由于输入并不是 WebGL 的一部分,我们将通过浏览器支持的回调函数来获得输入,因此不限于图形应用程序使用这种方法。

3.5.1　事件和事件监听器

因为 WebGL 关注绘制而非输入,所以使用 JavaScript 和 HTML 完成应用程序的交互部分。事件按照它的类型和**目标**(target)来分类。目标是一个对象(例如按钮),通过代码的 HTML 部分创建对象并在显示器上显示。此外,目标还可以是一个物理对象,例如鼠标。因此,"单击"动作是一个目标为按钮对象或鼠标对象的事件类型。设备的测量数据与特定对象相关联。

事件类型这个概念不仅在 WebGL 中工作得很好,而且在 HTML 环境中也有出色的表现。事件类型可以看成在**事件类别**(event category)之上更高级别分类的成员。我们主要关注依赖于设备的输入事件的类别,这些事件包括与鼠标、键盘这类设备相关的所有事件类型。在依赖于设备的输入事件类别中,事件类型包括 **mousedown**、**keydown** 和 **mouseclick** 事件。每个事件都有一个 JavaScript 能够识别的名字,通常以前缀 on 开头,例如 onload 和 onclick。对于与设备无关的事件类型,例如 onclick,目标可以是一个物理鼠标,也可以是作为 HTML 文档的一部分而创建的显示器上的一个按钮。在前面的示例中,onload 事件的目标是绘图窗口 canvas。

我们有多种方式对事件进行响应。在我们的示例中,用下面的语句调用初始化函数 init:

```
window.onload = init;
```

此处,事件类型为**加载**(load),目标为**窗口**(window),回调函数为 init[①]。与事件相关联的回调称为**事件监听器**(event listener)或**事件处理程序**(event handler)。

3.5.2　增加按钮

假设想改变正方形的旋转,使它可以按照顺时针或逆时针方向旋转,并且通过鼠标单击图形按钮在两种旋转模式之间进行切换。利用下面一行代码可以在 HTML 文件中增加一个按钮元素:

```
<button id="DirectionButton">Change Rotation Direction</button>
```

这行代码给出了按钮元素的标识符并在显示的按钮上添加了一个标签("Change Rotation Direction",即"改变旋转方向")。每次单击该按钮都会生成一个事件。需要在 JavaScript 文件中为这些事件创建一个事件处理程序(或事件监听器)。

让我们从定义一个布尔变量开始,该变量将旋转方向初始化为 true:

```
var direction = true;
```

最初,正方形将顺时针旋转,但当单击按钮后,正方形会向相反的方向旋转。下面是修改角度增量的代码:

```
theta += (direction ? 0.1 : -0.1);[②]
```

现在需要做的就是将按钮元素和程序中的变量关联起来,并且在初始化中添加事件监听器:

```
var myButton = document.getElementById("DirectionButton");
myButton.addEventListener("click", function() {direction = !direction;});
```

或者采用下面的代码实现相同的功能:

```
document.getElementById("DirectionButton").onclick =
    function() { direction = !direction; };
```

click 事件并不是可以和按钮相关联的唯一事件。还可以使用 mousedown 事件,代码如下:

```
myButton.addEventListener("mousedown",
                          function() {direction = !direction;});
```

---

① 注意,此处引入事件的原因之一是浏览器运行代码的异步特性。通过强制要求程序必须等待浏览器加载整个程序,从而控制何时可以继续执行应用程序。

② 此处原文为"uTheta += (direction ? 0.1 : -0.1);",uTheta 是着色器中的变量,疑有误。——译者注

这里假设将变量 direction 初始化为 true：

```
var direction = true;
```

尽管在该示例中可以使用这两个事件中的任何一个，但是在比较复杂的应用中，我们可能更喜欢使用 mousedown 事件来具体确定哪个设备会导致该事件。利用事件返回的测量数据中的附加信息，可以实现更多特殊功能。例如，如果使用具有多个按键的鼠标，则可以只考虑指定按键的变化，比如：

```
myButton.addEventListener("mousedown",①function() {
    if (event.button == 0) {direction = !direction;}
});
```

对于具有三个按键的鼠标，按键 0 是鼠标左键，按键 1 是鼠标中键，按键 2 是鼠标右键。

如果使用单按键鼠标，通过使用键盘上的元键②可以使应用变得更加灵活。例如，如果希望在 click 事件中使用 Shift 键，代码看起来应该是下面的形式：

```
myButton.addEventListener("click", function() {
    if (event.shiftKey == 0) {direction = !direction;}
});
```

也可以将所有与按钮相关的代码都放在 HTML 文件中，而不是分割后分别放在 HTML 文件和 JavaScript 文件中。对于我们的按钮，可以简单地使用下面的代码并放在 HTML 文件中：

```
<button onclick="direction = !direction"></button>
```

尽管如此，我们更倾向于把页面上对象的描述部分和与对象相关的动作分开，并将与对象关联的动作放在 JavaScript 文件中。

3.5.3　菜单

菜单由 HTML 中的 **select** 元素（select element）指定，并在 HTML 文件中定义。菜单可以拥有任意数量的条目，每个条目包含两部分：在显示器上可见的文本和在应用程序中用来与回调函数关联的数字。为了演示旋转正方形的菜单，在 HTML 文件中添加了包含三个条目的菜单，代码如下：

```
<select id="mymenu" size="3">
<option value="0">Toggle Rotation Direction X</option>
<option value="1">Spin Faster</option>
<option value="2">Spin Slower</option>
</select>
```

与按钮一样，我们创建一个可以在应用程序中引用的标识符。菜单的每一行具有一个 value，当鼠标单击该行时，就返回一个对应的值。首先稍微修改一下绘制函数，通过变量 delay 改变旋转速度，这里以计时器的方式控制动画速率。

```
var delay = 100;

function render()
{
    gl.clear(gl.COLOR_BUFFER_BIT);

    theta += (direction ? 0.1 : -0.1);
```

---

① 此处原文为 "click"，疑有误。——译者注
② 元键是指键盘上的某些特殊按键，例如 Shift、Alt 和 Escape 键等。——译者注

```
        gl.uniform1f(thetaLoc, theta);
        gl.drawArrays(gl.TRIANGLE_STRIP, 0, 4);

        setTimeout(render, delay);
    }
```

click 事件返回 m.target.index 所指向的菜单项, 代码如下:

```
    var m = document.getElementById("mymenu");

    m.addEventListener("click", function() {
      switch (m.target.index) {
        case 0:
          direction = !direction;
          break;
        case 1:
          delay /= 2.0;
          break;
        case 2:
          delay *= 2.0;
          break;
      }
    });
```

3.5.4　使用键码

还可以通过**键盘按键事件**(key press event)来控制旋转正方形。假设用数字键 1、2 和 3 来代替菜单, 这几个数字键对应的 Unicode(ASCII)码为 49、50 和 51, 现在使用按键事件和一个简单的监听器控制正方形的旋转。

在下面的代码中, 可以看到响应的窗口事件发生在页面上, 而不是在 WebGL 窗口中。因此, 我们使用全局对象 window 和 event, 并且这两个对象由浏览器定义, 可用于所有的 JavaScript 程序。

```
    window.addEventListener("keydown", function() {
      switch (event.keyCode) {
        case 49:  // '1' key
          direction = !direction;
          break;
        case 50:  // '2' key
          delay /= 2.0;
          break;
        case 51:  // '3' key
          delay *= 2.0;
          break;
      }
    });
```

这个监听器要求我们知道键码到字符的 Unicode 映射。然而, 可以用下面形式的监听器实现这种映射:

```
    window.onkeydown = function(event) {
      var key = String.fromCharCode(event.keyCode);
      switch (key) {
        case '1':
          direction = !direction;
          break;
        case '2':
```

```
            delay /= 2.0;
            break;
        case '3':
            delay *= 2.0;
            break;
    }
};
```

3.5.5　滑动条

除了通过重复使用按钮或按键来增加或减少程序中的变量值，还可以在显示屏上添加**滑动条元素**(slider element)，如图 3.11 所示。当用鼠标移动滑动条时，滑动条的运动产生一个事件，该事件的测量数据包括一个依赖于滑动条位置的值。因此，当滑动条在最左端时，该值取它的最小值；当滑动条在最右端时，该值取它的最大值。

与按钮和菜单类似，在 HTML 文件中创建一个 Web 页面上的可视化元素，然后在 JavaScript 文件中处理事件的输入。对于滑动条，指定最小值和最大值分别对应于滑动条的最左端和最右端，并指定滑动条初始值。还要指定产生事件的滑动条的最小变化量。通常，在滑动条的一侧会显示一些文本信息表示最小值和最大值。

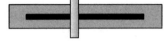

图 3.11　滑动条

假设创建一个滑动条来表示在 0～100 ms 范围内变化的时延。利用 HTML 的 **range 元素**(range element)在 HTML 文件中创建一个最基本的滑动条，其代码如下：

```
<input id="slide" type="range"
  min="0" max="100" step="10" value="50" />
```

用 id 标识该元素；参数 type 用来表明创建的 HTML 输入元素的类型；参数 min,max 和 value 分别表示所关联的滑动条的最小值、最大值和初始值；最后，参数 step 表示产生事件的滑动条的最小变化量。可以在滑动条的两端显示最小值和最大值，并在页面中把滑动条放在优先于它的其他元素的下面，其代码如下：

```
<div>
speed 0 <input id="slider" type="range"
  min="0" max="100" step="10" value="50" />
100 </div>
```

在应用程序中，利用下面两行代码可从滑动条获取正方形的旋转速度：

```
document.getElementById("slider").onchange =
    function(){ delay = event.target.value;};
```

与按钮和菜单一样，通过 getElementById 将滑动条和应用程序关联起来。每当产生一个事件，就返回一个滑动条的表示值并放在 event.target.value 中。到目前为止，我们描述的所有输入元素(菜单、按钮和滑动条)都是采用默认的视觉外观进行显示的。为了美化这些可视化元素的显示结果，可以采用多种方式，包括使用 HTML、CSS 和各种软件包等。

3.6　位置输入

到目前为止，在示例中使用鼠标时都是基于这样一个事实：事件已经发生并且可能是某个按钮触发了该事件。除此之外，当创建一个 click 事件或 mousedown 事件时，还有更多的可用信息。特别地，当发生此类事件时，能获取鼠标的位置信息。

返回的事件对象包括值 event.ClientX 和 event.ClientY，它们给出了鼠标在窗口坐标系中的位置信息。回想一下,窗口中位置的大小为 `canvas.width × canvas.height`。位置信息以像素为单位,原点在窗口左上角。因此,y 轴正向是向下的。由于在应用程序中要用到位置信息,因此必须变换位置信息的单位使它与应用程序的单位相同。

在本章中,应用程序使用裁剪坐标。裁剪坐标在 x 方向和 y 方向的变化范围都为 $(-1, 1)$,y 轴正向朝上。如果 (x_w, y_w) 表示窗口中的某个位置,宽度和高度分别为 w 和 h,则通过翻转 y 值和重新调整比例,可以得到它在裁剪坐标系中的位置,计算方程如下:

$$x = -1 + \frac{2 \times x_w}{w} \quad y = -1 + \frac{2 \times (w - y_w)}{w}$$

有多种使用鼠标位置信息的方式。首先将每个位置简单地变换到裁剪坐标系中,将结果放在 GPU 中。利用变量 `index` 跟踪 GPU 中存放的点的数目,并和前面的示例一样初始化缓存数组。考虑下面的事件监听器:

```
canvas.addEventListener("click", function() {
    gl.bindBuffer(gl.ARRAY_BUFFER, vBuffer);
    var t = vec2(-1 + 2*event.clientX/canvas.width,
                 -1 + 2*(canvas.height-event.clientY)/canvas.height);
    gl.bufferSubData(gl.ARRAY_BUFFER, sizeof['vec2']*index, t);
    index++;
});
```

`click` 事件返回的对象 `event` 具有成员 `event.clientX` 和 `event.clientY`,它们是鼠标在 WebGL 窗口中的位置,并且 y 值是从窗口顶部开始测量的[①]。

如果我们所需做的全部工作就是显示位置,那么可以使用下面的绘制函数:

```
function render()
{
    gl.clear(gl.COLOR_BUFFER_BIT);
    gl.drawArrays(gl.POINTS, 0, index);
    window.requestAnimationFrame(render, canvas);
}
```

注意,事件监听器可以用 mousedown 事件代替 click 事件,两者的显示结果相同[②]。

通过稍微修改,还可以演示绘画应用程序的许多元素。例如,如果在绘制函数中使用下面的代码:

```
gl.drawArrays(gl.TRIANGLE_STRIP, 0, index);
```

前三个点定义了第一个三角形,其后每次鼠标单击将增加另一个三角形。我们还可以增加颜色。例如,假设指定七种颜色:

```
var colors = [
    vec4(0.0, 0.0, 0.0, 1.0),  // black
    vec4(1.0, 0.0, 0.0, 1.0),  // red
    vec4(1.0, 1.0, 0.0, 1.0),  // yellow
    vec4(0.0, 1.0, 0.0, 1.0),  // green
    vec4(0.0, 0.0, 1.0, 1.0),  // blue
    vec4(1.0, 0.0, 1.0, 1.0),  // magenta
    vec4(0.0, 1.0, 1.0, 1.0)   // cyan
];
```

---

① 代码中的 `sizeof` 为我们使用的数据类型(例如 vec2)提供了以字节(或者更准确地说是机器单位,通常是字节)为单位的大小。WebGL 使用机器单位计算缓存中的偏移量。

② 如果希望增加显示的点的大小,可以在顶点着色器中设置 `gl_PointSize` 的值。

每次增加一个点，同时也添加了一种颜色，通过下面的代码可以选择这七种颜色随机地或循环地作为点的颜色：

```
gl.bindBuffer(gl.ARRAY_BUFFER, cBufferId);
var t = vec4(colors[index%7]);
gl.bufferSubData(gl.ARRAY_BUFFER, sizeof['vec4']*index, t);
```

本书配套网站上包含大量的示例程序，它们都阐明了交互性的概念。其中包含三个版本的旋转正方形应用程序。第一个应用程序 rotatingSquare1 只显示了旋转的正方形，但没有交互功能。第二个应用程序 rotatingSquare2 添加了按钮和菜单。第三个应用程序 rotatingSquare3 添加了滑动条。应用程序 square 在鼠标单击的每个位置都显示一个彩色正方形。应用程序 triangle 绘制了一个三角形带，其中前三次鼠标单击确定第一个三角形，接下来每次鼠标单击就增加一个三角形。

3.7　窗口事件

大多数窗口系统允许用户交互式地调整窗口的大小，这个过程通常是用鼠标把窗口的一角拖曳到新的位置，这个事件是**窗口事件**(window event)的一个例子，其他例子还包括显示一个隐藏在另一个元素下的元素，以及最小化或还原窗口。每个事件都通过一个相应的事件监听器来改变显示器的显示。

下面考虑 **resize** 或 **reshape** 事件。如果发生了这样的事件，用户程序可以决定如何处理该事件。如果窗口的大小改变了，必须考虑三个问题：

1. 在调整绘图窗口 canvas 的大小之前，要重新绘制 canvas 上的所有对象吗？
2. 如果新窗口的宽高比和旧窗口的宽高比不同，该怎么办？
3. 如果新窗口的尺寸和旧窗口的尺寸不同，要改变新图元的大小或属性吗？

这些问题中的任何一个都没有唯一的答案。如果要显示真实场景的图像，那么 resize 函数也许应该确保绘制的对象不会发生变形。但这个选择可能意味着调整大小后的窗口有一部分未使用或者场景中的某部分不能显示在窗口中。如果想在新窗口中重新绘制旧窗口中的对象，则需要一种机制来存储和再次调用它们。

假设改变了窗口大小，要求再次显示原来窗口中的内容并保持 canvas 上原来显示内容的比例。调整窗口大小指的是整个浏览器窗口，包括将在其上面绘制内容的 canvas 和其他元素，例如 HTML 文件中指定的菜单或按钮。resize 事件返回调整后的新窗口的高度和宽度(innerHeight 和 innerWidth)。原始 canvas 的高度和宽度由 canvas.height 和 canvas.width 指定。只要新窗口的高度和宽度这两个值中的较小者大于原始 canvas 的高度和宽度这两个值中的较大者，就不必修改绘制函数。如果不满足这个条件，就需要将视口修改为足够小以适应调整后的窗口同时保持缩放比例。下面的代码假设必须保持一个正方形 canvas：

```
window.onresize = function() {
  var min = innerWidth;

  if (innerHeight < min) {
    min = innerHeight;
  }
  if (min < canvas.width || min < canvas.height) {
    gl.viewport(0, canvas.height-min, min, min);
  }
};
```

我们使用图元和鼠标回调函数构建各种图形输入设备。例如，可以构建一个更直观友好的滑动条，用填充矩形表示设备，用文本表示任意标签，用鼠标获取位置。尽管如此，大量的代码开发工作依旧是冗长乏味的。许多 JavaScript 软件包提供了一些窗口小部件，但我们的目标不是局限于讨论某个特殊的软件包，所以将不再讨论这些窗口小部件的特性。

3.8　手势和触摸

智能手机和掌上电脑的复杂程度取决于它们对触控笔或一个（或多个）手指在其压敏表面上的触摸和移动的检测和响应能力。我们熟悉一些操作，比如用手指在一个长页面上滚动，或者用两个手指捏在一起来缩小窗口的大小。这种动作称为**手势**（gesture）。支持的手势包括轻击（和多次轻击）、轻扫、捏、伸展和旋转，支持哪些手势通常取决于设备。可以使用 HTML 和 JavaScript 从称为**触摸事件**（touch event）的低级事件来构造函数。

边注 3.3　CSS 和 jQuery

我们为输入元素（按钮、滑块和菜单）使用默认设置。它们很简单，但不是很有特色而且往往太小。例如，如果想要一个更大的有彩色背景，甚至有漂亮边框的按钮呢？或者如果想要按钮的正面是我们网站上的图片呢？一种解决方案是在按钮定义中使用 style 属性。例如，对于我们的旋转正方形，可以创建一个大小为 200×20 像素的改变旋转方向的按钮，其背景为淡绿色，代码如下（注意，颜色可以通过#rrggbb 形式指定，其中每个 r、g 和 b 都是十六进制数字）：

```
<button id="Direction" style="width:200px;height:20px; background-color:#30E030">
        Change Rotation Direction</button>
```

尽管这种技术适用于单个按钮和其他输入元素，但它在一些重要方面存在不足。通常，希望为整个页面或给定的一类元素设置样式。**层叠样式表**（CSS）标准是 Web 家族的一部分，它允许在 HTML 文件或单独的文件中为单个元素或一类元素设置样式。尽管任何关于 CSS 的详细讨论都会把我们的注意力从交互式计算机图形学转移开，但它是大多数实际应用程序使用的标准。

虽然 CSS 是处理 Web 页面外观的标准，但是像 jQuery 这样的 JavaScript 库通过为最重要的交互活动提供具有类似 CSS 语法的高级 API 来简化事件处理程序的开发。例如，jQuery 支持所有的标准设备，甚至包括用于标准手势的函数。尽管 jQuery 不像 HTML、JavaScript 和 CSS 那样是一个官方标准，但它几乎普遍用于开发 Web 应用程序。

基本的触摸事件（**touchstart**、**touchend** 和 **touchmove**）是由以下行为触发的：用手指（或触控笔）触摸表面、在表面上移动手指（或触控笔）或从表面移开手指（或触控笔）。这些事件返回一个测量数据（event.Touches），其中包括任何表面触摸的位置。这个回调函数使用这些数据的方式与我们前面的例子中使用的方式非常相似，只要单指触摸表面，代码就很简单。例如，如果想用单指绘制，可以用 touchstart 事件初始化一个 vec2 数组，用 touchmove 事件添加顶点，并在 touchend 事件发生时在顶点之间绘制线段。

当用多个手指进行触摸时，就会变得很复杂，每个手指都可以在任何时候放在表面上或移开。虽然在测量中返回了哪些点被触摸或移动的信息，但对其进行分类会得到不同的事件。例如，如果两个手指与表面接触，就会得到一个 touchmove 事件。如果两个手指逐渐靠近，就会发生 squeeze 事件。如果它们渐渐分开，就会发生 spread 事件。如果跟踪两个手指，而第三个手指生成一个 touchstart 事件,我们该怎么办? 尽管可以从基本的触摸事件中为各种手势构建函数,但大多数应用程序编程人员都使用 CSS 和 jQuery 等具有此功能的包来处理(参见边注 3.3)。

3.9 拾取

拾取(picking)是一种逻辑输入操作,它允许用户识别屏幕上的一个对象。尽管拾取使用了定位设备,但用户想返回给应用程序的信息并不是一个位置。在现代图形绘制系统中,实现一个拾取设备比实现一个定位设备要困难得多。

但情况也并非总是如此。早期的显示处理器通过光笔(参见边注 3.1)很容易就可以实现拾取。屏幕的每一次刷新都从一个精确的时间开始,当刷新信号经过光笔的传感器时,光笔就会生成一个中断。通过比较中断的时间和刷新开始的时间,处理器就可以识别出显示列表中的一个确切位置,从而能够确定正在显示的是哪个对象。

在现代系统中难以实现拾取的一个原因是图形绘制流水线在本质上是基于前向绘制。图元由应用程序定义,然后依次经过几何操作,光栅化和片元处理,最后到达帧缓存。尽管这个绘制过程的大部分处理步骤在数学意义上是可逆的,但硬件的执行过程是不可逆的。因此,不能通过一个直接的计算从显示器上的一个位置求出它所对应的图元。此外,唯一性也是潜在的问题(参见习题 3.7 和习题 3.8)。

至少有四种办法可以解决这个难题。在一个称为选择(selection)的过程中,通过对裁剪区域和视口的调整使得我们能够跟踪在一个小裁剪区域中有哪些图元被绘制在光标附近,这些图元保存在一个命中列表(hit list)中,以后用户程序可以检查其中的图元。早期版本的 OpenGL 支持这种方法,但在基于着色器版本的 OpenGL 中已不再采用这种方法,大多数应用程序编程人员更倾向于采用其他方法。

考虑虚拟照相机模型,如果以鼠标在投影平面上的位置为投影中心产生投影线,那么至少从原则上可以检测与投影线相交的对象。基于这种思想,可以建立一种方法解决拾取问题。在该方法中,与投影线相交的最近对象就是所选择的对象。这种方法非常适用于光线跟踪绘制方法,但是可以用流水线结构实现,尽管是以牺牲部分性能为代价的。

一种简单的方法是对感兴趣的对象使用与坐标轴对齐(axis-aligned)的包围盒(bounding box)或包围区域(bounding extent)。一个对象的包围区域是指与坐标轴对齐并且包含这个对象的最小矩形。对于二维应用程序,确定与对象坐标系或者世界坐标系中的矩形相对应的屏幕坐标系中的矩形要相对容易些。对于三维应用程序,包围盒是长方体。如果能够在应用程序中采用一种简单的数据结构把对象及其包围盒关联起来,那么就可以实现近似的拾取操作。

另一种简单的方法要用到额外的后端颜色缓存并且要进行一次附加的绘制过程。假定把对象绘制到后端颜色缓存中,并且每个对象的颜色都不同。应用程序编程人员可以随意确定一个对象的内容,采用的方法是每当在程序中定义一个新的对象时,只需简单地修改对象的颜色即可。

我们可以分四步来实现拾取操作,并通过用户在应用程序中定义的拾取函数来对其进行初始化。第一步,用拾取颜色把对象绘制到后端颜色缓存里。第二步,使用鼠标回调函数来获取鼠标的位置。第三步,使用函数 gl.readPixels 来获取帧缓存中与鼠标位置相对应的位置的颜色。第四步,搜索一个颜色查找表,从中确定哪个对象对应于这个颜色。必须在这个过程之后对帧缓存进行一次常规的绘制。我们将在第 7 章考虑这些细节问题。

3.10 交互式建模

计算机辅助设计(CAD)的应用实例之一就是交互式地构建几何结构。在第 4 章中,我们将介绍如何对由多边形组成的几何对象进行建模。此处,仅探讨建模过程的交互部分。

首先编写应用程序，允许用户交互地指定一系列与坐标轴对齐的矩形。每个矩形可以由位于对角的两个鼠标位置确定。考虑下面的事件监听器：

```
canvas.addEventListener("mousedown", function(event) {
  var xPos = 2*event.clientX/canvas.width - 1;
  var yPos = 2*(canvas.height-event.clientY)/canvas.height - 1;

  var pos = vec2(xPos, yPos);

  gl.bindBuffer( gl.ARRAY_BUFFER, vBuffer);
  if (first) {
    first = false;
    gl.bindBuffer( gl.ARRAY_BUFFER, vBuffer)
    t[0] = pos;
  }
  else {
    first = true;
    t[2] = pos;
    t[1] = vec2(t[0][0], t[2][1]);
    t[3] = vec2(t[2][0], t[0][1]);

    for (var i = 0; i < 4; ++i) {
        gl.bufferSubData(gl.ARRAY_BUFFER, 8*(index+i), flatten(t[i]));
    }
    index += 4;

    gl.bindBuffer(gl.ARRAY_BUFFER, cBuffer);
    var c = vec4(colors[cIndex]);
    for (var i = 0; i < 4; ++i) {
        gl.bufferSubData(gl.ARRAY_BUFFER, 16*(index-4+i), flatten(c));
    }
  }
});
```

以及下面的绘制函数：

```
function render()
{
  gl.clear(gl.COLOR_BUFFER_BIT);
  for (var i = 0; i < index; i += 4) {
    gl.drawArrays(gl.TRIANGLE_FAN, i, 4);
  }

  window.requestAnimationFrame(render);
}
```

利用布尔变量 first 跟踪记录鼠标单击事件是生成一个新的矩形还是基于前一次的鼠标单击产生矩形的对角。第一次鼠标单击位置被保存下来，当第二次单击事件发生时，就利用这两次鼠标单击的位置计算矩形的其他两个顶点，然后将所有这四个顶点都放到 GPU 中。顶点在 GPU 中放置的顺序取决于三角形扇如何使用绘制函数，绘制函数在三角形扇中的用法与前面的示例中使用绘制函数绘制三角形带的用法不同。当将示例扩展到多于四个顶点的多边形时，会看到这种表示形式的优越性。程序的其他部分与前面的示例类似。

在 HTML 文件中添加一个颜色选择菜单，其代码如下：

```
<select id="mymenu" size="7">
<option value="0">Black</option>
```

```
<option value="1">Red</option>
<option value="2">Yellow</option>
<option value="3">Green</option>
<option value="4">Blue</option>
<option value="5">Magenta</option>
<option value="6">Cyan</option>
</select>
```

该菜单的事件监听器只是简单地存储了颜色索引值，并令该索引值所对应的颜色为当前使用颜色，直到选择其他颜色为止。颜色选择代码如下：

```
var cIndex = 0;
var colors = [
  vec4(0.0, 0.0, 0.0, 1.0),  // black
  vec4(1.0, 0.0, 0.0, 1.0),  // red
  vec4(1.0, 1.0, 0.0, 1.0),  // yellow
  vec4(0.0, 1.0, 0.0, 1.0),  // green
  vec4(0.0, 0.0, 1.0, 1.0),  // blue
  vec4(1.0, 0.0, 1.0, 1.0),  // magenta
  vec4(0.0, 1.0, 1.0, 1.0)   // cyan
];

var m = document.getElementById("mymenu");
m.addEventListener("click", function() {cIndex = m.selectedIndex;});
```

颜色索引有多种使用方式。如果希望每个矩形都是一个单色填充矩形，则建立一个顶点数组并与对应的填充颜色相关联，然后通过添加下面的代码为顶点位置增加事件监听器：

```
gl.bindBuffer(gl.ARRAY_BUFFER, cBufferId);
var t = vec4(colors[cIndex]);

gl.bufferSubData(gl.ARRAY_BUFFER, sizeof['vec4']*(index-4), flatten(t));
gl.bufferSubData(gl.ARRAY_BUFFER, sizeof['vec4']*(index-3), flatten(t));
gl.bufferSubData(gl.ARRAY_BUFFER, sizeof['vec4']*(index-2), flatten(t));
gl.bufferSubData(gl.ARRAY_BUFFER, sizeof['vec4']*(index-1), flatten(t));
```

注意，这段代码位于在 GPU 中放置四个顶点位置时 index 已经递增之后。如果每个矩形都显示为一个单色填充矩形，则将所有填充色保存到一个数组中，然后在绘制函数中把每个多边形的颜色作为 uniform 变量发送到着色器。还可以通过顶点数组为每个顶点指定不同的颜色，然后利用光栅化模块在矩形内部进行颜色插值。

现在考虑这样一个问题：如果用户要绘制更丰富的对象类型，前面的程序需要做出哪些变化。假设希望设计一个具有任意数目顶点的多边形。尽管可以很容易地在事件监听器中存储任意多个顶点，但同时也存在着一些问题，例如：

1. 当多边形有任意数目的顶点时，如何指定多边形的起点和终点？
2. 当每个多边形的顶点数目都不相同时，如何绘制多边形？

为了解决第一个问题，添加一个按钮，通过该按钮可以终止绘制当前多边形并开始绘制新的多边形。为了解决第二个问题，需要在代码中添加一些额外的结构。它的困难之处在于，尽管可以很容易地向顶点数组中添加顶点，然而着色器并没有关于多边形何处结束以及下一个多边形何处开始的信息。但是，可以把这类相关信息保存到程序的数组中。

我们在绘制函数中使用 gl.TRIANGLE_FAN，因为该函数将一系列连续的顶点绘制成多边形，而不需要像 gl.TRIANGLE_STRIP 一样对顶点重新排列。但是，让构成多边形的所有三角形共享第一顶点并不会导致对一组顶点的特别良好的三角剖分。第 12 章中将会介绍更好的三角剖分算法。

　　首先，考虑一个具有任意顶点数目的简单多边形。每当鼠标在 canvas 内单击时，鼠标的事件监听器就将颜色和位置添加到顶点数组，其代码如下：

```
canvas.addEventListener("mousedown", function() {
  var xPos = 2*event.clientX/canvas.width - 1,;
  var yPos = 2*(canvas.height-event.clientY)/canvas.height - 1;

  var t = vec2(xPos, yPos);
  gl.bindBuffer(gl.ARRAY_BUFFER, vBuffer);
  gl.bufferSubData(gl.ARRAY_BUFFER, sizeof['vec2']*index, flatten(t));

  t = vec4(colors[cIndex]);
  gl.bindBuffer(gl.ARRAY_BUFFER, cBuffer);
  gl.bufferSubData(gl.ARRAY_BUFFER, sizeof['vec4']*index, flatten(t));

  index++;
});
```

在 HTML 文件中添加一个按钮：

```
<button id="Button1">End Polygon</button>
```

以及相应的事件监听器：

```
getElementById("Button1").onclick = function() {
  render();
  index = 0;
});
```

应用程序文件中 render 函数的代码为：

```
function render()
{
  gl.clear(gl.COLOR_BUFFER_BIT);
  gl.drawArrays(gl.TRIANGLE_FAN, 0, index);
}
```

虽然这些代码比较简单，但有几点值得我们关注。按钮监听器调用 render 函数，然后重置用于计算顶点的索引。在添加顶点的过程中能够从颜色菜单中改变颜色。当颜色改变时，光栅化模块将对下一对顶点的颜色进行插值混合。

　　为了得到多个多边形，需要跟踪记录每个多边形的起点和每个多边形包含的顶点数目。添加如下三个变量：

```
var numPolygons = 0;
var numIndices = [0];
var start = [0];
```

变量 numPolygons 用于保存当前已经加入的多边形个数，数组 numIndices 用于保存每个多边形的顶点数目，数组 start 用于保存每个多边形的第一个顶点的索引。鼠标监听器的唯一变化就是增加了当前多边形中的顶点数。

```
numIndices[numPolygons]++;
```

按钮回调函数的作用是在绘制之前建立一个新的多边形，代码如下：

```
getElementById("Button1") = function() {
  numPolygons++;
```

```
      numIndices[numPolygons] = 0;
      start[numPolygons] = index;
      render();
   });
```

最后，render 函数的代码为：

```
function render()
{
   gl.clear(gl.COLOR_BUFFER_BIT);
   for (var i = 0; i < numPolygons; ++i) {
      gl.drawArrays(gl.TRIANGLE_FAN, start[i], numIndices[i]);
   }
}
```

本书配套网站上的程序 cad1 和 cad2 给出了一些用于简单绘图程序的元素。程序 cad1 通过两次鼠标单击确定一个新的矩形并进行绘制，程序 cad2 允许用户绘制具有任意多个顶点的多边形。图 3.12 和图 3.13 给出了这些程序典型的显示结果。

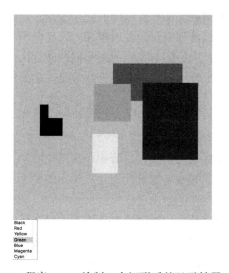

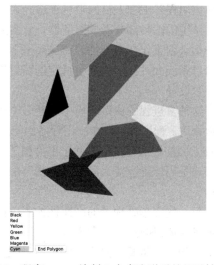

图 3.12　程序 cad1 绘制 7 个矩形后的显示结果　　　图 3.13　程序 cad2 绘制 7 个多边形后的显示结果

3.11　交互式程序的设计

定义一个性能良好的交互式程序应满足的特性是非常困难的，但是识别和评价一个性能良好的交互式程序却比较容易。一个性能良好的交互式程序应包含如下一些特性：

1. 平滑的显示效果，刷新过程既不会产生闪烁现象也不会产生非自然信号(失真)。
2. 能够使用各种交互设备控制屏幕上图像的显示。
3. 能够使用各种方法输入信息和显示信息。
4. 界面友好，易于使用和学习。
5. 对用户的操作具有反馈能力。
6. 对用户的误操作具有容忍性。
7. 其设计综合考虑了人类视觉和运动能力。

不应该低估这些特性的重要性以及设计一个良好的交互式程序的难度。人机交互

(Human-Computer Interaction，HCI)是一个非常活跃的研究领域，说实话，我们无法将该领域丰富的内容精简到几页的篇幅。本书讨论的是计算机图形学，而在这个领域中，我们主要关心的是图形绘制。然而，计算机图形学和 HCI 有一些共同的主题，可以通过探究这些主题来改进交互式程序。

小结和注释

本章初步介绍了许多与交互式计算机图形学有关的话题。这些交互式特性使计算机图形学这个领域变得有趣而激动人心。

讨论了计算机动画，介绍了利用 WebGL 描述动画场景的便利性，同时也给出了 Web 环境下动画控制方式的局限性。

客户端-服务器的观点对我们影响很大。它不但允许在网络环境中开发应用程序，而且使设计的程序具有可移植性，并能充分利用图形硬件的某些特性。这些概念对于面向对象的图形和互联网图形至关重要。

从应用程序编程人员的观点来看，大部分的图形绘制系统都具有相同的交互特性。我们把图形绘制系统的图形部分看成服务器，它由光栅显示器、键盘和定位设备所组成。几乎在所有的工作站中都必须工作在多进程的窗口环境下。许多其他进程很可能与我们的图形程序并行执行。然而，窗口系统允许我们为某个特定的窗口编写程序，这个特定的窗口看上去就像是一个单用户系统的显示设备。

在这种多进程的窗口环境中创建一个程序的开销并不大。每个应用程序都包含一组几乎相同的函数调用。程序员可以在应用程序中使用逻辑设备，这使得他们不用考虑特定硬件的细节信息。

在上面描述的环境中，基于事件模式的输入是一种标准的模式。尽管还存在其他的模式，如请求模式是用于键盘输入的标准方法，但是基于事件模式的输入为设计交互式程序提供了更大的灵活性。

最新一代图形处理器的高速性能不仅使我们能够执行甚至几年前还无法想象的交互式应用程序，而且还激发我们重新考虑这样一个反复思考的问题，即现在一直使用的技术在目前是否还是最好的。例如，尽管一些硬件新特性(如逻辑操作和叠加位平面)的出现使得许多交互式技术得以实现，但是现在通常可以使用快速的 GPU 以足够快的速度绘制整个画面，因此不要求必须使用这些硬件新特性。

由于 WebGL 的 API 独立于任何操作系统或窗口系统，因此可以使用 JavaScript 中简单的事件处理功能从鼠标和键盘获得输入。因为本书主要关注计算机图形学，所以这种方法经证明是合理的，但是尽管如此，使用这种方法设计的应用程序界面仍然具有局限性并且不美观。为了得到更好的图形用户界面(GUI)，最好的方法就是混合使用 HTML、CSS 和可用的 GUI 程序包。下面的建议阅读资料部分给出了一些相关的参考文献。

交互式计算机图形学在无数的应用领域中是一个强有力的工具。此时，读者应该有能力编写非常复杂的交互式程序。也许最有帮助的练习就是马上编写一个交互式程序。本章后面的习题提供了一些启发。

代码示例

1. `rotatingSquare1.html`：旋转正方形，没有交互性。
2. `rotatingSquare2.html`：旋转正方形，旋转速度和方向由按钮和菜单控制。

3. `rotatingSquare3.html`：与 `rotatingSquare2` 相同，但旋转速度由滑动条控制。

4. `square.html`：通过在鼠标单击显示器的每一点上绘制一个小的彩色正方形来演示位置输入。

5. `squarem.html`：使用鼠标的 mousedown 事件实现连续绘制正方形。

6. `triangle.html`：每次单击鼠标都会在鼠标所在的位置向三角形条带添加另一个点，并显示每个三角形内部经颜色插值后的图像。

7. `cad1.html`：绘制矩形。每两次单击鼠标都会添加一个新的矩形。

8. `cad2.html`：绘制多边形。每次单击鼠标都会添加一个顶点，单击按钮后结束多边形的绘制。

建议阅读资料

交互式界面中的窗口-图标-菜单-指向设备(Windows-Icons-Menus-Pointing，WIMP)在我们现在看来已是司空见惯的东西，而与之有关的许多基本概念(参阅[Sch97])是由 Xerox Palo Alto Research Center(PARC)在 20 世纪 70 年代提出的。鼠标也是由该研究中心首次提出的[Eng68]。现在为大家所熟知的界面，如 Macintosh 操作系统、X Window 操作系统和微软的 Windows 操作系统的界面设计都是以该研究中心的研究成果为基础的。

Foley 和他的同事在他们的合著[Fol94, Hug14]中全面地介绍了用户界面的开发技术，并重点介绍了图形绘制方面的内容。Schneiderman 在他的著作[Sch16]中介绍了 HCI 方面的技术。

X Window 操作系统[Sch88]最早是由麻省理工学院开发的，目前已是 UNIX 工作站用户群事实上的标准。最近，用于 PC 的 Linux 版的开发使得 X Window 操作系统也可以在 PC 上运行。

本章讨论的输入和交互模式来自于 GKS[ANSI85]和 PHIGS[ANSI88]图形标准。这些图形标准既可用于画线显示器(也称为随机扫描显示器或矢量显示器)也可用于光栅扫描显示器。因此，它们并没有充分利用光栅显示系统独有的特性。

使用桌面版 OpenGL 需要应用程序开发人员必须在平台相关的接口方法和简化的工具集之间做出选择，前者可以访问本地系统的全部功能，而后者支持对所有系统通用的功能。本书早前的版本[Ang10]只利用了 GLUT 实用工具集[Kil94b]实现交互操作。有关 GLUT 的更多细节可以参阅 *OpenGL:A Primer*[Ang08]。关于直接与 X Window 系统的交互操作以及各种 X Window 工具集的更多细节可以参阅[Kil94a，OSF89]。其他工具集(包括 freeglut 和 GLEW)可以用于扩展 GLUT 并在最新的 OpenGL 版本中使用，更多的细节可以参阅[Shr13]和访问 OpenGL 官方网站。

我们在此处采用的方法是使用 JavaScript 内置的事件处理功能[Fla11]，避免使用 HTML、CSS 或任何可用的 GUI 软件包。因此，编写的代码简单，可移植性强，规模小。jQuery[McF12]是最流行的多功能接口软件包，它提供了更多的窗口小部件和更好的 HTML 和 CSS 功能接口。关于 HTML 和 CSS 的介绍，请参阅[Duk11]。

[Sut63]介绍了 Sutherland 的 Sketchpad 画板程序，这是交互式计算机图形学的由来，也是本章结束时建议阅读的文献。

习题

3.1 重新编写第 2 章介绍的 Sierpinski 镂垫程序，要求该程序具有交互功能，即单击鼠标左键开始在屏幕上绘制点；单击鼠标右键停止绘制新的点；单击鼠标中键终止程序。要求程序包含 resize 回调函数。

3.2 构建一个滑动条以允许用户定义 CAD 程序中的颜色。所设计的界面可以使用户在使用某种颜色之前能够查看这种颜色。

3.3 利用自己设计的时钟在 3.10 节介绍的 CAD 程序中增加一个运行时间指示器。

3.4 要熟悉交互式图形编程，一个很好的方法就是编写简单的游戏。试编写一个西洋跳棋游戏，可以把棋盘上的每个格子看成用户可拾取的对象。游戏开始时，用户可以扮演游戏的双方来下棋。

3.5 编写一个简单的单人纸牌游戏。首先，只利用基本的图元设计一副简单的纸牌。程序的主要功能是实现对矩形对象的拾取操作。

3.6 模拟一个击球游戏会引发许多有趣的问题。类似于习题 2.17，必须计算球的运动轨道并检测对象之间的碰撞。与交互有关的操作主要包括利用虚拟球杆初始化球的运动状态，确保平滑的显示效果以及创建双人游戏。

3.7 我们能够准确地定义这样一个映射关系，即把位于对象坐标系或世界坐标系中的某个点映射到屏幕坐标系中的某个位置。但是却不能按相反的方向定义一个逆向映射关系，这是因为正向映射关系反映的是从三维到二维的变换。然而，假定我们编写的是一个二维应用程序，那么这个二维映射关系可逆吗？如果利用二维映射关系把定位设备确定的屏幕位置映射到与之对应的位于对象坐标系或世界坐标系中的位置，那么会出现什么问题？

3.8 如何把习题 3.7 的结论应用到拾取操作？

3.9 在一个典型的应用程序中，必须由程序员来决定是否使用显示列表。至少考虑两个应用程序。对于每个应用程序，列出至少两个有利于显示列表和两个不利于显示列表的因素。

3.10 编写一个交互式程序，用来引导一个虚拟的老鼠穿越习题 2.7 生成的迷宫。用户可以通过鼠标左键和右键来控制老鼠转动的方向，并通过鼠标中键引导老鼠向前运动。

3.11 一些用于玩具和游戏的廉价游戏杆一般没有配置编码器，它们只包含一对三位置转换开关。这样的设备是如何工作的？

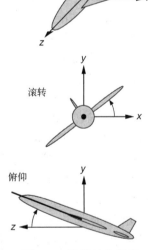

3.12 如图 3.14 所示的坐标系用来描述飞机的方位。游戏杆的前后运动控制飞机沿机身前后方向轴上下转动，我们称之为**俯仰** (pitch)。游戏杆的左右运动控制绕该方向轴旋转，我们称之为**滚转** (roll)。编写一个程序，要求利用鼠标控制飞机的俯仰和滚转，从而显示飞行员操纵飞机时看到的场景。您可以在一个二维空间中做这个习题，具体做法是假定场景中有一组远离飞机的对象，然后用鼠标控制这些对象的二维视图。

图 3.14 飞机的坐标系

3.13 考虑如图 3.15 所示的一张桌子，桌面上有两个相互连接的手臂，并在手臂的末端放置一个传感设备。假定两个手臂的长度固定不变，并通过一个简单的(1 个自由度)转轴连接起来。试确定关节角度 θ、ϕ 和传感设备位置之间的关系。

3.14 假定某个 CRT 显示器具有大小为 40×40 cm 的正方形屏幕，并以 60 Hz 的刷新频率进行逐行刷新。绘制每条扫描线所用时间的 10%用于将 CRT 的电子束从屏幕的右边缘返回到屏幕的左边缘(即水平回扫时间)，并在每帧画面刷新完成时，绘制一帧画面所用时间的 10%用于将电子束从屏幕的右下角返回到屏幕的左上角(即垂直回扫时间)。假定显示器的分辨率为 1024×1024。试求光笔检测到电子束的时间与光笔位置之间的关系。试分别使用厘米和屏幕坐标表示光笔在屏幕上的位置。

3.15 电路布线程序是另一种形式的画图程序。考虑使用布尔操作 AND（与）、OR（或）和 NOT（非）来设计逻辑电路。其中的每个布尔操作分别对应于如图 3.16 所示的某个类型的集成电路（门电路），编写一个逻辑电路设计程序，用户可以通过菜单选择门电路并确定它在屏幕上的位置。试考虑将一个门电路的输出连接到其他门电路的输入的方法。

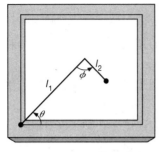

图 3.15 二维传感手臂

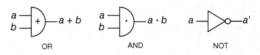

图 3.16 逻辑电路符号

3.16 对习题 3.15 的程序进行扩展，扩展后的程序允许用户指定输入信号序列。要求程序能够显示在电路特定位置处的输出值。

3.17 对习题 3.15 的程序进行扩展，扩展后的程序允许用户输入逻辑表达式。要求程序能够根据输入的表达式生成逻辑电路图。

3.18 使用习题 3.15 的方法为数据结构课上学过的程序或图形绘制流程图。

3.19 绘图软件包提供了各种显示数据的方法。试编写一个用于绘制曲线的交互式绘图程序。要求应用程序允许用户选择图形的绘制模式（数据的折线显示、柱状图显示或饼图显示）、颜色和线型。

3.20 之所以要求把 CRT 显示器的刷新频率设置为 50～85 Hz，是因为 CRT 显示器的刷新频率是由其使用的荧光粉的持续发光时间决定的，荧光粉被电子束轰击后持续发光的时间间隔非常短暂。目前也有持续发光时间较长的荧光粉。为什么大部分工作站显示器并没有利用这种持续发光时间较长的荧光粉？这种持续发光时间较长的荧光粉适用于何种应用程序？

3.21 修改 3.10 节的多边形程序，要求使用链表而不是数组来存储对象。修改后的程序允许用户以交互的方式增加和删除对象。

3.22 另一个可以使用 WebGL 开发的 CAD 应用程序就是画图程序。用户可以显示各种可以绘制的对象，如直线、矩形、圆和三角形等，并利用拾取操作来选择希望绘制的对象。然后，用户可以利用鼠标输入顶点数据并从菜单中选择颜色等属性。试编写具有上述功能的画图程序。

第4章 几何对象和变换

现在可以集中讨论三维图形了。本章将专注于几何对象并解决类似这样的一些问题：如何找到一组可以用来描述虚拟世界的几何对象？如何表示这些基本的几何对象？如何在这些对象的各种表示之间变换？几何对象有哪些性质与具体的表示无关？

我们的讨论从计算机图形学的数学基础开始。这样就不会把几何实体本身、几何实体在特定参考系中的表示和几何实体的数学抽象这三者混为一谈了。

我们使用仿射空间和欧几里得向量空间的概念来为后面的叙述建立必要的数学基础。我们的目标之一是建立一种方法来处理与坐标系无关的几何问题。当我们担心如何表示几何对象时，这种方法的优点就会显现出来。与在某个特定的坐标系或者标架下表示对象相比，这种与坐标无关的方法更具鲁棒性。这种与坐标无关的方法还引出了齐次坐标。齐次坐标不仅使我们能够解释这种方法，而且还导致了有效的实现技术。

我们使用抽象数据类型这个术语来强化对象和它的表示之间的区别。从本章的讨论过程可以看到，如果想对一些基本的几何对象进行操作，那么自然要用到一些数学知识。在这里要讨论的大部分内容可看成向量空间、几何和线性代数的应用。附录 B 和附录 C 分别对向量空间和矩阵代数做了简要总结。

与第 2 章使用的方法类似，我们开发了一个简单的应用程序来阐明基本原理，并介绍这些概念是如何在 API 中实现的。本章的示例主要关注立方体的表示和变换。我们还将考虑如何交互式地确定变换并将它平滑地应用到几何对象上。由于变换对于建模和实现来说都是非常重要的概念，所以我们将在本章开发既能在 WebGL 应用程序代码又能在着色器代码中执行各种变换功能的程序。

4.1 标量、点和向量

在计算机图形学中，我们使用一组几何对象，通常包括线段、多边形和多面体。这些对象存在于三维世界中，其属性可以用位置、长度和角度等概念来描述。与二维的情况类似，可以用为数不多的几种简单实体来定义大多数几何对象。这些基本的几何对象以及对象之间的关系可以用三种基本类型来描述，它们是标量、点和向量。

虽然我们将从几何的角度来考虑这三种类型，但也可以像附录 B 中那样用一组公理来形式地定义它们。虽然最终使用的是每种类型的几何实例，但需要仔细区分每种实体的抽象定义和它的任何特定示例或实现，这样可以在后面避免许多易犯的错误。尽管我们将在三维空间中讨论问题，但实际上所有的结果在 n 维空间里也都成立。

4.1.1 几何对象

最基本的几何对象是点。在三维几何空间中，**点**(point)是空间中的一个位置。点所具有的唯一属性就是它的空间位置。数学上的点既没有大小，也没有形状。

可以用点来定义几何对象，但仅有点还不够。需要用实数来确定数量，比如两点之间的距离。实数(有时也会用到复数)是**标量**(scalar)的例子。标量是服从一组规则的对象，这些规则是从普通的算术运算中抽象出来的。因此，可以对标量定义加法和乘法，并且这些运算满足交换律和结合律等规则。每个标量都有乘法运算和加法运算的逆元。逆元隐含地定义了减法和除法。

为了能够处理方向，还需要另一种类型：**向量**(vector)①。物理学家和数学家用向量这个术语来表示任何既有方向又有大小的量。速度和力等物理量是向量。然而，向量在空间中没有固定的位置。

在计算机图形学中，经常把两个点用一条有向线段连接起来，如图 4.1 所示。一条有向线段既有大小(它的长度)，又有方向(箭头所指的方向)，因而是向量。图 4.2 所示的有向线段具有相同的大小和方向，所以它们是相同的向量。因为在计算机图形学中，通常遇到的向量的唯一类型是有向线段，所以我们往往把向量和有向线段这两个术语当成同义词来使用。

图 4.1　连接两点的有向线段　　　　　图 4.2　相同的向量

向量可以在不改变方向的情况下增加或减少其长度。因此，在图 4.3(a)中，线段 A 的方向与线段 B 的方向相同，但线段 B 的长度是线段 A 的两倍。可以将这种关系写为 $B = 2A$。

我们也可以根据**三角形法则**(head-to-tail rule)把两个有向线段合并成一个有向线段，如图 4.3(b)所示。这里把向量 A 的终点和向量 C 的起点放在同一个位置，从 A 的起点到 C 的终点的有向线段就是得到的新向量 D。我们把这个新向量 D 称为 A 与 C 的**和**(sum)，记为 $D = A + C$。因为向量没有固定的位置，在借助图形进行向量加法的时候，如果有必要我们可以移动向量。注意，至此已经描述了两种基本运算：向量的加法和向量的数乘(向量与标量的乘积)。

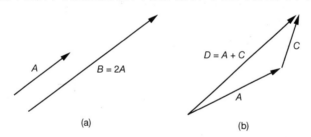

图 4.3　(a)平行的有向线段；(b)有向线段的加法

考虑如图 4.4 所示的两条有向线段 A 和 E，它们的长度相同但方向相反，所以根据三角形法则求出的和向量的长度为零。这个和向量是一个称为**零向量**(zero vector)的特殊向量，我们把它记作 **0**。因为零向量的长度为零，所以它的方向没有定义。我们把 E 称为 A 的**逆**(inverse)，记为 $E = -A$。有了逆向量的概念，就可以对 $A + 2B - 3C$ 这样的标量-向量表达式赋予明确的意义。

虽然用一个标量去乘一个向量可以改变向量的长度，但是没有什么明显的方法可以对两个点定义一种合理的运算得到另一个点。同样也没有什么好的方法可以对一个点和一个标量定义一种合理的运算得到另一个点。然而，对一个点和一条有向线段(向量)可以定义一种运算。如图 4.5 所

---

① GLSL 使用的 `vec3` 等类型不是几何类型，而是存储类型。因此，可以使用 `vec3` 存储关于点、向量或颜色的信息。虽然 GLSL 的名称选择可能会引起一些混淆，但是我们在 MV.js 中仍然采用 GLSL 的用法，以免引起更多混淆。

示,把这个点作为有向线段的起点,这样有向线段的终点就给出了运算的结果。这个运算称为**点-向量加法**(point-vector addition),它的结果是一个新的点,记作 $P = Q + v$。点-向量运算把点 Q 移动到新位置 P,移动的长度和方向由向量 v 决定。

图 4.4   逆向量   图 4.5   点-向量加法

从稍微不同的角度来看图 4.5,任何两个点都定义了一条有向线段(向量),这条有向线段从第一个点指向第二个点。我们把这个运算称为**点-点减法**(point-point subtraction),记作 $v = P - Q$。因为可以用标量乘向量,所以可以对一些包含标量、向量和点的表达式赋予明确的意义,例如 $P + 3v$ 或 $2P - Q + 3v$ [可以写成一个点与两个向量相加的形式:$P + (P - Q) + 3v$],但是像 $P + 3Q - v$ 这样的表达式没有意义。

4.1.2   坐标无关的几何

不管使用什么参考系或者坐标系,点和向量都存在于空间中。因此,定义点或者向量并不需要坐标系。这个事实似乎不符合我们的经验,但它对我们理解几何以及如何构建图形系统都是很关键的。考虑图 4.6 所示的二维示例,其中有一个坐标系(由一个原点和两个坐标轴定义)和一个简单的几何对象(正方形)。可以用坐标(1, 1)来表示这个正方形的左下角。正方形的相邻两边是互相垂直的,并且点(3, 1)和点(1, 1)之间的距离两倍于单位长度。这是两个值得注意的事实。如图 4.7 所示,假定去掉坐标轴,那么就不能指定点的坐标了。点的坐标是相对于一个原点和两个坐标轴的方向而言的,而原点的位置和坐标轴的方向都是可以任意指定的,所以更重要的是那些保持不变的基本几何关系。例如,不管使用什么样的坐标系,正方形仍旧是正方形,互相垂直的直线仍旧互相垂直,点与点之间的距离仍旧保持不变。

图 4.6   对象和坐标系   图 4.7   没有坐标系的对象

没有了坐标系,我们要想指定某个点,就得用像"在那边的那个点"或者"在红色的点的右边的那个蓝色的点"之类的说法,这的确不方便。要想方便地确定点的位置还是要使用坐标系和标架(参见 4.3 节),但是眼下我们想沿着不需要任意参考系的坐标无关这个思路继续深入下去,看看能得出哪些有价值的结果。

4.1.3   数学的观点:向量空间和仿射空间

如果把标量、点和向量看成某些数学集合中的元素,那么让我们看看各种抽象空间,这些抽象空间是用来表示和处理这三类对象的。数学家已经为许多应用问题研究了各种抽象空间,这些应用问题涉及的范围很广,从微分方程的求解到数学函数的近似表示。我们感兴趣的几种空间(向量空间、仿射空间和欧几里得空间)的形式定义可以在附录 B 中找到。我们只关心空间中的元素都是几何类型的例子。

　　我们先讨论由标量组成的集合。标量集中的任何两个标量都可以经过加法和乘法这两种运算得到另一个标量。如果这两种运算满足封闭性、结合律、交换律和对逆元素的要求(参见附录 B)，那么这些标量就构成了一个**标量场**(scalar field)。我们熟悉的标量有实数和复数等。

　　(线性)向量空间[(linear) vector space]也许是最重要的数学空间。向量空间中包含两种不同的实体：向量和标量。除了两个标量之间的运算，向量空间中还定义了**标量-向量乘法**(scalar-vector multiplication)和**向量-向量加法**(vector-vector addition)，前者由一个标量和一个向量得出另一个向量，后者由两个向量得出另一个向量。向量空间的例子包括实数 n 元组和有向线段上的几何运算。

　　在线性向量空间中，我们不一定有度量向量的方法。**欧几里得空间**(Euclidean space)是向量空间的扩展，它增加了对大小或者距离的度量，可以定义线段的长度等概念。欧几里得空间中线段的大小就是它的长度。

　　仿射空间(affine space)也是向量空间的扩展，除了标量和向量，它还包括另一种对象(点)。尽管在两个点之间(或点与标量之间)没有定义产生点的运算，但我们有点-向量加法运算，它产生一个新的点。或者，我们有点-点减法运算，它由两个点产生一个向量。4.1.1 节中的点和有向线段的几何运算就是仿射空间的例子。

　　在这些抽象空间中，对象的定义不依赖于任何特定的表示，对象只是各种集合中的元素。向量空间的主要概念之一是通过一组或多组基向量来表示向量。这种表示(参见 4.3 节)把抽象的对象和它们的实现关联在一起。在不同的表示之间可以进行变换，这将引出几何变换。

4.1.4　计算机科学的观点

　　把标量、点和向量看成集合中的元素，并且可以按照某些公理在元素之间进行运算，这是数学家更愿意采用的观点，而计算机科学家更愿意把它们看成**抽象数据类型**(Abstract Data Type，ADT)，ADT 是在数据上定义的一些运算，这些运算的定义不依赖于数据在计算机内部的表示方式和运算的具体实现方式。数据抽象是现代计算机科学的基本概念。例如，把一个元素添加到一个列表中是一种运算，对这种运算的定义不依赖于列表的存储方式，也不依赖于在一台特定的计算机中如何表示实数。对这个概念熟悉的读者应该可以很容易地把对象(以及对象之间的运算)和对象在一个特定系统中的表示(或实现)区分开。从计算的角度来看，不管一个对象在特定的系统内部是如何表示或实现的，都能够通过下面的代码来定义几何对象：

```
vector u, v;
point p, q;
scalar a, b;
```

在 C++等面向对象的语言中，可以利用像类和运算符重载这样的语言特性，所以能够对几何数据类型使用下面这样的代码：

```
q = p + a * v
```

在 JavaScript 中，即使没有运算符重载这样的语言特性，也可以写出与之等价的对象实例化来构造，例如：

```
var p = new Point;
var q = new Point;
var a = new Scalar;
var v = new Vector;
q = p.add(v.mult(a));
```

当然，我们必须编写执行必要操作的函数，而为了编写这些函数的代码，必须弄清楚运算的数学定义。首先要定义对象，然后看哪个抽象数学空间包含我们需要的运算。

4.1.5　几何 ADT

看待标量、点和向量的这三种观点为我们提供了处理几何实体的数学框架和计算框架。总之，在计算机图形学中，标量是实数，在标量之间可以进行通常的加法和乘法；几何点是空间中的位置；向量是有向线段。这些对象遵循仿射空间的运算规则。也可以在程序中创建与之相对应的 ADT。

下一步要说明如何由这三种对象构造各种几何对象以及如何实现这些对象之间的几何运算。我们将使用下面的符号：

1. 希腊字母 α，β，γ，$\cdots$ 表示标量；
2. 大写字母 P，Q，R，$\cdots$ 表示点；
3. 小写字母 u，v，w，$\cdots$ 表示向量。

我们还没有引入任何坐标系，所以向量和点的符号指的是抽象的对象，而不是这些对象在某个特定坐标系下的表示。在 4.3 节我们用粗体字母表示后一种情况。向量 v 的**长度**(magnitude)是一个实数，记作 $|v|$。向量-标量乘法(参见附录 B)具有下面的性质：

$$|\alpha v| = |\alpha||v|$$

如果 α 为正，则 αv 的方向和 v 的方向相同；如果 α 为负，则两者的方向相反。

有两种等价的运算可以把点和向量联系起来。第一种运算是对两个点 P 和 Q 做减法，运算的结果是一个向量 v，记为：

$$v = P - Q$$

作为这种运算的一个推论，对任意点 Q 和向量 v，存在唯一一个点 P 满足上面的关系。这个结果可以表述为：给定一点 Q 和向量 v，存在一个点 P 使得下式成立：

$$P = Q + v$$

这样，通过点-向量加法运算得到了 P。图 4.8 给出了这种运算的图形解释。三角形法则使向量-向量加法显得非常直观。如图 4.9(a)所示，连接 u 的起点和 v 的终点的有向线段就是 $u + v$。如图 4.9(b)所示，还可以利用三角形法则证明，对任意三点 P，Q 和 R，都有：

$$(P - Q) + (Q - R) = P - R$$

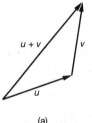

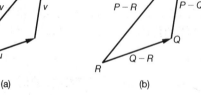

(a)　　　　　　　(b)

图 4.8　点-点减法　　　　图 4.9　三角形法则。(a)用于向量；(b)用于点

4.1.6　直线

从点和向量之和(或者两个点之差)可以引出仿射空间中直线的概念。考虑所有形如

$$P(\alpha) = P_0 + \alpha d$$

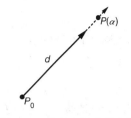

图 4.10 仿射空间中的直线

的点。这里 P_0 是任意一个点，d 是任意一个向量，α 是一个可以在某个范围内变化的标量。如果给定了在仿射空间中对点、向量和标量进行运算的规则，那么对于任意 α 值，求出的函数值 $P(\alpha)$ 都对应一个点。对于几何向量(有向线段)，这些点位于一条直线上，如图 4.10 所示。$P(\alpha) = P_0 + \alpha d$ 称为直线的**参数形式**(parametric form)，因为可通过改变参数 α 来生成直线上的点。当 $\alpha = 0$ 时，直线经过点 P_0；当 α 增大时，生成的点都位于直线上向量 d 所指的那一侧。如果只允许 α 取非负值，那么就得到了从 P_0 出发，沿着 d 的方向延伸的一条**射线**(ray)。这样，直线在两个方向上都是无限长；线段是在直线上两个点之间的部分，长度有限；射线在一个方向上无限延伸。

4.1.7 仿射加法

尽管在仿射空间中对两个向量可以做加法，可以用一个标量去乘一个向量，并且点和向量也可以相加，但对两个点没有定义加法，也不能用一个标量去乘一个点。不过，有一种称为**仿射加法**(affine addition)的运算，它和上面提到的后两种没有被定义的运算有某些相似。对任意的点 Q、向量 v 和正的标量 α，

$$P = Q + \alpha v$$

可以表示点 Q 沿向量 v 方向所在直线上的所有点，如图 4.11 所示。我们总可以找到一个点 R，使得

$$v = R - Q$$

于是，

$$P = Q + \alpha(R - Q) = \alpha R + (1 - \alpha)Q$$

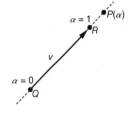

图 4.11 仿射加法

这种运算看起来像是两个点的加法，我们还可以把它写成另一种等价的形式：

$$P = \alpha_1 R + \alpha_2 Q$$

其中

$$\alpha_1 + \alpha_2 = 1$$

4.1.8 凸性

对于属于对象的任意两个点，如果连接它们的线段上所有的点仍然属于这个对象，那么这个对象就是**凸的**(convex)。我们在第 2 章中介绍了凸性对于多边形的重要性。借助仿射和(affine sum)的概念可以更深刻地理解凸性。如图 4.12 所示，当 $0 \le \alpha \le 1$ 时，仿射和定义了连接 R 和 Q 的线段，显然这条线段是凸的。可以把仿射和的概念扩展到由 n 个点 P_1，P_2，$\cdots$，P_n 定义的对象。考虑形如下式的点：

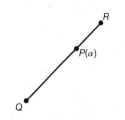

图 4.12 连接两个点的线段

$$P = \alpha_1 P_1 + \alpha_2 P_2 + \cdots + \alpha_n P_n$$

由数学归纳法可以证明(参见习题 4.32)，当且仅当下式成立时上面的和有定义。

$$\alpha_1 + \alpha_2 + \cdots + \alpha_n = 1$$

如果满足下面的约束,那么由 n 个点的仿射和所定义的点集称为这 n 个点的**凸包**(convex hull)(参见图 4.13)。

$$\alpha_i \geq 0, \quad i = 1, 2, \cdots, n$$

容易验证连接 $\{P_1, P_2, \cdots, P_n\}$ 中任何两点的线段都在这 n 个点的凸包中。从几何上看,如果用一张绷紧的曲面包围给定的一组点,就得到了这些点的凸包。凸包是包含这些点的最小凸对象。凸性的概念在设计曲线和曲面的时候非常有用,我们在第 11 章中还会用到它。

图 4.13　凸包

4.1.9　点积和叉积

许多与两个向量之间的方向有关的几何概念都是用这两个向量的**点积(内积)**(dot product 或 inner product)和**叉积(外积)**(cross product 或 outer product)来表述的。u 和 v 的点积记作 $u \cdot v$(参见附录 B)。如果 $u \cdot v = 0$,我们就说 u 和 v 是正交的。在欧几里得空间中,向量的长度是有定义的。一个向量的长度的平方可由点积给出:

$$|u|^2 = u \cdot u$$

下式给出了两个向量夹角的余弦:

$$\cos\theta = \frac{u \cdot v}{|u \,\| v|}$$

此外,$|u|\cos\theta = u \cdot v / |v|$ 是 u 在 v 上的正交投影的长度,如图 4.14 所示。这样,借助点积可以表述一个几何结果:从向量 u 的终点标出正交于 v 的向量可以得出从一个点(u 的终点)到线段 v 的最短距离。还可以看到,向量 u 可以分解成 u 在 v 上的正交投影和一个与 v 正交的向量之和。

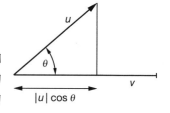

图 4.14　点积和投影

在向量空间中,如果一组向量中的任何一个向量都不能由其他向量通过标量-向量乘法和向量-向量加法表示,则称这组向量是**线性无关的**(linearly independent)。向量空间的**维度**(dimension)是能找到的线性无关向量的最大数量。

在三维空间中,给定任意三个线性无关的向量,可以通过点积构造出三个互相正交的向量。附录 B 对这个过程给出了简要的介绍。还可以由不平行的两个向量 u 和 v 求出第三个向量 n,使得 n 与 u 和 v 都正交(参见图 4.15)。这个向量是通过**叉积**(cross product)得到的:

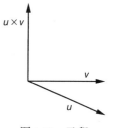

图 4.15　叉积

$$n = u \times v$$

注意,与任意 n 维空间中定义的点积不同,叉积只在三维空间中有意义。可以用叉积从任意两个不平行的向量推导出三维空间中的三个相互正交的向量。开始时仍然是两个向量 u 和 v,我们先像上面那样求出 n,然后利用下式求出 w:

$$w = u \times n$$

这样得出的 u,n,w 两两正交。

叉积是在附录 C 中推导出来的，它使用向量的表示给出了一种直接计算叉积的方法。利用 u 和 v 的叉积的长度可以求出它们夹角的正弦：

$$|\sin\theta| = \frac{|u \times v|}{|u||v|}$$

注意，向量 u、v 和 n 构成了一个**右手坐标系**(right-handed coordinate system)，即右手拇指指向 u 的方向，食指指向 v 的方向，中指指向 n 的方向。

4.1.10　平面

在仿射空间中，直接推广直线的参数形式就可以得到**平面**(plane)的定义。由简单的几何知识，我们知道不在一条直线上的三点唯一确定了一个平面。假定 P、Q 和 R 是仿射空间中这样的三个点。连接 P 和 Q 的线段是形如下式的点的集合：

$$S(\alpha) = \alpha P + (1-\alpha)Q, \ 0 \leq \alpha \leq 1$$

假定在这条线段上任取一点 S，并把 S 和 R 连接起来，如图 4.16 所示。可以用第二个参数 β 把线段 SR 上的点表示为：

$$T(\beta) = \beta S + (1-\beta)R, \ 0 \leq \beta \leq 1$$

每一个这样的点需要由两个参数 α 和 β 来共同确定，并且这些点都在由 P、Q 和 R 确定的平面上。如果不限制 α 和 β 的取值范围并把前两个等式组合起来，就得到了平面方程的一种形式：

$$T(\alpha, \beta) = \beta[\alpha P + (1-\alpha)Q] + (1-\beta)R$$

这个方程可以重新整理成下面的形式：

$$T(\alpha, \beta) = \alpha\beta P + \beta(1-\alpha)(Q - P) + (1-\beta)(R - P)$$

注意到 $Q - P$ 和 $R - P$ 是任意两个不平行的向量。所以我们已经证明了平面也可以借助一个点 P_0 和不平行的两个向量 u 与 v 表示为：

$$T(\alpha, \beta) = P_0 + \alpha u + \beta v$$

如果把 T 整理成下面的形式：

$$T(\alpha, \beta) = \beta\alpha P + \beta(1-\alpha)Q + (1-\beta)R$$

则这种形式等价于把 T 表示为：

$$T(\alpha', \beta', \gamma') = \alpha' P + \beta' Q + \gamma' R^{①}$$

只要 α'，β'，γ' 满足下面的条件：

$$\alpha' + \beta' + \gamma' = 1$$

可以使用 $(\alpha', \beta', \gamma')$ 表示一个点，这是一种称为 T 关于 P，Q 和 R 的**质心坐标**(barycentric coordinate)的表示形式。

还可以看到对于 $0 \leq \alpha$，$\beta \leq 1$，所有的点 $T(\alpha, \beta)$ 都位于三角形 PQR 中。如果点 P_0 在这个平面内，那么

$$P - P_0 = \alpha u + \beta v$$

如图 4.17 所示，可以找到一个与 u 和 v 都正交的向量 n。如果使用叉积

---

① 此处原文为 "$T(\alpha, \beta', \gamma) = \alpha' P + \beta' Q + \gamma' R$"，疑有误。——译者注

$$n = u \times v$$

那么平面的方程变为:

$$n \cdot (P - P_0) = 0$$

向量 n 称为平面的**法向量**(normal),它和平面垂直或者说正交。前面我们对直线导出的点函数 $P(\alpha)$ 和这里对平面导出的点函数 $T(\alpha, \beta)$ 称为直线和平面的**参数形式**(parametric form),因为对参数 α 和 β 的每一个取值,它们给出了空间中的一个点。

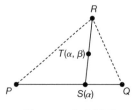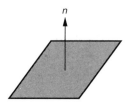

图 4.16   生成平面   图 4.17   平面的法向量

4.2   三维图元

我们开发的点、线和三角形与空间的维度无关。因此,这些实体在二维、三维或更高维度上都是有意义的。但是对于更复杂的实体(比如曲线和曲面),情况又如何呢? 让我们看看其中的一些可能性。请记住,这里有两个不同的维度在起作用:对象所在的空间维度和对象本身的维度。一个对象维度的简单定义是,我们可以在它上面进行独立的长度测量的次数。任何空间中点都是 0 维的,因为它没有大小。一条直线(或曲线)是一维的,因为它有长度而没有宽度。同样,三角形或平面是二维的。对象维度的另一个等价定义是对象参数规范中独立参数的数量。点没有参数,直线有一个参数,三角形有两个参数。还注意到,在 n 维空间中可以有高达 n 维的对象[①]。

在二维空间中,可以有点、线和三角形,它们都位于同一个平面上。对于更一般的对象,有两个重要的扩展:曲线和区域。因为必须能够使用有限的一组图元来绘制对象,所以我们只对曲线感兴趣,这些曲线可以通过一组连接的线段来近似,或者在 WebGL 中通过折线(gl.LINE_STRIP)或封闭的线段(gl.LINE_LOOP)来近似。在第 11 章中将开发基于多项式的曲线,这些多项式可以指定一组控制点,并且对大多数应用来说足够通用。

区域有边界,可以用曲线来描述,但其特点是有内部空间。可以用纯色、纹理或图案来光栅化(或填充)区域。正如在第 2 章所看到的,最简单的区域是一个多边形,但除非多边形是简单的,否则绘制可能是个问题。通常的方法是将多边形细分为三角形并绘制每个三角形。具有曲线边界的区域可以用三角形网格来近似地表示。

在三维空间里,我们遇到的几何对象要比二维空间里的多得多。第 2 章主要讨论的是位于一个平面内的图形,那时考虑的对象是像线段这样的简单曲线和像简单多边形这样的内部明确定义的平面对象。三维空间里仍然有这些对象,但不再把它们限制在同一个平面内。这样,平面曲线成为空间中的曲线(参见图 4.18),而包含内部区域的平面对象可以成为空间中的曲面(参见图 4.19)。此外,还会遇到实体对象,比如平行六面体和椭球体(参见图 4.20)。

---

① 目前,我们限制自己使用简单的平滑对象。在第 10 章讨论分形时,我们将看到对象维度的更精确的定义。

图 4.18　三维空间中的曲线

图 4.19　三维空间中的曲面

图 4.20　实体对象

为了处理这些三维对象，要对二维图形系统进行扩展，这时会遇到两个问题。第一，这些对象的数学定义可能会很复杂。第二，我们只对那些能够在图形系统中被有效实现的对象感兴趣。现有的图形系统无法支持所有的三维对象，除非使用近似的方法。

现有的图形硬件和软件非常适合处理某些三维对象，这些对象有三个特征：

1. 可以用这些三维对象的表面来描述它们，并认为它们是中空的。
2. 这些对象可以由三维空间中的一组顶点来确定。
3. 这些对象要么由三角形组成，要么可以用三角形来近似。

要理解上面三个特征，只需考虑一下大多数现代图形系统最适合进行什么样的处理：它们最适于绘制三角形或者三角形网格。商用显卡每秒钟可以绘制超过 1 亿个小的平面三角形。图形系统的性能通常由给定时间里能够绘制的三维三角形的数目来度量，这些三角形可以作为三角形条带来绘制。此外，对三角形的绘制包括光照、明暗处理和纹理映射，这些特性都已在现代显卡的硬件里实现了。

第一个条件意味着只需要二维图元就可以建模三维图元，因为表面是二维而不是三维实体。第二个条件在第 1 章和第 2 章已经用过，这里把它扩展到三维图元。如果一个对象是用顶点定义的，那么就可以用流水线结构来高速处理这些顶点，而且可以在光栅化阶段用硬件生成对象的图像。最后一个条件在讨论二维多边形时已经遇到过，这里扩展到三维图元。大多数图形系统已经对处理点、线段和三角形进行了优化。在三维空间中，单个三角形通常由三个顶点的有序列表来定义。

然而，对于顶点数目超过三个的一般多边形，这些顶点不一定位于同一个平面内。对于顶点不在同一平面内的多边形，没有简单的办法可以定义它的内部。因此，大多数图形系统要求用户指定简单的平面多边形或三角形，否则不能保证多边形光栅化后的结果是正确的。因为三角形总是位于同一个平面内，所以要么建模系统被设计成总是生成三角形，要么由图形系统把任意多边形剖分成三角形或者说用三角形来**细分**(tessellate)任意的多边形。如果用同样的方法来处理曲面（比如球面），就会意识到应该用许多小的平面多边形来近似球面。因此，尽管建模系统支持弯曲的对象，但仍旧假定这类对象是用三角形网格近似实现的。

除了用多边形近似表面，还有其他的方法，其中主要的方法是**构造实体几何**(Constructive Solid Geometry，CSG)。在这样的系统中，通过对一组实体对象进行并、交等操作来构造对象。第 9 章将讨论 CSG 模型。尽管这是一种很好的建模方法，但和基于表面的多边形模型比起来，CSG 模型不容易绘制。虽然这种情况将来可能会改变，但我们只详细讨论表面绘制方法。

我们要处理的所有图元都可以通过一组顶点来确定。当我们的讨论从抽象的对象转到实际的对象时，必须考虑如何在图形系统中表示空间中的点。

4.3　坐标系和标架

到目前为止，我们把向量和点看作抽象对象，而没有在坐标系中描述它们。然而，在我们的应用中，必须处理二维、三维和四维的向量和点，它们的坐标是在一个或多个参考系中定义的。实际上，计算机图形学的许多关键方面(例如，对象的旋转或平移变换)的最好描述都可以通过操作其表示来进行。

抽象向量及其表示最初是通过基的概念关联起来的。在 n 维空间中，**基**(basis)是 n 个线性无关的向量的集合[①]。给定一个基 v_1，v_2，$\cdots$，v_n，空间中的任何向量都可以唯一地表示为：

$$v = \alpha_1 v_1 + \alpha_2 v_2 + \cdots + \alpha_n v_n$$

尽管所有这些特征都适用于任何维度的向量，但我们感兴趣的是三维空间中的向量。在下一节会看到，要处理三维的点和向量，我们发现在四维空间中工作更有优势。在三维向量空间中，可以用任意三个线性无关的向量 v_1、v_2 和 v_3 将任意向量 v 唯一地表示为：

$$v = \alpha_1 v_1 + \alpha_2 v_2 + \alpha_3 v_3$$

标量 α_1，α_2，α_3 是 v 关于基 v_1，v_2，v_3 的**分量**(component)。这些关系如图 4.21 所示。可以把 v 关于这个基的**表示**(representation)写成列矩阵的形式：

$$v = \begin{bmatrix} \alpha_1 \\ \alpha_2 \\ \alpha_3 \end{bmatrix}$$

这里为了和原来的抽象向量 v 相区别，我们用黑体字母表示 **v** 是在 v 这个特定基下的表示。还可以把这个关系写成：

$$v = a^{\mathrm{T}} \begin{bmatrix} v_1 \\ v_2 \\ v_3 \end{bmatrix}$$

通常认为基向量 v_1，v_2，v_3 定义了一个**坐标系**(coordinate system)。然而，除了向量，还要处理点和标量，所以还要有一种更一般的方法。图 4.22 表示出了问题的一个方面。图 4.22(a)中的三个向量构成了一个坐标系。通常在表示坐标系时把基向量的起点画在同一处，图 4.22(a)也是如此。这

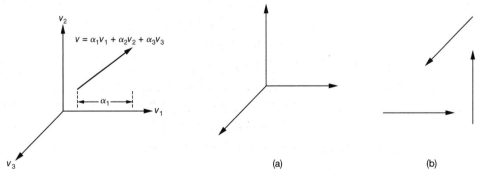

图 4.21　用三个基向量来表示向量　　图 4.22　坐标系。(a)起点重合的基向量；(b)平移之后的基向量

[①] 如果一组向量不能通过向量加法和标量-向量乘法从其他向量中得到，那么这组向量是线性无关的。参见附录 B。

三个基向量可以构成一个基，即可以表示三维空间中的任何向量。不过向量虽然有大小和方向，可是没有位置属性。于是，图 4.22(b) 与图 4.22(a) 是等价的，因为只是移动了基向量的位置，并没有改变它们的大小和方向。虽然在数学上图 4.22(b) 与图 4.22(a) 表达了同样的意思，但多数人可能会对图 4.22(b) 感到困惑。我们还没有解决如何表示点的问题。点和向量是不同的，它们是有固定位置的实体。

因为仿射空间中包含点，所以一旦在这样的空间里选定了一个特定的参考点(原点)，就可以以一种明确的方式来表示所有的点。如图 4.22(a) 所示，习惯上把原点作为坐标轴的起点，这在仿射空间里是有意义的，因为既要表示点又要表示向量。不过，这种表示除了要确定基向量，还要确定参考点。原点和基向量决定了一个**标架**(frame)。关于标架的一个不太严谨的说法是：它把向量坐标系的原点固定在了某个点 P_0 处。在一个给定的标架下，每个向量可以唯一地表示为：

$$v = \alpha_1 v_1 + \alpha_2 v_2 + \alpha_3 v_3$$

这和向量空间中的表示一样。此外，每个点可以唯一地表示为：

$$P = P_0 + \beta_1 v_1 + \beta_2 v_2 + \beta_3 v_3$$

这样，在一个标架下，表示一个向量需要三个标量，而表示一个点需要三个标量和原点的位置。我们在 4.3.4 节将会看到，通过放弃更熟悉的坐标系的概念和坐标系中的基，转而使用不太熟悉的标架的概念，可以避免由于向量具有大小和方向但是没有固定位置所带来的困难。此外，能够借助矩阵来表示点和向量，并且点和向量这两种几何类型的矩阵表示是有区别的。

因为点和向量是两种不同的几何类型，所以不能在它们之间画等号。这样就应该用怀疑的眼光来看待图 4.23 中所采用的表示方法，因为该图把一个点和从原点到这个点的有向线段等同起来。因此，对图 4.23 的正确解释是，一个给定的向量可以被认为是从一个固定的参考点(原点)到空间中的一个特定点。然而，我们可以在空间中移动这个向量，只要不改变它的长度或方向。注意，向量和点一样，其存在与参考系无关，但为了在任何应用程序中使用，最终还是要考虑点和向量在某个特定的参考系下的表示。

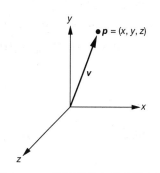

图 4.23 一种不妥的向量表示方法

4.3.1 向量的表示和 n 元组

向量表示的优点是易于用矩阵代数对它们进行操作。我们用一种稍微不同的方法来表示向量。再次假设向量 v_1，v_2 和 v_3 是一组基，v 的唯一表示是：

$$v = \alpha_1 v_1 + \alpha_2 v_2 + \alpha_3 v_3$$

该表示由三元组 $(\alpha_1, \alpha_2, \alpha_3)$ 给出。等价地，三元组的元素可以作为三维行矩阵(或列矩阵)的分量。

基向量本身必须有表示。因此，

$$v_1 = 1v_1 + 0v_2 + 0v_3$$
$$v_2 = 0v_1 + 1v_2 + 0v_3$$
$$v_3 = 0v_1 + 0v_2 + 1v_3$$

这些表示可以用列矩阵来描述：

$$v_1 = [1, 0, 0]^T$$
$$v_2 = [0, 1, 0]^T$$
$$v_3 = [0, 0, 1]^T$$

因此, 无须考虑抽象的向量, 可以用矩阵来思考问题, 并且可以把任何向量 v 的表示写成列矩阵 $\mathbf{v}$ 或者三元组 $(\alpha_1, \alpha_2, \alpha_3)$ 的形式:

$$v = \alpha_1 v_1 + \alpha_2 v_2 + \alpha_3 v_3$$

基三元组 $\mathbf{v_1}$, $\mathbf{v_2}$, $\mathbf{v_3}$ 本身是我们熟悉的欧几里得空间 $\mathbf{R}^3$ 中的向量。向量空间 $\mathbf{R}^3$ 和原来的那个由几何向量构成的向量空间是等价的, 或者说是**同构的**(homomorphic)。从实际应用的角度来看, 处理三元组(更一般的是 n 元组)几乎总是要比处理其他的表示更容易[①]。一旦有了一个基, 就可以使用行矩阵(或列矩阵)的形式来表示, 这允许我们使用矩阵代数作为工具来处理表示和坐标系的变换。

4.3.2 坐标系的变换

我们经常需要在基向量改变时找出向量的表示是如何变换的。例如, 在 WebGL 中, 为了便于场景中各个模型的建模, 使用一种对模型很自然的坐标系或者标架来定义几何对象, 这个标架称为**建模标架**(model frame)。之后这些模型变换到**对象标架**(object frame)或**世界标架**(world frame)中, 这通常是应用程序采用的一种很自然的标架。注意, 在我们的基础示例中, 我们直接在对象坐标系(或世界坐标系)中指定对象, 因此在这种情形下可以认为建模标架和对象标架是相同的。有时候需要知道这些对象在照相机看来是什么样子的, 此时很自然就要从世界标架变换到**照相机标架**(camera frame)或者**眼标架**(eye frame)。建模标架下的表示变换到眼标架下的表示是由模-视变换矩阵来完成的。

我们首先考虑如何求出向量在新坐标系下的表示。假定 $\{v_1, v_2, v_3\}$ 和 $\{u_1, u_2, u_3\}$ 是两个基。第二个基中的每个基向量都可以用第一个基来表示(反之亦然)。因此, 存在九个标量分量 $\{\gamma_{ij}\}$, 使得

$$u_1 = \gamma_{11} v_1 + \gamma_{12} v_2 + \gamma_{13} v_3$$
$$u_2 = \gamma_{21} v_1 + \gamma_{22} v_2 + \gamma_{23} v_3$$
$$u_3 = \gamma_{31} v_1 + \gamma_{32} v_2 + \gamma_{33} v_3$$

这些标量定义了一个 3×3 的矩阵:

$$\mathbf{M} = \begin{bmatrix} \gamma_{11} & \gamma_{12} & \gamma_{13} \\ \gamma_{21} & \gamma_{22} & \gamma_{23} \\ \gamma_{31} & \gamma_{32} & \gamma_{33} \end{bmatrix}$$

这两个基之间的关系可以表示为:

$$\begin{bmatrix} u_1 \\ u_2 \\ u_3 \end{bmatrix} = \mathbf{M} \begin{bmatrix} v_1 \\ v_2 \\ v_3 \end{bmatrix}$$

或者

$$\mathbf{u} = \mathbf{M}\mathbf{v}$$

其中 $\mathbf{u}$ 和 $\mathbf{v}$ 是列矩阵, 其每个分量都是一个向量。通过矩阵 $\mathbf{M}$ 可以把向量在一个基下的表示变换到它在另一个基下的表示。$\mathbf{M}$ 的逆是从 $\{u_1, u_2, u_3\}$ 变换到 $\{v_1, v_2, v_3\}$ 的矩阵表示。设向量 w 关于 $\{v_1, v_2, v_3\}$ 具有表示 $(\alpha_1, \alpha_2, \alpha_3)$, 即:

$$w = \alpha_1 v_1 + \alpha_2 v_2 + \alpha_3 v_3$$

等价地有:

$$w = \mathbf{a}^{\mathrm{T}} \mathbf{v}$$

---

① 许多教材把基向量称为单位基向量 $\mathbf{i}$, $\mathbf{j}$, $\mathbf{k}$, 并把其他向量在这个基下的表示写成 $v = \alpha_1 \mathbf{i} + \alpha_2 \mathbf{j} + \alpha_3 \mathbf{k}$。

其中

$$\mathbf{a} = \begin{bmatrix} \alpha_1 \\ \alpha_2 \\ \alpha_3 \end{bmatrix} \qquad \mathbf{v} = \begin{bmatrix} v_1 \\ v_2 \\ v_3 \end{bmatrix}$$

假定 $\mathbf{b}$ 是 w 关于 $\{u_1, u_2, u_3\}$ 的表示，即：

$$w = \beta_1 u_1 + \beta_2 u_2 + \beta_3 u_3$$

或者

$$w = \mathbf{b}^{\mathrm{T}} \begin{bmatrix} u_1 \\ u_2 \\ u_3 \end{bmatrix} = \mathbf{b}^{\mathrm{T}} \mathbf{u}$$

其中，

$$\mathbf{b} = \begin{bmatrix} \beta_1 \\ \beta_2 \\ \beta_3 \end{bmatrix}$$

之后，使用第二个基相对于第一个基的表示，可得：

$$w = \mathbf{b}^{\mathrm{T}} \begin{bmatrix} u_1 \\ u_2 \\ u_3 \end{bmatrix} = \mathbf{b}^{\mathrm{T}} \mathbf{M} \begin{bmatrix} v_1 \\ v_2 \\ v_3 \end{bmatrix} = \mathbf{a}^{\mathrm{T}} \begin{bmatrix} v_1 \\ v_2 \\ v_3 \end{bmatrix}$$

因此，

$$\mathbf{a} = \mathbf{M}^{\mathrm{T}} \mathbf{b}$$

令矩阵

$$\mathbf{T} = (\mathbf{M}^{\mathrm{T}})^{-1}$$

那么，通过下面简单的矩阵等式可把 $\mathbf{a}$ 变换成 $\mathbf{b}$：

$$\mathbf{b} = \mathbf{T} \mathbf{a}$$

由此看来，在进行坐标系变换时使用向量的三元组表示（或者说 $\mathbf{R}^3$ 中的元素）是非常方便的，这样就无须再考虑原来的向量，特别是有向线段了。这是一个重要的结果，因为它使我们从抽象的向量转到由标量组成的列矩阵（向量的表示形式）。需要记住的一点是，当把实数组成的列矩阵当作"向量"时，不能丢掉基，否则就会得到错误坐标系下的结果。

在上面的讨论中变化的是基，原点是不变的。可以利用这些变换来表示对一组基向量进行旋转和缩放得到另一组基向量，如图 4.24 所示。然而，像图 4.25 那样对原点做一个简单的平移是不能用这种方式表示的。我们将在下一节讨论一个简单的示例，之后介绍齐次坐标，它允许我们改变标架，但仍使用矩阵来表示这种变换。

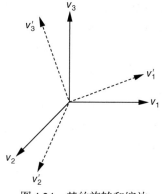

图 4.24　基的旋转和缩放

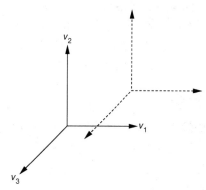

图 4.25　基的平移

4.3.3　举例：不同基下的表示之间的变换

假定向量 w 在某个基下的表示为：

$$\mathbf{a} = \begin{bmatrix} 1 \\ 2 \\ 3 \end{bmatrix}$$

把这三个基向量记为 v_1，v_2，v_3，于是有

$$w = v_1 + 2v_2 + 3v_3$$

现在假定从 v_1，v_2，v_3 构造一个新的基：

$$u_1 = v_1$$
$$u_2 = v_1 + v_2$$
$$u_3 = v_1 + v_2 + v_3$$

矩阵 $\mathbf{M}$ 为：

$$\mathbf{M} = \begin{bmatrix} 1 & 0 & 0 \\ 1 & 1 & 0 \\ 1 & 1 & 1 \end{bmatrix}$$

把基 $\{v_1, v_2, v_3\}$ 下的表示变换成基 $\{u_1, u_2, u_3\}$ 下的表示的矩阵为：

$$\mathbf{T} = (\mathbf{M}^{\mathrm{T}})^{-1} = \begin{bmatrix} 1 & 1 & 1 \\ 0 & 1 & 1 \\ 0 & 0 & 1 \end{bmatrix}^{-1}$$

$$= \begin{bmatrix} 1 & -1 & 0 \\ 0 & 1 & -1 \\ 0 & 0 & 1 \end{bmatrix}$$

在新坐标系下，w 的表示是：

$$\mathbf{b} = \mathbf{T}\mathbf{a} = \begin{bmatrix} -1 \\ -1 \\ 3 \end{bmatrix}$$

即：

$$w = -u_1 - u_2 + 3u_3$$

现在我们在 $\mathbf{R}^3$ 这个具体的向量空间中考虑上面得到的结果。假定 $\{v_1, v_2, v_3\}$ 是默认的 (x, y, z) 坐标系的三个基向量，它们两两正交。假定有三个向量，它们的表示分别为 $(1, 0, 0)$，$(1, 1, 0)$ 和 $(1, 1, 1)$。因此，第一个向量的方向沿着 x 轴，第二个向量平行于平面 $z = 0$，第三个向量的方向与三个基向量的方向对称。这三个新的向量虽然不是正交的，但却是线性无关的，因此它们定义了一个新的坐标系 $x'y'z'$。原来的坐标系 xyz 的三个基向量在坐标系 $x'y'z'$ 下的表示是矩阵 $\mathbf{T}$ 的三个列向量。

4.3.4　齐次坐标

我们仍然必须解决点的表示问题。前面指出，我们有可能混淆向量和点(参见图 4.23)，在点和向量的三维表示中这个问题仍旧存在。考虑一下，当我们从坐标系转向标架以便包含点时会发生什么情况。下面考虑由点 P_0 和向量 v_1，v_2，v_3 所定义的标架。通常会把位于 (x, y, z) 的点 P 用下面的列矩阵来表示：

$$\mathbf{p} = \begin{bmatrix} x \\ y \\ z \end{bmatrix}$$

其中 x, y 和 z 是该点基向量的分量, 因此,

$$P = P_0 + xv_1 + yv_2 + zv_3$$

如果以这种方式来表示点, 那么点的表示和向量的表示在形式上是一样的, 因为向量 v 可以表示为:

$$v = xv_1 + yv_2 + zv_3$$

但是, 如果仅给出表示形式(三个标量), 我们将无法确定它们表示的是哪个实体。也就是说, 无法通过这种三维表示来区分点和向量。**齐次坐标**(homogeneous coordinate)可以克服这个困难, 它对三维空间中点和向量的表示都是四维的。在由 (v_1, v_2, v_3, P_0) 确定的标架中, 任一点 P 可以唯一地表示为:

$$P = \alpha_1 v_1 + \alpha_2 v_2 + \alpha_3 v_3 + P_0$$

如果把点与标量 0 和 1 的"乘法"定义为:

$$0 \cdot P = \mathbf{0}$$
$$1 \cdot P = P$$

则可以用矩阵乘法把点 P 在形式上表示为:

$$P = \begin{bmatrix} \alpha_1 & \alpha_2 & \alpha_3 & 1 \end{bmatrix} \begin{bmatrix} v_1 \\ v_2 \\ v_3 \\ P_0 \end{bmatrix}$$

严格地说, 这个表达式既不是点积也不是内积, 因为矩阵中的元素不是同一类型的。然而, 可以把它当作点积来计算: 对应元素相乘然后再把乘积相加。等式右边的四维行矩阵就是点 P 在由 v_1, v_2, v_3 和 P_0 所确定的标架下的**齐次坐标表示**(homogeneous-coordinate representation)。等价地, 也可以说 P 的表示是下面的列矩阵:

$$\mathbf{p} = \begin{bmatrix} \alpha_1 \\ \alpha_2 \\ \alpha_3 \\ 1 \end{bmatrix}$$

在同一个标架下, 任一向量 v 都可以写成下面的形式:

$$v = \beta_1 v_1 + \beta_2 v_2 + \beta_3 v_3$$

$$= \begin{bmatrix} \beta_1 & \beta_2 & \beta_3 & 0 \end{bmatrix}^{\mathrm{T}} \begin{bmatrix} v_1 \\ v_2 \\ v_3 \\ P_0 \end{bmatrix}$$

因此, 向量 v 可以表示为下面的列矩阵:

$$\mathbf{v} = \begin{bmatrix} \beta_1 \\ \beta_2 \\ \beta_3 \\ 0 \end{bmatrix}$$

齐次坐标的几何意义可以从许多角度来解释。在这里只强调一点: 矩阵代数中的运算都可以应用

到点和向量的齐次坐标表示上。在第 5 章讨论投影时，将对齐次坐标给出深入的解释。

让我们重新考虑标架的变换。前面已经看到，如果使用三维表示的话，不能像对坐标系变换那样用矩阵来表示标架变换。如果 (v_1, v_2, v_3, P_0) 和 (u_1, u_2, u_3, Q_0) 是两个标架，则可以把第二个标架的基向量和参考点用第一个标架来表示：

$$u_1 = \gamma_{11}v_1 + \gamma_{12}v_2 + \gamma_{13}v_3$$
$$u_2 = \gamma_{21}v_1 + \gamma_{22}v_2 + \gamma_{23}v_3$$
$$u_3 = \gamma_{31}v_1 + \gamma_{32}v_2 + \gamma_{33}v_3$$
$$Q_0 = \gamma_{41}v_1 + \gamma_{42}v_2 + \gamma_{43}v_3 + P_0$$

可以把这些方程写成矩阵的形式：

$$\begin{bmatrix} u_1 \\ u_2 \\ u_3 \\ Q_0 \end{bmatrix} = \mathbf{M} \begin{bmatrix} v_1 \\ v_2 \\ v_3 \\ P_0 \end{bmatrix}$$

$\mathbf{M}$ 现在是一个 4×4 的矩阵：

$$\mathbf{M} = \begin{bmatrix} \gamma_{11} & \gamma_{12} & \gamma_{13} & 0 \\ \gamma_{21} & \gamma_{22} & \gamma_{23} & 0 \\ \gamma_{31} & \gamma_{32} & \gamma_{33} & 0 \\ \gamma_{41} & \gamma_{42} & \gamma_{43} & 1 \end{bmatrix}$$

矩阵 $\mathbf{M}$ 称为标架变换的**矩阵表示**(matrix representation)。

我们可以用 $\mathbf{M}$ 直接计算出新标架下的表示。假设 $\mathbf{a}$ 和 $\mathbf{b}$ 是两个点或两个向量在两个标架中的齐次坐标表示，则有：

$$\mathbf{b}^T \begin{bmatrix} u_1 \\ u_2 \\ u_3 \\ Q_0 \end{bmatrix} = \mathbf{b}^T \mathbf{M} \begin{bmatrix} v_1 \\ v_2 \\ v_3 \\ P_0 \end{bmatrix} = \mathbf{a}^T \begin{bmatrix} v_1 \\ v_2 \\ v_3 \\ P_0 \end{bmatrix}$$

因此，

$$\mathbf{a} = \mathbf{M}^T \mathbf{b}$$

多数情况下我们同点和向量的表示打交道，此时我们对 $\mathbf{M}^T$ 更感兴趣，它的形式如下：

$$\mathbf{M}^T = \begin{bmatrix} v_{11} & v_{12} & v_{13} & v_{14} \\ v_{21} & v_{22} & v_{23} & v_{24} \\ v_{31} & v_{32} & v_{33} & v_{34} \\ 0 & 0 & 0 & 1 \end{bmatrix}$$

所以确定 $\mathbf{M}^T$ 需要 12 个元素。

这种推理的结果是，我们证明了一个一般的仿射变换可以用 4×4 的矩阵来表示，在这个矩阵中，可以随意指定 16 个元素中的 12 个。我们说在三维空间中点和向量的仿射变换有 12 个**自由度**(degrees of freedom)。注意，如果指定矩阵 $\mathbf{M}^T$ 中的所有 16 个元素，那么得到的是线性变换，但变换前后不一定保持直线的几何特性。

齐次坐标还有其他的优点，我们在后面的章节里会经常利用这些优点。也许最重要的是，所有的仿射变换(保持直线的几何特性)都可以借助齐次坐标表示成矩阵相乘的形式。尽管在使用齐次坐标表示时，为了求解三维的问题需要四维的表示，但是齐次坐标涉及的算术运算更少。因为所有的仿射变换都可以用一致的形式来表示，所以如果连续进行多次变换(级联)，则使用四维表示要比三维表示方便得多。此外，现代硬件直接实现了齐次坐标的运算，而且利用并行机制来提高计算速度。

4.3.5　举例: 标架变换

再次考虑 4.3.3 节的示例。假定仍然从基$\{v_1, v_2, v_3\}$变换到基$\{u_1, u_2, u_3\}$，并且基向量 u_1，u_2，u_3 关于基$\{v_1, v_2, v_3\}$的表示不变:

$$u_1 = v_1$$
$$u_2 = v_1 + v_2$$
$$u_3 = v_1 + v_2 + v_3$$

因为参考点没有改变，所以增加下面的等式:

$$Q_0 = P_0$$

因此，我们感兴趣的矩阵是

$$\mathbf{M} = \begin{bmatrix} 1 & 0 & 0 & 0 \\ 1 & 1 & 0 & 0 \\ 1 & 1 & 1 & 0 \\ 0 & 0 & 0 & 1 \end{bmatrix}$$

以及 $\mathbf{M}^\mathrm{T}$，还有 $\mathbf{M}^{-1}$ 和 $(\mathbf{M}^\mathrm{T})^{-1}$。

假定除了改变基向量，还想把参考点移到另一个点，这个点在原来标架下的表示为$(1, 2, 3, 1)$。移位向量 $v = v_1 + 2v_2 + 3v_3$ 把 P_0 移动到 Q_0。齐次坐标表示的第四个分量把 Q_0 这个实体标识为点。因此，可用下面的等式来替换上面示例中的第四个等式:

$$Q_0 = P_0 + v_1 + 2v_2 + 3v_3$$

相应地，矩阵 $\mathbf{M}^\mathrm{T}$ 变成:

$$\mathbf{M}^\mathrm{T} = \begin{bmatrix} 1 & 1 & 1 & 1 \\ 0 & 1 & 1 & 2 \\ 0 & 0 & 1 & 3 \\ 0 & 0 & 0 & 1 \end{bmatrix}$$

它的逆是:

$$\mathbf{T} = (\mathbf{M}^\mathrm{T})^{-1} = \begin{bmatrix} 1 & -1 & 0 & 1 \\ 0 & 1 & -1 & 1 \\ 0 & 0 & 1 & -3 \\ 0 & 0 & 0 & 1 \end{bmatrix}$$

利用这对矩阵，可以在两个标架下的表示之间来回变换。设点$(1,2,3)$在原来标架下的表示为:

$$\mathbf{p} = \begin{bmatrix} 1 \\ 2 \\ 3 \\ 1 \end{bmatrix}$$

$\mathbf{T}$ 把这个点的表示变换为:

$$\mathbf{p}' = \begin{bmatrix} 0 \\ 0 \\ 0 \\ 1 \end{bmatrix}$$

这是新标架的原点的表示。然而，某个向量$(1,2,3)$在原来标架下的表示为：

$$\mathbf{a} = \begin{bmatrix} 1 \\ 2 \\ 3 \\ 0 \end{bmatrix}$$

$\mathbf{T}$ 把这个向量变换为：

$$\mathbf{b} = \begin{bmatrix} -1 \\ -1 \\ 3 \\ 0 \end{bmatrix}$$

这个结果和 4.3.3 节是一致的。从这两个具体的变换示例也可以看到区分点和向量的重要性。

4.3.6   使用表示

应用程序通常总是和表示而不是抽象的点打交道。因此，当指定一个点时，例如将其坐标存储在一个数组中，实际上是在某个标架下给出了这个点的表示。在第 2 章的示例程序中，直接在裁剪坐标系(WebGL 用于绘制的规范化坐标系)下表示数据，从而避免了对标架变换的处理。然而，应用程序一般需要使用与问题相关的各种标架，这样可以通过平移、旋转、缩放等变换来更好地描述问题空间。因为 WebGL 需要使程序的数据最终变成裁剪坐标系下的表示，这至少需要处理一个位于不同标架下的表示之间的变换。正如将要看到的那样，实际上，我们发现还有其他一些对建模和绘制都非常有用的标架。因此，可能需要对一系列位于不同标架下的表示进行连续变换。

在表示之间的变换可由一个矩阵来确定：

$$\mathbf{a} = \mathbf{Cb}$$

其中 $\mathbf{a}$ 和 $\mathbf{b}$ 是一个点或者向量的齐次坐标表示，$\mathbf{C}$ 是 4.3.4 节给定的矩阵形式：

$$\mathbf{C} = \begin{bmatrix} v_{11} & v_{12} & v_{13} & v_{14} \\ v_{21} & v_{22} & v_{23} & v_{24} \\ v_{31} & v_{32} & v_{33} & v_{34} \\ 0 & 0 & 0 & 1 \end{bmatrix}$$

当我们使用表示时，如何找出 $\mathbf{C}$ 呢？其实这很容易。假定我们处于某个标架下，然后指定了另一个标架，指定的方式是给出新标架的原点和基向量在原来标架下的表示。因此，如果通过三个向量 u,v,n 以及新标架的原点 p 在原来标架下的表示来指定新标架，那么这四个实体的齐次坐标表示都是四元组或者说都是 $\mathbf{R}^4$ 中的元素。

现在考虑上面问题的逆问题。矩阵

$$\mathbf{T} = \mathbf{C}^{-1}$$

把新标架 (u,v,n,p) 下的表示变换成原标架下的表示。因此有：

$$\mathbf{T} \begin{bmatrix} 1 \\ 0 \\ 0 \\ 0 \end{bmatrix} = \mathbf{u} = \begin{bmatrix} u_1 \\ u_2 \\ u_3 \\ 0 \end{bmatrix}$$

类似地，有：

$$\mathbf{T}\begin{bmatrix} 0 \\ 1 \\ 0 \\ 0 \end{bmatrix} = \mathbf{v} = \begin{bmatrix} v_1 \\ v_2 \\ v_3 \\ 0 \end{bmatrix}$$

$$\mathbf{T}\begin{bmatrix} 0 \\ 0 \\ 1 \\ 0 \end{bmatrix} = \mathbf{n} = \begin{bmatrix} n_1 \\ n_2 \\ n_3 \\ 0 \end{bmatrix}$$

$$\mathbf{T}\begin{bmatrix} 0 \\ 0 \\ 0 \\ 1 \end{bmatrix} = \mathbf{p} = \begin{bmatrix} p_1 \\ p_2 \\ p_3 \\ 1 \end{bmatrix}$$

合并这些等式，可以得到：

$$\mathbf{TI} = \mathbf{T} = \begin{bmatrix} u & v & n & p \end{bmatrix} = \begin{bmatrix} u_1 & v_1 & n_1 & p_1 \\ u_2 & v_2 & n_2 & p_2 \\ u_3 & v_3 & n_3 & p_3 \\ 0 & 0 & 0 & 1 \end{bmatrix}$$

或者

$$\mathbf{C} = \begin{bmatrix} u & v & n & p \end{bmatrix}^{-1} = \begin{bmatrix} u_1 & v_1 & n_1 & p_1 \\ u_2 & v_2 & n_2 & p_2 \\ u_3 & v_3 & n_3 & p_3 \\ 0 & 0 & 0 & 1 \end{bmatrix}^{-1}$$

这样，利用新标架在原标架下的表示可以得到一个矩阵，该矩阵的逆可以把原标架下的表示变换成新标架下的表示。当然，我们必须求出这个逆，但是计算这样一个 4×4 矩阵的逆应该不是问题。正如在 MV.js 中所做的一样，可以利用标准的矩阵包或在逆函数中给每个逆矩阵分量添加方程来解决该问题。

4.4　WebGL 中的标架

正如我们所看到的，WebGL 是基于绘制流水线模型的，而且绘制流水线的第一个步骤是对顶点进行一系列几何操作。我们可以通过一系列变换来描述这种操作，或者等价地，这些标架变换要应用到由用户程序所定义的对象上。

对于基于固定功能绘制流水线和立即绘制模式的早期 OpenGL 版本，绘制流水线中存在 6 个标架。而可编程绘制流水线则提供了极大的灵活性，可以通过着色器增加其他标架或不使用传统的标架。正如第 2 章的第一个示例程序所示，尽管通过了解绘制流水线的工作原理可以避免在程序中使用所有的这 6 个标架，但这并不是编写这类应用程序的最佳方式。实际上，将要讨论的这 6 个标架无论对应用程序还是对绘制流水线的实现来说都是有用的。对于这 6 个标架，其中有些会用于我们的 WebGL 应用程序代码中，有些则会用于我们编写的着色器中。并不是所有的这 6 个标架对应用程序都是可见的。同一个顶点在不同的标架下会有不同的表示。这 6 个标架在绘制流水线中通常按照下面的先后顺序出现：

1. 建模坐标系
2. 对象坐标系或者世界坐标系
3. 眼坐标系或者照相机坐标系
4. 裁剪坐标系
5. 规范化的设备坐标系
6. 窗口坐标系或者屏幕坐标系

让我们来考虑一下当用户在程序中指定一个顶点时会发生什么。这个顶点可以直接在应用程序中指定，也可以通过某个基本对象的实例化来间接指定。在大多数应用程序中，往往在**建模标架**(model frame)下指定对象或模型，每个对象或模型有自己的标架，可以方便地描述其大小、方向和位置。例如，在建模标架下，立方体的面和标架的轴平行，它的中心位于标架的原点，并且边长为 1 个或者 2 个单位。在相应的函数中，所用的坐标值都是相对于建模坐标系给出的。

一个场景可能包含成百上千个独立的对象。应用程序通常对每个对象实施一系列的变换，这些变换可以改变它们的大小、方向和位置，从而使它们处于一个适合于该特定应用程序的标架中。例如，在建筑设计应用程序中，可以通过实例化一个正方形来定义建筑物的一个窗户，为此需要通过缩放使其具有正确的比例和大小，这里使用的单位可能是英尺或者米。应用程序中坐标系的原点可以是这个建筑物底层的中心。应用程序使用的这个标架称为**对象标架**(object frame)或者**世界标架**(world frame)，而在这个标架下的坐标就是**对象坐标**(object coordinate)或者**世界坐标**(world coordinate)。注意，如果没有利用预先定义好的对象来建模，并且也没有应用任何变换，那么建模坐标系和对象坐标系(世界坐标系)是相同的。

对于应用程序编程人员来说，如果要处理某个指定的对象，建模标架和世界标架都是很自然的标架。然而，生成的图像依赖于照相机或者观察者所能看到的内容。几乎所有的图形系统都使用这样一个标架，该标架的原点位于照相机镜头的中心[1]，并且坐标轴平行于照相机的侧面，这就是**照相机标架**(camera frame)，也称为**眼标架**(eye frame)。因为每次标架变换都对应一个仿射变换，所以从建模坐标到世界坐标以及从世界坐标到眼坐标都可以用 4×4 矩阵来表示。这两个变换通常合并为一个**模-视变换**(model-view transformation)，对应的矩阵是模-视变换矩阵。通常，使用模-视变换矩阵而不是两个单独的变换矩阵不会给应用程序员带来任何不便。第 6 章将讨论光照与着色，在那里我们会遇到必须分开处理这两个变换的情形。

一旦对象变换到眼坐标系中以后，使用**投影变换**(projection transformation)可将其转换为**裁剪坐标系**(clip coordinate)下的表示。正如我们在第 2 章看到的一个简单的正投影，它将眼坐标系下的视见体转换为裁剪坐标系下的标准立方体(立方体的中心位于裁剪坐标系的原点)。我们将在第 5 章讨论这种变换并将其用于一般的正投影视图和透视投影图。

在变换到裁剪坐标系之后，顶点的表示仍然是齐次坐标。在绘制流水线的顶点着色器和光栅化模块之间，顶点的齐次坐标表示再经过 WebGL 的**透视除法**(perspective division)，即用 w 分量去除其他的分量，就得到了在**规范化的设备坐标系**(normalized device coordinate)下的三维表示。最后的 WebGL 变换根据视口提供的信息，把规范化的设备坐标系下的表示变换为**窗口坐标系**(window coordinate)或**屏幕坐标系**(screen coordinate)下的二维表示。窗口坐标是用显示器上的像素来度量的。

---

[1] 对于透视投影，镜头的中心是投影中心(center of projection，COP)，而对于正交投影，投影方向和照相机的侧面平行。

　　应用程序编程人员通常处理三个标架：建模标架、对象标架和眼标架。这里涉及了两个变换矩阵，即从建模标架到对象标架的变换矩阵和从对象标架到眼标架的变换矩阵，通过将这两个变换矩阵合并成一个模-视变换矩阵，就可以得到对象在眼标架下的表示。因此，模-视变换矩阵把点和向量的齐次坐标表示从它们在应用空间中的表示转换为眼标架中的表示。最后，投影变换将这个表示转换为裁剪坐标系下的表示。

　　因为 WebGL 不使用固定功能的绘制流水线，所以需要我们自己来使用模-视变换矩阵或投影变换矩阵。然而，大多数应用程序至少使用模-视变换矩阵，我们在后面的示例程序中几乎总要用到该矩阵。我们将在后面详细讨论的一个问题是：在何处指定变换以及在何处将该变换作用于我们的数据？例如，可以在 WebGL 应用程序代码中指定变换，并且也在 WebGL 应用程序代码中将该变换作用于给定的数据。也可以在 WebGL 应用程序代码中定义变换参数并把这些参数发送到着色器中，然后让 GPU 来执行变换。我们将在后面的章节中讨论这些方法。

　　假定直接在对象坐标系中定义对象并且将模-视变换矩阵初始化为单位矩阵。此时的对象标架和眼标架是相同的。因此，如果不改变模-视变换矩阵，那么我们使用的标架是眼标架。正如在第 2 章看到的，照相机位于眼标架的原点，如图 4.26(a) 所示。照相机坐标系的三个基向量的方向分别对应于：(1) 照相机的观察正向，这是 y 轴的正方向；(2) 照相机正对的方向，这是 z 轴的负方向；(3) 第三个正交方向 x 轴与 y 轴和 z 轴构成一个右手坐标系。如果相对于照相机标架定义了新的标架，那么利用相应的齐次坐标变换，就可以在新标架下表示模型。4.3 节中将介绍通过它们确定照相机相对于对象的位置和方向。4.5 节中将介绍如何指定这些变换。

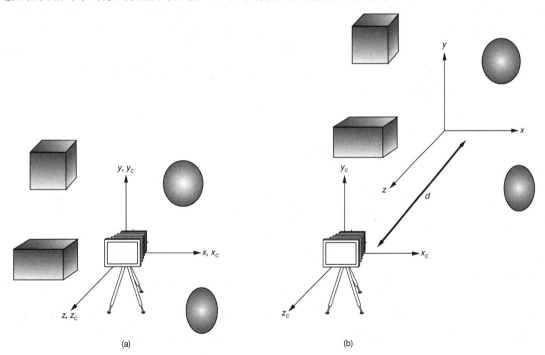

图 4.26　照相机标架和对象标架。(a) 默认的位置；(b) 使用模-视变换矩阵之后

　　因为标架变换是由模-视变换矩阵表示的，而模-视变换矩阵可以存储起来，所以我们能够保存标架，而且只要改变当前的模-视变换矩阵，就可以在多个标架之间转换。我们将在第 9 章看到，通过使用堆栈这样的数据结构来存储变换矩阵有助于处理复杂的模型。

　　初次使用多个标架时，可能搞不清哪些标架是固定的，哪些标架是可变的。因为模-视变换矩阵同时也确定了照相机相对于对象标架的位置和方向。通常为了方便起见，我们将某个标架视为固定的。在大多数情况下把照相机看成固定的，其他标架则相对于照相机移动，但是开发人员可能更愿意采用不同的观点。固定观察者的概念源于艺术创作，它是通过移动对象来得到期望的观察内容，而固定对象的观点源于物理学。

在详细讨论变换以及在 WebGL 中如何使用它们之前，先看两个简单的例子。在默认情况下，照相机标架和对象标架是重合的，并且照相机正对的方向是 z 轴的负方向，如图 4.26(a) 所示。在许多应用程序中，把对象指定在原点附近是很自然的，例如正方形的中心位于原点，或者一组对象的"质心"位于原点。通常把照相机设置成只能对它前面的对象成像，这个观察条件也是很自然的。因此，为了使生成的图像包含全部对象，必须让照相机远离对象，或者让对象远离照相机。等价地，可以相对于对象标架移动照相机标架。如果把照相机标架看成固定的，并且在照相机标架下通过模-视变换矩阵来指定对象标架，那么下面的模-视变换矩阵把对象标架下的点 (x, y, z) 变换成照相机标架下的点 $(x, y, z-d)$。

$$\mathbf{A} = \begin{bmatrix} 1 & 0 & 0 & 0 \\ 0 & 1 & 0 & 0 \\ 0 & 0 & 1 & -d \\ 0 & 0 & 0 & 1 \end{bmatrix}$$

这样，对象标架可以相对于照相机标架移动，只要选择一个足够大的正数作为 d，就可以把对象"移动"到照相机的前面，如图 4.26(b) 所示。注意，用户使用的是对象坐标系(或者世界坐标系)，可以仍然像以前那样摆放对象。对象标架和眼标架之间的关系包含在模-视变换矩阵中。为了把对象放到照相机的前面，也可以通过修改顶点来改变对象的位置，但这样做不如设置模-视变换矩阵方便。

再来看另一个例子。当通过顶点定义对象时，我们使用的是应用程序标架(对象标架)。在应用程序中指定的顶点位置使用的就是这个标架。因此，我们没有直接使用对象标架，而是隐式地使用了点(还有向量)在对象标架下的表示。考虑图 4.27 所示的情形。

图 4.27 给出了一个照相机相对于对象标架的位置和方向。如果在对象标架下使用齐次坐标，那么这个照相机的中心位于点 $p = (1, 0, 1, 1)^T$，并且它指向世界标架的原点。因此，在对象标架下表示为 $\mathbf{n} = (-1, 0, -1, 0)^T$ 的向量垂直于照相机的背面并且指向原点。照相机的观察正向和世界坐标系 y 轴的正方向一样，都是 $\mathbf{v} = (0, 1, 0, 0)^T$。我们可以利用叉积确定出第三个正交的方向 $\mathbf{u} = (1, 0, -1, 0)^T$。有了这三个正交的方向和一个原点，就可以为照相机

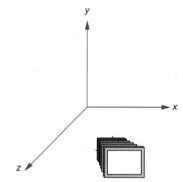

图 4.27 　照相机位于 $(1, 0, 1)$，方向对准原点

建立一个标架。按照 4.3.6 节中使用的符号，$\mathbf{M}$ 中包含了照相机标架在对象标架下的齐次坐标表示。我们用下面的 $(\mathbf{M}^T)^{-1}$ 就可以把点和向量在对象标架下的表示变换成在照相机标架下的表示：

$$(\mathbf{M}^T)^{-1} = \begin{bmatrix} u^T \\ v^T \\ n^T \\ 0 \quad 0 \quad 0 \quad 1 \end{bmatrix} \begin{bmatrix} 1 & 0 & -1 & 1 \\ 0 & 1 & 0 & 0 \\ -1 & 0 & -1 & 1 \\ 0 & 0 & 0 & 1 \end{bmatrix}^{-1} = \begin{bmatrix} \frac{1}{2} & 0 & -\frac{1}{2} & 0 \\ 0 & 1 & 0 & 0 \\ -\frac{1}{2} & 0 & -\frac{1}{2} & 1 \\ 0 & 0 & 0 & 1 \end{bmatrix}$$

注意，初始标架的原点现在位于照相机标架的 n 轴上，并且在 n 轴的正方向上与照相机标架的原点相距 1 个单位，换句话说，该点在照相机标架下的表示为 $(0, 0, 1, 1)$。

在 WebGL 中，可以通过向顶点着色器传递一个包含 16 个元素的数组来设置模–视变换矩阵。对于把一个标架的三个基向量和一个原点用另一个标架来表示的情形，我们直接就可以确定所需要的系数。然而，情况并不总是如此。对于大多数几何问题，通常是通过一系列诸如旋转、平移和缩放这样的几何变换来实现从一个标架到另一个标架的变换。我们将在后面几节中采用这种方法，但我们还是先介绍一些矩阵包中有用的 JavaScript 函数。

4.5 矩阵和向量类型

在第 2 章中，我们看到如何通过使用一些新的数据类型使应用程序的代码更加清晰，这些数据类型也是 GLSL 所需要的。为了扩展这些概念并使之规范化，下面介绍在应用程序中要用到的 JavaScript 类型。定义这些类型的代码放在程序包 MV.js 中，可以使用下面的 HTML 代码把 MV.js 包含到应用程序中：

```
<script type="text/javascript" src="../Common/MV.js"></script>
```

程序包 MV.js 包括为 3×3 和 4×4 的矩阵定义的矩阵类型，以及为 2 个元素、3 个元素和 4 个元素的数组定义的向量类型。注意，矩阵类型按照一维数组形式存储，但是在实际应用中很少使用这个事实，而是通过一组函数对矩阵和向量进行操作。矩阵和向量这类实体由程序包中的函数创建，例如：

```
var a = vec3();          // create a vec3 with all components set to 0
var b = vec3(1, 2, 3);   // create a vec3 with the components 1, 2, 3
var c = vec3(b);         // copy the vec3 'c' by copying vec3 'b'

var d = mat3();          // create a mat3 identity matrix
var e = mat3(0, 1, 2,
             3, 4, 5,
             6, 7, 8);   // create a mat3 from 9 elements
var f = mat3(e);         // create the mat3 'f' by copying mat3 'e'
```

因为 JavaScript 不像 C++ 和 GLSL 一样支持运算符重载[①]，所以我们使用函数完成基本的矩阵–向量操作。下面的代码说明了函数的一些功能：

```
a = add(b,c);       // adds vectors 'b' and 'c' and puts result in 'a'
d = mat4();         // sets 'd' to an identity matrix
d = transpose(e);   // sets 'd' to the transpose of 'e'
f = mult(e, d);     // sets 'f' to the product of 'e' and 'd'
```

程序包中的其他函数还包括计算矩阵的逆矩阵、点积和叉积，以及本章和下一章将要介绍的标准变换矩阵和观察矩阵。

根据前面对点和向量的区分，也许读者对我们在应用程序中使用单一类型同时表示点和向量感到有点迷惑。在许多领域都存在这个问题，大多数科研人员和工程人员使用术语"向量"和"矩阵"分别指代一维数组和二维数组，而不是使用术语"行矩阵"和"列矩阵"来描述一维数组。GLSL 使用 vec2、vec3 和 vec4 这些类型存储任何具有 2 个、3 个或 4 个元素的数据，这包括：用齐次坐标表示的向量(有方向)和点、颜色(RGB 或 RGBA)以及将在后面看到的其他数据，比如纹理坐标。

---

① 有关使用运算符重载的矩阵–向量程序包示例，请参阅本书第六版[Ang11]。

在应用程序中对矩阵和向量进行区分的好处是，应用程序中处理点、向量和变换的代码与使用 GLSL 编写的执行相同操作的着色器代码看起来非常类似。对于编写基于可编程绘制流水线的程序，经常需要做这样一个抉择：算法是在 GLSL 应用程序代码中执行还是在某个着色器中执行。由于 GLSL 应用程序代码和着色器使用了相同的数据类型，所以把 GLSL 应用程序代码中执行的算法移植到某个着色器上执行就非常容易了。

4.5.1　行主序和列主序矩阵表示

考虑下面指定的矩阵：

```
var m = mat3(
  0, 1, 2,
  3, 4, 5,
  6, 7, 8
);
```

大多数工程人员和科研人员将这个指定的矩阵等价为：

$$\mathbf{M} = \begin{bmatrix} 0 & 1 & 2 \\ 3 & 4 & 5 \\ 6 & 7 & 8 \end{bmatrix}$$

当用这种方法指定矩阵时，表明现在是以**行主序**(row major order)指定矩阵。也就是说，首先指定矩阵第一行的元素，然后指定第二行元素，依次类推。也可以说 m 对应于下面的矩阵：

$$\mathbf{M} = \begin{bmatrix} 0 & 3 & 6 \\ 1 & 4 & 7 \\ 2 & 5 & 8 \end{bmatrix}$$

此时是以**列主序**(column major order)指定矩阵。只要前后保持一致，可以使用任何一种方式指定矩阵，但遗憾的是存在一个问题。尽管大多数人习惯使用行主序的形式表示矩阵，但是与所有 OpenGL 的版本一样，WebGL 使用列主序的形式描述矩阵。MV.js 中的 API 是基于行主序的，所以为了向 GPU 发送数据，我们使用了 flatten 函数，它将行主序的矩阵转换为列主序的浮点数数组。此外，flatten 函数将把顶点或颜色等属性的 JS 数组转换为可以发送给 GPU 的单个数字字符串。

4.6　建模彩色立方体

我们已经学习了构建三维图形应用程序所需要的基本概念和实践知识，这一节将利用所学知识编写一个程序，这个程序可以绘制旋转的立方体。动画中的一帧图像如图 4.28 所示。不过，在让立方体旋转起来之前，先来考虑如何有效地对它进行建模。尽管可以像二维对象那样用一组顶点来表示三维对象，但是我们将会看到，可以通过合适的数据结构来表示几何对象的顶点、边和面之间的关系。WebGL 通过**顶点数组**(vertex array)来支持这种数据结构，我们将在本节末尾介绍它。

图 4.28　立方体动画中的一帧图像

在建立了立方体的模型之后，可以通过仿射变换来生成动画。我们将在 4.7 节介绍这些变换并用它们来改变模-视变换矩阵。在第 5 章，还要把这些变换作为观察过程的一部分。前面介绍的流水线模型可以很好地完成绘制任务。绘制流水线中的一些变换会应用到顶点上，所有这些变换都使用齐次坐标来表示。在绘制流水线的末端需要经过光栅化模块的处理。可以假定光栅化这个步骤是 GPU 自动完成的(只要已经正确执行了在此之前的步骤)。

4.6.1 建模立方体的面

立方体是非常简单的三维对象。不过，它的建模方法不止一种。CSG 系统会将其视为单一的图元。在另一个极端，硬件把立方体看成一个由 8 个顶点定义的对象。我们采用了基于表面的模型，这意味着把立方体看成 6 个相交的平面或者 6 个多边形，这些多边形组成了立方体的面，称之为**面片**(facet)。一种精心设计的数据结构应该既有利于立方体的高层应用，又便于底层硬件的高效实现。

假定立方体的顶点存储在一个数组 vertices 中。我们使用齐次坐标表示顶点，因此可以通过下面的代码来定义这个数组：

```
var vertices = [
  vec3(-0.5, -0.5,  0.5),
  vec3(-0.5,  0.5,  0.5),
  vec3( 0.5,  0.5,  0.5),
  vec3( 0.5, -0.5,  0.5),
  vec3(-0.5, -0.5, -0.5),
  vec3(-0.5,  0.5, -0.5),
  vec3( 0.5,  0.5, -0.5),
  vec3( 0.5, -0.5, -0.5)
];
```

或者

```
var vertices = [
  vec4(-0.5, -0.5,  0.5, 1.0),
  vec4(-0.5,  0.5,  0.5, 1.0),
  vec4( 0.5,  0.5,  0.5, 1.0),
  vec4( 0.5, -0.5,  0.5, 1.0),
  vec4(-0.5, -0.5, -0.5, 1.0),
  vec4(-0.5,  0.5, -0.5, 1.0),
  vec4( 0.5,  0.5, -0.5, 1.0),
  vec4( 0.5, -0.5, -0.5, 1.0)
];
```

接下来可以用一组顶点的位置来定义立方体的面。例如，可以使用一个顶点序列 0，3，2，1 来定义一面，其中每个整数表示顶点在数组中的索引。因此，定义的面从数组 vertices 的第 0 个元素开始，即 vec3(-0.5, -0.5, 0.5)，接下来是数组 vertices 的第 3 个，第 2 个和第 1 个元素。类似地，可以定义其余的面。

4.6.2 向内和向外的面

在定义一个三维多边形的时候，必须注意指定顶点的顺序。对第一个面，指定顶点的顺序是 0，3，2，1，这个顺序和 1，0，3，2 是一样的，因为可以把多边形定义中的顶点序列看成首尾相连的。然而，如果顺序是 0，1，2，3 就不同了。虽然它所描述的边界仍然相同，但是遍历多边形各边的顺序和 0，3，2，1 相反，如图 4.29 所示。这个顺序很重要，因为每个多边形都有两个面。图形系统可以显示其中一个面，也可以两个面都显示。从照相机的角度来看，需要一种一致的方法来区别多边形的两个面。指定顶点的顺序提供了区别这两个面所需的信息。

如果从外部观看一个对象的表面时，其顶点是按照逆时针遍历的，则这个表面是**向外的**

(outward facing)。这个方法也称为**右手定则**(right-hand rule)，因为如果让右手四指指向遍历顶点的方向，那么拇指指向对象表面的外部。

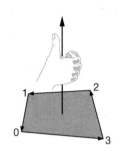

在我们的例子中，按照 0，3，2，1 的顺序指定的是立方体向外的一个面，而 0，1，2，3 指定的是同一个多边形的背面。注意，对于像立方体这样的封闭对象，它的每一个面或者是向外的或者是向内的，而且不管在哪里观察，只要在这个对象的外面，那么对向内和向外的判断就是一致的。通过仔细指定正面和背面，可以去掉或者**剔除**(cull)不可见的面，或者使用不同的属性来显示正面和背面。第 12 章[1]将进一步讨论隐藏面消除。

图 4.29　遍历多边形的边

4.6.3　表示对象的数据结构

一个立方体由 6 个面和 24 个顶点组成。可以使用一个二维数组来存储顶点的位置：

```
var faces = new Array(6);

for (var i = 0; i < faces.length; ++i) {
  faces[i] = new Array(4);
}
```

或者使用一个存储 24 个顶点的一维数组：

```
var faces = new Array(24);
```

其中，`vertices[i]`存储了顶点列表中的第 i 个顶点的 x，y，z 的坐标值(参见 4.6.1 节)。这两种方法都行得通，但它们都没有表示出立方体的**拓扑**(topology)信息，这和立方体的**几何**(geometry)信息是不同的。如果把立方体看成多面体，那么它由 6 个面组成。这些面都是在顶点处相交的四边形，并且每个顶点由 3 个面共享。此外，这些四边形的边由顶点对定义，而且每条边由两个面共享。以上陈述描述了一个六面体的拓扑结构。这些陈述总是正确的，不管顶点的位置在哪里，即不管这个对象的几何信息如何[2]。

在本书的其余部分，我们会看到建立一种可以把对象的几何信息和拓扑信息分离开的数据结构有许多优点。在本例中，我们使用一种称为顶点列表的数据结构，它既简单又实用，而且还可以被扩展。

顶点的位置包含了对象的几何信息，这些数据可以存储在一个简单的列表或者数组里，例如 `vertices[8]`，这就是**顶点列表**(vertex list)。最顶层的实体是立方体，我们把它看成由 6 个面组成。每个面包括 4 个有序顶点。每个顶点可以由其索引间接地指定。这个数据结构如图 4.30 所示。它的一个优点是，每个几何位置只出现一次，而不是在定义每个面片时重复出现。在一个交互式的应用程序中，如果某个顶点的位置被用户改变，那么应用程序只要把那个位置修改一次即可，而无须在这个顶点出现的每个地方都修改其位置。现在我们介绍在将对象的几何信息和拓扑信息分开的情况下绘制立方体的两种方法。

---

① 此处原文为"第 6 章"，疑有误。——译者注

② 我们忽略了可能出现的特殊情形(奇点)。例如，三个或者更多个顶点位于同一条直线或者通过移动顶点的位置使所有的面都相交。

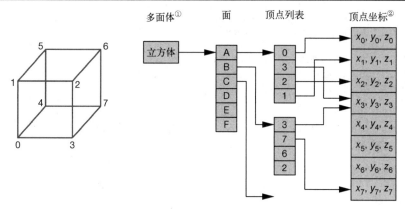

图 4.30　用顶点列表表示立方体

4.6.4　彩色立方体

可以用顶点列表定义一个具有颜色属性的立方体。像第 2 章那样，我们使用 quad 函数将立方体每个面的顶点位置及其对应的颜色存储在两个数组中，quad 函数的 4 个输入参数是立方体某个面上 4 个顶点(这 4 个顶点序列对应的是向外的面)的索引值。

```
var numPositions  = 36;

var positions = [];
var colors = [];
```

这里需要注意的是，由于只能显示三角形，quad 函数必须为每个面生成两个三角形，因此每个面有 6 个顶点(如果每个面使用一个三角形条带或一个三角形扇，则每个面有 4 个顶点)。如果希望每个顶点都有自己的颜色，那么需要 36 个顶点位置和对应的 36 个颜色数据[3]。我们在 colorCube 函数中通过调用 quad 函数来指定这个彩色立方体。

```
function colorCube()
{
  quad(1, 0, 3, 2);
  quad(2, 3, 7, 6);
  quad(3, 0, 4, 7);
  quad(6, 5, 1, 2);
  quad(4, 5, 6, 7);
  quad(5, 4, 0, 1);
}
```

第 2 章介绍了颜色立方体，我们就把它的各个顶点的颜色(黑、白、红、绿、蓝、青、品红、黄)指定为本例中彩色立方体各个顶点的颜色。我们使用顶点的索引为每个顶点指定颜色。当然，也可以通过 quad 函数为立方体的每个面指定一个固定的颜色，每个面的颜色由该面第一个顶点的索引来指定。vertexColors 数组中存储的是立方体 8 个顶点的 RGBA 颜色。

```
var vertexColors = [
  [0.0, 0.0, 0.0, 1.0],  // black
  [1.0, 0.0, 0.0, 1.0],  // red
```

---

① 此处原文为"Polygon(多边形)"，疑有误。——译者注

② 此处原文图中的顶点坐标是二维坐标，疑有误，应该是三维坐标。——译者注

③ 此处原文为"如果希望每个顶点都有自己的颜色，那么需要 24 个顶点位置和对应的 24 个颜色数据"，疑有误。——译者注

```
    [1.0, 1.0, 0.0, 1.0],  // yellow
    [0.0, 1.0, 0.0, 1.0],  // green
    [0.0, 0.0, 1.0, 1.0],  // blue
    [1.0, 0.0, 1.0, 1.0],  // magenta
    [1.0, 1.0, 1.0, 1.0],  // white
    [0.0, 1.0, 1.0, 1.0]   // cyan
];
```

下面的 quad 函数使用输入的前三个顶点定义一个三角形,并使用第 1 个、第 3 个和第 4 个顶点来定义第二个三角形。

```
function quad(a, b, c, d)
{
  var indices = [a, b, c, a, c, d];

  for (var i = 0; i < indices.length; ++i) {
    positions.push(vertices[indices[i]]);
    colors.push(vertexColors[indices[i]]);
  }
}
```

这个程序几乎就要写完了,但还有一些概念需要澄清。首先讨论如何将颜色和其他顶点属性赋给光栅化模块产生的片元。

4.6.5 颜色插值

虽然已经指定了立方体每个顶点的颜色,但图形系统还必须利用这个信息来确定多边形内部每个点的颜色。图形系统需要利用顶点的颜色填充多边形,或者说是利用顶点的颜色**插值**(interpolate)出多边形内部点的颜色。颜色插值有许多种方法,也许在计算机图形学中最常用的方法就是在 4.1 节介绍的三角形的质心坐标表示。使用这种方法的一个主要原因是,三角形是图形绘制中的基本对象。

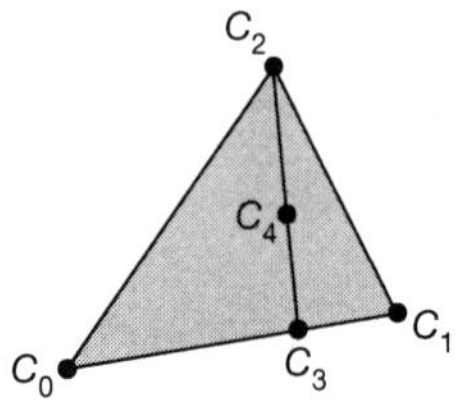

考虑如图 4.31 所示的多边形。颜色 C_0,C_1 和 C_2 分别是应用程序赋给各个顶点的颜色。假定使用 RGB 颜色模式并且对每种原色分别进行插值。先在 C_0C_1 这条边上作线性插值,于是这条边上的颜色可以通过参数方程表示为:

$$C_{01}(\alpha) = (1-\alpha)C_0 + \alpha C_1$$

图 4.31 基于质心坐标的插值

当 α 从 0 变到 1 时,就得到了这条边上所有点的颜色 $C_{01}(\alpha)$。对一个给定的 α,可以得到这条边上的一个颜色 C_3。现在可以利用线性插值得到线段 C_3C_2 上的颜色:

$$C_{32}(\beta) = (1-\beta)C_3 + \beta C_2$$

对一个给定的 β,可以得到三角形内部的一个点的颜色 C_4。由于质心坐标 α 和 β 的取值范围是从 0 到 1,所以可以得到三角形内部所有点的插值颜色,可以把这些插值颜色赋给光栅化模块产生的每个片元。同样的插值方法也适合于其他的顶点属性[1]。

现在可以像 2.9 节处理三维 Sierpinski 镂垫那样,通过使用基本的正交投影把彩色立方体显示出来。我们在 4.7 节介绍的变换可以使立方体动起来,还可以构造更复杂的对象。不过先来介绍 WebGL 的一个特性,它不仅减少了生成立方体的开销,还提供了一种处理立方体和其他多面体对象的高级方法。

---

[1] 现代显卡支持在透视投影下能产生正确结果的插值方法。

4.6.6　显示立方体

程序中用于显示立方体的代码以及着色器代码与第 2 章中用于显示三维 Sierpinski 镂垫的代码几乎相同。两者的区别主要在于如何将顶点的位置和颜色数据存储到数组中，而包括着色器在内的 WebGL 编码部分都是相同的。

然而，由于立方体的侧面与视见体是平行的，我们只能看到立方体的前面，并且显示的这个面占据了整个绘图窗口，所以显示出来的立方体不是很直观。可以通过改变顶点的位置来显示一个相当于旋转之后的立方体，也可以对这些顶点数据进行缩放变换，从而显示一个更小的立方体。例如，可以把立方体的 8 个顶点的坐标值缩小到原来的一半，但这并不是一种非常灵活的解决方案。我们也可以把缩放因子放在 quad 函数中。一个更好的方法是修改顶点着色器，其代码如下：

```
in vec4 aPosition;
in vec4 aColor;
out vec4 vColor;

void main()
{
  vColor = aColor;
  gl_Position = 0.5*aPosition;
}
```

注意，修改后的顶点着色器使用了四维齐次坐标表示的输入数据。片元着色器的代码如下：

```
in vec4 vColor;
out vec4 fColor;
void main()
{
  fColor = vColor;
}
```

我们不再讨论这些特定的方法，而是转而开发具有几何变换功能的程序，这样可以使我们在 WebGL 应用程序代码或着色器代码中对立方体的顶点数据进行旋转、缩放和平移。为了能够在 GPU 中执行几何变换并动态地改变几何变换，我们还要深入探讨如何在 WebGL 应用程序和着色器之间传递数据。

4.6.7　使用元素绘制网格[①]

WebGL 提供了一种更简单的方法表示并绘制网格。假设顶点位置和颜色都放在数组中，这与前面的做法一样，但是在执行代码时，并不是按正确的绘制顺序将顶点和颜色复制到新数组中，而是按正确的顺序创建一个索引数组。考虑下面的数组：

```
var indices = [
  1, 0, 3,
  3, 2, 1,
  2, 3, 7,
  7, 6, 2,
  3, 0, 4,
  4, 7, 3,
  6, 5, 1,
  1, 2, 6,
```

[①]　这里的"元素（Element）"是指用于保存索引的元素数组或索引数组。——译者注

```
    4, 5, 6,
    6, 7, 4,
    5, 4, 0,
    0, 1, 5
];
```

数组元素是组成立方体的 12 个三角形的索引。因此，(1, 0, 3) 和 (3, 2, 1) 是构成一个面的两个三角形，indices 数组包含了立方体的所有拓扑信息。WebGL 包含的绘制函数 gl.drawElements 将索引数组与顶点数组以及顶点的其他属性数组联系起来。这样，通过使用 drawElements 绘制立方体，就不再需要 quad 函数，也不需要 positions[①]和 colors 数组了。取而代之的是，我们通过下面的代码向 GPU 发送 vertices 和 vertexColors：

```
gl.bufferData(gl.ARRAY_BUFFER, flatten(vertices), gl.STATIC_DRAW);[②]
gl.bufferData(gl.ARRAY_BUFFER, flatten(vertexColors), gl.STATIC_DRAW);[③]
```

向 GPU 发送顶点索引数组的代码为：

```
var iBuffer = gl.createBuffer();
gl.bindBuffer(gl.ELEMENT_ARRAY_BUFFER, iBuffer);
gl.bufferData(gl.ELEMENT_ARRAY_BUFFER, new Uint8Array(indices),
              gl.STATIC_DRAW);
```

注意，我们使用参数 gl.ELEMENT_ARRAY_BUFFER 标记发送的数组是顶点索引数组而非顶点数据数组。同样，因为 WebGL 希望以整数而不是浮点数的形式发送索引，所以将它转换为类型化数组。最后，在绘制函数中绘制立方体，其代码为：

```
gl.drawElements(gl.TRIANGLES, numElements, gl.UNSIGNED_BYTE, 0);
```

其参数与 gl.drawArrays 中的参数非常相似，最后一个参数为起始索引值。

我们可以使用 gl.drawArrays 和 gl.drawElements 两种方法绘制几何对象。对于复杂的网格，它具有很多共享顶点(多条边终止于同一个顶点)，通常更倾向于使用索引元素数组。

4.6.8　图元重启

如果使用三角形条带或三角形扇而不是三角形，那么可以更有效地绘制网格。如果使用三角形条带或三角形扇绘制立方体，那么它的每个面仅需要四个索引来指定，而使用三角形图元则需要六个索引。这样，可以使用较短的索引元素列表(以三角形扇为例)指定一个立方体，代码如下：

```
var indices = [
    1, 0, 3, 2,
    2, 3, 7, 6,
    3, 0, 4, 7,
    6, 5, 1, 2,
    4, 5, 6, 7,
    5, 4, 0, 1
];
```

遗憾的是，虽然索引元素的数量(numElements)减少了，但是无法使用 drawElements 函数绘制该立方体，因为在这种形式下，我们要求将 24 个索引元素绘制成一个三角形扇：

```
gl.drawElements(gl.TRIANGLE_FAN, numElements, gl.UNSIGNED_BYTE, 0);
```

---

① 此处原文为 "points"，疑有误。——译者注
② 此处原文为 "gl.bufferData(gl.ARRAY_BUFFER, flatten(positions), gl.STATIC_DRAW);"，疑有误。——译者注
③ 此处原文为 "gl.bufferData(gl.ARRAY_BUFFER, flatten(colors), gl.STATIC_DRAW);"，疑有误。——译者注

解决这个问题的一种方法是遍历立方体的六个面并分别绘制每个面，代码如下：

```
for(var i = 0; i < 6; i++)
    gl.drawElements(gl.TRIANGLE_FAN, numElements, gl.UNSIGNED_BYTE, 4*i);
```

该方法可以正确绘制立方体，但增加的循环(多次调用 drawElements)降低了程序的性能。WebGL 还有另一个称为**图元重启**(primitive restart)的方法可以避免这个问题。考虑下面的索引元素列表：

```
var indices = [
    1, 0, 3, 2, 255,
    2, 3, 7, 6, 255,
    3, 0, 4, 7, 255,
    6, 5, 1, 2, 255,
    4, 5, 6, 7, 255,
    5, 4, 0, 1
];
```

如果我们通过 WebGL 函数

```
gl.enable(gl.PRIMITIVE_RESTART_FIXED_INDEX);
```

开启图元重启功能并将绘制器的图元重启标志设置为 $255(2^8-1$，类型为 Unit8 的索引元素所能允许的最大值)，那么立方体每个面使用 4 个索引绘制一个三角形扇，当遇到图元重启标志时，WebGL 不会继续绘制图元，而是重新启动新的绘制，因此不必使用低效的循环方法。图元重启为我们提供了一种通过单次绘制渲染大网格的方法。注意，尽管绘制了所有的三角形扇(或三角形条带)，但每个三角形扇(或三角形条带)可以有不同数量的索引元素。

4.7 仿射变换

变换(transformation)是一个函数，它把一个点(或向量)映射成另一个点(或向量)。可以像图 4.32 那样直观地描绘出一个变换或者像下面这样把变换表示成函数的形式：

$$Q = T(P)$$

这是点的变换。而

$$v = R(u)$$

是向量的变换。如果使用齐次坐标，那么就能把向量和点都表示成四维列矩阵并且用一个函数来定义变换：

$$\mathbf{q} = f(\mathbf{p})$$

$$\mathbf{v} = f(\mathbf{u})$$

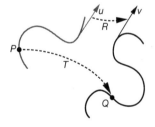

图 4.32 变换

这是在给定的标架中变换点和向量的表示。

上面对于变换的表述过于一般，不是很有用，因为它把所有的点和向量的单值映射都包括进去了。在实际应用中，即使函数 f 可以用一种方便的方式来描述，也必须对一条曲线上的每一个点都执行变换。例如，如果要对一条线段执行一个一般的变换，那么在两个端点之间的所有点都要进行变换。

现在考虑一类受限制的变换。假定使用的是四维齐次坐标，那么点和向量都被表示成四元组[①]。如果对 f 加以限制，可以得到一类有用的变换。最重要的限制是线性条件。一个函数 f 是**线性函数**

[①] 我们只考虑这样的函数：它们把顶点映射成顶点，并且遵守本章和附录 B 讨论的向量和点的运算法则。

(linear function)，当且仅当对于任何标量 α 和 β 以及任何两个顶点(或者向量)p 和 q，都有

$$f(\alpha p + \beta q) = \alpha f(p) + \beta f(q)$$

线性函数的重要性在于：因为变换的线性组合等于线性组合的变换，所以只需要知道 p 和 q 的变换就可以求出它们的线性组合的变换，这样就无须直接计算每个线性组合的变换了。

如果使用点和向量的齐次坐标表示，那么可以把线性变换看成在点(或者向量)的表示之间的映射，并且总可以用矩阵乘法来表示线性变换：

$$\mathbf{v} = \mathbf{Cu}$$

其中，$\mathbf{u}$ 和 $\mathbf{v}$ 分别是变换前和变换后的表示，$\mathbf{C}$ 是一个方阵。把这个公式与 4.3 节讨论标架变换时得出的公式相比较就会发现，只要 $\mathbf{C}$ 是非奇异的，那么这个线性变换就对应于一个标架变换。于是，可以用两种等价的观点看待线性变换：(1)由于标架的改变而引起的顶点表示的改变；(2)标架不变，对顶点进行变换。

当使用齐次坐标时，$\mathbf{C}$ 是一个 4×4 矩阵，它不会改变表示的第四个分量(w)。矩阵 $\mathbf{C}$ 的形式是：

$$\mathbf{C} = \begin{bmatrix} \alpha_{11} & \alpha_{12} & \alpha_{13} & \alpha_{14} \\ \alpha_{21} & \alpha_{22} & \alpha_{23} & \alpha_{24} \\ \alpha_{31} & \alpha_{32} & \alpha_{33} & \alpha_{34} \\ 0 & 0 & 0 & 1 \end{bmatrix}$$

它是 4.3.4 节导出的矩阵 $\mathbf{M}$ 的转置矩阵，其中有 12 个元素可以任意取值，所以说，这个变换有 12 个**自由度**(degree of freedom)。不过在仿射空间中，点和向量的齐次坐标表示稍有不同。任何向量都可以表示成：

$$\mathbf{u} = \begin{bmatrix} \alpha_1 \\ \alpha_2 \\ \alpha_3 \\ 0 \end{bmatrix}$$

任何点可以表示为：

$$\mathbf{p} = \begin{bmatrix} \beta_1 \\ \beta_2 \\ \beta_3 \\ 1 \end{bmatrix}$$

如果把任意一个变换应用到一个向量：

$$\mathbf{v} = \mathbf{Cu}$$

那么可以看到 $\mathbf{C}$ 中只有 9 个元素起作用，因此向量的变换只有 9 个自由度。点的仿射变换具有全部的 12 个自由度。

我们还可以证明仿射变换把直线映射成直线。假定直线的方程为：

$$P(\alpha) = P_0 + \alpha d$$

其中，P_0 是一个点，d 是一个向量。在某个标架下，这条直线可以表示为：

$$\mathbf{p}(\alpha) = \mathbf{p}_0 + \alpha \mathbf{d}$$

其中，$\mathbf{p}_0$ 和 $\mathbf{d}$ 分别是 P_0 和 d 在这个标架下的表示。对任意仿射变换矩阵 $\mathbf{C}$，有：

$$\mathbf{Cp}(\alpha) = \mathbf{Cp}_0 + \alpha \mathbf{Cd}$$

因此，可以先对 $\mathbf{p}_0$ 和 $\mathbf{d}$ 进行变换，然后使用任何一种绘制线段的方法就可以生成变换后的线段。

如果使用直线方程的两点形式：

$$\mathbf{p}(\alpha) = \alpha\mathbf{p}_0 + (1 - \alpha)\mathbf{p}_1$$

那么同样可以得出类似的结果。我们先对 $\mathbf{p}_0$ 和 $\mathbf{p}_1$ 进行变换，然后就可以绘制出变换后的线段。因为矩阵 $\mathbf{C}$ 中只有 12 个元素可以随意指定，所以对直线或者线段进行仿射变换也只有 12 个自由度。

尽管我们从抽象的数学空间入手得出了这些结果，但它们在计算机图形学中的重要性体现在实际应用中。为了确定变换后的线段，只需要对两个端点的齐次坐标表示进行变换即可。因此，可以用流水线模型来实现图形系统，流水线中的仿射变换单元只需要对端点进行变换，在光栅化阶段根据端点的处理结果就可以生成内部的点。

幸运的是，计算机图形学中用到的大多数变换是仿射变换。这些变换包括旋转、平移和缩放。在第 5 章将会看到，稍做修改就可以将这些结果用于描述标准的平行投影和透视投影。

4.8 平移、旋转和缩放

在前面的讨论中，我们有时把几何对象看成抽象实体，有时又使用它们在某个给定标架下的表示。当编写应用程序时，必须考虑顶点在某个标架下的表示。在本节，首先说明如何独立于任何表示来描述最重要的仿射变换。然后，把这些变换作用于点和向量，由此求出描述这些变换的矩阵。4.11 节将介绍如何在 WebGL 中实现这些变换。

变换可以看作把点移动到新位置的某种方法，这些点定义了一个或者多个几何对象。尽管有许多变换可以把点移动到新的位置，但如果要求把一组点移动到新的位置并且保持它们之间的空间关系，那么绝大多数情况下只能找出一个变换。因此，尽管可以找出许多变换矩阵把彩色立方体的一个顶点从 P_0 移动到 Q_0，但是在它们中间只有一个能够保持立方体的大小和方向。

4.8.1 平移

平移(translation)变换把点沿着给定的方向移动固定的距离，如图 4.33 所示。只需要指定一个位移向量 d 就可以确定一个平移变换，因为变换后的点由下式给出：

$$P' = P + d$$

上式适用于对象上所有的点 P。注意，这个定义不依赖于任何标架或者表示。平移有 3 个自由度，因为它的位移向量有 3 个可以任意指定的分量。

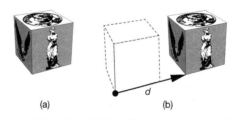

图 4.33 平移。(a)初始位置的对象；(b)平移后的对象

4.8.2 旋转

确定**旋转**(rotation)比确定平移要更困难一些,因为需要指定的参数更多。先来考虑一个简单的例子，如图 4.34 所示，我们在二维平面内围绕原点旋转一个点。因为已经指定了一个特定的点(原点)，所以我们有一个特定的标架。在这个标架下表示为 (x, y) 的点围绕原点旋转 θ 后位于表示为 (x', y') 的位置。通过把 (x, y) 和 (x', y') 用极坐标表示，可以得到描述这个旋转的标准方程：

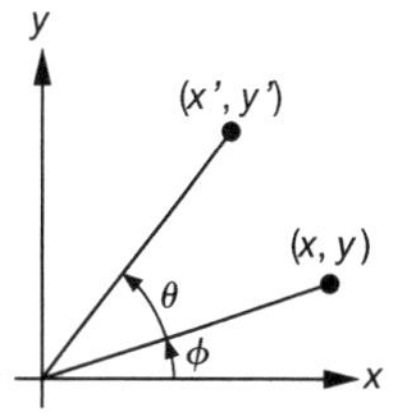

$$x = \rho \cos \phi$$

$$y = \rho \sin \phi$$

图 4.34 二维旋转

$$x' = \rho \cos(\theta + \phi)$$

$$y' = \rho \sin(\theta + \phi)$$

使用三角恒等式对两个角度之和的正弦和余弦展开这些项，可得到：

$$x' = \rho \cos\phi \cos\theta - \rho \sin\phi \sin\theta = x \cos\theta - y \sin\theta$$

$$y' = \rho \cos\phi \sin\theta + \rho \sin\phi \cos\theta = x \sin\theta + y \cos\theta$$

上述等式可以写成矩阵的形式：

$$\begin{bmatrix} x' \\ y' \end{bmatrix} = \begin{bmatrix} \cos\theta & -\sin\theta \\ \sin\theta & \cos\theta \end{bmatrix} \begin{bmatrix} x \\ y \end{bmatrix}$$

在 4.9 节会把上式推广到三维空间。

需要注意的是，这个旋转有三个特征可以推广到其他旋转。

1. 存在一个点(本例中是原点)在旋转变换下保持不变。我们把这个点称为变换的**不动点**(fixed point)。图 4.35 所示是一个旋转变换，它的不动点不在原点，而在对象的中心。

2. 考虑到二维平面是三维空间的一部分，可以在三维坐标系中重新解释这个旋转。对于右手坐标系，如果把 x 轴和 y 轴按照标准方式画在纸面上，那么 z 轴的正方向指向纸面外。当逆着 z 轴的正方向朝原点看时，旋转的正方向应为逆时针方向。绕其他轴旋转的正方向也是这样定义的。

3. 在二维平面 $z = 0$ 内的旋转等价于围绕 z 轴的三维旋转。z 坐标等于常数的平面上的点都以类似的方式旋转，它们的 z 坐标不变。

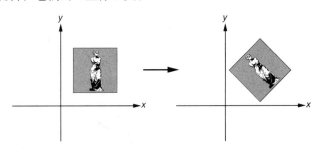

图 4.35 绕不动点旋转

利用上述分析可以定义一般的三维旋转，并且这个定义是不依赖于标架的。我们必须指定如图 4.36 所示的三个实体：不动点(P_f)、旋转角度(θ)和代表旋转轴的直线或者向量。如果不动点是给定的，那么旋转变换有 3 个自由度(确定向量方向所需的两个角度，以及绕这个向量旋转的角度)。

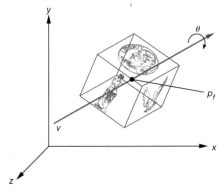

图 4.36 三维旋转

　　旋转和平移都是**刚体变换**（rigid-body transformation）。旋转和平移的任何组合都不能改变对象的形状和体积，它们只能改变对象的位置和方向。因此，单靠旋转和平移不能给出所有可能的仿射变换。图 4.37 所示的变换是仿射变换，但不是刚体变换。

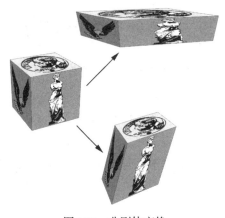

图 4.37　非刚体变换

4.8.3　缩放

　　缩放（scaling）是一种仿射变换，但不是刚体变换，通过缩放变换可以放大或者缩小对象。图 4.38 所示是均匀缩放和非均匀缩放。为了构造出在建模和观察中使用的全部仿射变换，需要把一系列合适的缩放、平移和旋转变换组合起来，其中的缩放不一定是均匀的，所以有必要考虑非均匀缩放。

　　从图 4.39 可以看到，缩放变换有一个不动点。因此，为了确定一个缩放变换，应该指定不动点、缩放方向和缩放因子（α）。当 $\alpha > 1$ 时，对象沿着指定的方向伸长；当 $0 \leq \alpha < 1$ 时，对象沿着指定的方向缩短。如果 α 是负的（参见图 4.40），那么就得到了以不动点为中心沿缩放方向的**反射**（reflection）变换。缩放有 6 个自由度，因为可以用 3 个独立的值指定一个任意的不动点，此外还有 3 个值指定缩放大小和缩放方向。

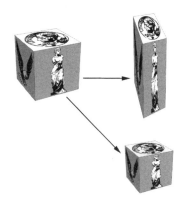

图 4.38　均匀缩放和非均匀缩放

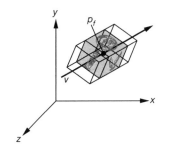

图 4.39　缩放因子对缩放的影响

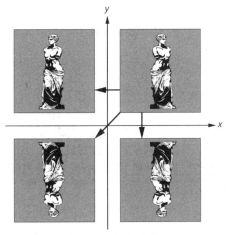

图 4.40　反射变换

4.9 变换的齐次坐标表示

所有的图形 API 都要求在某个参考系下使用。因此，不能直接应用下面这样的高级表示：

$$Q = P + \alpha v$$

而应使用齐次坐标表示并采用下面这样的公式：

$$\mathbf{q} = \mathbf{p} + \alpha\mathbf{v}$$

在某个标架下，每个仿射变换都可以由如下形式的 4×4 矩阵来表示：

$$\mathbf{A} = \begin{bmatrix} \alpha_{11} & \alpha_{12} & \alpha_{13} & \alpha_{14} \\ \alpha_{21} & \alpha_{22} & \alpha_{23} & \alpha_{24} \\ \alpha_{31} & \alpha_{32} & \alpha_{33} & \alpha_{34} \\ 0 & 0 & 0 & 1 \end{bmatrix}$$

4.9.1 平移

平移变换通过一个位移向量来移动点的位置。如果按照 $\mathbf{d}$ 所指示的方向和距离把点 $\mathbf{p}$ 移动到 $\mathbf{p}'$，则

$$\mathbf{p}' = \mathbf{p} + \mathbf{d}$$

把 $\mathbf{p}$，$\mathbf{p}'$ 和 $\mathbf{d}$ 写成齐次坐标的形式：

$$\mathbf{p} = \begin{bmatrix} x \\ y \\ z \\ 1 \end{bmatrix}, \qquad \mathbf{p}' = \begin{bmatrix} x' \\ y' \\ z' \\ 1 \end{bmatrix}, \qquad \mathbf{d} = \begin{bmatrix} \alpha_x \\ \alpha_y \\ \alpha_z \\ 0 \end{bmatrix}$$

于是可以采用分量形式表示平移变换

$$x' = x + \alpha_x$$
$$y' = y + \alpha_y$$
$$z' = z + \alpha_z$$

它们可以写成列矩阵相加的形式，但这种表示不能很好地和其他仿射变换的表示相结合。不过用矩阵乘法也可以表示同样的结果：

$$\mathbf{p}' = \mathbf{T}\mathbf{p}$$

其中，

$$\mathbf{T} = \begin{bmatrix} 1 & 0 & 0 & \alpha_x \\ 0 & 1 & 0 & \alpha_y \\ 0 & 0 & 1 & \alpha_z \\ 0 & 0 & 0 & 1 \end{bmatrix}$$

$\mathbf{T}$ 称为**平移矩阵**(translation matrix)，有时候我们把它写成 $\mathbf{T}(\alpha_x, \alpha_y, \alpha_z)$ 来强调三个独立的参数。

在点的齐次坐标表示中，第四个元素总是 1，读者也许会觉得没有必要使用这个总是取固定值的元素。然而，如果使用三维表示：

$$\mathbf{q} = \begin{bmatrix} x \\ y \\ z \end{bmatrix}, \qquad \mathbf{q}' = \begin{bmatrix} x' \\ y' \\ z' \end{bmatrix}$$

那么就不可能找出一个 3×3 矩阵 **D**，使得 **q′** = **Dq** 能够表示平移向量为 **d** 的平移变换。由于这个原因，齐次坐标通常被看作一种技巧，利用它可以把三维空间中的列矩阵相加转换成四维空间中的矩阵相乘。

平移矩阵的逆可以通过某种矩阵求逆的算法得出。因为把一个点平移 **d** 之后再平移–**d** 就回到了原来的位置，所以还可以用另一方法求出平移矩阵的逆。这两种方法都得出了下面的逆矩阵：

$$\mathbf{T}^{-1}(\alpha_x, \alpha_y, \alpha_z) = \mathbf{T}(-\alpha_x, -\alpha_y, -\alpha_z) = \begin{bmatrix} 1 & 0 & 0 & -\alpha_x \\ 0 & 1 & 0 & -\alpha_y \\ 0 & 0 & 1 & -\alpha_z \\ 0 & 0 & 0 & 1 \end{bmatrix}$$

4.9.2　缩放

缩放和旋转都有一个不动点，这个点在变换以后保持不变。现在把不动点设为原点，以后可以通过复合变换来得到不动点在任意位置的变换。

不动点位于原点的缩放变换可以沿着三个坐标轴的方向进行彼此独立的缩放。这三个方向的缩放可以表示为：

$$x' = \beta_x x$$

$$y' = \beta_y y$$

$$z' = \beta_z z$$

利用齐次坐标的表示形式，这三个方程可以组合在一起：

$$\mathbf{p}' = \mathbf{S}\mathbf{p}$$

其中，

$$\mathbf{S} = \mathbf{S}(\beta_x, \beta_y, \beta_z) = \begin{bmatrix} \beta_x & 0 & 0 & 0 \\ 0 & \beta_y & 0 & 0 \\ 0 & 0 & \beta_z & 0 \\ 0 & 0 & 0 & 1 \end{bmatrix}$$

和平移矩阵一样，上面这个矩阵的最后一行与具体的变换无关，这样可以使变换后的表示的第四个分量仍然是 1。

缩放矩阵的逆仍然是一个缩放矩阵，并且这两个矩阵的对应缩放系数互为倒数：

$$\mathbf{S}^{-1}(\beta_x, \beta_y, \beta_z) = \mathbf{S}\left(\frac{1}{\beta_x}, \frac{1}{\beta_y}, \frac{1}{\beta_z}\right)$$

4.9.3　旋转

我们先讨论不动点为原点的旋转，这样的旋转有三个自由度，分别对应于相互独立的绕着三个坐标轴的旋转。不过必须注意，矩阵乘法不满足交换律(参见附录 C)。先绕 x 轴旋转角度 θ 然后再绕 y 轴旋转角度 ϕ，和先绕 y 轴旋转角度 ϕ 然后再绕 x 轴旋转角度 θ 是不同的变换，尽管只是交换了旋转的顺序。

利用 4.8.2 节讨论二维旋转得出的结果，可以直接得出绕坐标轴旋转的变换矩阵。在那一节我们看到二维旋转实际上是在三维空间中绕 z 轴的旋转，而且绕 z 轴旋转之后 z 为常数的平面保持不变。因此，在三维空间中，绕 z 轴旋转角度 θ 可以用下列方程来表示：

$$x' = x \cos \theta - y \sin \theta$$

$$y' = x \sin \theta + y \cos \theta$$

$$z' = z$$

或者写成矩阵形式:

$$\mathbf{p}' = \mathbf{R}_z \mathbf{p}$$

其中,

$$\mathbf{R}_z = \mathbf{R}_z(\theta) = \begin{bmatrix} \cos \theta & -\sin \theta & 0 & 0 \\ \sin \theta & \cos \theta & 0 & 0 \\ 0 & 0 & 1 & 0 \\ 0 & 0 & 0 & 1 \end{bmatrix}$$

利用同样的推理可以导出绕 x 轴和绕 y 轴旋转的矩阵。如果绕 x 轴旋转,则 x 坐标不会改变,并且在每个 x 等于常数的平面内进行的是二维旋转。如果绕 y 轴旋转,则 y 坐标不变。这两个变换矩阵为:

$$\mathbf{R}_x = \mathbf{R}_x(\theta) = \begin{bmatrix} 1 & 0 & 0 & 0 \\ 0 & \cos \theta & -\sin \theta & 0 \\ 0 & \sin \theta & \cos \theta & 0 \\ 0 & 0 & 0 & 1 \end{bmatrix}$$

$$\mathbf{R}_y = \mathbf{R}_y(\theta) = \begin{bmatrix} \cos \theta & 0 & \sin \theta & 0 \\ 0 & 1 & 0 & 0 \\ -\sin \theta & 0 & \cos \theta & 0 \\ 0 & 0 & 0 & 1 \end{bmatrix}$$

其中正弦项的符号与我们在右手坐标系下对旋转正方向的定义一致。

令 $\mathbf{R}$ 表示上面这三个旋转矩阵中的任何一个。先旋转 θ 角度然后再旋转 $-\theta$ 角度等于没有进行变换,于是有:

$$\mathbf{R}^{-1}(\theta) = \mathbf{R}(-\theta)$$

此外,注意到所有的余弦项都出现在对角线上,而正弦项不在对角线上出现,于是利用三角恒等式

$$\cos(-\theta) = \cos \theta$$

$$\sin(-\theta) = -\sin \theta$$

可得:

$$\mathbf{R}^{-1}(\theta) = \mathbf{R}^{\mathrm{T}}(\theta)$$

任何不动点在原点的旋转矩阵都可以表示成绕三个坐标轴的旋转矩阵的乘积:

$$\mathbf{R} = \mathbf{R}_z \mathbf{R}_y \mathbf{R}_x$$

4.10.1 节给出了这个结果的一个简单证明。因为矩阵乘积的转置等于转置矩阵的反序乘积,所以对任何旋转矩阵都有:

$$\mathbf{R}^{-1} = \mathbf{R}^{\mathrm{T}}$$

如果一个矩阵的逆等于它的转置,那么我们称它为**正交矩阵**(orthogonal matrix)。归一化的正交矩阵对应于不动点在原点的旋转。

4.9.4　错切

虽然利用一系列的旋转、平移和缩放变换就可以构造出任何仿射变换，但是还有一类仿射变换非常重要，我们把它看作一种基本的变换，而不是从其他变换推导出来的，这就是**错切**（shear）变换。如图4.41所示，我们从 z 轴正向一侧观察一个中心位于原点的立方体，这个立方体的各条边分别平行于三个坐标轴。如果向右拉立方体的顶面并且向左拉其底面，那么我们把立方体沿 x 方向进行了错切。注意，y 坐标和 z 坐标都保持不变，因此为了和其他方向的错切相区别，把这个变换称为"x 错切"。由图4.42可知，用一个角度 θ 就可以表征一个 x 错切。这个错切可用下面的方程来描述：

$$x' = x + y\cot\theta$$
$$y' = y$$
$$z' = z$$

由此可得出错切矩阵：

$$\mathbf{H}_x(\theta) = \begin{bmatrix} 1 & \cot\theta & 0 & 0 \\ 0 & 1 & 0 & 0 \\ 0 & 0 & 1 & 0 \\ 0 & 0 & 0 & 1 \end{bmatrix}$$

为了抵消掉 $\mathbf{H}_x(\theta)$ 的效果，只需以相同的角度向相反的方向错切，因此，

$$\mathbf{H}_x^{-1}(\theta) = \mathbf{H}_x(-\theta)$$

先沿 x 方向错切再沿 z 方向错切，由于 y 值保持不变，因此可以把这个复合变换认为是在 $x\text{-}z$ 平面上的错切变换。

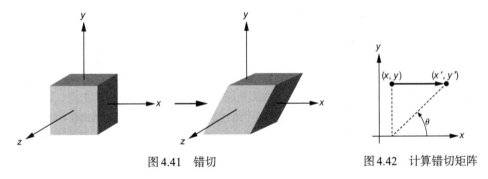

图 4.41　错切　　　　　　　　　　图 4.42　计算错切矩阵

4.10　变换的级联

前面介绍了几种基本的变换，本节将通过相乘或者**级联**（concatenate）一系列基本变换来构造几个仿射变换的例子。这种方法比直接定义一个任意的变换更方便，而且与图形系统的流水线结构非常吻合。

假定对点 $\mathbf{p}$ 相继执行三个变换，得到了点 $\mathbf{q}$。因为矩阵乘法满足结合律，所以可以把这个变换序列表示为：

$$\mathbf{q} = \mathbf{CBAp}$$

注意，上式中没有括号。这里的矩阵 $\mathbf{A}$，$\mathbf{B}$ 和 $\mathbf{C}$ 可以是任意的 4×4 矩阵，尽管在实际应用中它们

往往是仿射变换的矩阵。变换的顺序会影响计算的效率。如图 4.43 所示，一种办法是先执行变换 **A**，然后执行 **B**，最后是 **C**，这样的运算顺序对应于下式中加括号的方式：

$$\mathbf{q} = (\mathbf{C}(\mathbf{B}(\mathbf{Ap})))$$

如果只变换一个点，那么这个运算顺序最有效，因为每次矩阵相乘只需用列矩阵乘以方阵。如果要对许多点进行变换，那么可以分两步来进行。首先计算：

$$\mathbf{M} = \mathbf{CBA}$$

然后再用这个矩阵计算每个点的变换：

$$\mathbf{q} = \mathbf{Mp}$$

这样的运算顺序对应于图 4.44 所示的流水线。先计算出矩阵 **M**，然后通过着色器把它加载到一个流水线变换单元。简单地考虑一下运算的次数就会发现，尽管初始时要计算 **M**，但在这之后对每个点只需进行一次矩阵乘法，所以和由此而节省的运算次数相比，计算 **M** 的额外开销可以忽略，因为可能要处理成千上万个点。下面举几个计算 **M** 的例子。

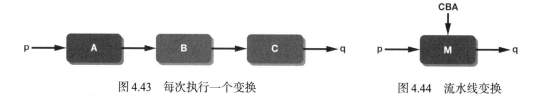

图 4.43　每次执行一个变换　　　　　　图 4.44　流水线变换

4.10.1　不动点在任意位置的旋转

我们已经知道了不动点在原点的变换矩阵(包括旋转、缩放和错切)，现在要对它们进行修改以得到不动点在任意位置的变换。我们以绕平行于 z 轴的直线旋转为例，所用的方法也适用于其他的情况。

考虑一个中心在 $\mathbf{p}_f$ 的立方体，它的各个面分别和三个坐标轴平行。我们要把这个立方体绕平行于 z 轴的一条直线旋转，并且立方体的中心是旋转的不动点，如图 4.45 所示。如果 $\mathbf{p}_f$ 是原点，我们已经知道变换的矩阵是 $\mathbf{R}_z(\theta)$。由此想到首先应该把立方体的中心移到原点，然后就可以应用 $\mathbf{R}_z(\theta)$，最后再把对象移回原处，使得它的中心仍旧位于 $\mathbf{p}_f$。这个变换序列如图 4.46 所示。如果用前面提到的基本仿射变换的符号来表示，那么第一个变换是 $\mathbf{T}(-\mathbf{p}_f)$，第二个变换是 $\mathbf{R}_z(\theta)$，最后一个变换是 $\mathbf{T}(\mathbf{p}_f)$。把它们级联到一起就得到单独一个矩阵：

$$\mathbf{M} = \mathbf{T}(\mathbf{p}_f)\mathbf{R}_z(\theta)\mathbf{T}(-\mathbf{p}_f)$$

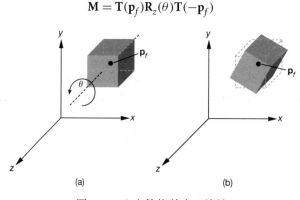

图 4.45　立方体绕其中心旋转

乘完之后的结果是

$$\mathbf{M} = \begin{bmatrix} \cos\theta & -\sin\theta & 0 & x_f - x_f\cos\theta + y_f\sin\theta \\ \sin\theta & \cos\theta & 0 & y_f - x_f\sin\theta - y_f\cos\theta \\ 0 & 0 & 1 & 0 \\ 0 & 0 & 0 & 1 \end{bmatrix}$$

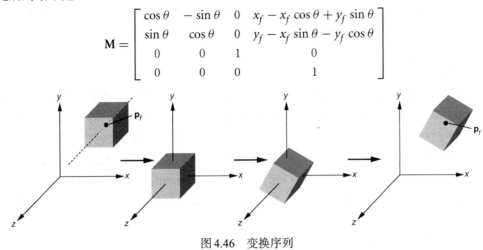

图 4.46　变换序列

4.10.2　一般的旋转

以原点为不动点的旋转具有三个自由度，因此，任何一个以原点为不动点的旋转都可以分解成三个绕坐标轴的旋转。虽然最后得到的旋转矩阵是相同的，但绕三个坐标轴旋转的顺序不是唯一的(参见习题 4.10)。这里先绕 z 轴旋转，然后绕 y 轴旋转，最后绕 x 轴旋转。

考虑如图 4.47(a) 所示的立方体，它的中心位于原点并且各个面分别平行于三个坐标轴。把这个立方体绕 z 轴旋转角度 α，如图 4.47(b) 所示。然后再把立方体绕 y 轴旋转角度 β，如图 4.48 所示的俯视图。最后再把立方体绕 x 轴旋转角度 γ，如图 4.49 所示的侧视图。总的旋转矩阵为：

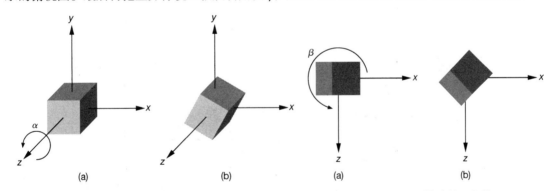

图 4.47　绕 z 轴旋转立方体。(a)旋转之前；(b)旋转之后　　　　图 4.48　绕 y 轴旋转立方体

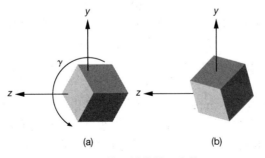

图 4.49　绕 x 轴旋转立方体

$$R = R_xR_yR_z$$

自己试一下就会确信，总可以找到合适的 α、β 和 γ 使得立方体在经过三次旋转之后具有任何想要的方向，尽管在 4.10.4 节的示例中会看到求解这三个角度需要一定的技巧。

4.10.3　实例变换

从前面把立方体旋转到任意方向的例子可以引申出一种建模方法。考虑一个由许多简单对象构成的场景，例如图 4.50 所示的场景。该场景建模的一种方法是通过指定每个对象的顶点使得对象出现在想要的位置并且具有期望的方向和大小。另一种办法是一次定义一类对象，对象的大小、位置和方向可以视方便而定。对象在场景中的每一次出现都是这种对象原型的一个**实例**(instance)。可以通过应用一个仿射变换，即**实例变换**(instance transformation)使得对象具有期望的大小、方向和位置。可以构建一个简单的对象数据库，然后通过一个对象标识符的列表(例如，1 代表立方体，2 代表球)和应用到每个对象的实例变换来描述场景。

应用实例变换的顺序如图 4.51 所示。对象通常在它们自己的标架下定义，这个标架的原点位于对象的质心并且对象的各面分别和对应的坐标轴平行。首先，缩放对象使其具有期望的大小。然后，应用一个旋转矩阵使对象具有正确的方向。最后，把对象平移到想要的位置。因此，实例变换的形式为：

$$M = TRS$$

通过实例变换来建模对象不但与流水线结构非常吻合，而且还可以和第 9 章将要介绍的场景图很好地结合起来。一个需要多次使用的复杂对象只需加载到 GPU 中一次。为了显示它的每一个实例，只需要在执行显示列表之前把合适的实例变换发送给 GPU。

图 4.50　包含许多简单对象的场景

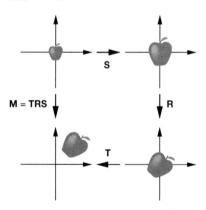

图 4.51　实例变换

WebGL 从 2.0 版本开始通过函数 `gl.drawArraysInstanced` 支持实例化。假定我们用一组三角形建模一个对象，并希望用不同的变换和颜色显示每个对象。可以一次性地构建对象数据，然后像之前一样把它们发送给 GPU。绘制多个实例的函数为：

```
gl.drawArraysInstanced(gl.TRIANGLES, 0, numberTriangles,
                       numberInstances);
```

顶点着色器将执行 numberInstances 次。在顶点着色器中，可以使用内置变量 `gl_InstanceID` 控制每个实例的外观、大小和位置。或者，可以将颜色数组和变换发送给顶点着色器，并使用 `gl_InstanceID` 选择要在每个实例上使用的颜色和变换。我们将在第 9 章继续讨论这个话题。

4.10.4　绕任意轴的旋转

现在来看最后一个旋转示例，我们将导出绕空间中任意点或任意直线旋转的变换矩阵，而且还要说明如何利用方向角确定方向。考虑旋转如图 4.52 所示的立方体，需要三个实体来指定这个旋转。这三个实体是：不动点 $\mathbf{p}_0$（假定不动点是立方体的中心），用来指定旋转轴方向的一个向量，还有旋转的角度。注意，这些实体都不依赖于标架，所以指定旋转的方式是与坐标无关的。然而，为了求出表示这个变换的仿射矩阵，我们必须使用某个标架。

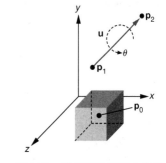

图 4.52　绕任意轴旋转立方体

有许多方法可以指定旋转轴的方向向量。一种方法是用两个点 $\mathbf{p}_1$ 和 $\mathbf{p}_2$ 来定义这个向量：

$$\mathbf{u} = \mathbf{p}_2 - \mathbf{p}_1$$

注意，这两个点的顺序决定了旋转角度 θ 的正方向，而且即使用一条通过点 $\mathbf{p}_0$ 的有向线段表示 $\mathbf{u}$，起作用的也只是 $\mathbf{u}$ 的方向。用一个归一化的向量

$$\mathbf{v} = \frac{\mathbf{u}}{|\mathbf{u}|} = \begin{bmatrix} \alpha_x \\ \alpha_y \\ \alpha_z \end{bmatrix}$$

来代替 $\mathbf{u}$ 可以简化后面的步骤，我们把 $\mathbf{v}$ 称为 $\mathbf{u}$ 的归一化 (normalizing) 向量。我们已经看到了把不动点移到原点有助于求解问题。因此，第一个变换是平移 $\mathbf{T}(-\mathbf{p}_0)$，最后一个变换是 $\mathbf{T}(\mathbf{p}_0)$。在经过平移 $\mathbf{T}(-\mathbf{p}_0)$ 之后，旋转轴将通过原点，如图 4.53 所示。我们在上一个示例（参见 4.10.2 节）中证明了任意一个旋转都可以通过三次绕坐标轴的旋转来合成。现在的问题更困难，因为我们不知道每次旋转的角度。这里采用的办法是通过两次旋转使得旋转轴 $\mathbf{v}$ 和 z 轴重合。然后就可以绕 z 轴旋转角度 θ，此后再把那两次使得旋转轴和 z 轴重合的旋转抵消掉。因此，要求的旋转矩阵可以写成下面的形式：

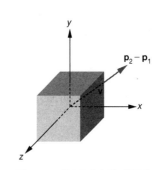

图 4.53　将不动点移到原点

$$\mathbf{R} = \mathbf{R}_x(-\theta_x)\mathbf{R}_y(-\theta_y)\mathbf{R}_z(\theta)\mathbf{R}_y(\theta_y)\mathbf{R}_x(\theta_x)$$

这个旋转序列如图 4.54 所示。在求解 $\mathbf{R}$ 的过程中最困难的部分是如何确定 θ_x 和 θ_y。

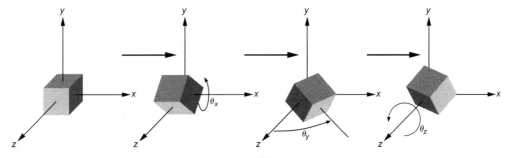

图 4.54　旋转序列

我们先从 $\mathbf{v}$ 的分量入手。因为 $\mathbf{v}$ 是一个单位向量，所以

$$\alpha_x^2 + \alpha_y^2 + \alpha_z^2 = 1$$

从原点到点 $(\alpha_x, \alpha_y, \alpha_z)$ 画一条有向线段, 这条线段的长度为 1 并且方向和 **v** 相同。然后过点 $(\alpha_x, \alpha_y, \alpha_z)$ 作三个坐标轴的垂线, 如图 4.55 所示。这条有向线段(或者 **v**)和三个坐标轴之间的夹角 ϕ_x, ϕ_y, ϕ_z 就是**方向角**(direction angle)。下面的公式定义了**方向余弦**(direction cosine):

$$\cos \phi_x = \alpha_x,$$
$$\cos \phi_y = \alpha_y,$$
$$\cos \phi_z = \alpha_z$$

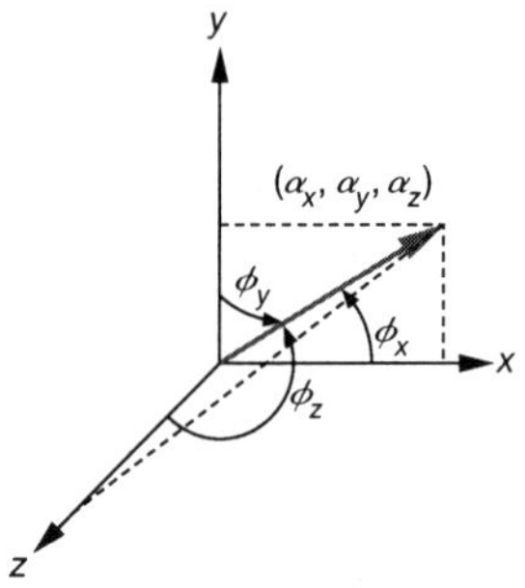

这三个方向角中只有两个是独立的, 因为

$$\cos^2 \phi_x + \cos^2 \phi_y + \cos^2 \phi_z = 1$$

图 4.55　方向角

利用这些角度就可以计算出 θ_x 和 θ_y。如图 4.56 所示, 绕 x 轴旋转角度 θ_x 的结果是使连接原点和点 $(\alpha_x, \alpha_y, \alpha_z)$ 的线段位于平面 $y = 0$ 内。旋转之前这条线段在平面 $x = 0$ 上的投影是该平面内长度为 d 的那条线段。还可以把平面 $x = 0$ 想象成一面墙, 并假定有一个点光源在 x 轴正向的极远处, 那么在墙上所看到的线段是连接原点和点 $(\alpha_x, \alpha_y, \alpha_z)$ 的线段的阴影。注意, 线段投影的长度小于线段本身的长度。可以说这条线段被**投影缩短**(foreshorten)为 $d = \sqrt{\alpha_y^2 + \alpha_z^2}$。所需的 θ_x 就是这个投影和 z 轴的夹角。不过由 θ_x 的正弦和余弦就可以确定旋转矩阵, 所以不需要直接计算出 θ_x。求出的 $\mathbf{R}_x$ 为:

$$\mathbf{R}_x(\theta_x) = \begin{bmatrix} 1 & 0 & 0 & 0 \\ 0 & \alpha_z/d & -\alpha_y/d & 0 \\ 0 & \alpha_y/d & \alpha_z/d & 0 \\ 0 & 0 & 0 & 1 \end{bmatrix}$$

用类似的方法可以求出 $\mathbf{R}_y$, 这个旋转如图 4.57 所示。注意, 旋转的方向是顺时针, 所以必须注意矩阵中正弦项的符号。求出的 $\mathbf{R}_y$ 为:

$$\mathbf{R}_y(\theta_y) = \begin{bmatrix} d & 0 & -\alpha_x & 0 \\ 0 & 1 & 0 & 0 \\ \alpha_x & 0 & d & 0 \\ 0 & 0 & 0 & 1 \end{bmatrix}$$

最后把所有矩阵级联在一起得到:

$$\mathbf{M} = \mathbf{T}(\mathbf{p}_0)\mathbf{R}_x(-\theta_x)\mathbf{R}_y(-\theta_y)\mathbf{R}_z(\theta)\mathbf{R}_y(\theta_y)\mathbf{R}_x(\theta_x)\mathbf{T}(-\mathbf{p}_0)$$

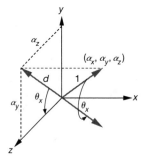

图 4.56　计算绕 x 轴旋转的角度

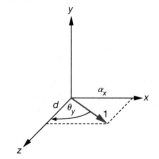

图 4.57　计算绕 y 轴旋转的角度

下面我们来看一个具体的例子。假定希望把一个对象绕经过原点和点 $(1, 2, 3)$ 的直线旋转 $45°$。显然原点是不动点。第一步是求出旋转轴上到原点距离为 1 的点。为此, 我们把 $(1, 2, 3)$ 归一化得到 $(1/\sqrt{14}, 2/\sqrt{14}, 3/\sqrt{14})$, 或者用齐次坐标表示为 $(1/\sqrt{14}, 2/\sqrt{14}, 3/\sqrt{14}, 1)$。旋转的第一部分是把该点移动到点$(0, 0, 1, 1)$。首先绕 x 轴旋转角度 $\arccos(3/\sqrt{13})$，这使得 $(1/\sqrt{14}, 2/\sqrt{14}, 3/\sqrt{14}, 1)$ 变换为平面 $y = 0$ 内的 $(1/\sqrt{14}, 0, \sqrt{13/14}, 1)$。绕 y 轴旋转的角度必须为 $-\arccos(\sqrt{13/14})$，以使得旋转轴和 z 轴重合。然后就可以绕 z 轴旋转所要求的 $45°$。最后再把前两次旋转抵消掉。把这 5 个矩阵级联，就得到了单个矩阵 $\mathbf{R}$：

$$\mathbf{R} = \mathbf{R}_x\left(-\arccos\frac{3}{\sqrt{13}}\right)\mathbf{R}_y\left(\arccos\sqrt{\frac{13}{14}}\right)\mathbf{R}_z(45)\mathbf{R}_y\left(-\arccos\sqrt{\frac{13}{14}}\right)\mathbf{R}_x\left(\arccos\frac{3}{\sqrt{13}}\right)$$

$$= \begin{bmatrix} \dfrac{2+13\sqrt{2}}{28} & \dfrac{2-\sqrt{2}-3\sqrt{7}}{14} & \dfrac{6-3\sqrt{2}+4\sqrt{7}}{28} & 0 \\[3mm] \dfrac{2-\sqrt{2}+3\sqrt{7}}{14} & \dfrac{4+5\sqrt{2}}{14} & \dfrac{6-3\sqrt{2}-\sqrt{7}}{14} & 0 \\[3mm] \dfrac{6-3\sqrt{2}-4\sqrt{7}}{28} & \dfrac{6-3\sqrt{2}+\sqrt{7}}{14} & \dfrac{18+5\sqrt{2}}{28} & 0 \\[3mm] 0 & 0 & 0 & 1 \end{bmatrix}$$

这个矩阵不改变从原点到点 $(1, 2, 3)$ 这条直线上任何点的位置。如果旋转的不动点是 $\mathbf{p}_f$，那么总的变换矩阵为：

$$\mathbf{M} = \mathbf{T}(\mathbf{p_f})\mathbf{R}\mathbf{T}(-\mathbf{p_f})$$

这个例子并不简单。它展示了一种强有力的方法，即把许多简单变换组合成一个复杂变换。在许多实际应用中都会遇到绕任意点或任意轴旋转的问题。这些问题之间的主要差别是指定旋转轴的方式不同。不过，通常可以使用与这个例子相似的方法来确定方向角或者方向余弦。

4.11　WebGL 中的变换矩阵

现在讨论如何实现一个齐次坐标变换软件包以及这样的软件包应为用户提供怎样的接口。前面介绍了包括世界标架和照相机标架在内的各种标架，这些标架对应用程序的开发非常重要。对于基于着色器的 OpenGL 实现，这些标架的存在与否完全取决于应用程序编程人员想要做什么[①]。在最新的 OpenGL 实现中，应用程序编程人员不仅可以选择使用哪个标架，而且可以选择在何处执行标架之间的变换，比如有些适合于在 OpenGL 应用程序代码中执行，而有些则适合于在着色器中执行。

当使用某种方法指定和执行变换时，应该强调状态的重要性。尽管在 WebGL 中只预定义了很少的状态变量，但我们一旦指定了各种属性和矩阵，那么它们实际上就定义了系统的状态。因此，当处理一个顶点时，该顶点如何被处理取决于这些状态变量的值。

我们常使用的两个变换是模-视变换和投影变换。模-视变换将几何对象的表示从应用程序或对象标架变换到照相机标架。投影矩阵不仅执行所需的投影而且还将表示变换到裁剪坐标系。我们在本章只使用模-视变换矩阵。模-视变换矩阵通常是一个仿射变换矩阵，因此像 4.7 节所讨论的那样，它只有 12 个自由度。我们将在第 5 章讨论的投影矩阵也是 4×4 矩阵，但不是仿射矩阵。

4.11.1　当前变换矩阵

大多数图形系统都使用**当前变换矩阵**（current transformation matrix，CTM）。CTM 是绘制流水

[①] 早期的 OpenGL 版本基于固定功能的绘制流水线，模-视变换矩阵和投影变换矩阵属于 OpenGL 规范的一部分，并且其状态属于系统环境的一部分。

线的一部分(参见图 4.58),因此,如果 **p** 是应用程序中定义的一个顶点,那么绘制流水线就会生成 **Cp**。这里需要注意的是,图 4.58 并没有指出当前变换矩阵在绘制流水线中的位置。如果使用当前变换矩阵,则可以认为它是系统状态的一部分。

图 4.58　当前变换矩阵(CTM)

下面首先介绍一组简单的函数,可以使用这些函数来生成和操作 4×4 的仿射变换矩阵。下面用 **C** 来代表 CTM(或任何其他 4×4 的仿射变换矩阵)。初始时,它被设置成 4×4 的单位矩阵。如果需要的话,也可以重新初始化它。如果用符号←来表示替换,那么可以把这个初始化操作表示为:

$$C \leftarrow I$$

对 **C** 进行操作的函数有三种形式:用某个矩阵加载 **C**,或者用一个矩阵左乘或右乘 **C**。多数系统都提供的三种变换是:平移、以原点为不动点的缩放和以原点为不动点的旋转。可以用这些变换来修改 **C**,用右乘的形式表示为:

$$C \leftarrow CT$$
$$C \leftarrow CS$$
$$C \leftarrow CR$$

或者用加载的形式表示为:

$$C \leftarrow T$$
$$C \leftarrow S$$
$$C \leftarrow R$$

多数图形系统允许我们把 **C** 直接设置成任意矩阵 **M**:

$$C \leftarrow M$$

或者用任意矩阵 **M** 右乘 **C**:

$$C \leftarrow CM$$

尽管我们有时候会使用用来设置矩阵的函数,但是通常的做法是改变一个已有的矩阵,也就是说,操作

$$C \leftarrow CR$$

比 $C \leftarrow R$ 更常见。

4.11.2　基本矩阵函数

利用前面的矩阵类型可以创建三维或四维矩阵并对其进行操作。因为我们通常在三维空间中使用四维齐次坐标的形式,所以下面只介绍此情况下的矩阵函数。下面的代码创建一个单位矩阵:

```
var a = mat4();
```

或者指定矩阵的每个分量:

```
var a = mat4(0, 1, 2, 3, 4, 5, 6, 7, 8, 9, 10, 11, 12, 13, 14, 15);
```

或者通过向量形式实现:

```
var a = mat4(
  vec4(0, 1, 2, 3),
  vec4(4, 5, 6, 7),
  vec4(8, 9, 10, 11),
  vec4(12, 13, 14, 15)
);
```

我们可以拷贝（复制）一个已经存在的矩阵：

```
b = mat4(a);
```

还可以确定矩阵的行列式、矩阵的逆和矩阵的转置：

```
var dt = det(a);
b = inverse(a);   // 'b' becomes inverse of 'a'
b = transpose(a); // 'b' becomes transpose of 'a'
```

两个矩阵相乘的函数为：

```
c = mult(a b); // c = a * b
```

如果 d 和 e 都是 vec3 类型的变量，则可以用 a 乘以 d：

```
e = mult(a, d);
```

还可以通过标准索引引用或修改矩阵的单个元素，例如：

```
a[1][2] = 0;
var d = vec4(a[2]);
```

4.11.3　旋转、平移和缩放

在 WebGL 应用程序和着色器中，应用于所有顶点的变换矩阵通常是模-视变换矩阵和投影变换矩阵的乘积，所以可以把这两个矩阵的乘积看作 CTM（参见图 4.59），并且可以选择相应的矩阵然后单独对其进行设置或修改。

利用矩阵和向量类型，可以通过下面的六个函数生成旋转、平移和缩放的仿射变换矩阵：

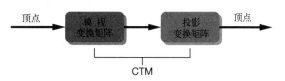

图 4.59　模-视变换矩阵和投影变换矩阵

```
var a = rotate(angle, direction);
var b = rotateX(angle);
var c = rotateY(angle);
var d = rotateZ(angle);
var e = scalem(scaleVector);
var f = translate(translateVector);
```

对于旋转变换函数，其参数指定的是旋转角度，单位是度数并且旋转的不动点位于坐标原点。对于平移变换函数，其参数是一个平移向量的三个分量，对应于沿 x，y 和 z 方向的平移量；而对于缩放变换函数，其参数是沿 x，y 和 z 方向的缩放因子，并且缩放的不动点位于坐标原点。

4.11.4　绕任意不动点的旋转

在 4.10.1 节已经讲过，对于旋转轴不经过原点的旋转，可以先把不动点移到原点，然后绕经过原点的旋转轴旋转，最后再把不动点移回初始的位置。使用 4.10 节的例子，下面的代码按要求实现了一个旋转 45° 的矩阵，其旋转轴的方向向量从原点指向点 $(1, 2, 3)$，并且 $(4, 5, 6)$ 是不动点。

```
var R = mat4();
var ctm = mat4();

var thetaX = -Math.acos(3.0/Math.sqrt(14.0));
var thetaY = -Math.sqrt(13.0/14.0);
var d = vec3(4.0, 5.0, 6.0);

R = mult(R, rotateX(thetaX));
R = mult(R, rotateY(thetaY));
R = mult(R, rotateZ(-45.0));
R = mult(R, rotateY(-thetaY));
R = mult(R, rotateX(-thetaX));

ctm = translate(d);
ctm = mult(ctm, R);
ctm = mult(ctm, translate(negate(d)));
```

因为经常需要执行任意的旋转，所以可以把习题 4.34 作为一个很好的练习。该习题要求编写的旋转函数 mat4.rotate(m, theta, d) 可以生成一个绕向量 $d = (dx, dy, dz)$ 且旋转角度是 theta 的旋转变换矩阵。

4.11.5　变换的顺序

在上面的代码段中，所要求的函数调用是以相反的顺序出现的，读者可能会对此感到困惑。WebGL 中的规则是：最后指定的变换最先被应用。稍做检查就会明白，这样的顺序是右乘 CTM 的结果，因而既是正确的也是合理的。我们所指定的变换序列是：

$$C \leftarrow I$$
$$C \leftarrow CT(4.0, 5.0, 6.0)$$
$$C \leftarrow CR(45.0, 1.0, 2.0, 3.0)$$
$$C \leftarrow CT(-4.0, -5.0, -6.0)$$

每一步都对 CTM 右乘一个变换矩阵，最后生成了下面的矩阵：

$$C = T(4.0, 5.0, 6.0) \, R(45.0, 1.0, 2.0, 3.0) \, T(-4.0, -5.0, -6.0)$$

这与我们在 4.10.4 节得到的矩阵相一致，在这之后指定的每个顶点 **p** 都要用 **C** 来乘，因此新的顶点为：

$$q = Cp$$

还可以用其他方式来理解变换的顺序。一种方式是用栈来思考。改变 CTM 和把矩阵压入栈类似，当应用最后一个变换后，矩阵从栈中弹出的顺序和把它们压入栈的顺序相反。这个类比只是概念上的，并不是确切的，因为当我们使用变换函数后，矩阵立即就被修改了。

4.12　旋转立方体

现在来看看如何以交互的方式使 4.6 节的彩色立方体旋转起来，旋转的方式由鼠标的三个按键或屏幕上的三个按钮来控制。

我们将介绍三种完全不同的显示更新方法。第一种方法，可以在应用程序中生成一个新的模-视变换矩阵并通过将该矩阵应用于顶点数据来获得新的顶点数据，之后必须将新的顶点数据发送到 GPU 中。很明显，这种方法效率较低，因为它涉及从 CPU 向 GPU 发送顶点数组。我们将第一种方法的实现作为习题(参见习题 4.35)，读者可能想要实现该方法并与其他两种方法进行比较测试。

第二种方法，在 WebGL 应用程序中为每次旋转计算新的模-视变换矩阵并将它发送到顶点着色器中，然后在顶点着色器中将这个模-视变换矩阵应用于顶点数据。第三种方法，只将旋转角度发送到顶点着色器，然后在顶点着色器中重新计算模-视变换矩阵。

在所有三种方法中，应用程序的接口和更新旋转的方法都是相同的。模-视变换矩阵是立方体绕 x 轴、y 轴和 z 轴的旋转变换矩阵的级联。每次迭代时，三个旋转角中的某一个都会增加一定的角度，至于增加哪一个旋转角则由用户决定。我们在 HTML 文件中创建三个按钮，代码如下：

```
<button id="ButtonX">Rotate X</button>
<button id="ButtonY">Rotate Y</button>
<button id="ButtonZ">Rotate Z</button>
```

在初始化函数中设置立方体的旋转轴和旋转角度数组：

```
var theta = [0, 0, 0];
```

用 0、1、2 分别表示绕 x、y、z 轴旋转，代码如下：

```
var xAxis = 0;
var yAxis = 1;
var zAxis = 2;
var axis = 0;
```

按钮事件的事件监听函数为：

```
var a = document.getElementById("ButtonX")
a.addEventListener("onclick", function() { axis = xAxis; }, false);
var b = document.getElementById("ButtonY")
b.addEventListener("onclick", function() { axis = yAxis; }, false);
var c = document.getElementById("ButtonZ")
c.addEventListener("onclick", function() { axis = zAxis; }, false);
```

除此之外，我们也可以通过下面的代码对按钮做出响应：

```
document.getElementById("xButton").onclick = function() { axis = xAxis;
};
document.getElementById("yButton").onclick = function() { axis = yAxis;
};
document.getElementById("zButton").onclick = function() { axis = zAxis;
};
```

还可以使用三键鼠标来确定旋转轴，代码如下：

```
var d = document.getElementById("gl-canvas");
d.addEventListener("onclick", function() {
  switch (event.button) {
    case 0:
      axis = xAxis;
      break;
    case 1:
      axis = yAxis;
      break;
    default:
      axis = zAxis;
      break;
  }
}, false);
```

每次按下一个鼠标按键的时候，就生成一个 event 对象。

绘制函数在每次执行时把绕选定轴的旋转角度增加 2°：

```
theta[axis] += 2;
```

在前两个策略中，我们在 WebGL 应用程序中计算模-视变换矩阵，代码如下：

```
modelViewMatrix = mat4();
modelViewMatrix = mult(modelViewMatrix, rotateX(thetaArray[xAxis]));
modelViewMatrix = mult(modelViewMatrix, rotateY(thetaArray[yAxis]));
modelViewMatrix = mult(modelViewMatrix, rotateZ(thetaArray[zAxis]));
```

对于留作习题的第一种方法，我们使用模-视变换矩阵改变所有点的位置，然后把新的点发送到 GPU 中。对于第二种方法，模-视变换矩阵被发送到顶点着色器中，然后在顶点着色器中将模-视变换矩阵应用于所有的点。第二种方法使用了一个简单的顶点着色器，它把顶点位置变换到裁剪坐标系，并把颜色属性值传递到光栅化模块，代码如下：

```
in vec4 aPosition;
in vec4 aColor;
out    vec4 vColor;
uniform mat4 uModelViewMatrix;

void main()
{
  vColor = aColor;
  gl_Position =  uModelViewMatrix*aPosition;
}
```

这个顶点着色器与前面的顶点着色器的区别在于，这个顶点着色器的模-视变换矩阵为 uniform 变量。

4.12.1　uniform 矩阵

设置 uniform 矩阵的方法与第 3 章设置 uniform 标量的方法非常相似。gl.uniform 函数有多种不同的形式，从而可以支持 GLSL 的所有数据类型，包括 float、int、二维、三维和四维向量和矩阵。例如，对于 4×4 的旋转矩阵 ctm，使用下面的函数形式：

```
gl.uniformMatrix4fv(ModelViewMatrixLoc, false, flatten(ctm)); [①]
```

此处的 modelViewMatrixLoc[②] 由如下代码确定：

```
var modelViewMatrixLoc = gl.getUniformLocation(program, "uModelViewMatrix");
```

下面是顶点着色器的代码：

```
in vec4 aPosition;
in vec4 aColor;
out    vec4 vColor;
uniform  mat4 uModelViewMatrix;

void main()
{
  vColor = aColor;
  gl_Position = uModelViewMatrix*aPosition;
}
```

gl.uniformMatrix4fv 函数的第二个参数表明按行主序传递矩阵中的数据。WebGL 要求将该

---

① 此处原文为 "gl.uniformMatrix4fv(uModelViewMatrix, false, flatten(ctm));"，疑有误。——译者注
② 此处原文为 "modelViewMatrix"，疑有误。因为 gl.getUniformLocation 函数返回顶点着色器中 uniform 变量 uModelViewMatrix 的位置。——译者注

参数设置为 false。然而，GPU 中的着色器希望得到按列主序传递的矩阵数据，并且希望只接收一个由 32 位浮点数形成的数据流，而不是包含更多信息的矩阵或向量类型。flatten 函数将 ctm 转换为所要求的基于列主序的 Float32Array 类型数据，因此着色器可以正确地使用模-视变换矩阵。现在绘制函数的代码为：

```
function render()
{
  gl.clear(gl.COLOR_BUFFER_BIT | gl.DEPTH_BUFFER_BIT);

  theta[axis] += 2.0;
  ctm = rotateX(theta[xAxis]);
  ctm = mult(ctm, rotateY(theta[yAxis]));
  ctm = mult(ctm, rotateZ(theta[zAxis]));

  gl.uniformMatrix4fv(modelViewMatrixLoc, false, flatten(ctm));①
  gl.drawArrays(gl.TRIANGLES, 0, numVertices);

  requestAnimationFrame(render);
}
```

第三种方法只向 GPU 发送旋转角度，模-视变换矩阵由顶点着色器计算。顶点着色器的代码如下：

```
in vec4 aPosition;
in vec4 aColor;
out    vec4 vColor;
uniform    vec3 uTheta;

void main()
{
  vec3 angles = radians(uTheta);
  vec3 c = cos(angles);
  vec3 s = sin(angles);

  mat4 rx = mat4(1.0,  0.0,   0.0, 0.0,
                 0.0,  c.x,   s.x, 0.0,
                 0.0, -s.x,   c.x, 0.0,
                 0.0,  0.0,   0.0, 1.0);

  mat4 ry = mat4(c.y, 0.0, -s.y, 0.0,
                 0.0, 1.0,  0.0, 0.0,
                 s.y, 0.0,  c.y, 0.0,
                 0.0, 0.0,  0.0, 1.0);

  mat4 rz = mat4(c.z, -s.z, 0.0, 0.0,
                 s.z,  c.z, 0.0, 0.0,
                 0.0,  0.0, 1.0, 0.0,
                 0.0,  0.0, 0.0, 1.0);

  vColor = aColor;
  gl_Position = rz*ry*rx*aPosition;
}
```

作为 render 函数的一部分，应用程序将旋转角度发送给 GPU，代码如下：

---

① 此处原文为"gl.uniformMatrix4fv(umodelViewMatrix, false, flatten(ctm));"，疑有误。——译者注

```
function render()
{
    gl.clear(gl.COLOR_BUFFER_BIT | gl.DEPTH_BUFFER_BIT);

    theta[axis] += 2.0;

    gl.uniform3fv(thetaLoc, flatten(theta));①
    gl.drawArrays(gl.TRIANGLES, 0, numPositions);
    requestAnimationFrame(render);
}
```

对于上述三种方法，没有一种方法明显地优于其他两种方法。尽管第三种方法只需向顶点着色器发送 3 个数值，而第二种方法需发送 16 个数值，但是第三种方法将获取每个点新位置所需的正弦和余弦的计算工作留给了顶点着色器。尽管如此，第三种方法非常适合现代 GPU。因为三角函数运算在 GPU 中是硬编码，因此计算时间几乎可以忽略。此外，GPU 的并行性可以使 GPU 同时处理立方体的多个顶点。当在 GPU 中计算模-视变换矩阵时，CPU 就可以空闲出来完成应用程序的其他任务。但是，我们不能由此得出一个普遍的结论，因为系统性能取决于多种因素，包括应用程序的特性、GPU 中的处理器数目和生成的像素数目。

4.13　平滑的旋转

到目前为止，我们利用相对于三个坐标轴的角度(欧拉角)来调整对象的方向，这使我们可以通过级联绕 x 轴、y 轴和 z 轴的简单旋转矩阵来获得绕任意轴旋转的矩阵。尽管 WebGL 允许绕任意轴旋转，但通常采用级联的办法而不是直接计算旋转轴和相应的旋转角度。

考虑如何生成对象从一个方向运动到另一个方向的动画。原则上，可以按下面的方式来确定一个合适的旋转矩阵：

$$\mathbf{R}(\theta) = \mathbf{R}_x(\theta_x)\,\mathbf{R}_y(\theta_y)\,\mathbf{R}_z(\theta_z)$$

上式把旋转矩阵表示为绕三个坐标轴旋转的乘积。如果想要生成对象在两个方向之间运动的一个图像序列，则可以用小的步长改变绕三个坐标轴旋转的角度，这三个角度或者逐个改变或者同时改变。这样生成的图像序列在观察者看来不会是平滑的，观察者会觉察到绕每个坐标轴的旋转。

使用追踪球这样的设备，可以用一种平滑的方式把立方体从一个方向直接旋转到另一个方向。因为立方体的两个方向对应于单位球面上的两个位置，所以在两个方向之间的平滑旋转对应于单位球面上的一个大圆。这个大圆对应于单独一次旋转，该旋转的轴垂直于球面上的那两个点和球心所确定的平面。如果平滑地增加这个旋转的角度，观察者就会看到平滑的旋转。

先前的方法之所以失败，在某种意义上是由于采用了基于坐标轴的数学表述。一种更深层次的方法包含在变换的矩阵表示中，这种方法不那么依赖坐标轴。考虑一个任意的旋转矩阵 $\mathbf{R}$。设方向向量为 $\mathbf{d}$ 的一条直线上所有的点在经过这个旋转后都保持不变。于是对这条直线上的任意一点 $\mathbf{p}$ 都有：

$$\mathbf{Rp} = \mathbf{p}$$

从矩阵 $\mathbf{R}$ 的角度来说，列矩阵 $\mathbf{p}$ 是 $\mathbf{R}$ 的对应于**特征值**(eigenvalue) 1 的**特征向量**(eigenvector)(参见附录 C)。此外，对于方向 $\mathbf{d}$，有：

---

① 此处原文为 "gl.uniform3fv(thetaLoc, flatten(uTheta));"，疑有误——译者注。

$$\mathbf{Rd} = \mathbf{d}$$

于是这个方向经过旋转后保持不变。因此，$\mathbf{d}$ 也是 $\mathbf{R}$ 的对应于特征值 1 的特征向量。点 $\mathbf{p}$ 必定是这个旋转的不动点，而向量 $\mathbf{d}$ 必定是垂直于旋转轴的平面的法向量。从追踪球的角度来看，计算出旋转轴等价于找出旋转矩阵的一个特定的特征向量。还可以从另一个角度看待这个问题：给定任意一个旋转矩阵，可以通过找出它的特征值和特征向量来确定旋转轴和不动点。

4.13.1　增量式旋转

设想给定了两个方向，我们想使一个对象(比如照相机)从一个方向平滑地运动到另一个方向。一种方法是像我们使用虚拟追踪球所做的那样，并在旋转角度上做增量改变，使我们沿着这条路径旋转。因此，需要知道旋转轴、初始角度、结束角度以及期望的角度增量，这个增量由我们希望用多少步数完成旋转来决定。代码的主循环具有下面的形式：

```
var ctm = mat4();
// initialize ctm here
for (i = 0, i < imax; ++i) {
  thetax += dx;
  thetay += dy;
  thetaz += dz;

  ctm = mult(ctm, rotateX(thetaX));
  ctm = mult(ctm, rotateY(thetaY));
  ctm = mult(ctm, rotateZ(thetaZ));

  drawObject();
}
```

这种方法的一个问题是需要对旋转矩阵中出现的三个角度计算正弦和余弦。如果先计算旋转矩阵，然后重复使用它，则可以做得更好。也可以使用下面的小角度近似公式：

$$\sin\theta \approx \theta \qquad \cos\theta \approx 1$$

如果通过欧拉角来生成一个任意的旋转矩阵：

$$\mathbf{R} = \mathbf{R}_z(\psi)\,\mathbf{R}_y(\phi)\,\mathbf{R}_x(\theta)$$

则可以用那两个近似公式把 $\mathbf{R}$ 写成：

$$
\mathbf{R} =
\begin{bmatrix}
\cos\psi & -\sin\psi & 0 & 0 \\
\sin\psi & \cos\psi & 0 & 0 \\
0 & 0 & 1 & 0 \\
0 & 0 & 0 & 1
\end{bmatrix}
\begin{bmatrix}
\cos\phi & 0 & \sin\phi & 0 \\
0 & 1 & 0 & 0 \\
-\sin\phi & 0 & \cos\phi & 0 \\
0 & 0 & 0 & 1
\end{bmatrix}
$$

$$
\times
\begin{bmatrix}
1 & 0 & 0 & 0 \\
0 & \cos\theta & -\sin\theta & 0 \\
0 & \sin\theta & \cos\theta & 0 \\
0 & 0 & 0 & 1
\end{bmatrix}
$$

$$
\approx
\begin{bmatrix}
1 & -\psi & \phi & 0 \\
\psi & 1 & -\theta & 0 \\
-\phi & \theta & 1 & 0 \\
0 & 0 & 0 & 1
\end{bmatrix}
$$

如果计算 **R** 的高次幂,这种方法可能会产生累积误差(参见习题 4.24)。在下一节,我们将介绍四元数,它提供了另一种实现旋转的方法,这种方法不存在平滑旋转的问题,并且正如我们将看到的,也不存在使用欧拉角时所固有的另一个主要问题。

4.14 四元数

四元数是复数的扩展,它提供了描述和处理旋转的另一种方法。尽管这种方法不像前面使用的方法那么直观,但它在生成动画和旋转的软硬件实现方面有其优越之处。

4.14.1 复数和四元数

对二维的情形,用复数表示像旋转这样的变换已经为大多数科学和工程技术专业的学生所熟知。令 i 表示虚数单位,即 $i^2 = -1$。由欧拉公式

$$e^{i\theta} = \cos\theta + i\sin\theta$$

可以把一个复数 c 的极坐标表示写成:

$$c = a + ib = re^{i\theta}$$

其中,

$$r = \sqrt{a^2 + b^2}, \quad \theta = \arctan b/a$$

设 c 绕原点旋转角度 ϕ 后变为 c',可以利用旋转矩阵求出 c',也可以利用复数的极坐标表示:

$$c' = re^{i(\theta+\phi)} = re^{i\theta}e^{i\phi}$$

于是,$e^{i\phi}$ 是在复平面中的一个旋转算子,这为我们提供了一种在实际应用中更有效的变换方法。

然而,我们真正感兴趣的是三维空间中的旋转。三维旋转的问题更复杂,因为确定一个以原点为不动点的三维旋转需要指定一个方向(一个向量)和旋转的角度(一个标量)。一种办法是使用一种既包含向量又包含标量的表示。通常,我们把这种表示写成**四元数**(quaternion)的形式:

$$a = (q_0, q_1, q_2, q_3) = (q_0, \mathbf{q})$$

其中 $\mathbf{q} = (q_1, q_2, q_3)$。利用三个"复数" **i**,**j** 和 **k** 的下列性质,可以定义四元数的运算。

$$\mathbf{i}^2 = \mathbf{j}^2 = \mathbf{k}^2 = \mathbf{ijk} = -1$$

这三个数类似于三维空间中的单位向量,于是可以把 **q** 写成:

$$\mathbf{q} = q_1\mathbf{i} + q_2\mathbf{j} + q_3\mathbf{k}$$

现在可以利用 **i**,**j** 和 **k** 之间的关系导出四元数的加法和乘法。设四元数 b 为:

$$b = (p_0, \mathbf{p})$$

利用向量的点积和叉积可得:

$$a + b = (p_0 + q_0, \mathbf{p} + \mathbf{q})$$

$$ab = (p_0q_0 - \mathbf{q} \cdot \mathbf{p}, q_0\mathbf{p} + p_0\mathbf{q} + \mathbf{q} \times \mathbf{p})$$

还可以按通常的方式定义四元数的模:

$$|a|^2 = q_0^2 + q_1^2 + q_2^2 + q_3^2 = q_0^2 + \mathbf{q} \cdot \mathbf{q}$$

四元数乘法有一个单位元,即 $(1, \mathbf{0})$。容易证明四元数的逆由下式给出:

$$a^{-1} = \frac{1}{|a|^2}(q_0, -\mathbf{q})$$

4.14.2 四元数和旋转

到现在为止，我们定义了一种新的数学对象。为了使它能对我们有用，必须把它和几何实体联系起来并借助它的运算来表示像旋转这样的变换。假定用四元数的向量部分代表空间中的一点：

$$p = (0, \mathbf{p})$$

因此，$\mathbf{p} = (x, y, z)$ 的分量给出了该点的位置。考虑四元数

$$r = \left(\cos \frac{\theta}{2}, \sin \frac{\theta}{2} \mathbf{v} \right)$$

其中 $\mathbf{v}$ 的长度为 1。可以证明四元数 r 的模为 1（$|r| = 1$），由此可得：

$$r^{-1} = \left(\cos \frac{\theta}{2}, - \sin \frac{\theta}{2} \mathbf{v} \right)$$

考虑四元数

$$p' = rpr^{-1}$$

其中 r 是旋转四元数，p 是点的四元数表示，它的形式为 $(0, \mathbf{p}')$，其中

$$\mathbf{p}' = \cos^2 \frac{\theta}{2} \mathbf{p} + \sin^2 \frac{\theta}{2} (\mathbf{p} \cdot \mathbf{v}) \mathbf{v} + 2 \sin \frac{\theta}{2} \cos \frac{\theta}{2} (\mathbf{v} \times \mathbf{p}) - \sin^2 \frac{\theta}{2} (\mathbf{v} \times \mathbf{p}) \times \mathbf{v}$$

因此 $\mathbf{p}'$ 是一个点的表示。这里指出：$\mathbf{p}'$ 是 $\mathbf{p}$ 绕向量 $\mathbf{v}$ 旋转角度 θ 后的位置。这个陈述的正确性不那么显然，但可以通过比较 $\mathbf{p}'$ 和一般旋转矩阵中的各个分量来证明。在给出证明之前，先来考虑这个结果的意义。以原点为不动点绕任意轴的旋转除了可以用矩阵表示，还可以用四元数乘法表示，因为它们都给出了相同的结果。四元数表示所需的运算次数更少，因而速度更快，并且现在的硬件和软件都支持四元数运算。

让我们来考虑几个例子。假定以原点为不动点绕 z 轴旋转角度 θ。单位向量 $\mathbf{v}$ 为 $(0, 0, 1)$，四元数 r 为：

$$r = \cos \frac{\theta}{2} + \sin \frac{\theta}{2} (0, 0, 1)$$

任一点 $\mathbf{p} = (x, y, z)$ 经过旋转后对应的四元数为：

$$p' = rpr^{-1} = r(0, \mathbf{p})r^{-1} = (0, \mathbf{p}')$$

其中，

$$\mathbf{p}' = (x \cos \theta - y \sin \theta, x \sin \theta + y \cos \theta, z)$$

于是得到了和矩阵表示一样的结果，但所需的运算量更少。如果依次绕三个坐标轴旋转的矩阵表示为 $\mathbf{R} = \mathbf{R}_x(\theta_x) \mathbf{R}_y(\theta_y) \mathbf{R}_z(\theta_z)$，那么还可以用对应四元数的乘积把这个旋转序列表示为 $r_x r_y r_z$。

现在回到绕任意轴的旋转，在 4.10.4 节，我们导出了如下形式的矩阵：

$$\mathbf{M} = \mathbf{T}(\mathbf{p}_0) \mathbf{R}_x(-\theta_x) \mathbf{R}_y(-\theta_y) \mathbf{R}_z(\theta_z) \mathbf{R}_y(\theta_y) \mathbf{R}_x(\theta_x) \mathbf{T}(-\mathbf{p}_0)$$

因为开始和结束时需要做平移，所以不能用四元数表示整个变换。不过可以根据 $p' = rpr^{-1}$ 中的元素确定 $\mathbf{M}$ 中的旋转部分。因此，如果仍然设 $r = \left(\cos \frac{\theta}{2}, \sin \frac{\theta}{2} \mathbf{v} \right)$，则

$$\mathbf{R} = \begin{bmatrix} 1-2\sin^2\dfrac{\theta}{2}(v_y^2+v_z^2) & 2\sin^2\dfrac{\theta}{2}v_xv_y - 2\cos\dfrac{\theta}{2}\sin\dfrac{\theta}{2}v_z & 2\sin^2\dfrac{\theta}{2}v_xv_z + 2\cos\dfrac{\theta}{2}\sin\dfrac{\theta}{2}v_y & 0 \\ 2\sin^2\dfrac{\theta}{2}v_xv_y + 2\cos\dfrac{\theta}{2}\sin\dfrac{\theta}{2}v_z & 1-2\sin^2\dfrac{\theta}{2}(v_x^2+v_z^2) & 2\sin^2\dfrac{\theta}{2}v_yv_z - 2\cos\dfrac{\theta}{2}\sin\dfrac{\theta}{2}v_x & 0 \\ 2\sin^2\dfrac{\theta}{2}v_xv_z - 2\cos\dfrac{\theta}{2}\sin\dfrac{\theta}{2}v_y & 2\sin^2\dfrac{\theta}{2}v_yv_z + 2\cos\dfrac{\theta}{2}\sin\dfrac{\theta}{2}v_x & 1-2\sin^2\dfrac{\theta}{2}(v_x^2+v_y^2) & 0 \\ 0 & 0 & 0 & 1 \end{bmatrix}$$

如果应用下面的三角恒等式:

$$\cos\theta = \cos^2\frac{\theta}{2} - \sin^2\frac{\theta}{2} = 1 - 2\sin^2\frac{\theta}{2}$$

$$\sin\theta = 2\cos\frac{\theta}{2}\sin\frac{\theta}{2}$$

并且注意到 $\mathbf{v}$ 是一个单位向量:

$$v_x^2 + v_y^2 + v_z^2 = 1$$

那么可以把矩阵 $\mathbf{R}$ 写成我们更加熟悉的形式。

　　因此,我们可以使用四元数乘积生成 r,然后通过匹配 $\mathbf{R}$ 和 r 之间的项得到 $\mathbf{M}$ 中的旋转部分。最后使用常规的变换操作来添加两个平移的效果。

　　此外,还可以在 WebGL 应用程序代码(参见习题 4.28)或着色器中使用向量类型创建四元数。对于这两种情形,可以直接执行旋转变换,而不用再转换到旋转矩阵的表示形式。

　　四元数不但运算效率比旋转矩阵更高,而且在生成动画时还可以通过对四元数进行插值来获得旋转的平滑序列。四元数已经用于生成动画,当照相机沿着某一条路径移动时,可以获得平滑的照相机捕获的画面。但是,我们必须谨慎处理,因为当利用四元数绕一个大圆旋转时不能保持向上的方向不变。

4.14.3　四元数和万向节死锁

　　与旋转矩阵相比,四元数还有一个优点,就是四元数能够避免由于使用欧拉角定义旋转矩阵而引起的**万向节死锁**(gimbal lock)问题。

　　为进一步理解万向节死锁问题,现在考虑真实世界中的一个简单问题。假设位于北半球的某个地方,在一个天气晴朗的晚上观看北极星。利用视线与地面的夹角(仰角)和视线与某个固定经线的夹角(方位角),可以唯一地描述北极星的位置。如果到达北极点并抬头观察北极星,则仰角为 90°,方位角为任意角,无论转到哪个方向,北极星都在头顶。从数学上来说,我们已经失去了定位北极的一个自由度,由于极点位置的模糊性,这个奇异点使我们不能得到方位角的初始值,因此很难通过改变仰角和方位角找到一条到达另一个星星的路径。"万向节死锁"这个名字源于陀螺仪中使用的万向节装置,在航天器和机器人中都会遇到万向节死锁问题。

　　我们可以从数学的角度描述旋转的万向节死锁问题。考虑利用绕 x 轴、y 轴和 z 轴的连续旋转矩阵建立一般旋转矩阵的标准公式:

$$\mathbf{R} = \mathbf{R}_z(\psi)\,\mathbf{R}_y(\phi)\,\mathbf{R}_x(\theta)$$

假设绕 y 轴旋转 90°,所以 $\mathbf{R}_y(\phi)$ 为

$$\mathbf{R}_y(\phi) = \begin{bmatrix} 0 & 0 & 1 & 0 \\ 0 & 1 & 0 & 0 \\ -1 & 0 & 0 & 0 \\ 0 & 0 & 0 & 1 \end{bmatrix}$$

该矩阵交换了负 x 轴和 z 轴的位置，因此产生了其他两个旋转矩阵的问题。如果使用上面这个 $\mathbf{R}_y(\phi)$，那么三个旋转矩阵相乘可以得到如下矩阵：

$$\mathbf{R} = \begin{bmatrix} \cos\psi & -\sin\psi & 0 & 0 \\ \sin\psi & \cos\psi & 0 & 0 \\ 0 & 0 & 1 & 0 \\ 0 & 0 & 0 & 1 \end{bmatrix} \begin{bmatrix} 0 & 0 & 1 & 0 \\ 0 & 1 & 0 & 0 \\ -1 & 0 & 0 & 0 \\ 0 & 0 & 0 & 1 \end{bmatrix} \begin{bmatrix} 1 & 0 & 0 & 0 \\ 0 & \cos\theta & -\sin\theta & 0 \\ 0 & \sin\theta & \cos\theta & 0 \\ 0 & 0 & 0 & 1 \end{bmatrix}$$

$$= \begin{bmatrix} 0 & \sin(\theta-\psi) & \cos(\theta-\psi) & 0 \\ 0 & \cos(\theta-\psi) & -\sin(\theta-\psi) & 0 \\ -1 & 0 & 0 & 0 \\ 0 & 0 & 0 & 1 \end{bmatrix}$$

这个是一个包括交换 x 轴和 z 轴方向的旋转变换矩阵。但是，因为正弦项和余弦项只取决于 θ 和 ψ 的差值，所以当我们缺少一个自由度时，就有无穷种方法通过 θ 和 ψ 得到相同的旋转变换矩阵。如果使用四元数而不是由欧拉角定义的旋转矩阵的级联，则永远不会出现上述问题，这也表明在动画制作、机器人学和航空领域使用四元数的重要性。

4.15 三维应用程序的接口

在 4.12 节，我们用三键鼠标来控制立方体绕哪个坐标轴旋转。用户通过这个接口只能和应用程序进行有限的交互。我们可能不希望把鼠标的三个键都用来控制旋转，这样就可以用鼠标控制其他功能，比如单击并选择菜单等，而前面的示例都是用键盘上的按键来控制这些功能的。

在 4.10 节，我们注意到有许多方法可用来获取对象的某个方向。除了按照 x，y，z 的顺序绕平行于三个坐标轴的直线旋转，还可以先绕平行于 x 轴的直线旋转，然后绕平行于 y 轴的直线旋转，最后再绕平行于 x 轴的直线旋转。如果以这样的方式来旋转，只需两个鼠标按键就可以使对象具有想要的方向。不过还有一个问题：这里的旋转只是绕着轴的一个方向。如果可以绕着一个轴正向或者反向旋转，当对象具有想要的方向时就停止旋转，那么控制对象的方向就更容易了。

鼠标和键盘可以结合起来使用，例如，可以用鼠标左键使对象绕 x 轴正向旋转，用控制键结合鼠标左键使对象绕 x 轴反向旋转。通过与其他的各种键盘按键结合使用，就能够使用单独的鼠标按键控制对象的旋转。

然而，上面这些方法都没能提供一个友好的用户接口。真正友好的接口应该更直观和更易于使用。下面讨论其他的方法，它们可以提供更有趣和更平滑的用户接口。

4.15.1 使用屏幕区域

假定想用鼠标的一个按键控制对象的方向，用另一个按键靠近或者远离对象，用第三个按键向左或者向右平移对象。所有这些功能都可以通过鼠标移动回调函数来实现。回调函数返回激活了哪个按钮以及鼠标的位置。我们可以用鼠标的位置来控制旋转轴的方向和旋转的速度、平移的方向和速度，还有对象靠近或者远离的速度。

正如刚才已经强调的，我们希望只绕两个坐标轴旋转就可以使对象具有任何的方向。对象的方向可以用鼠标的左键和鼠标的位置来控制。我们可以用鼠标相对于屏幕中心的位置来控制绕 x 轴和 y 轴的旋转。因此，如果左键被按下，但鼠标显示在屏幕的中心，那么不会引起对象的旋转。如果向上移动鼠标，对象将绕 y 轴顺时针旋转；如果向下移动鼠标，那么对象将绕 y 轴逆时针旋转。类似地，向左或者向右移动鼠标将使对象绕 x 轴旋转。鼠标在屏幕上显示的位置到屏幕中心的距离可以用来控制旋转的速度。向斜上方或者斜下方移动鼠标可以使对象既绕 x 轴又绕 y 轴旋转。

　　用类似的方式来使用鼠标右键,可以左右和上下平移对象。还可以用鼠标中键来使对象远离或者靠近观察者,此时鼠标的位置控制对象沿 z 方向的平移。利用 WebGL 提供的函数实现这样的接口并不困难,我们把它作为一个习题(参见习题 4.22)留给读者完成。

4.15.2　虚拟追踪球

　　上面用鼠标的位置来控制绕两个轴的旋转,这为我们提供了追踪球的大部分功能。我们可以进一步利用鼠标和显示器生成一个图形化的或者虚拟的追踪球。使用这种虚拟设备的一个优点是可以构建一个无摩擦的追踪球,一旦开始旋转,它就不会停止,直到我们让它停下来。因此,这样的设备可以支持对象的连续旋转,而且可以改变旋转的速度和旋转轴的方向。对平移和其他能够通过鼠标控制的参数,也可以构建类似的虚拟设备。

　　我们先来把追踪球的位置映射成鼠标的位置。考虑如图 4.60 所示的追踪球。假定这个球的半径为 1 个单位长度。可以把球面上的一个点通过正交投影映射到平面 $y = 0$ 上,如图 4.61 所示。球面上的一点 (x, y, z) 被投影到平面上的 $(x, 0, z)$。这个投影映射是可逆的,因为被投影到平面上的点是在球面上,它满足球面的方程:

$$x^2 + y^2 + z^2 = 1$$

因此,给定平面上的点 $(x, 0, z)$,在半球面上和它对应的点必然是 (x, y, z),其中

$$y = \sqrt{1 - x^2 - z^2}$$

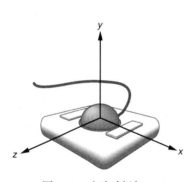

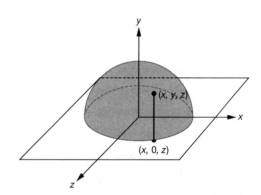

图 4.60　追踪球标架　　　　　　　　　图 4.61　追踪球位置在平面上的投影

　　利用从追踪球位置到平面投影的逆映射就可以计算出虚拟追踪球的三维信息,并且在鼠标运动时跟踪虚拟追踪球的位置。假定在半球面上有两个位置 $\mathbf{p}_1$ 和 $\mathbf{p}_2$,则从原点到这两个位置的两个向量确定了一个平面,如图 4.62 所示。该平面的法向量由这两个向量的叉积给出:

$$\mathbf{n} = \mathbf{p}_1 \times \mathbf{p}_2$$

追踪球从位置 $\mathbf{p}_1$ 到位置 $\mathbf{p}_2$ 的运动可以通过绕 $\mathbf{n}$ 的一个旋转来实现。旋转的角度等于向量 $\mathbf{p}_1$ 和 $\mathbf{p}_2$ 之间的夹角,这个角度可以通过两个向量叉积的模得到。因为 $\mathbf{p}_1$ 和 $\mathbf{p}_2$ 的长度都是 1,所以,

$$|\sin \theta| = |\mathbf{n}|$$

如果以较高的采样率跟踪鼠标的运动,那么检测到的位置改变会很小。所以我们不使用反三角函数计算 θ,而是利用下面的近似:

$$\sin \theta \approx \theta$$

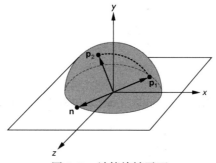

图 4.62　计算旋转平面

通过使用事件监听函数和 render 函数就可以实现虚拟追踪球。为了控制是否跟踪鼠标和是否刷新显示，可以使用三个逻辑变量或者标志。这些变量的初始值为：

```
var trackingMouse = false;
var trackballMove = false;
var redrawContinue = false;
```

如果 redrawContinue 为真，则空闲回调函数就迫使显示窗口被重新绘制；如果 tracking-Mouse 为真，那么鼠标移动回调函数就更新追踪球的位置；如果 trackballMove 为真，那么我们就更新在 render 函数中使用的旋转矩阵。

鼠标回调函数可以修改这三个逻辑变量的值。当我们按下鼠标的一个按键时（可能是特定的一个按键也可能是任意一个按键，这取决于我们具体想要做什么），程序首先初始化追踪球的位置，此后鼠标的位置一旦改变，鼠标移动回调函数就更新追踪球的位置并使显示回调函数重新绘制立方体。当释放鼠标的这个按键后，程序就不再跟踪鼠标的位置了。可以用两个最近的鼠标位置定义一个速度向量，这样就可以连续地更新旋转矩阵。于是，鼠标按键被释放以后，对象将以某个恒定速度持续旋转，这样的效果可以用一个理想的无摩擦的追踪球来实现，但是直接用实际的鼠标或者追踪球无法实现。在本书的网站可以找到完整的程序。

4.15.3　用四元数实现追踪球

可以在应用程序和着色器中将表示四元数的四个标量嵌入到 vec4 中。可以发送 vec4 而不是矩阵，操作四元数所需的函数也非常简单。让我们看看如何使用四元数实现追踪球。使用四元数旋转立方体的应用程序与使用旋转矩阵的应用程序非常相似。我们只看旋转部分。在 init 函数中，初始化了一个旋转四元数，然后将它发送到着色器中。代码如下：

```
rotationQuaternion = vec4(1, 0, 0, 0);
rotationQuaternionLoc = gl.getUniformLocation(program, "urotationQuaternion");①
gl.uniform4fv(rotationQuaternionLoc, rotationQuaternion);
```

在应用程序中还需要一个四元数乘法函数，代码如下：

```
function multq(a, b)
{
    var s = vec3(a[1], a[2], a[3]);
    var t = vec3(b[1], b[2], b[3]);

    return(vec4(a[0]*b[0] - dot(s,t), add(cross(t, s), add(mult(a[0],t),
```

---

① 此处原文为 "rotationQuaternionLoc = gl.getUniformLocation(program, "rotationQuaternion");"，疑有误。——译者注

```
        mult(b[0],s)))));
}
```

下面是绘制函数的代码:

```
function render()
{
    gl.clear( gl.COLOR_BUFFER_BIT | gl.DEPTH_BUFFER_BIT);
    if(trackballMove) {
      axis = normalize(axis);
      var c = Math.cos(angle/2.0);
      var s = Math.sin(angle/2.0);
      var rotation = vec4(c, s*axis[0], s*axis[1], s*axis[2]);
      rotationQuaternion = multq(rotationQuaternion, rotation);
      gl.uniform4fv(rotationQuaternionLoc, rotationQuaternion);
    }
    gl.drawArrays(gl.TRIANGLES, 0, numPositions);
    requestAnimationFrame(render);
}
```

此代码使用的鼠标回调与使用旋转矩阵的版本相同。因为我们将四元数发送到顶点着色器中, 所以需要将以下的四元数函数放入 GPU 中:

```
#version 300 es

in  vec4 aPosition;
in  vec4 aColor;
out vec4 vColor;

uniform vec4 uRotationQuaternion;

// quaternion multiplier
vec4 multq(vec4 a, vec4 b)
{
    return(vec4(a.x*b.x - dot(a.yzw, b.yzw),
              a.x*b.yzw+b.x*a.yzw+cross(b.yzw, a.yzw)));
}

// inverse quaternion

vec4 invq(vec4 a)
{
    return(vec4(a.x, -a.yzw)/dot(a,a));
}

void main()
{
  vec4 p;

  p = vec4(0.0, aPosition.xyz);  // input point quaternion
  p = multq(uRotationQuaternion, multq(p, invq(uRotationQuaternion)));
        // rotated point quaternion
  gl_Position = vec4(p.yzw, 1.0); // convert back to homogeneous coords
  vColor = aColor;
}
```

注意, 四元数函数就是如此简单, 在四元数和点的标准数组表示之间的转换也是如此。可在网站上找到完整的代码。

小结和注释

在这一章，我们从两种不同的，但最终却是互补的观点来讨论计算机图形学中的数学。一种观点是，如果要理解在程序中执行的运算，就必须对图形学中遇到的几何对象进行数学抽象。另一种观点是，变换以及基于齐次坐标表示的变换技术是实现图形系统的基础。

我们的数学工具来自向量分析和线性代数。不过，为了更好地学习计算机图形学，我们介绍这些工具的顺序和大多数学生学习它们的顺序相反。尤其是，通常要先学习线性代数，然后再把向量空间的概念和 $\mathbf{R}^n$ 中的 n 元组联系起来。与此相反，我们先学习数学空间中的表示，然后把线性代数作为实现抽象类型的工具。

有两个原因促使我们寻求一种与坐标无关的方法。第一，想要表明几何对象和变换的所有基本概念都与后者的表示方式无关；第二，随着面向对象语言变得越来越流行，应用程序编程人员将会直接处理对象，而不是对象的表示。在本章的建议阅读资料里提到了一些几何编程系统的例子，从中可以看到这种方法的潜力。

齐次坐标是数学抽象的威力的一个精彩例证。通过在抽象的数学空间(仿射空间)中考虑问题，我们能够找到一种工具，通过该工具可以直接导出利用软硬件实现变换的有效方法。

最后，通过 MV.js 和其他 JavaScript 包提供了 WebGL 支持的仿射变换集，并讨论了把这些变换级联起来构成全部仿射变换的方法。通过级联几个简单类型的变换矩阵来构建所需的变换是一种强有力的方法。本章末尾的几道习题要求使用这种方法。第 5 章中将在这些技术的基础上构建三维图形的投影图。第 9 章中将使用变换来构造层级模型。

代码示例

1. cube.html：显示一个旋转的立方体，其各个面的颜色通过顶点颜色插值来生成。
2. cubev.html：与 cube.html 相同，但使用了索引元素数组。
3. cubeq.html：与 cube.html 相同，但在顶点着色器中使用了四元数来实现旋转。
4. trackball.html：创建一个虚拟追踪球来控制立方体的旋转。在应用程序中创建旋转矩阵并将其发送到顶点着色器中。
5. trackballQuaternion.html：与 trackball.html 类似，但使用了四元数。在应用程序中创建旋转四元数并将其发送到顶点着色器中。

建议阅读资料

有许多关于向量分析和线性代数的教科书，但它们当中的大多数把这两者视为不同的议题分别加以讨论。在几何设计领域，人们普遍采用与坐标无关的向量空间方法来描述曲线和曲面，有关这方面的内容可以参考 Faux 和 Pratt 的[Fau80]。如果想要了解几何编程，可以参考 DeRose 的[DeR88, DeR89]。齐次坐标最早出现在几何学的文献 [Max51] 中，后来计算机图形学的研究人员发现了它在图形学中的应用[Rob63, Rie81]。SGI 的 Geometry Engine[Cla82]最早用硬件实现了齐次坐标变换。现代硬件体系结构使用了能够执行齐次坐标变换的专用集成电路(ASIC)。

Shoemake 的[Sho85]把四元数引入计算机图形学，用于生成动画。Kuipers 的[Kui99]中有许多使用旋转矩阵和四元数的例子。几何代数[Hes99]提供了一种把线性代数和四元数统一起来的方法。

可以借助优秀的辅助工具来学习如何操作变换矩阵，比如 Mathematica 软件。

习题

4.1 证明下列每组变换中的两个变换都是可交换的。
   (a) 旋转和均匀缩放
   (b) 绕同一个轴的两个旋转
   (c) 两个平移

4.2 除了旋转量随着点到原点的距离而增加了一个因子 f，扭转(Twist)与以原点为不动点的旋转类似。编写一个程序按照用户提供的 f 值对 Sierpinski 镂垫进行扭转，这里的 Sierpinski 镂垫是通过细分三角形生成的。观察当细分的次数改变时镂垫的形状如何变化。

4.3 编写一个支持几何编程的函数库。这个函数库应该包含处理基本几何类型(点、线、向量)的函数，以及对这些几何类型进行操作的函数(包括点积和叉积)。它还应该允许改变标架，以及创建 WebGL 的接口函数，以便显示几何运算的结果。

4.4 如果只对二维图形感兴趣，那么可以用三维齐次坐标把点表示成 $\mathbf{p} = [x\ y\ 1]^T$，把向量表示成 $\mathbf{v} = [a\ b\ 0]^T$。请求出 3×3 的旋转矩阵、平移矩阵、缩放矩阵和错切矩阵。二维空间中点的仿射变换有多少个自由度？

4.5 我们可以通过少数几个点在变换前后的位置来确定一个仿射变换。对三维空间中的仿射变换，为了确定唯一的仿射变换，必须指定几个点在变换前后的位置？如果是二维空间中的仿射变换呢？

4.6 如果使用左手坐标系但旋转正方向的定义保持不变，应该如何修改旋转矩阵？

4.7 证明由旋转和平移组成的任何变换序列都等价于先做一个以原点为不动点的旋转然后再做一个平移。

4.8 从旋转、平移和缩放变换推导出错切变换。

4.9 在二维空间，可以用方程 $y = mx + h$ 确定一条直线。求二维点关于这条直线的反射变换(仿射变换)。请将这个结果扩展到三维空间中关于一个平面的反射。

4.10 在 4.10 节，我们指出一个任意的旋转矩阵可以由绕三个坐标轴的连续旋转组合而成。如果只能做三个简单的旋转，那么有多少种方式可以组合成一个给定的旋转？这三个简单的旋转矩阵都是必需的吗？

4.11 在实例变换中增加错切变换。说明如何利用扩充后的实例变换把单位立方体变成平行六面体。

4.12 求平面的齐次坐标表示。

4.13 在三维几何系统中定义一个点，该点的唯一属性是什么？

4.14 用 $\mathbf{R}_x\mathbf{R}_y\mathbf{R}_z$ 这样的形式计算旋转变换矩阵。假定原点是不动点并且绕 x, y, z 轴旋转的角度分别是 θ_x, θ_y 和 θ_z。

4.15 编写一个程序按照如下方法生成 Sierpinski 镂垫。从一个白色的三角形开始迭代。在每次迭代时，利用几何变换在原来的三角形内绘制三个相似三角形，使得原来三角形的中心部分仍为白色，而中心部分以外的三个顶点附近的区域变为黑色。

4.16 假设一个立方体的中心位于原点，并且各边分别平行于三个坐标轴。计算一个旋转矩阵，该旋转矩阵将使立方体位于如图 4.63 所示的对称方向。

4.17 我们已经利用三维空间中的顶点定义了像三维多边形这样的对象。设计一个算法来检验一组顶点是否确定了一个平面多边形。

4.18 不在一条直线上的三个顶点确定了一个平面。设计一个算法来判断三个顶点是否共线。

4.19 我们把一个实例变换定义为一个平移、一个旋转和一个缩放的乘积。如果改变应用这三类变换的顺序，还能获得相同的效果吗？

图 4.63　立方体位于对称方向

4.20 编写一个程序，该程序运行时可以用鼠标的一个按键调整立方体的方向，用另一个按键平移立方体，用第三个按键缩放立方体。

4.21 给定两个不平行的三维向量 u 和 v，其中 u 是基向量之一，如何构建一个正交坐标系？

4.22 绕 z 轴的增量式旋转可以用下面的矩阵来近似：

$$\begin{bmatrix} 1 & -\theta & 0 & 0 \\ \theta & 1 & 0 & 0 \\ 0 & 0 & 1 & 0 \\ 0 & 0 & 0 & 1 \end{bmatrix}$$

用这个矩阵进行许多次旋转以后，会有什么不良后果？你能想出补救的办法吗？提示：考虑到原点距离为 1 的点。

4.23 绕 x 轴旋转 90° 和绕 y 轴旋转 90° 分别对应哪两个四元数？它们的乘积是多少？

4.24 确定旋转矩阵 $\mathbf{R} = \mathbf{R}(\theta_x)\mathbf{R}(\theta_y)\mathbf{R}(\theta_z)$。找出与之对应的四元数。

4.25 利用四元数而不是旋转矩阵重新编写追踪球程序。

4.26 编写一个顶点着色器，该着色器的输入是一个旋转角度和一个旋转轴，要求实现顶点关于该轴的旋转。

4.27 原则上，一个面向对象的系统可以把标量、向量和点作为基本类型提供给程序员。为什么许多流行的 API 没有这么做？

4.28 对于一个缩放变换，需要指定不动点、缩放方向和缩放因子 (α)。当 α 为何时值时：
(a) 对象在指定方向上变长？
(b) 对象在指定方向上变短？

4.29 证明下面的求和公式

$$P = \alpha_1 P_1 + \alpha_2 P_2 + \cdots + \alpha_n P_n$$

有定义，当且仅当

$$\alpha_1 + \alpha_2 + \cdots + \alpha_n = 1$$

提示：先把前两项写成

$$P = \alpha_1 P_1 + \alpha_2 P_2 + \cdots = \alpha_1 P_1 + (\alpha_2 + \alpha_1 - \alpha_1)P_2 + \cdots$$
$$= \alpha_1(P_1 - P_2) + (\alpha_1 + \alpha_2)P_2 + \cdots$$

然后照此递推下去。

4.30 编写一个顶点着色器，该着色器的输入是一个四元数，要求使用该四元数对输入的顶点进旋转。

4.31 编写一个函数 rotate(float theta, vec3d)，要求实现不动点在原点，旋转角度为 theta 且绕向量 d 的旋转。

4.32 在应用程序中计算并应用旋转矩阵实现立方体旋转。请将该方法与 4.12 节采用的两种方法进行比较测试。

第 5 章　观　　察

我们已经完成了对虚拟照相机模型前半部分的讨论，即在三维空间中指定对象。现在考察描述虚拟照相机的多种方式。在这个过程中，还将讨论相关的一些主题，例如经典的观察技术与计算机观察之间的关系，以及如何使用投影变换来实现投影。

本章的内容包括三部分。首先讨论可以创建哪些类型的投影图(或视图)以及为什么需要多种类型的投影图。然后考察在应用程序中如何利用 WebGL 函数指定特定的投影图。我们将会看到观察过程包括两个步骤。第一个步骤使用模-视变换矩阵把对象的顶点表示从对象标架变换到眼标架(或照相机标架)。对象是在对象标架中定义的，而观察者(照相机)位于眼标架的原点。获得了几何对象在眼标架下的表示之后，就可以使用规范的观察过程。第二个步骤是指定想要的投影类型(平行投影或者透视投影)和视见体(或者叫裁剪体，场景中希望成像的那一部分)。投影类型和视见体确定了一个投影变换矩阵，该矩阵可以与模-视变换矩阵级联。本章的最后一部分将推导两类最重要的投影，即平行投影和透视投影的投影变换矩阵，并探讨如何在 WebGL 中执行投影变换。

5.1　经典观察和计算机观察

在讨论计算机图形系统和三维观察应用程序之间的接口之前，我们稍微偏离主题考虑一下经典的观察。这样做是出于两个原因。第一，许多以前由手工完成的绘制任务，例如电影中的动画制作、建筑绘图、草图绘制和机械部件设计，现在通常由计算机辅助完成。这些领域的工作人员需要生成经典的投影图，例如等轴测投影图、立面图以及各种透视图，因此要求计算机也能绘制这样的投影图。第二，大多数 API 所使用的观察方法有许多优点，但也会引起一些困难，通过考察经典观察和计算机观察之间的关系，我们可以更好地理解这些优点和困难。

第 1 章介绍虚拟照相机模型时，我们指出了经典观察和计算机观察之间的相似性。这两种观察的基本元素是相同的，都包括对象、观察者、投影线和投影平面(参见图 5.1)。投影线相交于**投影中心**(center of projection，COP)。COP 对应于照相机镜头或者人眼晶状体的中心，而在计算机图形系统中，对于透视投影而言，COP 位于**照相机标架**(camera frame)的原点。所有的图形系统都遵循第 1 章介绍的基于几何光学的模型。投影面是平面，并且投影线是直线。我们通常遇到的就是这种类型的投影，这类投影实现起来比较容易，如果利用绘制流水线模型来实现的话更是如此。

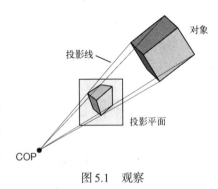

图 5.1　观察

经典观察和计算机观察都允许观察者相距对象无穷远。注意，如果 COP 移动到无穷远，则投影线会变成平行线，此时可以用**投影方向**(direction of projection，DOP)代替 COP，如图 5.2 所示。另外请注意，当 COP 移动到无穷远时，即使 COP 距离对象无限远，我们也可以使投影平面保持固定，并且图像的大小保持不变。如果 COP 在有限远处，那么生成的是**透视投影图**(perspective view)；如果 COP 在无限远处，那么生成的是**平行投影图**(parallel view)。对于平行投影，照相机标架的原点通常位于投影平面上。

图 1.3 和图 1.4 分别是平行投影图和透视投影图。从这些插图可以看出，能够既生成平行投影图又生成透视投影图对于像建筑设计这样的应用领域是很重要的。在支持两种投影的 API 中，用户很容易就可以在各种观察模式之间切换。大多数现代 API 既支持平行投影也支持透视投影。这些系统生成的投影称为**平面几何投影**(planar geometric projection)，因为投影面是平面并且投影线是直线。直线经透视投影和平行投影后仍是直线，但透视投影和平行投影一般不会保持角度。尽管平行投影是透视投影的极限情形，然而经典观察和

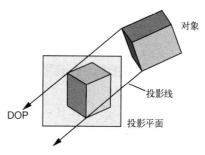

图 5.2 把投影中心移到无穷远

计算机观察通常都把它们当作不同的类型。在经典观察中，人们手工绘制这两种投影图所用的方法是不同的，这一点任何上过制图课的人都知道；在计算机观察中，这两类投影的指定方式也是不同的。我们不是把平行投影看作透视投影的特殊情形，而是推导出极限情形的方程，然后直接从这些方程得到对应的投影变换矩阵。在现代流水线结构中，对应于两类投影的投影变换矩阵都可以加载到绘制流水线中。

尽管计算机图形系统只有两类基本的观察(平行投影和透视投影)，但经典观察却可以生成许多种不同的投影图，从多视图正交投影到一点、两点和三点透视。这个表面上的不一致是由于经典观察想要表明在对象、观察者和投影平面之间的特定位置关系，而在计算机图形学中，对这些元素的指定是完全独立的。

5.1.1 经典观察

当建筑师绘制建筑物的投影图时，他知道他想要显示建筑物的哪一面，因此也就知道观察者相对于建筑物应位于何处。每一种经典投影图都是由对象和观察者之间的特定位置关系确定的。

在经典观察中有一个基本的概念叫**主面**(principal face)。在像建筑设计这样的实际应用领域中遇到的对象，其表面往往由一些平面组成，每个平面都可以看成一个主面。对于像建筑物这样的长方体对象，有前面、后面、顶面、底面、右面和左面这些自然的概念。此外，许多现实世界中的对象具有互相垂直的面，因此经常可以在这些对象的表面找到三个彼此正交的方向。

图 5.3 列举了一些主要的投影图类型。我们先介绍平行投影和透视投影中受限制最多的投影，然后再介绍限制条件较少的投影。

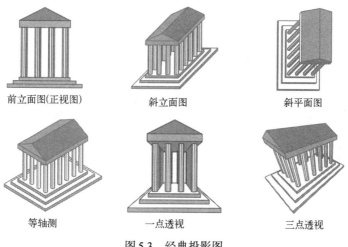

前立面图(正视图)   斜立面图   斜平面图

等轴测   一点透视   三点透视

图 5.3 经典投影图

5.1.2　正投影

我们要讨论的第一个经典投影图是**正投影**（orthographic projection），如图 5.4 所示。在所有正投影（也叫正交投影）中，投影线与投影平面垂直。在**多视图正投影**（multiview orthographic projection）中，绘制多个投影图，每个投影图的投影平面平行于对象的某个主面。通常用三个视图（例如正视图、俯视图和侧视图）来显示对象。从图 5.5 可以看出为什么需要多个视图。对于盒子状的对象，在投影图中只能看到它的一个面，即平行于投影平面的那个面。观察者通常需要两个以上的视图才能从多视图正投影中体会出它是什么样子。从这些图像想象出对象的形状可能还要求观察者有一定的技能。这类投影图的重要性在于它不改变距离和角度。因为距离和形状都没有失真，所以多视图正投影很适合在施工图纸中使用。

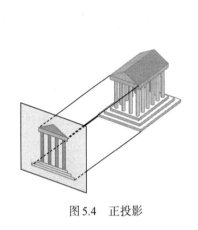

图 5.4　正投影

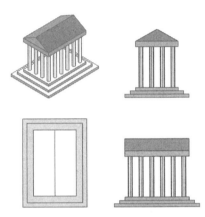

图 5.5　神殿和它的多视图正投影（三视图）

5.1.3　轴测投影

对于盒子状的对象，如果想在一个投影图中看到它的多个主面，就必须去掉前面对投影图的诸多限制中的一个。在**轴测**（axonometric）投影图中，投影线仍旧垂直于投影平面，如图 5.6 所示，但是投影平面相对于对象的方向可以是任意的。长方体形状的对象的一个顶点会有三个主面相交，如果投影平面的位置相对于这三个主面对称，则称为**等轴测**（isometric）投影。如果投影平面的位置

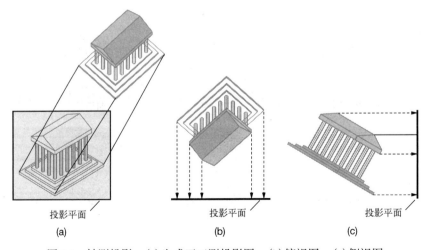

图 5.6　轴测投影。（a）生成正三测投影图；（b）俯视图；（c）侧视图

相对于两个主面对称,则为**正二测**(dimetric)投影。一般的情形是**正三测**(trimetric)投影。这些投影图如图 5.7 所示。注意,对于等轴测投影,一条线段在图像空间里的长度比它在对象空间中的长度要短。这种距离的**投影缩短**(foreshortening)在三个主方向上都是相同的,因此我们仍然可以借助等轴测投影图测量距离。然而,对正二测投影,存在两个不同的投影缩短比率;对正三测投影,存在三个不同的投影缩短比率。此外,在轴测投影中,尽管投影后平行线仍然是平行的,但角度可能会改变。圆投影后变成了椭圆。这种失真是为了在一个投影图中看到多个主面而付出的代价。轴测投影图广泛应用于建筑设计和机械设计等领域。

正二测投影   正三测投影   等轴测投影

图 5.7   轴测投影图

5.1.4 斜投影

斜投影(oblique projection)是最常见的平行投影。如图 5.8 所示,如果允许投影线与投影平面成任意角度,就得到了斜投影。因此,平行于投影平面的平面内的角度保持不变,平行于投影平面的平面内的圆在投影后仍为圆,不过我们可以看到对象的多个主面。斜投影图是最难用手工绘制的,它们看起来有些不自然。大多数物理观察设备,包括人类视觉系统,都包含一个透镜,并且该透镜与图像平面的位置关系是固定的(通常透镜平行于图像平面)。虽然这些设备生成的是透视投影图,但如果观察者远离对象,则可以近似实现平行投影,不过是正交投影,因为投影平面平行于透镜。我们在 1.6 节讨论虚拟照相机模型时介绍过折叠暗箱照相机,它可以生成近似的斜平行投影图。折叠暗箱照相机的用处之一就是生成建筑物图像,因为位于地面上的照相机使用正交投影生成包含建筑物各条边的图像,所以建筑物图像中的各条边都是平行的,没有交点。

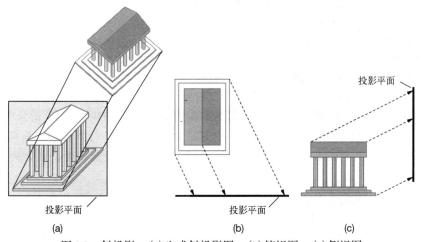

投影平面   投影平面   投影平面

(a)   (b)   (c)

图 5.8   斜投影。(a)生成斜投影图;(b)俯视图;(c)侧视图

从应用程序编程人员的角度来看,不同的平行投影之间没有显著的差异。应用程序编程人员只需指定一种投影类型(平行投影或者透视投影)并对描述照相机的一组参数进行设置。应用程序

编程人员所面对的问题是如何在观察过程中指定这些参数，以获得最佳的观察效果或者生成一种特定的经典投影图。

5.1.5　透视观察

所有的透视投影图都有一个特征：投影后尺寸会**缩短**(diminution)。对象距离观察者越远，它们所成的像就越小。这种尺寸的缩短使得透视投影图看起来比较自然，但是由于线段缩短的程度依赖于线段到观察者的距离，所以不能借助透视投影图测量尺寸。因此，透视投影图主要用在建筑设计和动画制作等领域，这些应用领域要求生成看上去自然的图像。

在经典的透视投影中，观察者的位置相对于投影平面是对称的，并且位于投影中心的垂线上，如图 5.9 所示。因此，由投影平面内的窗口和投影中心确定的棱锥是一个对称的棱锥，或者说是一个正棱锥。在人类视觉系统中，这种对称性是由于晶状体与视网膜之间的固定位置关系造成的；对于标准照相机，这种对称性是由于透镜和胶片平面之间的固定位置关系造成的。由于相似的原因，其他大多数物理成像设备中的透视投影也具有这种对称性。一些照相机(例如折叠暗箱照相机)具有可移动的胶片平面，因而能够生成一般的透视投影图。在计算机图形学中使用的模型包括这样的一般情形。

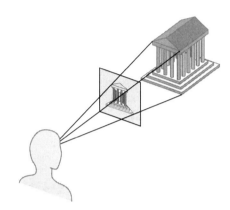

图 5.9　透视观察

边注 5.1　非平面和非几何投影

并不是所有我们感兴趣的投影都是平面的或几何的。以日食和月食为例。一个是地球投影到月球上，另一个是月球投影到地球上。在这两种情形下，投影面都是(近似)球形。现在考虑在一个矩形表面上绘制地图的问题。很明显，投影线不能是直线。如果像普通的墨卡托投影(Mercator projection)那样"展开"地球表面，那么纬度不变的圆就会变成平行线，但是离赤道越远，失真就越严重。本应是点的两极会投影成直线。如果观察制作精良的地图集，会看到许多类型的地球投影图，它们以不同的方式处理几何失真。然而，从数学的角度来看，不可能绘制没有任何失真的地图。我们在第 7 章讨论纹理映射时将会遇到类似的问题。

人们通常把经典透视投影图分为**一点**、**两点**和**三点透视**(one-, two-, and three-point perspectives)。这三种情形的差别在于对象的三个主方向中有几个平行于投影平面。考虑图 5.10 所示的一个建筑物的三个透视投影图。这个建筑物的整体形状和长方体类似，它的任何一角都包含三个主方向。对最一般的情形(三点透视)，沿着每个主方向的平行线相交于有限远处的**灭点**(vanishing point)[参见图 5.10(a)]。如果允许一个主方向平行于投影平面，则为两点透视[参见

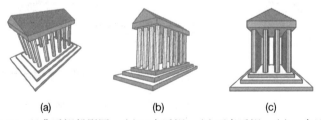

　　　　　(a)　　　　　　　　　　(b)　　　　　　　　　　(c)

图 5.10　经典透视投影图。(a)三点透视；(b)两点透视；(c)一点透视

图 5.10(b)]，其中沿着两个主方向的平行线相交于灭点，而沿着第三个主方向的平行线投影后仍是平行的。在一点透视中[参见图 5.10(c)]，两个主方向平行于投影平面，因而只有一个灭点。显然，从程序员的角度来看，这三种透视投影只不过是一般透视投影的特例，这与程序员看待平行观察的观点是类似的。我们将在 5.4 节实现一般的透视投影。

5.2　计算机观察

现在从计算机的角度来讨论三维图形。因为计算机图形学中的观察建立在虚拟照相机模型的基础上，所以我们似乎应该能够生成任何一种经典投影图。不过，这两者有本质的区别：所有的经典投影图都依赖于对象、观察者和投影线之间的特定位置关系；而在计算机图形学中，我们强调对象定义和照相机参数设置这两者之间的独立性。因此，为了生成某种经典投影图，应用程序必须利用对象的信息来创建照相机，并将照相机放在恰当的位置。

当使用 WebGL 时，对于如何执行观察以及在何处执行观察，应用程序编程人员可以有许多不同的选择。我们采用的所有方法都将充分利用 GPU 强大的几何变换功能。由于每个变换等价于标架变换，所以可以利用第 4 章介绍的标架和坐标系来实现计算机观察，尤其要用到对象坐标系、照相机坐标系和裁剪坐标系。

在绘制流水线的顶点着色器的输出之后实现计算机观察是不错的选择。第 2 章和第 4 章利用了这样一个事实：只要顶点着色器输出的顶点位于裁剪体(或视见体)内部，那么这些顶点会被送入绘制流水线后面的光栅化模块。因此，在第 2 章，我们可以在默认的视见体(立方体)内部指定顶点位置。在第 4 章，我们学习了如何通过仿射变换改变顶点的位置，并将这些顶点映射到立方体的内部。还假定这样一个事实：对象被送入光栅化模块之前，只对它做简单的正投影变换。

然而，在可编程绘制流水线中，隐藏面消除位于片元着色器之后。因此，尽管在视见体内部某个对象被其他的对象所遮挡，此时即便开启了隐藏面消除，光栅化模块仍然会生成该对象的片元。然而，我们需要更灵活地指定对象和观察对象的方式。为此，有四个主要问题需要解决：

1. 希望能够使用与应用相关的单位指定顶点数据。
2. 希望能够采用一种独立于对象的方式设置照相机的位置。
3. 希望能够使用与应用相关的单位指定裁剪体。
4. 希望能够执行平行投影或者透视投影。

通过谨慎地使用变换，可以实现所有的这些新增功能：前面三个可以使用仿射变换来实现，最后一个可以使用称为"透视投影规范化"的过程来实现。所有这些变换要么在 WebGL 应用程序代码中执行，要么在顶点着色器中执行。

可以通过第 4 章实现的变换功能来处理所有的这些任务。对于 WebGL 所使用的标架，其中有三个重要的标架用于观察过程：对象标架、照相机标架和裁剪坐标系标架。在第 2 章、第 3 章和第 4 章中，之所以没有显式地指定对象标架和照相机标架是因为采用了默认的情形(三个标架重合)。我们之前要么在裁剪坐标系中直接指定顶点位置，要么将希望可见的对象通过仿射变换改变其位置和大小，并变换到裁剪坐标系中的裁剪立方体内部。照相机固定在裁剪坐标系的原点并且指向 z 轴的负方向[①]。

为了使观察过程更加灵活，我们把它分解成两个基本的操作。首先，必须设置照相机的位置

---

① 如果对象位于裁剪体内部，那么我们描述的默认照相机可以"看见"它后面的对象。

和方向。该操作由模-视变换来完成。当顶点经过模-视变换的处理之后,它们将位于眼坐标系或照相机坐标系中。第二个步骤是使用投影变换,也就是说,把指定的投影(正投影或透视投影)应用于顶点,并且把位于指定的视见体内部的对象变换到位于裁剪坐标系中的裁剪立方体的内部,裁剪立方体与之前介绍的默认视见体相同。无论是正投影还是透视投影,它都能使我们在照相机坐标系中指定所需的视见体,而不是把对象变换到默认的立方体视见体内部。这些变换如图 5.11 所示。

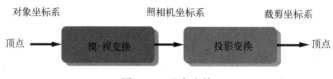

图 5.11   观察变换

我们称之为当前变换矩阵的将是两个矩阵的乘积:模-视变换矩阵和投影矩阵。模-视变换矩阵把顶点从对象坐标系变换到照相机坐标系下的表示,因此这个变换矩阵必须包含照相机的位置和方向。投影矩阵不仅要执行所需的投影(正投影或透视投影),还需要将对象从照相机坐标系中的视见体变换到裁剪坐标系中的裁剪立方体的内部。

5.3   定位照相机

本节讨论如何使照相机具有指定的位置和方向,而 5.4 节将讨论如何指定所需的投影。虽然我们在这一节把注意力放在用于指定照相机的 API 的实现上,并要求该 API 能够在 WebGL 程序中很好地工作,但是也将简要介绍用于指定照相机的其他 API。

5.3.1   从对象标架到照相机标架

在第 4 章中我们已经看到,指定顶点时可以选择任何单位,然后形成模-视变换矩阵,它将这些顶点重新定位到照相机标架中。模-视变换是建模变换与观察变换的级联。建模变换把对象实例从建模标架变换到对象标架,而观察变换把对象坐标变换成照相机坐标。因为我们还不关心在建模坐标系中表示的模型,所以直接在对象坐标系中指定顶点。因此,目前不需要单独的建模变换矩阵和观察变换矩阵,模-视变换矩阵将对象坐标系中的顶点变换到照相机坐标系中。

我们首先将模-视变换矩阵设置为单位矩阵,因此照相机标架和对象标架是重合的。按照惯例,照相机的初始方向指向 z 轴的负方向(参见图 5.12)。在大多数应用中,我们将对象放置在原点周围,因此位于默认方位的照相机无法生成包含场景中全部对象的图像。这样,我们要么把照相机移走,使之远离我们希望成像的对象;要么把对象移到照相机的前面。这两个操作是等价的,因为它们都可以看作在对象标架下指定照相机标架。

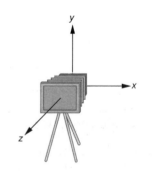

图 5.12   照相机的初始方位

图 5.13 所示的照相机标架和对象标架之间的相对移动说明了这个变换过程。图 5.13(a)所示为初始设置。定义在 p 处的顶点在这两个标架下的表示相同。当通过一系列变换把模-视变换矩阵更改为 C 以后,对象标架和照相机标架之间的位置关系如图 5.13(b)所示。这两个标架不再相同,但是 C 包含了从照相机标架移动到对象标架的信息,或者等价地说,它包含了把照相机从它的初始位置(对象标架的原点)移开的信息。这时如果定义一个位于 q 处的顶点,那么该顶点在对象标架下的表示为 q,但它在照相机标架下的表示为 Cq。我们可以在 WebGL 应用程序代码中保存顶点在

照相机标架下的坐标，也可以先把顶点数据发送到 GPU 中，然后在顶点着色器中将它们变换到照相机坐标系中。投影变换假定其处理的顶点数据位于照相机坐标系中。

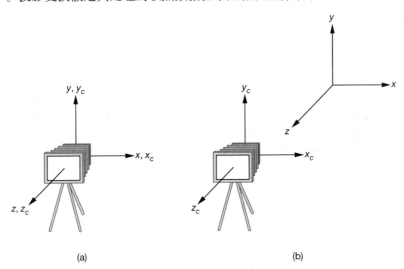

图 5.13　照相机标架和对象标架的相对移动。(a)初始设置；(b)模-视变换矩阵改变之后的照相机标架和对象标架

与之等价的观点是，照相机仍旧位于自己所在标架的原点，但是将模-视变换矩阵应用于这个标架下定义的图元。在实际编程时，我们可以采取这两种观点中的任何一种，但是要特别注意对图元的定义是在模-视变换矩阵改变之前还是之后。

下一个问题是如何指定所需的照相机方位，以及如何在 WebGL 中实现照相机定位。我们将简单介绍三种方法，本节介绍其中的一种，而 5.3.2 节介绍另外两种。此外还有两种方法在习题中给出(参见习题 5.2 和习题 5.3)。

第一种方法通过应用一系列旋转和平移来构建模-视变换矩阵，从而间接指定照相机的方位。该方法是第 4 章讨论的实例变换的直接应用，但由于以下两个原因，在使用这种方法时必须小心。第一，我们通常希望在定义场景中的任何对象之前定位照相机[1]。第二，应用到照相机的变换顺序看起来和我们期望的正好相反。

考虑一个以原点为中心的对象。照相机位于初始位置(也在原点)，方向指向 z 轴的负方向。假定想对这个对象朝着 z 轴正方向的那一面成像。为此，必须将照相机和对象分开。我们可以采取两种等价的策略。

首先，如果允许照相机仍旧指向 z 轴的负方向，那么应该让照相机在对象空间中沿着 z 轴正方向后退。许多人愿意把这个变换解释成相对于对象标架移动照相机标架。在物理学中可以找到这种观点的基础：对象位于空间中的固定位置，观察者必须通过移动来获取所需的视图。这个模型可以应用到许多设计应用领域，对象通常被看作处于一个固定的标架中，而观察者必须移动到正确的位置以获得所需的视图。

然而，在经典观察中，观察者处于支配地位：从概念上来说，我们通过拾取想要成像的对象并将它置于所需的方位来进行观察。对于上面的示例，第二种方法是使照相机保持固定，而将对象从照相机移开，即在对象标架中沿负 z 方向移动。

---

[1] 在动画制作中，把对照相机方位的定义放在程序中的什么地方取决于我们是想把照相机固定在某个特定对象上，还是想把照相机放在场景中的某个固定位置(参见习题 5.3)。

这两种方法是等价的，因为它们必须产生相同的视图。如果顶点位于对象坐标系中，那么所需的变换矩阵(模-视变换矩阵)为：

$$T = \begin{bmatrix} 1 & 0 & 0 & 0 \\ 0 & 1 & 0 & 0 \\ 0 & 0 & 1 & -d \\ 0 & 0 & 0 & 1 \end{bmatrix}$$

其中 d 是一个正数。

假定希望从 x 轴的正方向观察这个对象。现在不但要把照相机从对象所在的位置移开，还要绕 y 轴旋转照相机，如图 5.14 所示。在绕 y 轴旋转 90°之后必须进行平移。像 4.10 节讨论的那样，在程序中必须以相反的顺序调用变换函数，所以编写的代码应该像下面这样：

```
modelViewMatrix = mult(translate(0, 0, -d), rotateY(-90));
```

从两个标架的角度来看，首先相对于照相机标架旋转对象标架，然后通过平移使这两个标架分开。

在第 2 章和第 4 章中曾经通过使用单位矩阵作为默认的投影变换矩阵来演示简单的三维示例程序。这种默认设置相当于创建一个正投影，照相机位于原点，方向指向 z 轴的负方向。在第 4 章的立方体示例程序中，通过旋转立方体，可以看到想要看的面。正如刚才讨论的那样，旋转立方体等价于相对于照相机标架旋转立方体的标架。如果相对于立方体旋转照相机，也可以得到相同的投影图。这种通过对照相机进行平移和旋转来进行观察的方法还可用于生成其他正投影视图，但要生成透视投影图则不能使用默认的投影。

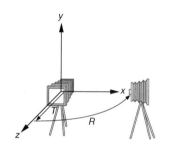

图 5.14　定位照相机

现在考虑如何生成立方体的等轴测投影图。还是假定立方体的中心位于原点，并且各边分别和对应的坐标轴平行。因为默认的照相机位于立方体的中心，所以希望通过平移使得照相机离开立方体。当照相机的位置关于立方体的三个相邻面对称时，例如照相机位于从原点到点 $(1, 1, 1)$ 的直线上，就可以得到等轴测投影图。我们可以旋转立方体，然后把立方体从照相机的位置移开，由此获得所需的投影图，或者等价地，把照相机从立方体的位置移开，然后旋转照相机使它对准立方体。

假定初始时使用的是默认照相机，现在从 z 轴正方向上的某个位置观察立方体。立方体总共有 8 个等轴测投影图(每个顶点都有一个)，我们可以生成其中的一个。首先绕 x 轴旋转立方体，直到我们看到两个对称的面，如图 5.15(a)所示。很明显，这是旋转立方体 45°的结果。接下来要绕 y 轴进行第二次旋转。旋转立方体直到获得所需的等轴测投影，这需要绕 y 轴旋转 −35.26°。如果不知道如何得出这个角度，可以先考虑立方体在经过第一次旋转之后所处的方位。从 z 轴正方向观察，立方体如图 5.15(a)所示，原来位于 $(-1, 1, 1)$ 的顶点已经旋转到了 $(-1, 0, \sqrt{2})$。如果从 x 轴正方向观察，立方体如图 5.15(b)所示，可以看出我们想要做的是把右顶点旋转到 y 轴上。所求的旋转角度位于一个两条直角边长度分别为 1 和 $\sqrt{2}$ 的直角三角形中，所以该角度为 35.26°。最后一步是把照相机从原点移开。这样，我们采取的步骤是首先相对于对象标架旋转照相机标架，然后使两个标架分开。经过这些变换后的模-视变换矩阵为：

$$M = TR_y R_x$$

把用齐次坐标表示的变换矩阵相乘就可以得出等轴测投影的模-视变换矩阵。两个旋转矩阵的乘积为：

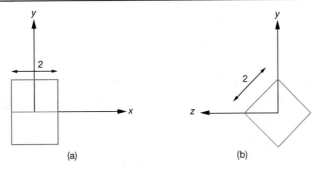

图 5.15 绕 x 轴旋转之后的立方体。(a)从 z 轴的正方向观察；(b)从 x 轴的正方向观察

$$\mathbf{R} = \mathbf{R}_y \mathbf{R}_x = \begin{bmatrix} 1 & 0 & 0 & 0 \\ 0 & \sqrt{6}/3 & -\sqrt{3}/3 & 0 \\ 0 & \sqrt{3}/3 & \sqrt{6}/3 & 0 \\ 0 & 0 & 0 & 1 \end{bmatrix} \begin{bmatrix} \sqrt{2}/2 & 0 & \sqrt{2}/2 & 0 \\ 0 & 1 & 0 & 0 \\ -\sqrt{2}/2 & 0 & \sqrt{2}/2 & 0 \\ 0 & 0 & 0 & 1 \end{bmatrix}$$

$$= \begin{bmatrix} \sqrt{2}/2 & 0 & \sqrt{2}/2 & 0 \\ \sqrt{6}/6 & \sqrt{6}/3 & -\sqrt{6}/6 & 0 \\ -\sqrt{3}/3 & \sqrt{3}/3 & \sqrt{3}/3 & 0 \\ 0 & 0 & 0 & 1 \end{bmatrix}$$

容易验证原来位于 $(-1, 1, 1)$ 的顶点被这个矩阵正确地变换到 $(0, 0, \sqrt{3})$。再把平移 $(0, 0, -d)$ 所对应的矩阵和这个旋转矩阵级联，可得：

$$\mathbf{TR} = \begin{bmatrix} \sqrt{2}/2 & 0 & \sqrt{2}/2 & 0 \\ \sqrt{6}/6 & \sqrt{6}/3 & -\sqrt{6}/6 & 0 \\ -\sqrt{3}/3 & \sqrt{3}/3 & \sqrt{3}/3 & -d \\ 0 & 0 & 0 & 1 \end{bmatrix}$$

在 WebGL 中，设置模-视变换矩阵的代码如下：

```
var modelViewMatrix = translate(0, 0, -d);
modelViewMatrix = mult(modelViewMatrix, rotateY(-35.26));①
modelViewMatrix = mult(modelViewMatrix, rotateX(45));②
```

我们已经把对象从对象坐标系下的表示变换到了照相机坐标系下的表示。由于旋转和平移不会影响对象的大小，所以正投影变换也不会改变对象的大小。然而，这些变换却影响对象是否会被裁剪掉，因为裁剪体是相对于照相机标架的。例如，如果平移对象使之离开照相机，那么对象可能不再位于裁剪体内部。因此，即使对象的投影没有变化并且照相机仍然指向它，对象也可能不会成像。

5.3.2 两个观察 API

上面为等轴测投影构造模-视变换矩阵的方法有些不太令人满意。虽然这种方法比较直观，但是它要求在指定变换之前计算各种角度，这对于应用程序来说不是一个好的接口。可以采取另一

---

① 此处原文为 "modelViewMatrix = mult(modelViewMatrix, rotateX(35.26));"，疑有误。——译者注
② 此处原文为 "modelViewMatrix = mult(modelViewMatrix, rotateY(45));"，疑有误。——译者注

边注 5.2　左手坐标系和右手坐标系

在数学、科学和工程的几乎所有应用领域中，当我们画坐标轴时，x 轴是水平的，正值向右递增。y 轴是垂直的，正值向上递增。对于 z 轴正向应该指向哪个方向(从页面向外指向读者，还是指向页面内)，目前的意见并不统一。正如之前提到的，如果 z 轴指向页面外，那么我们使用右手坐标系，对应于右手的拇指指向 x 轴的正方向，食指指向 y 轴的正方向，中指指向 z 轴的正方向。

因为对应用程序最重要的两个标架(对象标架和照相机标架)在 WebGL 中并没有指定坐标轴的类型，所以可以自由使用右手坐标系或左手坐标系。为了与大多数应用程序保持一致，我们在讨论模-视变换和示例程序中使用了右手坐标系。然而，当我们介绍观察和投影变换时，经典的观察方法(即从观察者出发测量到对象的距离)占支配地位。我们在本章开发的观察函数和变换与大多数计算机图形 API 是一致的。这些函数中的参数也是从照相机出发开始测量的。因此，裁剪坐标系是左手坐标系。这种从右手坐标系到左手坐标系的切换嵌入到了投影矩阵中。然而，在不包含投影变换的应用程序中，应用程序必须更改顶点位置 z 值的符号，以转换为左手裁剪坐标系。

种方法来定位照相机，该方法类似于 PHIGS 所使用的方法，PHIGS 是一个早期的标准三维图形 API。我们仍然在对象标架下描述照相机的方位，这是观察过程的第一个步骤。在第二个步骤中通过指定投影变换矩阵来获得所需的投影类型(透视投影或者平行投影)，该步骤经常被称为**规范化变换**(normalization transformation)，我们把它当作标架的变换来处理。再次假定照相机初始时仍然位于原点，方向指向 z 轴的负方向。我们想把照相机放到一个称为**观察参考点**(view reference point，VRP，参见图 5.16)的位置。VRP 是在对象标架下给定的，用户通过调用像下面这样的函数来指定这个位置：

```
var viewReferencePoint = vec4(x, y, z, 1);
```

接下来指定照相机的方向，可以把这个指定分成两部分：指定**观察平面法向量**(view-plane normal，VPN)和指定**观察正向向量**(view-up vector，VUP)。VPN(图 5.16 中的 **n**)给出了投影平面的方向，或者说给出了照相机胶片平面的方向。一个平面的方向是由其法向量决定的，因此 API 包含一个像下面这样的函数来指定观察平面：

```
var viewPlaneNormal = vec4(nx, ny, nz, 0);
```

投影平面的方向并没有指定照相机的哪个方向是向上的方向。如果只指定 VPN，我们还可以旋转照相机，同时保持它的胶片平面不变。如果又指定了 VUP，照相机就完全确定下来了。用户通过调用像下面这样的函数来指定 VUP：

```
var viewUp = vec4(vupX, vupY, vupZ, 0);
```

为了获得方向向上的向量 **v**，把 VUP 向量投影到观察平面(参见图 5.17)。使用投影允许用户指定任何不平行于 **v** 的向量，而不需要计算一个位于投影平面中的向量。向量 **v** 与 **n** 正交。可以用叉积获得与这两个向量都正交的第三个向量 **u**。这个新的正交坐标系通常称为**观察坐标系**(viewing-coordinate system)或者 **uvn 坐标系**(u-v-n system)。观察坐标系再加上 VRP 就是我们想要的照相机标架。从对象标架到照相机标架的变换矩阵是**观察方位矩阵**(view orientation matrix)，它和模-视变换矩阵中对应的观察变换部分等价。

我们可以利用旋转和平移的齐次坐标变换矩阵推导出观察方位矩阵。先指定观察参考点、观察平面法向量和观察正向向量。设观察参考点为：

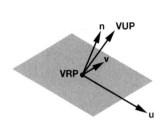

图 5.16　照相机标架

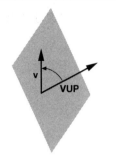

图 5.17　确定观察正向向量

$$\mathbf{p} = \begin{bmatrix} x \\ y \\ z \\ 1 \end{bmatrix}$$

观察平面法向量为：

$$\mathbf{n} = \begin{bmatrix} n_x \\ n_y \\ n_z \\ 0 \end{bmatrix}$$

观察正向向量为：

$$\mathbf{v_{up}} = \begin{bmatrix} v_{up_x} \\ v_{up_y} \\ v_{up_z} \\ 0 \end{bmatrix}$$

　　构造一个新的标架，它的原点是观察参考点，一个坐标轴的方向为观察平面法向量，另两个坐标轴的方向分别为 $\mathbf{u}$ 和 $\mathbf{v}$。在默认情况下，原先的 x 轴、y 轴和 z 轴分别就是 u 轴、v 轴和 n 轴。观察参考点可以通过一个简单的平移 $\mathbf{T}(-x, -y, -z)$ 来处理，即从观察标架向原先的原点的平移。观察方位矩阵的剩余部分是由一个旋转矩阵确定的[①]，所以观察方位矩阵 $\mathbf{V}$ 可以写成下面的形式：

$$\mathbf{V} = \mathbf{TR}$$

方向 $\mathbf{v}$ 必须和 $\mathbf{n}$ 正交，因此，

$$\mathbf{n} \cdot \mathbf{v} = 0$$

从图 5.16 可以看出，$\mathbf{v}$ 是 $\mathbf{v_{up}}$ 的投影并且位于由 $\mathbf{n}$ 和 $\mathbf{v_{up}}$ 所确定的平面内，因而 $\mathbf{v}$ 必定是这两个向量的线性组合：

$$\mathbf{v} = \alpha\mathbf{n} + \beta\mathbf{v_{up}}$$

如果暂时忽略向量的长度，则可以令 $\beta = 1$，由此求得：

$$\alpha = -\frac{\mathbf{v_{up}} \cdot \mathbf{n}}{\mathbf{n} \cdot \mathbf{n}}$$

和

$$\mathbf{v} = \mathbf{v_{up}} - \frac{\mathbf{v_{up}} \cdot \mathbf{n}}{\mathbf{n} \cdot \mathbf{n}} \mathbf{n}$$

[①] 此处原文为"模-视变换矩阵的剩余部分是由一个旋转矩阵确定的"，疑有误。——译者注

第三个正交的方向可以通过叉积得到:

$$\mathbf{u} = \mathbf{v} \times \mathbf{n}$$

这些向量的长度通常不等于 1。可以分别对它们进行归一化,得到三个单位长度的向量 $\mathbf{u}'$、$\mathbf{v}'$ 和 $\mathbf{n}'$。矩阵

$$\mathbf{A} = \begin{bmatrix} u'_x & v'_x & n'_x & 0 \\ u'_y & v'_y & n'_y & 0 \\ u'_z & v'_z & n'_z & 0 \\ 0 & 0 & 0 & 1 \end{bmatrix}$$

是一个旋转矩阵,利用它可以求出 $\mathbf{u}'\mathbf{v}'\mathbf{n}'$ 坐标系中的一个向量在原来坐标系下的表示。然而,我们真正要求的与此相反:我们想得到初始坐标系中的向量在 $\mathbf{u}'\mathbf{v}'\mathbf{n}'$ 坐标系下的表示。这样,待求的矩阵 $\mathbf{R}$ 等于 $\mathbf{A}^{-1}$,但因为 $\mathbf{A}$ 是旋转矩阵,所以

$$\mathbf{R} = \mathbf{A}^{-1} = \mathbf{A}^{\mathrm{T}}$$

最后再把 $\mathbf{R}$ 和平移矩阵 $\mathbf{T}$ 相乘,得到:

$$\mathbf{V} = \mathbf{R}\mathbf{T} = \begin{bmatrix} u'_x & u'_y & u'_z & -xu'_x - yu'_y - zu'_z \\ v'_x & v'_y & v'_z & -xv'_x - yv'_y - zv'_z \\ n'_x & n'_y & n'_z & -xn'_x - yn'_y - zn'_z \\ 0 & 0 & 0 & 1 \end{bmatrix}$$

　　注意,这里是用平移矩阵右乘 $\mathbf{R}$,而之前推导的结果是用平移矩阵左乘 $\mathbf{R}$。对这个差异的一种解释是:在之前的推导中,首先旋转其中一个标架,然后沿着一个方向使这两个标架分开,这个方向是在照相机标架下表示的;而在这里的推导中,照相机的位置是在对象标架下表示的。对这个差异的另一种解释是:矩阵 $\mathbf{R}\mathbf{T}$ 和 $\mathbf{T}\mathbf{R}$ 的形式是相似的。矩阵乘积的旋转部分(左上角 3×3 子矩阵)相同,而且最下面一行也相同。最右边一列的前三个元素不同,这是因为旋转矩阵改变 $\mathbf{R}\mathbf{T}$ 中的平移系数但不改变 $\mathbf{T}\mathbf{R}$ 中的平移系数。对上一节中的等轴测投影的例子:

$$\mathbf{n} = \begin{bmatrix} -1 \\ 1 \\ 1 \\ 0 \end{bmatrix} \qquad \mathbf{v_{up}} = \begin{bmatrix} 0 \\ 1 \\ 0 \\ 0 \end{bmatrix}$$

照相机必须位于初始标架的对角线上。如果令

$$\mathbf{p} = \frac{\sqrt{3}}{3} \begin{bmatrix} -d \\ d \\ d \\ 1 \end{bmatrix}$$

那么就得到了与 5.3.1 节相同的模-视变换矩阵。

5.3.3　lookAt 函数

　　通过指定 VRP、VPN 和 VUP 可以定位照相机,但这只是为定位照相机提供 API 的方法之一。在许多情况下我们愿意采用一种更直接的方法。考虑如图 5.18 所示的情景,其中照相机位于点 $\mathbf{e}$,该点称为**视点**(eye point),是在对象标架下指定的,照相机的方向指向另一个点 $\mathbf{a}$,该点称为**参考点**(at

point)。这两个点确定了 VPN 和 VRP。对视点和参考点
这两个点做减法，所得的向量给出了 VPN：

$$\mathbf{vpn} = \mathbf{a} - \mathbf{e}$$

对其进行归一化，得到：

$$\mathbf{n} = \frac{\mathbf{vpn}}{|\mathbf{vpn}|}$$

因为观察参考点就是视点，所以只需要再对照相机指定
所需的观察正向，用于构建观察方位矩阵的 lookAt
函数可能具有下面的形式：

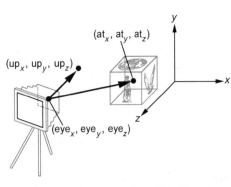

图 5.18　用 lookAt 函数定位照相机

    m = lookAt(eye, at, up)

其中 eye、at 和 up 是三维向量类型。注意，一旦通过计算得到向量 **vpn**，就可以像 5.3.2 节那样
生成变换矩阵。还有一种更简单的计算方法。首先通过叉积及归一化操作生成与 **n** 和 $\mathbf{v_{up}}$ 都垂直的
向量 **u**：

$$\mathbf{u} = \frac{\mathbf{v_{up}} \times \mathbf{n}}{|\mathbf{v_{up}} \times \mathbf{n}|}$$

然后再使用叉积和归一化操作得到向量 $\mathbf{v_{up}}$ 在照相机观察平面上的投影 **v**：

$$\mathbf{v} = \frac{\mathbf{n} \times \mathbf{u}}{|\mathbf{n} \times \mathbf{u}|}$$

　　注意，我们可以把标准的旋转、平移和缩放作为定义对象的一部分。尽管这些变换也会改变
模-视变换矩阵，但可以认为，lookAt 是在定位照相机，而接下来影响模-视变换矩阵的那些操
作是在定位对象，采取这种看法常常会在概念上为我们带来方便。

　　注意，既然像 lookAt 这样定位照相机的函数是在对象坐标系下指定并用来改变模-视变换矩
阵的，那么用来生成投影变换矩阵的函数将在眼坐标系下指定。

边注 5.3　其他观察 API

　　在许多应用程序中，前面已经介绍过的观察接口都不合适。考虑一个飞行模拟应用程序，
使用模拟器的飞行员通常用三个角度，即滚转角（roll）、俯仰角（pitch）和偏航角（yaw）来指定自
己的方位。在定义这些角度时，基准点是飞行器的质心，基准方向是飞行器机身的三个轴向，
如图 5.19 所示。因此，飞行员用这三个角度和从对象到飞行器质心的距离来观察对象。根据这
三个角度和对象到飞行器质心的距离，可以用一个平移和三个简单的旋转构造出观察变换（参见
习题 5.2）。

　　在许多应用程序中，指定观察最自然的方式是通过极坐标，而不是直角坐标。有的应用程
序涉及一些对象绕另一些对象旋转，这样的应用程序就属于此类。例如，考虑在天空中指定一
颗恒星。从观察者看来，这颗恒星的方向由仰角和方位角给出（参见图 5.20）。假定观察者站在
一个平面上，**仰角**（elevation）是在该平面之上恒星出现的角度。在观察者的位置定义一个法向量，
并利用该法向量定义一个平面，这样不论观察者是否站在一个平面上，我们都可以定义仰角。
在这个平面内可以定义另两个坐标轴，这样就构造出了一个观察坐标系。**方位角**（azimuth）是从
该平面内的一个坐标轴旋转到观察者和恒星连线在该平面内投影的角度。照相机还可以绕它所
指向的方向旋转，这个旋转的角度称为**扭转角**（twist angle）。

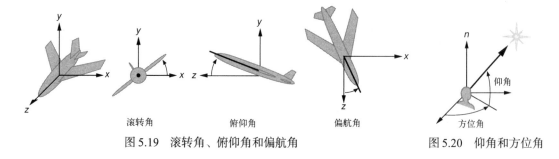

图 5.19　滚转角、俯仰角和偏航角　　　　　　　图 5.20　仰角和方位角

5.4　平行投影

　　平行投影是透视投影的特殊受限情形，因为平行投影的投影中心距离所观察的对象无穷远，这使得平行投影的投影线互相平行而不是聚焦于投影中心。换句话说，使用平行投影得到的投影图与使用具有无限大焦距的长焦镜头所拍摄的照片效果是类似的。在本节，我们并不是先推导出透视投影的公式，然后计算其极限情形得到平行投影的方程，而是使用事先知道的投影线互相平行且指向投影方向这样一个事实来直接推导出平行投影的方程。

5.4.1　正投影

　　正交投影或者说**正投影**(orthographic projection)是平行投影的一种特殊情形：正交投影的投影线垂直于观察平面。如果用照相机实现正交投影，那么这个照相机的胶片平面应该平行于镜头，并且镜头的焦距无限大。在图 5.21 所示的正交投影中，投影平面为 $z = 0$。当点被投影到这个平面时，它的 x 和 y 坐标保持不变，因此正投影的方程为：

$$x_p = x$$
$$y_p = y$$
$$z_p = 0$$

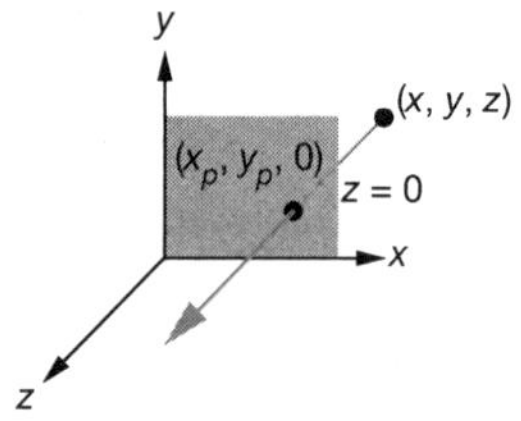

利用齐次坐标，这些等式可以表示为：

$$\begin{bmatrix} x_p \\ y_p \\ z_p \\ 1 \end{bmatrix} = \begin{bmatrix} 1 & 0 & 0 & 0 \\ 0 & 1 & 0 & 0 \\ 0 & 0 & 0 & 0 \\ 0 & 0 & 0 & 1 \end{bmatrix} \begin{bmatrix} x \\ y \\ z \\ 1 \end{bmatrix}$$

图 5.21　正交投影

为了表示更一般的正交投影，可以将该表达式写成：

$$\mathbf{q} = \mathbf{MIp}$$

其中，

$$\mathbf{p} = \begin{bmatrix} x \\ y \\ z \\ 1 \end{bmatrix}$$

I 是一个 4×4 的单位矩阵，并且

$$\mathbf{M} = \begin{bmatrix} 1 & 0 & 0 & 0 \\ 0 & 1 & 0 & 0 \\ 0 & 0 & 0 & 0 \\ 0 & 0 & 0 & 1 \end{bmatrix}$$

正投影变换矩阵 **M** 应用于顶点着色器输出的顶点并由硬件来执行。因此，只有那些位于棱边长度为 2 且以坐标原点为中心的立方体内部的对象才可能会被投影成像。如果希望控制对象与裁剪体的位置关系并确定对象的可见性，则可以使用一个几何变换矩阵 **N** 代替上面的单位矩阵，这个几何变换矩阵 **N** 既可以在 WebGL 应用程序代码中执行也可以在顶点着色器中执行。例如，如果使用一个缩放变换矩阵代替单位矩阵 **I**，那么可以看到一个放大或缩小的对象。

5.4.2　WebGL 中的平行投影

我们这里重点讨论一个正投影观察函数，这也是 WebGL 提供的唯一的一个平行投影观察函数，该投影的视见体是一个正六面体，如图 5.22 所示。裁剪体的四个侧面为：

$$x = \text{right} \qquad x = \text{left}$$
$$y = \text{top} \qquad y = \text{bottom}$$

近裁剪平面(或前裁剪平面)相距原点的距离为 near，而远裁剪平面(后裁剪平面)相距原点的距离为 far。所有这些变量都是在照相机坐标系下取值的。可以通过下面的正投影观察函数[①]来生成正投影变换矩阵 **N**。

```
ortho = function(left, right, bottom, top, near, far) { ... }
```

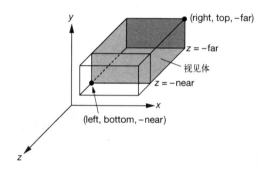

图 5.22　正投影

从数学的角度看，尽管可以通过将照相机移到无穷远处来获得平行投影图，但是由于平行投影的投影线是平行的，所以可以沿着投影方向移动照相机而不会改变投影。因此，可以认为一个正交相机初始时位于照相机坐标系的原点，并且由下面的三个等式确定它的视见体：

$$x = \pm 1 \qquad y = \pm 1 \qquad z = \pm 1$$

我们将其作为默认的设置，这有助于更方便地处理平行投影。换句话说，对于默认的设置，也可以理解为把单位矩阵赋给 **N**。而对于非默认的设置，我们将在后面推导这个矩阵 **N**，此时它不是单位矩阵，推导这个非单位矩阵 **N** 的方法是：使用平移和旋转变换将照相机坐标系下的顶点变换到默认的视见体的内部，我们把这个处理过程称为**投影规范化**(projection normalization)。函数 ortho 生成的就是这个矩阵 **N**。注意，我们不得不采用这种方法是因为最终由 GPU 执行的投影是固定的。然而，投影的规范化处理是一种高效的方法，因为它使得我们能够在同一个绘制流水线中执行平行投影和透视投影。

---

① 因为 JavaScript 的 Window 对象也使用 top，所以使用该变量名可能会导致问题。可以通过使用不同的变量名或将应用程序包含在创建本地命名空间的函数中来避免此类问题。

5.4.3   投影的规范化

在第 1 章介绍投影和在本章前面讨论经典投影的时候，我们把投影看作这样一种技术，该技术把在三维空间中指定的点映射成二维投影平面上的点。这样的变换是不可逆的，因为一条投影线上的所有点都被映射成投影平面上的同一个点。

在计算机图形系统中，我们看待投影的方式与上面稍微有些不同。第一，在四维空间里使用齐次坐标来计算投影。第二，尽量保留深度信息(沿投影线的距离)，这样可以在绘制流水线后面的阶段里进行隐藏面消除。第三，使用了一种称为投影规范化(projection normalization)的技术，如图 5.23 所示，该技术先把对象变形，使得变形后的对象的正交投影图与我们原来想要得到的对象的投影图相同，这样就把所有的投影都转化为正交投影。这里的扭曲变形由**规范化矩阵**(normalization matrix)来执行。如图 5.24 所示，把规范化矩阵和 5.4.2 节介绍的简单正交投影变换矩阵级联在一起，就可以得到一个齐次坐标矩阵，该矩阵可以用来生成所需的投影。

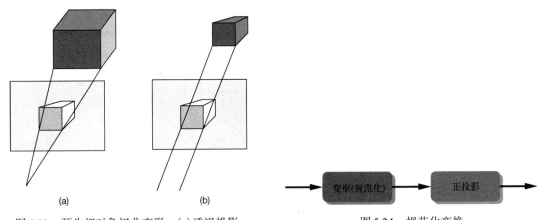

图 5.23   预先把对象扭曲变形。(a)透视投影；
　　　　(b)扭曲变形后的对象的正交投影

图 5.24   规范化变换

这种方法的一个优点是可以设计规范化矩阵，使得视见体变形为**规范视见体**(canonical view volume)，该视见体是由下面的平面所定义的立方体：

$$x = \pm 1 \qquad y = \pm 1 \qquad z = \pm 1$$

采用规范视见体的优点是，相同的绘制流水线可以既支持透视投影又支持平行投影，为此只需加载合适的规范化矩阵。此外，规范视见体还简化了裁剪过程，因为它的各面和相应的坐标轴分别平行。

大多数图形绘制系统的投影规范化由**投影变换矩阵**(projection matrix)来实现。投影变换矩阵把对象变换到四维裁剪坐标系，接下来的透视除法把顶点变换到三维规范化设备坐标系，随后的视口变换把规范化设备坐标系下的点变换到窗口坐标系。这里我们要讨论的是其中的第一步，即推导出投影变换矩阵。

5.4.4   正投影变换矩阵

尽管平行投影是透视投影的特殊情形，我们还是先来讨论正交平行投影，然后再把规范化技术扩展到透视投影。

我们将在 MV.js 中开发一个 ortho 函数，它等价于早期功能固定的 OpenGL 中的同名函数。

它生成的投影变换矩阵将照相机坐标系中的值映射到裁剪坐标系中。默认情况下，应该将由平面 $x = \pm 1$、$y = \pm 1$ 和 $z = \pm 1$ 定义的立方体内的点映射到裁剪坐标系中类似的立方体中。该立方体之外的点仍然保持在裁剪坐标系立方体之外。因为裁剪坐标系是按左手坐标系定义的，而我们使用右手坐标系来表示照相机坐标系，即使这两个立方体有相同的大小和原点，但也必须在 ortho 函数中更改 z 值的符号。

使用 MV.js，我们通过函数调用生成正交投影变换矩阵，代码如下：

```
var N = ortho(left, right, bottom, top, near, far);
```

它指定了一个正六面体状视见体，其右侧（相对于摄影机）是平面 $x = \text{right}$，左侧是平面 $x = \text{left}$，顶部是平面 $y = \text{top}$，而底部是平面 $y = \text{bottom}$。前面是近裁剪平面 $z = -\text{near}$，后面是远裁剪平面 $z = -\text{far}$。一般来说，要求

$$\text{far} > \text{near}$$

并且如果只想看照相机前面的物体，要求

$$\text{near} > 0$$

经过这个函数调用后，该投影变换矩阵把上面指定的视见体变换为中心位于原点、边长为 2 的立方体，如图 5.25 所示。这个矩阵将指定视见体内的顶点变换为规范视见体内的顶点。因此，在把这个变换应用到顶点以后，位于指定视见体内部的顶点将位于规范视见体内部，而位于指定视见体外的顶点将位于规范视见体外。把上面这些结合起来考虑，可以看到，投影变换矩阵由投影的类型和视见体决定，而视见体是通过调用 ortho 函数来指定的，其中的参数是相对于照相机给出的。照相机的方向和位置由模-视变换矩阵决定。这两个矩阵被级联到一起，我们用其乘积变换对象的顶点。

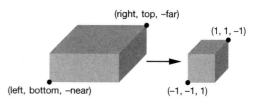

图 5.25　把视见体映射成规范视见体

利用仿射变换的知识就可以求出这个投影变换矩阵。我们需要完成两个变换。第一，通过平移把指定视见体的中心移动到规范视见体的中心（原点）。第二，缩放指定的视见体使得它每条边的长度都为 2（参见图 5.25）。因此，这两个变换是

$$\mathbf{T} = \mathbf{T}(-(\text{right} + \text{left}) / 2, -(\text{top} + \text{bottom}) / 2, (\text{far} + \text{near}) / 2)$$

和

$$\mathbf{S} = \mathbf{S}(2 / (\text{right} - \text{left}), 2 / (\text{top} - \text{bottom}), 2 / (\text{near} - \text{far}))$$

如图 5.26 所示，把它们级联在一起，所得的投影变换矩阵为：

$$\mathbf{N} = \mathbf{ST} = \begin{bmatrix} \dfrac{2}{\text{right} - \text{left}} & 0 & 0 & -\dfrac{\text{left} + \text{right}}{\text{right} - \text{left}} \\ 0 & \dfrac{2}{\text{top} - \text{bottom}} & 0 & -\dfrac{\text{top} + \text{bottom}}{\text{top} - \text{bottom}} \\ 0 & 0 & -\dfrac{2}{\text{far} - \text{near}} & -\dfrac{\text{far} + \text{near}}{\text{far} - \text{near}} \\ 0 & 0 & 0 & 1 \end{bmatrix}$$

这个矩阵把近裁剪面 $z = -\text{near}$ 映射成 $z = -1$，把远裁剪面 $z = -\text{far}$ 映射成 $z = 1$。因为照相机的方向指向 z 轴的负方向，所以投影线的方向是从 z 轴的负无穷远处指向原点。

图 5.26　用仿射变换进行投影规范化

5.4.5　斜投影

ortho 函数只能为我们提供一类有限的平行投影,即投影线垂直于投影平面的平行投影。如在本章前面所看到的,许多领域都会用到斜平行投影[①]。斜投影变换矩阵可以直接推导出来,不过这里仍然采用前面推导一般正交投影时的方法。我们先把对象变形,使要求的投影转化为变形后的对象的规范化正交投影。

如图 5.27 所示,斜投影可以由投影线和投影平面之间的夹角来表征。在支持一般平行投影的 API 中,斜投影的视见体由六个面确定,其中近裁剪面和远裁剪面都平行于投影平面,右面、左面、顶面和底面都平行于投影方向,如图 5.28 所示。可以根据图 5.29 推导出斜投影的方程,该图所示的是斜投影的俯视图和侧视图,其中画出了投影线和投影平面 $z = 0$。角度 θ 和 ϕ 刻画了投影线的倾斜程度。在制图学中,像斜等测和斜二测这样的斜投影由这些角度的特定值来定义。除了使用这些角度,还可以通过其他方式来指定斜投影(参见习题 5.9 和习题 5.10)。

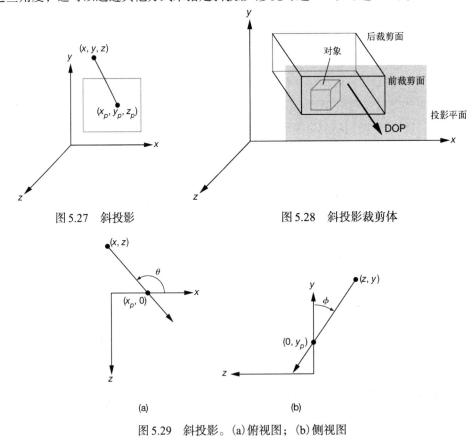

图 5.27　斜投影　　　　　　　　　图 5.28　斜投影裁剪体

图 5.29　斜投影。(a)俯视图; (b)侧视图

考虑图 5.29 中的俯视图,我们注意到

---

① 注意,如果没有斜投影,将无法绘制本书插图中的坐标轴(参见习题 5.15)。

$$\tan \theta = \frac{z}{x_p - x}$$

由此可求出 x_p：

$$x_p = x + z \cot \theta$$

同理，

$$y_p = y + z \cot \phi$$

利用投影平面的方程可得：

$$z_p = 0$$

这些结果可以表示为下面的齐次坐标矩阵：

$$\mathbf{P} = \begin{bmatrix} 1 & 0 & \cot \theta & 0 \\ 0 & 1 & \cot \phi & 0 \\ 0 & 0 & 0 & 0 \\ 0 & 0 & 0 & 1 \end{bmatrix}$$

按照之前的示例所采用的方法，可以把 $\mathbf{P}$ 分解为两个矩阵的乘积：

$$\mathbf{P} = \mathbf{M}_{\text{orth}}\mathbf{H}(\theta, \phi) = \begin{bmatrix} 1 & 0 & 0 & 0 \\ 0 & 1 & 0 & 0 \\ 0 & 0 & 0 & 0 \\ 0 & 0 & 0 & 1 \end{bmatrix} \begin{bmatrix} 1 & 0 & \cot \theta & 0 \\ 0 & 1 & \cot \phi & 0 \\ 0 & 0 & 1 & 0 \\ 0 & 0 & 0 & 1 \end{bmatrix}$$

其中 $\mathbf{H}(\theta,\phi)$ 是一个错切矩阵。于是，可以这样来实现一个斜投影：首先将对象进行错切变换 $\mathbf{H}(\theta, \phi)$，然后再进行正投影。图 5.30 给出了对位于斜投影视见体内的一个立方体进行错切变换 $\mathbf{H}(\theta, \phi)$ 的效果。经过错切变换后，裁剪体的侧面垂直于投影平面，但是立方体的侧面不再和底面垂直，因为立方体经历了和裁剪体一样的错切变换。然而，变形后的立方体的正投影和原来立方体的斜投影是相同的。

现在还没有完成投影规范化，因为经过错切变换后的视见体还不是规范视见体。我们必须应用和 5.4.4 节相同的缩放和平移矩阵。因此，下面的变换矩阵

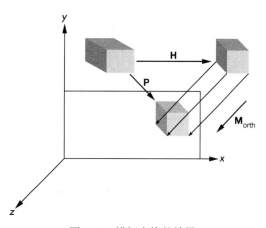

图 5.30   错切变换的效果

$$\mathbf{ST} = \begin{bmatrix} \dfrac{2}{\text{right} - \text{left}} & 0 & 0 & -\dfrac{\text{right}+\text{left}}{\text{right} - \text{left}} \\ 0 & \dfrac{2}{\text{top} - \text{bottom}} & 0 & -\dfrac{\text{top} + \text{bottom}}{\text{top} - \text{bottom}} \\ 0 & 0 & -\dfrac{2}{\text{far} - \text{near}} & -\dfrac{\text{far} + \text{near}}{\text{far} - \text{near}} \\ 0 & 0 & 0 & 1 \end{bmatrix}$$

必须应用在错切变换之后和最后的正投影之前，于是最后的结果为：

$$\mathbf{N} = \mathbf{M}_{\text{orth}}\mathbf{ST}\,\mathbf{H}$$

left、right、bottom 和 top 的值对应于斜投影视见体经过错切变换之后得到的正六面体状视见体的顶点。这些值取决于原来视见体的各个面的位置，为了确定它们，可能需要对原视见体的顶点进行错切变换。图 5.29 所示是执行这种计算的方法之一。

可以通过投影线与投影平面之间的夹角 θ 和 ϕ 来确定斜投影。错切变换不会改变 near 和 far 这两个参数。然而，错切变换会把视见体的四个侧面与近裁剪面的交点的 x 和 y 坐标的值修改为 left、right、top 和 bottom。如果这些交点的坐标为 $(x_{\min}, \text{near})$，$(x_{\max}, \text{near})$，$(y_{\min}, \text{near})$ 和 $(y_{\max}, \text{near})$，那么在第 4 章推导错切变换时会得到如下的关系：

$$\text{left} = x_{\min} - \text{near} \times \cot\theta$$
$$\text{right} = x_{\max} - \text{near} \times \cot\theta$$
$$\text{top} = y_{\max} - \text{near} \times \cot\phi$$
$$\text{bottom} = y_{\min} - \text{near} \times \cot\phi$$

5.4.6　交互式观察立方体

本节将扩展前面的旋转立方体示例程序，扩展后的示例程序包括模-视变换矩阵和正投影变换矩阵并且能够以交互的方式设置它们的参数。和前面的旋转立方体示例程序一样，我们能够决定是在 WebGL 应用程序代码中应用变换矩阵还是在顶点着色器中应用变换矩阵。对于本节的示例程序，将模-视变换矩阵和正投影变换矩阵发送到顶点着色器中。通过使用一组滑动条改变程序的参数来达到交互式地改变这两个矩阵的目的。

彩色立方体位于对象坐标系的原点，因此无论把照相机放在哪里，照相机的参考点(at point)都位于坐标系的原点。这里采用极坐标定位照相机，因此视点(eye point)的坐标为：

$$\mathbf{eye} = \begin{bmatrix} r\cos\theta \\ r\sin\theta\cos\phi \\ r\sin\theta\sin\phi \end{bmatrix}$$

其中，半径 r 表示照相机到坐标系原点的距离。假定照相机的观察正向向量(up 方向)与对象坐标系的 y 轴正向重合。这些值作为 lookAt 函数的参数可以指定模-视变换矩阵。在这个示例程序中，使用 render 函数将模-视变换矩阵和投影变换矩阵发送到顶点着色器中。

```
function render()
{
  gl.clear(gl.COLOR_BUFFER_BIT | gl.DEPTH_BUFFER_BIT);

  eye = vec3(radius * Math.sin(theta) * Math.cos(phi),
             radius * Math.sin(theta) * Math.sin(phi),
             radius * Math.cos(theta));
  modelViewMatrix = lookAt(eye, at, up);

  projectionMatrix = ortho(left, right, bottom, ytop, near, far);
  gl.uniformMatrix4fv(modelViewMatrixLoc, false,
                      flatten(modelViewMatrix));
  gl.uniformMatrix4fv(projectionMatrixLoc, false,
                      flatten(projectionMatrix));

  gl.drawArrays(gl.TRIANGLES, 0, numPositions);
  requestAnimationFrame(render);
}
```

其中 up 和 at 以及其他的固定值都作为初始化的一部分：

```
const at = vec3(0.0, 0.0, 0.0);
const up = vec3(0.0, 1.0, 0.0);
```

注意，上面的代码中使用 ytop 而不是 top 以避免与 window 对象成员发生命名冲突。下面是对应的顶点着色器代码：

```
in   vec4 aPosition;
in   vec4 aColor;
out  vec4 vcolor;

uniform mat4 uModelViewMatrix;
uniform mat4 uProjectionMatrix;

void main()
{
  vcolor = aColor;
  gl_Position = uProjectionMatrix * uModelViewMatrix * aPosition;
}
```

片元着色器代码为：

```
in vec4 vColor;
out vec4 fColor;

void main()
{
  fColor = vColor;
}
```

我们在 HTML 文件中指定滑动条。例如，使用下面的代码控制 near 和 far 的值：

```
<div>
  depth .05
  <input id="depthSlider" type="range"
    min=".05" max="3" step="0.1" value ="2" />
  3
</div>
```

JavaScript 文件中对应的事件处理程序为：

```
document.getElementById("depthSlider").onchange = function() {
  far = event.target.value/2;
  near = -event.target.value/2;
};
```

注意，由于使用正投影，所以当移动照相机时所生成的立方体图像的大小不会改变。然而，取决于照相机到对象坐标系原点的半径距离，立方体的一部分甚至整个立方体可能会被裁剪掉。出现这种情况的原因是 ortho 函数的参数，因为这些参数的取值是相对于照相机而言的。因此，如果通过增加半径的值向后移动照相机，那么开始时立方体的后面会被裁剪掉，随着半径的取值越来越大，最终会裁剪掉整个立方体。类似地，如果减小 near 和 far 的值，那么立方体会逐渐从屏幕上消失。

现在考虑当我们改变 ortho 函数的参数时会发生什么。当增加 right 和 left 的取值时，立方体会在 x 轴方向拉长。当增加 bottom 和 ytop 的取值时，在 y 轴方向也会出现同样的现象。所生成的立方体图像发生了变形，这的确让人感到烦恼，这是由于修改 ortho 函数中的参数造成的。修改后的视见体在 x-y 平面是长方形而不是正方形，该长方形中的立方体图像要映射到整个视口中,而我们并没有相应地改变视口的大小。可以这样修改程序,要么同时增加或减小 `left`、`right`、`bottom` 和 `top` 的取值,要么当 `ortho` 函数的任何参数发生变化时相应地修改视口的大小(参见习题 5.28)。本书配套网站上有两个交互式观察彩色立方体的示例,其中 `ortho` 使用按钮改变视图,`ortho2` 使用滑动条改变视图。

5.5　透视投影

我们现在转而讨论透视投影,使用镜头是有限长焦距的照相机或使用投影中心距离镜头有限长的虚拟照相机模型获取的就是这种透视投影图。

和平行投影一样,我们将透视观察也分为两个部分:定位照相机和投影。采用与平行投影相同的方式使用 `lookAt` 函数定位照相机。投影部分相当于为照相机选择镜头。我们在第 1 章已经看到,镜头与胶片的尺寸(或者照相机后面的大小)共同决定了在照相机面前的场景中有多大部分被成像。与此等价地,在计算机图形学中可以选择投影类型和观察参数。

对实际的照相机,若选择广角镜头则可获得最显著的透视投影效果:离照相机越近的对象所成的像越大。用长焦镜头获得的图像接近于平行投影图,而且照片中的对象看上去似乎是平的。

下面先考虑和投影有关的数学运算。借助齐次坐标,可以用一个 4×4 矩阵描述一个特定的投影。

5.5.1　简单的透视投影

假定照相机位于观察标架的原点,方向指向 z 轴的负方向。图 5.31 给出了两种可能的情况。在图 5.31(a)中,照相机的后面垂直于 z 轴,并且平行于镜头。大多数物理成像设备都属于这种情况,包括人类视觉系统和简单的照相机。更一般的情况如图 5.31(b)所示,此时照相机的后面和前面之间的夹角可以是任意的。下面将详细讨论第一种情况,因为它更简单。不过,对简单情况的推导步骤也适用于一般的情况,我们把对一般情况的推导作为一个习题(参见习题 5.6)。

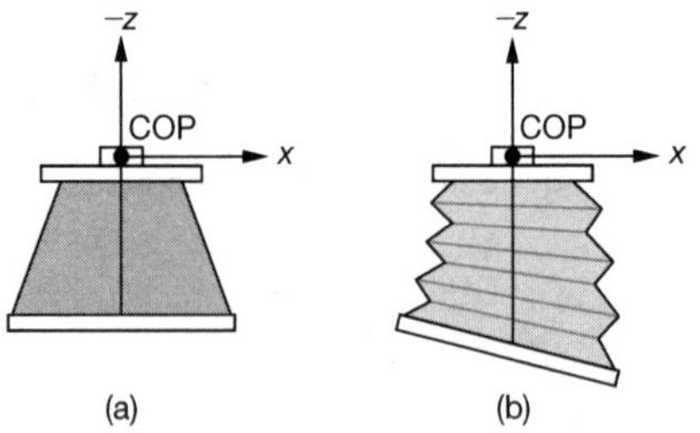

我们在第 1 章已经看到,可以把投影平面放到投影中心的前面。如果对图 5.31(a)中的照相机也这么做,则此时的透视投影如图 5.32 所示。空间中的一点 (x, y, z) 沿着一条投影线被投影到 (x_p, y_p, z_p)。所有的投影线都通过原点。因为投影平面和 z 轴垂直,所以

图 5.31　照相机的两种可能的情况。(a)后面和前面平行;(b)后面和前面不平行

$$z_p = d$$

因为照相机指向 z 轴的负方向,所以投影平面位于 z 轴负方向一侧,并且 d 的值是负的。

从图 5.32(b)所示的俯视图中可以找出两个相似三角形,它们的公共角的正切值相等,因此,

$$\frac{x}{z} = \frac{x_p}{d}$$

于是,

$$x_p = \frac{x}{z/d}$$

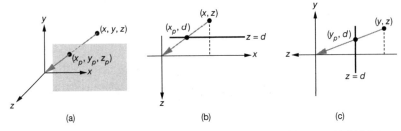

图 5.32 透视投影的三个视图。(a)三维视图；(b)俯视图；(c)侧视图

利用图 5.32 (c) 所示的侧视图可以得到关于 y_p 的类似结果：

$$y_p = \frac{y}{z/d}$$

这些方程都是非线性的。用 z 去除导致了**非均匀的透视缩短**(nonuniform foreshortening)：对象离 COP 越远，所成的像就越小。

可以把投影过程看作一个变换，它把点 (x, y, z) 映射成了另一个点 (x_p, y_p, z_p)。尽管这种**透视变换**(perspective transformation) 把直线仍变换成直线，但它不是仿射变换。透视变换也不是可逆的，因为一条投影线上所有的点都会投影到同一个点，我们不能从一个点的投影恢复出这个点。在 5.7 节和 5.8 节，将讨论在 WebGL 中使用的透视变换的一种可逆形式，这种形式的透视变换保留了隐藏面消除中需要用到的相对距离。

齐次坐标也可以用于投影变换。在前面介绍齐次坐标时，我们把三维空间中的点 (x, y, z) 表示成四维空间中的点 $(x, y, z, 1)$。现在对其进行推广，用更一般的四维点

$$\mathbf{p} = \begin{bmatrix} wx \\ wy \\ wz \\ w \end{bmatrix}$$

来表示 (x, y, z)。只要 $w \neq 0$，就可以用 w 去除前三个分量，这样就能从四维表示恢复出原来的三维点。在这种齐次坐标的新形式中，三维空间中的点变成了四维空间中经过原点的直线。我们仍然用 4×4 矩阵来表示变换，但是矩阵的最后一行可以被改变，于是这样的变换可能会改变 w 的值。

很明显，我们更愿意保持 $w = 1$，否则为了恢复三维点就要做除法。然而，通过允许 w 改变，我们可以表示包括透视投影在内的更多的变换。考虑下面的矩阵：

$$\mathbf{M} = \begin{bmatrix} 1 & 0 & 0 & 0 \\ 0 & 1 & 0 & 0 \\ 0 & 0 & 1 & 0 \\ 0 & 0 & 1/d & 0 \end{bmatrix}$$

矩阵 $\mathbf{M}$ 把点

$$\mathbf{p} = \begin{bmatrix} x \\ y \\ z \\ 1 \end{bmatrix}$$

变换成点

$$\mathbf{q} = \begin{bmatrix} x \\ y \\ z \\ z/d \end{bmatrix}$$

初看起来 $\mathbf{q}$ 似乎没有意义。然而，不要忘记为了回到原来的三维空间，必须用第 4 个分量去除前三个分量，于是可得：

$$x_p = \frac{x}{z/d}$$

$$y_p = \frac{y}{z/d}$$

$$z_p = \frac{z}{z/d} = d$$

这些等式表示了一个简单的透视投影。在齐次坐标表示中，用 w 分量去除 $\mathbf{q}$ 得到的点

$$\mathbf{q}' = \begin{bmatrix} \frac{x}{z/d} \\ \frac{y}{z/d} \\ d \\ 1 \end{bmatrix} = \begin{bmatrix} x_p \\ y_p \\ z_p \\ 1 \end{bmatrix}$$

与 $\mathbf{q}$ 等价。

我们已经看到，通过定义一个在模-视变换矩阵之后应用的 4×4 投影变换矩阵，至少可以实现一个简单的透视投影。然而，必须在结束时执行**透视除法**(perspective division)。透视除法可以作为绘制流水线的一部分，如图 5.33 所示。

图 5.33　投影流水线

5.6　WebGL 中的透视投影

我们在 5.5 节推导投影变换矩阵时没有考虑照相机的属性(镜头的焦距或者胶片平面的尺寸)。图 5.34 所示是一个简单针孔照相机的视角(或视域)，这个针孔照相机和第 1 章讨论的类似。只有那些位于照相机视角范围内的对象才会被成像。如果照相机的后面是矩形，那么只有处于一个无穷锥体内的对象才会被成像，这个无穷锥体称为**视见体**(view volume)，它的顶点位于 COP。这个视见体之外的对象从场景中被**裁剪**掉了。因此前面对简单投影的描述并不完备，我们还没有考虑裁剪。

在大多数图形 API 中，指定投影函数的同时也指定了裁剪参数。如果除了视角，再增加前裁剪面和后裁剪面，那么图 5.34 所示的无穷锥体就变成了一个有限的视见体，如图 5.35 所示。这个视见体是一个棱台，即一个**截头锥体**(frustum)。通过把 COP 定义在照相机标架的原点，这样只是固定了一个参数。原则上，应该可以任意指定视见体的六个面。然而，如果以这种方式定义视见体，在应用程序中指定观察会比较困难，而且会使实现复杂化。在实际应用中，很少需要这种灵活性，而只需提供后面将要介绍的两个透视投影函数。其他的 API 也许会提供不同的透视投影函数，但也有类似的限制。

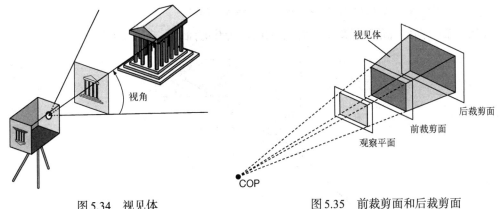

图 5.34 视见体 图 5.35 前裁剪面和后裁剪面

5.6.1 透视投影函数

本节讨论用于指定透视投影的两个函数。当然，也可以通过加载投影变换矩阵(或者通过对初始的单位矩阵应用旋转、平移和缩放变换)来直接生成投影变换矩阵。下面的函数可以用于指定透视投影：

frustum = function(left, right, bottom, top, near, far)

该函数的参数与 ortho 函数的参数非常类似。在照相机标架下，这些参数的含义如图 5.36 所示。near 和 far 分别是从 COP(照相机标架的原点)到前裁剪面和后裁剪面的距离，这两个裁剪面都平行于平面 $z = 0$。因为照相机的方向指向 z 轴的负方向，所以前(近)裁剪面的方程为 $z = -near$，后(远)裁剪面的方程为 $z = -far$。left、right、top 和 bottom 这四个参数是在近(前)裁剪面内指定的。从 COP 顺着照相机的指向看去，平面 $x = left$ 在照相机的左边。参数 right、bottom 和 top 的含义与 left 相似。尽管在几乎所有的应用程序中都有 far > near > 0，但只要 near ≠ far，由这些参数确定的投影变换矩阵就是有效的，不过在投影中心(原点)后面的对象所成的像将是倒立的，如果该对象位于近裁剪面和远裁剪面之间的话。

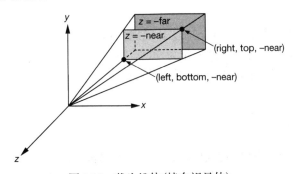

图 5.36 截头锥体(棱台视见体)

注意，这些参数不一定非要关于 z 轴对称，于是所确定的视见体也不一定关于 z 轴对称(正棱台)。在 5.7 节将会看到如何利用上一节得出的简单投影变换矩阵推导出这个函数所确定的投影变换矩阵。

在许多应用程序中，通过视角或者视域来指定视见体是非常自然的。然而，如果投影平面是矩形而不是正方形，那么在俯视图和侧视图中所看到的视角是不同的(参见图 5.37)。角度 fovy 是裁剪体的底面和顶面之间的夹角。函数

```
perspective = function(fovy, aspect, near, far)
```
允许指定沿 y 轴方向的视角和投影平面的宽高比。对近裁剪面和远裁剪面的指定和 frustum 一样。

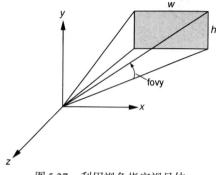

图5.37　利用视角指定视见体

5.7　透视投影变换矩阵

对于透视投影,采用和平行投影相似的方法:找出一个变换,使得对象的顶点在经过这个变换之后,只需对其进行一个简单的规范投影就可以获得所需的投影图。首先要确定规范视见体是什么。然后引入一个新的变换:**透视规范化变换**(perspective normalization transformation),它把透视投影转化为正交投影。最后,推导出 WebGL 程序中使用的透视投影变换矩阵。

5.7.1　透视投影的规范化

在 5.5 节,我们推导出了一个简单的透视投影变换矩阵。对于投影平面为 $z = -1$ 并且投影中心位于原点的透视投影,其投影变换矩阵为:

$$\mathbf{M} = \begin{bmatrix} 1 & 0 & 0 & 0 \\ 0 & 1 & 0 & 0 \\ 0 & 0 & 1 & 0 \\ 0 & 0 & -1 & 0 \end{bmatrix}$$

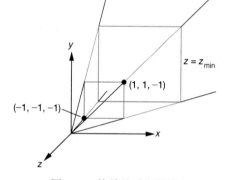

为了生成图像,还需要指定裁剪体。假定视见体的侧面和投影平面之间的夹角为 45°,那么视角固定为 90°。换句话说,视见体是由下面这四个平面所构成的无穷棱锥,如图5.38 所示。

图5.38　简单的透视投影

$$x = \pm z$$
$$y = \pm z$$

为了得到有限的视见体,还需指定近裁剪面 $z = -\text{near}$ 和远裁剪面 $z = -\text{far}$,其中 near 和 far 分别是从投影中心到近裁剪面和远裁剪面的距离,它们满足下面的不等式:

$$\text{far} > \text{near} > 0$$

考虑下面的矩阵:

$$\mathbf{N} = \begin{bmatrix} 1 & 0 & 0 & 0 \\ 0 & 1 & 0 & 0 \\ 0 & 0 & \alpha & \beta \\ 0 & 0 & -1 & 0 \end{bmatrix}$$

它的形式和矩阵 **M** 有些类似，但非奇异。目前暂不确定 α 和 β 的值（但它们都不等于零）。对用齐次坐标表示的点 $\mathbf{p} = \begin{bmatrix} x & y & z & 1 \end{bmatrix}^T$ 应用变换 **N**，所得新的点为 $\mathbf{q} = \begin{bmatrix} x' & y' & z' & w' \end{bmatrix}^T$，其中

$$x' = x$$
$$y' = y$$
$$z' = \alpha z + \beta$$
$$w' = -z$$

用 w' 去除前三个分量，就得到了一个三维的点：

$$x'' = -\frac{x}{z}$$
$$y'' = -\frac{y}{z}$$
$$z'' = -\left(\alpha + \frac{\beta}{z}\right)$$

如果在变换 **N** 之后再进行沿 z 轴的正投影，那么总的变换矩阵为：

$$\mathbf{M}_{\text{orth}}\mathbf{N} = \begin{bmatrix} 1 & 0 & 0 & 0 \\ 0 & 1 & 0 & 0 \\ 0 & 0 & 0 & 0 \\ 0 & 0 & -1 & 0 \end{bmatrix}$$

这是一个简单的透视投影变换矩阵，对任意一点 $\mathbf{p}$ 应用该变换矩阵得到：

$$\mathbf{p}' = \mathbf{M}_{\text{orth}}\mathbf{N}\mathbf{p} = \begin{bmatrix} x \\ y \\ 0 \\ -z \end{bmatrix}$$

再对 $\mathbf{p}'$ 进行透视除法，就得到了所需的 x_p 和 y_p：

$$x_p = -\frac{x}{z}$$
$$y_p = -\frac{y}{z}$$

我们看到：先应用变换 **N**，然后再进行正交投影，所得的结果和透视投影相同。这个过程类似于通过错切变换把斜投影转化为正交投影。

非奇异矩阵 **N** 把原来的视见体变换成一个新的视见体。现在选择合适的 α 和 β，使得这个新的视见体是规范裁剪体。原来视见体的侧面

$$x = \pm z$$

被 $x'' = -x/z$ 变换成平面

$$x'' = \pm 1$$

同样，原来视见体的侧面 $y = \pm z$ 变换成

$$y'' = \pm 1$$

前裁剪面 $z = -\text{near}$ 变换成平面

$$z'' = -\left(\alpha - \frac{\beta}{\text{near}}\right)$$

最后，后裁剪面 $z = -\mathrm{far}$ 变换成平面

$$z'' = -\left(\alpha - \frac{\beta}{\mathrm{far}}\right)$$

如果要求平面 $z = -\mathrm{near}$ 被映射成平面 $z'' = -1$，平面 $z = -\mathrm{far}$ 被映射成平面 $z'' = 1$，则得到两个未知数的等式：

$$\alpha = \frac{\mathrm{near} + \mathrm{far}}{\mathrm{near} - \mathrm{far}}$$

$$\beta = \frac{2 \times \mathrm{near} \times \mathrm{far}}{\mathrm{near} - \mathrm{far}}$$

于是得到了规范裁剪体。这个变换如图 5.39 所示，该图中画出了在视见体内的一个立方体经过该变换后变形的情形。$\mathbf{N}$ 把棱台视见体变换成正六面体，之后再进行正投影所得到的图像和透视投影相同。矩阵 $\mathbf{N}$ 称为**透视规范化变换矩阵**(perspective normalization matrix)。映射

$$z'' = -\left(\alpha + \frac{\beta}{z}\right)$$

是非线性的，但它保持了深度的大小关系。因此，如果 z_1 和 z_2 是原来视见体内的两个点的深度并且有

$$z_1 > z_2$$

那么变换后的深度满足

$$z_1'' > z_2''$$

因此，虽然变换的非线性会导致数值问题，因为深度缓存通常具有有限的深度分辨率，但是在规范化视见体中仍然可以进行隐藏面消除。注意，虽然原来位于 $z = -1$ 的投影平面被 $\mathbf{N}$ 变换成了平面 $z'' = \beta - \alpha$，但这不会有什么影响，因为在 $\mathbf{N}$ 之后还要进行一个正投影。

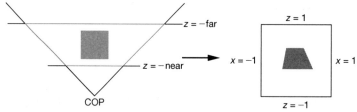

图 5.39　视见体的透视规范化

　　我们已经看到，透视投影和平行投影都可以转化为正投影，不过只有在考虑绘制流水线的实现时，这样转化的优点才会最大化地体现出来。在定义顶点之前，只要把一个精心选择的投影变换矩阵加载到绘制流水线中，那么只需要一个观察流水线就可以实现所有可能的投影。第 8 章会详细讨论绘制流水线的实现，在那里会看到，投影规范化通过把所有的视见体转化为正六面体可以简化裁剪和隐藏面消除。

5.7.2　WebGL 中的透视投影变换

　　frustum 函数没有限制视见体一定是对称的棱台。这个函数的参数如图 5.40 所示。为了得到 WebGL 程序中可以使用的透视投影变换矩阵，需要先把该图所示的棱台视见体变换为如图 5.39 所示的对称视见体(对称视见体的侧面与投影平面的夹角为 45°)，这和把斜平行投影转化为正交投影类似。首先通过错切变换把不对称的棱台转化为对称棱台。从图 5.40 可以看到，经过错切变换后，

点 $((left + right)/2, (top + bottom)/2, -near)$ 应位于 $(0, 0, -near)$，由此可以确定错切角，这与 4.9 节介绍的方法相同。所需的错切变换矩阵为：

$$\mathbf{H}(\theta, \phi) = \mathbf{H}\left(\text{arccot}\left(\frac{left + right}{-2 \times near}\right), \text{arccot}\left(\frac{top + bottom}{-2 \times near}\right)\right)$$

错切变换后的棱台视见体由下面的平面定义：

$$x = \pm\frac{right - left}{-2 \times near}$$

$$y = \pm\frac{top - bottom}{-2 \times near}$$

$$z = -near$$

$$z = -far$$

接下来应该通过缩放变换把这个棱台的侧面变换为：

$$x = \pm z$$

$$y = \pm z$$

但不改变前裁剪面和后裁剪面。所需的缩放矩阵为 $\mathbf{S}(-2 \times near/(right - left), -2 \times near/(top - bottom), 1)$。注意，不需要远裁剪面 $z = -far$ 的位置就可以唯一确定这个变换，因为在三维空间中，仿射变换可以由其对四个点的变换结果来确定。在本例中，确定仿射变换的四个点是棱台视见体的四个侧面和近裁剪面相交的四个顶点。

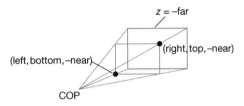

图 5.40　WebGL 透视投影

为了使远裁剪面和近裁剪面在应用投影规范化变换之后分别位于 $z = -1$ 和 $z = 1$，应用下面的投影规范化矩阵 $\mathbf{N}$：

$$\mathbf{N} = \begin{bmatrix} 1 & 0 & 0 & 0 \\ 0 & 1 & 0 & 0 \\ 0 & 0 & \alpha & \beta \\ 0 & 0 & -1 & 0 \end{bmatrix}$$

其中 α 和 β 的取值和 5.7.1 节中的一样。最后得到的投影变换矩阵为：

$$\mathbf{P} = \mathbf{NSH} = \begin{bmatrix} \dfrac{2 \times near}{right - left} & 0 & \dfrac{right + left}{right - left} & 0 \\ 0 & \dfrac{2 \times near}{top - bottom} & \dfrac{top + bottom}{top - bottom} & 0 \\ 0 & 0 & -\dfrac{far + near}{far - near} & \dfrac{-2 \times far \times near}{far - near} \\ 0 & 0 & -1 & 0 \end{bmatrix}$$

为了得到另一个透视观察函数 perspective(fovy, aspect, near, far) 的投影变换矩阵，首先利用矩阵 $\mathbf{P}$ 中的对称性得到：

$$left = -right$$
$$bottom = -top$$

再利用简单的三角学可以得到：

$$top = near \times tan(fovy)$$
$$right = top \times aspect$$

这样可以把矩阵 **P** 简化为：

$$\mathbf{P} = \mathbf{NSH} = \begin{bmatrix} \dfrac{near}{right} & 0 & 0 & 0 \\ 0 & \dfrac{near}{top} & 0 & 0 \\ 0 & 0 & \dfrac{-(far+near)}{far-near} & \dfrac{-2 \times far \times near}{far-near} \\ 0 & 0 & -1 & 0 \end{bmatrix}$$

5.7.3 透视投影示例程序

几乎不做什么修改就可以把前面那个交互式观察立方体的示例程序从平行投影改为透视投影。为了得到立方体的透视投影，可以将 `ortho` 函数替换成 `frustum` 函数而参数保持不变。然而，对于透视投影，必须保证

$$far > near > 0$$

注意，如果希望看到透视投影图的透视缩短效果，则可以把立方体从 z 轴移开或者在它的右边(或左边)再绘制一个立方体。在本书配套网站上可以找到使用按钮改变透视投影参数的示例程序 (`perspective1`)和使用滑动条改变透视投影参数的示例程序(`perspective2`)。

5.8 隐藏面消除

在进一步扩展观察并介绍其他有关观察的示例程序之前，我们需要深入理解隐藏面消除这个处理步骤。下面将讨论在前面的示例程序中用过的立方体。如果一个立方体的各面不透明，那么根据特定的观察方向，只能看到它的一个、两个或三个面向前方的面。从基本的观察模型的角度来看，只有这些面被看到是因为它们挡住了投影线，使投影线不能到达任何其他的面。

不过，从计算机图形学的角度来看，立方体的所有六个面都已经被定义，并且这六个面都经过了绘制流水线的处理。因此，图形系统必须知道它所显示的是哪个面。从概念上来说，我们要寻求这样的算法，它们或者删除观察者看不到的表面，此时称为**隐藏面消除算法**(hidden-surface-removal algorithm)；或者找出可以看到的表面，此时称为**可见面判定算法**(visible-surface algorithm)。人们已经提出了许多隐藏面消除的方法，第 8 章将讨论其中的几种方法。WebGL 实现了一种特定的算法，即 **z 缓存算法**(z-buffer algorithm)，并为用户使用该算法提供了三个函数。这里将简单介绍一下 z 缓存算法，在第 8 章中还要做进一步的讨论。

隐藏面消除算法可以分为两大类。**对象空间算法**(object-space algorithm)试图对场景中对象的表面排序，使得按照所排列的顺序来绘制表面可以得到正确的图像。例如，对于立方体，如果先绘制面向后方的面，那么后绘制的面向前方的面就会把它们覆盖，从而得到正确的图像。这类算法不能很好地与绘制流水线相结合，因为在流水线结构中，对象通过绘制流水线的顺序是任意的。

为了确定绘制对象的正确顺序，图形系统必须能够获取所有对象的信息，这样才能把它们按照从后到前的顺序排列。

图像空间算法(image-space algorithm)可以作为投影过程的一部分，这类算法试图确定每一条投影线与对象表面形成的所有交点之间的关系。z 缓存算法是一种图像空间算法，它很适合在大多数图形系统的绘制流水线中实现，因为在绘制每个对象时可以保存部分信息。

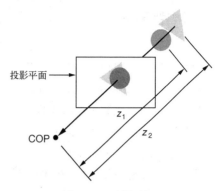

图 5.41 z 缓存算法

z 缓存算法的基本思想如图 5.41 所示。从 COP 出发的一条投影线和两个表面相交。因为圆比三角形离观察者更近，所以如果这条投影线与投影平面的交点对应于颜色缓存中的某个像素，那么该像素的颜色应该由圆的颜色来决定。困难在于，当三角形和圆以任意的先后顺序通过绘制流水线时，如何按这个想法进行隐藏面消除。

假定所有的对象都是多边形。如果在光栅化多边形时，能够保留在每条投影线上从 COP 或者投影平面到已经绘制的最近点的距离，那么就能在投影和填充随后绘制多边形时更新这个信息。最终的结果是，只显示每条投影线上最近的点。为了在光栅化多边形时存储必要的深度信息，该算法需要一个**深度缓存**(depth buffer)或者叫 **z 缓存**(z buffer)。因为必须对颜色缓存中的每个像素都保存深度信息，所以 z 缓存的空间分辨率和颜色缓存相同。z 缓存的深度对应于所支持的深度分辨率，通常是 32 位，现在的显卡以浮点数的形式存储深度信息。z 缓存是构成帧缓存的众多缓存之一，通常是显存的一部分。

深度缓存的初始深度值对应于到观察者最远的距离。当光栅化裁剪体内的每个多边形时，计算出每个片元的深度(在多边形上对应的点到观察者的距离)。如果这个深度大于深度缓存中对应于该片元的深度值，那么在对应于这个片元的投影线上，一个已经光栅化的多边形距离观察者更近。因此，对于这个片元，我们忽略当前多边形的颜色，继续考虑这个多边形的下一个片元，并对其进行同样的测试。但是如果这个深度小于 z 缓存中已有的深度值，那么在对应于这个片元的投影线上，正在绘制的多边形要比到目前为止已经看到的多边形都更近。因此，我们用这个多边形的颜色来替换颜色缓存中的像素颜色，并且更新 z 缓存中的深度值[①]。

对于图 5.41 所示的例子，我们看到，如果三角形先通过绘制流水线，那么它的颜色和深度将分别保存在颜色缓存和 z 缓存中。当圆通过绘制流水线时，在圆与三角形重叠的区域，圆的颜色和深度将替换三角形的颜色和深度。如果先绘制圆，那么它的颜色和深度将保存在颜色缓存和深度缓存中。当绘制三角形时，在它们重叠的区域三角形的深度大于圆的深度，所以颜色缓存和深度缓存中的对应像素不会发生变化。

这个算法的主要优点是，它的复杂度与光栅化模块生成的片元数目成正比，并且和不进行隐藏面消除的多边形投影和显示过程相比，实现这个算法只需要增加很少的运算量。我们在第 8 章中还要继续讨论这个问题。

深度缓存是帧缓存的一部分，因此，应用程序编程人员必须通过调用下面的函数来开启隐藏面消除：

```
gl.enable(gl.DEPTH_TEST);
```

并清空深度缓存(一般与清空颜色缓存同时进行)：

```
g.clear(gl.COLOR_BUFFER_BIT | gl.DEPTH_BUFFER_BIT);
```

---

① 多边形的颜色由着色(参见第 6 章)和纹理映射(如果有关的功能被开启的话，参见第 7 章)确定。

5.8.1　背面剔除

对于立方体这样的凸对象，法线方向背离观察者的面总是不可见的，因而可以在光栅化之前将其剔除掉。可以在 WebGL 中调用下面的函数来开启背面剔除功能：

   `gl.enable(gl.CULL_FACE);`

可以调用下面的函数来选择要剔除立方体的哪个面：

   `gl.cullFace(face);`

其中 `face` 的值为 `gl.BACK` 或 `gl.FRONT`。一般默认剔除立方体的背面。然而，背面剔除只有对单个凸对象才能得到正确的图像。经常在使用 z 缓存算法(对已知深度信息的任何多边形的组合都有效)的同时还使用背面剔除。例如，假定场景包含 n 个立方体。如果只使用 z 缓存算法，那么绘制流水线要处理 $6n$ 个多边形。如果开启背面剔除功能，那么有一半的多边形可以在流水线处理的初期被剔除，因此只有 $3n$ 个多边形需要经过绘制流水线所有阶段的处理。

可以使用背面剔除绘制正面和背面具有不同属性(例如颜色)的立方体表面，方法是执行两次绘制：一次是剔除立方体的背面，另一次是剔除立方体的正面。我们将在第 8 章进一步讨论背面剔除。

5.9　显示网格

如果通过改变照相机的参数来响应用户的输入，那么就可以在场景中交互式地漫游。在介绍这个交互式接口之前，先来考虑数据显示的另一个例子：网格图。**网格**(mesh)是一组有公共顶点和公共边的多边形。对一般的网格，其中的多边形可以含有任何数目的顶点，如图 5.42 所示。为了有效地存储和显示这样的网格，可能需要使用中等复杂程度的数据结构。在第 2 章建模球面时所用的是四边形和三角形网格，这类网格要比一般的多边形网格更容易处理，而且应用也很广泛。这里引入矩形网格来显示高程数据。高程数据确定了一个表面，比如地形。高程数据可能来自一个函数，该函数给出了一个参考值之上的高度，比如海拔高度；还可能来自一个表面上许多点的采样。

假定高程数据 y 由下面的函数给出：

$$y = f(x, z)$$

其中 (x, z) 是二维表面(例如矩形区域)内的点。因此，每一个点 (x, z) 都对应于一个 y，如图 5.43 所示。有时候把这样的表面称为 $2\frac{1}{2}$ 维表面($2\frac{1}{2}$-dimensional surface)或者**高度场**(height field)。$2\frac{1}{2}$ 维表面有许多应用，但并不是所有的表面都能以这种形式来表示。例如，如果用一个 x-z 坐标系来确定地球表面的位置，那么就可以用这样一个函数来表示每个位置处的高度。对于许多情形，只知道函数 f 在一些离散点处的取值，于是有如下形式的一组离散采样值或者实验数据的测量值：

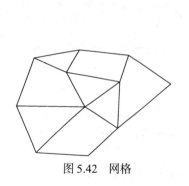

图 5.42　网格

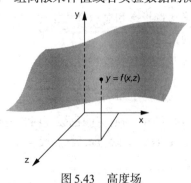

图 5.43　高度场

$$y_{ij} = f(x_i, z_j)$$

假定这些数据点之间是等间隔的：

$$x_i = x_0 + i\Delta x, \quad i = 0, \cdots, \text{nRows}$$
$$z_j = z_0 + j\Delta z, \quad j = 0, \cdots, \text{nColumns}$$

其中 Δx 和 Δz 分别是在 x 和 z 方向的采样间隔。如果知道 f 的解析式，那么可以对其采样以得到一组离散数据。

也许最简单的一种显示数据的方法就是对 x 的每个值和 z 的每一个值绘制折线，因此生成 nRows + nColumns 条折线。假定将高程数据存储在二维数组 data 中，这样就可以将高程数据按行转化为顶点数据后存储在一个数组中，代码如下：

```
for (var i = 0; i < nRows - 1; ++i) {
  for (var j = 0; j < nColumns - 1; ++j) {
    positions[index] = vec4(2*i/nRows - 1, data[i][j],
                            2*j/nColumns - 1, 1.0);
    index++;
  }
}

for (var j = 0; j < nColumns - 1; ++j) {
  for (var i = 0; i < nRows - 1; ++i) {
    positions[index] = vec4(2*i/nRows - 1, data[i][j],
                            2*j/nColumns - 1, 1.0);
    index++;
  }
}
```

通常需要将数据缩放变换到 $(-1, 1)$ 这样一个便于处理的范围。对 x 和 z 的值进行缩放，这样可以使它们作为模-视变换矩阵的一部分更容易地被显示出来，或者等价地说，也可以通过调整视见体的大小达到同样的效果。

和前面的示例一样，创建一个顶点缓存对象。绘制过程是先绘制所有按行顺序生成的顶点数据，然后绘制所有按列顺序生成的顶点数据，代码如下：

```
function render()
{
  gl.clear(gl.COLOR_BUFFER_BIT);

  // Put code for model-view and projection matrices here

  for (var i = 0; i < nRows; ++i) {
    gl.drawArrays(gl.LINE_STRIP, i*nColumns, nColumns);
  }

  for (var i = 0; i < nColumns; ++i) {
    gl.drawArrays(gl.LINE_STRIP, i*nRows+Index/2, nRows);
  }

  requestAnimationFrame(render);
}
```

现在可以完成显示这些数据的程序。图 5.44 给出了一个用高层数据绘制矩形网格的例子，该图所用的高程数据对应于夏威夷 Honolulu 的一部分地区。这些高程数据可以从本书配套网站上获得。

使用这种简单的显示数据的方法还存在一些问题。让我们来看一组由 sombrero 函数（墨西哥帽

函数或 sinc 函数)生成的特殊数据集:

$$f(r) = \sin(\pi r)/\pi r$$

其中 $r = \sqrt{x^2 + z^2}$。该函数具有一些有趣的性质。
在多个 π 值处函数值为 0, 并且当 r 趋于无穷时,
函数值趋于零。函数式的分子和分母在原点处都
为零, 但是可以利用基本微积分来证明分子和分
母的比值为 1。在附录 D 中分析走样时将会介绍
该函数的产生过程。

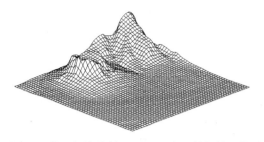

图 5.44　使用折线绘制 Honolulu 高程数据的网格图

利用 sombrero 函数确定的值能生成一个二维数组, 其中 r 是到 x-y 平面上的点的距离, 代码
如下:

```
var data = new Array(nRows);

for (var i = 0; i < nRows; ++i) {
  data[i] = new Array(nColumns);
}

for (var i = 0; i < nRows; ++i) {
  var x = Math.PI * (4*i/nRows-2.0);

  for (var j = 0; j < nColumns; ++j) {
    var y = Math.PI * (4*j/nRows-2.0);
    var r = Math.sqrt(x*x + y*y);
    // Using limit for 0/0 at r = 0
    data[i][j] = (r != 0 ? Math.sin(r)/r : 1.0);
  }
}
```

通过上面的代码生成的二维数组是一个成员为一维数组的数组。

图 5.45 所示为观察者俯视函数网格图的结果。因为只用线段绘制网格数据, 所以从正面和背
面都能看到折叠处的线段。

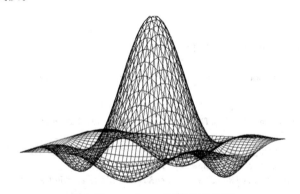

图 5.45　sombrero 函数的网格图

5.9.1　将网格显示为曲面

下面考虑用多边形显示网格。本节使用填充的多边形来隐藏背面, 但是仍用线段显示网格。
第 6 章将介绍如何利用光照和表面材质属性更逼真地显示该网格。

首先重新组织数据，使得顶点数组中每连续四个点 data[i][j]、data[i+1][j]、data[i+1][j+1]和 data[i][j+1]定义一个矩形。其代码如下：

```
for (var i = 0; i < nRows-1; ++i) {
  for (var j = 0; j < nColumns-1; ++j) {
    positions.push(vec4(2*i/nRows - 1, data[i][j],
                        2*j/nColumns - 1, 1.0);
    positions.push(vec4(2*(i+1)/nRows - 1, data[i+1][j],
                        2*j/nColumns - 1, 1.0);
    positions.push(vec4(2*(i+1)/nRows-1, data[i+1][j+1],
                        2*(j+1)/nColumns-1, 1.0);
    positions.push(vec4(2*i/nRows-1, data[i][j+1],
                        2*(j+1)/nColumns-1, 1.0);
  }
}
```

下面是 render 函数的代码：

```
function render()
{
  gl.clear(gl.COLOR_BUFFER_BIT);

  for (var i = 0; i < index; i+= 4) {
    gl.drawArrays(gl.LINE_LOOP, i, 4);
  }

  requestAnimationFrame(render);
}
```

除了网格的边，该方法得到的网格显示与图 5.45 相同，仍然显示网格的背面。但是注意，定义闭合折线的数据（data[i][j]、data[i+1][j]、data[i+1][j+1]和 data[i][j+1]）也定义了一个包含两个三角形的三角形扇，并且闭合折线与三角形扇的覆盖区域相同。因此，如果首先用背景色将四个顶点绘制为一个三角形扇，然后用不同的颜色将这四个顶点连接为闭合折线，并开启隐藏面消除功能，则三角形扇包含的两个填充三角形将隐藏位于它后面的任何表面。其基本代码如下：

```
white = vec3(1.0, 1.0, 1.0, 1.0);
black = vec3(0.0, 0.0, 0.0, 1.0);
var colorLoc = gl.getUniformLocation(program, "uColor");

function render()
{
  gl.clear(gl.COLOR_BUFFER_BIT | gl.DEPTH_BUFFER_BIT);

  gl.uniform4fv(colorLoc, flatten(white));
  for (var i = 0; i < index; i+= 4) {
    gl.drawArrays(gl.TRIANGLE_FAN, i, 4);
  }
  gl.uniform4fv(colorLoc, flatten(black));
  for (var i = 0; i < index; i+= 4) {
    gl.drawArrays(gl.LINE_LOOP, i, 4);
  }

  requestAnimationFrame(render);
}
```

图 5.46 给出了该方法的绘制结果。我们只能看到正面，但是线段看起来有些断开。幸运的是，可以很轻松地解决这个问题。

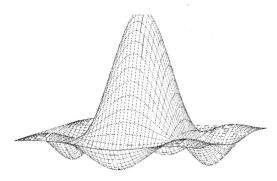

图 5.46　用填充的多边形绘制 sombrero 函数的网格图

5.9.2　多边形偏移

在显示图 5.44 时使用了另一个技巧。如果使用上一节的代码对同样的数据既绘制多边形又绘制闭合折线，那么每个三角形在同一个平面被绘制两次，一次填充三角形，另一次绘制三角形的边。由于绘制过程存在数值误差，即使先绘制三角形再绘制闭合折线，后绘制的闭合折线的一部分也可能被先绘制的三角形所对应的片元遮挡。可以开启**多边形偏移模式**（polygon offset mode）并用 gl.polygonOffset 设置偏移参数来避免出现这种问题。该模式会使多边形稍微远离观察者，这样观察者就能看到想要显示的线段了。在初始化的时候，可以通过下面的代码设置多边形偏移：

```
gl.enable(gl.POLYGON_OFFSET_FILL);
gl.polygonOffset(1.0, 2.0);
```

gl.polygonOffset 函数中的第一个参数与多边形的斜率有关，第二个参数是一个与 WebGL 实现有关的常量，它保证多边形对应的片元和线段对应的片元处于不同深度。因此，应用程序编程人员需要通过实验来确定最优的参数值。图 5.47 所示为用填充多边形和多边形偏移绘制 sombrero 函数的结果。本书配套网站上的应用程序 hat 和 hata 分别给出了用线段和三角形绘制的 sombrero 函数。

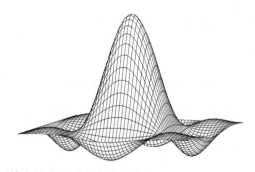

图 5.47　用填充的多边形和多边形偏移绘制 sombrero 函数的网格图

可以对上面的应用程序做些修改。第一，如果使用所有的数据，那么绘制的网格会包含许多非常小的多边形。显示的线条密度太大会使人看起来不舒服，而且可能会表现出 moiré 条纹。因此，可能更倾向于对数据进行二次采样以获得一组新的采样，使 nRows 和 nColumns 的值更小。对数据的二次采样可以通过每 k 个点中取一个，或者通过对一组数据点取平均值来实现。

我们还注意到，每次绘制一个矩形，尽管所有的数据都在 GPU 中，但是需要在 render 函数中多次进行函数调用。一种更有效的绘制方法就是使用三角形条带，每个三角形条带至少覆盖与网格对应的一行数据。使用第 4 章介绍的图元重启，可以使用索引元素通过一次绘制来渲染网格。本章末尾的习题概述了其中的一些替代方法。

5.9.3 在场景中漫游

下一步要指定照相机的参数并为程序增加交互功能。这里使用透视投影[①]，并且允许用户通过屏幕上的按钮来移动照相机，但照相机的方向总是指向立方体的中心。函数 lookAt 提供了一种重新定位照相机的简单方法。需要做的只是对 5.3 节中的程序进行少量修改。

在这个例子中，通过 lookAt 来直接定位照相机。除此之外，还可以用其他方法定位照相机。一种方法是使用平移和旋转矩阵增量式地改变模-视变换矩阵。如果想在场景中移动观察者，但他的观察方向并不总是指向一个固定点，那么这种方法可能更有吸引力。还可以在程序中设置一个位置变量，在观察者移动时改变这个变量。此时模-视变换矩阵可以从头计算而不是增量式地改变。选择哪种方法取决于特定的应用和其他一些因素。例如，以增量方式改变模-视变换矩阵很多次后可能会引起数值误差的累积。

上面绘制的网格图是比较基本的，可以用许多方式对其进行扩展。第 6 章将讨论如何考虑光照和表面的材质属性以生成更逼真的图像。第 7 章将讨论如何将纹理映射到对象的表面。纹理贴图可以是来自照片的地貌图像，也可以是通过地图的数字化得到其他的数据。如果把这些技术结合起来，就能通过改变光源的位置使生成的图像依赖于一天中时间的变化。此外，还可以利用第 11 章介绍的各种曲面表示类型来生成更平滑的表面。

5.10 投影和阴影

投影变换矩阵的一个有趣的应用是生成简单的阴影。虽然阴影不是几何对象，但它是逼真图像的重要组成部分，因为阴影为场景中各对象之间的空间位置关系提供了许多视觉线索。从物理的角度来看，有光源才会产生阴影。如果任何光源都不能照射到某一个点，或者说，位于那个点的观察者不能看到任何光源，那么这个点就位于阴影之中。然而，如果唯一的光源位于投影中心，那么生成的图像中不会包含阴影，因为任何阴影都位于可见对象的后面。这种光照模式被称为"眼睛里的手电筒"模型，它对应于我们到目前为止所使用的简单光照模型。

为了在图像中添加符合物理规律的阴影效果，必须对光线和材质之间的相互作用有一定的理解。第 6 章将讨论这些内容，在那里会看到全局光照的计算是困难的，而且一般情况下全局计算不能实时进行。然而，鉴于阴影效果在飞行模拟器等应用中的重要性，人们针对各种不同的情况想出了一些特殊的方法。

5.10.1 基于投影的阴影生成

考虑如图 5.48 所示的由点光源所生成的阴影。为了简单起见，假定阴影落在了地面上，或者说是落在了下面的平面上：

$$y = 0$$

这个阴影不但是一个平面多边形，称为**阴影多边形**(shadow polygon)，而且还是原来的多边形

---

① 此处原文为"正投影"，疑有误。——译者注

在地面上的投影。说得再具体一些，阴影多边形是原来的多边形在地面上的投影，投影中心位于光源所在的位置。因此，如果在一个以光源为原点的标架内把多边形投影到地面所在的平面，那么就可以得到阴影多边形的顶点。之后，还要把这些顶点的表示转换为对象标架下的表示。不过在应用程序中无须具体实现上面的步骤，可以求出一个合适的投影变换矩阵，然后计算阴影多边形的顶点。

假定从位于 (x_l, y_l, z_l) 的光源处观察，那么看到的多边形如图 5.49(a) 所示。如果通过平移 $\mathbf{T}(-x_l, -y_l, -z_l)$ 将光源移动到原点，如图 5.49(b) 所示，那么通过一个简单的透视投影就可以求出阴影多边形。这个投影变换矩阵为：

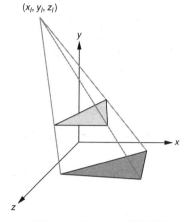

图 5.48　单个多边形的阴影

$$\mathbf{M} = \begin{bmatrix} 1 & 0 & 0 & 0 \\ 0 & 1 & 0 & 0 \\ 0 & 0 & 1 & 0 \\ 0 & \dfrac{1}{-y_l} & 0 & 0 \end{bmatrix}$$

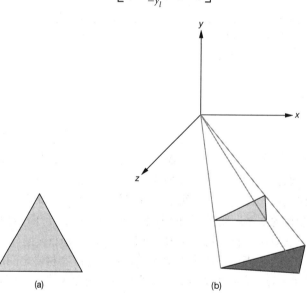

图 5.49　基于投影的阴影多边形。(a)从光源的位置看到的多边形；(b)把光源移动到原点

最后再通过 $\mathbf{T}(x_l, y_l, z_l)$ 把所有的对象平移回原来的位置。这三个变换矩阵的级联把顶点 (x, y, z) 变换成：

$$x_p = x_l - \frac{x - x_l}{(y - y_l)/y_l}$$

$$y_p = 0$$

$$z_p = z_l - \frac{z - z_l}{(y - y_l)/y_l}$$

然而，在 WebGL 程序中，可以通过改变模-视变换矩阵来生成所需的阴影多边形。如果光源是固定的，可以在初始化时一次性计算出阴影的投影变换矩阵。否则，如果光源是移动的，那么或许需要在 render 函数中重新计算阴影的投影变换矩阵。

假定将一个正方形平行投影到平面 $y=0$ 上。正方形的顶点通过下面的代码定义：

```
positions = [
  vec4(-0.5, 0.5, -0.5, 1.0),
  vec4(-0.5, 0.5,  0.5, 1.0),
  vec4( 0.5, 0.5,  0.5, 1.0),
  vec4( 0.5, 0.5, -0.5, 1.0)
];
```

注意，顶点是有序排列的，因此可以使用三角形条带绘制这些数据。在初始化时把正方形的颜色设置为红色，而它的阴影被设置为黑色并发送到片元着色器，其代码如下：

```
red = vec3(1.0, 0.0, 0.0);
black = vec3(0.0, 0.0, 0.0);
```

与前面的示例程序一样，初始化一个顶点数组和一个缓存对象，其代码如下：

```
var vBuffer = gl.createBuffer();
gl.bindBuffer(gl.ARRAY_BUFFER, vBuffer);
gl.bufferData(gl.ARRAY_BUFFER, flatten(positions), gl.STATIC_DRAW);

var vPosition = gl.getAttribLocation(program, "aPosition");
gl.vertexAttribPointer(vPosition, 4, gl.FLOAT, false, 0, 0);
gl.enableVertexAttribArray(vPosition); ①
colorLoc = gl.getUniformLocation(program, uColor");
```

此外还需要对应用于光源位置的矩阵 **M**、初始的光源位置以及观察者的位置和方向进行初始化，其代码如下：

```
light = vec3(0.0, 2.0, 0.0);

light = vec3(a, b, c);   // Location of light
m = mat4();     // Shadow projection matrix initially an identity matrix

m[11] = 0.0;
m[5] = -1.0/light.y;

at = vec3(0.0, 0.0, 0.0);
up = vec3(0.0, 1.0, 0.0);
eye = vec3(1.0, 1.0, 1.0);
```

在示例中，我们移动光源而不移动正方形，所以生成阴影时，模-视变换矩阵变化而投影变换矩阵不变。在初始化时设置模-视变换矩阵和投影变换矩阵的代码为：

```
modelViewMatrixLoc = gl.getUniformLocation(program, "uModelViewMatrix");
projectionMatrixLoc = gl.getUniformLocation(program,
                                            "uProjectionMatrix");

projectionMatrix = ortho(left, right, bottom, ytop, near, far);
gl.uniformMatrix4fv(projectionMatrixLoc, false,
                    flatten(projectionMatrix));
```

---

① 此处原文为"gl.enableVertexAttribArray(aPosition);"，疑有误。此外，根据本书第 2 章的命名规范，为了增加可读性，建议将该段代码中的变量"vPosition"统一改为"positionLoc"。——译者注

render 函数的代码如下：

```
function render()
{
  theta += 0.1;
  if (theta > 2*Math.PI) {
    theta -= 2*Math.PI;
  }

  gl.clear(gl.COLOR_BUFFER_BIT | gl.DEPTH_BUFFER_BIT);

  // Model-view matrix for square

  modelViewMatrix = lookAt(eye, at, up);

  // Send color and matrix for square then render

  gl.uniformMatrix4fv(modelViewMatrixLoc, false,
                      flatten(modelViewMatrix));
  gl.uniform4fv(colorLoc, flatten(red));
  gl.drawArrays(gl.TRIANGLE_FAN, 0, 4);
  // Rotate light source

  light[0] = Math.sin(theta);
  light[2] = Math.cos(theta);

  // Model-view matrix for shadow then render

  modelViewMatrix = mult(modelViewMatrix, translate(light[0], light[1],
                        light[2]));
  modelViewMatrix = mult(modelViewMatrix, m);
  modelViewMatrix = mult(modelViewMatrix, translate(-light[0],
                        -light[1], -light[2]));

  // Send color and matrix for shadow

  gl.uniformMatrix4fv(modelViewMatrixLoc, false,

                      flatten(modelViewMatrix));
  gl.uniform4fv(fColorLoc, flatten(black));
  gl.drawArrays(gl.TRIANGLE_FAN, 0, 4);

  requestAnimationFrame(render);
}.
```

注意，虽然以光源为投影中心进行投影，但所使用的矩阵是模-视变换矩阵。我们把同一个多边形绘制了两次：第一次是按通常方式绘制，第二次绘制使用了修改后的模-视变换矩阵，它对多边形的顶点进行了变换。绘制原多边形和阴影多边形所用的观察条件是相同的。可以在本书的相关网站上找到完整的程序 shadow。

对于简单的情况，比如一架飞机在平坦的地形上空飞行时投下一个阴影，这种方法的效果很好。此外，很容易就可以把这种方法从点光源推广到无穷远的光源(平行光源)(见习题 5.17)。当对象可以在其他对象上投射阴影时，这个方法就不实用了。图 5.50 说明了这个问题。这里插入了第二个多边形。此时，从光源到地面的光线与两个三角形相交，第一个多边形的阴影部分落在地面上，部分落在第二个多边形上。虽然原则上可以计算两个阴影多边形并得到正确的绘制，但随着多边形数量的增加，这样做的复杂性也会迅速增加，因此可以得出阴影多边形不适合一般场景的结论。然而，基于投影生成阴影的基本思想导致了更通用的阴影贴图方法。

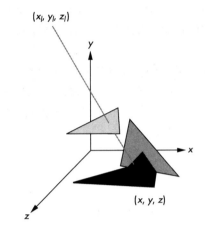

图 5.50　一个多边形的阴影落在第二个多边形上

5.11　阴影贴图

考虑图 5.51，虽然与图 5.50 类似，但是观察者位于 (x_v, y_v, z_v)，并且观察点为 (x, y, z)。因为从位于点光源的观察者看来，如果点在浅灰色多边形后面，则点在阴影区域。假设把照相机放在点光源位置，并且绘制时开启隐藏面消除功能，生成类似图 5.49(a) 所示的图像。但是可以利用这样一个事实，即深度缓存不仅包含光源到多边形的距离信息，而且还包含到光源可见的任意其他对象的距离信息(包括地面)，特别是点 (x, y, z)。因为光源到点 (x, y, z) 的距离大于深度缓存中该位置存储的距离，所有点 (x, y, z) 在阴影区域。这个过程的复杂之处在于点 (x, y, z) 处于对象坐标系，但是我们从光源开始进行的绘制是在由光源位置和方向指定的标架中。因此，为了正确计算帧缓存中每个点的距离，必须计算点在光源标架中的位置。所需要的变换就是我们推导的求多边形阴影的投影变换矩阵。

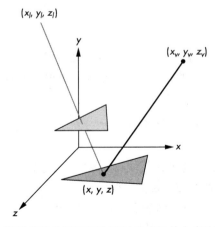

图 5.51　照相机移动到光源位置时生成的单个多边形的阴影

接下来，从光源处的照相机开始绘制场景，并保存最终的深度缓存，即**阴影缓存**(shadow buffer)。如果有多个光源，从每个光源开始绘制场景并保存深度缓存。注意，因为我们只关心深度缓存，所以每次绘制时可以不考虑颜色、光照和纹理。然后从照相机的位置正常地绘制场景。对于每个片元，把它的深度变换到光照空间，并把该距离与深度缓存中相应位置的值进行比较。如果它的深度小于所有深度缓存中相应位置的距离，则采用计算机设置的颜色，否则采用阴影的颜色。

第 7 章将介绍如何绘制到离屏缓存中，允许我们在与正常绘制相同的时间内计算每个阴影贴图。走样是阴影贴图的主要问题。阴影贴图受到深度缓存分辨率的限制，光照坐标和对象坐标之间的变换加剧了分辨率限制造成的视觉影响。第 12 章将着重介绍更通用但较慢的绘制方法，这些绘制方法把自动生成阴影作为绘制过程的一部分。

小结和注释

至此我们已经学了不少东西，现在可以编写出完整的、有意义的三维图形应用程序了。也许现在所能做的最有意义的事情就是编写这样的应用程序。要想熟练地使用模-视变换函数和投影函数，就得多实践。

本章给出了标准投影的数学推导。虽然大多数 API 不需要应用程序编程人员编写投影函数，但是理解了相关的数学就可以理解基于 4×4 矩阵级联的流水线实现方式。直到最近，应用程序编程人员还必须在应用程序中实现投影，而且大多数硬件系统都不支持透视投影。

本书涉及三个主题。第一个主题是逼真性。虽然利用更复杂的对象可以构造更逼真的模型，但也可以通过探索更复杂的绘制方法(如光照模型、隐藏面消除和纹理映射等)来生成逼真的图像。第二个主题是实现。讨论绘制流水线的功能单元所使用的算法细节。以及通过直接操作帧缓存来创建图像的可能性。第三个主题是通过扩展基本图元来建模。通过层级模型来描述简单对象之间更复杂的关系。此外，还探索基于过程而不是几何对象的建模方法。利用这种方法，在建模对象时可以考虑对象所需的更多细节；可以在模型中引入物理定律；还可以对无法由多边形描述的自然现象建模。另外，通过增加曲线和曲面来扩展由平面对象构建的场景。这些对象由顶点定义，其实现方式是把它们分割成小的平面图元，这样就可以使用相同的观察流水线。

代码示例

前四个程序可以调整对象的大小，然后通过按钮旋转和移动照相机。注意，因为裁剪体是基于照相机坐标系的，因此通过移动照相机可以轻松地裁剪掉整个对象。如果在对象内部移动照相机，也可能会得到奇怪的视图。

1. hat.html：同时使用填充的三角形(gl.TRIANGLE_FAN)和闭合的线段(gl.LINE_LOOP)显示 sombrero 函数。
2. hata.html：在两个方向上使用折线(gl.LINE_STRIP)显示相同的 sombrero 函数。
3. ortho1.html：立方体的交互式正交投影。
4. perspective1.html：立方体的交互式透视投影。
5. shadow.html：使用移动光源在平面 $y = 0$ 上生成正方形的阴影投影。
6. ortho2.html 和 perspective2.html：使用滑动条代替按钮。

建议阅读资料

Carlbom 和 Paciorek 的[Car78]讨论了经典观察和计算机观察之间的联系。Rogers 和 Adams 的 [Rog90]给出了许多投影变换矩阵的例子，这些矩阵对应于制图学中所使用的标准投影图。Foley 等的[Fol90]，Watt 的[Wat00]，还有 Hearn 和 Baker 的[Hea04]都对规范投影变换进行了推导。所有 这些文献都遵从 PHIGS，因此尽管 Foley 对最一般的情形进行了推导，但采用的 API 与本书中的 稍有不同。在这些参考文献中，有的使用列矩阵，有的使用行矩阵；有的向 z 轴正方向投影，有 的向 z 轴负方向投影；COP 的位置也各有不同。要想进一步了解 OpenGL 中的模-视变换矩阵和投 影变换矩阵的用法，可以阅读 *OpenGL Programming Guide* [Shr13]。

基于投影的阴影生成方法由 Blinn 提出，而阴影贴图的提出则归功于 Williams[Wil78]。有关这些 方法和其他方法的详细信息，请参阅[Bi88]和[Hug13]。

习题

5.1 并不是所有的投影都是平面几何投影。请给出一个投影的例子，说明投影面可以不是平面，投影线也可以不是直线。

5.2 一架飞机的方位由滚转角、俯仰角、偏航角和到某个对象的距离确定，根据这些参数求出模-视变换矩阵。

5.3 考虑一个绕着地球运行的卫星，它在地球上空的位置由极坐标指定。求使观察者的视线一直指向地球的模-视变换矩阵。这样的矩阵可以用来显示地球自转。

5.4 如何只利用叉积从 VPN、VRP 和 VUP 求出 u 和 v 方向？

5.5 能否通过绕一个合适的轴旋转来获得立方体的等轴测投影图？请给出理由。

5.6 假定 COP 可以位于任意点并且投影平面的方向也是任意的，请推导透视投影变换矩阵。

5.7 证明直线经透视投影后仍为直线。

5.8 过 COP 作平行于投影平面的平面，对该平面内的点计算投影将导致零作除数。如果一条线段的两个端点分别位于该平面的两侧，那么这条线段的投影是什么？

5.9 定义一个或者多个 API 函数来指定斜投影。不用编写函数的代码，只需确定用户必须指定哪些参数。

5.10 已知斜投影裁剪体的前裁剪面和后裁剪面，以及前裁剪面与各侧面相交的右上角和左下角，求斜投影变换矩阵。

5.11 我们对所有的投影都进行规范化，这似乎意味着可以预先把所有的对象变形，于是只需支持正投影即可。请指出用这种方法构建图形系统时会遇到的问题。

5.12 如果 COP 不在原点，应该如何修改 WebGL 投影变换矩阵？假定 COP 位于$(0, 0, d)$，投影平面为 $z = 0$。

5.13 通过把二维对象沿着第三维拉伸，可以创建一类有趣的三维对象。例如，圆变成了圆柱面，直线变成了四边形，平面四边形变成了平行六面体。利用这个技术把习题 2.7 中的二维迷宫转换成三维迷宫。

5.14 扩展习题 5.13 中的迷宫程序，允许用户在迷宫中漫步。点击鼠标中键使用户向前移动，点击鼠标右键和左键分别使用户向右和向左旋转 90°。

5.15 如果用正交投影来绘制坐标轴，那么 x 轴和 y 轴将位于纸面，但 z 轴将指向纸面之外。我们

还可以把 x 和 y 轴之间的夹角画成 $90°$，z 轴与 x 轴之间的夹角画成 $-135°$。请找到将初始正交坐标轴投影到此视图的投影变换矩阵。

5.16　编写一个程序，显示在一个盒子内旋转的立方体。这个盒子里有三个光源，每个光源把立方体的阴影投射到盒子的三个可见面之一。

5.17　设光源位于无穷远，其方向为 (d_x, d_y, d_z)。求该光源把一个点投射到平面 $ax + by + cz + d = 0$ 上的阴影。

5.18　利用在第 3 章讨论的三维接口之一，编写一个程序，在包含一些简单对象的场景中移动照相机。

5.19　编写一个程序，在由细分四面体得到的三维 Sierpinski 镂垫中漫游。能否避免用户穿透三维 Sierpinski 镂垫的表面？

5.20　在动画制作中，经常可以借助二维模式来简化绘制过程，这些二维模式被映射成始终和照相机保持平行的平面多边形，这是一种称为**公告板**(billboarding)的技术。编写一个程序，使得一个简单多边形在照相机移动时始终保持面向照相机。

5.21　为了获得立体图像需要生成两幅图像，这两幅图像所对应的观察位置稍有差异。假定观察者位于原点，两眼之间的距离为 Δx。为了生成这样的两幅图像，应如何指定观察参数？

5.22　在 5.9 节，使用了两条折线显示网格。为了不对每行(列)的末尾与相邻的下一行(列)之间"多余"的线段进行绘制，应如何修改所使用的方法？

5.23　给出一种显示网格的方法，要求使用三角形条带绘制矩形网格的每一行。能将该方法扩展为使用单个三角形条带绘制整个网格吗？

5.24　编写一个片元着色器，要求实现透视投影的多边形偏移。

5.25　编写一个着色器，要求在着色器中修改网格的高程数据。

5.26　重新编写网格显示示例的代码。要求使用基于索引元素的方法绘制网格的每行或每列。

5.27　将图元重启应用到上一个习题中，以便可以通过一次绘制来渲染整个网格。

5.28　通过在每一行的末尾创建一个**退化三角形**(degenerate triangle)[①]，试把一个矩形网格绘制成一个三角形条带。

5.29　编写一个视点在网格上方环绕的程序。该程序可以使用户环顾周围的丘陵和山谷，而不是总朝一个固定的地方看。

5.30　编写一个 reshape 回调函数，当窗口改变时，它不会扭曲对象的形状。

[①] 退化三角形指的是面积为零的三角形。这里用退化三角形作为行结束标志。——译者注

第6章 光照和着色

我们已经学习了如何构建三维图形模型以及如何显示它们。然而，如果绘制这些模型，所得的图像会使我们失望：它们看起来像是平的，没有深度感，所以无法显示出模型的三维特性。这是因为我们做出了一个不自然的假定：每个表面都被照亮，这样在观察者看来就只有一种颜色。在这个假定下，球面的正投影是均匀着色的圆，立方体的投影图看起来像是平面六边形。如果观察一个被照亮的球体照片，那么我们看到的不是均匀着色的圆形，而是包含许多不同颜色渐变［或**明暗度**(shade)］的圆形。正是这种颜色的渐变使得二维图像看起来像是三维的。

在我们的模型中没有考虑光线与对象表面之间的相互作用，从本章开始将填补这个空白。我们分别讨论光源的模型和最常见的几种描述光线-材质之间相互作用的模型。我们的目的是在快速的图形绘制流水线架构中增加着色处理功能[①]，因此这里只讨论局部光照模型。与全局光照模型不同，在局部光照模型中，表面上一点的颜色值只取决于表面的材质属性、表面的局部几何性质以及光源的位置和属性，而与场景中其他的表面无关。本章介绍在 WebGL 应用程序中经常使用的光照模型。我们将看到，可以选择在程序的不同地方应用光照模型：在 WebGL 应用程序代码中，在顶点着色器中，或者在片元着色器中。

本章将继续开发前面的示例程序，考察如何对多边形模型进行着色。通过开发一个近似球体的绘制程序来测试各种着色算法，然后讨论如何在 WebGL 应用程序中指定光源和材质属性，并在绘制近似球体的程序中增加光照效果。

在本章结束时，我们将简要讨论处理全局光照效果(如阴影和多重反射)的方法。

6.1 光线和材质

在第 1 章和第 2 章中，介绍了有关人类颜色视觉的初步知识，但没有讨论光线和材质之间的相互作用。也许最一般的绘制方法是基于物理的绘制，在这种方法中，利用像能量守恒这样的物理原理推导出描述光线与材质相互作用的方程。

从物理的角度来看，表面可以像灯泡那样自发光，也可以反射来自照亮它的其他表面的光线。如果光线入射到一个表面上，那么一部分光被吸收，其余的光反射回环境中。有些表面不但能反射光线，而且由于其内部发生的物理过程还能发射光线。当观察对象上的一点时，所看到的颜色取决于多个光源和多个反射表面之间的多次相互作用。可以把这些相互作用看作一个递归的过程。

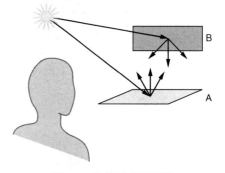

图 6.1 光线被表面反射

考虑图 6.1 所示的简单场景。从光源发出的到达表面 A 的那一部分光线被表面 A 向各个方向反射。一部分反射的光线到达表面 B，这部分光线中又有一部分被表面 B 反射

回表面 A，其中又有一部分被表面 A 反射回表面 B，如此不断反射。光线在表面之间的多次反射解释了一些细微的明暗效果，例如在相邻表面之间的颜色渗透。从数学上看，这个递归过程的极限可以用一个积分方程来描述，即**绘制方程**(rendering equation)，理论上可以用它来求出场景中所有表面的明暗值。遗憾的是，这个方程一般不能求出解析解，而数值方法对于实时绘制又不够快。还可以利用像辐射度方法和光线跟踪这样的近似解法。对于特殊类型的表面，这两种方法都是对绘制方程的良好近似。尽管我们能够利用光线跟踪实时绘制中等复杂的场景，但是使用这些方法绘制场景的速度还赶不上利用建模-投影流水线绘制多边形的速度。因此，这里主要讨论相对简单的 Phong 反射模型，该模型在物理正确性和高效计算之间进行了折中。我们将在 6.12 节介绍全局光照方法，并在第 12 章讨论绘制方程和光线跟踪的更多细节。

我们不关注全局能量平衡，而是关注称之为**光源**(light source)的发光(或自发光)表面的光线。然后对这些光线与场景中反射光线的表面之间的相互作用进行建模。这个方法和光线跟踪类似，但只考虑光源和表面之间的单独一次相互作用。这个问题包括两个独立的部分。首先，必须建模场景中的光源；其次，必须构建一个描述材质和光线之间相互作用的反射模型。

为了对该过程有一个总体的认识，如图 6.2 所示，我们考察从一个点光源发出的光线。在第 1 章中已经提到，观察者只看到了从光源出发后最终到达眼睛的那些光线，也许这些光线经过了一条很复杂的路径并且还与场景中的对象发生了多次相互作用。如果一条光线从光源出发后直接进入观察者的眼睛，那么观察者就看到了光源的颜色。如果这条光线照射到对观察者来说可见的表面，那么观察者所看到的颜色取决于光源和表面材质之间的相互作用，因为这个颜色是从表面反射到观察者眼中的光线的颜色。

在计算机图形学中，可以用投影平面代替观察者，如图 6.3 所示。从概念上讲，投影平面上位于裁剪窗口内的部分场景被映射到显示器上，因此可以把投影平面用直线分割成许多小的矩形，每个小矩形都对应于显示器上的单个像素。光源的颜色和对象表面的反射属性决定了帧缓存中一个或多个像素的颜色。

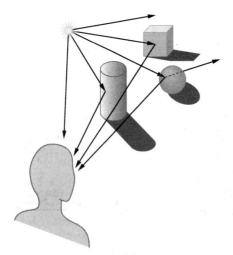

图 6.2　光线和表面

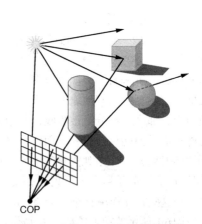

图 6.3　光线、表面和计算机成像

我们只需要考虑这样一些光线，这些光线离开光源后要么直接到达观察者的眼睛，要么与对象相互作用后才到达观察者的眼睛。对于计算机观察来说，这是一些通过裁剪矩形窗口到达投影中心(COP)的光线。注意，对于遮挡密集型的场景图像来说，光源发出的大多数光线对图像是没有贡献的，因此我们对这些光线并不感兴趣。我们将在 6.12 节充分利用这个观察结果。

从图 6.2 可以看到，光线和对象之间的相互作用可以发生一次，也可以发生多次。正是这些相互作用的特性决定了一个对象是红色的还是棕色的，是明亮的还是黑暗的，是暗淡的还是有光泽的。当光线照射到表面时，一部分被吸收，一部分被反射。如果表面是不透明的，那么入射光线不是被反射就是被吸收。如果表面是半透明的，那么还有一部分入射光线穿过表面，然后又照射到其他对象。这些相互作用和光线的波长有关。一个对象在白光照射下看起来是红色的，这是因为它吸收了大部分入射光，但反射了红色频率范围内的光。一个对象看起来有光泽，这是因为它的表面是光滑的。与此相反，一个暗淡的表面是粗糙的。对象的明暗值还依赖于它们的表面的方向，我们将会看到这个因素是由每一点处的法向量表征的。如图 6.4 所示，光线和材质之间的这些相互作用可以分成以下三类。

(a) **镜面反射表面**(specular surface)看起来是有光泽的，这是因为被反射或者**散射**(scatter)出去的大多数光线的方向都和反射角的方向很接近。镜子是**理想的镜面反射表面**(perfectly specular surface)，可能有一部分入射光线被吸收，但所有反射出去的光线都沿着同一个方向，反射光线的方向服从入射角等于反射角这一规律。

(b) **漫反射表面**(diffuse surface)的特点是把入射光线向各个方向散射。粗糙的或用无光涂料粉刷的墙面是漫反射表面，许多自然材质也都是漫反射表面。例如，从飞机或者卫星上看去，地形表面就是一个漫反射表面。**理想漫反射表面**(perfectly diffuse surface)向各个方向散射的光线的强度都相等，因此不同位置的观察者看到的反射光线都是一样的。

(c) **半透明表面**(translucent surface)允许入射光线的一部分穿透表面并从对象的另一个位置再发射出去。这种**折射**(refraction)现象是玻璃和水的特征。半透明表面也会反射一部分入射光线。

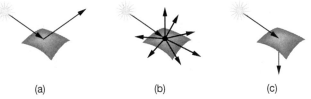

图 6.4　光线和材质之间的相互作用。(a)镜面反射表面；(b)漫反射表面；(c)半透明表面

我们将在 6.3 节和 6.4 节对所有这些表面进行建模。首先，我们考虑光源的建模。

6.2　光源

离开表面的光线可能来自自发光表面，也可能来自表面的反射。通常把光源看作仅通过其内部能源发光的对象。然而，光源(比如灯泡)也可以反射来自周围环境的光线。通常在简单的光源模型中不考虑光源反射的光线。在 6.7 节讨论光照时，我们会看到可以很容易地添加自发光项。

考虑如图 6.5 所示的光源，可以把它看成一个具有表面的对象。光源表面上的每个点(x, y, z)都能发射光线，这些光线由光源投射光线的方向(θ, ϕ)和光源在每个波长λ产生的能量强度来表征。因此，一般的光源可以由 6 个自变量的**照明函数**(illumination function)$I(x, y, z, \theta, \phi, \lambda)$来表征。注意，指定一个方向需要两个角度，并且假定每个频率可以单独考虑。对于被该光源照射的表面，可以通过在其表面上积分来获得光源的总贡献(参见图 6.6)，在进行积分时应考虑从光源到该表面的出射角，还必须考虑光源和表面之间的距离。对于像灯泡这样的扩展光源，不管是用解析方法还是数值方法，求这个积分都是困难的。通常情况下更容易的方法是用多个多边形来建模扩展光源，其中每个多边形都是一个简单光源，或者用一组点光源来建模扩展光源。

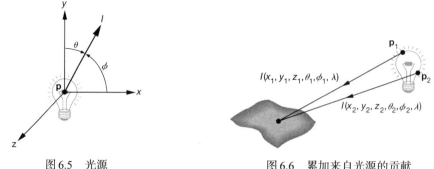

图 6.5　光源　　　　　　　　　　　图 6.6　累加来自光源的贡献

下面介绍四类基本的光源：环境光、点光源、聚光灯和远距离光源。这四类光源对于绘制大多数简单场景来说已经足够了。

6.2.1　彩色光源

光源所发出光线的能量不但随方向的不同而变化，还依频率的不同而变化。因此，一种符合物理规律的模型可能会比较复杂。不过，我们对人类视觉系统所建立的模型是以三色理论为基础的，该理论认为我们感知的只是三刺激值，而不是光线能量按波长的完整分布。因此，对于大多数应用，可以把光源建模成具有红、绿、蓝三个分量，这三个分量和人类观察者看到的颜色分量相对应。

因此，彩色光源可以用下面这个三元组强度或**亮度函数**(luminance function)来描述：

$$\mathbf{I} = [\, I_r \quad I_g \quad I_b \,]$$

其中的三个分量分别是独立的红、绿、蓝分量的强度。这样，我们用光源的红色(绿色或蓝色)分量来计算图像的红色(绿色或蓝色)分量。因为对光线和材质之间相互作用的计算包含三个相似但彼此独立的计算，所以往往只列出一个标量方程，该方程可以表示三个颜色分量中的任何一个。

6.2.2　环境光

在许多环境中，例如教室或者厨房，我们对光源进行设计和布置，使得整个房间都得到均匀的照明。这样的照明效果往往通过大尺寸的光源来实现，这些光源内部装有散光器，目的是把光线向各个方向散射。至少在原则上，可以构建这种照明的准确模型，方法是建模所有的扩展光源，然后在对象表面上的每一点处对来自这些光源的照明进行积分。但构建一个这样的模型并用它来绘制场景对图形系统来说是个令人生畏的任务，尤其是对要求实时处理的系统。可以转而考察这种光源想要达到的效果：使房间获得均匀的照明。这种均匀的照明称为**环境光**(ambient light)。如果采用第二种方法，可以假定环境中的每一点都存在一个环境光照强度。因此，环境光照明可以由一个光照强度三元组 $\mathbf{I}_a$ 来表征，场景中每一点处的 $\mathbf{I}_a$ 都是相同的。

环境光有红、绿、蓝三个颜色分量：

$$\mathbf{I}_a = [\, I_{ar} \quad I_{ag} \quad I_{ab} \,]$$

我们用标量 I_a 来表示这三个分量中的任何一个。虽然场景中每个位置获得的环境光照明都相同，但不同的表面可以反射出不同强度的光线，因为它们的材质属性可能不同。

6.2.3　点光源

理想的**点光源**(point source)向各个方向发射的光线的强度都相等。一个位于 $\mathbf{p}_0$ 的点光源可以

用下面的三分量颜色矩阵来描述:

$$\mathbf{I}(\mathbf{p_0}) = [\ I_r(\mathbf{p_0})\quad I_g(\mathbf{p_0})\quad I_b(\mathbf{p_0})\ ]$$

从点光源接收到的照明强度反比于从光源到该点所在平面之间距离的平方。因此,点 $\mathbf{p}$(参见图 6.7)从点光源接收到的光线强度可用下式来计算:

$$\mathbf{i}(\mathbf{p},\ \mathbf{p_0}) = \frac{1}{|\mathbf{p} - \mathbf{p_0}|^2}\mathbf{I}(\mathbf{p_0})$$

与环境光一样,我们将使用 $I(\mathbf{p_0})$ 表示 $\mathbf{I}(\mathbf{p_0})$ 的任何一个分量。

　　大多数应用都使用点光源,这更多的是因为点光源比较简单,而不是因为它们更接近物理实际。仅使用点光源绘制的场景往往具有高对比度,对象要么很亮要么很暗。在真实环境中,大多数光源的尺寸不像点光源那样可以忽略,正是这一点使得场景中的亮度变化比较柔和。图 6.8 给出了一个例子,该图演示了一个有限大小的光源所生成的阴影。可以看到,一些区域完全处于阴影中,或者说在**本影**(umbra)中;而另一些区域处于部分阴影中,或者说在**半影**(penumbra)中。通过为场景设置环境光,可以减弱由点光源照明引起的过高的对比度。

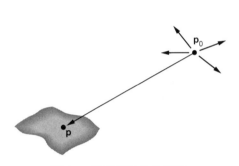

图 6.7　照亮表面的点光源

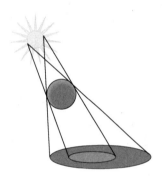

图 6.8　有限大小的光源产生的阴影

　　把到光源的距离考虑进去也有助于解决只用点光源绘制场景的高对比度问题,我们用一个距离衰减因子来表示光线强度随距离增大而衰减。虽然平方反比距离衰减因子对于点光源是正确的,但在实际应用中通常把平方反比距离衰减因子用形如 $(a + bd + cd^2)^{-1}$ 的距离衰减因子代替,其中 d 是 $\mathbf{p}$ 和 $\mathbf{p_0}$ 之间的距离。可以通过选择常数 a、b 和 c 的值来获得柔和的照明效果。注意,如果光源和场景中的表面相距很远,那么来自光源的光线就会变得足够均匀,以至于不同表面处的距离衰减因子几乎相同。

6.2.4　聚光灯

　　聚光灯的特点是只在一个小的角度范围内发射光线。可以通过限制点光源发射光线的角度来构造一个简单的聚光灯模型。如图 6.9 所示,我们用一个顶点位于 $\mathbf{p_s}$ 的圆锥来限制发光的角度,这个圆锥的对称轴的方向为 $\mathbf{l_s}$,对称轴和母线的夹角为 θ。如果 $\theta = 180°$,那么这个聚光灯就成为点光源。

　　更逼真的聚光灯模型可以通过其发光强度在圆锥内的分布来描述,通常越接近圆锥的中心,所发射光线的强度越大。因此,聚光灯的发光强度是光源方向 $\mathbf{l_s}$ 和指向表面的向量 $\mathbf{s}$ 之间的夹角 ϕ 的函数(这个角度要小于 θ),如图 6.10 所示。虽然可以按多种方式来定义这个函数,但通常都把它定义为 $\cos^e\phi$,其中的指数 e 决定了发光强度随着 ϕ 的增大而衰减的速度(参见图 6.11)。

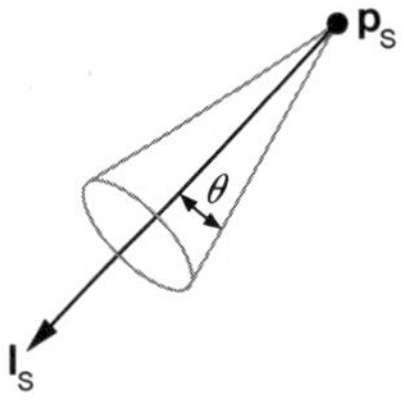

图 6.9　聚光灯

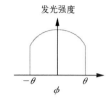

图 6.10　聚光灯的衰减

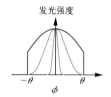

图 6.11　聚光灯指数

正如我们将在本章中看到的那样,进行光照计算时使用余弦函数是很方便的。如果 **u** 和 **v** 是任意两个单位长度的向量,那么可以通过点积来计算它们之间夹角 θ 的余弦:

$$\cos \theta = \mathbf{u} \cdot \mathbf{v}$$

这个计算只需要执行三次乘法和两次加法运算。

6.2.5　远距离光源

大多数着色计算都需要知道从表面上一点指向光源的方向。在表面的不同位置计算一个点的亮度时,需要反复计算这个方向向量,这是着色计算中的一个重要部分。然而,如果光源和表面之间的距离非常大,那么从表面的一点移动到另一点时,方向向量几乎没有变化,这就好像在紧挨着的所有对象看来,太阳的光线都是来自同一个方向的。在图 6.12 中,我们把远距离光源替换成发射平行光线的光源,即平行光源。实际上,远距离光源的计算和平行投影的计算类似,不考虑光源的位置,取而代之的是光源的方向。因此,位于 $\mathbf{p}_0$ 的点光源可以用齐次坐标表示为一个四维列矩阵:

图 6.12　平行光源

$$\mathbf{p}_0 = \begin{bmatrix} x \\ y \\ z \\ 1 \end{bmatrix}$$

而远距离光源要用一个方向向量来描述,可以用齐次坐标表示下面的列矩阵:

$$\mathbf{p}_0 = \begin{bmatrix} x \\ y \\ z \\ 0 \end{bmatrix}$$

图形系统使用远距离光源进行绘制要比使用近距离光源更有效。当然,使用远距离光源绘制的场景和使用近距离光源绘制的场景是不同的。幸运的是,我们的模型对这两类光源都提供了支持。

6.3　Phong 光照模型

尽管可以通过物理模型来解决光线与材质相互作用的问题,但是我们还是选择使用一种模型来解决该问题,这是一种更高效的计算方法,尤其是将其与流水线绘制结构一起使用的时候。这里要介绍的光照模型由 Phong 提出,后来 Blinn 又对其做了改进。实践表明,该模型不但计算效率高而且和物理现实足够接近,以至于对各种各样的光照条件和材质属性都获得了很好的绘制效果。

Phong 光照模型使用图 6.13 所示的 4 个向量来计算表面上任一点 **p** 的颜色值。如果表面是曲面,那么所有这 4 个向量都随着表面上位置的不同而改变。向量 **n** 是表面在 **p** 点处的法向量,我们将在 6.4 节讨论如何计算法向量。向量 **v** 是从点 **p** 指向观察者或者 COP 的向量。对于扩展光源，向量 **l** 是从点 **p** 指向扩展光源上任意一点的向量；对于到目前为止一直假定的点光源，向量 **l** 是从点 **p** 指向点光源的向量。向量 **r** 的方向是从沿着向量 **l** 的方向入射的光线按照反射定律的出射方向。注意，**r** 由 **n** 和 **l** 确定，我们将在 6.4 节讨论如何计算 **r**。

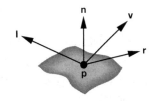

图 6.13　Phong 光照模型中使用的向量

Phong 光照模型支持 6.1 节介绍的三种类型的光线-材质的相互作用：环境光反射、漫反射和镜面反射。假定有一组点光源。对每个颜色分量，每个点光源都有独立的环境光分量、漫反射光分量和镜面反射光分量。尽管这种假设显得不是很自然，但要记住，我们的目标是尽可能以接近实时的速度生成逼真的着色效果。使用局部模型来模拟那些本质上可能是全局的效果，所以光源模型包含独立的环境光分量、漫反射光分量和镜面反射光分量。需要 9 个系数来表征表面上任一点 **p** 的这些分量。我们可以把第 i 个光源的这 9 个系数排列成一个 3×3 照明矩阵：

$$\mathbf{L}[i] = \begin{bmatrix} L_{ra}[i] & L_{ga}[i][i] & L_{ba}[i] \\ L_{rd}[i] & L_{gd}[i] & L_{bd}[i] \\ L_{rs}[i] & L_{gs}[i] & L_{bs}[i] \end{bmatrix}$$

矩阵的第一行是第 i 个光源的环境光分量的红、绿、蓝颜色分量，第二行是漫反射光分量，第三行是镜面反射光分量。这里假定没有考虑距离衰减因子。这个矩阵只是用来存储 9 个光照系数的一种简单方法。在实际编程中，需要在代码中为每个光源分别构造环境光分量、漫反射光分量和镜面反射光分量，其代码如下：

```
lightAmbient[i]= vec4(lightAmbientR[i], lightAmbientG[i],
    lightAmbientB[i], lightAmbientA[i]);
lightDiffuse[i]  = vec4(lightDiffuseR[i], lightDiffuseG[i],
    lightDiffuseB[i], lightDiffuseA[i]);
lightSpecular[i] = vec4(lightSpecularR[i], lightSpecularG[i],
    lightSpecularB[i], lightSpecularA[i]);
```

当考虑光线与透明的材质相互作用时，上面使用 4 个分量的定义形式就很有用了。

为了建立光照模型，假定对于表面上感兴趣的点能够计算出入射光线的每个颜色分量在该点的反射率。例如，对于第 i 个光源的漫反射光的红色分量 L_{ird}，可以计算出一个反射率 $R_{rd}[i]$，于是前者对 **p** 点处光线强度的贡献为 $R_{rd}[i]L_{rd}[i]$。$R_{rd}[i]$ 的值取决于材质属性、表面的方向、光源的方向以及光源与观察者之间的距离。因此，每个点有 9 个反射率，它们可以排列成一个矩阵：

$$\mathbf{R}[i] = \begin{bmatrix} R_{ra}[i] & R_{ga}[i] & R_{ba}[i] \\ R_{rd}[i] & R_{gd}[i] & R_{bd}[i] \\ R_{rs}[i] & R_{gs}[i] & R_{bs}[i] \end{bmatrix}$$

把环境光反射分量、漫反射分量和镜面反射分量加在一起，就可以计算来自每个彩色光源的贡献。例如，第 i 个光源对 **p** 点处光线强度的红色分量的贡献是来自这个光源的环境光反射的红色分量、漫反射的红色分量和镜面反射的红色分量三者之和：

$$I_r[i] = R_{ra}[i]L_{ra}[i] + R_{rd}[i]L_{rd}[i] + R_{rs}[i]L_{rs}[i]$$

$$= I_{ra}[i] + I_{rd}[i] + I_{rs}[i]$$

把来自所有光源的贡献加在一起（可能还要加上全局环境光的反射分量）就得到了总的光线强度。因此，**p** 点处光线强度的红色分量为：

$$I_r = \sum_i (I_{ira} + I_{ird} + I_{irs}) + I_{ar}$$

其中 I_{ar} 是全局环境光反射的红色分量。

注意到对于每个光源和每个颜色分量的计算都是相似的,差别只在于我们考虑的是环境光反射分量、漫反射分量还是镜面反射分量,因此可以省略脚标 i、r、g 和 b,用下面的公式来表示某点处的光线强度:

$$I = I_a + I_d + I_s = L_a R_a + L_d R_d + L_s R_s$$

上式的意思是对每个光源和每个颜色分量进行的计算都一样。当然,也可以在公式后面再加上一个全局环境光的反射分量。在实际编程中,对于第 i 个材质,可以使用下面的代码分别定义每个光源的环境光分量、漫反射光分量和镜面反射光分量在某点的反射率。

```
reflectAmbient[i] = vec4(reflectAmbienttR[i], reflectAmbientG[i],
    reflectAmbientB[i], reflectAmbientA[i]);
reflectDiffuse[i]  = vec4(reflectDiffuseR[i], reflectDiffuseG[i],
    reflectDiffuseB[i], reflectDiffuseA[i]);
reflectSpecular[i] = vec4(reflectSpecularR[i], reflectSpecularG[i],
    reflectSpecularB[i], reflectSpecularA[i]);
```

6.3.1 环境光反射

在表面上所有点处的环境光强度 I_a 都是相同的。环境光的一部分被表面吸收,还有一部分被表面反射,被反射部分的强度由环境光反射系数 k_a 确定,此时 $R_a = k_a$。因为反射光线的能量是入射光线能量的一部分,所以必然有

$$1 \geqslant k_a \geqslant 0$$

于是

$$I_a = k_a L_a$$

这里的 L_a 可以代表任何单独的光源,也可以代表全局环境光。

当然,一个表面有 3 个环境光反射系数:k_{ar}、k_{ag} 和 k_{ab},并且这 3 个反射系数可以不相同。因此,如果一个球面的环境光反射系数的蓝色分量比较小并且红色和绿色分量比较大,那么在白色的环境光照射下,这个球面显示为黄色。

6.3.2 漫反射

理想的漫反射表面把光线向所有方向均匀地散射,因此,这样的表面在所有的观察者看来亮度都一样。不过,反射出去的光线强度既依赖于材质(因为有一部分入射光线被表面吸收),也依赖于光源相对于表面的位置。漫反射表面的特点是比较粗糙。一个漫反射表面的横截面放大后如图 6.14 所示。入射角相差不大的入射光线被反射后的出射方向相差很大。理想的漫反射表面非常粗糙,没有最佳的反射角度。这样的表面有时称为 **Lambert 表面**(Lambertian surface),可以用 Lambert 定律进行数学建模。

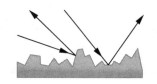

图 6.14　粗糙表面

考虑如图 6.15 所示的在太阳光照射下的漫反射平面。该表面在正午时最亮,在黎明和黄昏时最暗,这是因为根据 Lambert 定律,只有入射光线的垂直分量才对照明起作用。为了理解该定律,考虑一个小尺寸的平行光源,如图 6.16 所示,该光源发出的光线照射到一个平面上。当平行光源在这个(假想的)天空中降低高度时,同样的光线分布在更大的区域

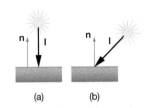

图 6.15 太阳光照射在漫反射表
面上。(a) 正午；(b) 下午

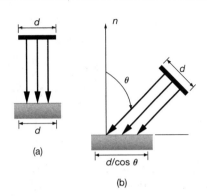

图 6.16 根据 Lambert 定律，对照明有贡献的是入射
光线中垂直于表面的分量。(a) 正午；(b) 下午

上，于是表面显得更暗淡一些。再来考虑图 6.15 中的点光源，现在可以用数学公式来描述漫反射。Lambert 定律告诉我们：

$$R_d \propto \cos\theta$$

其中 θ 是法向量 $\mathbf{n}$ 和光源的方向 $\mathbf{l}$ 之间的夹角。如果 $\mathbf{l}$ 和 $\mathbf{n}$ 都是单位长度的向量[①]，则

$$\cos\theta = \mathbf{l}\cdot\mathbf{n}$$

漫反射系数 k_d 表示在入射的漫反射光中有多大一部分被反射出去，把 k_d 考虑进来就得到了下面表示漫反射光强度的公式：

$$I_d = k_d(\mathbf{l}\cdot\mathbf{n})L_d$$

如果考虑从光源到表面的距离 d，那么光线在传播的过程中会衰减，我们仍然可以使用二次距离衰减因子：

$$I_d = \frac{k_d}{a + bd + cd^2}(\mathbf{l}\cdot\mathbf{n})L_d$$

上面的公式有一个潜在的问题：如果光源在水平面以下的话，$(\mathbf{l}\cdot\mathbf{n})L_d$ 会取负值。此时我们希望 $(\mathbf{l}\cdot\mathbf{n})L_d$ 取零而不是负数，因此在实际应用时使用的是 $\max((\mathbf{l}\cdot\mathbf{n})L_d, 0)$。

6.3.3 镜面反射

如果只利用环境光反射和漫反射，尽管生成的图像会有明暗渐变并且看起来是三维的，但所有的表面就像粉笔一样没有光泽。目前还无法显示光泽对象上的高光。这些高光通常表现出与环境光反射和漫反射不同的颜色。例如，红色的塑料球在白光照射下会有白色的高光，这是由在观察者方向的某些光源在球体表面形成的反射造成的(参见图 6.17)。

和漫反射表面是粗糙的相反，镜面反射表面是光滑的。表面越光滑，就越接近于镜子。从图 6.18 可以看到，表面越光滑，反射出去的光线就越集中在一个角度的附近，这个角度是一个理想的反射器(镜子或者理想镜面反射表面)的反射角。要建立镜面反射表面的逼真模型可能比较复杂，因为光线被散射的模式不是对称的。该模式和入射光线的波长有关，并且随反射角的变化而变化。

[①] 在明暗计算中，会反复用到像 $\mathbf{l}$ 和 $\mathbf{n}$ 这样的方向向量之间的点积运算。实际上，程序员和图形软件都应该在遇到这样的向量时尽可能把它们归一化。

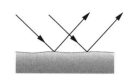

图 6.17　镜面反射高光　　　　　　图 6.18　镜面反射表面

Phong 提出了一个近似模型，所需的计算量只比漫反射增加了一点。在该模型的公式中，除了漫反射分量，又增加了一项表示镜面反射。这样，在考虑漫反射分量时，把表面看作粗糙的，而在考虑镜面反射分量时，把表面看作光滑的。观察者所看到的光线强度取决于理想反射器反射光线的方向 $\mathbf{r}$ 和观察者的方向 $\mathbf{v}$ 这两者之间的夹角 ϕ。Phong 模型使用了下面的公式：

$$I_s = k_s L_s \cos^\alpha \phi$$

其中的系数 $k_s (0 \leqslant k_s \leqslant 1)$ 表示在入射的镜面反射光中有多大一部分被反射。指数 α 是**高光**(shininess)系数。从图 6.19 可以看到，当 α 增加时，反射的光线越来越集中在理想反射器的反射角附近。无限大的 α 对应于镜子，在 100 到 500 之间的 α 对应于大多数金属的表面，更小的 α（小于 100）对应于高光区域比较大的材质。

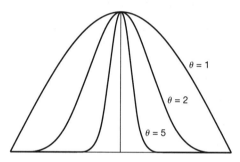

图 6.19　不同的高光系数对反射光线的影响

Phong 光照模型在计算方面的优势在于，如果已经把 $\mathbf{r}$ 和 $\mathbf{v}$ 归一化为单位向量，则可以像计算漫反射分量那样利用点积运算来计算镜面反射分量：

$$I_s = k_s L_s \max((\mathbf{r} \cdot \mathbf{v})^\alpha, 0)$$

我们还可以像计算漫反射分量那样增加一个距离衰减因子。包含距离衰减因子的 Phong 光照模型可以用下式来表示：

$$I = \frac{1}{a + bd + cd^2} \left(k_d L_d \max(\mathbf{l} \cdot \mathbf{n}, 0) + k_s L_s \max((\mathbf{r} \cdot \mathbf{v})^\alpha, 0) \right) + k_a L_a$$

上式适用于每个光源和每个颜色分量。

对于 Phong 光照模型，每个光源可以有不同的环境光分量，或者允许光源具有不同的镜面反射光分量和漫反射光分量，这看起来似乎并不符合我们的直觉。但是，因为无法求解完整的绘制方程，所以只能使用各种技巧来试图获得逼真的绘制效果。

例如，考虑一个包含许多对象的场景。当打开灯时，光源发出的一部分光线直接照射到一个表面上，这部分光线对图像的贡献可以通过光源的镜面反射光分量和漫反射光分量来建模。然而，光源发出的其他大部分光线在被场景中的其他对象反射了许多次之后向各个方向散射，这些散射光线中又有一部分照射到正在考虑的这个表面上。可以通过对光源增加一个环境光分量来近似这部分贡献。对环境光分量所指派的颜色既依赖于光源的颜色也依赖于场景中对象的颜色，这是这种近似方法的一个不幸后果。在某种程度上，同样的分析也适用于漫反射光。漫反射光在表面之间来回反射，于是在一个特定表面上看到的颜色依赖于场景中其他表面的颜色，通过精心选择光源的漫反射光分量和镜面反射光分量，仍然可以利用局部计算来近似全局效果。

我们已经在对象空间里详细讨论了 Phong 光照模型。然而在绘制流水线中，着色计算要等到对象经过模-视变换和投影变换之后才会真正执行。这些变换会改变 Phong 光照模型中的余弦项(参见习题 6.20）。因此，为了进行正确的着色计算，要么在绘制流水线中对顶点和向量进行处理时保持它们的空间位置关系，为此可能需要在绘制流水线中发送来自对象空间的附加信息；要么反向通过绘制流水线获取所需的着色信息。

6.3.4　改进的 Phong 光照模型

如果利用 Phong 光照模型进行绘制，那么在计算镜面反射分量时对表面上的每个点都要计算点积 $\mathbf{r} \cdot \mathbf{v}$。单位向量

$$\mathbf{h} = \frac{\mathbf{l} + \mathbf{v}}{|\mathbf{l} + \mathbf{v}|}$$

位于观察向量和光源向量这两者的正中间，该向量称为**半角向量**（halfway vector）。利用半角向量，可以得到镜面反射分量的一个有趣的近似。图 6.20 中包含了所涉及的全部 5 个向量，这里把 $\mathbf{n}$ 和 $\mathbf{h}$ 之间的夹角 ψ 称为**半角**（halfway angle）。当 $\mathbf{v}$ 位于 $\mathbf{l}$，$\mathbf{n}$ 和 $\mathbf{r}$ 所在的平面时，可以证明（参见习题 6.7）：

$$2\psi = \phi$$

如果把 $\mathbf{r} \cdot \mathbf{v}$ 替换成 $\mathbf{n} \cdot \mathbf{h}$，就无须计算 $\mathbf{r}$。不过，由于半角 ψ 比 ϕ 要小，因此如果把 $(\mathbf{r} \cdot \mathbf{v})^e$ 中的指数 e 用于计算 $(\mathbf{n} \cdot \mathbf{h})^e$，那么镜面反射高光的区域会变小。为了减小把 $(\mathbf{r} \cdot \mathbf{v})$ 替换成 $(\mathbf{n} \cdot \mathbf{h})$ 后对着色计算带来的影响，可以把指数 e 换成另一个指数 e'，使得 $(\mathbf{n} \cdot \mathbf{h})^{e'}$ 比 $(\mathbf{n} \cdot \mathbf{h})^e$ 更接近 $(\mathbf{r} \cdot \mathbf{v})^e$。显然，避免重新计算 $\mathbf{r}$ 是可取的。然而，把 $\mathbf{r} \cdot \mathbf{v}$ 替换成 $\mathbf{n} \cdot \mathbf{h}$ 后，为了充分了解哪些地方可以减少计算量，应该考察所有的情况：平面和曲面、远距离光源和近距离光源以及观察者在近处还是远处（参见习题 6.8）。

上面对 Phong 光照模型做了修改，利用半角向量来计算镜面反射分量，这种光照模型称为 **Blinn-Phong 光照模型**（Blinn-Phong lighting model）或者**改进的 Phong 光照模型**（modified Phong lighting model）。在具有固定功能绘制流水线的图形系统中，这是默认使用的光照模型，在可编程着色器出现之前通常内置到图形硬件中。我们将在编写的第一个执行光照计算的着色器程序（参见 6.8.3 节）中使用这个改进的 Phong 光照模型。

图 6.21 展示的是利用改进的 Phong 光照模型绘制的一组 Utah 茶壶（参见 11.10 节）。注意，这些茶壶之所以看起来彼此不同是因为我们能够控制材质属性。这些茶壶演示了利用改进的 Phong 光照模型可以生成各种各样的表面效果，从暗淡的表面到看起来像金属的高光表面。

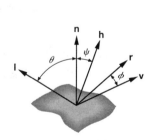
图 6.20　确定半角向量

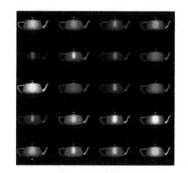
图 6.21　一组具有不同材质属性的 Utah 茶壶（由 SGI 提供）

6.4　计算向量

我们推导出的光照和反射模型具有足够的通用性，可以应用于曲面或平面，平行投影或透视投影，以及远距离表面或近距离表面。绘制场景的大部分计算涉及确定光照模型中所需的向量

和点积。在特殊情况下，这些计算可以简化。例如，如果表面是平面多边形，那么表面上每一点处的法向量都相同；如果光源远离表面，那么光源方向对于表面上所有的点都是相同的。

在本节，我们将研究一般情况下如何计算光照模型中所涉及的向量。在 6.5 节，我们会看到当对象由平面多边形组成时，还可以利用其他的技术。这种情况尤其重要，因为大多数图形绘制系统利用许多小的平面多边形来近似曲面。

6.4.1　法向量

对于光滑的表面，表面的每一点都存在法向量，它给出了表面的局部方向。表面法向量的计算取决于表面的数学表示方式。平面和球面是两种简单的情形，不仅可以用它们来说明如何计算法向量，而且能够说明计算法向量的难点在哪里。

使用下面的方程来描述平面：

$$ax + by + cz + d = 0$$

正如我们在第 4 章中所看到的，也可以利用平面的法向量 $\mathbf{n}$ 和平面上的一点 $\mathbf{p}_0$ 把平面方程写成：

$$\mathbf{n} \cdot (\mathbf{p} - \mathbf{p}_0) = 0$$

其中 $\mathbf{p}$ 是平面上的任意一点 (x, y, z)。比较平面方程的这两种形式，可以看到法向量 $\mathbf{n}$ 为：

$$\mathbf{n} = \begin{bmatrix} a \\ b \\ c \end{bmatrix}$$

或者利用齐次坐标表示为：

$$\mathbf{n} = \begin{bmatrix} a \\ b \\ c \\ 0 \end{bmatrix}$$

然而，还可以用另一种方式确定平面的法向量：给定平面上的三个点 $\mathbf{p}_0$、$\mathbf{p}_1$、$\mathbf{p}_2$（这三个点不共线，因而能够确定这个平面），那么向量 $\mathbf{p}_2 - \mathbf{p}_0$ 和 $\mathbf{p}_1 - \mathbf{p}_0$ 平行于该平面，于是可以利用它们的叉积得到法向量：

$$\mathbf{n} = (\mathbf{p}_2 - \mathbf{p}_0) \times (\mathbf{p}_1 - \mathbf{p}_0)$$

必须注意向量在叉积中出现的顺序。如果顺序颠倒了，会把表面的朝向从向外变成向内，这会影响到光照计算。我们将在 6.5 节看到，把计算法向量的任务留给应用程序可以为应用光照模型提供更多的灵活性。

对于曲面，表面法向量的计算与表面的表示方法有关。在第 11 章，我们将讨论三种不同的曲线和曲面的表示方法。现在考虑一个中心位于原点的单位球面，它通常可以由下面的**隐式方程**（implicit equation）来表示：

$$f(x, y, z) = x^2 + y^2 + z^2 - 1 = 0$$

这个方程也可以写成下面的向量形式：

$$f(\mathbf{p}) = \mathbf{p} \cdot \mathbf{p} - 1 = 0$$

可以用**梯度向量**（gradient vector）定义它的法向量，梯度向量可以定义成下面的列矩阵：

$$\mathbf{n} = \begin{bmatrix} \frac{\partial f}{\partial x} \\ \frac{\partial f}{\partial y} \\ \frac{\partial f}{\partial z} \end{bmatrix} = \begin{bmatrix} 2x \\ 2y \\ 2z \end{bmatrix} = 2\mathbf{p}$$

球面还可以表示成**参数形式**（parametric form），在这种表示中，球面上一点的 x、y、z 值都由两个参数 u 和 v 来表示：

$$x = x(u, v)$$

$$y = y(u, v)$$

$$z = z(u, v)$$

这三个等式是彼此独立的。在第 11 章中将会看到，尽管对一个特定的表面可能会有多种参数表示，但是这种形式在计算机图形学中更为可取，尤其是在表示曲线和曲面时。球心在原点的单位球面的一种参数表示为

$$x(u, v) = \cos u \sin v$$

$$y(u, v) = \cos u \cos v$$

$$z(u, v) = \sin u$$

当 u 和 v 在 $-\pi/2 < u < \pi/2$，$-\pi < v < \pi$ 的范围内变化时，按上面的参数方程可以得到球面上所有的点。在使用参数形式时，可以从点 $\mathbf{p}(u, v) = [x(u, v)\, y(u, v)\, z(u, v)]^T$ 处的**切平面**（tangent plane）得到法向量，如图 6.22 所示。切平面给出了表面在一点处的局部方向。从表面在点 $\mathbf{p}$ 处的泰勒级数展开式中的线性项可以得到切平面的方程。由此可得：经过点 $\mathbf{p}$ 并且方向沿着下面两个向量的两条直线都位于切平面内。

$$\frac{\partial \mathbf{p}}{\partial u} = \begin{bmatrix} \frac{\partial x}{\partial u} \\ \frac{\partial y}{\partial u} \\ \frac{\partial z}{\partial u} \end{bmatrix} \qquad \frac{\partial \mathbf{p}}{\partial v} = \begin{bmatrix} \frac{\partial x}{\partial v} \\ \frac{\partial y}{\partial v} \\ \frac{\partial z}{\partial v} \end{bmatrix}$$

图 6.22　球面的切平面

可以通过它们的叉积得到法向量：

$$\mathbf{n} = \frac{\partial \mathbf{p}}{\partial u} \times \frac{\partial \mathbf{p}}{\partial v}$$

对单位球面可得：

$$\mathbf{n} = \cos u \begin{bmatrix} \cos u \sin v \\ \cos u \cos v \\ \sin u \end{bmatrix} = (\cos u)\mathbf{p}$$

我们只对 $\mathbf{n}$ 的方向感兴趣，因此可以除以 $\cos u$，得到球面的单位法向量：

$$\mathbf{n} = \mathbf{p}$$

在 6.9 节中将利用这个结果对由多边形近似的球面进行着色。

在图形系统内部，表面是由一组顶点表示的，要想计算某一点处的法向量，必须通过与该点距离相近的一些点来计算近似的法向量。实时图形系统的流水线结构使这个计算变得困难，因为我们一次处理一个顶点，于是图形系统可能没有可用的信息来计算给定点处法向量的近似值。因此，图形系统通常把计算法向量的任务留给应用程序来完成。

在 WebGL 中，通常在应用程序中计算顶点的法向量，与处理顶点位置的方法相同，把顶点法向量也放在顶点数组缓存中。在顶点着色器中，把法向量作为具有 in 关键词[①]的变量来使用。

6.4.2　反射角

一旦通过计算得到法向量，就可以用法向量和光源的方向来计算理想反射的方向了。有关确定这个方向的历史的简短讨论，请参阅边注 6.1。

---

① 此处原文为"attribute 限定符"，疑有误。——译者注

边注 6.1　计算反射角

我们对反射角的推导始于反射角等于入射角的原理。早在 2000 年前 Euclid 和 Ptolemy 就知道这个原理。公元一世纪亚历山大港的 Hero 证明了从光源到眼睛的这条路径是最短的(参见习题 6.13)。直到 17 世纪初,Fermat 提出了一个更普遍的版本,即最小时间原理。然而,这些研究都不是基于光传播的物理原理,而是基于对光走最短(最快)路径的观察。因此,他们没有解释为什么反射角等于入射角,也没有解释为什么光没有走多条路径。直到 17 世纪后期,Huygens 才利用光的波动性推导出反射角。

理想镜面的特征是:入射角等于反射角。这两个角度如图 6.23 所示。**入射角**(angle of incidence)是法向量和光源(假定是点光源)方向之间的夹角,**反射角**(angle of reflection)是法向量和反射光线之间的夹角。在平面内,只有一个反射方向能够满足入射角等于反射角这个条件。但是在三维空间中,这个条件不能确定欲求的反射方向,因为有无穷多个方向都满足入射角等于反射角。必须再加上一个条件:在表面上的一点 **p** 处,入射光线、反射光线和法向量必须位于同一平面内。这两个条件足以让我们根据 **n** 和 **l** 确定 **r**。我们感兴趣的是 **r** 的方向,而不是 **r** 的长度。不过,单位长度的向量会使许多的绘制计算变得更容易,因此假定 **l** 和 **n** 都已经归一化,即

$$|\mathbf{l}| = |\mathbf{n}| = 1$$

我们也希望

$$|\mathbf{r}| = 1$$

如果 $\theta_i = \theta_r$,那么

$$\cos\theta_i = \cos\theta_r$$

可以利用点积把角度条件写成:

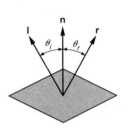

图 6.23　理想的镜面反射

$$\cos\theta_i = \mathbf{l}\cdot\mathbf{n} = \cos\theta_r = \mathbf{n}\cdot\mathbf{r}$$

共面条件意味着可以把 **r** 写成 **l** 和 **n** 的线性组合:

$$\mathbf{r} = \alpha\mathbf{l} + \beta\mathbf{n}$$

等号两边都和 **n** 做点积,得:

$$\mathbf{n}\cdot\mathbf{r} = \alpha\mathbf{l}\cdot\mathbf{n} + \beta = \mathbf{l}\cdot\mathbf{n}$$

前面要求 **r** 的长度也是 1,由此可以得到关于 α 和 β 的第二个方程:

$$1 = \mathbf{r}\cdot\mathbf{r} = \alpha^2 + 2\alpha\beta\mathbf{l}\cdot\mathbf{n} + \beta^2$$

求解这两个方程,可得:

$$\mathbf{r} = 2(\mathbf{l}\cdot\mathbf{n})\mathbf{n} - \mathbf{l}$$

我们开发的一些着色器可能需要利用该公式来计算所需的反射向量;对于其他一些只需要在着色器中使用反射向量的着色器程序,可以使用 GLSL 的内置函数 `reflect` 来计算反射向量。像环境贴图这样的方法利用反射后的观察向量(参见习题 6.24)来确定在高度反光的表面(例如高度抛光的球面)上形成的周围环境的图像。

6.5　多边形的着色

假定我们能够计算法向量,并且在给定观察者和一组光源的情况下,也能够使用前面介绍的

光照模型计算表面上每个点的光照强度。遗憾的是，就像在 6.4 节所讨论的球面示例，即使能够使用一个简单的方程计算出法向量，所需的计算开销也可能非常大。我们之前已经看到了多边形建模的许多优点。可以大大降低对平面多边形进行着色所需的计算量，这也是平面多边形的另一个优点。包括 WebGL 在内的许多图形绘制系统都将曲面分解成许多小的平面多边形，这种通过多边形近似的方法可以充分利用对平面多边形进行着色所带来的高效性。

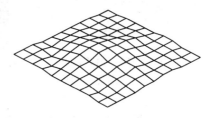

图 6.24 多边形网格

考虑如图 6.24 所示的多边形网格，其中的每个多边形位于同一平面上，因此可以很容易地定义每个多边形的法向量。本节讨论着色的三种方法：均匀着色、平滑着色(或称为 Gouraud 着色)和 Phong 着色。

6.5.1 均匀着色

着色所需的三个向量 **l**、**n** 和 **v** 都随表面上位置的不同而改变。不过，平面多边形上所有点处的 **n** 都相同；如果假定观察者在远处，那么多边形上所有点处的 **v** 都相同；如果光源在远处，那么所有点处的 **l** 都相同。这里的"在远处"可以解释成无穷远处。按照这个解释，可以对着色方程及其实现进行必要的调整，例如把光源的位置用光源的方向来代替。"在远处"还可以解释成多边形的尺寸相对于多边形到光源或者观察者的距离而言很小，如图 6.25 所示。图形系统或者用户程序经常采用第二个解释。

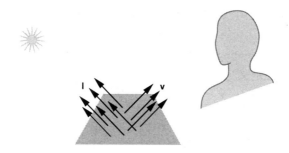

图 6.25 和场景相距很远的光源和观察者

如果上面提到的这三个向量都是常量，那么对每个多边形只需要进行一次着色计算，并且多边形上所有点的颜色值都相同。这种着色技术称为**均匀着色**(flat shading 或 constant shading)。

边注 6.2 Mach 带效应

均匀着色会使多边形网格中不同的多边形具有不同的颜色。如果光源和观察者距离多边形比较近，那么每个多边形的 **l** 和 **v** 都可能不同。不过，如果我们用多边形网格来建模光滑表面，那么均匀着色产生的效果几乎总是会让人失望，因为相邻多边形之间的亮度差异即使非常小，在我们看来也很明显，如图 6.26 所示。我们对亮度的微小差异非常敏感，这是因为人类视觉系统具有一种称为**侧抑制**(lateral inhibition)的特性。当观察如图 6.27 所示的亮度递增的一组条带时，会觉得在亮度发生跳变的一侧有亮度过冲，而另一侧有亮度下冲，如图 6.28 所示。在亮度变化的边界，我们在较亮一侧看到一条更亮的线，在较暗一侧看到一条更暗的线，这称为 **Mach 带效应**(Mach bands)。Mach 带效应可以从眼睛里的视锥细胞和视神经相连接的方式中找到解释，除了寻找更平滑的着色技术，使得相邻多边形的明暗值相差不太大以外，没有什么办法能够避免这种现象。

图 6.26　利用均匀着色绘
　　　制的多边形网格

图 6.27　亮度阶梯

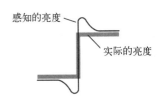

图 6.28　边缘处的实际亮
　　　度和感知亮度

6.5.2　平滑着色和 Gouraud 着色

在 4.9 节旋转立方体的例子中,我们看到光栅化模块通过对赋给每个顶点的颜色进行插值,可以得出多边形中所有位置处的颜色值。假定对每个顶点都根据材质属性以及计算出的向量 **n**、**v** 和 **l** 进行了光照计算,此时每个顶点都有自己的颜色,因此光栅化模块可以通过插值的方式计算出每个片元的颜色。注意,如果光源在远处,并且观察者在远处或者表面材质没有镜面反射分量,那么按照平滑(或插值)着色绘制的结果是多边形内所有点的颜色值都相同。

对于多边形网格,如果每个顶点处都存在法向量,那么这一点会使任何关心数学正确性的人感到不安。因为多边形相交于网格内部的顶点,而每个多边形又都有自己的法向量,所以顶点处的法向量不连续。虽然这种情形使得数学处理变得复杂,但是 Gouraud 意识到,可以对每个顶点的法向量给出一种定义,利用该定义进行着色可以获得更平滑的插值效果。考虑一个位于网格内部的顶点,如图 6.29 所示,有四个多边形相交于该顶点,每个多边形都有自己的法向量。在 **Gouraud 着色**(Gouraud shading)这种着色方法中,对共用一个顶点的多边形的法向量取平均值,把归一化后的平均值定义为该顶点的法向量,对图 6.29 所示的这个顶点,**顶点法向量**(vertex normal)定义为:

$$\mathbf{n} = \frac{\mathbf{n}_1 + \mathbf{n}_2 + \mathbf{n}_3 + \mathbf{n}_4}{|\mathbf{n}_1 + \mathbf{n}_2 + \mathbf{n}_3 + \mathbf{n}_4|}$$

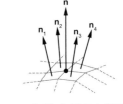

图 6.29　网格内部顶点的法向量

从 WebGL 的角度来看,Gouraud 着色似乎很简单,只需要正确地设置顶点的法向量并应用光照模型。因此,文献中经常对平滑着色和 Gouraud 着色不做区分。然而,这两个术语的混用掩盖了一个问题:每个顶点的法向量被定义成几个多边形的法向量的归一化平均值,可我们如何找出这几个多边形的法向量呢?如果程序按照线性结构来组织顶点,即指定一个顶点列表(列表中也包含其他的属性),那么在计算法向量时会缺少必要的信息:不知道哪些多边形共用一个顶点。我们所需要的当然是一种表示多边形网格的数据结构,遍历这个数据结构就可以生成具有平均法向量的顶点。这样的数据结构至少应该包含多边形、顶点、法向量和材质属性。一种可能的数据结构如图 6.30 所示。该数据结构必须表示的关键信息是每个顶点都被哪些多边形所共用。

图 6.31 展示的是平滑着色的效果。我们在第 4 章和第 5 章中曾把这个彩色立方体作为例子,可以从本书网站上找到生成该彩色立方体的完整代码。图中立方体的 8 个顶点的颜色分别为黑、白、红、绿、蓝、青、品红和黄。如果把当前多边形的着色模式设置为平滑着色,那么 WebGL 会自动在多边形内部进行颜色插值。

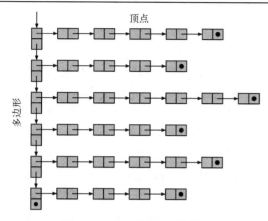

图 6.30　多边形网格的数据结构

图 6.31　RGB 彩色立方体

6.5.3　Phong 着色

即便是应用 Gouraud 着色获得的平滑图像，我们还是能察觉出 Mach 带效应（参阅边注 6.2）。Phong 提出的方法是在多边形内对法向量进行插值，而不是像 Gouraud 着色那样对顶点的明暗值进行插值。图 6.32 所示是多边形网格中的一个多边形，该多边形和其他多边形共用一些顶点和边。为了求出某个顶点的法向量，可以对共用该顶点的那些多边形的法向量进行插值。接下来，可以像第 4 章所讲的那样应用线性插值计算出多边形内任一点的法向量。考虑图 6.33，对经过插值得出的顶点 A 和 B 处的法向量再进行插值，可以求出边 AB 上任一点的法向量：

$$\mathbf{n}_C(\alpha) = (1 - \alpha)\mathbf{n}_A + \alpha\mathbf{n}_B$$

对多边形的每条边都可以做类似的插值。多边形内任一点的法向量可以从两条边上的点的法向量得到：

$$\mathbf{n}(\alpha, \beta) = (1 - \beta)\mathbf{n}_C + \beta\mathbf{n}_D$$

一旦知道了各点的法向量，就可以对各点进行彼此独立的着色计算。通常这个计算过程可以和多边形的光栅化结合起来进行。直到最近，Phong 着色仍然只能以离线方式实现，因为 Phong 着色需要在每个多边形内对法向量进行插值。从绘制流水线的角度来看，Phong 着色要求把光照模型应用到每个片元上，因而也被称为**基于片元的着色**（per-fragment shading）。我们将通过片元着色器实现 Phong 着色。

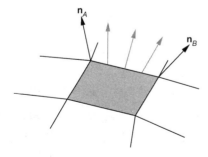

图 6.32　多边形的边上的法向量

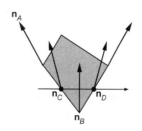

图 6.33　Phong 着色中对法向量的插值

6.6　通过递归细分生成近似球面

　　前面我们把球面作为曲面的例子来说明如何进行着色计算。不过，球面不是 WebGL 所支持的图元，因此通过一种称为**递归细分**(recursive subdivision)的方法使用三角形来近似球面，我们曾经在第 2 章绘制 Sierpinski 镂垫时介绍过这种技术。递归细分方法是一种强有力的技术，利用它可以生成任意精度的近似曲线和曲面。这一节讨论如何利用三角形来近似球面，在此基础上编写一个简单的程序，该程序演示了着色参数和曲面的多边形近似之间的相互影响。

　　我们的起点是一个四面体，尽管可以从各个面最初被分割成三角形的正多面体开始[①]。正四面体是由 4 个等边三角形围成的，由 4 个顶点确定。我们从 $(0, 0, -1)$，$(0, 2\sqrt{2}/3, 1/3)$，$(-\sqrt{6}/3, -\sqrt{2}/3, 1/3)$ 和 $(\sqrt{6}/3, -\sqrt{2}/3, 1/3)$ 这 4 个顶点开始近似球面。这 4 个顶点都位于以原点为中心的单位球面上(习题 6.6 给出了一种计算这 4 个点的方法)。

　　通过绘制正四面体的线框图，可以得到球面的第一个近似。下面的语句指定正四面体的 4 个顶点：

```
var va = vec4(0.0, 0.0, -1.0, 1);
var vb = vec4(0.0, 0.942809, 0.333333, 1);
var vc = vec4(-0.816497, -0.471405, 0.333333, 1);
var vd = vec4(0.816497, -0.471405, 0.333333, 1);
```

这 4 个顶点的形式与第 2 章绘制三维 Sierpinski 镂垫时指定的顶点形式相同。其中顶点的顺序服从右手法则，因此修改上面的代码以便对多边形进行着色并不困难。如果再增加通常的初始化代码，设置顶点缓存对象的代码以及绘制顶点数组的代码，那么程序就能生成如图 6.34 所示的图像，这是一个简单的正多面体，但对于近似球面来讲并不算好。

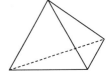

图 6.34　四面体

　　通过把四面体的每个面细分成更小的三角形，可以得到更接近球面的多面体。细分成三角形可以确保所有新增加的多边形都是平面图形。如图 6.35 所示，对三角形进行细分至少有 3 种方法。可以画出三角形的 3 条角平分线，它们相交于一点，于是就得到了 3 个新的三角形。还可以通过求 3 个顶点的平均值来计算出这 3 个顶点的质心，然后从质心到 3 个顶点画三条线，这样也可以得到 3 个三角形。然而，这两种办法得到的新三角形和正四面体的 4 个面不同，它们不再是等边三角形。回忆第 2 章绘制 Sierpinski 镂垫时采用的办法，可以连接三角形 3 条边的中点，组成 4 个等边三角形，如图 6.35(c)所示。下面将使用这种办法细分三角形。

(a)　　　　　　　　(b)　　　　　　　　(c)

图 6.35　细分三角形的三种方法。(a)平分各角；(b)计算质心；(c)等分各条边

　　镂垫程序和球面程序有两个主要区别。第一，当细分四面体的表面时，没有丢掉由 3 条边的中点形成的中间那个三角形；第二，尽管三角形的顶点都在一个圆上，但是连接其任意两个顶点的线段的中点并不在圆上。可以通过归一化(使其表示具有单位长度)把中点移动到单位圆上。

[①] 正二十面体的 20 个面都是等边三角形，这是生成球面的一个很好的起点。

下面是初始化递归函数的代码：

```
tetrahedron(va, vb, vc, vd, numTimesToSubdivide);
```

该函数细分四面体的四条边，具体实现为：

```
function tetrahedron(a, b, c, d, n)
{
  divideTriangle(a, b, c, n);
  divideTriangle(d, c, b, n);
  divideTriangle(a, d, b, n);
  divideTriangle(a, c, d, n);
}
```

中点细分函数的代码为：

```
function divideTriangle(a, b, c, count)
{
  if (count > 0) {
    var ab = normalize(mix(a, b, 0.5), true);
    var ac = normalize(mix(a, c, 0.5), true);
    var bc = normalize(mix(b, c, 0.5), true);

    divideTriangle( a, ab, ac, count - 1);
    divideTriangle(ab,  b, bc, count - 1);
    divideTriangle(bc,  c, ac, count - 1);
    divideTriangle(ab, bc, ac, count - 1);
  }
  else {
    triangle(a, b, c);
  }
}
```

注意，mix 函数用于确定两个顶点的中点。normalize 函数的参数 true 表明对点的齐次坐标表示进行归一化，并且不能使用点的第四个分量 1。triangle 函数将顶点位置添加到顶点数组，其代码如下：

```
function triangle(a, b, c){
  positiions.push(a);
  positiions.push(a);
  positiions.push(a);
  index += 3;
}
```

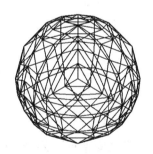

图 6.36　通过细分生成的近似球面

利用这些代码绘制的近似球面如图 6.36 所示。下面对近似球面增加光照和着色效果。

6.7　指定光照参数

多年来，Blinn-Phong 光照模型一直是计算机图形学中的一个标准光照模型，它由图形硬件实现并且作为 OpenGL 固定功能绘制流水线的一部分。利用可编程着色器，可以任意实现其他的光照模型，也可以选择在程序中的何处应用光照模型：在应用程序中、在顶点着色器中还是在片元着色器中。因此，必须指定一组光照和材质参数，然后在 WebGL 应用程序代码中使用它们或者将它们发送到着色器中。

6.7.1　光源

在 6.2 节中，我们介绍了四类光源：环境光、点光源、聚光灯和远距离光源。然而，因为聚光灯和远距离光源可以通过点光源来获得，所以我们将重点讨论点光源和环境光。一个理想的点光源向所有方向均匀地发射光线。为了从点光源获得聚光灯，只需要限制点光源的方向，使光线以理想的角度发射。想要从一个点光源获得一个远距离光源，需要把点光源放到无穷远，因此，点光源的位置就变成了光源的方向。注意，这个观点类似于讨论平行投影和透视投影，即把投影中心移到无穷远处，透视投影就变成了平行投影(平行投影是透视投影的极限状态)。就像我们推导平行投影的方程(即不把平行投影看作透视投影的极限状态，而是直接推导平行投影的方程)，相比于把远距离光源看作点光源的极限状态，用远距离光源直接推导光照方程更加容易。

尽管环境光对一个场景成像的贡献在每处都是相同的，但它还是依赖于环境中光源的位置。例如，设想一个封闭的房间内有唯一的一个白色点光源。当光源被关闭时，房间里将没有任何形式的光。当光源被打开时，房间里能看到光源的任何地方都存在该光源对表面成像的直接贡献，即我们在该地能看到漫反射或镜面反射。白色点光源在多个对象表面的来回反射也会对表面的成像有贡献，并且对屋内每个对象表面成像的贡献几乎相等。我们将后者称为环境光的贡献，它的颜色不仅取决于光源的颜色，还取决于房间里的对象表面的反射特性。因此，如果房间里有红色的墙面，则希望环境光的主要颜色分量是红色。然而，我们所看到的环境光分量对表面着色的影响最终与环境中的光源相关联，因此环境光是光源对场景成像贡献的一部分。

对于每一个光源，必须指定它的颜色，还有位置或者方向。正如 6.2 节所介绍的，可以为单个光源指定其颜色的三个分量：漫反射光分量、镜面反射光分量和环境光分量，其代码如下：

```
var lightAmbient = vec4(0.2, 0.2, 0.2, 1.0);
var lightDiffuse = vec4(1.0, 1.0, 1.0, 1.0);
var lightSpecular = vec4(1.0, 1.0, 1.0, 1.0);
```

我们可以指定光源的位置为 vec4 类型。对于点光源，它的位置用齐次坐标表示，因此可以这样指定一个光源：

```
var lightPosition = vec4(1.0, 2.0, 3.0, 1.0);
```

如果像下面这样把第四个分量设置为 0：

```
var lightPosition = vec4(1.0, 2.0, 3.0, 0.0);
```

那么点光源就变成了远距离光源，前三个分量表示光源的方向(1.0, 2.0, 3.0)。

对于点光源，还需要考虑由于对象表面与光源的距离而引起的光线强度衰减。虽然对于一个理想光源而言，衰减与对象表面某点到光源的距离 d 的平方成反比，但为了获得更大的灵活性，可以使用下面的距离衰减模型：

$$f(d) = \frac{1}{a + bd + cd^2}$$

该模型包含了常数项、线性项和二次项，可以使用下面三个浮点变量来表示这些值，并且在 WebGL 应用程序代码中使用它们或者将它们作为 uniform 变量发送到着色器中：

```
var attenuationConstant, attenuationLinear, attenuationQuadratic;
```

通过设置聚光灯的方向、圆锥体的角度(或聚光灯的遮光角度)、聚光灯的指数(或衰减率)，也可以把点光源转换成聚光灯。这三个参数可以被指定为三个浮点变量。

6.7.2　材质

材质属性应与支持的光源和所选的光照模型直接匹配。为了增加灵活性，也可以为对象表面的正面和背面设置不同的材质属性。

例如，对于不透明表面，可以像下面这样通过三种颜色（使用 RGB 或 RGBA）为每种原色指定环境光反射系数、漫反射系数和镜面反射系数（k_a, k_d, k_s）：

```
var materialAmbient = vec4(1.0, 0.0, 1.0, 1.0);
var materialDiffuse = vec4(1.0, 0.8, 0.0, 1.0);
var materialSpecular = vec4(1.0, 0.8, 0.0, 1.0);
```

按照上面代码所指定的表面在光线照射下会反射少量的灰色环境光，并反射黄色的漫反射光和白色的镜面反射光。注意，漫反射系数和镜面反射系数通常是相同的。对于镜面反射分量，还需要指定表面的高光系数：

```
var materialShininess = 100.0;
```

如果对象表面的正面和背面具有不同的反射属性，那么也可以指定三个额外的参数用于绘制背面：

```
var backAmbient, backDiffuse, backSpecular;
```

我们还希望绘制光源位于视见体内部的场景，因此我们能看到光源。例如，对于户外的夜景，所看到的图像中可能有月亮。我们可以用一个很简单的多边形来近似一个圆，从而建立月亮的模型。然而，当绘制月亮时，它的颜色应该是不变的，而且不受其他光源的影响。我们可以通过增加自发光分量来创建这种效果，该分量用来模拟自发光光源。任何光源都不会影响表面的自发光分量，表面的自发光分量也不会影响任何其他的表面，它只是为表面增加了一个固定的颜色值。指定自发光光源强度的方式和其他材质属性类似，例如，

```
var emission = vec4(0.0, 0.3, 0.3, 1.0);
```

把表面的自发光设置成较弱的蓝-绿色（青色）光。

6.8　实现光照模型

到目前为止，我们只讨论了光照模型中可能会用到的参数，还没有实现一个特定的光照模型，也没有考虑在程序中的何处应用光照模型。我们将在本节重点实现 Blinn-Phong 光照模型的一个简单的版本，这个模型使用单个点光源。因为来自多个光源的光照强度具有累加性，所以可以重复计算每个光源，然后将每个光源对场景成像的贡献进行累加。在程序中有三个地方可以执行光照计算：在 WebGL 应用程序代码中、在顶点着色器中或在片元着色器中。无论选择在何处执行光照计算，尽管使用的基本模型是相同的，但主要区别在于绘制的效率和外观，这取决于在何处执行光照计算。

6.8.1　在 WebGL 应用程序代码中应用光照模型

我们使用了两种方法对三角形进行着色。第一种方法是，将作用于每个多边形的同一种颜色作为 uniform 变量发送到顶点着色器中，之后将该颜色赋给每个片元。第二种方法是，将某种颜色作为顶点属性赋给每个顶点，然后通过光栅化模块在多边形表面对这些顶点颜色进行插值计算。这两种方法都可用于光照计算。对于多边形的均匀着色，我们为每个多边形仅需使用一次光照模

型，然后将计算得到的颜色用于整个多边形。对于多边形的插值着色(或者平滑着色)，为了计算顶点的颜色属性，需要为多边形的每个顶点使用光照模型，然后顶点着色器输出这些顶点颜色并且通过光栅化模块对它们进行插值计算从而确定每个片元的颜色。

下面介绍一个包含环境光、漫反射光和镜面反射光的简单例子。假定已经为单个点光源指定了以下参数：

```
var ambientColor, diffuseColor, specularColor;
var lightPosition;
```

此外，还假定只有单一的材质，其参数为：

```
var reflectAmbient, reflectDiffuse, reflectSpecular;
```

需要计算的颜色是环境光反射分量、漫反射分量和镜面反射分量的贡献和：

```
var color,  ambient, diffuse, specular;
```

其中，每个变量都是 vec3 或 vec4 类型，变量 color 是计算得到的环境光反射分量、漫反射分量和镜面反射分量这三项之和。环境光反射分量的每个分量是环境光各个分量和材质反射属性各个分量的点积。因此，定义

```
var ambientProduct;
```

可以使用函数 mult 将两个 vec4 类型的分量逐个相乘，因此有如下代码：

```
ambientProduct = mult(lightAmbient, materialAmbient);
diffuseProduct = mult(lightDiffuse, materialDiffuse);
specularProduct = mult(lightSpecular, materialSpecular);
```

我们需要使用法向量计算漫反射分量。因为使用的是三角形，它的三个顶点可以确定一个唯一的平面和法向量。假设这些顶点在数组 vertices 中具有索引 a、b 和 c。向量 b-a 和向量 c-a 的叉积垂直于这三个顶点所确定的平面。因此，可以得到所需的单位法向量，其代码如下：

```
var t1 = subtract(vertices[b], vertices[a]);
var t2 = subtract(vertices[c], vertices[a]);
var normal = vec4(normalize(cross(t1, t2)));
```

注意，法向量的方向取决于顶点的顺序。假定使用右手法则来确定外表面。

接下来，需要对这个单位法向量和光源的方向向量执行点积运算。必须考虑以下四种情况：

- 远距离光源的均匀着色
- 远距离光源的插值着色
- 有限远光源的均匀着色
- 有限远光源的插值着色

对于均匀着色，只需为每个三角形计算一个漫反射颜色。对于远距离光源，已知光源的方向，它对三角形上的所有点都是相同的。因此，只需对三角形的单位法向量和归一化的光源方向向量执行点积运算。下面的代码用于计算漫反射分量的贡献：

```
var d = dot(normal, lightPosition);
diffuse = mult(lightDiffuse, reflectDiffuse);
diffuse = scale(d, diffuse);
```

还有一个额外的步骤需要处理。因为漫反射分量只有在点积为正数才是有效的，所以必须修正计算过程：

```
var d = Math.max(dot(normal, lightPostiion), 0.0);
```

对于远距离光源，由于漫反射分量在每一个顶点的贡献是相同的，所以对每个多边形只需要进行一次漫反射计算，因此多边形的均匀着色和插值着色对每个片元的贡献是完全相同的。

对于一个有限远光源或者近距离光源，我们有两种选择：要么为整个多边形计算一个漫反射分量的贡献并使用多边形的均匀着色；要么为每个顶点计算漫反射分量并使用多边形的插值着色。由于处理的是三角形，每个顶点的法向量是相同的，但是对于一个近距离光源而言，多边形上的任一点到光源的方向向量都是不同的。如果只想计算一种漫反射颜色，可以使用三角形的中心来计算这个方向向量，其代码如下：

```
var v = add(a, add(b, c));
v = scale(1/3, v);
lightPosition = subtract(lightPosition, v);
var d = Math.max(dot(normal, lightPosition), 0);
diffuseProduct = mult(lightDiffuse, reflectDiffuse);
diffuse = mult(d, diffuseProduct);
```

对镜面反射分量的计算看似和漫反射分量的计算相同，但却有一个棘手的问题需要处理，即需要计算半角向量。对于远距离光源，光源的位置变成了光源的方向，因此计算半角向量的代码如下：

```
half = normalize(add(lightPosition, viewDirection));
```

观察方向是从对象表面某一点到视点的一个向量。默认情况下，照相机位于对象坐标系的原点，所以对于对象表面上的顶点 v，其观察方向是：

```
origin = vec4(0.0, 0.0, 0.0, 1.0);
viewDirection =  subtract(v, origin);
```

因此，尽管每个三角形都有单一的法向量，但是对每个顶点而言却有不同的半角向量，因此镜面反射分量在对象表面上的不同点是变化的，可以通过光栅化模块对顶点着色器的输出进行插值计算而得到。对于顶点 v，计算镜面反射分量的代码如下：

```
var s = dot(half, n);

if (s > 0.0) {
  specularProduct = mult(lightSpecular, materialSpecular);
  specular = scale(Math.pow(s, materialShininess, specularProduct));
  specular[3] = 1.0;
}
else {
  specular = vec4(0.0, 0.0, 0.0, 1.0);
}
```

注意，vec4 类型变量的缩放对镜面反射分量没有影响，因为执行透视除法会抵消缩放的影响。如上面的代码所示，可以设置 w 分量为 1 以避免出现问题。除此之外，也可以使用 GLSL 的**选择**(selection)或**混合**(swizzling)运算符[①]来实现只对前三个分量进行缩放，其代码如下：

```
specular.xyz = scale(Math.pow(s, materialShininess, specular).xyz);
```

此处，赋值语句右侧的混合运算符 xyz 用来选择前三个分量，等号左侧的混合运算符 xyz 用来指定只改变 specular 的前三个分量。我们还要执行最后一个步骤。与计算漫反射分量一样，如果三角形表面未朝向光源，那么镜面反射分量对颜色没有贡献。所以，我们添加下面的测试代码：

---

① swizzling 运算符是对向量的各个元素(最多为 4 个)约定俗成的名称，用小写的拉丁字母来表示。——译者注

```
if (d < 0) {
    specular = vec4(0.0, 0.0, 0.0, 1.0);
}
```

代码中的 d 在求漫反射分量时已通过计算得到。

6.8.2　绘制效率

由于对静态场景只需要进行一次光照计算，因此可以将顶点的位置和颜色一次性地发送到 GPU 中。下面考虑这样一种情形：对于第 3 章的旋转立方体示例程序，如果增加光照会发生什么变化。每当立方体绕坐标轴旋转的时候，立方体四个面的法向量和六个顶点的位置都会发生变化，因此必须重新计算每个顶点的漫反射分量和镜面反射分量。如果在 CPU 中执行所有的计算，那么之后必须将顶点的位置和颜色都发送到 GPU 中。对于大量的数据集，这种处理方式是极其低效的，因为我们不仅需要在 CPU 中执行大量的计算，而且也会由于需要将大量的顶点数据发送到 GPU 中而导致潜在性能瓶颈。因此，通常希望在着色器中执行光照计算。

在编写光照着色器之前，还需要考虑在 WebGL 应用程序代码中或在着色器中的一些其他效率度量问题。如果假定视点和(或者)光源离所绘制的多边形很远，则可以获得绘制效率的大幅提升。因此，即使有限远的点光源，它也可能离场景对象足够远，以至于各个顶点到光源的距离都几乎相等。对于这种情形，每个顶点的漫反射项完全相等，因此只需为每个多边形执行一次计算。注意，这里所定义的"近"和"远"取决于顶点到光源的距离以及多边形的大小。对于一个很小的多边形，即使光源离它相当近，该多边形上各点的漫反射分量也不会有太大的变化。当我们考虑顶点和视点的距离时，上述观点也同样适用于镜面反射项。可以通过增加参数来说明应用程序是否需要使用这些简化的光照计算。

在第 5 章中，我们看到表面既有正面又有背面。对于多边形，按照右手法则通过顶点被指定的顺序来确定正面和背面。对大多数对象，我们只看到正面，因此不关心 WebGL 如何计算背面的着色值。例如，对于凸对象，比如球面或者平行六面体(参见图 6.37)，视点不管位于何处都看不到背面。然而，如果去掉立方体的一个面或者切掉球面的一部分，如图 6.38 所示，那么处于合适位置的视点就会看到背面，因此必须对表面的正面和背面都进行正确的着色。在许多情形下，要么在 WebGL 应用程序中对所有的背面执行裁剪操作而忽略它们，要么不绘制那些法向量不指向视点的多边形。如果需要绘制背面，且这些背面的材质属性可能与正面不同，则必须指定一组背面属性。

图 6.37　凸对象的着色　　　　　　　　图 6.38　可见的背面

光源是特殊类型的几何对象，也像多边形和点那样具有位置等几何属性。因此，各种变换操作都会影响光源。我们可以把光源指定在所需的位置，也可以先把它们定义在一个方便的位置然后再通过模-视变换把它们移动到所需的位置。对象移动的基本规则是，在定义顶点时，对象的顶点经过有效的模-视变换后被变换到观察坐标系中。因此，通过仔细调整程序中设置光源的代码相对于定义其他几何对象的代码的位置，可以实现这样的效果：光源在对象移动时保持静止；或者光源在对象保持静止时移动；或者光源和对象一起移动。

还可以选择在哪个坐标系中执行光照计算。目前，我们将在对象坐标系中执行光照计算。根据光源或对象是否移动，在眼坐标系中执行光照计算可能更有效。在学习了纹理映射技术之后，我们将介绍使用局部坐标系的光照计算方法。

6.8.3 　在顶点着色器中实现光照计算

在第 4 章介绍几何变换时看到，既可以在 WebGL 应用程序代码中执行变换（如模-视变换），也可以在顶点着色器中执行变换，但是对大部分应用来说，在着色器中实现变换更加有效。光照计算也是如此。在着色器中实现光照计算，必须执行三个步骤。

首先，必须选择一个光照模型。是选择 Blinn-Phong 光照模型还是其他的光照模型？是否需要考虑光线强度的距离衰减？是否需要同时执行正面和背面的光照计算？一旦做出选择，就可以编写顶点着色器来实现该光照模型。最后，必须将必要的数据发送到着色器中。有些数据可以使用 uniform 变量来发送，而其他数据则可以作为顶点属性来发送。

对于之前介绍的 Blinn-Phong 光照模型，这里在不考虑光线强度的距离衰减并且只有一个点光源的情况下讨论其完整的实现过程。我们将光源的环境光反射分量、漫反射分量、镜面反射分量以及光源的位置作为 uniform 变量发送到顶点着色器中。也可以对材质属性做同样的处理。由于知道如何将数据发送到顶点着色器中，所以可以首先编写顶点着色器，然后再编写 WebGL 应用程序代码。

顶点着色器必须输出顶点位置（位于裁剪坐标系中）和顶点颜色，之后将这些数据发送到光栅化模块中。如果将模-视变换矩阵和投影变换矩阵发送到顶点着色器中，那么计算顶点位置的方法与第 4 章和第 5 章的示例程序相同。因此，这部分代码具有如下的形式：

```
in vec4 aPosition;
out vec4 vColor;
uniform mat4 uModelViewMatrix;
uniform mat4 uProjectionMatrix;

void main()
{
  gl_Position = uProjectionMatrix * uModelViewMatrix * aPosition;
}
```

注意，因为 GLSL 支持运算符重载，所以顶点着色器代码比应用程序代码更简单清晰。由于顶点着色器输出的颜色是环境光反射分量、漫反射分量和镜面反射分量的贡献和：

```
vec4 ambient, diffuse, specular;

vColor = ambient + diffuse + specular;
vColor.w = 1.0;
```

因此下面必须解决环境光反射分量、漫反射分量和镜面反射分量的计算问题。

我们并不是将材质的所有的反射属性和光的颜色分别发送到顶点着色器中，而只是发送用于计算环境光反射分量、漫反射分量和镜面反射分量的点积运算结果。因此，对于环境光反射分量的计算，需要将环境光分量（红、绿、蓝）和环境光的材质反射属性（红、绿、蓝）执行点积运算。可以计算这个点积并将运算结果作为 uniform 向量发送到顶点着色器中：

```
uniform vec4 uAmbientProduct;
```

可以使用同样的方式处理用于计算漫反射分量和镜面反射分量的点积运算结果：

```
uniform vec4 uDiffuseProduct;
uniform vec4 uSpecularProduct;
```

因此，环境光反射分量 ambient 为：

```
ambient = uAmbientProduct;
```

计算漫反射分量需要每个顶点的法向量。由于三角形是一个平面，三角形每个顶点的法向量都相同，所以可以将法向量作为 uniform 变量发送到顶点着色器中[①]。可以使用 normalize 函数获取应用程序中 vec4 类型的单位法向量，其代码如下：

```
in vec4 aNormal;

vec3 N = normalize(aNormal.xyz);
```

光源的单位方向向量为：

```
vec3 L = normalize(uLightPosition - aPosition).xyz;
```

因此，漫反射分量 diffuse 为：

```
diffuse =  max(dot(L, N), 0.0) * uDiffuseProduct;
```

可以用同样的方式计算镜面反射分量。因为视点位于对象坐标系的原点，所以归一化的观察方向向量为：

```
vec3 E = -normalize(aPosition.xyz);
```

半角向量为：

```
vec3 H = normalize(L+E);
```

因此，镜面反射分量 specular 为：

```
specular = pow(max(dot(N, H), 0.0), shininess) * uSpecularProduct;
```

然而，如果光源在对象表面的后面，那么就不存在镜面反射分量，因此需要在代码中增加一个简单的测试：

```
specular = max(pow(max(dot(N, H), 0.0), uShininess) * uSpecularProduct,
               0.0);
```

下面是完整的顶点着色器代码：

```
in vec4 aPosition;
in vec4 aNormal;

out vec4 vColor;

uniform vec4 uAmbientProduct, uDiffuseProduct, uSpecularProduct;
uniform mat4 uModelViewMatrix;
uniform mat4 uProjectionMatrix;
uniform vec4 uLightPosition;
uniform float uShininess;

void main()
{
  vec3 pos = -(uModelViewMatrix * aPosition).xyz;
  vec3 light = uLightPosition.xyz;
  vec3 L = normalize(light - pos);
```

---

① 在 6.9 节，我们将考虑为多边形的每个顶点指定不同的法向量的方法。

```
    vec3 E = normalize(-pos);
    vec3 H = normalize(L + E);

    // Transform vertex normal into eye coordinates

    vec3 N = normalize((uModelViewMatrix * aNormal).xyz);

    // Compute terms in the illumination equation

    vec4 ambient = uAmbientProduct;

    float Kd = max(dot(L, N), 0.0);
    vec4  diffuse = Kd * uDiffuseProduct;

    float Ks = pow(max(dot(N, H), 0.0), uShininess);
    vec4  specular = Ks * uSpecularProduct;

    if (dot(L, N) < 0.0) {
      specular = vec4(0.0, 0.0, 0.0, 1.0);
    }

    fColor = ambient + diffuse + specular;
    fColor.a = 1.0;

    gl_Position = uProjectionMatrix * uModelViewMatrix * aPosition;
}
```

因为是在顶点着色器中计算颜色，所以之前使用的那个简单的片元着色器(代码如下)会将光栅化模块的插值颜色赋给片元：

```
in vec4 vColor;
out vec fColor;

void main()
{
  fColor = vColor;
}
```

下面回到绘制旋转立方体这个示例程序。相比于第 4 章的那个示例程序，在 WebGL 应用程序代码中，程序的主要变化是需要为光照和材质参数设置 uniform 变量。因此，对于环境光反射分量，需要定义环境光分量和环境光的材质反射属性，其代码如下：

```
var lightAmbient = vec4(0.2, 0.2, 0.2, 1.0);
var materialAmbient = vec4(1.0, 0.0, 1.0, 1.0);
```

下面计算环境光分量和环境光的材质反射属性的点积运算：

```
var ambientProduct = mult(lightAmbient, materialAmbient);
```

然后将 ambientProduct 的值发送到顶点着色器中，代码如下：

```
gl.uniform4fv(gl.getUniformLocation(program, "uAmbientProduct"),
            ambientProduct);
```

可以按同样的方式处理顶点着色器中的其他 uniform 变量。注意，由于顶点着色器只有使其执行的那个顶点的位置信息，而法向量的计算与多个顶点相关，因此不能在顶点着色器中计算法向量。

　　还有一个与立方体旋转有关的问题必须解决。当立方体旋转的时候，所有顶点的位置和所有表面的法向量都会变化。在最初编写这个程序时，我们在 WebGL 应用程序代码中应用旋转变换，每当旋转变换矩阵改变时，都需要将立方体的顶点重新发送到 GPU 中。后来，我们实现了一个更高效的版本，即将旋转变换矩阵发送到顶点着色器中，然后在 GPU 中执行旋转变换。这种方案同样适用于本例。可以将投影变换矩阵和模-视变换矩阵作为 uniform 变量发送到顶点着色器中。由于本例只有一个立方体对象，因此旋转变换矩阵和模-视变换矩阵完全相等。当立方体旋转一定角度时，法向量也旋转相同的角度。如果希望在 GPU 中将旋转变换矩阵应用于法向量，则需要对顶点着色器做如下的修改：

```
vec3 N = normalize((uModelViewMatrix * aNormal).xyz);
```

可以在本书配套网站上找到该示例程序的完整代码。

　　注意，法向量旋转变换是法向量变换的一种特殊情形。如果将一般的变换应用于立方体，必须计算**法向量变换矩阵**(normal matrix)并应用于法向量，从而使得从原点到顶点的向量与法向量之间的角度保持不变。下面推导该变换矩阵。

　　在计算光照时，需要用到光线方向 l 和表面法向量 n 之间的夹角的余弦以及观察方向 v 和表面法向量 n 之间的夹角的余弦，这可以通过计算点积 $l \cdot n$ 和 $v \cdot n$ 得到。但是，如果在不同标架之间变换，即从对象标架变换到照相机标架，那么 v 变换为 v'，v' 可表示为 $\mathbf{M}v$，其中 $\mathbf{M}$ 通常为模-视变换矩阵。同样，必须将某个变换矩阵 $\mathbf{N}$ 应用于 n，从而使 v 和 n 之间以及 l 和 n 之间的夹角的余弦保持不变，否则光照计算会出现错误。考虑观察方向和表面法向量之间的夹角，假设 v 和 n 都是三维向量，而不是齐次坐标形式，那么我们要求

$$v \cdot n = v^{\mathrm{T}} n = v' \cdot n' = (\mathbf{M}v)^{\mathrm{T}}(\mathbf{N}n) = v^{\mathrm{T}}\mathbf{M}^{\mathrm{T}}\mathbf{N}n$$

为了使 v 和 n 之间夹角的余弦保持不变，则必须有

$$\mathbf{M}^{\mathrm{T}}\mathbf{N} = \mathbf{I}$$

因此，

$$\mathbf{N} = (\mathbf{M}^{\mathrm{T}})^{-1}$$

通常，$\mathbf{M}$ 是模-视变换矩阵左上角 3×3 的子矩阵。在这个例子中使用了这样一个事实：我们只绕原点做旋转变换，在此条件下，法向量变换矩阵同时也是变换顶点位置的旋转变换矩阵。

　　然而，如果场景中有多个对象或者观察参数是变化的，那么必须稍加谨慎地编写代码。假定在场景中还有一个不旋转的立方体，并且使用非默认的观察参数。现在有两个不同的模-视变换矩阵(每个立方体对应一个)，一个模-视变换矩阵固定不变，而另一个模-视变换矩阵随着其中的一个立方体旋转而变化。真正发生变化的是模-视变换矩阵中的建模变换，而不是用于定位照相机的观察变换。有多种方法可以处理这种混合情形。可以在 WebGL 应用程序代码中计算这两个模-视变换矩阵，当有立方体发生旋转时再将它们发送到顶点着色器中。此外，也可以使用独立的建模变换矩阵和观察变换矩阵，并且在初始化后只将建模变换矩阵(旋转变换矩阵)发送到顶点着色器中。然后，可以在顶点着色器中生成完整的模-视变换矩阵。甚至还可以只将旋转角度发送到顶点着色器中并在顶点着色器中完成所有的任务。如果光源也改变它的位置，那么我们有更多的选择。

6.9　球面模型的着色

　　旋转立方体是一个演示光照模型的简单示例程序，但由于立方体只有六个平面且相交处的平面互相垂直，因此，如果用于测试光照模型的平滑着色，那么它并不是一个很好的例子。下面考

虑在 6.6 节中讨论的球面模型。和立方体模型不同，尽管该模型由许多小的三角形组成，然而我们并不想看到三角形之间的共享边。为此，希望对多边形进行平滑着色，着色越平滑，需要为球面建模的多边形就越少。

为了对球面模型进行着色，可以使用与前面的旋转立方体示例程序相同的着色器，区别在于 WebGL 应用程序中的代码，即使用 6.6 节中的四面体细分代替立方体生成，并增加法向量的计算（法向量作为 in 变量发送到顶点着色器中）。对近似球面进行着色的结果如图 6.39 所示。注意，如果增加细分的次数，那么虽然球面的内部看起来会比较平滑，但仍然能分辨出球面图像的外侧边缘是由多边形的边组成的。这种外侧的边缘称为**轮廓边缘**(silhouette edge)。

这个例子中均匀着色和平滑着色的区别非常小。由于每个三角形都是平面，所以每个顶点的法向量相同。如果光源离对象很远，那么每个三角形的漫反射分量是一个常量。同样，如果视点离对象很远，那么每个三角形的镜面反射分量也是一个常量。然而，由于两个相邻的三角形具有不同的法向量，因此会用不同的颜色绘制它们，即使增加三角形的数量，仍然会看到轮廓边缘。

为了用相对较少的三角形绘制平滑的近似球面模型，方法之一就是使用近似球面每个顶点的真实法向量。在 6.4 节，我们知道对于球心位于坐标原点的球体，球面某个顶点 **p** 的法向量就是 **p**。因此，在 triangle 函数中，顶点的位置也是顶点的法向量，其代码如下：

```
function triangle(a, b, c)
{
  normals.push(a);
  normals.push(b);
  normals.push(c);
  positions.push(a);
  positions.push(b);
  positions.push(c);
}
```

以这种方式定义法向量所绘制的球面模型如图 6.40 所示。

图 6.39　着色后的球面模型　　　　　图 6.40　使用真实的法向量对球面进行着色

虽然使用真实的法向量绘制的球面比球面模型的均匀着色更逼真，但是这个例子不具有一般性，因为使用了已知解析表达式的法向量。我们也没有完全按照 Gouraud 着色算法来进行着色。假定希望利用 Gouraud 着色对近似球面进行着色。对于每一个顶点，需要知道共用这个顶点的所有多边形的法向量，而我们的程序没有使用可以包含这种信息的数据结构。习题 6.9 和习题 6.10 要求构造这样一个数据结构。注意，有六个多边形相交于通过细分生成的一个顶点，而最初只有三个多边形相交于四面体上的一个顶点。如果从矩形或三角形网格开始近似球面，那么很容易构造一个数据结构，通过该数据结构可以从每个顶点的邻接多边形获得法向量（参见习题 6.11）。

6.10　基于每个片元的光照计算

还可以使用另一种方法获得平滑着色的效果，即基于每个片元而不是基于每个顶点进行光照计算。在顶点着色器中执行所有的光照计算并不比传统的绘制方式在视觉效果上更有优势，即在 WebGL 应用程序代码中执行同样的光照计算，然后将通过计算得到的顶点颜色发送到顶点着色器中，之后再将顶点颜色发送到绘制流水线的光栅化模块中。因此，无论是在顶点着色器中还是在 WebGL 应用程序代码中执行光照计算，光栅化模块都对同样的顶点颜色进行插值计算从而得到每个片元的颜色。

如果使用片元着色器，则可以为每个片元执行独立的光照计算。片元着色器需要来自光栅化模块的数据包括：插值后的法向量、光源的位置和视点的位置。顶点着色器可以计算这些值并将它们输出到光栅化模块中。此外，顶点着色器必须输出位于裁剪坐标系中的顶点位置。下面是顶点着色器的代码：

```
in vec4 aPosition;
in vec4 aNormal;
out vec3 N, L, E;
uniform mat4 uModelViewMatrix;
uniform mat4 uProjectionMatrix;
uniform vec4 uLightPosition;

void main()
{
  vec3 pos = -(uModelViewMatrix * aPosition).xyz;
  vec3 light = uLightPosition.xyz;
  L = normalize(light - pos);
  E = -pos;
  N = normalize((uModelViewMatrix * aNormal).xyz);

  gl_Position = uProjectionMatrix * uModelViewMatrix * aPosition;
}
```

此时，片元着色器可以将 Blinn-Phong 光照模型应用于每个片元，对每个片元进行光照计算所需要的数据包括：光照和材质参数(它们作为 uniform 变量，来自 WebGL 应用程序代码)，以及来自光栅化模块的各个插值向量。对应于之前的示例程序所使用的顶点着色器，下面是片元着色器的代码：

```
uniform vec4 uAmbientProduct;
uniform vec4 uDiffuseProduct;
uniform vec4 uSpecularProduct;
uniform float uShininess;
in vec3 N, L, E;
out vec4 fColor;

void main()
{
  vec4 fColor;

  vec3 H = normalize(L + E);
  vec4 ambient = uAmbientProduct;

  float Kd = max(dot(L, N), 0.0);
  vec4  diffuse = Kd * uDiffuseProduct;
```

```
float Ks = pow(max(dot(N, H), 0.0), uShininess);
vec4  specular = Ks * uSpecularProduct;

if (dot(L, N) < 0.0) {
  specular = vec4(0.0, 0.0, 0.0, 1.0);
}
fColor = ambient + diffuse + specular;
fColor.a = 1.0;

}
```

注意，这里是在片元着色器而不是在顶点着色器中对向量进行归一化。如果在顶点着色器中归一化某个变量（如法向量），则无法保证光栅化模块输出的插值法向量具有满足光照计算所需的单位长度。

因为在 WebGL 中只能绘制三角形，除非基于真实的法向量使用 Gouraud 着色算法，否则无论是基于每个顶点的着色还是基于每个片元的着色，法向量都是相同的。如果光源和视点都距离对象表面相对较远，以至于每个三角形对绘制的图像贡献很小，那么就无法注意到基于每个顶点着色和基于每个片元着色之间的显著区别。然而，我们会发现它们在效率方面的区别，因为算法的效率依赖于应用程序和特定的 GPU。

图 6.41 展示了基于每个顶点的光照计算和基于每个片元的光照计算绘制的茶壶以及茶壶所对应的狭窄镜面高光附近的区域。利用基于每个片元的光照计算，镜面高光区域更加集中。本书配套网站上有四个版本的球面着色程序。第一个程序 shadedSphere1 使用真实的顶点法向量和基于每个顶点的着色算法。第二个程序 shadedSphere2 使用真实的法向量和基于每个片元的着色算法。第三个程序 shadedSphere3 和第四个程序 shadedSphere4 都使用由每个三角形的三个顶点计算得到的法向量，并分别采用基于每个顶点和基于每个片元的着色算法。程序 shadedCube 是立方体旋转程序，其中使用的法向量由每个三角形的三个顶点计算得到。

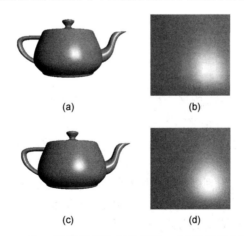

图 6.41　采用 Phong-Blinn 光照模型绘制的茶壶。(a) 基于每个顶点的光照计算；
(b) 高光附近的小区域；(c) 基于每个片元的光照计算；(d) 高光附近的小区域

6.11　非真实感着色

可编程着色器不仅能把更逼真的光照模型融入场景的实时绘制中，而且还能生成有趣的非真实感效果。下面介绍两个有趣的例子，一个是只使用少数几种颜色表示表面的漫反射效果，另一个是突出对象的轮廓,我们希望使用这两种技术绘制具有卡通效果的图像。

假定在顶点着色器中只使用两种颜色,其代码如下:

```
vec4 color1 = vec4(1.0, 1.0, 0.0, 1.0); // yellow
vec4 color2 = vec4(1.0, 0.0, 0.0, 1.0); // red
```

之后就可以在这两种颜色之间进行切换(比如根据漫反射颜色的强度)。下面的代码就是根据使用的光源方向和法向量来指定对象正面的颜色:

```
fColor = (dot(lightv, norm)) > 0.5 ? color1 : color2);
```

其实还可以使用更简单的方法来切换这两种颜色,即根据漫反射的颜色确定一个阈值,对象的颜色随着其形状和光源位置的变化而变化。

我们还可以绘制对象的轮廓。确定轮廓线的一种方法就是根据 dot(lightv, norm) 计算结果的符号。如果点积的符号为正,则表示顶点面向视点;而如果点积的符号为负,则表示顶点背向视点。因此,可以把这个值与一个较小的值进行比较,根据比较结果,给顶点赋一个颜色(如黑色):

```
vec4 color3 = vec4(0.0, 0.0, 0.0, 1.0); // black

if (abs(dot(viewv, norm) < 0.01)) {
 fColor = color3;
}
```

图 6.42 显示了这些方法用于茶壶模型的绘制结果。

图 6.42　具有卡通效果的茶壶

6.12　全局光照

前面讨论的局部光照模型有局限性。例如,考虑一组球面,它们由一个远距离光源照明,如图 6.43(a)所示。离光源更近的球面遮挡了一部分从光源射向其他球面的光线。然而,如果使用局部光照模型,每个球面的着色计算彼此独立,那么所有的球面看起来都一样,如图 6.43(b)所示。此外,如果这些球面像镜子一样反射光线,那么光线会在球面之间来回反射。因此,如果球面非常光泽,那么在一些球面中会看到多个球面的反射,甚至可能看到某些球面自身的多次反射。前面讨论的光照模型对这些情况的处理无能为力。局部光照模型也不能生成阴影,除非像我们在第 5 章中所看到的那样,对一些特殊情况使用了一些技巧来生成阴影。

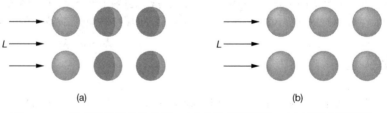

图 6.43　一组球面的着色效果图。(a)全局光照模型;(b)局部光照模型

阴影、反射以及对光线的遮挡，所有这些现象都具有全局效应，它们需要用全局光照模型来模拟。虽然存在这样的全局模型，而且可能还非常简洁，但是它们在实际应用中与现存的图形绘制流水线模型不兼容。在绘制流水线中，每个多边形的绘制都是独立的，而且我们希望不管应用程序以怎样的顺序生成多边形，所得到的图像都相同。尽管这样的限制使得我们只能模拟有限的光照效果，但绘制场景的速度可以非常快。

要模拟全局效果可以使用其他的绘制方法，这些方法包括光线跟踪和辐射度方法。在特定的光照条件下，使用这两种方法都可以获得非常好的效果。光线跟踪以虚拟照相机模型为基础，但是对于与多边形相交的每条投影线，在计算光源对交点处着色值的直接贡献之前，先要确定是否有一个或者多个光源能够照射到这个交点。在图 6.44 中有三个多边形和一个光源。图中所示的投影线与三个多边形中的一个相交。局部光照绘制系统利

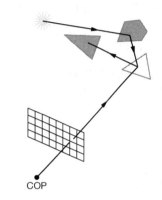

用改进的 Phong 光照模型计算该交点处的着色值，而光线跟踪器则会发现，从光源发出的光线由于被另一个多边形所遮挡而不能直接照射到这个交点，但可以经过第三个多边形的反射到达这个交点。我们在第 12 章中将介绍如何找到这些信息并进行所需的计算。

辐射度方法基于对能量的考虑。从物理的观点来看，一个场景中所有光线的能量是守恒的。因此，对于场景中所有的光线，包括从光源辐射出去的光线和被场景中各种表面反射的光线，存在一个能量平衡。计算辐射度需要求解一个涉及所有表面的大量方程组。在

图 6.44　不能被光源直接照射到的多边形

第 12 章会看到，光线跟踪最适合于由高度反光的表面构成的场景，而辐射度方法最适合于由理想漫反射表面构成的场景。

虽然利用绘制流水线不能准确地模拟许多全局光照现象，但是这并不意味着利用 WebGL 或者其他基于绘制流水线结构的 API 不能生成逼真的图像。我们可以借助对 WebGL 和全局光照效果的了解来生成近似全局光照的效果。例如，第 5 章利用透视投影生成了简单的阴影。在过去的几年里，计算机图形学中许多激动人心的进展就是利用绘制流水线来实现一些全局光照效果的。我们将在接下来的几章中学到许多这样的技术，包括各种映射方法、多通道绘制和透明效果生成等。

小结和注释

我们在本章中介绍了光照模型，它可以很好地与现存的图形绘制流水线相结合。利用这种光照模型，可以生成各种各样的光照效果，还可以应用不同种类的光源。虽然这样的局部光照模型不能像光线跟踪那样生成全局光照效果，但是一个典型的图形工作站可以使用改进的 Phong 光照模型对由多边形组成的场景进行平滑着色，所需的时间与不进行着色差不多。从应用程序的角度来看，增加着色需要设置描述光源和材质属性的参数，并且可以使用可编程着色器实现。虽然介绍的局部光照模型有局限性，但是它很简单，效果也相当好，并且是大多数 API 所支持的反射模型的基础。

可编程着色器极大地改变了光照和着色的效果。我们不但可以应用新的方法对每个顶点进行着色，还可以利用片元着色器对每个片元进行光照计算，这样就无须在每个多边形内部插值颜色。像 Phong 着色这样以前在标准的绘制流水线上无法实现的技术，现在已经可以由应用程序编程人员编写着色器来实现，并且所需的执行时间和应用改进的 Phong 光照模型进行绘制所需的时间差

不多。此外，利用可编程着色器还可以生成许多新的包括阴影和反射在内的着色效果。

我们在近似球面时所使用的递归细分技术是一种强有力的方法，在第 11 章讨论曲线和曲面的绘制时还会用到这种方法的其他形式。有些建模技术利用了许多自然界的对象所具有的自相似性，这些建模技术也用到了递归细分方法。

本章对基于多边形的图形绘制系统进行了总结。现在已经知道如何生成具有光照和明暗效果的图像。第 7 章将介绍生成更复杂图像的技术，比如纹理映射和混合，这些技术需要用到图形系统的像素级处理功能。

现在是练习编写图形应用程序的好时机。可以尝试修改各种光照和着色参数并观察对所生成的图像会产生何种影响；还可以试着生成能够改变位置的光源（光源的移动可以独立于场景中的对象，也可以和对象一起移动）。可能会遇到这样的问题：生成的着色图像有一些小的缺陷，例如多边形之间存在缝隙，光线可以从中透过。许多这样的问题是由于绘制时的数值计算误差引起的。有许多技巧可以减少这些误差所带来的影响，可能读者自己会发现一些技巧，其他的技巧可以在本章的建议阅读资料中找到。

第 8 章将讨论光栅化问题。虽然我们已经看到了绘制流水线中不同的模块实现各自功能的一些方法，但是还没有看到细节。随着对这些细节的深入讨论，将会看到各个部分如何相互配合以构成一个整体，从而使得绘制流水线中的每个步骤只需在前一个步骤的基础上进行少量的任务处理。

代码示例

1. wireSphere.html：通过递归细分生成球面的线框图。
2. shadedCube.html：使用改进的 Phong 光照模型绘制旋转的立方体。
3. shadedSphere1.html：对球面进行光照计算（使用真实法向量和基于每个顶点的着色）。
4. shadedSphere2.html：对球面进行光照计算（使用真实法向量和基于每个片元的着色）。
5. shadedSphere3.html：对球面进行光照计算（使用顶点法向量和基于每个顶点的着色）。
6. shadedSphere4.html：对球面进行光照计算（使用顶点法向量和基于每个片元的着色）。
7. shadedSphereEyeSpace.html 和 shadedSphereObjectSpace.html：演示如何在眼空间和对象空间中进行光照计算。

建议阅读资料

计算机图形学中的光照和反射处理沿着两个独立的方向发展：物理的方法和计算的方法。从物理的角度来看，Kajiya 的绘制方程[Kaj86]描述了环境中总的能量平衡，不过要列出这个方程需要知道每个表面的反射函数。一些反射模型用小的面片来对表面建模，Torrance-Sparrow 模型[Tor67]和 Cook-Torrance 模型[Coo82]就是这样推导出来的。有关此类模型的讨论，请参阅[Hal89, Hug14]。

把环境光反射分量、漫反射分量和镜面反射分量结合在一起的计算模型是 Phong 光照模型[Pho75]。半角向量首先是由 Blinn[Bli77]提出的。Whitted[Whi80]提出了透射光线的基本模型，后来 Heckbert 和 Hanrahan[Hec84]又对其进行了修改。Gouraud[Gou71]引入了插值着色。

如果想更有效地利用 OpenGL 提供的绘制功能，可以参考 *OpenGL Programming Guide*[Shr13]。该书给出了许多有价值的建议并讨论了基于固定功能的绘制流水线的光照计算，它使用了一些被目前基于着色器的 OpenGL 所弃用的功能。

习题

6.1　本章介绍了用于绘制多边形的一些简单的光照和反射模型,大多数图形系统和 API 也使用这些模型,请指出每个这样的模型在什么情形下会失效。对每种失效的情形,请给出一个场景示例,使得模型的失效可以从该场景的图像中清晰地辨识出来。

6.2　当利用 WebGL 绘制一个着色相对均匀的多边形时,如果这个多边形比较大,那么绘制的结果往往是该多边形的一个区域比较亮而其他区域较暗。请解释出现这种现象的原因并给出解决办法。

6.3　在讨论 Phong 反射模型的时候,为什么没有考虑光源被其他表面遮挡的情形?

6.4　如何在进行绘制计算时把视点到表面之间的距离考虑进去?

6.5　在描述表面的材质属性时使用了 RGB 加色模型,其实还可以使用减色模型,请问这样做有什么好处?

6.6　在单位球面上找出彼此之间距离相等的四个点,这些点确定了一个四面体。提示:可以把其中任意一个点放在 $(0, 1, 0)$,让其他三个点位于平面 $y = -d$ 上,其中 d 是正数。

6.7　证明:如果 $\mathbf{v}$ 和 $\mathbf{l}$、$\mathbf{n}$、$\mathbf{r}$ 位于同一平面内,那么半角满足:

$$2\psi = \phi$$

如果 $\mathbf{v}$ 和其他向量不共面,那么这些角度之间满足什么关系?

6.8　考虑下面几种情形的所有组合:视点在近处或远处,光源在近处或远处,表面是平面或曲面,漫反射或者镜面反射。在哪些情况下可以简化着色计算? 在哪些情况下使用半角向量会有帮助? 请给出理由。

6.9　构造一个表示细分四面体的数据结构。遍历这个数据结构,对基于细分四面体获得的近似球面进行 Gouraud 着色。

6.10　重做习题 6.9,但从二十面体而不是从四面体开始细分。

6.11　构造一个表示四边形网格的数据结构。编写一个程序,对该数据结构所表示的网格进行着色。

6.12　编写一个程序,对四边形和四边形网格进行递归细分。

6.13　考虑一个理想的平面镜和一个点光源。证明入射角等于反射角的定律相当于说光线从光源通过镜面反射的最短路径到达观察者。

6.14　证明:为了使视点接收到的反射光线强度最大,表面法向量的方向应与半角向量 h 的方向相同。

6.15　虽然我们还没有讨论帧缓存的操作,但是可以利用一个简单的函数构造一个光线跟踪器,这个函数形如 `write_pixel(x, y, color)`,它把帧缓存中 `(x, y)` 处的颜色值设置成 `color`(或者是 RGB 颜色或者是一个亮度)。请用伪码编写一个函数 ray,该函数递归跟踪一条投射光线。假定有一个现成的函数可供调用,该函数可以计算出光线与对象的交点。注意考虑如何限制初始光线被递归跟踪的深度。

6.16　假定所用的图形系统提供了一个写入像素的函数,请编写一个光线跟踪器。假设场景中只包含球面,并且使用球面的数学方程而不是用球面的多边形近似。

6.17　为习题 5.13 中的迷宫程序增加光源和着色计算。

6.18　以生成球面的程序为基础,编写一个交互式程序,该程序在执行时允许改变一个或者多个光源的位置,还允许改变材质属性。请尝试利用这个程序生成与熟悉的材质(例如各种金属、塑料和碳)相匹配的表面图像。

6.19 当几何数据通过观察流水线的时候，一些向量要经历一系列的旋转、平移、缩放以及投影变换，这些向量确定了 Phong 反射模型中的余弦项。在向量所经历的这些变换中，有哪些能保持向量之间的夹角(如果有的话)？这个问题的回答对于着色的实现有什么意义？

6.20 估计 Phong 着色和 Gouraud 着色相比较所需的额外计算量。考虑习题 6.19 的结果。

6.21 如果使用一个仿射变换(如建模变换)改变了光源的位置，那么必须如何变换法向量才能使它与光源方向向量之间的角度保持不变？

6.22 重新实现 Blinn-Phong 着色模型，要求在眼坐标系中进行光照计算。

6.23 把 5.10 节中的阴影生成算法和利用全局绘制算法生成阴影进行比较，请问哪类阴影可以被一种算法生成但不能被另一种算法生成？

6.24 考虑一个高度反光的球体，该球体的球心位于原点，半径为 1。假定视点位于 $\mathbf{p}$，则在球面上会看到哪些点的反射成像？

第7章 纹理映射

到目前为止，我们一直对几何对象(如线段、多边形和多面体)进行直接处理。我们知道，虽然这些几何对象(如果可见的话)最终都会被光栅化并以像素的形式存储在帧缓存中，但是除了为每个片元指定颜色，并没有关注如何对这些像素进行直接处理。在过去的30年中，硬件和软件的长足发展使得应用程序编程人员能够直接或间接地访问帧缓存。在过去的20多年提出的许多令人激动的方法都依赖于应用程序与各种缓存的交互。当可以使用硬件和 API 读写这些离散缓存时，许多相关的技术才成为可能，例如纹理映射、反走样、图像混合和 alpha 混合。与此同时，GPU也得到了快速发展并具有大容量显存，这使得 GPU 能更好地支持涉及超大图像的离散技术。本章将介绍这些技术，重点是那些被 WebGL 或类似的 API 所支持的技术。

本章将重点介绍单个二维图像到几何对象的纹理映射。还将介绍 WebGL 2.0 支持的三维纹理映射，其中使用了三维纹理元素或**纹素**(texels)数组。

我们首先详细介绍帧缓存的相关概念以及像素阵列的基本使用方法，然后介绍纹理映射方法。这些技术通常是通过片元着色器在绘制过程中应用的，它使绘制的对象表面看起来非常复杂，哪怕这个表面只有一个多边形。所有这些技术都使用了像素阵列，可以使用这些技术来增强第 6 章介绍的着色过程，从而使绘制的图像具有虚幻的视觉效果。

7.1 缓存

我们在前面已经使用了两类标准的缓存：颜色缓存和深度缓存。此外还存在其他一些类型的缓存，这些缓存被硬件和软件所支持并具有特殊的用途。所有这些缓存的共性就是，它们本质上都是离散的，即它们的空间分辨率和深度分辨率都是有限的。如图 7.1 所示，我们把一个(二维)[1]**缓存**(buffer)定义为一个大小为 $n \times m$ 且深度为 k 位的内存区域。

我们使用"帧缓存"这个术语的意思是，图形系统可以将各种不同类型的缓存用于绘制任务，这些缓存包括颜色缓存、深度缓存以及图形硬件所提供的其他缓存，它们通常位于显卡上。在本章后面，将把帧缓存的概念扩展到图形系统可能提供的用于离屏绘制的其他缓存。现在只讨论WebGL 和其他 API 使用的标准帧缓存。

帧缓存中的某个空间位置对应的 k 位被划分用来存储颜色值、像素深度值和模板掩码值。这些缓存值可以使用各种数据类型(例如 16 位和 32 位浮点值，16 位和 32 位整数，甚至可能是定点值)来表示。图 7.2 显示了 WebGL 帧缓存及其组成部分。如果考虑整个帧缓存，那么帧缓存的分

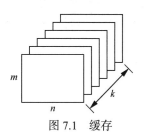

图 7.1 缓存

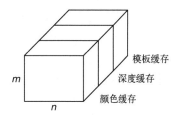

图 7.2 WebGL 帧缓存及其组成部分

---

[1] 还能有一维、三维和四维缓存。

辨率 $n \times m$ 正好对应显示器的空间分辨率,而帧缓存的深度值(即 k 的值)很容易超过几百位。即使对于目前见到的最简单的情况,前端和后端颜色缓存也总共需要 64 位,而深度缓存需要 24 位或 32 位。对于某个具体的缓存,其数值精确性或**精度**(precision)由它的深度决定。因此,如果某个帧缓存的前端颜色缓存和后端颜色缓存分别使用了 32 位,那么 RGBA 的每个颜色分量的精度为 8 位。

当使用帧缓存时,一般每次只使用其中的一个缓存。因此,我们在后面用缓存这个术语来表示帧缓存中的某个特定缓存。帧缓存中每个缓存的空间分辨率为 $n \times m$,深度为 k 位。然而,不同类型的缓存其 k 的取值可能不同。对于一个颜色缓存,它的值由系统能显示的颜色数量决定,对于 RGB 显示模式,通常是 24 位,而对于 RGBA 显示模式则是 32 位。对于深度缓存,它的 k 值由系统所能支持的深度精度决定,通常是 32 位浮点数或整数。许多系统使用 24 位深度缓存,并与 8 位模板缓存结合起来[1],我们使用**位面**(bitplane)表示缓存中 k 个大小为 $n \times m$ 的平面中的任意一个,使用**像素**(pixel)表示缓存某个空间位置对应的所有 k 位。根据这个定义,一个像素可能是一个字节、一个整数,甚至是一个浮点数,这取决于使用了帧缓存中的哪个缓存,以及数据在缓存中的存储方式。

应用程序编程人员在指定要使用的缓存类型时,通常需要指定如何将信息存储在帧缓存中(也许仅使用系统提供的默认存储方式)。当绘制几何对象时,通过绘制流水线间接获得帧缓存中的信息。利用片元着色器可以设置单个像素的颜色,但即使这种方法也是一种间接设置方式,因为我们只对光栅化模块得到的片元进行操作。

某些 API(包括早期版本的 OpenGL)提供了直接在颜色缓存中读取和写入像素块的函数,其中很多函数已经不再使用,而由用于图像输入的纹理函数所代替。我们仍然能通过 WebGL 函数从颜色缓存中读取像素块,但是由于流水线结构的前向绘制特点以及希望最小化 CPU 和 GPU 之间传递的数据量,所以该函数的执行效率并不高。通常,我们至少处理三种类型的内存:CPU 中的处理器内存、附属于 GPU 的纹理内存和 GPU 中的内存。

当应用程序读写像素时,数据不仅要在常规的处理器内存与显卡的图形内存(帧缓存)之间传输,而且还要重新调整这些数据的格式,使之与帧缓存匹配。因此,通常认为的数字图像,例如 JPEG、PNG 或 TIFF 图像,它们只是位于处理过程的应用层。应用程序编程人员不仅要考虑如何对这些特定的图像格式进行解码(这样才能通过 WebGL 函数把图像数据传送到帧缓存中),而且还必须考虑图像数据在处理器内存与帧缓存之间的传输时间。如果应用程序编程人员还知道数据在任意类型的缓存中的内部存储格式,那么他们通常能编写出执行效率更高的程序。

7.2　数字图像

在介绍图形系统如何处理数字图像之前,首先讨论数字图像的含义。许多参考书经常使用术语图像(image)而不是数字图像(digital image)这个术语。这个术语可能会与计算机图形学中的图像(image)相混淆,后者是指计算机成像的结果,即给定几何对象和照相机,并通过投影处理来生成我们称之为图像的过程。在本章中,根据清晰的上下文,应该不会引起混淆。我们通常要在程序中处理以像素阵列表示的图像。这些图像的大小和格式不尽相同,这取决于要处理的图像类型。例如,如果要处理 RGB 图像,通常用一个字节表示颜色的每个分量,其取值范围为 0~255,因此可以在应用程序中按下面的形式定义一幅 512×512 的图像:

---

[1] 模板缓存一般用于掩码操作,参阅[Shr13]。

```
var texSize = 512;

myImage = new Array(texSize);

for (var i = 0; i < texSize; ++i) {
  myimage[i] = new Array(texSize);

  for (var j = 0; j < texSize; ++j) {
    myImage[i][j] = new Uint8Array(3);
  }
}
```

如果使用浮点数表示颜色的每个分量，那么可以按下面的形式定义该图像：

```
myImage[i][j] = new Float32Array(3);
```

如果处理的是单色图像或**灰度**(luminance)图像，那么每个像素的值表示一个从 0(黑)～255(白)的灰度级，因此使用下面的形式定义灰度图像：

```
myImage[i][j] = new Uint8Array(1);
```

但是，由于 JavaScript 中的 `Array` 是一个具有 `length` 等方法的对象，所以最终得到的 `myImage` 包含的信息不仅仅局限于我们能向 WebGL 发送的一组数字。除此之外，还可以使用下面的形式将图像定义为包含 3*texsize*texsize 个元素的类型化数组，例如

```
var myImage = new Uint8Array(3*texSize*texSize);
```

在这种情况下，第 i 行第 j 列的像素可用 `myImage[texsize*i+j]` 来表示，而不是用灰度图像的 `myImage[i][j]` 来表示。

生成数字图像的一种方法是在应用程序中编写代码。例如，假定要生成一幅 512×512 的 RGBA 图像，该图像由一个 8×8 的红黑交错排列的正方形棋盘构成，就像在游戏中见到的那种棋盘。可以使用下面的程序代码生成这样的棋盘图像：

```
var texSize = 64;
var numRows = 8;
var numCols = 8;
var numComponents = 4;

var myImage = new Uint8Array(numComponents*texSize*texSize);
for (var i = 0; i < texSize; ++i) {
  for (var j = 0; j < texSize; ++j) {
    var patchx = Math.floor(i/(texSize/numRows));
    var patchy = Math.floor(j/(texSize/numCols));
    c = (patchx%2 !== patchy%2 ? 255 : 0);

    var index = numComponents*(i*texSize + j);
    myImage[index+0] = c;
    myImage[index+1] = 0;
    myImage[index+2] = 0;
    myImage[index+3] = 255;
  }
}
```

注意，现在使用一维的类型化数组，所以生成了图像的一个长字节流并且每个颜色分量用无符号字节表示。这种格式与当前图形硬件的兼容性最好，即使有些 GPU 支持浮点类型缓存。下一节将使用该格式创建纹理图像。

　　我们可以用类似的策略生成二维颜色数组。如果希望用 `vec4` 生成相同大小的棋盘图像,通过使用下面的代码来实现,并可以用 `flatten` 函数把 `myImage` 转换为类型化数组。

```
var texSize = 64;
var numRows = 8;
var numCols = 8;

var myImage = new Array();

for (var i = 0; i < texSize, ++i) {
  myImage[i] = new Array(texSize);
}

var red = vec4.(1.0, 0.0, 0.0, 1.0);
var black = vec4(0.0, 0.0, 0.0, 1.0);

for (var i = 0; i < texSize; ++i) {
  for (var j = 0; j < texSize; ++j) {
    var patchx = Math.floor(i/(texSize/numRows));
    var patchy = Math.floor(j/(texSize/numCols));
    myImage[i][j] = (patchx%2 !== patchy%2 ? vec4(red) : vec4(black));
  }
}
```

通常情况下,这种通过编写代码来生成图像的方法只局限于那些包含规则图案的图像。更常用的方法是直接从数据中获取图像。例如,如果从实验或仿真中获取了一组实数,那么可以把这组数据缩放到 0~255 这个范围,然后再把这些数据转换成无符号整数类型的灰度图像;或者缩放到 0.0~1.0 这个范围,从而生成浮点数据类型的图像。

　　还有一种获取图像的方法,这种方法由于 Internet 的影响而变得非常盛行。这种方法通过扫描像照片这样的连续图像,或直接使用数码照相机获取数字图像。每种图像都使用众多标准图像格式的某种来进行存储。GIF、TIFF、PNG、PDF 和 JPEG 是一些最流行的图像格式,在这些图像格式中,有的按某种顺序对图像数据直接编码,有的采用无损压缩编码,有的采用有损压缩编码。每种图像格式都是基于某个特定的应用需求而产生的,例如,PostScript(PS 格式)图像由 PostScript 语言定义,主要用于控制打印机。PostScript 图像能精确地把图像数据(RGB 颜色值或亮度值)编码成由 7 个比特位形成的 ASCII 字符集,因此大多数类型的打印机及其他一些大型设备都识别 PostScript 图像。EPS(Encapsulated PostScript)图像与 PostScript 图像具有类似的格式,但是它还包含额外的信息,这些信息有助于预览图像。GIF 图像是颜色索引图像,因此它存储了一个调色板和图像的索引阵列。

　　TIFF 图像有两种形式。在第一种形式中,所有的图像数据被直接编码,这类 TIFF 图像的头部信息描述了图像数据的组织形式。在第二种形式中,图像数据通过编码而被压缩存储。由于大部分图像包含许多冗余的数据,所以图像压缩是可行的。例如,很多图像的大部分区域上的颜色或亮度只发生很少的变化。通过算法可以消除这些冗余数据,因此可以得到原始图像的压缩版本,它只需要少量的存储空间。压缩形式的 TIFF 图像采用了 Lempel-Ziv 算法,该算法是一种性能优良的无损压缩算法,它能压缩原始图像并且能够精确地对它进行还原。JPEG 图像采用的压缩算法允许还原原图像时存在细小的误差,因此 JPEG 图像具有非常高的**压缩比**(compression ratio),也就是在没有失真或很少失真的情况下,原始图像文件所占的位数与压缩图像文件所占的位数之比。图 7.3 显示了分辨率为 1200×1200 的灰度图像的三种不同版本:图 7.3(a)是没有压缩的原始 TIFF 图像;图 7.3(b)和图 7.3(c)分别是具有不同压缩比的 JPEG 图像。对于 JPEG 图像,它们的压缩比大约是 9：1 和 15：1，即使对于上面的高压缩比图像，几乎在图像中都没有出现可察觉的失真现象。如果把原始的图像保存为 PostScript 图像，那么图像文件的大小大约为 TIFF 图像文件的两倍，这是因为每个字节都要转换成两个由 7 比特位形成的 ASCII 字符，每两个这样的 ASCII 字符需要两个字节的存储空间。如果把原始图像保存为压缩形式的 TIFF 文件，那么只需要大约一半的存储空间。ZIP 格式是一种非常流行的可用于压缩任意文件的格式，使用 ZIP 格式的文件也会获得同样的结果。压缩比与图像格式有关。ZIP 格式文件采用的是无损压缩方法，其压缩比远小于 JPEG 有损压缩图像，而这种 JPEG 压缩图像和原始图像在视觉上几乎无法区分开。正因为 JPEG 压缩图像的这种优良特性，使它成为 Internet 上发送图像最流行的格式。大部分数字照相机获取的图像都是 JPEG 或 RAW 格式。RAW 格式图像包含未处理的 RGB 数据和大量的头部信息，比如日期、分辨率和拍照的 GPS 位置等信息。

图 7.3 (a)原始的 TIFF 灰度图像；(b)压缩比为 9 的 JPEG 图像；(c)压缩比为 15 的 JPEG 图像

大量的图像格式给图形 API 带来了很多问题。一些图像格式非常简单，而另一些图像格式则相当复杂。WebGL API 为了避免这些格式问题，它只支持像素块，而不支持文件图像格式。因为浏览器和 JavaScript 理解标准的 Web 图像格式（比如 GIF、JPEG、PNG 和 BMP），所以可以充分利用它们的能力来将图像作为纹理进行访问。

通过使用几何绘制流水线生成三维场景的图像，然后可以从帧缓存读取这些图像，因此可以直接从图形系统中获取数字图像。我们将在本章的后面介绍所需的操作。

7.3 映射方法

离散数据最重要的用途之一就是绘制表面。前面介绍的建模过程是，先用一组几何图元表示对象，然后绘制这些图元，这种建模方法有一定的局限性。例如，考虑用计算机绘制一个虚拟橘子的过程。可能首先想到的就是绘制一个球体。从第 6 章的讨论可知，可以使用一些三角形生成一个近似的球体，然后使用与真实橘子表面相似的材质绘制这些三角形。遗憾的是，这种绘制效果过于规则，以至于绘制的橘子看起来不像真实的橘子。还可以使用第 11 章将要讨论的方法，即使用某种类型的曲面表示橘子模型，然后绘制这些曲面，这种方法可以使我们能更好地控制虚拟橘子的形状，但是生成的橘子图像看起来仍然不是很逼真。尽管采用这种方法绘制的橘子在总体属性方面还能令人满意，如形状和颜色，但是缺少真实橘子表面复杂的细节特征。如果试图采用给对象模型增加更多多边形的方法来增加对象表面的细节，那么即使使用每秒能够绘制上千万个多边形的图形硬件，仍可能使绘制流水线的负荷过重。

还有一种方法，它并不是试图建立一个越来越复杂的对象模型，而是建立一个简单的模型，并把增加对象表面的细节作为绘制过程的一部分。正如在第 6 章中所看到的，当绘制对象的表面时，不管是多边形表面还是曲面表面，经过绘制流水线的处理后最终都要变成一组片元，每个片元对应于帧缓存中的一个像素。片元具有颜色、深度和其他的信息，系统根据这些信息来决定这些片元是如何影响它们所对应的像素的。作为光栅处理过程的一部分，必须通过计算得到每个片元的亮度值或颜色值。我们从第 6 章开始使用改进的 Phong 模型来确定多边形顶点的颜色，通过顶点颜色在多边形表面上的插值计算得到对象表面其他所有像素的颜色。然而在光栅化之后的片元处理过程中，可以修改这些颜色值。可以这样理解映射算法，它要么根据二维阵列修改着色算法(映射)，要么使用映射改变对象的表面属性(如材质和法向量等)，从而修改着色算法。有三种主要的映射方法：

- 纹理映射
- 凹凸映射
- 环境映射

纹理映射(Texture Mapping)[①]使用一个图案(或纹理)确定片元的颜色。这些图案要么是一些具有固定样式的图案，如经常用于填充多边形的规则图案；要么是一些通过过程纹理生成方法得到的图案；还可以是一些通过数字化处理后得到的数字图像。如图 7.4 所示，对于上面所有这些情形，都可以把纹理映射到对象的表面，从而刻画对象的表面细节特征，这个映射过程作为对象表面绘制过程的一部分。

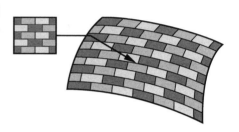

图 7.4　把图案纹理映射到表面

纹理映射把图案映射到光滑的表面，从而给表面增加细节特征，然而**凹凸映射**(bump mapping)在着色过程中对法向量进行扰动，从而使表面形状看起来有微小的起伏变化，就像真实的橘子表面上的凹凸不平。还可以使用**反射映射**(reflection mapping)或**环境映射**(environment mapping)生成具有反射材质效果的图像，而不必跟踪反射光线。在这种情况下，当绘制对象表面的时候，把环境图像映射到这个表面上。

上面这三种方法具有很多共同点，即作为片元处理过程的一部分，所有这些方法都改变了单个片元的着色值；所有这些方法都依赖于一维、二维或三维数字图像；所有这些方法都降低了对象表示的几何复杂度，而生成的图像看起来像是复杂的几何对象。然而，所有这些方法都受走样误差的影响。

第 1 章包含了各种二维纹理映射的示例。图 1.40 是使用 WebGL 的环境映射绘制的效果，它说明了如何使用单个纹理映射生成具有高反射表面效果的图像，而不用进行全局光照计算。图 1.4 使用纹理映射生成砖块图案。在虚拟现实、可视化仿真和交互式游戏等应用领域，需要考虑系统的实时性能。当在具有硬件纹理映射功能的工作站上运行可视化仿真等应用程序时，可以采用纹理映射技术增加对象表面的细节，而又不会明显地降低系统的绘制性能。

然而，对于标准的绘制流水线，这三种映射方法存在明显的区别。二维纹理映射得到了 WebGL 的支持。WebGL 2.0 还支持三维纹理映射，这个主题将在本章后面详细讨论。环境映射是标准纹理映射的一种特殊情况，但是，如果能够修改片元着色器，那么对它做些修改就能生成各种新的效果。由于凹凸映射要求对每个片元单独进行处理，因此可以使用片元着色器来实现。

---

① 有些文献也将纹理映射(Texture Mapping)称为纹理贴图。为了清晰起见，本书统一将"mapping"译为"映射"，比如凹凸映射、环境映射等，而将"map"译为"贴图"，比如环境贴图(表示环境的纹理图像)、立方体贴图等，可以通过 WebGL 函数将"贴图"设置为纹理并在片元着色器中实现纹理映射。——译者注

7.4 二维纹理映射

纹理就是图案。纹理的形式很多，它可以是规则的图案，如条纹图案和棋盘图案，也可以是自然界的物质具有的复杂图案。在现实世界中，可以通过纹理区分大小和形状相似的对象。因此，如果希望生成具有逼真细节的虚拟对象，那么可以把纹理映射到我们建立的对象表面上，从而扩展系统目前已有的功能。

纹理可以是一维、二维、三维或四维的。例如，可以使用一维纹理图案得到曲线的颜色。三维纹理可以描述实体材料块，从中可以雕刻物体。因为二维表面在计算机图形学中占有非常重要的地位，所以把二维纹理映射到表面上是目前最常用的纹理映射方法。然而，对于不同维数的纹理，其纹理映射过程大致相同，因此，虽然将注意力集中在二维纹理映射，但这并不影响对其他纹理映射方法的理解。

虽然纹理映射的实现方法很多，但是它们都需要在三个或四个不同的坐标系之间经过一系列的映射变换步骤。在纹理映射的各个步骤，要用到各种坐标。屏幕坐标：最终生成的图像显示在这个坐标中；对象坐标：需要把纹理映射到位于这个坐标中的几何对象的表面上；纹理坐标：使用这个坐标表示纹理空间中的一个位置；参数坐标：使用这个坐标定义参数曲面。根据使用的表面类型以及使用的绘制结构而选用不同的纹理映射方法。下面首先对纹理进行一般性的讨论，介绍各种映射，然后说明像 WebGL 这样的实时绘制流水线结构是如何处理纹理映射的。

在大部分应用程序中，纹理最初的形式就是我们在 7.2 节介绍的二维图像。因此，这样的纹理可以使用程序来生成，或者通过扫描相片得到，但是不管它们来自何处，最终都要以数组的形式存储在处理器内存中。我们把这些数组中的元素称为**纹素**(texels)或纹理元素而不是像素，主要是为了强调它们的应用方式。然而，目前暂时把这个数组视为一个连续的二维矩形纹理图案 $T(s, t)$，其中两个独立的变量 s 和 t 称为**纹理坐标**(texture coordinate)[①]。不失一般性，可以把纹理坐标变换到[0.0, 1.0]这个区间。

纹理映射(texture mapping)把 T 中的纹素和几何对象的每个点相关联，而几何对象上的每个点映射到屏幕坐标进行显示。如果几何对象采用齐次坐标 (x, y, z, w) 的表示形式，则有下面的函数：

$$x = x(s, t)$$
$$y = y(s, t)$$
$$z = z(s, t)$$
$$w = w(s, t)$$

我们遇到的困难之一是，虽然这些函数在理论上都存在，但实际上可能无法找到这些函数。此外，还要担心逆运算问题，即如果已知几何对象上某个点 (x, y, z) 或 (x, y, z, w)，如何才能找到对应的纹理坐标？或者，如何用下面的"逆"函数计算纹素 $T(s, t)$？

$$s = s(x, y, z, w)$$
$$t = t(x, y, z, w)$$

如果使用参数 (u, v) 曲面表示几何对象，就像在 6.6 节中使用参数表示球面那样，那么还存在其他的映射函数，即从参数坐标 (u, v) 到对象坐标 (x, y, z) 或 (x, y, z, w) 的映射。尽管大家都知道

[①] 在四维空间中，纹理坐标是 (s, t, r, q) 或 (s, t, p, q) 空间中的一个值。

这种映射可用于一些简单的表面,如球面、三角形和第 11 章将要介绍的曲面,但是我们还是需要从参数坐标(u, v)到纹理坐标的映射,有时还需要从纹理坐标到参数坐标的逆映射。

我们还必须考虑从对象坐标到屏幕坐标的投影变换过程,这个变换过程沿绘制流水线经过了观察坐标系、裁剪坐标系和窗口坐标系。可以把这个过程抽象为一个关于纹理坐标 s 和 t 的函数,某个纹素 $T(s, t)$ 与颜色缓存中某个位置的颜色值相对应,通过这个函数可以知道颜色缓存中的这个颜色值对最终显示的图像的贡献。因此,有下面形式的从纹理坐标到屏幕坐标的映射函数:

$$x_s = x_s(s, t)$$

$$y_s = y_s(s, t)$$

其中(x_s, y_s)表示颜色缓存中的某个位置。

根据采用的算法和图形绘制结构,可能还希望建立从颜色缓存中像素的位置到对像素颜色有贡献的纹素位置(纹理坐标)的"逆"函数。

对于表面使用参数表示的几何对象的纹理映射,如图 7.5 所示,它使用了两个同时进行的映射:第一个是从纹理坐标到对象坐标的映射,第二个是从参数坐标到对象坐标的映射。然后通过第三个映射把对象从对象坐标变换到屏幕坐标。

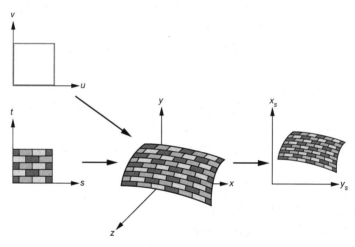

图 7.5　参数曲面的纹理映射

从概念上看,纹理映射过程非常简单。把纹理图案中的一块小区域映射到几何对象表面上的某个区域,并对应于最终图像的像素。如果假定纹素 T 的值是 RGB 颜色值,那么可以使用这些值来修改几何对象的表面颜色,几何对象表面的颜色值可能是通过光照模型计算得到的,或者只根据纹理值对几何对象表面的颜色进行赋值。这里的颜色赋值操作是作为片元颜色计算的一部分执行的。

如果进一步深入研究,我们会面临很多的困难。首先,必须确定从纹理坐标到对象坐标的映射函数。通常把一个二维纹理定义在纹理空间的一个矩形区域内。从这个矩形区域到三维空间中某个任意区域的映射或许是一个非常复杂的函数,或许具有不良特性。例如,如果要把一个矩形映射到球面上,那么一定会产生距离和形状上的变形。其次,由于绘制过程在本质上是基于逐个像素绘制的,所以我们对屏幕坐标到纹理坐标的逆映射更感兴趣。仅当需要确定某个像素的颜色时,才需要确定纹理图像上对应位置的纹理坐标,这是一个从屏幕坐标到纹理坐标的计算过程。第三个问题是,因为每个像素对应于显示屏幕上一个很小的矩形区域,所以我们对点到点的映射并不感兴趣,而对区域到区域的映射感兴趣。这里同样会遇到潜在的走样问题,如果要避免走样引起的瑕疵，如波状图案或莫尔条纹图案，那么就必须谨慎地处理这些问题。

图 7.6 说明了纹理映射过程可能会遇到的一些困难。假定要计算中心位于屏幕坐标 (x_s, y_s) 处的正方形像素的颜色，正方形像素的中心位置 (x_s, y_s) 对应于对象坐标系中的某个点 (x, y, z)。但是如果对象的表面是曲面，那么把像素的四个角点逆向投影到对象坐标系会得到一个弯曲的像素**原像**（preimage）。就纹理图像 $T(s, t)$ 而言，把像素逆向投影到纹理坐标空间也会得到一个原像，该原像是理想情况下有助于像素着色的纹理区域。

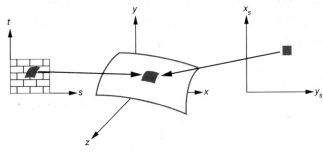

图 7.6　像素的原像

我们暂不讨论如何求解逆向映射函数的问题，而是先讨论像素颜色的确定问题。一种方法是把像素中心逆向投影到纹理坐标空间，从而得到某个纹理坐标对应的纹理值。这种方法虽然很简单，但是会受到走样问题的影响，对于周期性纹理，这种走样尤为严重。图 7.7 说明了这个走样问题。该图有一个周期性纹理和一个平整的表面。每个像素的中心点在纹理坐标空间的逆向投影正好位于两条暗线之间，因此对应的纹理值总是较亮的颜色。更一般的情况是，如果不考虑像素的有限大小，那么会使得到的图像出现莫尔条纹图案。一种更好的但也是更难实现的方法是计算原像周围所对应的纹理值的平均值，并把它作为像素的颜色值。注意，这种方法也不是很完美的方法。对于图 7.7 所示的例子，可以把平均纹理值作为像素的颜色值，但是仍得不到原始条带状的纹理图案。最终，由于帧缓存和纹理都只有有限大小的分辨率，所以最终得到的图像仍然存在走样瑕疵。当纹理包含规则的高频成分时，这些问题将更加突出。

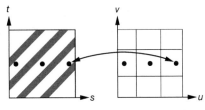

图 7.7　纹理生成过程的走样问题

现在我们来讨论映射问题。在计算机图形学中，大部分曲面都是用参数表示的。曲面上的任意一个点 $\mathbf{p}$ 是参数 u 和 v 的函数。对于任意一对参数值，可以得到曲面上的一个点：

$$\mathbf{p}(u, v) = \begin{bmatrix} x(u, v) \\ y(u, v) \\ z(u, v) \end{bmatrix}$$

我们将在第 11 章详细介绍这种曲面的推导过程。如果已知参数曲面，那么可以根据如下形式的线性映射关系把纹理空间中的任意一个纹素 $T(s, t)$ 映射到曲面 $\mathbf{p}(u, v)$ 上的某个点：

$$u = as + bt + c$$
$$v = ds + et + f$$

只要 $ae \neq bd$，则该映射就是可逆的。线性映射使我们可以很容易地把纹理映射到参数曲面的一组片面上。例如，如图 7.8 所示，如果由左下角 (s_{min}, t_{min}) 和右上角 (s_{max}, t_{max}) 确定的纹理面片对应于左下角为 (u_{min}, v_{min})、右上角为 (u_{max}, v_{max}) 的曲面面片，那么从纹理面片到曲面片面的映射关系为：

$$u = u_{min} + \frac{s - s_{min}}{s_{max} - s_{min}}(u_{max} - u_{min})$$

$$v = v_{min} + \frac{t - t_{min}}{t_{max} - t_{min}}(v_{max} - v_{min})$$

这个映射公式虽然易于应用，但是没有考虑曲面的曲率，大小相等的纹理面片必须拉伸才能覆盖对应的曲面面片。

　　解决映射问题的另一种方法是使用两步映射。第一步是把纹理映射到一个简单的三维中间表面上，如球面、圆柱面或立方体表面。第二步再把带有映射纹理的中间表面映射到需要绘制的对象表面上。这种两步映射过程可以应用于以几何坐标或参数坐标定义的表面。无论是几何对象表面，还是参数对象表面，下面的例子在本质上是相同的。

　　假定纹理坐标的取值范围在单位正方形内，并且使用高为 h、半径为 r 的圆柱面作为纹理映射的中间表面，如图 7.9 所示。圆柱面上的任意一点可以用下面的参数方程表示：

$$x = r\cos(2\pi u)$$

$$y = r\sin(2\pi u)$$

$$z = v/h$$

其中 u 和 v 的取值范围都是 $(0，1)$。因此，可以使用下面的映射公式：

$$s = u \qquad t = v$$

如果纹理映射只考虑圆柱体的侧面，而不考虑上下两个底面，那么就能够无失真地映射纹理。然而，如果把纹理映射到像球面这样的封闭对象表面上，那么一定会引入形状失真。这个问题类似于用地球的二维图像表示地图时存在的问题。如果仔细观察地图集中的各种地图，会发现其形状和距离都存在失真。无论是纹理映射还是地图设计技术都必须根据我们希望失真出现的部位来选择某种表示方法。例如，众所周知的墨卡托投影(Mercator projection)将大部分失真集中在两极位置。如果使用半径为 r 的球面作为纹理映射的中间表面，那么可能的映射关系为：

$$x = r\cos(2\pi u)$$

$$y = r\sin(2\pi u)\cos(2\pi v)$$

$$z = r\sin(2\pi u)\sin(2\pi v)$$

这时将会在球面的两极产生失真。

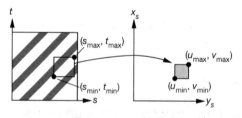

图 7.8　线性纹理映射

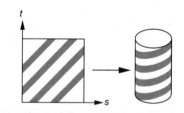

图 7.9　把纹理映射到圆柱面

　　我们还可以使用矩形盒子作为纹理映射的中间表面，如图 7.10 所示。在该图中，把纹理映射到一个没有被打开的盒子上，就像用一张纸板包装一个盒子。通常把这种映射方法用于环境映射(参见 7.7 节)。

　　第二步映射是把中间对象表面上的纹理值映

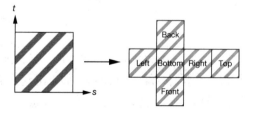

图 7.10　把纹理映射到矩形盒子上

射到要绘制的对象表面上。图 7.11 说明了三种可能的方法。第一种方法如图 7.11(a) 所示，取中间对象表面上某点的纹理值，沿着该点的法向量方向直到与要绘制的对象相交，然后把中间对象表面上的纹理值作为该交点的纹理值。还可以采用与第一种方法相反的方向计算对象表面的纹理值，即从要绘制的对象表面上的某个点出发，并沿该点的法向量方向直到与中间对象相交，从这个交点可以得到对象表面的纹理值，如图 7.11(b) 所示。第三种可选的方法如图 7.11(c) 所示，如果知道绘制对象的中心，那么可以从该中心位置到对象表面上某一点画一条直线，然后计算该直线与中间对象表面的交点，把直线与中间对象表面的交点处的纹理值赋给绘制对象表面相应的点。

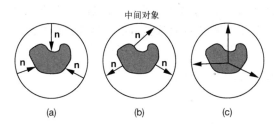

图 7.11　第二步映射。(a) 利用中间对象表面的法向量；(b) 利用对象表面的法向量；(c) 利用对象的中心

7.5　WebGL 中的纹理映射

桌面版 OpenGL 支持各种纹理映射选项，甚至 OpenGL 1.0 都包含将一维和二维纹理映射到一维到四维图形对象的功能。然而，纹理映射最重要的应用涉及将二维图像映射到对象表面，这将是讨论的重点。

WebGL 的纹理映射与它的绘制流水线结构有关。我们已经看到，WebGL 实际上有两条平行的流水线，即几何绘制流水线和像素流水线。对于纹理映射，像素流水线与几何绘制流水线中位于光栅化后的片元处理单元汇合，如图 7.12 所示，这种结构决定了 WebGL 支持的纹理映射类型。尤其要注意的是，纹理映射作为片元处理的一部分执行。之后通过 z-buffer 算法对片元处理单元生成的每个片元进行可见性测试。可以把纹理映射视为明暗着色处理的一部分，但是该部分的处理过程是基于逐片元进行的。纹理坐标与法向量和颜色的处理方式非常类似。它们都是作为 WebGL 的状态与顶点相关联，然后在多边形的表面上对顶点的纹理坐标进行插值计算，从而得到多边形表面上其他位置的纹理坐标。

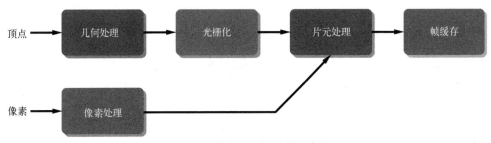

图 7.12　像素和几何绘制流水线

纹理映射需要在 WebGL 应用程序代码、顶点着色器以及片元着色器之间进行交互，其实现需要三个基本的步骤。首先，必须生成纹理图像并将它存储在 GPU 的纹理内存中。其次，必须给每个片元指定纹理坐标。最后，必须将纹理应用于每个片元。上面的每个步骤都有多种实现方式，并且有许多参数用来控制纹理映射过程。由于纹理映射已成为一种非常重要的绘制技术并且随着 GPU 的快速发展，目前 GPU 支持更多的纹理映射选项，WebGL API 也增加了越来越多的纹理映射函数。

7.5.1　纹理对象

OpenGL 的早期版本只支持一个纹理,即**当前纹理**(current texture),该纹理一直存在于系统中。因此,每当需要使用另外一个纹理时(例如,可能需要将不同的纹理映射到同一场景中的不同对象表面上),则必须设置一个新的纹理映射,这种处理方法的效率很低。每当需要另一个纹理图像时,该纹理图像必须被载入内存并把原来驻留在纹理内存中的纹素替换掉。

类似于可以有多个程序对象,WebGL 中的**纹理对象**(texture object)允许应用程序定义对象,它包括纹理数组和各种纹理参数,通过这些参数可以控制纹理映射到对象表面的方式。只要有足够的内存来存储纹理数组,那么这些纹理对象就可以一直驻留在 GPU 的纹理内存中。

对于单个纹理,首先创建一个纹理对象,其代码如下:

```
var texture = gl.createTexture();
```

之后可以使用下面的函数将其绑定为当前二维纹理对象,其代码如下:

```
gl.bindTexture(gl.TEXTURE_2D, texture);
```

位于 `gl.bindTexture` 后面的其他纹理函数用来指定纹理图像及其参数,它们是纹理对象的一部分。当在后面使用一个已定义好的纹理对象名再次调用函数 `gl.bindTexture` 时,该纹理对象被重新设置为当前纹理对象。我们可以使用函数 `gl.deleteTexture` 删除未使用的纹理对象。

7.5.2　纹理图像数组

二维纹理映射首先要定义一个纹素数组,它是一个二维像素矩形块。假设定义了一个 64×64 的 RGBA 图像 `myTexels`,该图像的数据由下面的代码生成:

```
var texSize = 64;
var numRows = 8;
var numCols = 8;
var numComponents = 4; // RGBA texels

var myTexels = new Uint8Array(numComponents*texSize*texSize);

for (var i = 0; i < texSize; ++i) {
  var patchx = Math.floor(i/(texSize/numRows));

  for (var j = 0; j < texSize; ++j) {
    var patchy = Math.floor(j/(texSize/numCols));

    var c = (patchx%2 != patchy%2 ? 255 : 0);

    var texel = numComponents*(i*texSize + j);

    myTexels[texel+0] = c;
    myTexels[texel+1] = c;
    myTexels[texel+2] = c;
    myTexels[texel+3] = 255;
  }
}
```

此时,`myTexels` 中的颜色形成了一个 8×8 的黑白相间的棋盘。调用函数 `gl.bindTexture` 之后,利用下面的函数把该数组指定为一个二维纹理:

```
gl.texImage2D(gl.TEXTURE_2D, 0, gl.RGBA, texSize, texSize, 0, gl.RGBA,
              gl.UNSICNED_BYTE, myTexels);
```

该函数指定二维纹理，其一般形式为：

```
gl.texImage2D(target, level, iformat,
              width, height, border, format, type, texelArray)
```

参数 target 允许我们选择单个图像，如上面的示例所示，也可以用来设置立方体贴图(参见 7.7 节)。参数 level 用于 mipmapping 映射(参见 7.5.4 节)，level 等于 0 表示使用 mipmapping 多分辨率纹理图像的最高级，或者表示不使用 mipmapping 映射，即使用原始纹理图像。第三个参数说明纹理在纹理内存(即其内部格式)中的存储方式。第四个和第五个参数(width 和 height)指定内存中图像的大小。不再使用参数 border，通常将其设置为 0。参数 format 和参数 type 说明 texelArray 中的像素在处理器内存中的存储方式，这样 WebGL 就能够读取图像中的像素并把它们存储在纹理内存中。在 WebGL 中，texelArray 应该为一个 Uint8Array 类型化数组。

此外，还可以使用 JavaScript 的 Image 对象以一种标准的 Web 格式加载图像，并使用它来提供纹素。假设现在有一幅 gif 格式的 RGB 图像 logo.gif，然后通过下面的代码将该图像设置为纹理：

```
var myTexels = new Image();
image.src = "logo.gif";
gl.texImage2D(gl.TEXTURE_2D, 0, gl.RGB, gl.RGB,
              gl.UNSIGNED_BYTE, image);
```

上述方法允许在应用程序控制下动态加载纹理。还可以在 HTML 文件中使用 img 标签指定图像：

```
<img id="logo" src="logo.gif"></img>
```

然后通过下面的代码在 WebGL 应用程序中访问该图像：

```
var image = document.getElementById("logo");
```

7.5.3　纹理坐标和纹理采样器

在片元着色器中使用纹理的关键是如何在片元的位置和与之对应的纹理图像中的位置之间进行映射(从纹理图像中为片元获取纹理颜色)。因为每个片元对应于帧缓存中的某个位置，该位置信息是片元的属性之一，所以不必在片元着色器中显式地引用这个位置信息。潜在的困难是如何确定纹理图像中相应的位置信息。在许多应用中，可以根据对象的数学模型计算该位置，而在其他一些应用中，也可能使用某种近似的方法。WebGL 并没有为我们提供更好的方法，仅要求应用程序以纹理坐标的形式向片元着色器提供位置信息。

不必使用整型的纹素位置(该位置信息与纹理图像的尺寸有关)，而是使用两个浮点型的纹理坐标 s 和 t，它们在纹理图像上的取值范围都是[0.0, 1.0]。对于本例中的 64×64 的二维纹理图像 myImage，(0.0, 0.0)位置的值对应于纹素 myImage[0][0]，而(1.0, 1.0)位置的值对应于纹素 myImage[63][63]，如图 7.13 所示。对于函数 gl.texImage2D 中用到的一维数组 myTexels，所对应的点为 myTexels[0] 和 myTexels[64*64-1]。单位间隔中的任何 s 和 t 的值都映射到一个唯一的纹素。

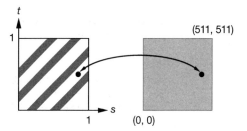

图 7.13　纹素图像到纹理坐标的映射[①]

[①] 此图右上角原图为"(511，511)"，疑有误，应该为"(63，63)"。——译者注

　　片元的纹理坐标由 WebGL 应用程序代码和着色器决定。最常用的方法是把纹理坐标作为顶点的属性。因此，在应用程序中给定纹理坐标的方式与给定顶点颜色的方式是相同的。然后，将这些纹理坐标传送到顶点着色器中，顶点纹理坐标经过光栅化模块的插值计算得到片元的纹理坐标。

　　下面考虑一个简单的示例程序，该程序把我们定义的棋盘纹理图像映射到立方体的每个表面。

　　这个例子非常简单，因为立方体的每个表面和每个顶点的纹理坐标之间映射关系非常明显，也就是说，只需要把纹理坐标(0.0, 0.0)、(0.0, 1.0)、(1.0, 1.0)和(1.0, 0.0)赋给立方体每个表面的 4 个顶点。

　　回顾之前讨论的立方体示例程序。我们为立方体的 6 个面生成了 12 个三角形，最终包含 36 个顶点，在程序中增加两个数组，一个数组用来存储纹理坐标，另一个数组用来存储四边形 4 个角点处的纹理坐标，其代码如下：

```
var texCoords = [ ];

var texCoord = [
  vec2(0, 0),
  vec2(0, 1),
  vec2(1, 1),
  vec2(1, 0)
];
```

　　下面是 quad 函数的代码，该函数将每个面用纯色填充，而每个面的颜色由第一个索引值决定：

```
function quad(a, b, c, d)
{
  positions.push(vertices[a]);
  colors.push(vertexColors[a]);
  texCoords.push(texCoord[0]);

  positions.push(vertices[b]);
  colors.push(vertexColors[a]);
  texCoords.push(texCoord[1]);

  positions.push(vertices[c]);
  colors.push(vertexColors[a]);
  texCoords.push(texCoord[2]);

  positions.push(vertices[a]);
  colors.push(vertexColors[a]);
  texCoords.push(texCoord[0]);

  positions.push(vertices[c]);
  colors.push(vertexColors[a]);
  texCoords.push(texCoord[2]);

  positions.push(vertices[d]);
  colors.push(vertexColors[a]);
  texCoords.push(texCoord[3]);
}
```

为了将纹理坐标作为顶点属性传送给顶点着色器中的变量 aTexCoord，还需要进行初始化，其代码如下：

```
var tBuffer = gl.createBuffer();
gl.bindBuffer(gl.ARRAY_BUFFER, tBuffer);
gl.bufferData(gl.ARRAY_BUFFER, flatten(texCoords), gl.STATIC_DRAW);
```

```
var aTexCoord = gl.getAttribLocation(program, "aTexCoord");
gl.vertexAttribPointer(aTexCoord, 2, gl.FLOAT, false, 0, 0);
gl.enableVertexAttribArray(aTexCoord);
```

下面编写顶点着色器，我们增加了纹理坐标属性并且输出纹理坐标。下面的代码是具有纹理坐标的旋转立方体的顶点着色器：

```
in vec4 aPosition;
in vec4 aColor;
in vec2 aTexCoord;
out vec4 vColor;
out vec2 vTexCoord;
uniform vec3 uTheta;

void main()
{
  // Compute the sines and cosines of theta for each of
  // the three axes in one computation.
  vec3 angles = radians(uTheta);
  vec3 c = cos(angles);
  vec3 s = sin(angles);

  // Remember: These matrices are column major
  mat4 rx = mat4(1.0,  0.0,  0.0, 0.0,
                 0.0,  c.x,  s.x, 0.0,
                 0.0, -s.x,  c.x, 0.0,
                 0.0,  0.0,  0.0, 1.0);

  mat4 ry = mat4(c.y, 0.0, -s.y, 0.0,
                 0.0, 1.0,  0.0, 0.0,
                 s.y, 0.0,  c.y, 0.0,
                 0.0, 0.0,  0.0, 1.0);

  mat4 rz = mat4(c.z, -s.z, 0.0, 0.0,
                 s.z,  c.z, 0.0, 0.0,
                 0.0,  0.0, 1.0, 0.0,
                 0.0,  0.0, 0.0, 1.0);

  vColor = aColor;
  vTexColor = aTexCoord;
  gl_Position = rz * ry * rx * aPosition;
}
```

输出的纹理坐标 vTexCoord 经过光栅化模块插值计算后得到的结果作为片元着色器的输入。

注意，顶点着色器只关心纹理坐标而与之前创建的纹理对象没有任何关系。大可不必感到奇怪，因为只有在片元着色器中把颜色赋给片元时才需要用到纹理本身。还需要注意的是，许多决定如何应用纹理的参数都在纹理对象内部，其中一些参数我们还没有讨论，因此这里只使用非常简单的片元着色器。

将所有与纹理相关的东西关联起来的关键是一个称为**采样器**(sampler)的新的变量类型，它通常只出现在片元着色器中。可以通过 sampler 变量访问纹理对象(包括它的所有参数)。采样器的作用是为输入的纹理坐标返回纹理图像的值或采样结果。返回值取决于与纹理对象关联的参数。现在，可以使用默认的纹理对象参数返回单个纹素的值，而该值取决于传递到采样器的纹理坐标。

把 WebGL 应用程序代码中创建的纹理对象 texture 和片元着色器中的采样器关联起来，其

代码如下:

```
var texture = createTexture(); ①
gl.uniform1i(gl.getUniformLocation(program, "uTextureMap"), 0);
```

其中, uTextureMap 是片元着色器中纹理采样器的名字, 而函数 gl.uniform1i 的第二个参数是指默认的纹理单元(即将默认的纹理单元编号传递给片元着色器)。我们将在 7.5.6 节讨论多纹理单元。

片元着色器一般总是比较简单。插值后的顶点颜色和纹理坐标是片元着色器的输入变量。如果希望将纹理值和颜色值相乘, 就像使用棋盘纹理模拟玻璃表面透亮与模糊交替出现的效果, 那么可以将应用程序中的颜色值乘以纹理图像值。片元着色器的代码如下:

```
in vec2 vTexCoord;
in vec4 vColor;
out vec4 fColor;
uniform sampler2D uTextureMap;

void main()
{
  fColor = vColor * texture(uTextureMap, vTexCoord);
}
```

在这种情况下, 纹理映射的作用相当于掩码。当纹素为白色时, 将 color 的值作为片元的颜色; 当纹素为黑色时, 片元的颜色为黑色。还可以将整个纹理作为每个片元的颜色, 其代码如下:

```
fragColor = texture(uTextureMap, vTexCoord);
```

在如图 7.14(a)所示的例子中, 我们把整个纹理映射到一个矩形上。如果只使用 s 和 t 的一部分取值范围, 如(0.0, 0.5), 那么只使用 myTexels 数组中的部分纹素用于纹理映射, 得到如图 7.14(b)所示的图像。WebGL 在整个四边形上对 s 和 t 进行插值计算, 然后把这些计算结果逆映射到 myTexels 数组中对应的纹素上。这个四边形纹理映射的例子很简单, 因为纹理坐标和顶点之间的映射关系很明显。对于一般的多边形, 应用程序编程人员必须确定几何对象顶点的纹理坐标。图 7.15 显示了使用同一个纹理进行纹理映射的可能情形。图 7.15(a)和(b)使用同一个三角形, 但使用了不同的纹理坐标。注意图 7.15(c)中由于插值计算导致的失真, 并注意四边形被当成两个三角形进行绘制的情形。

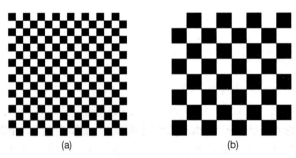

图 7.14　把棋盘纹理映射到一个四边形上。(a)使用整个纹素数组; (b)使用部分纹素数组

正如我们所看到的, WebGL 纹理映射的基本过程很简单: 定义一个颜色数组作为纹理值, 然后设置顶点的纹理坐标, 最后在片元着色器中使用采样器。遗憾的是, 在我们能够有效地使用纹理之前, 必须讨论几个令人头疼的问题。要解决这些问题需要权衡图像的质量与效率之间的关系。

---

① 此处原文为 "var textureMap = createTexture();" 疑有误。——译者注

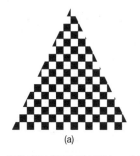
(a)

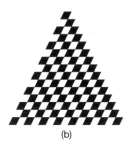
(b)

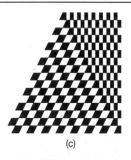
(c)

图 7.15　把纹理映射到多边形上。(a)和(b)把棋盘纹理映射到一个三角形上；(c)把棋盘纹理映射到一个梯形上

　　其中的一个问题是，当纹理坐标 s 或 t 的取值超出范围(0.0，1.0)时，如何解释 s 或 t 的取值？一般来说，如果 s 或 t 的取值在范围(0.0，1.0)之外，要么**重复**(repeat)映射该纹理，要么把(0.0，1.0)范围之外的纹理坐标值**截取**(clamp)为 0.0 或 1.0，也就是说，把小于(0.0，1.0)的纹理坐标值或大于(0.0，1.0)的纹理坐标值分别表示为 0.0 和 1.0。对于重复纹理映射的方式，应使用如下的方式设置相应的参数：

```
gl.texParameteri(gl.TEXTURE_2D, gl.TEXTURE_WRAP_S, gl.REPEAT);
```

对于纹理坐标 t，使用参数 gl.TEXTURE_WRAP_T；对于纹理坐标的截取操作，使用参数 gl.CLAMP_TO_EDGE。在函数 gl.bindTexture 之后通过执行上面的参数设置函数，这些参数就成为纹理对象的一部分。图 7.16 显示了使用 gif 图像作为纹理的立方体。每个面的颜色是纹理颜色和分配给该面的颜色的乘积。图 7.17 使用棋盘图像作为纹理。

图 7.16　每个面上都有纹理图像的彩色立方体

图 7.17　每个面上都有棋盘纹理图像的彩色立方体

7.5.4　纹理采样

　　纹理走样是我们要讨论的一个主要问题。当把纹理坐标映射到纹素数组时，很少会得到与纹素中心相对应的点。解决这个问题的一种方法是，从纹素数组中取这样一个纹素值，该纹素的位置最佳逼近通过光栅化模块插值计算输出的纹理坐标。我们把这种方法称为**点采样**(point sampling)，这是一种最容易产生走样误差的方法。解决该问题的另一种更好的但计算量也更大的方法是，对于使用上述点采样方法得到的纹素，我们对最靠近它周围的一组纹素计算加权平均值，并把该值作为纹理坐标映射到纹素数组时的纹素值。这种方法称为**线性滤波**(linear filtering)。在图 7.18 中，可以看到一个位于纹素内部的采样点及其相邻的四个纹素，通过对顶点纹理坐标进行双线性插值来确定采样点的位置，而根据采样点相邻的纹素值来计算该点平滑的纹素值。如果使用线性滤波，那么在处理纹素数组的边缘时会出现问题，因为需要在纹素数组之外增加额外的纹素值。

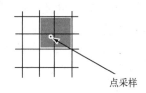
点采样

图 7.18　用于线性滤波的纹素

　　然而更麻烦的是，还需要确定纹素值到纹理值的映射关系。如图 7.19 所示，屏幕上需要着色的像素可能比一个纹素小，也可能比一个纹素大。

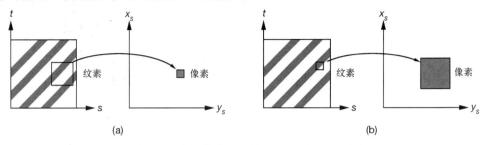

图 7.19　纹素到像素的映射。(a)缩小；(b)放大

　　对于第一种情况，纹素比单个像素大，称之为**缩小**（minification）；对第二情况，纹素比单个像素小，称之为**放大**（magnification）。对于这两种滤波方法（放大滤波和缩小滤波），计算速度最快的滤波方式就是使用最佳逼近点采样的值。可以使用下面的函数为纹理的放大和缩小滤波设置相关的纹理控制选项：

```
gl.texParameteri(gl.TEXTURE_2D, gl.TEXTURE_MAG_FILTER, gl.NEAREST);
gl.texParameteri(gl.TEXTURE_2D, gl.TEXTURE_MIN_FILTER, gl.NEAREST);
```

此外，还可以使用滤波方式参数 gl.LINEAR 代替 gl.NEAREST，从而可以通过线性滤波的方式得到颜色更平滑、走样误差更小的图像。

　　还可以使用 WebGL 的另一个纹理滤波方式来处理纹理缩小问题，即 Mipmapping 技术。如果对象投影到屏幕某个区域的大小与纹素数组的大小相比很小，则不必使用原纹素数组的分辨率显示该对象。可以使用 WebGL 生成一系列大小递减的纹素数组（即 Mipmap 层级纹理），然后 WebGL 会自动在此纹理金字塔中使用适当大小的纹理，该纹理的纹素大小近似等于像素的大小。对于一个大小为 64×64 的原始纹素数组，可以执行下面的函数调用为当前纹理对象设置大小为 32×32、16×16、8×8、4×4、2×2 和 1×1 的纹素数组：

```
gl.generateMipmap(gl.TEXTURE_2D);
```

除此之外，还可以直接使用函数 gl.texImage2D 中的参数 level 设置某个相应大小的纹素数组。参数 level 表示某个纹素数组的 Mipmap 层级纹理中的某一级。因此，第 0 级对应原始纹理图像；第 1 级对应的纹理图像，其每个维度的分辨率为上一级纹理图像的一半；依次类推。然而，可以在每次调用函数 gl.texImage2D 时用一个指针参数指向任意的纹素图像，因此在 Mipmap 层级纹理的不同层级上可以是完全不同的图像。如果调用下面的函数，WebGL 会自动控制 Mipmap 纹理的滤波方式：

```
gl.texParameteri(gl.TEXTURE_2D, gl.TEXTURE_MIN_FILTER,
                 gl.NEAREST_MIPMAP_NEAREST);
```

该函数把 Mipmap 纹理的滤波方式设置为 gl.NEAREST_MIPMAP_NEAREST，即要求 WebGL 使用点采样方式得到相邻的 Mipmap 纹理，并在得到的 Mipmap 纹理内部也使用点采样方式。我们还可以在通过点采样方式得到的相邻 Mipmap 纹理内部使用线性滤波方式（gl.NEAREST_MIPMAP_LINEAR），或者使用线性滤波方式得到相邻的 Mipmap 纹理，并在得到的 Mipmap 纹理内部使用点采样方式（gl.LINEAR_MIPMAP_NEAREST），或者都使用线性滤波的方式（gl.LINEAR_MIPMAP_LINEAR）。

图 7.20 显示了分别使用点采样、线性滤波、基于点采样的 Mipmapping 以及基于线性滤波的 Mipmapping 这 4 种方式进行纹理映射的区别。绘制的对象是一个四边形，其对应的透视投影图看起来几乎就是一个三角形。纹理是一组黑白条纹，这些条纹在纹理图像中均等分布。我们注意到，由于纹理的规则性，通过纹理映射得到的图像具有严重的走样现象。使用点采样方式映射纹理会产生莫尔条纹图案和锯齿状的直线。使用线性滤波方式会使生成的直线更光滑，但是在远端仍有明显的莫尔条纹图案。由于滤波的作用，黑白条纹之间的纹素是灰色的。从图 7.20(c) 中可以看到纹理映射从一级变换到另一级的地方。Mipmapping 映射方式也会使用灰色的颜色代替这种黑白两色图案上的黑白颜色，该灰色的颜色值是黑白两种颜色值的平均值。对于离观察者最远那部分对象，它的纹素颜色是灰色的，并且和背景融合在一起。在特定的 Mipmap 纹理中使用点采样的 Mipmapping 映射方式仍出现了锯齿现象，但是当使用线性滤波 Mipmapping 映射方式时，这种锯齿现象就被消除了。目前 GPU 速度的日益提升以及 GPU 内置的大容量纹理内存使得应用程序可以使用纹理滤波及 Mipmapping 技术而不会影响系统的性能。

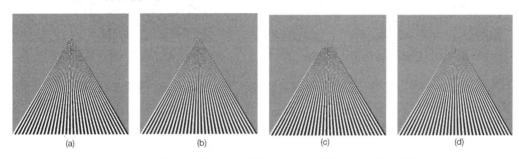

图 7.20　把纹理映射到四边形上。(a)点采样；(b)线性滤波；
(c)Mipmapping 点采样；(d)Mipmapping 线性滤波

在 WebGL 中使用纹理的最后一个问题是纹理与绘制对象表面颜色的相互作用。对于 RGB 颜色模型，存在多种纹理映射方式。其中的一种纹理映射方式是，在进行纹理映射之前，先计算对象表面的着色值，然后把纹理的颜色分量分别与着色值的颜色分量相乘，从而通过纹理调制对象表面原有的颜色。我们可以使片元的颜色完全由纹理的颜色来决定，这种方法称为贴花(Decaling)。可以非常容易地在片元着色器中实现包括这些纹理映射方式在内的许多纹理映射。

7.5.5　使用纹理坐标

目前所举的示例都隐含这样一个假设，即已经知道了如何给对象的顶点指定纹理坐标。如果要处理相同大小的矩形多边形，那么给它们的顶点指定纹理坐标是非常简单的。还可以充分利用这样一个事实：就像顶点坐标一样，纹理坐标也可以使用一维、二维、三维或四维数组来存储。因此，可以使用矩阵对纹理坐标进行几何变换，其处理方式类似于使用模-视变换矩阵和投影变换矩对顶点的位置进行变换。可以创建纹理变换矩阵对纹理坐标进行缩放和定位等操作，从而使纹理能够与几何对象、照相机或光源一起运动。

然而，如果用一组多边形近似表示一个曲面，那么对这些多边形顶点进行纹理坐标的指定并非易事。下面分析如图 7.21 所示的 Utah 茶壶[①]，它是用多边形建立的近似模型。该模型使用了描述小面片的数据来建模，这些面片的大小不尽相同，在曲率较大的表面区域上的面片比较小。如图 7.21 所示，当使用相同数目的线条来显示每个面片时，可以看到不同大小的四边形。该问题扩

---

① 将在第 11 章详细讨论 Utah 茶壶的绘制。

展到图 7.22 所示的纹理映射图像，图中显示了在没有对面片的不同大小进行调整的情况下把棋盘纹理映射到茶壶表面的效果。正如从图中所看到的，把一组相同的纹理坐标赋给每个面片的顶点时，为了适应大小不同的三角形，纹理映射过程会根据需要对纹理的大小进行缩放调整。因此，在茶壶的手柄等区域，需要使用较多的小三角形来更好地近似这部分曲面，与茶壶的体部相比，这部分区域上的黑白矩形比较小。在某些应用中，这样的映射结果是可以接受的。然而，如果茶壶的表面都使用同一种材质，那么我们希望看到茶壶表面的所有部分显示相同的图案。在理论上，可以使用纹理变换矩阵对纹理坐标进行缩放操作，从而得到所需的效果，然而在实际中，几乎不可能根据模型来获取用于定义变换矩阵所需的必要信息。

图 7.21　Utah 茶壶的多边形模型

图 7.22　纹理映射后的 Utah 茶壶

解决该问题的一种方法是，根据每个顶点到位于观察坐标系或对象坐标系中某个平面的距离来计算它们的纹理坐标。从数学的角度看，每个纹理坐标可以表示为一组齐次坐标值的线性组合。因此，对于纹理坐标 s 和 t 有：

$$s = a_s x + b_s y + c_s z + d_s w$$
$$t = a_t x + b_t y + c_t z + d_t w$$

图 7.23(a) 显示的茶壶是在对象坐标系中生成纹理坐标。图 7.23(b) 使用相同的平面方程，但在观察坐标系中生成纹理坐标。通过在对象坐标系中计算纹理坐标，纹理和对象关联在一起，因此纹理会随着对象一起旋转。如果使用观察坐标系，那么当我们对对象进行几何变换时，纹理图案也会随之变化，并产生对象在纹理场中移动的错觉。这种技术的一个重要应用就是地形的生成和地形纹理的生成。还可以把表面的特征作为纹理直接映射到三维网格上。

图 7.23　茶壶的纹理坐标生成。(a) 在对象坐标系；(b) 在观察坐标系

7.5.6　三维纹理映射

纹理可以是一维、二维、三维甚至四维。WebGL 1.0 仅支持二维纹理映射。WebGL 2.0 增加了对三维纹理映射的支持。三维纹理是 (s, t, p) 空间中的值。与二维纹理一样，这些值的范围可以从标量(例如亮度值)到 RGB 或 RGBA 颜色。在编写代码时，使用 `gl.texImage3D` 而不是 `gl.texImage2D`，而在片元着色器中，使用 `sampler3D` 而不是 `sampler2D`。在看一些示例之前，需要解释一下为什么需要三维纹理。

假设要将纹理添加到对象的绘制中，使其看起来像是由坚固的天然材料(例如木材或石料)雕刻而成。如果像目前所做的那样处理，那么首先应该用三角形网格对对象建模，然后将材质的二维纹理图像映射到每个三角形。即使使用立方体这样的简单对象，也可以看到这种方法的问题。如果希望绘制的立方体看起来像是用石头做的，那么单个纹理图像是不够的，因为立方体的每个面需要不同的二维纹理。如果采用这种方法，则可能在不同纹理的三角形相交的边上看到缺陷。如果是一个更复杂的对象(例如球体)，它的网格可能包含成百上千个三角形，那么可能需要我们提供成百上千个纹理图像(每个三角形对应一个)。如果要显示对象的体属性(例如对象内部的样子)而不仅仅是表面，则会遇到更多的困难。

边注 7.1　命名纹理坐标

对于二维纹理，人们普遍认为纹理图像中的一个点是 (s, t) 坐标中的点。对于三维坐标，OpenGL 函数和许多有关纹理映射的文献都使用这样的命名方式：纹理体中的一个点是 (s, t, r) 空间中的点，而四维纹理坐标中的一个点位于 (s, t, r, q) 空间中。例如，在指定三维纹理对象时，参数 gl.TEXTURE_WRAP_R 用于设置第三个纹理坐标的**环绕模式**(wrapping mode)。遗憾的是，对于三维纹理坐标使用 (s, t, r) 或四维纹理坐标使用 (s, t, r, q) 会导致在使用 GLSL 中的成员运算符(.)时产生歧义。回想一下，在着色器中定义 vec3 或 vec4 变量时，

```
vec4 myVariable;
```

我们可以将向量的第三个分量表示为 myVariable[2] 或 myVariable.r。因此，如果 myVariable 代表一个 RGBA 颜色，那么使用 r、g、b 或 a 表示其各个分量会使代码更清晰。同样，如果 myVariable 是纹理坐标，那么 GLSL 允许我们使用 s 和 t 引用前两个分量。但是，如果用 r 表示第三个分量，那么 GLSL 就无法分辨 myVariable.r 是指颜色的红色分量还是纹理坐标的第三个变量。因此，在 GLSL 中，纹理坐标命名为 (s, t, p, q)。

下面考虑一种更为直接的体方法。我们从一个具有有色材质的立方体开始。现在，假定它有单位长度的边，原点在 (s, t, p) 坐标系的一角。因此，可以用如下形式的函数来描述该材质：

$$f(s, t, p) = [r(s, t, p), g(s, t, p), b(s, t, p), a(s, t, p)] \quad 0 \leqslant s, t, p \leqslant 1$$

因此，材质立方体中的每个点都用 RGBA 颜色来表征，函数 f 描述了三维纹理。

实际上，就像在二维中做的那样，可以设置三维纹理对象。我们从三维离散图像开始，它将成为纹理对象的一部分。三维离散图像可以从实际数据(例如医学影像)中生成，或者通过对连续函数进行采样。作为一个简单的示例，我们为每个纹素指定随机的 RGB 颜色，并使每个纹素不透明，其代码如下：

```
var numComponents = 4; // RGBA texels

var image3 = new Uint8Array(numComponents*texSize*texSize*texSize);

for(var i = 0; i < texSize; ++i) {
  for(var j = 0; j < texSize; ++j) {
    for(var k = 0; k < texSize; ++k) {
      var texel = numComponents*(i + j*texSize + k*texSize*texSize)

      image3[texel+0] = 255 * Math.random();
      image3[texel+1] = 255 * Math.random();
      image3[texel+2] = 255 * Math.random();
```

```
        image3[texel+3] = 255;
      }
    }
  }
```

这样的示例可以很容易地转换为其他的近似材质，例如石英或木材。就像设置二维纹理对象一样，也可以设置三维纹理对象，唯一的区别是必须考虑第三个纹理坐标。以下是使用 image3 设置纹理对象的基本代码：

```
var texture3D = gl.createTexture();
gl.activeTexture(gl.TEXTURE0);
gl.bindTexture(gl.TEXTURE_3D, texture3D);
gl.texImage3D(gl.TEXTURE_3D, 0, gl.RGBA, texSize, texSize, texSize,
0,
    gl.RGBA, gl.UNSIGNED_BYTE, image3);
gl.texParameteri(gl.TEXTURE_3D, gl.TEXTURE_MIN_FILTER,
    gl.LINEAR_MIPMAP_LINEAR);
gl.texParameteri(gl.TEXTURE_3D, gl.TEXTURE_MAG_FILTER, gl.LINEAR);
gl.generateMipmap(gl.TEXTURE_3D);
```

现在，可以在片元着色器中使用纹理，方法是将其标识为三维纹理，并通过三维纹理坐标对其进行采样：

```
in  vec3 vTexCoord;
out vec4 fColor;

uniform sampler3D uTextureMap3D;

void main()
{
    fColor = texture(uTextureMap3D, vTexCoord);
}
```

最后一个需要考虑的问题是如何将顶点位置映射到纹理坐标。在许多应用中，这种映射非常简单，因为我们将三维对象坐标系或观察坐标系中的位置映射到三维纹理坐标。这种映射通常只需将缩放和平移变换应用于每个顶点坐标。让我们看几个基于立方体的示例。

从前面示例中使用的那个立方体开始，立方体具有顶点

```
var vertices = [
    vec4(-0.5, -0.5,  0.5, 1.0),
    vec4(-0.5,  0.5,  0.5, 1.0),
    vec4( 0.5,  0.5,  0.5, 1.0),
    vec4( 0.5, -0.5,  0.5, 1.0),
    vec4(-0.5, -0.5, -0.5, 1.0),
    vec4(-0.5,  0.5, -0.5, 1.0),
    vec4( 0.5,  0.5, -0.5, 1.0),
    vec4( 0.5, -0.5, -0.5, 1.0)
];
```

一个非常简单的方法是对顶点位置进行缩放和平移变换，以便每个纹理坐标都在(0，1)范围内。在顶点着色器中，其代码如下：

```
out vec3 vTexCoord;

vTexCoord = 0.5 + 0.5 * gl_Position.xyz;
```

片元着色器的代码如下：

```
in   vec3 vTexCoord;
out vec4 fColor;

uniform sampler3D uTextureMap3D;

void
main()
{
    fColor = texture(uTextureMap3D, vTexCoord);
}
```

如前面的许多示例所示，假定绕原点旋转立方体，并在使用顶点着色器代码设置纹理坐标之前旋转立方体，其代码如下：

```
gl_Position = r * aPosition;
vTexCoord = 0.5 + 0.5 * gl_Position.xyz;
```

其中 r 是旋转矩阵。当立方体旋转时，由于纹理未固定在立方体上，因此颜色发生变化。视觉效果是一个对象在一个由纹理定义的环境中移动。另一方面，如果使用

```
in vec4 aPosition;

vTexCoord = 0.5 + 0.5 * aPosition.xyz;
```

那么立方体旋转时颜色不会改变。如果将此技术应用于更复杂的对象，则可以绘制这样的图像，其中的对象看似由三维纹理定义的材质雕刻而成。

考虑一个简单的例子。假设有一个球体，其内部从外表的红色变成中心的绿色。可以用下面的代码构建一个三维纹理图像：

```
var numComponents = 4;
var radius = 0.16 * texSize * texSize;

for (var i = 0; i < texSize; ++i) {
  var x = i-texSize/2;

  for(var j = 0; j < texSize; ++j) {
    var y = j-texSize/2;

    for(var k = 0; k < texSize; ++k) {
      var z = k-texSize/2;

      var texel = numComponents * (i + j*texSize + k*texSize*texSize);

      if (x*x+y*y+z*z < radius) {
        //radial color: green at center, red at outside
        var r = Math.sqrt(x*x+y*y+z*z);
        image3[texel+0] = 510 * r/texSize;
        image3[texel+1] = 255 - 510 * r/texSize;
        image3[texel+2] = 0;
      }
      else {
        // black outside sphere
        image3[texel+0] = 0;
        image3[texel+1] = 0;
        image3[texel+2] = 0;
      }
       image3[texel+3] = 255;
```

```
        }
    }
}
```

与处理二维纹理图像的方式几乎相同，可以将这些数据放入三维纹理中，其代码如下：

```
var texture3D = gl.createTexture();
gl.activeTexture(gl.TEXTURE0);
gl.bindTexture(gl.TEXTURE_3D, texture3D);
gl.texImage3D(gl.TEXTURE_3D, 0, gl.RGBA, texSize, texSize, texSize,
    0, gl.RGBA, gl.UNSIGNED_BYTE, image3);
gl.texParameteri(gl.TEXTURE_3D, gl.TEXTURE_MIN_FILTER,
    gl.LINEAR_MIPMAP_LINEAR);
gl.texParameteri(gl.TEXTURE_3D, gl.TEXTURE_MAG_FILTER, gl.LINEAR);
gl.texParameteri(gl.TEXTURE_3D, gl.TEXTURE_WRAP_S, gl.CLAMP_TO_EDGE);
gl.texParameteri(gl.TEXTURE_3D, gl.TEXTURE_WRAP_T, gl.CLAMP_TO_EDGE);
gl.texParameteri(gl.TEXTURE_3D, gl.TEXTURE_WRAP_R, gl.CLAMP_TO_EDGE);
gl.generateMipmap(gl.TEXTURE_3D);
```

下一个问题是如何显示这些数据。有一组技术用来解决该问题，它是光线跟踪或光线投射的变体，需要使用沿着从视点到数据的光线的值。我们将在第 12 章讨论光线跟踪。由于需要大量的计算，这类技术通常不是交互式的。

或者，可以使用基于三维纹理映射的几何技术，通过数据获取图像的快速切片。此处，我们遵循这个方法。首先指定三个正交平面的顶点，每个正交平面都有一个滑动条，通过滑动条可以控制其在正交方向上移动。

```
var vertices = [
    vec4(-0.5, -0.5, hz, 1.0),
    vec4(-0.5,  0.5, hz, 1.0),
    vec4( 0.5,  0.5, hz, 1.0),
    vec4( 0.5, -0.5, hz, 1.0),

    vec4(-0.5, hy, -0.5, 1.0),
    vec4(-0.5, hy,  0.5, 1.0),
    vec4( 0.5, hy,  0.5, 1.0),
    vec4 (0.5, hy, -0.5, 1.0),

    vec4(hx, -0.5, -0.5, 1.0),
    vec4(hx, -0.5,  0.5, 1.0),
    vec4(hx,  0.5,  0.5, 1.0),
    vec4(hx,  0.5, -0.5, 1.0)
];
```

剩下的事情非常简单。只需一行代码，将四边形上的每个点都直接映射到顶点着色器中的三维纹理坐标 vTexCoord：

```
vTexCoord = 0.5 + gl_Position.xyz;
```

之后，在片元着色器中，片元颜色由纹理采样决定，其代码如下：

```
fColor = texture(uTextureMap3D, vTexCoord);
```

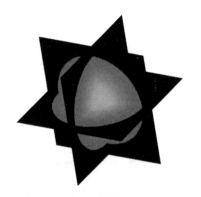

图 7.24 显示了应用程序的一帧画面，可以在本书网站上找到该示例代码。通过滑动条可以移动这些正交平面，并且任何正交平面都可以通过按钮在"开"和"关"之间切换。

图 7.24　穿过球体的平面切片

　　三维纹理映射的主要用途之一是医学成像。包括 CT（计算机断层扫描）、MRI（磁共振成像）、PET（正电子发射断层扫描）和超声成像在内的成像技术均产生三维数据块，这些三维数据块可以生成人体内部的二维图像[①]。

　　我们使用这些技术来对数据进行切片成像。图 7.25 显示了一个 256×256×109 的人脑磁共振研究数据集的一个切片。可以将该数据看作 109 个 256×256 的图像（或切片）。我们可以扩展这个示例，通过创建 109 个二维纹理并使用一个滑动条来选择要用于当前纹理图像的切片来交互式显示任何切片。但是，这种方法是受限的，因为它只显示沿单个轴的视图。

　　如果使用前面用于球体的三个正交切片与旋转相结合的绘制方法，那么将得到信息表达能力更强的交互式显示，如图 7.26 所示。

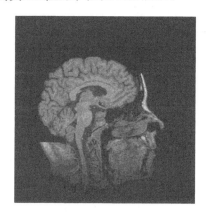

图 7.25　人脑磁共振数据集的一个切
片（由斯坦福体数据档案提供）　　　　图 7.26　使用三个正交切片显示三维磁共振数据

7.5.7　多纹理映射

　　到目前为止，已经讨论了把单纹理映射到对象表面的方法。然而，如果使用多纹理进行绘制，那么许多表面的绘制效果可能会更好些。例如，假定希望给对象增加阴影效果，该对象表面的颜色本身是由纹理映射确定的。我们可以使用纹理映射实现阴影效果，但是如果绘制系统每次只能应用单纹理，那么就无法使用这种方法。

　　但是，如果图形系统支持如图 7.27 所示的多纹理单元，那么就可以完成这个任务。纹理单元序列是一个流水线结构，其中的每个纹理单元作为一个独立的纹理映射阶段，其输入是前一个纹理单元的输出。最新版本的 OpenGL（包括 WebGL）支持这个功能。

图 7.27　纹理单元序列

　　假如希望使用两个纹理单元。可以在程序的初始化阶段定义两个纹理对象，然后依次激活每个纹理单元并确定每个纹理对象的映射方式。首先考虑第一个纹理图像，它是前面使用过的棋盘图像：

---

① 像 CT 这样的技术不会直接生成三维数据，而是将复杂的算法应用到二维图像集以获得数据。这类算法是一种基于图像的绘制形式，我们将在第 12 章讨论这个主题。

```
var texSize = 64;
var numRows = 8;
var numCols = 8;
var numComponents = 4; // RGBA texels

var image1 = new Uint8Array(numComponents*texSize*texSize);

for (var i = 0; i < texSize; ++i) {
  for (var j = 0; j < texSize; ++j) {
    var patchx = Math.floor(i/(texSize/numRows));
    var patchy = Math.floor(j/(texSize/numCols));

    var c = (patchx%2 !== patchy%2 ? 255 : 0);

    var texel = numComponents * (i*texSize + j);

    image1[texel+0] = c;
    image1[texel+1] = c;
    image1[texel+2] = c;
    image1[texel+3] = 255;
  }
}
```

第二个图像按正弦规律在黑色和白色之间变化，其代码如下：

```
var image2 = new Uint8Array(4*texSize*texSize);

// Create a checkerboard pattern
for (var i = 0; i < texSize; ++i) {
  for (var j = 0; j < texSize; ++j) {
    var c = 127 + 127 * Math.sin(0.1*i*j);

    var texel = numComponents * (i*texSize + j);
    image2[texel+0] = c;
    image2[texel+1] = c;
    image2[texel+2] = c;
    image2[texel+3] = 255;
  }
}
```

通过下面的代码生成两个标准纹理对象：

```
texture1 = gl.createTexture();
gl.bindTexture(gl.TEXTURE_2D, texture1);
gl.texImage2D(gl.TEXTURE_2D, 0, gl.RGBA, texSize, texSize, 0,
              gl.RGBA, gl.UNSIGNED_BYTE, image1);
gl.generateMipmap(gl.TEXTURE_2D);
gl.texParameteri(gl.TEXTURE_2D, gl.TEXTURE_MIN_FILTER,
gl.NEAREST_MIPMAP_LINEAR);
gl.texParameteri(gl.TEXTURE_2D, gl.TEXTURE_MAG_FILTER, gl.NEAREST);

texture2 = gl.createTexture();
gl.bindTexture(gl.TEXTURE_2D, texture2);
gl.texImage2D(gl.TEXTURE_2D, 0, gl.RGBA, texSize, texSize, 0,
              gl.RGBA, gl.UNSIGNED_BYTE, image2);
gl.generateMipmap(gl.TEXTURE_2D);
gl.texParameteri(gl.TEXTURE_2D, gl.TEXTURE_MIN_FILTER,
```

```
gl.NEAREST_MIPMAP_LINEAR);
gl.texParameteri(gl.TEXTURE_2D, gl.TEXTURE_MAG_FILTER, gl.NEAREST);
```

可以把每个纹理对象指定给不同的纹理单元，片元着色器可以使用两个采样器来访问它们。假设在片元着色器中通过以下代码指定两个采样器：

```
uniform sampler2D Tex0;
uniform sampler2D Tex1;
```

在 WebGL 应用程序中，可以把纹理对象指定给前两个纹理单元，然后通过下面的代码将着色器中的采样器连接到应用程序：

```
gl.activeTexture(gl.TEXTURE0);
gl.bindTexture(gl.TEXTURE_2D, texture1);
gl.uniform1i(gl.getUniformLocation(program, "uTex0"), 0);

gl.activeTexture(gl.TEXTURE1);
gl.bindTexture(gl.TEXTURE_2D, texture2);
gl.uniform1i(gl.getUniformLocation(program, "uTex1"), 1);
```

其他还需要做的工作就是确定着色器将如何使用这些纹理。假设只是希望简单地使用前面示例中棋盘纹理的效果乘以第二个纹理的正弦图案，则片元颜色由下面的代码给出：

```
fColor = color * texture(uTex0, texCoord)
     * texture(uTex1, texCoord);
```

图 7.28　使用两个纹理单元对立方体进行纹理映射

图 7.28 给出了绘制结果。注意，因为 texCoord 是传递到片元着色器的顶点变量，所以可以改变它的值，甚至可以为纹理坐标使用不同的变量。在本章后面考虑成像操作时，将会看到在着色器中使用多对纹理坐标的示例。

7.6　环境映射

高反射表面具有镜面反射的特性，它可以反射周围的环境。例如，考虑位于房间中央的一个有光泽的金属球，我们可以在金属球的表面上看到房间里物体扭曲的图像。很明显，这种效果需要用到全局光照信息，因为如果不考虑其他的场景，就无法正确地绘制这个金属球。基于物理的绘制方法（如光线跟踪方法）可以生成具有这种效果的图像，然而在实际中，光线跟踪所需的计算非常耗时，以至于无法用于实时应用中。但是，可以使用纹理映射的变体，它可以通过**环境贴图**（environment map）或**反射贴图**（reflection map）并使用各种纹理映射技术来产生视觉上可以接受的近似效果。

环境映射的基本思想很简单。下面将分析如图 7.29 所示的镜面，可以将其视为具有高反射材质的多边形表面。从图形绘制系统的观点来看，如果观察者的位置和多边形的法向量都已知，那么根据第 6 章的公式可以计算光线的反射角。如果跟踪反射角的反射光线直到与场景中的对象相交为止，那么就可以得到镜面反射光线的强度（即镜面的颜色值）。当然，这个颜色值是多边形的着色结果，它表示场景中光源和多边形表面材质的相互作用。因此可以得到镜面颜色的近似值，它作为两步绘制过程的一部分。

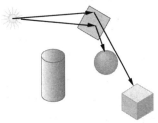

图 7.29　一个包含镜面的场景

在第一遍绘制过程中，绘制的场景不包含镜面多边形，绘制的时候把照相机放在镜面的中心，并指向镜面的法向量方向。因此，绘制的场景对象的图像就好像从镜子中"看到"的一样。之后执行第二遍绘制过程，作为一个常规的绘制过程，它把照相机放回到场景中原来的位置，并使用前面得到的图像作为颜色值(纹理值)映射到镜面多边形上。

这种方法存在两个问题。第一，在第一遍绘制过程中得到的图像尽管在通常情况下足够好，但是并不完全正确，这是因为生成这个图像时并没有考虑场景中的镜面对象。第二，必须解决映射问题。在第一遍绘制过程中，应该把场景投影到哪个表面上？又应该把照相机放在什么地方？很可能需要场景中的所有信息，因为在实际操作时可能要做一些事情，例如移动场景中的镜面。在这种情况下，会从镜面中看到场景不同部分的连续帧画面，因此，一个简单的投影无法满足这种情形。

有许多方法可以用来解决这个投影问题。典型的方法是把环境投影到球心位于投影中心的一个球面上。在图 7.30 中，可以看到一些位于球面之外且要投影到该球面的多边形。注意，位于球心位置的观察者不能区分他们所看到的多边形是位于原来的位置还是位于球面的投影上，这种幻觉类似于在天文馆中看星星，看起来仿佛位于无限远处的"星星"实际上是光线在位于观众上方的半球面上的投影。

在最初的环境映射中，球面被许多经线和纬线分割成矩形区域，纹理就映射到这些矩形块上。尽管这在概念上很简单，但是在球体的两极存在形状无限失真的问题。从计算的角度来看，这种映射方法并不能很好地避免形状上的失真，而且需要进行大量的三角函数计算。

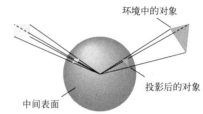

图 7.30　环境映射

该方法的一种变体称为**球面映射**(sphere mapping)。应用程序提供一个圆形图像，它是环境映射到球面后该球体的正投影。这种方法的优点是使从反射向量到位于该圆上的二维纹理坐标的映射变得非常简单，易于用硬件实现。这种方法的难点在于获取所需的圆形图像，这最终降低了现代图形 API 对该方法的支持。WebGL 不支持球面映射。然而，为球面映射生成纹理坐标，这为转向更现代的环境映射方法提供了一种可理解的模型。

可以通过使用广角镜头进行透视投影或通过重新映射其他类型的投影(例如下面将要讨论的立方体投影)来近似球面映射图像。

借助图 7.31 可以理解用来生成纹理坐标的方程。如果采用从观察者到纹理图像的逆向处理方式，那么这可能是理解该方程推导过程

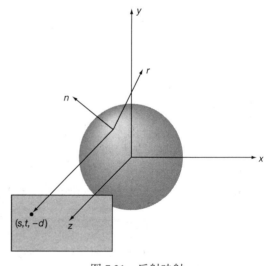

图 7.31　反射映射

最容易的方法。假定纹理图像位于 $z = -d$ 平面上，其中 d 是一个正数，并且朝着以原点为中心的单位球面向后做正交投影。因此，如果该平面上的纹理坐标为 (s, t)，那么投影线与球面的交点坐标为 $(s, t, \sqrt{1.0 - s^2 - t^2})$。对于球心位于坐标原点的单位球体来说，球面上任意一点

的坐标也正好是该点单位法向量的分量。然后就可以根据第 6 章介绍的方法计算该点的反射方向：

$$\mathbf{r} = 2(\mathbf{n} \cdot \mathbf{v})\mathbf{n} - \mathbf{v}$$

其中

$$\mathbf{v} = \begin{bmatrix} s \\ t \\ 0 \end{bmatrix}$$

$$\mathbf{n} = \begin{bmatrix} s \\ t \\ \sqrt{1.0 - s^2 - t^2} \end{bmatrix}$$

向量 $\mathbf{r}$ 指向环境，因此任何与 $\mathbf{r}$ 相交的对象都有纹理坐标 (s, t)。然而，这个参数是逆向的，因为在实际计算纹理坐标时是从由顶点定义的对象出发的。已知 $\mathbf{r}$，可以计算 s 和 t，我们发现，如果

$$\mathbf{r} = \begin{bmatrix} r_x \\ r_y \\ r_z \end{bmatrix}$$

那么

$$s = \frac{r_x}{f} + \frac{1}{2}$$

$$t = \frac{r_y}{f} + \frac{1}{2}$$

其中

$$f = 2\sqrt{r_x^2 + r_y^2 + (r_z + 1)^2}$$

如果把所有的对象都变换到观察坐标系，那么利用从原点到顶点的单位向量 $\mathbf{v}$ 和顶点的法向量 $\mathbf{n}$ 就可以计算 $\mathbf{r}$。

上述处理过程所揭示的一些问题说明该方法只是一种近似方法。只有对于位于原点处的顶点，反射映射才是正确的。原则上，每个顶点都有自己的反射映射。实际上，对象上的每个点都有自己的映射，而不是通过插值计算得到的近似值。对象离原点越远误差也就越大。尽管如此，在大多数情况下，反射映射可以得到视觉上可接受的结果，尤其是在电影和游戏中有动画时。

如果希望利用图形系统来计算环境贴图，那么更愿意使用图形系统所支持的标准投影。对于房间这样的环境，最自然的中间对象就是盒子。使用位于盒子中央的六个虚拟照相机来计算六个投影，分别对应于墙壁、地板和天花板，每个虚拟照相机指向不同的方向。此时，可以把得到的这六张投影图视为一个完整的环境贴图，并用如图 7.31 所示的方法从环境贴图中获取对象的纹理值。图 7.32 和图 7.33 展示了使用立方体映射为基于多通道投影的环境穹顶（如在天文馆中使用）生成图像。图 7.32(a) 显示了立方体环境，在每个表面上都有一个对象和一个标识符。图 7.32(b) 显示了位于原点的五个虚拟照相机，分别指向某个方向来获取除了立方体底面之外的其他面，因为在这个应用中不需要获取底面的图像。图 7.33(a) 显示了五个环境贴图，它们作为一个整体显示为展开的盒子。图 7.33(b) 显示了映射到半球的纹理。

(a)

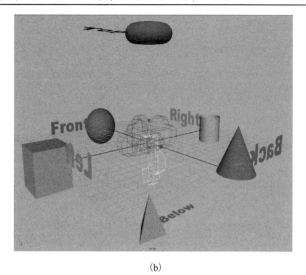

(b)

图 7.32　生成立方体环境贴图(由新墨西哥大学 ARTS 实验室提供)。(a)立方体环境；(b)五个虚拟照相机位于立方体中心

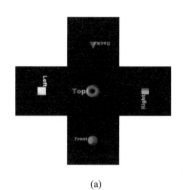

(a)

(b)

图 7.33　将立方体环境贴图映射到半球(由新墨西哥大学 ARTS 实验室提供)。(a)显示在展开的盒子上的五个环境贴图；(b)映射到半球的立方体纹理

不管环境图像是如何计算的，一旦有了它们，就可以在 WebGL 中通过六次函数调用来指定立方体贴图，每次函数调用为立方体(中心位于坐标原点处)的一个面指定二维纹理。因此，如果使用一个 512×512 的 RGBA 图像 imagexp 为立方体面向 x 轴正向的面设置纹理，则可以调用下面的函数：

```
gl.texImage2D(gl.TEXTURE_CUBE_MAP_POSITIVE_X, 0, gl.RGBA, 512, 512, 0,
              gl.RGBA, gl.UNSIGNED_BYTE, imagexp);
```

对于反射映射，可以通过 WebGL 函数自动计算其纹理坐标。然而，立方体映射在本质上与球面映射不同，球面映射非常类似于具有特殊坐标计算的标准二维纹理映射。这里必须使用三维纹理坐标，通常在着色器中计算它们。在下一节可以看到，立方体映射纹理坐标的计算很简单。

以上这些技术都是**多通道绘制或多重绘制**(multipass rendering 或 multirendering)的例子，在这种技术的使用过程中，为了生成单幅图像，必须计算多幅图像，每一幅图像都要使用绘制流水线。随着显卡的计算性能发展到一定的程度，即从不同的视角多次绘制同一个场景所花的时间比合理刷新屏幕所需的时间还要少的时候，多通道绘制方法也就变得越来越重要了。同样，这些技术的很大一部分可以在片元着色器中实现。在下一章，我们将通过使用离屏缓存扩展多通道绘制的概念。

7.7　反射映射示例程序

　　让我们来看一个基于之前的旋转立方体的反射映射的简单示例。这个示例程序使用立方体贴图，它的六个纹理贴图中的任意一个都是单纹素。假定这个旋转的立方体表面具有理想的镜面反射特性并且放在一个盒子里面，盒子每个面的颜色是下面六种颜色中的某一种：红色、绿色、蓝色、青色、品红和黄色。作为初始化的一部分，下面的代码说明了如何使用 0 号纹理单元设置立方体贴图：

```
var red = new Uint8Array([255, 0, 0, 255]);
var green = new Uint8Array([0, 255, 0, 255]);
var blue = new Uint8Array([0, 0, 255, 255]);
var cyan = new Uint8Array([0, 255, 255, 255]);
var magenta = new Uint8Array([255, 0, 255, 255]);
var yellow = new Uint8Array([255, 255, 0, 255]);

var cubeMap = gl.createTexture();

gl.activeTexture(gl.TEXTURE0);
gl.bindTexture(gl.TEXTURE_CUBE_MAP, cubeMap);
gl.texImage2D(gl.TEXTURE_CUBE_MAP_POSITIVE_X, 0, gl.RGBA,
              1, 1, 0, gl.RGBA, gl.UNSIGNED_BYTE, red);
gl.texImage2D(gl.TEXTURE_CUBE_MAP_NEGATIVE_X, 0, gl.RGBA,
              1, 1, 0, gl.RGBA, gl.UNSIGNED_BYTE, green);
gl.texImage2D(gl.TEXTURE_CUBE_MAP_POSITIVE_Y, 0, gl.RGBA,
              1, 1, 0, gl.RGBA, gl.UNSIGNED_BYTE, blue);
gl.texImage2D(gl.TEXTURE_CUBE_MAP_NEGATIVE_Y, 0, gl.RGBA,
              1, 1, 0, gl.RGBA, gl.UNSIGNED_BYTE, cyan);
gl.texImage2D(gl.TEXTURE_CUBE_MAP_POSITIVE_Z, 0, gl.RGBA,
              1, 1, 0, gl.RGBA, gl.UNSIGNED_BYTE, yellow);
gl.texImage2D(gl.TEXTURE_CUBE_MAP_NEGATIVE_Z, 0, gl.RGBA,
              1, 1, 0, gl.RGBA, gl.UNSIGNED_BYTE, magenta);
gl.texParameteri(gl.TEXTURE_CUBE_MAP, gl.TEXTURE_MIN_FILTER,
                 gl.NEAREST);
```

在片元着色器中可以通过一个立方体贴图采样器来应用纹理贴图。就像在其他的示例程序中那样设置所需的 uniform 变量，其代码如下：

```
gl.uniform1i(gl.getUniformLocation(program, "uTexture"), 0);
```

由于已经设置好了立方体贴图，现在可以确定顶点的纹理坐标。反射映射或环境映射所需的计算如图 7.34 所示。假定环境图像已经映射到了立方体表面。反射贴图和简单的立方体纹理贴图的区别是，我们使用反射向量而不是观察向量访问反射贴图所需的纹理。可以在顶点着色器中计算每个顶点的反射向量，然后由片元着色器在图元的表面插值计算表面所有点的反射向量。

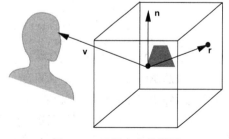

图 7.34　反射立方体贴图

　　然而，为了计算反射向量，需要旋转立方体每个面的法向量。可以通过函数 quad 在 WebGL 应用程序代码中计算这些法向量，然后把它们作为顶点属性发送到顶点着色器中，其代码如下：

```
var positions = [ ];
var normals = [ ];

function quad(a, b, c, d)
{
  var t1 = subtract(vertices[b], vertices[a]);
  var t2 = subtract(vertices[c], vertices[b]);
  var normal = cross(t1, t2);
  normal = normalize(normal);

  positions.push(vertices[a]);
  normals.push(normal);

  positions.push(vertices[b]);
  normals.push(normal);

  positions.push(vertices[c]);
  normals.push(normal);

  positions.push(vertices[a]);
  normals.push(normal);

  positions.push(vertices[c]);
  normals.push(normal);

  positions.push(vertices[d]);
  normals.push(normal);
}
```

之后把位置和法向量数据存储到两个顶点数组中，其代码如下：

```
var nBuffer = gl.createBuffer();
gl.bindBuffer(gl.ARRAY_BUFFER, nBuffer);
gl.bufferData(gl.ARRAY_BUFFER, flatten(normals), gl.STATIC_DRAW);

var aNormal = gl.getAttribLocation(program, "aNormal");
gl.vertexAttribPointer(aNormal, 4, gl.FLOAT, false, 0, 0);
gl.enableVertexAttribArray(aNormal);

var vBuffer = gl.createBuffer();
gl.bindBuffer(gl.ARRAY_BUFFER, vBuffer);
gl.bufferData(gl.ARRAY_BUFFER, flatten(positions), gl.STATIC_DRAW);

var aPosition = gl.getAttribLocation(program, "aPosition");
gl.vertexAttribPointer(aPosition, 4, gl.FLOAT, false, 0, 0);
gl.enableVertexAttribArray(aPosition);
```

为了以简单的方式说明立方体贴图，我们使用默认的观察设置，从而既不需要指定模-视变换矩阵，也不需要指定投影变换矩阵。通过向顶点着色器传递旋转角度，将可以像前面的示例一样旋转立方体，其中旋转角度用于确定旋转矩阵，从而计算得到模-视变换矩阵，然后顶点着色器就可以执行顶点位置变换操作了。回顾第 6 章，当将模-视变换矩阵这样的变换应用到顶点位置时，必须用法向量矩阵对相应的法向量进行变换。对于对象的旋转，法向量矩阵就是旋转变换矩阵。在这种简化的条件下，顶点着色器的代码为：

```
in vec4 aPosition;
in vec4 aNormal;
out vec3 R;

uniform vec3 uTheta;

void main()
{
  vec3 angles = radians(uTheta);
  vec3 c = cos(angles);
  vec3 s = sin(angles);

  mat4 rx = mat4(1.0, 0.0, 0.0, 0.0,
                 0.0, c.x, s.x, 0.0,
                 0.0, -s.x,  c.x, 0.0,
                 0.0, 0.0, 0.0, 1.0);

  mat4 ry = mat4(c.y, 0.0, -s.y, 0.0,
                 0.0, 1.0, 0.0, 0.0,
                 s.y, 0.0, c.y, 0.0,
                 0.0, 0.0, 0.0, 1.0);

  mat4 rz = mat4(c.z, -s.z, 0.0, 0.0,
                 s.z, c.z, 0.0, 0.0,
                 0.0, 0.0, 1.0, 0.0,
                 0.0, 0.0, 0.0, 1.0);

  mat4 modelView = rz * ry * rx;
  vec4 eyePos  = modelView * aPosition;

  vec4 N = modelView * aNormal;
  R = reflect(eyePos.xyz, N.xyz);

  gl_Position = modelView * aPosition;
}
```

这将在观察坐标系中计算反射向量并将它作为顶点变量从着色器中输出。如果希望立方体的颜色完全由纹理来决定，那么片元着色器非常简单，其代码如下：

```
in vec3 R;
out vec4 fColor;
uniform samplerCube uTexMap;

void main()
{
  vec4 texColor = textureCube(uTexMap, R);
  fColor = texColor;
}
```

尽管纹理坐标是三维的，但是采样器使用六个二维纹理图像之一来确定立方体的颜色。假设采样器中的反射向量 R 指向 (x, y, z) 方向。由图 7.34 可以看出，最大的 R 分量决定了要使用的纹理。例如，如果 R 指向 $(0.3, 0.4, -0.5)$ 方向，那么 R 先与沿 z 轴负方向的表面相交，然后采样器将点 $(0.3, 0.4)$ 转换为正确纹理图像的合适纹理坐标。

就像在第 6 章处理改进的 Phong 光照模型那样，可以使立方体的颜色部分由镜面光、漫反射光和环境光来决定，从而可以创建更复杂的光照效果。然而需要注意的是，必须清楚在着色器中所使用的坐标系。该示例程序和前面的旋转立方体示例程序的区别是，通常在世界坐标系中计算环境贴图。在建模坐标系中定义对象的位置和法向量，然后在 WebGL 应用程序代码中通过建模变换将这些数据变换到世界坐标系中。由于模-视变换矩阵将对象从建模坐标系直接变换到观察坐标系，所以通常看不到对象在世界坐标系中的表示。在许多的应用中，不需要建模变换而直接在世界坐标系中定义对象，因此建模坐标系和世界坐标系相同。

图 7.35　反射映射(将立方体环境贴图映射到立方体表面)

然而，在实现反射映射时，却希望所编写的程序允许执行建模变换。完成这个任务的一种方法是，首先在 WebGL 应用程序代码中计算建模变换矩阵，然后把该矩阵作为一个 uniform 变量发送到片元着色器中。需要注意的是，为了变换法向量，还需要计算建模变换矩阵的逆转置矩阵。然而，如果将建模变换矩阵的逆转置矩阵作为另一个 uniform 变量发送到片元着色器中，则可以右乘法向量得到所需的结果。

图 7.35、图 7.36 和图 7.37 分别显示了使用反射贴图确定立方体、球体和 Utah 茶壶表面的颜色。在每种情况下，对象都放在一个每个面分别由六种颜色(红色、绿色、蓝色、青色、品红和黄色)确定的立方体里面。

图 7.36　反射映射(将立方体环境贴图映射到球体表面)

图 7.37　反射映射(将立方体环境贴图映射到 Utah 茶壶表面)

7.8　凹凸映射

凹凸映射作为一种纹理映射技术，它不用增加对象的几何复杂度就能够生成具有复杂表面效果的图像。与简单的纹理映射不同，当光源或对象移动时，凹凸映射会显示对象表面着色效果的变化，从而使对象看起来在表面平滑度上有所变化。

让我们从创建橘子图像的示例开始。如果拍摄了一张真实橘子的照片，那么就可以把它作为纹理映射到对象的表面。然而，当移动光源或旋转对象时，会立即注意到生成的并不是真实橘子的图像，而只是一个橘子模型的图像。出现这个问题的原因在于，真实的橘子外形不仅仅是颜色的变化，而主要特征在于它表面有许多微小的变化，而这种效果是不能通过纹理映射生成的。当绘制对象的表面时，**凹凸映射**(bump mapping)技术通过扰动表面的法向量来改变它的形状，其表面经着色处理后得到的颜色反映了表面属性的变化。环境映射等技术无须可编程着色器就可以实现，而凹凸映射在没有可编程着色器的情况下就不可能实时运行。特别是由于凹凸映射是基于逐片元实现的，所以片元着色器必须可编程。

7.8.1 计算凹凸贴图

通过观察可知，对象表面任一点的法向量确定了表面在该点处的朝向，如果对表面上每个点的法向量都施加一个微小的扰动，那么就可以生成一个外形变化很小的表面。如果这种法向量的扰动只发生在表面着色期间，那么可以使用具有平滑法向量的光滑表面模型，但使用某种方式可以把它绘制成看起来具有复杂几何特征的表面。因为只是对法向量进行扰动，所以即使不需要创建由扰动的法向量定义的更复杂的表面，对扰动后的表面进行绘制计算也是正确的。

可以采取许多不同的方式扰动表面的法向量。下面是一个对参数曲面非常有效的方法。假设 $\mathbf{p}(u, v)$ 是参数曲面上的一个点，该点的偏导数位于曲面上该点处的切平面上：

$$\mathbf{p}_u = \begin{bmatrix} \frac{\partial x}{\partial u} \\ \frac{\partial y}{\partial u} \\ \frac{\partial z}{\partial u} \end{bmatrix} \qquad \mathbf{p}_v = \begin{bmatrix} \frac{\partial x}{\partial v} \\ \frac{\partial y}{\partial v} \\ \frac{\partial z}{\partial v} \end{bmatrix}$$

对这两个偏导数的叉积进行归一化处理可以得到该点的单位法向量，即

$$\mathbf{n} = \frac{\mathbf{p}_u \times \mathbf{p}_v}{|\mathbf{p}_u \times \mathbf{p}_v|}$$

假定使用**凹凸函数**（bump function）或**移位函数**（displacement function）$d(u, v)$ 将表面沿着法向量方向移动，并假定已知 $d(u, v)$ 且它的值很小（$|d(u,v)| \ll 1$），则移位后的曲面为：

$$\mathbf{p}' = \mathbf{p} + d(u, v)\mathbf{n}$$

由于这个移位后的曲面比移位前具有更高的几何复杂度，因此会降低系统的绘制速度[①]，所以我们并不想创建这个移位后的曲面，而只是希望使该曲面看上去已经进行了移位处理。可以通过改变法向量 $\mathbf{n}$ 而不是位置 $\mathbf{p}$ 获得所需的效果，并且在对表面进行着色计算时，需要使用扰动后的法向量。

扰动点 $\mathbf{p}'$ 处的法向量用下面的叉积来计算：

$$\mathbf{n}' = \mathbf{p}'_u \times \mathbf{p}'_v$$

其中，$\mathbf{p}'_u$ 和 $\mathbf{p}'_v$ 是分别对等式 $\mathbf{p}'$ 两端求偏导计算得到的，即

$$\mathbf{p}'_u = \mathbf{p}_u + \frac{\partial d}{\partial u}\mathbf{n} + d(u, v)\mathbf{n}_u$$

$$\mathbf{p}'_v = \mathbf{p}_v + \frac{\partial d}{\partial v}\mathbf{n} + d(u, v)\mathbf{n}_v$$

如果 d 的值很小，则可以忽略上面两个方程最右边的项，通过计算它们的叉积得到近似的扰动向量 $\mathbf{n}'$（注意，$\mathbf{n} \times \mathbf{n} = 0$）：

$$\mathbf{n}' \approx \mathbf{n} + \frac{\partial d}{\partial u}\mathbf{n} \times \mathbf{p}_v + \frac{\partial d}{\partial v}\mathbf{n} \times \mathbf{p}_u$$

上式右边的两个项都是位移，即原始法向量与扰动法向量之差。由于两个向量的叉积与这两个向量都正交，所以上式右边的两个叉积产生的向量都位于 $\mathbf{p}$ 点的切平面上，同时，这两个叉积向量之和也位于这个切平面上。

虽然 $\mathbf{p}'_u$ 和 $\mathbf{p}'_v$ 都位于与 $\mathbf{n}'$ 正交的切平面上，但是它们并不一定相互正交。使用叉积运算可以得到一个正交基和一个相应的旋转矩阵。首先，归一化 $\mathbf{n}'$ 和 $\mathbf{p}'_u$ 分别得到下面两个向量：

---

① 这种技术称为**移位映射**（displacement mapping），并用于其他形式的绘制，尤其是光线跟踪。

$$\mathbf{m} = \frac{\mathbf{n}'}{|\mathbf{n}'|}$$

$$\mathbf{t} = \frac{\mathbf{p}'_u}{|\mathbf{p}'_u|}$$

然后通过使用 $\mathbf{m}$ 和 $\mathbf{t}$ 的叉积可以得到与之正交的第三个向量 $\mathbf{b}$：

$$\mathbf{b} = \mathbf{m} \times \mathbf{t}$$

其中，向量 $\mathbf{t}$ 称为 $\mathbf{p}$ 点的**切向量**(tangent vector)，向量 $\mathbf{b}$ 称为 $\mathbf{p}$ 点的**副法向量**(binormal vector)，矩阵

$$\mathbf{M} = [\,\mathbf{t} \quad \mathbf{b} \quad \mathbf{m}\,]^{\mathrm{T}}$$

是旋转矩阵，它把对象从原始空间中的表示转换到由 $\mathbf{t}$、$\mathbf{b}$ 和 $\mathbf{m}$ 组成的新空间中的表示。新空间有时也称为**切向量空间**(tangent space)。因为切向量和副法向量会随曲面上的每个点变化，所以切向量空间是一个局部坐标系。

为了更好地理解引入的另一个标架(对于曲面上的点而言是局部标架)的含义，下面分析平面 $z = 0$ 的凹凸贴图，其表面可以表示为下面的隐式形式：

$$f(x, y) = ax + by + c = 0$$

如果假定 $u = x$ 且 $v = y$，那么，如果 $a \neq 0$，则

$$\mathbf{p}(u, v) = \begin{bmatrix} u \\ -\dfrac{b}{a}v - \dfrac{c}{a} \\ 0 \end{bmatrix}$$

向量 $\partial \mathbf{p}/\partial u$ 及 $\partial \mathbf{p}/\partial v$ 经归一化处理得到下面的正交向量：

$$\frac{\mathbf{p}'_u}{|\mathbf{p}'_u|} = [\,1 \quad 0 \quad 0\,]^{\mathrm{T}} \qquad \frac{\mathbf{p}'_v}{|\mathbf{p}'_v|} = [\,0 \quad 1 \quad 0\,]^{\mathrm{T}}$$

因为可以证明这两个向量是正交的，所以可以把它们当成切向量和副法向量。向量 $\mathbf{n}$ 为单位法向量

$$\mathbf{n} = [\,0 \quad 0 \quad 0\,]^{\mathrm{T}}$$

对于这种情形，假设移位函数为 $d(x, y)$。为了确定凹凸贴图，需要使用两个函数来计算 $\partial d / \partial x$ 和 $\partial d / \partial y$ 的值。如果这两个函数的解析式是已知的，那么就可以在 WebGL 应用程序代码或着色器中对其进行计算。但是，更常见的是，我们将 $d(x, y)$ 的采样版本作为像素数组 $\mathbf{D} = [d_{ij}]$。所需的偏导数可以通过数组中相邻元素的差来近似：

$$\frac{\partial d}{\partial x} \propto d_{ij} - d_{i-1, j} \qquad \frac{\partial d}{\partial y} \propto d_{ij} - d_{i, j-1}$$

这些数组可以在应用程序中预先计算出来并以纹理的形式存储，这种纹理称为**法向量贴图**(normal map)。片元着色器可以通过一个 sampler 类型的变量来获取相应的纹理值。

编写所需的着色器之前，先分析一下一般的情形，也就是当表面不是由平面 $z = 0$ 描述时，处理凹凸贴图有什么不同。在前面那个简单的情形中，切向量空间坐标轴与对象空间或世界坐标轴是重合的。通常情况下，一个表面的法向量不一定指向 z 方向或其他特定的坐标轴方向。另外，虽然切向量和副法向量相互正交，但是法向量在世界坐标系或对象坐标系中没有固定的方向。由于移位函数沿着法向量度量移位的大小，所以其偏导数位于任意平面上。然而，这个移位函数在切向量空间沿 z 坐标方向。因此，由法向量、切向量和副法向量组成的 $\mathbf{M}$ 矩阵之所以很重要，主要是因为它允许我们进入局部坐标系中，而在该坐标系中，可以按前面介绍的方式计算凹凸贴图。

在实现凹凸映射时，一般是先计算出这个矩阵，然后利用该矩阵把对象空间的向量变换到切向量空间所在的局部坐标系中。因为切向量空间是局部坐标系，所以每个片元在表示上的变化都是不同的。对于多边形格网，如果每个多边形使用相同的法向量，那么可以简化计算，WebGL 应用程序可以为每个多边形一次性地将切向量和副法向量发送给顶点着色器。

现在可以编写凹凸映射的顶点着色器和片元着色器。当对表面某点进行光照计算时，需要知道表面的法向量、一个或多个光源向量、半角向量和顶点位置等，它们通常位于观察坐标系或对象坐标系中。然而，不管是使用法向量贴图还是在片元着色器中通过编程来计算扰动向量，都要在纹理空间坐标系中进行移位处理。所以为了得到正确的着色结果，必须把法向量贴图变换到对象空间坐标系，或者把对象空间坐标系变换为纹理空间坐标系。一般来说，后者需要的计算量更少，这是因为它是在顶点着色器中基于每个顶点执行的，而不是基于每个片元执行的。我们已经知道，用来把对象空间变换为纹理空间的变换矩阵正好是一个由法向量、切向量和副法向量组成的矩阵。

如果法向量随顶点不同而变化，则可以将法向量作为顶点属性发送到顶点着色器中；或者，如果每次仅处理一个平面多边形，则可以使用一个 uniform 变量。WebGL 应用程序代码也可以以相同的方式传送切向量。然后可以在着色器中使用叉积函数来计算副法向量。这些计算都是在顶点着色器中执行的，顶点着色器输出的光源向量和观察向量位于切向量坐标系中，它们被传送给片元着色器使用。因为位于切向量坐标系中的法向量总是指向 z 轴的正方向，所以使用观察向量和光源向量就足以在切向量空间中执行光照计算了。

7.8.2　凹凸映射示例程序

这个示例是位于平面 $y = 0$ 上的一个正方形，一个光源在其正上方并在 $y = 10.0$ 所在的平面旋转。为了减少所需的代码量，在示例中仅包含漫反射光源并对原始正方形中心的一个小正方形区域进行移位处理。在编写代码之前，先看看如图 7.38 所示的输出结果。对于左边的图像，光源位于多边形的正上方，而对于右边的图像，光源位于同一高度，但在 x-z 平面旋转了 45°。

图 7.38　不同光源位置下正方形的凹凸映射视图

首先，让我们先看看 WebGL 应用程序代码。使用两个三角形表示正方形多边形，共有六个顶点，其中每个顶点都有一个纹理坐标，因此该程序的部分代码与前面的示例非常相似，其代码如下：

```
var positions = [ ];
var texCoords = [ ];

var texCoord = [
  vec2(0, 0),
  vec2(0, 1),
  vec2(1, 1),
  vec2(1, 0)
];
```

```
var vertices = [
  vec4(0.0, 0.0, 0.0, 1.0),
  vec4(1.0, 0.0, 0.0, 1.0),
  vec4(1.0, 0.0, 1.0, 1.0),
  vec4(0.0, 0.0, 1.0, 1.0)
];

positions.push(vertices[0]);
texCoords.push(texCoord[0]);

positions.push(vertices[1]);
texCoords.push(texCoord[1]);

positions.push(vertices[2]);
texCoords.push(texCoord[2]);

positions.push(vertices[2]);
texCoords.push(texCoord[2]);

positions.push(vertices[3]);
texCoords.push(texCoord[3]);

positions.push(vertices[0]);
texCoords.push(texCoord[0]);
```

我们将这些数据作为顶点属性发送到 GPU 中。

在 WebGL 应用程序中生成移位贴图(displacement map)并以数组的形式存储,移位数据存储在数组 data 中。在计算法向量贴图时,使用数组 data 中相邻元素的差值来近似法向量前两个分量所需的偏导数计算,并用 1.0 作为法向量的第三个分量以形成法向量数组 normals。由于纹理图像存储的是颜色值,所以其分量的取值范围是(0.0,1.0),其代码如下:

```
// Bump data

var data = new Array()
for (var i = 0; i <= texSize; ++i) {
  data[i] = new Array();

  for (var j = 0; j <= texSize; ++j) {
    data[i][j] = 0.0;
  }
}

for (var i = texSize/4; i < 3*texSize/4; ++i) {
  for (var j = texSize/4; j < 3*texSize/4; ++j) {
    data[i][j] = 1.0;
  }
}

// Bump map normals
var normalst = new Array()
for (var i = 0; i < texSize; ++i) {
  normalst[i] = new Array();

  for (var j = 0; j < texSize; ++j) {
    normalst[i][j] = new Array();
```

```
      normalst[i][j][0] = data[i][j]-data[i+1][j];
      normalst[i][j][1] = data[i][j]-data[i][j+1];
      normalst[i][j][2] = 1;
    }
}

// Scale to texture coordinates

for (var i = 0; i < texSize; ++i) {
  for (var j = 0; j < texSize; ++j) {
    var d = 0;

    for (var k = 0; k < 3 ; ++k) {
      d += normalst[i][j][k] * normalst[i][j][k];
    }

    d = Math.sqrt(d);
    for (k = 0; k < 3; ++k) {
      normalst[i][j][k] = 0.5 * normalst[i][j][k]/d + 0.5;
    }
  }
}

// Normal texture array

var normals = new Uint8Array(3*texSize*texSize);

for (var i = 0; i < texSize; ++i) {
  for (var j = 0; j < texSize; ++j) {
    for (var k = 0; k < 3; ++k) {
      normals[3*texSize*i+3*j+k] = 255 * normalst[i][j][k];
    }
  }
}
```

　　然后，通过构造一个纹理对象把数组 normals 发送到 GPU 中。我们把投影变换矩阵、模-视变换矩阵、光源位置以及漫反射光照参数通过 uniform 变量发送到着色器中。由于对象的表面是平坦的，所以法向量是常量，可以作为 uniform 变量发送到着色器中。同样，切向量也是一个常量并且在多边形所在的平面上可以是任意向量，它也可以作为 uniform 变量发送到顶点着色器中。

　　现在可以编写顶点着色器了。在这个简单的示例中，希望在纹理空间中执行计算，因此必须把光源向量和观察向量都变换到这个空间中，所需的变换矩阵由法向量、切向量和副法向量组成。

　　法向量和切向量是在对象坐标系中指定的，必须首先变换到观察坐标系中。所需的变换矩阵是**法向量矩阵**(normal matrix)，它是模-视变换矩阵左上角 3×3 子矩阵的逆转置矩阵。假设这个矩阵是在 WebGL 应用程序中计算得到的并且作为另一个 uniform 变量发送到着色器中。然后，在观察坐标系中可以使用变换后的法向量和切向量得到副法向量。最后，可以用这三个向量把观察向量和光源向量变换到纹理空间中。下面是顶点着色器的代码：

```
// Bump map vertex shader

out vec3 L; // light vector in texture-space coordinates
out vec3 V; // view vector in texture-space coordinates

in vec2 aTexCoord;
in vec4 aPosition;
```

```
uniform vec4 uNormal;
uniform vec4 uLightPosition;
uniform mat4 uModelViewMatrix;
uniform mat4 uProjectionMatrix;
uniform mat3 uNormalMatrix;
uniform vec3 uObjTangent; // Tangent vector in object coordinates

out vec2 vTexCoord;

void main()
{
  vTexCoord = aTexCoord;

  vec3 eyePosition = (uModelViewMatrix * vPosition).xyz;
  vec3 eyeLightPos = (uModelViewMatrix * uLightPosition).xyz;

  // Normal, tangent, and binormal in eye coordinates

  vec3 N = normalize(uNormalMatrix * uNormal.xyz);
  vec3 T = normalize(uNormalMatrix * uObjTangent);
  vec3 B = cross(N, T);

  // Light vector in texture space

  L.x = dot(T, eyeLightPos - eyePosition);
  L.y = dot(B, eyeLightPos - eyePosition);
  L.z = dot(N, eyeLightPos - eyePosition);

  L = normalize(L);
  // View vector in texture space

  V.x = dot(T, -eyePosition);
  V.y = dot(B, -eyePosition);
  V.z = dot(N, -eyePosition);

  V = normalize(V);

  gl_Position = uProjectionMatrix * uModelViewMatrix * aPosition;
}
```

对片元着色器所采取的策略是将规范化的扰动法向量作为纹理贴图(即法向量贴图)从 WebGL 应用程序发送到着色器中。下面是片元着色器的代码:

```
in vec3 L;
in vec3 V;
in vec2 vTexCoord;

out vec fColor;

uniform sampler2D uTexMap;
uniform vec4 uDiffuseProduct;

void main()
{
  vec4  N  = texture(uTexMap, fTexCoord);
  vec3  NN =  normalize(2.0*N.xyz - 1.0);
  vec3  LL = normalize(L);
```

```
        float Kd = max(dot(NN, LL), 0.0);

        fColor = vec4(Kd * uDiffuseProduct.xyz, 1.0);
    }
```

纹理贴图中的值被缩放回区间(−1.0, 1.0)。其中 uDiffuseProduct 是在 WebGL 应用程序中计算得到的一个向量，该向量的每个分量是漫反射光的颜色分量与漫反射材质的反射分量相乘的结果。图 7.39 展示的是使用相同的方法应用于 Honolulu 二维图像的凹凸映射。

图 7.39　不同光源位置下 Honolulu 二维图像的凹凸映射视图

注意，这个示例并没有使用在顶点着色器中计算得到的位于纹理空间的观察向量。如果希望添加镜面反射项，则需要计算这个向量。目前讨论的仅仅是表面的凹凸映射。在凹凸映射最强大的应用中，有许多是与第 9 章所讨论的过程纹理生成结合起来使用的。

小结和注释

在计算机图形学的早期，研究人员只从事二维和三维几何对象的研究，而把二维图像的研究归为图像处理这一类。随着硬件的发展，图形与图像处理系统实际上是密不可分的。对于那些从事图像合成(当然也是计算机图形学的一个重要组成部分)的研究人员来说，这两个研究领域的结合导致了许多新技术的出现。在 15 年前，我们无法想象将二维图像或纹理映射到三维表面的时间比用均匀着色绘制表面的时间还要少。现在，这些都已成为司空见惯的技术了。

像纹理映射这样的技术对实时图形学产生了巨大影响。在动画、虚拟现实和科学计算可视化等领域，利用硬件的纹理映射功能就能够给绘制的图像增加细节特征，而这不会增加几何绘制流水线的开销。应用程序开发人员通过使用 α 通道的图像融合技术可以实现反走样处理以及生成雾和景深等效果，而直到最近，这些效果都是在图形创建之后作为**后处理效果**(post-processing effects)来完成的。

关于图形硬件、软件和应用程序之间如何相互影响，映射方法提供了一些最佳示例。对于纹理映射，尽管在早期它完全是用软件实现的(用算法来描述和实现)，但是当人们发现它具有建立视觉上非常复杂的场景的能力时，硬件开发人员就开始在图形硬件系统中内置了大量的纹理内存。一旦能够在硬件上实现纹理映射，就可以实时地处理纹理映射，这导致了许多应用程序的重新设计，尤其是计算机游戏。

代码示例

1. `textureCube1.html`：将 gif 纹理图像映射到立方体上。注意，某些浏览器不允许将外部文件作为纹理图像，除非该程序是从服务器上运行并且与纹理图像位于同一位置。

2. `textureCube2.html`：将棋盘纹理图像映射到立方体上。

3. `textureCube3.html`：将在片元着色器中相乘的两个纹理图像映射到立方体上。

4. `textureCube4.html`：具有两个纹理单元的纹理映射。首先应用棋盘图像，然后应用正弦曲线。

5. `textureSquare.html`：使用不同纹理参数的走样演示。

6. `reflectionMap.html`：一个彩色立方体到另一个在其内部旋转的立方体的反射映射。

7. `reflectionMap2.html`：一个彩色立方体到另一个在其内部旋转的球体的反射映射。

8. `bumpMap.html`：一个正方形的凹凸映射，中间有一个正方形"凹凸"并且有一个旋转的灯光。

9. `bumpMap2.html`：使用 Honolulu 数据(256×256 版本)的凹凸映射。一对按钮用于旋转光源，另一对按钮用于旋转多边形(在其表面实现了凹凸映射)。

建议阅读资料

环境映射首次由 Blinn 和 Newell[Bli76]提出。Catmull 最早使用了纹理映射，可以参阅 Heckbert[Hec86]有关纹理映射方面的综述。SGI 的 Reality 引擎首次在硬件上支持纹理映射(参阅 Akeley[Ake93])。Perlin 和 Hoffert[Per89]设计了噪声函数，可用来生成二维和三维纹理贴图。在 Ebert 等的文献[Ebe02]中讨论了许多纹理合成技术。

自从光栅图形显示系统出现以来，计算机图形学中的走样问题就成为一个非常重要的研究内容，有关这方面的内容可以参阅 Crow[Cro81]。研究人员首先关注的是线段光栅化中的走样问题，但后来也研究动画[[Mag85]和光线跟踪[Gla89, Suf07]中存在的其他形式的走样问题。有些图像处理方面的书籍[Pra07, Gon17, Cas96]介绍了二维信号处理和走样问题。

习题

7.1 使用环境贴图生成的图像与对同一场景使用光线跟踪生成的图像之间有什么区别？

7.2 在电影和电视中，汽车和货车的轮子通常看起来沿错误的方向旋转。是什么原因导致这种效果？有什么办法可以解决这个问题吗？解释你的答案。

7.3 我们可能希望这样显示采样数据，即简单地绘制每个采样点，然后由人的视觉系统把这些点合成所需的形状。为什么当采样数据接近奈奎斯特极限时使用这种方法会出现问题(参见附录 D)？

7.4 为什么当演员在电视屏幕上移动时，他们穿戴的条纹衬衫和领带的图案会发生变化？

7.5 执行反走样时为什么要对数据进行预处理，而不是后处理？

7.6 设计一个使用纹理映射技术显示三维像素(体素)阵列的算法。

7.7 当使用抖动的方法对场景进行超采样时，为什么要使用随机的抖动图案？

7.8 假定使用条纹和棋盘这样的规则图案对一组对象进行纹理映射。当把投影方式从平行投影切换到透视投影时，我们看到的走样图案会发生什么变化？

7.9 考虑一个由简单对象组成的场景，如许多大小不等的平行六面体实例。假定只有一个纹理贴图并要求把这个纹理映射到场景中所有对象的表面上。如何进行纹理映射才会使得每个对象的每个表面上的纹理图案具有相同的大小？

7.10 编写一个使用 Mipmap 纹理贴图的程序，要求其中的每个 Mipmap 贴图来自不同的图像。能否找到该程序的一个实际应用?

7.11 设计一个算法把立方体贴图的纹理值转换为球面贴图的纹理值。

7.12 假定希望创建一个立方体,它的每个表面都映射黑白棋盘图案的纹理。能否对立方体进行纹理映射,使得当旋转立方体的表面时,表面的颜色交替变化?

7.13 证明:对于绕原点的旋转,法向量矩阵就是旋转矩阵。

7.14 纹理的 Mipmap 大约需要比原始纹理增加多少内存?

7.15 假设给定函数 $f(x, z)$,可以计算等间距分布的 x 和 z 对应的函数值,然后像 7.10 节一样把计算得到的函数值转换为对应的颜色,从而显示 x 和 z 在某个范围内变化的函数值。请说明如何在片元着色器中执行该过程,从而避免应用程序中的任何循环和计算。

第 8 章　使用帧缓存

正如第 7 章所介绍的，纹理映射展示了将 GPU 上的离散内存作为绘制流水线一部分的潜力。本章将从两个方面扩展 GPU 的用途。首先，考虑从混合多幅图像到使用颜色增强图像的图像处理方法。WebGL 直接支持其中一些技术，而其他一些则由片元着色器实现。

我们介绍的许多图像处理方法（例如图像滤波）都需要进行多次绘制。首先，我们只能使用WebGL 帧缓存，但是会发现它存在某些限制。然后，我们将引入帧缓存对象，这使我们能够创建额外的离屏帧缓存。使用这些额外的缓存将带来许多新的可能性，包括创建动态纹理图像、使用额外颜色缓存的拾取方法以及创建带有阴影的图像的方法。

8.1　混合技术

到目前为止，我们一直假定只需要生成单个图像，并且成像对象的表面是不透明的。WebGL支持这样一种机制，即通过 **alpha 混合**（alpha blending），除了生成其他效果，还可以创建半透明对象的图像。**alpha 通道**（alpha channel）是 RGBA（或 RGBα）颜色模型的第四个颜色分量，与其他的颜色一样，应用程序也可以控制每个像素的 A 值（或 α）。然而，在 RGBA 颜色模型中，如果开启了 alpha 混合功能，那么 α 值用来控制 RGB 值写入帧缓存的方式。因为来自多个对象的片元可以对同一个像素的颜色有所贡献，所以说这些对象的颜色**混合**或**合成**在一起。可以使用同样的机制对图像进行混合。

8.1.1　不透明度与混合

一个表面的**不透明度**（opacity）是对穿透该表面光线数量的度量。一个完全不透明表面的不透明度为 1（$\alpha = 1$），它会阻止所有到达其表面的光线穿过该表面。不透明度为 0 的表面是完全透明的，所有的光线都能穿过它。如果一个表面的不透明度为 α，那么它的**透明度**（transparency）或**半透明度**（translucency）为 1−α。

考虑如图 8.1 所示的三个受到均匀光照的多边形。假定中间的多边形是不透明的，而前面那个离观察者最近的多边形是透明的。如果前面那个多边形是完全透明的，那么观察者只能看到中间的那个多边形。然而，如果前面那个多边形只是部分不透明（或部分透明）的，类似于有色玻璃，那么观察者看到的颜色是前面和中间这两个多边形颜色的混合。因为中间那个多边形是不透明的，所以观察者无法看到后面的那个多边形。如果前面那个多边形的颜色是红色，而中间的多边形是蓝色，那么由于红色和蓝色相混合，观察者看到的颜色是品红色。如果假定中间那个多边形只是部分不透明的，那么观察者看到的是所有这三个多边形颜色的混合。

在计算机图形学中，通常一次只把一个多边形绘制到帧缓存中。因此，如果希望使用混合效果，那么需要使用某种方法把不透明度作为片元处理过程的一部分。这里要用到源像素和目标像素的概念。当处理一个多边形的时候，计算像素大小的片元，如果片元可见，那么根据所使用的着色模型

图 8.1　半透明和不透明多边形

来计算它的颜色值。到目前为止，我们一直使用片元的颜色(它是通过着色模型和相关的纹理映射技术计算得到的)来确定帧缓存中某个像素的颜色，该像素与屏幕坐标系中的这个片元相对应。如果把片元当成源像素，并且把帧缓存中的像素当成目标像素，那么有多种方式组合这两者的值。使用 α 值是一种逐片元控制混合的方法。混合两个多边形的颜色类似于把两片有色玻璃组合成一片玻璃，该玻璃具有更高的不透明度，并且它的颜色与任意一块原始玻璃的颜色都不一样。

如果使用包含四个元素(RGBα)的数组分别表示源像素和目标像素，有

$$\mathbf{s} = [\begin{matrix} s_r & s_g & s_b & s_a \end{matrix}]$$

$$\mathbf{d} = [\begin{matrix} d_r & d_g & d_b & d_a \end{matrix}]$$

那么通过混合运算用下面的 $\mathbf{d}'$ 代替 $\mathbf{d}$:

$$\mathbf{d}' = [\begin{matrix} b_r s_r + c_r d_r & b_g s_g + c_g d_g & b_b s_b + c_b d_b & b_a s_a + c_a d_a \end{matrix}]$$

常量数组 $\mathbf{b} = [b_r, \ b_g, \ b_b, \ b_a]$ 和 $\mathbf{c} = [c_r, \ c_g, \ c_b, \ c_a]$ 分别是**源混合因子**(source blending factor)和**目标混合因子**(destination blending factor)。与处理 RGB 颜色值的方法相同，我们将大于 1.0 的 α 值限制(或截取)为最大值 1.0，而小于 0 的 α 值截取为 0.0。可以通过选择 α 值及源与目标值的组合方法来获取各种不同的混合效果。

8.1.2　图像混合

α 混合最直接的应用就是对作为像素贴图(或者等效地，作为独立绘制的数据集)存在的多个图像进行组合并显示。在这种情况下，可以把每个图像都视为对最终图像有相等贡献的辐射对象。通常情况下，希望最终图像的 RGB 颜色值控制在 0~1 这个范围，而不必对大于 1 的值执行截取操作。因此，要么对每个图像的颜色值进行缩放，要么利用源混合因子和目标混合因子来控制最终图像 RGB 颜色值的取值范围。

假定有 n 个图像，它们对最终显示的图像有同等的贡献。对于某个给定的像素，第 i 个图像的颜色贡献值为 $\mathbf{C}_i \alpha_i$，其中 $\mathbf{C}_i$ 表示颜色三元组 $(R_i, \ G_i, \ B_i)$。如果用 $\frac{1}{n}\mathbf{C}_i$ 代替 $\mathbf{C}_i$，并用 $\frac{1}{n}$ 代替 α_i，那么只要把每个图像的贡献值增加到帧缓存中(假定帧缓存的颜色值被初始化为黑色，且 $\alpha = 0$)。

还有另一种方法，可以把每个图像中的每个像素的 α 值设置为 $\frac{1}{n}$，并使用值为 1 的目标混合因子以及值为 α 的源混合因子，这样就可以使用 $\frac{1}{n}$ 的源混合因子。尽管这两种方法生成同样的图像，但是如果硬件支持图像的混合，那么第二种方法可能更有效。注意，如果 n 的取值很大，那么混合因子为 $\frac{1}{n}$ 的这种形式可能会导致颜色分辨率的严重丢失。最近的帧缓存支持浮点运算，因此可以避免这个问题。

8.1.3　WebGL 中的图像混合

WebGL 中的混合机制简明易懂，不过有一点需要注意。因为默认的帧缓存是 HTML 的 canvas 元素，所以它能跟其他 HTML 元素进行交互。默认的 canvas 有一个 α 通道，当指定 RGBA 颜色时，需要用到这个 α 通道。到目前为止，当使用 RGBA 颜色时，我们一直令 α 值为 1，并且除了将帧缓存内容添加到 canvas，不向 canvas 添加任何其他内容。

但是，如果令某个片元的 α 为不等于 1 的某个值，则 α 值放在 WebGL 的 canvas 元素的 α 通道中。因此，即使没有在相同的位置放置任何其他 canvas 元素，这个 α 值也会使我们看到的颜色

变得柔和。例如，某个片元的 RGBA 颜色值为(1.0，0.5，0.2，0.5)，那么我们看到的颜色的 RGB 值为(0.5，0.25，0.1)。

将其他 canvas 元素和 WebGL 帧缓存的内容进行混合，其潜在应用之一就是可以向图像添加 GUI 元素和文本。我们不强调这种混合方式，而更关心如何通过 WebGL 函数在帧缓存中进行混合。

使用下面的函数开启混合功能：

```
gl.enable(gl.BLEND);
```

然后使用下面的函数设置所需的源混合因子和目标混合因子：

```
gl.blendFunc(sourceFactor, destinationFactor);
```

WebGL 预先定义好了很多混合因子，包括值为 1 的混合因子(gl.ONE)和值为 0 的混合因子 (gl.ZERO)，值为 α 和 $1-\alpha$ 的源混合因子(gl.SRC_ALPHA 和 gl.ONE_MINUS_SRC_ALPHA)，值为 α 和 $1-\alpha$ 的目标混合因子(gl.DST_ALPHA 和 gl.ONE_MINUS_DST_ALPHA)。应用程序只需指定所需的选项就可以使用 RGBA 颜色值。

图像混合的主要困难是，对于大部分可供选择的混合因子，绘制多边形的顺序会影响最终显示的图像。例如，许多应用程序使用源 α 值作为源混合因子，而使用 $1-\alpha$ 作为目标混合因子，最终显示图像的颜色和不透明度为：

$$(R_{d'}, G_{d'}, B_{d'}, \alpha_{d'}) = (\alpha_s R_s + (1 - \alpha_s)R_d, \alpha_s G + (1 - \alpha_s)G_d,$$

$$\alpha_s B_s + (1 - \alpha_s)B_d, \alpha_s \alpha_d + (1 - \alpha_s)\alpha_d)$$

上述公式能确保最终图像的颜色和不透明度都不会达到饱和。然而，所得的颜色值和 α 值与多边形的绘制顺序有关。因此，不同于大部分的 WebGL 程序(在这些 WebGL 程序中，用户不必担心多边形光栅化的顺序)，要得到图形混合的正确效果，现在必须在应用程序中控制多边形光栅化的顺序。图 8.2 说明了这个问题。左图的立方体是在启用隐藏面消除和混合的情况下绘制的，所使用的 α 值为 0.5，混合因子为 gl.SRC_ALPHA 和 gl.ONE_MINUS_SRC_ALPHA。该图像是正确的，因为只有三个可见的表面出现，并且在浏览器中显示的颜色也变得柔和。右图的不同之处在于禁用了隐藏面消除，其表面的半透明效果很明显，但由于绘制时没有考虑多边形的顺序，因此颜色不正确。

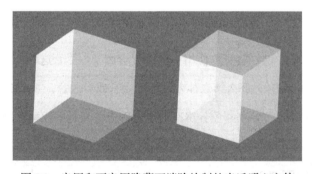

图 8.2　启用和不启用隐藏面消除绘制的半透明立方体

当对场景中的不透明对象和半透明对象进行组合时，会出现一个更微妙但视觉上看来又很明显的错误。一般来说，当使用混合时，不会开启隐藏面消除功能，因为如果不这样的话，那些被已绘制多边形遮挡的多边形就不会被光栅化，从而也就不会对最终的图像有所贡献。在一个既有不透明多边形又有半透明多边形的场景中，任何位于不透明多边形后面的多边形都不需要绘制，但是位于不透明多边形前面的半透明多边形则需要进行混合。有一个解决该问题的简单方法，它不需要应用程序对多边形进行排序。可以像往常一样开启隐藏面消除功能，当要绘制任何半透明多边形的时候，把 z 缓存置成只读状态。可以通过下面的函数做到这一点：

```
gl.depthMask(gl.FALSE);
```

当深度缓存置为只读状态的时候，如果一个要绘制的半透明多边形被某个已绘制的不透明多边形所遮挡，则可以把它丢弃；而如果一个要绘制的半透明多边形位于任意一个已绘制的多边形的前面，则需要把这个半透明多边形的颜色与位于其后面的多边形混合。然而，因为绘制半透明多边形时 z 缓存的状态是只读的，所以 z 缓存中的深度值不会被改变。不透明多边形将深度遮罩（depth mask）设置为真，并按常规的 z 缓存算法绘制多边形。注意，因为混合的结果取决于混合的顺序，所以可能会注意到按上述方法混合的图像具有瑕疵，这是由于我们按任意的顺序绘制半透明多边形所致。如果愿意对所有的半透明多边形先进行排序，那么就可以首先绘制所有的不透明多边形，然后把 z 缓存置成只读状态，并按照从后向前的顺序绘制半透明多边形，这样可以确保得到正确的混合效果。

8.1.4 重温反走样

α 通道的主要应用之一就是反走样。因为一条直线要可见的话必须有一定的宽度，绘制的直线的默认宽度是一个像素。不可能绘制比一个像素还要细的直线。如图 8.3 所示，如果不是水平线或垂直线，那么该直线有一部分覆盖了帧缓存中的多个像素。假定作为绘制过程几何处理过程的一部分，当处理某个片元的时候，把它对应像素的 α 值设置为 0 和 1 之间的一个数值，它表示覆盖像素的片元占用该像素面积的比例（如果片元覆盖整个像素，则 $\alpha = 1$）。然后，使用这个 α 值来调制该片元绘制到帧缓存中时对应像素的颜色。我们可以使用值为 $1-\alpha$ 的目标混合因子，以及值为 α 的源混合因子。然而，如果在某个像素上有多个片元互相重叠，那么存在许多可能的情况，如图 8.4 所示。图 8.4(a) 是片元之间没有互相重叠的情况，而在图 8.4(b) 中，片元之间存在重叠现象。我们从某个具体的绘制系统来分析这个问题，这里假定该绘制系统一次只能绘制一个多边形。对于这个简单的例子，假定在一个不透明的背景上开始绘制对象，并且初始化时帧缓存中的背景颜色为 $\mathbf{C}_0$。因为此时像素的任何部分还没有被多边形的片元覆盖，所以设置 $\alpha_0 = 0$。当绘制第一个多边形的时候，目标像素的颜色为：

$$\mathbf{C}_d = (1 - \alpha_1)\mathbf{C}_0 + \alpha_1\mathbf{C}_1$$

目标像素的 α 值设置为：

$$\alpha_d = \alpha_1$$

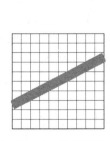

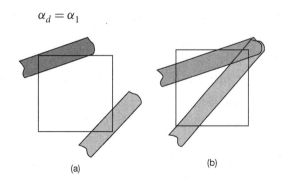

图 8.3　光栅直线
图 8.4　片元。(a) 没有重叠；(b) 有重叠

因此，如果一个片元覆盖了整个像素（$\alpha_1 = 1$），那么把它的颜色赋给目标像素，且目标像素不透明。如果背景是黑色，那么目标像素的颜色为 $\alpha_1\mathbf{C}_1$。现在来分析第二个多边形的片元，该多边

形与第一个多边形在转角处覆盖同一个像素。在绘制了第一个多边形之后，如何再增加第二个多边形片元的颜色和 α 值呢？这取决于如何解释这两个多边形的重叠情况。如果它们之间没有重叠现象，那么目标像素的新颜色值是通过把目标像素颜色与片元颜色进行混合而得到，新的颜色值和 α 值为：

$$C_d = (1 - \alpha_2)((1 - \alpha_1)C_0 + \alpha_1 C_1) + \alpha_2 C_2$$

$$\alpha_d = \alpha_1 + \alpha_2$$

得到的新颜色是两种颜色的混合，并且不需要进行截取处理。得到的 α 值表示覆盖的片元占用像素面积的新比例。然而，最终的像素颜色取决于多边形的绘制顺序。更难的问题是如何处理重叠的片元，以及如何判断它们是否重叠。有一种方法采用的是概率的观点，如果片元 1 占用像素面积的比例为 α_1，片元 2 占用同一个像素面积的比例为 α_2，并且没有任何其他的有关信息来确定这两个片元在像素中的位置，那么这两个片元重叠的平均面积为 $\alpha_1 \alpha_2$，图 8.5 表示了这种平均的情况。因此，目标像素新的 α 值为：

$$\alpha_d = \alpha_1 + \alpha_2 - \alpha_1 \alpha_2$$

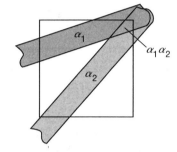

图 8.5　片元重叠的平均面积

最终像素颜色的计算是一个更复杂的问题，因为必须确定两个片元的前后位置关系，或者，甚至需要确定这两个片元是否需要混合。无论做什么样的假设，都可以定义一个合适的混合方式。我们注意到，在流水线结构的绘制系统中，生成多边形的顺序与它们到观察者的距离没有任何关系。然而，如果把 α 混合与隐藏面消除结合起来考虑，就可以利用深度信息来确定多边形的前后位置关系。

8.1.5　从后向前或从前向后绘制多边形

虽然可以利用 α 通道生成半透明效果，但是如果不考虑光照与对象表面的作用方式以及光线和投影线穿过半透明对象时发生的情况，就不可能生成符合物理规律的透明效果。对于图 8.6 所示的场景，可以看到一些可能会遇到的问题。我们忽略了光线通过半透明对象表面时发生的折射现象，因为使用流水线结构的多边形绘制系统很难处理这种折射效果。假定位于后面的多边形(离视点比较远的多边形)是不透明的，但具有反射特性，并且离视点比较近的两个多边形是半透明的。通过跟踪从光源发出的各种光线，发现光线与场景对象相互作用的情形有多种可能。一些光线射到后面的多边形上，对应像素的颜色值就是投影线与多边形交点处的着色值。对于这些光线，还需要区分两种情形：一种情形是光源发出的光线直接射到后面多边形上的某些点上，另一种情形是光源发出的光线穿过前面一个或两个半透明多边形之后射到后面多边形的某些点上。对于那些只穿过一个半透明多边形的光线，必须根据该多边形的颜色和不透明度来调整对应像素的颜色。对于这种情形，还需要增加一项用来表示照射到前面多边形并反射到观察者的光线。对于那些穿过前面两个半透明多边形的光线，必须考虑它们的组合效果。

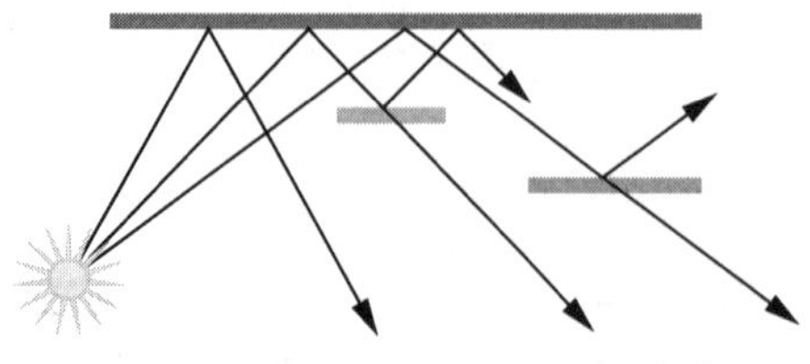

对于流水线结构的绘制系统，即使可以实现这个任务也是非常困难的，这是因为当每个多边形经过流水线时，必须确定每个多边形对最终像素的颜色值的贡献，而不是考虑所有多边形同时对某个像素颜色值的贡献。在某些需要使用一致的且逼真的方式处理半透明效果的

图 8.6　包含半透明对象的场景

应用中，通常需要在应用程序中对多边形按从前向后的顺序进行排序，然后根据应用的需求，使用 WebGL 的混合功能按从前向后或从后往前的顺序来绘制这些多边形(参见习题 7.23)。

8.1.6 场景反走样和多重采样

与在 7.10.4 节所讨论的直线和多边形的反走样不同，可以使用一种称为**多重采样**(multisampling)的技术对整个场景进行反走样处理。对于这种反走样模式，帧缓存中的每个像素都包含许多**样本**(sample)，而每个样本都能够存储颜色、深度和其他的值。当绘制一个场景的时候，该场景似乎以一个增强的分辨率被绘制。然而，当绘制出来的图像必须显示在帧缓存中时，每个像素所对应的所有样本会合成最终的像素颜色。

就像直线和多边形被绘制成一帧画面的过程中可以开启或禁用反走样一样，多重采样也是如此。为了开启多重采样并对绘制到帧缓存中的所有图元进行反走样处理，可以调用函数 `gl.enable(gl.SAMPLE_COVERAGE)` 或 `gl.enable(gl.SAMPLE_ALPHA_TO_COVERAGE)`，调用这两个函数时，每个像素都需要使用多个样本完成绘制，绘制程序将跟踪绘制到像素的样本。实际上，我们绘制的图像分辨率比显示器分辨率更高，并且利用多个样本的信息获取反走样值。这两个变量(样本信息和反走样值)之间的区别在于，第二个变量将多重采样和影响像素的片元的 α 值结合起来。

8.2 图像处理

可以使用**像素映射**(pixel mapping)来处理各种图像处理操作。假定要处理的对象是一个离散的图像，该图像可能是通过绘制得到的，也可能是通过扫描仪对一个连续的图像进行数字化处理得到的。可以用 $N \times M$ 的标量矩阵表示图像：

$$\mathbf{A} = [\, a_{ij} \,]$$

如果要独立处理彩色图像的每个颜色分量，则可以把矩阵 $\mathbf{A}$ 中的每个元素视为单个颜色分量或灰度(亮度)级。矩阵 $\mathbf{A}$ 经**线性滤波器**(linear filter)处理后得到矩阵 $\mathbf{B}$，矩阵 $\mathbf{B}$ 中的每个元素表示为：

$$b_{ij} = \sum_{k=-m}^{m} \sum_{l=-n}^{n} h_{kl}\, a_{i+k,\, j+l}$$

我们说矩阵 $\mathbf{B}$ 是矩阵 $\mathbf{A}$ 与滤波矩阵 $\mathbf{H}$ 进行**卷积运算**的结果。通常情况下，m 和 n 的值都很小，可以把 $\mathbf{H}$ 表示为一个很小的 $(2m+1) \times (2n+1)$ **卷积矩阵**(convolution matrix)。

对于 $m = n = 1$ 的卷积矩阵，观察如图 8.7 所示的滤波操作。对于矩阵 $\mathbf{A}$ 中的每一个像素，把卷积矩阵 $\mathbf{H}$ 放在 a_{ij} 上，并获得它周围像素点的加权平均值。卷积矩阵中的值表示权重。例如，对于 $m = n = 1$ 的情形，可以使用下面的 3×3 矩阵计算每个像素与它相邻的四个像素的平均值：

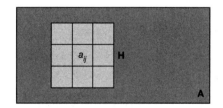

图 8.7 滤波与卷积

$$\mathbf{H} = \frac{1}{5} \begin{bmatrix} 0 & 1 & 0 \\ 1 & 1 & 1 \\ 0 & 1 & 0 \end{bmatrix}$$

该滤波矩阵可用于反走样。还可以使用更多的相邻像素参与加权平均计算，并增加中间像素点的权重，例如下面的滤波矩阵：

$$H = \frac{1}{16} \begin{bmatrix} 1 & 2 & 1 \\ 2 & 4 & 2 \\ 1 & 2 & 1 \end{bmatrix}$$

注意，如果希望经过滤波处理后得到的矩阵 **B** 与 **A** 具有相同的维数，必须定义矩阵 **A** 的边界。这种小矩阵还可以用于其他的操作。例如，可以使用下面的矩阵检测图像中值的变化或图像的边界：

$$H = \begin{bmatrix} 0 & -1 & 0 \\ -1 & 4 & -1 \\ 0 & -1 & 0 \end{bmatrix}$$

如果 **H** 是 $k \times k$ 的卷积矩阵，那么可以通过在帧缓存中累加 k^2 个图像来实现滤波器，每次都把用不同的滤波系数处理后的矩阵 **A** 加到帧缓存中。

可以用片元着色器完成某些成像操作。考虑下面的着色器：

```
in  vec4 vColor;

in  vec2 vTexCoord;

out vec4 fColor;

uniform sampler2D texture;

void main()
{
  uniform float uDistance;

  vec4 left   = texture(texture, vTexCoord - vec2(uDistance, 0));
  vec4 right  = texture(texture, vTexCoord + vec2(uDistance, 0));
  vec4 bottom = texture(texture, vTexCoord - vec2(0, uDistance));
  vec4 top    = texture(texture, vTexCoord + vec2(0, uDistance));

  fColor = vColor * abs(right - left + top - bottom);
  fColor.a = 1.0;
}
```

可以把它应用到将棋盘纹理映射到立方体的示例中。这个片元着色器通过查看指定纹理坐标周围的纹理值之间的颜色值差异来执行简单的卷积微分。

8.2.1　其他多重绘制方法

我们还可以将混合用于时间滤波和深度滤波。例如，如果抖动某个对象并且多次绘制该对象，而保持其他对象的位置不变，那么在最终生成的图像中，这个抖动的对象会变得模糊。如果该对象沿着某条路径移动，而不是随机抖动，那么可以看到该对象留下的轨迹，这种**运动模糊**(motion-blur)的效果类似于对运动的对象拍照时曝光时间过长产生的效果。为了用更大的不透明度绘制最终位置的对象或创建速度差的效果，可以调节对象的 α 值。

还可以使用深度滤波来生成聚焦效果。真实的照相机不可能生成使所有对象都聚焦的照片。距照相机一定距离，即在照相机**景深**(depth of field)范围内的对象位于聚焦状态；而在该景深范围之外的对象不会聚焦，这些对象看起来比较模糊。在计算机图形学中，可以生成无限景深的图像，这是因为不必担心真实照相机镜头的局限性。然而，有时也希望生成看起来像真实照相机拍摄的图像，或希望部分场景对象散焦，这样可以突显位于特定景深内的对象。我们这次需要想办法以某种方式移动视点，使得某个特定的平面固定不变，如图 8.8 所示。假定希望使平面 $z = z_f$ 作为聚焦平面，并且使视见体的近裁剪距离 ($z = z_{min}$) 和远裁剪距离 ($z = z_{max}$) 保持不变。如果使用函数 frustum 进行透视投影，那么需要指定近裁剪矩形 (x_{min}, x_{max}, y_{min}, y_{max})。如果将视点从原点沿 x 轴方向移动 Δx，则必须把 x_{min} 修改为：

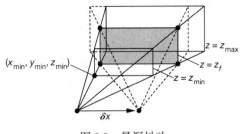

图 8.8　景深抖动

$$x'_{min} = x_{min} + \frac{\Delta x}{z_f}(z_f - z_{near})$$

x_{max}、y_{min} 和 y_{max} 也有类似的等式。当增加 Δx 和 Δy 时，会创建一个更窄的景深。

8.3　GPGPU

我们已经看到，利用片元着色器处理数据的能力会产生一些有趣的结果。虽然我们的示例程序是希望绘制具有有趣效果的几何图形，但是片元着色器示例（使用纹理图像的近似导数）说明了如何使用片元着色器执行图像处理操作。

考虑下面的程序。假设要绘制的几何图形只包含一个正方形，其对角点分别为 $(-1, -1, 0)$ 和 $(1, 1, 0)$，并指定由两个三角形确定该正方形。利用默认的正交投影矩阵和单位矩阵组成模-视变换矩阵，矩形将会填充显示屏幕上的窗口，因此我们看到的只是片元的颜色。如果通过一个纹理确定该颜色，则屏幕显示纹理贴图。因此，如果纹理贴图是用代码创建的图像，或者是从 Web 网站获得的图像，或者是用实验数据创建的图像，那么编写一个图像显示程序就会非常简单。下面是部分核心代码：

```
// Set up square and texture coordinates

var positions = [ ];
var texCoords = [ ];
var texture = new Uint8Array(texSize*texSize);

positions.push(vec2(-1, -1));
positions.push(vec2(-1,  1));
positions.push(vec2( 1,  1));
positions.push(vec2( 1, -1));
texCoords.push(vec2(0, 0));
texCoords.push(vec2(0, 1));
texCoords.push(vec2(1, 1));
texCoords.push(vec2(1, 0));

// Within the texture configuration

gl.texImage2D(gl.TEXTURE_2D, 0, gl.LUMINANCE, texSize, texSize, 0,
              gl.LUMINANCE, gl.UNSIGNED_BYTE, data);

// Render once

gl.clear(gl.COLOR_BUFFER_BIT);
gl.drawArrays(gl.TRIANGLE_FAN, 0, 4);
```

注意，如果图像是只有一个颜色分量的灰度图像，则可以使用无符号字节的数据。当向 GPU

发送图像时，每个纹素都被转换为 RGBA 颜色值，并且每个颜色分量值都在(0，1)范围内。顶点
着色器只需要向光栅化模块发送位置和纹理坐标，其代码如下：

```
in vec2 aPosition;
in  vec2 aTexCoord;
out vec2  vTexCoord;

void main()
{
  vTexCoord = aTexCoord;
  gl_Position = aPosition;
}
```

最简单的片元着色器输出纹理贴图，其代码如下：

```
in vec2 vTexCoord;
out vec4 fColor;

uniform sampler2D uTexture;

void main()
{
  fColor = texture(uTexture, fTexCoord);
}
```

利用片元着色器改变灰度或者用颜色替换灰度明暗效果，可以得到更加有趣的显示效果。例如，
考虑下面的片元着色器：

```
in vec2 vTexCoord;
out vec4 fColor;

uniform sampler2D uTexture;

void main()
{
  vec4 color = texture(uTexture, vTexCoord);
  if (color.g <= 0.5)① {
    color.g *= 2.0;
  }
  else {
    color.g = 1.0 - color.g;
  }
  color.b = 1.0 - color.b;

  fColor = color;
}
```

　　上面的代码未改变红色分量的值，对蓝色分量进行反转，即将高值变为低值，将低值变为高
值。绿色分量变化范围的低半部分被扩展为涵盖整个(0，1)范围，而对高半部分进行反转。考虑
一下，如果纹理来源于灰度图像，其中每个纹素的红色、绿色和蓝色分量的值都相等，将会发生什
么？黑色(0，0，0)变为(0，0，1)，显示为蓝色；白色(1，1，1)变为(1，0，0)，显示为红色②；
中灰色(0.5，0.5，0.5)变为(0.5，1.0，0.5)，显示为较暗的绿色。其他可能情况将在本章末尾的习
题中进一步讨论。

---

① 此处原文为"if(color.g < 0.5)"，疑有误。——译者注
② 此处原文为"蓝色"，疑有误。——译者注

　　我们还可以利用卷积等技术通过片元着色器改变图像。例如，图 8.9 是利用下面的片元着色器改变 Hawaii 图像的结果。

```
in vec2 vTexCoord;
out vec4 fColor;
uniform sampler2D uTexture;

void main()
{
  uniform float uDistance;

  vec4 left   = texture(uTexture, vTexCoord - vec2(uDistance, 0));
  vec4 right  = texture(uTexture, vTexCoord + vec2(uDistance, 0));
  vec4 bottom = texture(uTexture, vTexCoord - vec2(0, uDistance));
  vec4 top    = texture(uTexture, vTexCoord + vec2(0, uDistance));

  fColor = 10.0 * (abs(right - left) + abs(top - bottom));
  fColor.a = 1.0;
}
```

对于每个片元，着色器通过查看给定片元四周（上方、下方、右侧和左侧）的片元，计算 x 和 y 方向上值的差的绝对值之和，从而执行边缘检测。注意观察图 8.9(b) 中的图像是如何增强图 8.9(a) 的细节的。

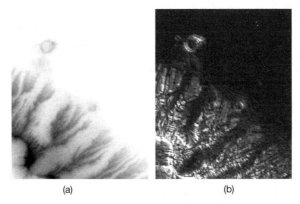

(a)　　　　　　　　(b)

图 8.9　(a) Hawaii 图像；(b) 经卷积计算后的 Honolulu 图像

　　下面从另一个稍微不同的角度看这个片元着色器。纹理贴图为一个二维数组或数字矩阵。片元着色器作用于数字矩阵的每个元素，并生成其他的数值（片元颜色）。因此，对于在单个矩形上使用纹理贴图的模型，可以把它看作让片元着色器作为可编程矩阵处理器的一种方法。这种使用 GPU 的方式具有一些主要优点。特别是 GPU 能够以极高的速率执行这种类型的操作，其不仅在于片元着色器的运行速度快，还在于 GPU 中包含了多个着色器单元，以及基本计算单元（四元素颜色）固有的并行性。GPU 通用计算（GPGPU）领域出现了许多新的与计算机图形学无关的计算算法，甚至出现了由多个 GPU 而不是 CPU 组成的高性能计算机。

　　但是，到目前为止，开发的应用程序还存在一些问题。尽管能够在矩阵或矩形中计算每个片元的颜色或值，但是访问这些值的唯一途径是通过帧缓存，要么将这些值作为屏幕的颜色，要么将这些值从帧缓存读回到 CPU 中（慢速操作）。此外，由于没有其他修改纹理的方法，如果不从 CPU 加载新的纹理，就不能处理很多动态的操作，这是另一个慢速的操作。更大的限制是，几乎所有的帧缓存（通过本地窗口系统分配用于显示的缓存）都将颜色分量保存为无符号字节类型，所以缺乏进行严格数值计算的分辨率。

通过**离屏缓存**(off-screen buffer),WebGL 提供了一种解决上述问题的方法。离屏缓存是一类额外缓存,它在图形系统的控制之下,但是缓存中的内容在屏幕上不可见。可以把图形绘制到离屏缓存中,并利用绘制结果为后续的绘制创建新纹理。我们将在下一章讨论这个主题。

8.4 帧缓存对象

到目前为止,我们使用的帧缓存由颜色缓存、深度缓存和其他缓存(例如模板缓存)组成。帧缓存由本地窗口系统提供并受其控制。正如前面所讨论的,我们希望有额外的缓存可用,即使它们作为离屏缓存并且不能显示出来。WebGL 通过**帧缓存对象**(framebuffer objects,FBO)提供了离屏缓存操作的灵活性,并完全由图形系统处理。因为帧缓存对象存在于图形内存中,我们不仅可以拥有多个离屏缓存,而且在这些离屏缓存之间的数据传输不会导致 CPU 和 GPU 之间数据传输变慢,也不会增加本地窗口系统的开销。创建和绑定帧缓存对象与处理纹理对象和顶点数组对象的方法非常类似。但是,对于帧缓存对象,我们需要将绘制所需的资源绑定(或关联)到帧缓存对象。

为了使用离屏缓存,就像普通帧缓存一样,首先创建并绑定帧缓存对象,其代码如下:

```
var framebuffer = gl.createFramebuffer();
gl.bindFramebuffer(gl.FRAMEBUFFER, framebuffer);
```

现在,几何图形将要绘制到这个帧缓存,同时由于该帧缓存是离屏缓存,任何绘制到该帧缓存的内容都不会显示在屏幕上。但是,当前的 FBO 是空的,必须把绘制到该 FBO 所需的资源和它绑定起来。对于一般的三维场景,需要一个存储绘制内容的颜色缓存和一个用于隐藏面消除的深度缓存。绑定到 FBO 的缓存称为**绘制缓存**(render buffer),每个绘制缓存都能为所需类型的缓存提供必要的存储功能。

但是,如果希望绘制一个纹理并用于后面的绘制过程,那么可以直接绘制到纹理中,而不需要把颜色缓存作为绘制缓存绑定到帧缓存对象。在后面的示例程序中将使用**绘制到纹理**(render-to-texture)过程。三维场景还需要一个深度缓存。可以通过创建绘制缓存来创建和绑定必要的缓存,其代码如下:

```
renderbuffer = gl.createRenderbuffer();
gl.bindRenderbuffer(gl.RENDERBUFFER, renderbuffer);
```

然后添加绑定,其代码如下:

```
gl.renderbufferStorage(gl.DEPTH_COMPONENT16, width, height);
```

上面的代码指定了缓存的深度和分辨率,以便分配所需的存储空间。因为我们要绘制到纹理,即绘制到可作为纹理图像的缓存中,所以首先必须通过使用常规过程设置纹理对象来指定所需的内存,但是有一点不同。考虑下面典型的初始化程序:

```
texture1 = gl.createTexture();
gl.activeTexture(gl.TEXTURE0);
gl.bindTexture(gl.TEXTURE_2D, texture1);
gl.texImage2D(gl.TEXTURE_2D, 0, gl.RGBA, 512, 512, 0,
              gl.RGBA, gl.UNSIGNED_BYTE, null);
gl.generateMipmap(gl.TEXTURE_2D);
gl.texParameteri(gl.TEXTURE_2D, gl.TEXTURE_MIN_FILTER,
                 gl.NEAREST_MIPMAP_LINEAR);
```

```
gl.texParameteri(gl.TEXTURE_2D, gl.TEXTURE_MAG_FILTER,
                 gl.NEAREST);
```

该示例与之前示例的唯一区别是，因为我们还没有创建纹理图像，所以先在 `gl.texImage2D` 函数中指定了一个空图像。尽管如此，该信息足以分配所需的纹理内存。最后，把纹理对象绑定到 FBO，其代码如下：

```
gl.framebufferTexture2D(gl.FRAMEBUFFER, gl.COLOR_ATTACHMENT0,
                        gl.TEXTURE_2D, texture1, 0);
```

参数 `gl.COLOR_ATTACHMENT0` 表示将绑定标识为颜色缓存。最后的参数表示 mipmap 映射级别。

现在可以通过设置几何图形、顶点数组和其他资源来进行常规的绘制。但是，因为设置 FBO 会产生大量的开销，因此通过下面的代码可以检验是否已经完成所有需要的步骤：

```
var status = gl.checkFramebufferStatus(gl.FRAMEBUFFER);
if (status !== gl.FRAMEBUFFER_COMPLETE) {
  alert('Framebuffer Not Complete');
}
```

一旦绘制到离屏缓存，就可以通过另一组绑定操作解除原来绑定到 FBO 的所有资源，从而返回到窗口系统帧缓存，其代码如下：

```
gl.bindFramebuffer(gl.FRAMEBUFFER, null);
gl.bindRenderbuffer(gl.RENDERBUFFER, null);
```

如果不想使用绘制到离屏缓存的纹理，可以解除对该纹理的绑定，其代码如下：

```
gl.bindTexture(gl.TEXTURE_2D, null);
```

但是，由于我们打算将刚才创建的纹理用于常规绘制，因此可以将其绑定到默认的帧缓存，其代码如下：

```
gl.bindTexture(gl.TEXTURE_2D, texture1);
```

下面是一个简单而完整的示例。在该示例中，我们把一个低分辨率的三角形绘制到纹理中，然后把生成的图像作为矩形的纹理贴图。三角形在灰色的背景上绘制为红色，其代码如下：

```
var canvas;
var gl;

// Quad texture coordinates

var texCoord = [
  vec2(0, 0),
  vec2(0, 1),
  vec2(1, 1),
  vec2(1, 1),
  vec2(1, 0),
  vec2(0, 0)
];

// Quad vertices

var vertices = [
  vec2(-0.5, -0.5),
  vec2(-0.5,  0.5),
  vec2( 0.5,  0.5),
  vec2( 0.5,  0.5),
```

```
    vec2( 0.5, -0.5),
    vec2(-0.5, -0.5)
];

// Triangle vertices

var positions = [
  vec2(-0.5, -0.5),
  vec2( 0.0,  0.5),
  vec2( 0.5, -0.5)
];

var program1, program2;
var texture1;

var framebuffer, renderbuffer;

window.onload = function init() {
  canvas = document.getElementById("gl-canvas");

  gl = WebGLUtils.setupWebGL(canvas);
  if (!gl) { alert("WebGL isn't available"); }

  // Create an empty texture

  texture1 = gl.createTexture();
  gl.activeTexture(gl.TEXTURE0);
  gl.bindTexture(gl.TEXTURE_2D, texture1);
  gl.texImage2D(gl.TEXTURE_2D, 0, gl.RGBA, 64, 64, 0, gl.RGBA,
              gl.UNSIGNED_BYTE, null);
  gl.generateMipmap(gl.TEXTURE_2D);
  gl.texParameteri(gl.TEXTURE_2D, gl.TEXTURE_MIN_FILTER,
                 gl.NEAREST_MIPMAP_LINEAR);
  gl.texParameteri(gl.TEXTURE_2D, gl.TEXTURE_MAG_FILTER, gl.NEAREST);
  gl.bindTexture(gl.TEXTURE_2D, null);

  // Allocate a framebuffer object

  framebuffer = gl.createFramebuffer();
  gl.bindFramebuffer(gl.FRAMEBUFFER, framebuffer);
  renderbuffer = gl.createRenderbuffer();
  gl.bindRenderbuffer(gl.RENDERBUFFER, renderbuffer);

  // Attach color buffer

  gl.framebufferTexture2D(gl.FRAMEBUFFER, gl.COLOR_ATTACHMENT0,
  gl.TEXTURE_2D, texture1, 0);

  // Check for completeness

  var status = gl.checkFramebufferStatus(gl.FRAMEBUFFER);
  if (status != gl.FRAMEBUFFER_COMPLETE)
    alert('Frame Buffer Not Complete');

  //  Load shaders and initialize attribute buffers
```

```
program1 = initShaders(gl, "vertex-shader1", "fragment-shader1");
program2 = initShaders(gl, "vertex-shader2", "fragment-shader2");

gl.useProgram(program1);

// Create and initialize a buffer object with triangle vertices

var buffer1 = gl.createBuffer();
gl.bindBuffer(gl.ARRAY_BUFFER, buffer1);
gl.bufferData(gl.ARRAY_BUFFER, flatten(positions), gl.STATIC_DRAW);

// Initialize the vertex position attribute from the vertex shader

var aPosition = gl.getAttribLocation(program1, "aPosition");
gl.vertexAttribPointer(aPosition, 2, gl.FLOAT, false, 0, 0);
gl.enableVertexAttribArray(aPosition);

// Render one triangle

gl.viewport(0, 0, 64, 64);
gl.clearColor(0.5, 0.5, 0.5, 1.0);
gl.clear(gl.COLOR_BUFFER_BIT);
gl.drawArrays(gl.TRIANGLES, 0, 3);

// Bind to window system framebuffer, unbind the texture

gl.bindFramebuffer(gl.FRAMEBUFFER, null);
gl.bindRenderbuffer(gl.RENDERBUFFER, null);
gl.disableVertexAttribArray(vPosition);
gl.useProgram(program2);

gl.activeTexture(gl.TEXTURE0);
gl.bindTexture(gl.TEXTURE_2D, texture1);

// Send data to GPU for normal render

var buffer2 = gl.createBuffer();
gl.bindBuffer(gl.ARRAY_BUFFER, buffer2);
gl.bufferData(gl.ARRAY_BUFFER,  flatten(vertices),
              gl.STATIC_DRAW);

aPosition = gl.getAttribLocation(program2, "aPosition");
gl.vertexAttribPointer(vPosition, 2, gl.FLOAT, false, 0, 0);
gl.enableVertexAttribArray(aPosition);

var buffer3 = gl.createBuffer();
gl.bindBuffer(gl.ARRAY_BUFFER, buffer3);
gl.bufferData(gl.ARRAY_BUFFER, flatten(texCoord), gl.STATIC_DRAW);

var aTexCoord = gl.getAttribLocation(program2, "aTexCoord");
gl.vertexAttribPointer(aTexCoord, 2, gl.FLOAT, false, 0, 0);
gl.enableVertexAttribArray(aTexCoord);

gl.uniform1i(gl.getUniformLocation(program2, "uTexture"), 0);
gl.clearColor(1.0, 1.0, 1.0, 1.0);
```

```
    gl.viewport(0, 0, 512, 512);

    render();
}

function render()
{
    gl.clearColor(0.0, 0.0, 1.0, 1.0);
    gl.clear(gl.COLOR_BUFFER_BIT);

    // render quad with texture
    gl.drawArrays(gl.TRIANGLES, 0, 6);
}
```

下面是着色器代码:

```
// Vertex shader 1

in  vec4 aPosition;

void main()
{
    gl_Position = aPosition;
}

// Vertex shader 2

in vec4 aPosition;
in vec2 aTexCoord;

out vec2 vTexCoord;

void main()
{
    vTexCoord = aTexCoord;
    gl_Position = aPosition;
}

// Fragment shader 1

out vec4 fColor;

void main()
{
    fColor = vec4(1.0, 0.0, 0.0, 1.0);
}

// Fragment shader 2

in  vec2 vTexCoord;
out vec4 fColor;

uniform sampler2D uTexture;

void main()
{
    fColor = texture2D(uTexture, vTexCoord);
}
```

生成的图像如图 8.10 所示。

可以通过多种方式使用该技术。假设在完全由计算机生成的场景中对一个对象进行环境映射。通过六次绘制到纹理，每次照相机都位于对象中心，但每次都指向不同的方向，这样可以创建六个纹理贴图。最后，使用这些纹理图像作为立方体贴图纹理，将整个场景绘制到帧缓存。

接下来，介绍几个可以用 FBO 实现的应用程序，这些应用程序仅使用标准帧缓存是不可能（或根本不可能）有效实现的。我们首先讨论一些使用 FBO 生成更逼真图像的多重绘制技术（或多通道绘制技术）。接

图 8.10　通过绘制到纹理生成的图像

下来，我们将考虑增量绘制，其中当前帧的输出是对前一帧的增量更新。最后，我们介绍拾取，这里使用 FBO 来记录信息，从而可以识别帧中的对象。

8.5　多重绘制技术

到目为止，我们介绍 WebGL 时使用了一种通常称为**前向绘制**（forward rendering）的技术，其中每个片元的结果仅基于对每个图元进行变换和着色时可用的信息。因此，一帧画面的绘制结果可能会受到可用资源的限制，例如着色器中使用的灯光或纹理贴图的数量。应用程序可以采用的另一种方法是**多通道绘制技术**或**多重绘制技术**（multi-pass rendering techniques）[1]，使用该技术可以多次绘制场景，生成的信息（通常存储在纹理贴图中）用于最终的绘制操作，它为应用程序创建该帧的最终图像。换句话说，对于应用程序绘制的某帧图像，存在多个前向绘制通道（每个通道都绘制一个或多个纹理）以及一个最终的合成绘制通道（使用先前生成的纹理中的信息来生成最终的图像）。

使用多通道绘制技术要考虑的一个因素是性能。前向绘制通过对场景中的每个对象绘制一次来生成当前帧的图像。在所有的几何图形绘制完成后，就生成了一帧画面。对于多通道方法，应用程序可以多次绘制对象，并在每次绘制后都要存储信息，这会占用更多的资源（例如 GPU 和内存），但也可能需要更多的处理时间。对于性能至关重要的应用程序（例如游戏和虚拟现实体验），延迟着色技术可能需要太多的资源（或太多的时间）开销，以至于不是一个合适的选择。

多通道绘制技术有许多应用，但通常用于在场景中生成更逼真的光照效果。我们将简要介绍多通道绘制的两个示例：环境光遮蔽（它增加了环境光的真实感）和延迟光照（它允许更复杂的光照技术）。

8.5.1　环境光遮蔽

环境光遮蔽（ambient occlusion）是一种确定环境光对曲面影响程度的技术[2]。对于曲面上的特定点 P，通过确定点 P 在每个方向上的可见性来计算遮蔽因子 $A(P)$。

在数学上，如图 8.11 所示，可以将遮蔽因子指定为以点 P 为中心的曲面法向量 n 方向上半球 Ω 上的积分：

---

① 这种技术也称为**延迟绘制**（deferred rendering）。

② 这里概述的算法通常称为**屏幕空间环境光遮蔽**（screen-space ambient occlusion），这是因为它广泛使用了屏幕空间信息。也有使用其他方法的环境光遮蔽技术。

$$A(P) = \frac{1}{\pi} \int_\Omega V(P + w)\,(n \cdot w)\,\mathrm{d}w$$

其中，dw 代表 w 方向上的立体角，并且

$$V(P + w) = \begin{cases} 0 & \text{从 } P \text{ 观察时，如果 } P+w \text{ 被遮蔽} \\ 1 & \text{其他} \end{cases}$$

对场景中的每个可见点，通过对半球表面上的多个离散点进行采样来近似这个积分。

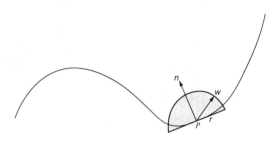

图 8.11　用于确定环境光遮蔽的半球

　　要启用这个计算，应用程序需要执行两个通道的绘制任务。第一个通道用于绘制场景的几何图形，记录每个像素的信息，例如在该像素位置的几何图形的法向量(n)［即创建所谓的**法向量贴图**(normal map)，如图 8.12 所示］，纹理中编码为 RGB 颜色的向量分量(通常使用浮点纹素值)，以及单通道纹理中每个像素的深度值［生成的纹理通常称为**深度纹理**(depth texture)］，如图 8.13 所示。

图 8.12　法向量贴图

图 8.13　深度贴图(depth map)

　　然后，第二个通道用于绘制一个全屏四边形，所使用的片元着色器执行两个操作。首先，它从法向量贴图采样该像素位置存储的表面法向量，以确定该像素位置几何图形的方向。然后，片元着色器从当前像素位置周围的深度纹理中采样多个深度值，并将采样纹理的深度值与像素的深度值进行比较。对于每个像素，假定从深度纹理中采样 n 个深度值，并且其中的 k 个深度值大于该像素的深度值。可以通过这些值的占比($\frac{k}{n}$)来创建衰减因子，并使用该值来调整对象漫反射颜色的计算。图 8.14 显示了在没有使用环境光遮蔽的情况下绘制的场景，而图 8.15 显示了使用环境光遮蔽的绘制效果。

图 8.14　没有使用环境光遮蔽绘制的场景

图 8.15　使用环境光遮蔽绘制的同一场景

8.5.2　延迟光照

屏幕空间技术用于光照的另一个用途是**延迟光照**（deferred lighting）。在这种情形下，使用存储在多个纹理中的信息逐像素进行光照计算（类似于在第 6 章讨论的光照计算）。回顾一下光照计算的要素，我们计算场景中每个灯光的环境光、漫反射光和镜面光照信息的照明贡献。这种计算的开销可能非常大，特别是有许多灯光照射一个对象时。更糟的是，如果该对象被场景中的其他对象遮挡，导致光照计算的结果因没有通过深度测试而被丢弃。

延迟光照试图通过只计算可见像素的光照来提高绘制性能。这同样是通过使用多个绘制通道来实现的，即将中间结果记录在纹理中，这些纹理在最终的绘制通道中合成最终图像。必须生成一些纹理，这样才能计算出其光照结果是我们所需的最终图像。

下面考虑光照方程中的各个项。环境光照与场景中对象的位置无关，并且仅依赖于灯光的环境光贡献。因此，只需要每个灯光的信息来计算光照方程中的这一项。

漫反射光照通常称为**反照率**（albedo）颜色，由表面的法向量和指向光源的向量的点积调制而成。可以再次使用法向量贴图来存储场景中所需的所有法向量。如果仅限于使用平行光，那么指向光源的向量在整个场景中是恒定的，因此可以将它包含在光源的属性中。对于点光源，需要知道对象在每个像素处的观察空间位置，可以采用与法向量贴图相似的方式对其进行编码。

最后，对于镜面反射光照，现在除了需要知道观察者的位置来计算半角向量，还需要与漫反射计算类似的信息。如果场景中的对象表面具有不同的镜面反射光泽度，那么包含高光指数以供使用是非常有用的，可以将其存储在另一个单通道纹理中。

虽然已经确定了光照方程中计算光照调制项所需的资源，但还需要考虑场景中对象的材质属性。特别是，我们可以将漫反射和镜面反射材质颜色存储在纹理中，以完成计算场景中每个像素处可见对象的光照所需的数据收集。在我们的示例中，需要使用四个纹理来为光照计算编码信息：一个用于可见几何图形在观察空间中的位置，一个用于几何图形的表面法向量，一个用于漫反射材质颜色，以及最后一个用于镜面材质颜色的纹理。通常将这种纹理集合称为 g-buffer，它是**几何缓存**（geometry buffer）的缩写，是根据应用程序的需求来量身定制的。虽然对该技术的完整讨论不在本书的介绍范围之内，但是用于延迟光照的 g-buffer 将包括法向量贴图、深度贴图以及反照率贴图和高光贴图。图 8.16 显示了由不发光的木头（棕色）和翡翠（绿色）组成的龙的反照率贴图。注意，因为记录的是每个像素的材质属性，所以不需要修改所需的模型。图 8.17 显示了镜面反射分量对整体照明有贡献的区域（白色条纹，对应于反照率贴图中的翡翠材质）以及无镜面反射贡献的区域。

图 8.16　反照率贴图　　　　　　　　　图 8.17　高光贴图

8.6　缓存交换

第 3 章引入了双缓存以确保平滑的显示,该方法始终把图像绘制到缓存(后端缓存)中,然后每完成一次绘制就交换后端缓存和前端缓存,其中后端缓存的内容不可见,前端缓存的内容可显示在显示器上。我们不能很好地访问前端缓存,以便使用它的内容来决定要绘制什么。因此,需要将前端缓存的内容读回到 CPU,然后把它的数据发送回 GPU。但是,即使我们愿意从帧缓存中读回数据,这种策略也是不可行的,因为在 WebGL 中,不能直接向帧缓存中写入离散信息。

使用 FBO,首先通过绘制到纹理来创建新的纹理贴图,然后利用新的纹理贴图通过另一个绘制到纹理来确定下一个纹理贴图,以此完成数据传输。可以看到,这是通过**交换**(ping-ponging)一对 FBO 来实现该技术的。

下面用一个简单示例说明该技术,虽然该示例看起来不太自然,但它是我们将在第 10 章讨论的一些过程建模方法的基础。在该示例中,初始绘制结果将随时间扩散。在视觉上,我们看见的显示内容类似于将一滴彩色水滴在一杯清水中,它的颜色慢慢扩散到表面上。

图 8.18 是第 2 章绘制的 Sierpinski 镂垫。图 8.19 是使用下面的方法对颜色进行扩散的结果。首先将场景绘制到纹理。因为只需要该步骤来建立初始条件,所以后续绘制中不再需要我们用到的程序对象。下一步,把一个矩形(由两个三角形组成)绘制到新纹理,并用第一次绘制时创建的纹理确定片元的颜色。接下来的片元着色器计算片元四个邻域纹理颜色的平均值,得到一个小的邻域内的平均纹素以扩散第一个纹理的颜色值,其代码如下:

```
uniform sampler2D uTexture;
uniform float uDistance;
uniform float uScale;

in vec2 vTexCoord;
out vec4 fColor;

void main()
{
  vec4 left   = texture2D(uTexture, vTexCoord - vec2(uDistance, 0));
  vec4 right  = texture2D(uTexture, vTexCoord + vec2(uDistance, 0));
  vec4 bottom = texture2D(uTexture, vTexCoord - vec2(0, uDistance));
  vec4 top    = texture2D(uTexture, vTexCoord + vec2(0, uDistance));

  fColor = (left + right + top + bottom)/uScale;
}
```

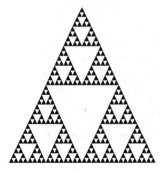

图 8.18　Sierpinski 镂垫

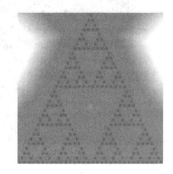

图 8.19　颜色扩散后的 Sierpinski 镂垫

常数 uDistance 基于到邻域的距离并且由纹理图像的分辨率决定。第二个常数 uScale 用于控制平滑量。例如，如果 uScale 设置为 4，那么整个图像的平均颜色不变。较大的 uScale 值会降低最终图像的亮度。

现在，我们已经把原始纹理贴图绘制到纹理，产生了一个扩散的纹理图像。下一步要做的就是重复该过程，即把刚创建的纹理贴图作为图像并用扩散着色器再次绘制。我们用一对纹理贴图和一对离屏缓存以及它们之间的交换来实现该过程，这非常类似于第 3 章讨论的前端缓存和后端缓存的交换过程。

下面以要对其进行扩散处理的图像作为初始纹理贴图并介绍具体绘制过程。我们采用标准方式创建初始图像以及各种参数和所需要的缓存，并作为初始化的一部分。绘制过程中比较有趣的部分就是绘制循环。在初始化时，定义了一个布尔变量：

```
var flag = true;
```

该变量用于说明正在使用哪一组缓存。在 render 函数中，首先利用初始化时创建的两个纹理对象中的一个(对于该纹理对象，最终会绘制到其对应的纹理中)来创建帧缓存纹理，其代码如下：

```
var readTexture = flag ? texture1 : texture2;
var renderTexture = flag ? texture2 : texture1;

gl.bindTexture(gl.TEXTURE_2D, readTexture);
gl.framebufferTexture2D(gl.FRAMEBUFFER, gl.COLOR_ATTACHMENT0,
                        gl.TEXTURE_2D, renderTexture, 0);
```

接下来，使用纹理贴图绘制矩形：

```
gl.clear(gl.COLOR_BUFFER_BIT);
gl.drawArrays(gl.TRIANGLES, 0, 6);
```

由于希望看到每个步骤的执行结果，所以需要执行绘制到标准帧缓存的常规绘制。我们取消绑定 FBO 并交换纹理，所以使用刚创建的图像作为此次绘制的新纹理贴图：

```
gl.bindFramebuffer(gl.FRAMEBUFFER, null);

gl.bindTexture(gl.TEXTURE_2D, renderTexture);
```

并执行绘制操作：

```
gl.clear(gl.COLOR_BUFFER_BIT);
gl.drawArrays(gl.TRIANGLES, 0, 6);
```

现在可以交换纹理并重复绘制过程，其代码如下：

```
flag = !flag;
requestAnimationFrame(render);
```

为了清晰起见，我们省略了一些代码(例如交换程序对象)。在本书配套网站上可以找到完整的程序。

8.7　拾取

拾取是用定位设备在屏幕上选择对象的过程，我们在第 3 章介绍了拾取，但没有介绍实现拾取的工具。利用离屏绘制，能实现一个非常简单的拾取过程，它在大多数环境下都能够有效工作。考虑下面的简单示例。假设显示内容包括两个对象，例如在白色背景上的一个蓝色三角形和一个红色正方形。我们读取鼠标所在位置的帧缓存中的颜色，然后利用该颜色确定鼠标是指向正方形、三角形还是背景。问题在于,我们几乎不会遇到如此简单只显示几种颜色的图形。

如果对象是三维的并且被照亮,那么对象表面会显示许多颜色。此外,如果使用纹理映射,那么每个对象可以显示上百种不同的颜色。因此,尽管这种想法很好,但却无法简单地实现它。

假设有一个离屏缓存,可以向其中绘制内容。这次绘制的场景中没有光照和纹理,每个对象和背景都被指定唯一的纯色。然后可以读取离屏缓存中与鼠标位置相对应的颜色。由于每个对象都用不同的颜色绘制,可以使用一个表来确定对象与所读取的颜色之间的对应关系。一旦完成拾取操作,就返回到标准帧缓存中的常规绘制。

下面的简单示例说明了这个绘制过程,这个示例使用了在第 4 章中首次绘制的彩色立方体。开始时,立方体每个面的颜色是六种颜色(红色、绿色、蓝色、青色、品红和黄色)之一。接下来,我们看到许多基于这些颜色给立方体的面进行着色的方法。例如,通过将这些颜色指定给每个顶点并使用默认的颜色插值,每个面显示的颜色就是顶点颜色的混合。后来,学习了如何将纹理图像映射到立方体表面。甚至利用反射贴图来确定要显示的颜色。现在,假设用这些方法之一绘制立方体,并且要确定屏幕上立方体的特定面。不能根据显示的颜色确定是立方体的哪个面,这不仅因为屏幕上有很多颜色,还因为立方体的多个表面可能包含某种相同的颜色。此外,立方体任意点的颜色随顶点的方向和位置以及光照的变化而变化。因此,显示的颜色和立方体的表面之间可能不存在反向映射。

使用离屏绘制可以解决这个问题。可以设置一个帧缓存对象,并将纹理(绘制到该纹理)与其绑定。如果开启背面剔除功能,就不需要隐藏面消除,因此也就不需要绘制缓存对象。可以通过事件监听器启动绘制到纹理。当在视口内点击鼠标时,它绑定帧缓存对象并绘制每个面都是纯色的立方体。然后,读取与鼠标位置相对应的像素的颜色,检查该颜色以确定是立方体的哪个面。最后进行常规绘制。

下面给出了更详细的代码。首先,在初始化部分设置 FBO:

```
gl.enable(gl.CULL_FACE);

var texture = gl.createTexture();
gl.bindTexture(gl.TEXTURE_2D, texture);
gl.texImage2D(gl.TEXTURE_2D, 0, gl.RGBA, 512, 512, 0, gl.RGBA,
              gl.UNSIGNED_BYTE, null);
gl.generateMipmap(gl.TEXTURE_2D);
// Allocate a framebuffer object

framebuffer = gl.createFramebuffer();
gl.bindFramebuffer(gl.FRAMEBUFFER, framebuffer);

// Attach color buffer

gl.framebufferTexture2D(gl.FRAMEBUFFER, gl.COLOR_ATTACHMENT0,
                        gl.TEXTURE_2D, texture, 0);

// Check for completeness
var status = gl.checkFramebufferStatus(gl.FRAMEBUFFER);
if (status !== gl.FRAMEBUFFER_COMPLETE) {
  alert('Framebuffer Not Complete');
}

gl.bindFramebuffer(gl.FRAMEBUFFER, null);
```

接下来,考虑立方体的颜色。像前面的示例一样设置基色:

```
var vertexColors = [
  vec4(0.0, 0.0, 0.0, 1.0),  // black
  vec4(1.0, 0.0, 0.0, 1.0),  // red
  vec4(1.0, 1.0, 0.0, 1.0),  // yellow
  vec4(0.0, 1.0, 0.0, 1.0),  // green
  vec4(0.0, 0.0, 1.0, 1.0),  // blue
  vec4(1.0, 0.0, 1.0, 1.0),  // magenta
  vec4(1.0, 1.0, 1.0, 1.0),  // white
  vec4(0.0, 1.0, 1.0, 1.0)   // cyan
];
```

并为其设置顶点数组和顶点位置。

在本例中，如果用 uniform 变量告诉片元着色器是执行常规绘制还是用上面的某种基色绘制立方体的面，则可以只使用一个顶点着色器和一个片元着色器。对于常规绘制，uniform 变量的值为 0，其代码如下：

```
gl.uniform1i(gl.getUniformLocation(program, "i"), 0);
gl.drawArrays(gl.TRIANGLES, 0, 36);
```

每个面使用两个三角形，而绘制到纹理需要用 uniform 变量 i 来指示使用的颜色，其代码如下：

```
for (var i = 0; i < 6; ++i) {
  gl.uniform1i(gl.getUniformLocation(program, "i"), i+1);
  gl.drawArrays(gl.TRIANGLES, 6*i, 6);
}
```

顶点着色器是前面旋转立方体示例的着色器，它将颜色发送到片元着色器：

```
in  vec4 aPosition;
in  vec4 aColor;
out vec4 vColor;

uniform vec3 theta;

void main()
{
  vec3 angles = radians(theta);
  vec3 c = cos(angles);
  vec3 s = sin(angles);
  mat4 rx = mat4(1.0,  0.0,  0.0, 0.0,
                 0.0,  c.x,  s.x, 0.0,
                 0.0, -s.x,  c.x, 0.0,
                 0.0,  0.0,  0.0, 1.0);

  mat4 ry = mat4(c.y, 0.0, -s.y, 0.0,
                 0.0, 1.0,  0.0, 0.0,
                 s.y, 0.0,  c.y, 0.0,
                 0.0, 0.0,  0.0, 1.0);

  mat4 rz = mat4(c.z, -s.z, 0.0, 0.0,
                 s.z,  c.z, 0.0, 0.0,
                 0.0,  0.0, 1.0, 0.0,
                 0.0,  0.0, 0.0, 1.0);

  vColor = aColor;
  gl_Position = rz * ry * rx * aPosition;
}
```

片元着色器的代码为：

```
uniform int uColorIndex;
in vec4 vColor;
out vec4 fColor;

void main()
{
  vec4 c[7];
  c[0] = vColor;
  c[1] = vec4(1.0, 0.0, 0.0, 1.0);
  c[2] = vec4(0.0, 1.0, 0.0, 1.0);
  c[3] = vec4(0.0, 0.0, 1.0, 1.0);
  c[4] = vec4(1.0, 1.0, 0.0, 1.0);
  c[5] = vec4(0.0, 1.0, 1.0, 1.0);
  c[6] = vec4(1.0, 0.0, 1.0, 1.0);

  fColor = c[uColorIndex];
}
```

真正的工作在事件监听器中完成。通过单击鼠标可以触发事件侦听器,其代码如下:

```
canvas.addEventListener("mousedown", function() {

  // Render to texture with base colors
  gl.bindFramebuffer(gl.FRAMEBUFFER, framebuffer);
  gl.clear(gl.COLOR_BUFFER_BIT);
  gl.uniform3fv(thetaLoc, Theta);
  for (var i = 0; i < 6; ++i) {
    gl.uniform1i(gl.getUniformLocation(program, "uColorIndex"), i+1);
    gl.drawArrays(gl.TRIANGLES, 6*i, 6);
  }

  // Get mouse position
  var x = event.clientX;
  var y = canvas.height - event.clientY;

  // Get color at mouse location and output it
  gl.readPixels(x, y, 1, 1, gl.RGBA, gl.UNSIGNED_BYTE, color);

  // Find which color was read and output it
  var colorNames = [
    "background",
    "blue",
    "green",
    "cyan",
    "red",
    "magenta",
    "yellow",
    "white"
  ];

  var nameIndex = 0;

  if (color[0] == 255)  nameIndex += (1 << 2);
  if (color[1] == 255)  nameIndex += (1 << 1);
  if (color[2] == 255)  nameIndex += (1 << 0);
```

```
    console.log(colorNames[nameIndex]);

    // Normal render
    gl.bindFramebuffer(gl.FRAMEBUFFER, null);
    gl.uniform1i(gl.getUniformLocation(program, "uColorindex"), 0);
    gl.clear(gl.COLOR_BUFFER_BIT);
    gl.uniform3fv(thetaLoc, theta);
    gl.drawArrays(gl.TRIANGLES, 0, 36);
});
```

　　一些低精度或较旧的显示设备可能存在一个潜在的问题。对于不能显示多种颜色的显示器(当对象表面的颜色发生变化时会产生锯齿)，通过一个称为**抖动**(dithering)的过程对颜色分量的低阶位进行随机化处理以达到平滑过渡的目标。如果显示发生了抖动，则对颜色的低阶位进行随机化，从而消除锯齿。然后，如果使用 gl.readPixels 函数，则它为分配了相同颜色的像素返回略有不同的值。例如，对于 RGB 颜色为(127，127，127)的灰色，返回红色分量的值可能为 126、127 或 128。当测试颜色时，不能只检查该分量是否正好为 127。当读取颜色值时，可以只检查颜色分量的高阶位或者通过下面的代码禁用抖动：

```
    gl.disable(gl.DITHER);
```

　　注意，如果有多个对象，并且希望标识对象而不是立方体的某个面，尽管应用程序比较长，但执行步骤是相同的。我们将使用不同的纯色对每个对象进行离屏绘制。然后，可以读取对象的颜色并反向映射为对象的标识符，从而标识不同的对象而不是立方体的面。

8.8　阴影贴图

　　在 5.11 节中，我们引入了阴影贴图作为投影的扩展，但缺乏实现它们的有效工具。现在知道了如何绘制到纹理，就可以在每个绘制通道创建和更新阴影贴图。回想一下，这个方法的本质是从光源位置创建视图。使用存储在深度缓存中的信息(阴影贴图)来确定从照相机位置进行常规绘制时，哪些片元被遮挡在光线之外。

　　首先为从光源位置绘制的结果创建帧缓存对象。这个过程与前面的示例完全相同。

```
    framebuffer = gl.createFramebuffer();
    gl.bindFramebuffer(gl.FRAMEBUFFER, framebuffer);
    framebuffer.width = 1024;
    framebuffer.height = 1024;

    renderbuffer = gl.createRenderbuffer();
    gl.bindRenderbuffer(gl.RENDERBUFFER, renderbuffer);
    gl.renderbufferStorage(gl.RENDERBUFFER, gl.DEPTH_COMPONENT16,
                           1024, 1024);

    // Attach color buffer

    gl.framebufferTexture2D(gl.FRAMEBUFFER, gl.COLOR_ATTACHMENT0,
                            gl.TEXTURE_2D, texture1, 0);
    gl.framebufferRenderbuffer(gl.FRAMEBUFFER, gl.DEPTH_ATTACHMENT,
                               gl.RENDERBUFFER, renderbuffer);

    // check for completeness

    var status = gl.checkFramebufferStatus(gl.FRAMEBUFFER);
```

```
    if(status != gl.FRAMEBUFFER_COMPLETE)
        alert('Frame Buffer Not Complete');

    gl.useProgram( program1 );
```

当绑定深度缓存后, 用于该绘制的通用顶点着色器可能具有如下的代码:

```
in vec4 aPosition;
uniform mat4 uInstanceMatrix;
uniform mat4 uProjectionMatrix;
uniform mat4 uModelViewMatrix;

void main()
{
    gl_Position = uProjectionMatrix*uModelViewMatrix*uInstanceMatrix
                       *aPosition;
}
```

　　这里的实例矩阵与标准绘制中应用于模型的矩阵相同。投影矩阵和模-视变换矩阵用于确定光源的位置。例如, 下面的代码在 z 轴上设置平行光源:

```
    lightProjectionMatrix = ortho(-5, 5, -5, 5, -5, 5);

    var lightPosition = vec3(0.0, 0.0, 1.0);

    var at = vec3(0.0, 0.0, 0.0);
    var up = vec3(0.0, 1.0, 0.0);

    lightViewMatrix = lookAt(lightPosition, at, up);

    gl.uniformMatrix4fv( gl.getUniformLocation(program1,
            "uProjectionMatrix"), false, flatten(lightProjectionMatrix)
    );

    gl.uniformMatrix4fv( gl.getUniformLocation(program1,
            "uModelViewMatrix"), false, flatten(lightViewMatrix) );
```

　　片元着色器需要输出深度缓存中的内容。内置变量 gl_FragCoord.z 提供了每个片元的归一化深度值。可以将该值作为一个简单片元着色器输出的所有三个 RGB 分量, 其代码如下:

```
precision mediump float;

out vec4 fColor;

void
main()
{
    fColor =  vec4(gl_FragCoord.zzz, 1.0);
}
```

用于常规绘制的顶点着色器和片元着色器更为复杂。首先, 让我们考虑顶点着色器:

```
in vec4 aPosition;
in vec4 aColor;
uniform mat4 uInstanceMatrix;
uniform mat4 uProjectionMatrix;
uniform mat4 uModelViewMatrix;

uniform mat4 uLightProjectionMatrix;
```

```
uniform mat4 uLightViewMatrix;

out vec4 vColor;
out vec4 vLightViewPosition;

void main()
{
  // shader computes position both from camera and light source

  gl_Position = uProjectionMatrix*uModelViewMatrix*uInstanceMatrix
                   *aPosition;
  vLightViewPosition = uLightProjectionMatrix*uLightViewMatrix
                          *uInstanceMatrix*aPosition;
  vColor = aColor;
}
```

这里的投影矩阵和模-视变换矩阵用于模型的常规绘制，实例矩阵也是如此。但是，还需要计算每个顶点相对于片元着色器中使用的光源的位置。为了执行该计算，需要从 WebGL 应用程序发送用于从光源位置进行第一个绘制所需的模-视变换矩阵（lightViewMatrix[①]）和投影矩阵（lightProjectionMatrix）。计算顶点的两个位置（gl_Postion 和 vLightViewPosition）并将它们发送到绘制流水线的光栅化模块。

下面是对应的片元着色器代码：

```
precision mediump float;

in vec4 vColor;
in vec4 vLightViewPosition;
out vec4 fColor;

uniform sampler2D uTextureMap;

void main()
{
    vec4 shadowColor = vec4(0.0, 0.0, 0.0, 1.0);  //black

    vec3 shadowCoord = 0.5 * vLightViewPosition.xyz + 0.5;
    float depth = texture(uTextureMap, shadowCoord.xy).x;

    fColor = shadowCoord.z < depth ? vColor : shadowColor;
}
```

该着色器的输入包括顶点颜色、顶点相对于光源位置的插值距离（vLightViewPosition）以及通过绘制到纹理存储于纹理贴图（textureMap）中的深度值。vLightViewPosition 的值表示为四维裁剪坐标，因此必须转换为三维。对于平行光源，只需在 vLightViewPosition 中获取 *xyz* 值。对于透视投影，必须将这些值除以 vLightViewPosition.w，因此得到的分量在范围(-1, 1)内。需要将它们转换到范围(0, 1)内，这样就可以将它们与 texImage 中的深度值进行比较。因此，对于平行光源，计算阴影坐标的代码为：

```
vec3 shadowCoord = 0.5 * vLightViewPosition.xyz + 0.5;
```

而对于点光源，计算阴影坐标的代码为：

---

① 此处原文为"lightModelViewMatrix"，疑有误。——译者注

```
vec3 shadowCoord = 0.5 * vLightViewPosition.xyz/vLightViewPosition.w +
0.5;
```

现在,可以将纹理贴图的所有三个颜色分量中存储的深度值与 shadowCoord 中存储的每个片元的距离进行比较,这两者都是相对于光源测量的,并使用顶点颜色或阴影颜色(黑色)为片元着色。

```
float depth = texture(uTextureMap, shadowCoord.xy).x;
```

注意,也可以将阴影贴图显示为灰度图像,其代码如下:

```
fColor = vec4(depth, depth, depth, 1.0);
```

图 8.20 显示了一个三角形投射到立方体上的阴影。

注意,我们不仅不必担心会像投影阴影一样投影到单个多边形或曲面上(见 5.11 节),用于阴影映射的着色器也不依赖于几何数据。阴影贴图的主要困难在于,由于必须在两个不同的坐标系之间投影离散数据,因此该方法容易受到走样失真的影响。即使在第一个绘制中生成的纹理贴图具有 1024×1024 的分辨率,也可以在图 8.21 中看到此类失真(瑕疵)。

图 8.20　投射到立方体上的三角形阴影

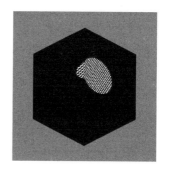

图 8.21　立方体上的投影纹理

8.9　投影纹理

通过采用开发阴影贴图时提出的某些相同的思想,也可以将纹理投影到对象上。可以将投影纹理理解为使用幻灯片投影仪将彩色幻灯片投影到表面上。图 8.21 显示了从点光源投影到立方体上的圆形棋盘纹理。可以看到,纹理可以映射到立方体的一个、两个或三个表面,具体取决于立方体的方位相对于光源的方位。可以通过为立方体的每个面找到合适的纹理坐标来创建一个单独绘制的图像,这可以在着色器中完成。首先看一下顶点着色器:

```
in vec4 aPosition;
in vec3 aNormal;
out vec3 vProjTexCoord;
out vec3 vLightDirection;
out vec3 vNormal;

uniform mat4 uModelViewMatrix;
uniform mat4 uProjectionMatrix;
uniform mat3 uNormalMatrix;

uniform mat4 uLightViewMatrix;
uniform mat4 uLightProjectionMatrix;
uniform vec4 uLightPosition;
```

```
void main()
{
    vec4 eyePosition = uModelViewMatrix*aPosition;
    vec4 objLightPosition = uLightProjectionMatrix
                                  * uLightViewMatrix*eyePosition;
    vProjTexCoord = 0.5 * objLightPosition.xyz + 0.5;

    vLightDirection = normalize((eyePosition- lightPosition).xyz);

    vNormal = uNormalMatrix*aNormal;
    gl_Position = uProjectionMatrix*eyePosition;
}
```

我们必须从 WebGL 应用程序发送常规的顶点属性信息：顶点位置、顶点法向量和顶点颜色[①]。对于照相机视图，需要发送模-视变换矩阵(uModelViewMatrix)、投影矩阵(uProjectionMatrix)和法向量矩阵(uNormalMatrix)。对于光源，需要发送其位置(uLightPosition)及其模-视变换矩阵(uLightViewMatrix)和投影矩阵(uLightProjectionMatrix)。在顶点着色器中，像往常一样计算裁剪坐标系中顶点的位置和顶点的法向量，并将它们发送给片元着色器。顶点着色器还必须计算在光源位置观察到的纹理坐标。该计算采用照相机坐标系中的顶点位置(eyePosition)，并对其应用光源模-视变换和投影变换，从而得到位于裁剪坐标系中的位置，然后将该位置缩放为纹理坐标(vProjTexCoord)，并将其发送到光栅化模块。

下面是片元着色器的代码：

```
precision mediump float;

in vec3 vNormal;
in vec3 vProjTexCoord;
in vec3 vLightDirection;
out vec4 fColor;
    uniform sampler2D uTextureMap;

    void
    main()
    {
        vec4 spotLightColor = textureProj(uTextureMap, vProjTexCoord);
        vec4 baseColor = vec4( 0.0, 0.0, 0.0, 1.0);

        fColor = dot(vNormal, vLightDirection) < 0.0 ? spotLightColor
                                                     : baseColor;
    }
```

GLSL 函数 textureProj 从光栅化模块获取插值的三维纹理坐标，并从以二维纹理形式存储的聚光灯图像中返回颜色。我们还必须使用光源法向量和顶点的点积来检查正在绘制的面是否面向前方。回到图 8.21，我们看到一个棋盘格聚光灯投射到一个黑色立方体上。当聚光灯位于立方体的某个角或边上时，可以看到相邻面上纹理的拉伸，这可能会导致明显的走样失真。尽管投影纹理可以创建难以用 WebGL 光照模拟的效果，但其主要用途是地理测绘应用。例如，假设有一个三维几何模型(例如可以从地形图中构建)。可以使用投影纹理来映射模型顶部的图层，这些图层可以表示从交通模式到火灾等的数据。

---

① 该示例不需要顶点颜色，因为片元颜色将完全由纹理确定。

小结和注释

关于图形硬件、软件和应用程序之间如何相互影响，映射方法提供了一些最佳示例。对于纹理映射，尽管在早期它完全是用软件实现的(用算法来描述和实现)，但是当人们发现它具有建立视觉上非常复杂的场景的能力时，硬件开发人员就开始在图形硬件系统中内置了大量的纹理内存。一旦能够在硬件上实现纹理映射，就可以实时地处理纹理映射，这导致了许多应用程序的重新设计，尤其是计算机游戏。

GPU 的最新进展为我们提供了许多基于可编程着色器的新的可能性。第一，片元处理器的可编程性使得许多新的实时纹理处理技术成为可能。第二，GPU 内置了大量的内存，从而消除了离散方法的主要瓶颈之一，即在处理器内存与 GPU 之间需要频繁地传送图像数据。第三，通过为片元处理提供高度并行的机制，新设计的 GPU 结构能快速地处理离散数据。最后，目前 GPU 使用浮点类型的帧缓存，这消除了许多困扰图像数据处理技术的精度问题。

本章集中介绍了各种被目前已有硬件和图形 API 支持的离散技术。在所介绍的这些技术当中，有许多都是最近出现的技术；还有许多是在最近的文献中出现的新技术，这些新技术只能在可编程 GPU 上实现。

代码示例

1. `hatImage.html`：sombero 函数的图像，生成的颜色赋给 y 值，生成的图像作为纹理映射到正方形。
2. `honoluluImage.html`：在片元着色器中使用带边缘增强的纹理贴图显示来自 Hawaii 高度数据的图像。
3. `render1.html`：将 Sierpinski 镂垫绘制到纹理，然后显示在正方形上。
4. `render2.html`：将三角形绘制到纹理，并通过在较小的正方形上进行第二次绘制来显示它，因此在绘制的正方形周围可以看到清晰的蓝色。
5. `render3.html`：绘制 Sierpinski 镂垫并在连续的多次绘制中将其颜色扩散开。
6. `render4.html`：与 render3 类似，但仅绘制单个三角形。
7. `render5.html`：与 render4 相同，但仅在第一次绘制时绘制三角形。
8. `particleDiffusion.html`：对最初随机放置的 50 个粒子进行缓存交换，然后随机移动，其先前的位置作为纹理扩散开。
9. `pickCube.html`：对离屏绘制的立方体进行旋转，立方体的每个表面都是纯色，用于标识鼠标单击的表面。表面的颜色记录在控制台上。
10. `pickCube2.html`：旋转光照下的立方体。单击鼠标后，立方体表面的名称(前，后，右，左，上，下，背景)将记录在控制台上。
11. `pickCube3.html`：更改材质属性，使每个表面都有颜色，但是光照仍然会在立方体每个表面上产生变化的颜色。表面颜色的名称显示在窗口中，而不是在控制台上。
12. `pickCube4.html`：类似于 `pickCube2`，但在窗口中显示鼠标拾取的表面的名称。
13. `cubet.html`：旋转半透明的立方体。可以打开和关闭隐藏面消除。
14. `shadowMap.html`：使用阴影贴图生成立方体上的三角形阴影。
15. `projectiveTexture.html`：在立方体上投影圆形棋盘格纹理。
16. `ssao.html`：屏幕空间环境光遮蔽。

建议阅读资料

包括使用 α 通道在内的许多混合技术都是 Porter 和 Duff[Por84] 提出的。在 *OpenGL Programmer's Guide*[Shr13] 这本书中有许多介绍如何使用缓存的示例。最近的文献包括许多如何使用缓存的新示例。读者可以进一步阅读最近一期的 *Computer Graphics* 期刊和 *IEEE Computer Graphics and Application* 期刊。

关于大多数标准图像格式的技术细节可以在 [Mia99，Mur94] 和网上找到。

习题

8.1 假定有两个半透明的表面，它们的不透明度分别是 α_1 和 α_2。把这两个半透明表面拼合成一个半透明材质，它的不透明度是多少？请给出计算该组合材质透明度的公式。

8.2 假定把半透明表面视为通过该表面的光的滤波器。请根据补色 CMY 颜色模型设计一个混合模型。

8.3 在 8.1 节，使用 $1-\alpha$ 和 α 分别表示目标混合因子和源混合因子。如果目标混合因子为 1，而源混合因子仍为 α，那么产生的视觉效果会有什么不同？

8.4 编写一个交互式画笔程序，可以用画笔为图像逐渐添加颜色。还可以利用混合技术在程序中添加橡皮擦功能，它能逐渐擦除屏幕上的图像。

8.5 说明如何使用图像的灰度直方图得到一个颜色查找表，通过这个颜色查找表使得修正后的图像具有均匀的直方图。

8.6 当使用抖动的方法对场景进行超采样时，为什么要使用随机抖动模式？

8.7 使用自己编写的图像处理程序实现卷积运算功能，为灰度图像实现一个通用的 3×3 的滤波程序。

8.8 通过数码相机或其他来源获取一幅数字图像，然后将 3×3 的平滑滤波器和锐化滤波器对该图像分别做平滑处理和锐化处理。对于处理后的图像，请仔细观察其边缘发生的变化。

8.9 重做上一个习题，但首先要在原始图像上增加少量的随机噪声。请说明这两个习题的结果有什么区别。

8.10 改变图像对比度最有效的方法之一就是允许用户以交互的方式设计一个查找表。考虑由三条连接的线段近似表示的曲线。请编写一个程序显示该图像，允许用户以交互的方式指定线段，并显示经修改后的曲线图像。

8.11 编写一个交互式程序，它返回屏幕上像素的颜色。

8.12 假定要创建一个表面贴有黑白棋盘格图案的立方体。能否对立方体进行纹理映射，使得当遍历立方体的表面时，表面的颜色交替变化？

8.13 色度坐标中的色域相当于用原色定义的 RGB 颜色空间中的颜色三角形。编写一个程序显示该颜色三角形以及它所在的立方体的边。该颜色三角形上每个点的颜色由它在 RGB 颜色空间的坐标决定。该三角形称为**麦克斯韦三角形**（Maxwell triangle）。

8.14 推导一个用于 NTSC 制式颜色模型与 RGB 颜色模型之间的颜色转换矩阵，并利用该矩阵在 xy 色度坐标中重新显示显示器的色域。

第9章 层级建模方法

模型是对世界的抽象，这个世界既可以是我们生活的真实世界，也可以是利用计算机生成的虚拟世界。大家都熟悉用于科学和工程领域的数学模型，这些模型使用数学方程来描述我们希望研究的物理现象。在计算机科学领域，使用抽象数据类型建模对象及其结构关系；在计算机图形学领域，使用几何对象建模我们的世界。当建立一个数学模型时，需要仔细选择数学方程，该方程应适合于我们要模拟的物理现象。虽然常微分方程可能适合于模拟弹簧-质点系统的动力学行为，但是我们可能使用偏微分方程模拟湍流流动。在计算机图形学领域，我们也经历了类似的过程，例如需要选择模型使用的图元并表示这些图元之间的关系。就像选择数学模型时有多种方法一样，我们选择的几何模型应该能够充分利用图形系统的性能。

本章探讨构造和使用几何对象模型的多种方法。我们还将考虑使用简单几何对象的模型，这些简单的几何对象或者是图形系统所支持的图元，或者是基于这些图元构建的用户自定义对象。把第4章介绍的几何变换推广到包含对象之间的层级关系。我们介绍的这些建模技术适合于机器人和角色动画等应用，在这些应用中，对象的动态行为表现为对象模型各部分之间的层级关系。

层级结构的概念是一个强大的工具，它是面向对象方法的一个重要组成部分。我们把对象的层级模型扩展到整个场景，包括虚拟照相机、灯光和材质属性。基于这样的层级模型，可以把图形 API 扩展为面向对象的系统，并且还能使我们深入理解如何在网络和分布式环境（如万维网）中使用图形系统。

9.1 几何图形和实例

我们首先关心的是如何存储一个可能由许多复杂对象组成的模型。有两个直接相关的问题需要解决：第一个问题是如何定义一个复杂的对象，它比我们目前处理过的对象更复杂；第二个问题是如何表示这些复杂对象的集合。大多数图形 API 对图元采取最小完备的观点，即它们只包含少数的基本几何图元，而让用户通过这些基本的图元来构建更复杂的对象。有时某些附加的图形库提供了一些建立在基本图元之上的复杂对象。假定在本章可以使用这些图形库提供的基本的三维对象。

可以采取非层级结构的建模方法，将这些几何对象视为**几何图形**（geometries）[1]，并把我们的世界建模为几何图形的集合。几何图形包括基本对象（例如立方体和球体）以及特定于应用程序的图形对象集（例如用于飞行模拟器的平面模型或用于计算机游戏的角色）。几何图形通常根据自身的几何特征表示为合适的大小和方位。例如，如图 9.1 所示的圆柱体通常使它的中心轴与坐标系的某个主轴平行，其高度一般为 1 个单位，半径为 1 个单位，并且它的底面圆心与坐标系的原点重合。

大多数图形 API 把几何图形所在的标架（我们称之为建模标架）和世界标架（或对象标架）区分开来。当几何图形只是纯粹的形状时，比如在 CAD 应用中可能用于电路元件的形状，并且没有与之关联的物理

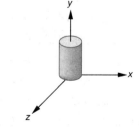

图 9.1 圆柱体几何图形

---

① 这些基本几何对象的其他术语包括模型、组件、元素或预制件。

单位，那么区分这两种标架有助于构建复杂的对象。在 WebGL 应用程序中，必须通过几何变换把几何图形从建模标架变换到世界标架。因此，一个给定的几何图形的模-视变换矩阵是两个矩阵的级联，一个是把几何图形从建模标架变换到世界标架的实例变换矩阵，另一个是把几何图形从世界标架变换到眼标架的观察变换矩阵。

可以使用第 4 章介绍的实例变换把每个几何图形实例按所需的大小、方向和位置放入场景中。因此，下面的实例变换矩阵是平移变换矩阵、旋转变换矩阵和缩放变换矩阵(也可能是错切变换矩阵)的级联，如图 9.2 所示。

M = TRS

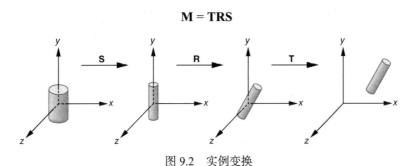

图 9.2　实例变换

因此，WebGL 应用程序通常会反复出现如下形式的代码：

```
var s = vec3(sx, sy, sz); // scale factors
var d = vec3(dx, dy, dz); // translation vector
var r = vec3(rx, ry, rz); // rotation angles

instanceMatrix = scale(s);
instanceMatrix = mult(instanceMatrix, rotateX(rx));
instanceMatrix = mult(instanceMatrix, rotateY(ry));
instanceMatrix = mult(instanceMatrix, rotateZ(rz));
instanceMatrix = mult(instanceMatrix, translate(instance, d));

modelViewMatrix = mult(modelViewMatrix, instanceMatrix);

cylinder(); // or some other geometry
```

在本例中，计算实例变换矩阵并更改当前的模-视变换矩阵。通过使用 gl.uniformMatrix4fv 函数可以将所得到的模-视变换矩阵发送到顶点着色器中。最后一行代码调用 cylinder 函数，该函数生成顶点，应用程序通过顶点缓存对象将其发送到顶点着色器。还可以使用如图 9.3 所示的表格形式来表示这个模型。这里假定每个几何图形都有一个唯一的数字标识符。该表存储了这个标识符以及构建实例变换矩阵所需的一些必要参数。该表说明这种建模技术并不包含反映对象之间关系的信息。然而，它包含了用来独立绘制每个

几何图形ID	缩放	旋转	平移
1	s_x, s_y, s_z	$\theta_x, \theta_y, \theta_z$	d_x, d_y, d_z
2			
3			
1			
1			
⋮			

图 9.3　几何图形-实例变换表

几何图形所需的所有信息，因此它是用来描述一组几何对象的简单数据结构或者模型。可以从表中搜索某个对象，改变某个对象的实例变换，也可以添加或删除对象。然而，这种表格单一的线性表示限制了其应用。

9.2 层级模型

假定需要建立一个汽车动画模型。如图 9.4 所示,作为汽车的第一个近似模拟,可以使用五个部件构建该模型(一个车身底盘和四个轮子),其中每个部件都可以使用标准的图元来表示。图 9.5 显示的是这个简单动画模型的两帧画面。我们发现,如果轮子的半径是 r,那么当轮子转动 360° 时,汽车向前或向后移动的距离是 $2\pi r$,据此,可以编写一个程序来生成这个动画。该程序可以使用单个几何图形生成汽车的四个轮子,并使用另一个几何图形生成车身底盘。所有这些函数使用相同的输入,例如汽车所需的速度和方向。下面是使用伪代码编写的程序:

```
main()
{
  var s; // speed
  var d = new Array(3); // direction
  var t; // time

  // Determine speed and direction at time t

  drawRightFrontWheel(s, d);
  drawLeftFrontWheel(s, d);
  drawRightRearWheel(s, d);
  drawLeftRearWheel(s, d);
  drawChassis(s, d);
}
```

图 9.4　汽车模型

图 9.5　汽车动画模型的两帧画面

我们并不希望编写的程序是这样的一种形式,因为它是线性的,无法描述汽车各个部件之间的关系。可以利用汽车各部件之间存在的两种关系。首先,不能把汽车的运动与轮子的运动分开。如果汽车向前运动,那么轮子必定也跟着转动[①]。其次,可以使用这样一个事实,即汽车的所有轮子都是相同的,只是它们位置和方向不同而已。

我们既可以使用抽象的方法,也可以使用图这种直观的方法来表示复杂模型各个部分之间的关系。在数学上,**图**(graph)包含一组**节点**(nodes)(或顶点)和一组**边**(edges)。一条边连接一对节点,也可能连接这个节点本身。图上的边可以具有与之关联的方向,本章使用的图都是**有向图**(directed graphs),这种图上的边从一个节点离开,进入另一个节点。

我们所使用的最重要的一种图是树。(连通)**树**(tree)是一种没有闭路或环路的有向图。另外,除了**根节点**(root node),每个节点只有一条边进入它。因此,除了根节点,每个节点都有一个**双亲节点**(parent node),即有一条边从双亲节点进入,并且它有一个或多个**孩子节点**(child node),它们与双亲节点之间通过边连接。没有孩子的节点称为**叶子节点**(leaf node)或**终端节点**(terminal

---

① 我们无法说清楚是轮子带动车身底盘(如真实的汽车),还是车身底盘带动轮子(如小孩推的玩具车)。从图形学的观点来看,后者可能更实用。

node)。如图 9.6 所示的树结构表示汽车模型各个部件之间的关系。车身底盘是根节点，四个轮子是它的孩子节点。虽然数学上的图由一组集合元素组成，但是在实际应用中，边和节点可以包含其他的额外信息。在我们所举的这个例子中，每个节点包含定义几何对象所需的信息。轮子的位置和方向信息可以存储在轮子节点中，也可以存储在它们与双亲节点之间相连的边上。

由于大多数汽车的四个轮子都是相同的，所以在四个轮子节点中存储相同的信息并绘制每个轮子是一种低效的方法。可以使用实例变换的思想，即只需在汽车模型中使用一个轮子原型。如果采用这种方法，那么可以使用如图 9.7 所示的**有向无环图**(direct acyclic graph，DAG)代替上面的树结构。因为有向无环图没有环路，所以如果从某个节点沿着任意一条有向边路径前进，那么该路径终止于另一个节点，在实际应用中，使用有向无环图并不比使用树更困难。对于这个汽车模型，可以把轮子原型的每个实例的位置信息存储于车身底盘节点中(或存储于轮子节点中，或存储于每条边上)。

图 9.6　汽车的树结构

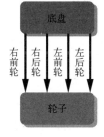

图 9.7　汽车的有向无环图(DAG)模型

树和有向无环图都是用来表示物理模型各部分之间关系的**层级**(hierarchical)表示方法。在这两种表示方法中，模型的每个部分都可以和其他部分(它们的双亲和孩子)通过边关联。我们将讨论如何在图形程序中表示这种层级结构。

9.3　机器人手臂

机器人技术为人们研究层级建模提供了很多便利条件。考虑如图 9.8(a)所示的一个简单的机器人手臂。我们使用三个简单的几何图形对其进行建模，比如使用两个平行六面体和一个圆柱体。

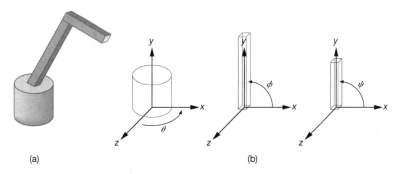

图 9.8　机器人手臂。(a)整体模型；(b)各个部件

机器人手臂包含如图 9.8(b)所示的三个部分。这个机械装置具有三个自由度，其中的两个自由度是机械部件之间的**关节连接角度**(joint angles)，第三个自由度是底座相对于地面某个固定点的旋转角度。在这个模型中，每个关节连接角度确定了某个部件相对于与它相连的另一部件的位置；

对于底座来说，关节连接角度确定了底座相对于周围环境的位置。每个关节连接角度都在其对应部件所在的标架中度量其大小。我们可以把底座绕垂直轴旋转 θ 角度。该旋转角度是底座平面上从 x 轴到某个固定点的角度。机械手的下臂通过一个关节与底座相连，该关节允许下臂在其所在标架的 $z=0$ 平面上旋转。下臂的旋转角度用 ϕ 表示，该旋转角度是从所在标架的 x 轴到下臂的角度。上臂通过一个类似的关节与下臂相连，上臂的旋转角度为 ψ，与度量下臂旋转角度的方法类似，上臂旋转角度是从所在标架的 x 轴到上臂的角度。当这些角度改变时，可以把上臂和下臂的标架看成相对于底座做旋转运动。通对这三个角度的控制，可以在三维空间中对上臂的顶端位置进行定位。

假定想编写一个程序来显示这个简单的机器人模型。我们与其单独指定机器人的每个部件及其运动，倒不如采用增量的方法。机器人的底座可以在其标架中绕 y 轴旋转 θ 角度。因此，可以表示底座上任意一点 $\mathbf{p}$ 的运动，所采用的方法是将旋转矩阵 $\mathbf{R}_y(\theta)$ 应用于该点。

下臂在它自己的建模标架中绕 z 轴旋转，但是必须通过平移变换矩阵 $\mathbf{T}(0, h_1, 0)$ 把该标架平移到底座上，其中 h_1 是底座的高度，即要求平移到底座与下臂相连的关节处。然而，如果旋转底座，那么还必须通过旋转矩阵 $\mathbf{R}_y(\theta)$ 旋转与它相连的下臂。因此，可以把组合矩阵 $\mathbf{R}_y(\theta)\,\mathbf{T}(0, h_1, 0)\,\mathbf{R}_z(\phi)$ 应用于下臂任意顶点来确定下臂的位置。我们可以这样解释矩阵 $\mathbf{R}_y(\theta)\,\mathbf{T}(0, h_1, 0)$，即它确定了下臂相对于世界标架的位置，而矩阵 $\mathbf{R}_z(\phi)$ 确定了下臂相对于底座的位置。我们也可以这样解释这些矩阵，即它们表示下臂和底座的建模标架相对于某个世界标架的位置，如图 9.9 所示。

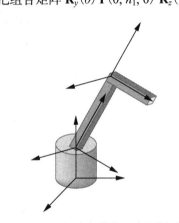

当采用类似的方法推导上臂的位置时，我们发现相对于下臂，必须先把平移变换矩阵 $\mathbf{T}(0, h_2, 0)$ 作用于上臂，然后再把旋转变换矩阵 $\mathbf{R}_z(\psi)$ 作用于上臂。因此控制上臂的组合变换矩阵是 $\mathbf{R}_y(\theta)\,\mathbf{T}(0, h_1, 0)\,\mathbf{R}_z(\phi)\,\mathbf{T}(0, h_2, 0)\,\mathbf{R}_z(\psi)$。下面是 WebGL 程序中用于显示机器人的绘制函数 render，它用到了各个部件的关节连接角度（分别使用数组 theta[3] 存储 θ、ϕ 和 ψ）。该函数说明了如何以增量的方式改变模-视变换矩阵，从而有效地绘制模型的各个组成部分。

图 9.9　机器人各部件的运动及其标架

```
function render()
{
    gl.clear(gl.COLOR_BUFFER_BIT | gl.DEPTH_BUFFER_BIT);
    modelViewMatrix = rotate(theta[Base], 0, 1, 0);
    base();

    modelViewMatrix = mult(modelViewMatrix,
                        translate(0.0, BASE_HEIGHT, 0.0));
    modelViewMatrix = mult(modelViewMatrix,
                        rotate(theta[LowerArm], 0, 0, 1));
    lowerArm();

    modelViewMatrix  = mult(modelViewMatrix,
                        translate(0.0, LOWER_ARM_HEIGHT, 0.0));
    modelViewMatrix  = mult(modelViewMatrix,
                        rotate(theta[UpperArm], 0, 0, 1));
    upperArm();

    requestAnimationFrame(render);
}
```

　　注意，我们已经描述了机器人手臂各个部件的位置关系以及每个部件的具体细节。只要关节的位置不变，那么只需通过改变上面代码中绘制手臂的三个函数就可以改变机器人的外形。机器人手臂各部件的相互独立性使我们可以编写用来描述每个部件的独立函数，从而实现机器人的动画绘制程序。图 9.10 以树结构说明了机器人手臂各部件之间的关系。本书配套网站上的完整程序实现了该结构，它允许用户通过菜单并使用鼠标控制机器人手臂动画。该程序使用三个平行六面体构建机器人的底座和手臂模型。对于机器人手臂的每个部件，实例变换必须将立方体缩放到合适的大小，由于立方体以坐标原点为中心，还必须通过平移变换使立方体的底面位于 $y = 0$ 所在的平面。首先需要将模-视变换矩阵与实例变换矩阵的乘积发送到顶点着色器中，之后发送机器人手臂各个部件的顶点数据(如果需要还包括颜色数据)。因为机器人手臂每个部件的模-视变换矩阵都不相同，所以每个部件的数据一旦发送到 GPU 之后就可以将它绘制出来。注意，在这个例子中，由于机器人手臂的每个部件都使用立方体模型，所以只需将所需的顶点数据一次性发送到 GPU 中。然而，如果机器人手臂的各个部件使用不同的几何图形，那么需要在每个绘制函数中使用该几何图形的顶点数据调用 `gl.drawArrays` 进行绘制。

　　回到如图 9.10 所示的树结构，可以将其看成由节点和边组成的树数据结构(一种特殊的图结构)。如果把所有必要的信息都存储在节点中而不是边上，那么每个节点(如图 9.11 所示)至少需要包含下面三项内容：

- 函数指针，该指针指向一个用于绘制该节点所表示的对象的函数。
- 齐次坐标矩阵，用于表示该节点(及其孩子节点)相对于它的双亲节点的位置、缩放和旋转变换。
- 指向孩子节点的指针。

　　当然，可以在节点中存储其他的信息，例如应用于节点的一组属性信息(颜色，纹理，材质属性)。绘制这种树结构表示的对象需要执行树的**遍历**(traversal)操作。所谓树的遍历就是要求访问树的每个节点。在访问每个节点时，必须计算相应的变换矩阵，该矩阵应用于该节点所指的图元，并且要求显示这些图元。我们的 WebGL 程序采用了增量方法来实现这种遍历操作。

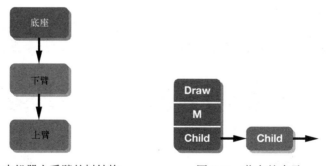

图 9.10　图 9.8 中机器人手臂的树结构　　　　图 9.11　节点的表示

　　我们举的这个示例很简单，树中的每个双亲只有一个孩子节点。下一个示例将说明如何处理更复杂的模型。

9.4　树与遍历

　　如图 9.12 所示是一个类人机器人的盒状表示，它可用于机器人建模或虚拟现实应用中。如果把机器人的躯干作为根节点，那么可以使用如图 9.13 所示的树结构表示该机器人。一旦确定了机

器人躯干的位置,就可以通过与之相连的关节角度确定该模型其他部件的
位置和方向。可以通过定义这些关节的运动来生成机器人的动画。在一个
简单的机器人模型中,与前面的机器人手臂一样,其膝关节和肘关节可能
只有一个自由度,而颈关节可能有两个或三个自由度。

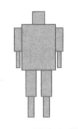

图 9.12　类人机器人

　　假定定义了 head 和 leftUpperArm 之类的函数,这些函数用来在
各自的建模标架中绘制机器人的各个部件(几何图形)。与前面生成机器人
手臂的动画类似,现在要建立这棵树的一组节点,这里采用的方法是为每
个节点定义一个相对于双亲节点的变换矩阵,通过这个变换矩阵,可以确
定对应节点的位置。如果假定定义好了机器人各个部件的大小,那么每个节点的变换矩阵都是平
移变换矩阵与旋转变换矩阵的级联。如图 9.14 所示,可以将这些矩阵标注在树的边上。记住,每
个变换矩阵表示从双亲节点到孩子节点的递增变换。

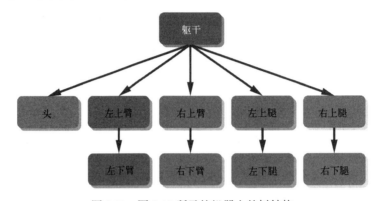

图 9.13　图 9.12 所示的机器人的树结构

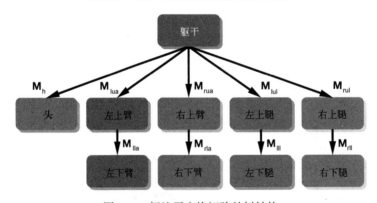

图 9.14　标注了变换矩阵的树结构

　　这个示例有趣的部分是如何通过遍历这棵树绘制机器人。原则上,可以使用任意的树遍历算
法,如深度优先或宽度优先搜索算法。虽然在许多应用中,选择哪种遍历算法无关紧要,但是我
们有充分的理由认为应该始终使用同一种遍历算法。这里使用先左后右的深度优先遍历算法。也
就是说,沿着树的左子树开始访问节点,一直遍历到树叶子节点,然后回溯到树上层访问第一个
右子树,照此一直递归下去。树的这种遍历方法称为**先序遍历**(preorder traversal)。

　　可以采用下面两种方法中的任意一种来编写树的遍历函数。我们可以编写代码来显式地遍历
树,当遍历树的时候,可以使用栈结构存储所需的矩阵和属性信息;也可以使用递归函数实现树
的遍历。对于第二种方法,由于系统隐式地存储了矩阵和属性信息,所以代码更简单。因为这两

种方法都有用，并且了解其开发过程有助于深入理解图形系统的构建过程，所以我们下面介绍这两种方法。

9.4.1　基于栈的遍历方法

下面分析如何使用函数 figure 绘制机器人。可以使用显示回调函数调用 figure 函数，或者使用鼠标回调函数调用该函数，这样可以使用鼠标控制机器人的关节角度，从而实现机器人动画。当调用 figure 函数的时候，模-视变换矩阵 **M** 决定了机器人相对于场景中其他对象(包括照相机)的位置。遍历树的第一个节点时绘制机器人的躯干，该节点对应的变换矩阵 **M** 应用于后面遍历的所有图元。然后，遍历最左边的子树，该节点表示机器人的头部。使用更新后的模-视变换矩阵 $\mathbf{MM_h}$ 调用绘制头部的函数 head。接下来，回溯到躯干节点，然后沿着子树往下访问左上臂节点。这部分代码与前面介绍的绘制机器人手臂动画的代码类似。使用矩阵 $\mathbf{MM_{lua}}$ 绘制机器人的左上臂，并使用矩阵 $\mathbf{MM_{lua}M_{lla}}$ 绘制机器人的左下臂。接着依次访问机器人的右臂、左腿和右腿。每当切换访问机器人的肢体时，都要先回溯到根节点，并把当前变换矩阵恢复到 **M**。

也许采用第 4 章介绍的当前变换矩阵的概念更容易解释机器人绘制函数，假设模-视变换矩阵 **C** 表示应用于某个节点的当前变换矩阵[①]。矩阵 **C** 的初始值为 **M**，绘制机器人的头部节点时，矩阵 **C** 的值更新为 $\mathbf{MM_h}$，后来更新为 $\mathbf{MM_{lua}M_{lla}}$，依次类推。每当调用机器人某个部件的绘制函数时，用户程序必须正确设置当前的变换矩阵 **C**。注意，当我们回溯并访问机器人的右上臂时，需要再次使用矩阵 **M**。此时不必重新构建矩阵 **M**(或者在更复杂的模型中需要再次使用的其他矩阵)，可以使用 push 方法把它压入堆栈里，而使用 pop 方法恢复该矩阵。可以使用标准的堆栈方法来实现 mat4 类型数组的 push 和 pop 操作。因此，可以初始化堆栈并使用 push 方法将模-视变换矩阵压入堆栈，其代码如下：

```
var stack =[ ];
stack.push(modelViewMatrix);
```

并使用下面的代码恢复该模-视变换矩阵：

```
modelViewMatrix = stack.pop();
```

遍历树结构的代码除了用到平移和旋转变换矩阵，还使用了模-视变换矩阵的压栈和出栈操作。下面分析 figure 函数(没有考虑参数)开头部分的代码：

```
var modelViewMatrix = mat4();
var mvStack = [ ];

function figure()
{
  mvStack.push(modelViewMatrix);
  torso();
  modelviewMatrix = mult(modelViewMatrix, translate);
  modelViewMatrix = mult(modelViewMatrix, rotate);
  head();

  modelViewMatrix = mvStack.pop();
  mvStack.push(modelViewMatrix);
  modelviewMatrix = mult(modelViewMatrix, translate);
  modelViewMatrix = mult(modelViewMatrix, rotate);
```

---

① 目前可以不考虑投影变换矩阵。

```
        leftUpperArm();

        modelViewMatrix = mvStack.pop();
        mvStack.push(modelViewMatrix);
        modelviewMatrix = mult(modelViewMatrix, translate);
        modelViewMatrix = mult(modelViewMatrix, rotate);
        leftLowerArm();

        modelViewMatrix = mvStack.pop();
        mvStack.push(modelViewMatrix);
        modelViewMatrix = mult(modelViewMatrix, translate);
        modelViewMatrix = mult(modelViewMatrix, rotate);
        rightUpperArm();
        modelViewMatrix = mvStack.pop();
        mvStack.push(modelViewMatrix);
          :
          :
          :
    }
```

第一个 push 操作把当前的模-视变换矩阵的一个备份压入堆栈的顶部。由于在堆栈中保留了当前变换矩阵的一个备份，所以可以立即进行其他的几何变换从而改变当前变换矩阵。后面调用的两个函数 translate 和 rotate 确定了矩阵 $\mathbf{M}_h$，并把它与最初的模-视变换矩阵级联。之后，可以绘制组成头部的图元。head 函数后面的 pop 操作用于恢复初始的模-视变换矩阵。注意，必须再次使用 push 操作在堆栈中保存初始的模-视变换矩阵，这样就可以在绘制机器人右腿时恢复这个初始的模-视变换矩阵。

　　类似于前面所举的例子，可以编写机器人各个部件的绘制函数。下面的 torso 函数用于绘制机器人的躯干：

```
        function torso()
        {
          instanceMatrix = mult(modelViewMatrix,
                                 translate(0.0, 0.5*torsoHeight, 0.0));
          instanceMatrix = mult(instanceMatrix,
                                 scale4(torsoWidth, torsoHeight, torsoWidth));
          gl.uniformMatrix4fv(modelViewMatrixLoc, false, flatten(instanceMatrix));

          for (var i = 0; i < 6; ++i) {
            gl.drawArrays(gl.TRIANGLE_FAN, 4*i, 4);
          }
        }
```

用同样的方法可以编写其余部件的绘制函数。图 9.15 显示了运行该示例的一帧画面。

　　本书配套网站包含绘制这个机器人的完整代码，程序提供的菜单可以让用户改变机器人的各个关节的旋转角度。机器人的各个部件使用平行六面体绘制，整个模型的绘制采用了第 6 章介绍的着色方法。

　　我们还没有考虑在层级模型的遍历中如何处理颜色和材质等属性。如果将这些属性指定为顶点属性(即逐顶点)，那么将正确应用这些属性。但是，如果在着色器中设置了这些属性，那么它们可以是状态变量，即一旦设置好将保持不变，直到再次更改。因此，遍历树结构的时候必须小

图 9.15　绘制机器人层级模型

心谨慎。例如，假定在绘制机器人躯干的 torso 函数中把当前颜色设置为红色，然后在绘制机器人头部的 head 函数中把颜色设置为蓝色。如果后面的代码不改变颜色值，那么遍历这棵树的其余部分时，绘制颜色仍是蓝色，并且在退出 figure 函数后绘制颜色还是蓝色。这个例子说明了一个特定的遍历算法可能会得到不同的绘制结果，因为遍历树中节点的顺序会影响当前的状态。

这种情形也许有点不尽如人意，但还是有解决的办法。可以创建其他的堆栈，从而可以像处理模-视变换矩阵一样处理属性值。如果在函数 figure 的入口处把属性值压入属性堆栈中，而在函数 figure 退出时从堆栈中弹出属性值，那么就能把属性值恢复到初始状态。此外，还可以在 figure 函数内部使用额外的压栈和出栈操作以便更彻底地控制属性的处理方式。

在更复杂的模型中，可以递归地应用这些想法。例如，如果希望使用更细致的头部模型，它有眼睛、耳朵、鼻子和嘴，那么可以分别对这些部件建模。头部本身也是一种层级模型，它的代码也包括对矩阵和属性的压栈和出栈操作。

虽然只讨论了树结构，但是如果两个或多个节点调用相同的绘制函数，那么实际处理的是一个有向无环图（DAG），而对 DAG 的处理并不会带来额外的困难。

用来描述层级对象的方法是切实可行的，然而其也有局限性。我们编写的代码很清晰，而且需要程序员对属性和矩阵进行压栈和出栈操作。实际上，我们实现了一种基于栈的树结构表示。上面的代码只是针对某个特定的例子，是不能改变或调整的，因此很难进行扩展或动态使用。代码还有一个局限性，即没有区分建模过程和绘制过程。虽然许多程序开发人员都采用这种方式编写代码，但是之所以使用它主要是为了说明 WebGL 程序实现树层级结构的流程。下面将介绍一种更通用、更强大的方法来处理树层级结构。

9.5　使用树数据结构

第二种方法使用标准的树数据结构表示层级模型，然后使用与模型无关的遍历算法绘制它。我们使用树的**左孩子右兄弟**（left-child，right-sibling）表示法。

考虑树的另一种表示方法，如图 9.16 所示。使用这种结构组织树中的节点时，把位于同级的节点从上到下链接起来。某个节点的所有孩子节点从最左边的孩子到最右边的孩子表示成第二个链表。第二个链表按向下的方向排列，如图 9.16 所示。这种表示结构可用于描述机器人层级模型，但是该结构还缺少图形信息。

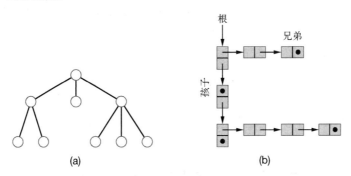

图 9.16　(a) 树；(b) 左孩子右兄弟表示法

每个节点必须存储绘制对象所需的信息：定义对象的函数，以及用来确定该对象相对于它的双亲节点位置的齐次坐标矩阵。考虑下面的节点结构：

```
function createNode(transform, render, sibling, child)
{
  var node = {
    transform: transform,
    render: render,
    sibling: sibling,
    child: child
  };
  return node;
}
```

其中，数组 transform 存储了一个 4×4 的齐次坐标矩阵。当绘制节点对象时，必须首先把该矩阵与当前的模-视变换矩阵相乘，然后调用对象的绘制函数 render，该函数包含了对象的所有图元。我们还存储了两个成员，一个成员表示它右边的兄弟节点，另一个成员表示它最左边的孩子节点。对于前面的机器人模型，定义了 10 个节点，它们对应于机器人的 10 个部件：躯干节点，头节点，左上臂节点，右上臂节点，左下臂节点，右下臂节点，左上腿节点，右上腿节点，左下腿节点，右下腿节点。

将节点的定义作为初始化的一部分，首先创建一个空的节点结构，其代码如下：

```
var figure = [ ];
for (var i = 0; i < numNodes; ++i) {
  figure[i] = createNode(null, null, null, null);
}
```

给每个节点分配一个索引并使用一个函数初始化这些节点，其代码如下：

```
function initNodes(id)
{
  var m = mat4();

  switch (id) {
    case torsoId:
      :
      :
  }
}
```

例如，考虑机器人层级树结构的根节点，即躯干(torso)节点，它可以通过绕 y 轴旋转来定向。可以首先使用矩阵函数生成所需的旋转矩阵，之后通过执行函数 torso 绘制机器人的躯干。由于躯干节点没有兄弟节点，它的最左边的孩子节点是头(head)节点，所以躯干节点可用下面的代码表示：

```
case torsoId:
m = rotate(theta[torsoId], 0, 1, 0);
figure[torsoId] = createNode(m, torso, null, headId);
break;
```

如果把机器人的躯干绘制成立方体，那么躯干绘制函数 torso 的代码如下：

```
function torso()
{
  instanceMatrix = mult(modelViewMatrix,
                        translate(0.0, 0.5*torsoHeight, 0.0));
  instanceMatrix = mult(instanceMatrix,
                        scale4(torsoWidth, torsoHeight, torsoWidth));
  gl.uniformMatrix4fv(modelViewMatrixLoc, false,
```

```
                    flatten(instanceMatrix));


        for (var i = 0; i < 6; ++i) {
            gl.drawArrays(gl.TRIANGLE_FAN, 4*i, 4);
        }
    }
```

代码中的实例变换首先将立方体缩放至所需的大小，然后执行平移操作使它的底面位于 $y = 0$ 所在的平面。

由于躯干是机器人的根节点，所以绘制躯干的代码与绘制其他节点的代码稍有不同。下面的代码定义了机器人的左上臂节点：

```
case leftUpperArmId:
    m = translate(-(torsoWidth + upperArmWidth), 0.9*torsoHeight, 0.0);
    m = mult(m, rotate(theta[leftUpperArmId], 1, 0, 0));
    figure[leftUpperArmId] = createNode(null, leftUpperArm,
                                        rightUpperArmId, leftLowerArmId);
    figure[leftUpperArmId].transform = m;
    break;
```

而左上臂绘制函数 leftUpperArm 的代码如下：

```
function leftUpperArm()
{
    instanceMatrix = mult(modelViewMatrix,
                          translate(0.0, 0.5*upperArmHeight, 0.0));
    instanceMatrix = mult(instanceMatrix, scale4(upperArmWidth,
                          upperArmHeight, upperArmWidth));
    gl.uniformMatrix4fv(modelViewMatrixLoc, false, flatten(instance));

    for (var i = 0; i < 6; ++i) {
        gl.drawArrays(gl.TRIANGLE_FAN, 4*i, 4);
    }
}
```

为了确定旋转中心的正确位置，机器人的左上臂必须相对于躯干和它自身的宽度执行平移操作。机器人的左上臂节点既有兄弟节点（右上臂）又有孩子节点（左下臂）。为了绘制左上臂（立方体），首先通过计算实例变换矩阵对该立方体进行缩放和定位，使得左上臂的底面也位于 $y = 0$ 所在的平面。然后，将该实例变换矩阵与当前的模-视变换矩阵级联，得到左上臂在世界坐标系中的正确位置。其他节点可以采用类似的方式定义。

这里使用与9.4节相同的顺序（先序遍历）遍历这棵树，下面是遍历这棵树的递归代码：

```
function traverse(id)
{
    if (id == null) return;
    mvStack.push(modelViewMatrix);
    modelViewMatrix = mult(modelViewMatrix, figure[id].transform);

    figure[id].render();

    if (figure[id].child != null) {
        traverse(figure[id].child);
    }
    modelViewMatrix = mvStack.pop();
    if (figure[id].sibling != null) {
```

```
        traverse(figure[id].sibling);
    }
}
```

为了绘制一个非空节点，首先使用 mvStack.push 方法保存图形的状态，之后使用节点的变换矩阵修改模-视变换矩阵，然后使用节点的 render 函数绘制该节点对象。最后，递归地遍历它的所有孩子节点。注意，因为已经使用了局部变换矩阵与模-视变换矩阵相乘，所以把这个修改后的乘积矩阵传给了它的孩子节点。然而，对于它的兄弟节点，由于它们都有自己的局部矩阵，所以不再使用这个修改后的变换矩阵。因此，在访问它的兄弟节点之前，必须使用 mvStack.pop 方法把模-视变换矩阵恢复到初始状态。如果要在节点内部改变它的属性值，那么可以在绘制函数中执行属性的压栈和出栈操作，也可以在把模-视变换矩阵压栈的同时对属性执行压栈操作。

这个遍历方法的优点之一就是它与特定的树结构完全无关。因此，可以使用下面通用的绘制函数：

```
function render()
{
  gl.clear(gl.COLOR_BUFFER_BIT);
  traverse(torsoId);
  requestAnimationFrame(render);
}
```

本书网站给出了该示例程序的完整代码。运行该程序，可以绘制机器人的动画效果。动画执行的过程中，可以使用滑动条控制机器人的各个关节。因此，程序的动态特性可使用事件处理程序来实现，其中的每个事件都可以改变关节的旋转角度，并重新计算相应的变换矩阵，然后发出重新绘制的命令。例如，第一个滑动条控制机器人的躯干，其代码如下：

```
document.getElementById("slider0").onchange = function() {
  theta[torsoId] = event.srcElement.value;
  initNodes(torsoId);
};
```

可以动态地改变模型：改变模型各个部件的参数；或更改部件并将其他的部件添加到模型中。例如，如果绘制的是机器人模型，那么可以增加机械手(或抓手)来抓各种工具。

注意，当编写好了机器人的绘制代码时，我们发现对层级图形的遍历顺序是固定的。如果使用某个其他的遍历算法，并在层级图形内部改变变换矩阵或属性的值，则可能会生成不同的图像。如果根据代码的层次性，仔细考虑每一个节点的属性和变换矩阵的压栈、出栈操作，则可以避免这些潜在的问题(虽然频繁使用压栈、出栈操作会影响绘制性能)。

尽管左孩子右兄弟表示法是树结构的标准表示形式，但在本章后面介绍的许多场景图 API 使用稍加不同的表示法，它使用更简单的数据结构(如数组)而不是通过链表来表示节点中的兄弟节点和孩子节点。

9.6　动画

我们为前面两个例子建立的模型(机械手臂和机器人)都是**关节式链接**(articulated)模型，这些模型都包含一些由关节连接起来的刚体部件。只要改变很少的一些参数值就可以使这些模型随时间变化而改变位置，即绘制这些模型的动画效果。层级模型综合考虑了模型各个部件的物理关系，因此可以使用这种层级结构模拟它们的复合运动。我们还没有讨论如何让参数随时间变化以获取所需的动画效果。

在众多的动画绘制方法中，有几种基本的技术对实现关节形体动画特别重要。这些技术既有来自传统的手工动画，也有来自机器人的研究成果。

对于前面的机器人模型，我们考虑的问题是，如何把它上臂的顶端从一个位置移动到另一个位置。这个模型具有三个自由度，即我们能够指定的三个关节旋转角度。虽然每组关节角度可以唯一确定关节顶端的位置，但是反之则不然。假定要把手臂的顶端放在某个特定的位置，可能无法找到能实现这个目标的一组关节角度，也可能通过一组关节角度或多组关节角度可以把它放在某个特定的位置。

如何仅根据关节角度确定模型各部件的位置是**运动学**(kinematics)的研究范畴。我们可以使用层级建模方法，要么利用数值方法确定模型各部件的位置，要么寻找显式方程，通过该方程就可以根据关节角度计算模型上任意点的位置。因此，如果 θ 是关节角度数组，而 $\mathbf{p}$ 是模型的顶点数组，那么运动学模型可以表示为：

$$\mathbf{p} = f(\theta)$$

同理，如果指定了关节角度的变化率，即关节速度，就可以得到模型上任意一点的速度。

运动学模型忽略了惯性和摩擦力等因素。我们可以推导出更复杂的微分方程，它可以描述模型在受到外力作用时的动态行为，这是机器人学科研究的课题。

尽管运动学和动力学都是描述模型前向行为的方法，然而在动画领域，我们更关心**反向运动学**(inverse kinematics)和**反向动力学**(inverse dynamics)：给定模型的某个特定状态，如何调整关节角度才能达到这个位置状态？这需要解决两个主要问题。第一，假定某个场景包括机器人和其他一些对象，必须确定是否存在一组关节角度满足这个状态。或许下面这个反函数的返回值不是唯一的。

$$\theta = f^{-1}(\mathbf{p})$$

对于某个给定的 $\mathbf{p}$，一般来说，无法确定是否存在某个 θ 使 $\mathbf{p}$ 满足这个位置状态，我们也无法确定是否存在多个 θ 值满足这个方程。即使能够计算出一组关节角度，也必须确保当我们执行关节动画序列的时候，这个模型不会撞倒任何障碍物或违背任何物理约束条件。虽然对于机器人这样的简单模型，也许可以根据位置得到用于计算关节角度的方程，但是通常情况下，我们无法做到这一点，因为前向方程的逆方程一般不是唯一的。机器人模型具有 11 个自由度，我们能够想象求解这样的问题是多么困难。

克服这些困难的一个基本方法来自传统的手工动画绘制技术。在**关键帧动画**(key-frame animation)中，动画师在某些关键的时刻(即关键帧)设置对象的位置。在手工动画绘制过程中，动画师绘制其余的帧，这是一个**中间帧插值**(in-between)的过程。在计算机图形学领域，可以通过对关键帧之间的关节角度的插值(或者采用简单的近似方法求出关键帧之间的动力学方程)来自动实现中间帧插值。利用最新 GPU 的可编程特性，中间帧插值所需的大量运算可以作为绘制流水线的一部分而自动处理。我们也可以利用第 11 章将介绍的样条曲线绘制平滑的关键帧动画。虽然可以编写代码实现插值，但是如果要自己选择关键帧以及对象在关键帧中的位置，那么手艺精湛的动画师和友好的交互方法都是至关重要的。

9.7 图形对象

面向对象编程(object-oriented programming，OOP)具有很多优势，图形只是其中的首批示例之一。然而，由于 OpenGL 的设计非常接近底层硬件，因此 OpenGL 程序能够高效地绘制图形。正因如此，在 OpenGL 基于着色器的最新版本成为标准之前，OpenGL 以及大多数其他图形 API 都缺乏面向对象的特性，并且密切依赖于图形系统的状态。考虑绘制一个绿色三角形的简单示例。在立即绘制模式的图形系统中，首先将当前颜色(状态变量)设置成绿色，然后把三角形的三个顶点发送到图形系统并绘制三角形。输入的三个顶点是否指定为三角形图元以及三角形是否填充，这些都取决于程序所设置的这些状态变量。

从物理的角度来看，这种立即绘制模式有点奇怪。大多数人会认为三角形的绿色是三角形的属性而不是某个完全独立于它的东西。当增加材质属性的概念时，这种图形方法与物理现实之间的关系变得更加不一致。可以使用基于着色器的 WebGL 来避免其中的某些问题。在 WebGL 程序中，可以设置顶点属性数组，这样可以把颜色以及其他属性与顶点关联起来。然而，这种做法只是提供了部分解决方案。正如在之前的章节看到的那样，当建立层次结构模型时，可以使用 JavaScript 语言构造对象(包括节点以及组成模型的各个部件)。下面回顾一些基本的面向对象的概念。

9.7.1 方法、属性和消息

我们编写的程序可以处理数据。数据的形式是多样的——从数字、字符串到我们在应用程序中建立的几何实体。在传统的命令式程序设计范型中，程序员编写代码来处理数据，这里的代码通常指函数。数据通过函数的参数传递给函数，处理完后再以类似的方式返回。为了处理传递给它的数据，函数必须知道这些数据的组织形式。例如，考虑前面的许多示例使用过的立方体模型。我们知道立方体可以使用多种不同的建模方法，包括顶点指针、边表和多边形顶点表。应用程序编程人员可能并不关心立方体的建模方法，而更愿意把立方体看成原子实体或对象。此外，也并不关心立方体是如何被绘制到屏幕上的，比如它使用了哪个着色模型或使用了何种多边形区域填充算法。可以做这样的假设，即立方体"知道如何绘制自己"，从概念上说，就是把绘制算法绑定到对象上。从某种意义来说，WebGL 是支持这种观点的，因为它使用图形系统的状态控制绘制过程。例如，立方体表面的颜色、方位和照射到其表面的灯光都可以称为图形系统状态的一部分，它们与立方体使用的建模方法没有关系。

然而，如果需要处理一个物理立方体，会发现这种观点有点让人感到奇怪。物理立方体的位置以及它的颜色、大小和方位都与物理对象关联。尽管可以利用 WebGL 把某些属性绑定到一个虚拟立方体上，采用的方法是使用顶点属性数组以及各种属性和矩阵的压栈、出栈操作，但是底层的编程模型并不能很好地支持这些设想。例如，立方体的几何变换函数必须事先知道该立方体的正确表示方式，其工作方式如图 9.17 所示。应用程序编程人员需要编写一个函数，它的输入参数分别是指向立方体数据的指针和变换矩阵。函数处理完数据后将控制权移交给应用程序(函数也可能返回一些值)。

面向对象的设计方法和面向对象的编程思想使用一种完全不同的方式处理对象。即使在面向对象的早期，如 Smalltalk 语言，也认为计算机图形学为面向对象这种功能强大的方法提供了很好的例证。软件领域最近的发展趋势也表明可以把面向对象的设计方法与图形的绘制流水线结合起来构建更具表达力、性能更强的图形系统。

面向对象的编程语言把**对象**(object)定义为模块，并使用这种模块构建我们的程序。这些模块包含用来定义模块所需的数据，如立方体的顶点，即模块的**属性**(attribute)，以及处理模块及其属性数据的函数或**方法**(method)。通过给对象发送**消息**(message)的方式调用对象的方法。这种面向对象的程序设计范型如图 9.18 所示。

图 9.17　命令式程序设计范型

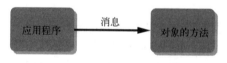

图 9.18　面向对象程序设计范型

采用面向对象程序设计范型给应用程序编程人员带来的好处是，现在不必知道立方体的表示方法，而只需知道立方体支持哪些功能，以及可以给立方体发送什么消息。

9.7.2 立方体对象

假设希望用 JavaScript 创建一个立方体对象，它可以具有颜色属性和与之关联的齐次坐标实例变换矩阵。最起码，希望创建一个具有给定边长的新立方体，默认情况下该立方体以原点为中心，其边与坐标轴对齐。因此，可以通过调用立方体的构造函数来创建一个新的立方体，其代码如下：

```
var myCube = cube(sideLength);
```

如果未给定边的长度，那么其默认值为 1.0。下面首先讨论立方体的基本实现。从 WebGL 的角度来看，希望立方体与前面的示例兼容。因此，必须为每个立方体生成顶点和其他属性。可以在 cube 函数中创建一个可以在应用程序中使用的数组来实现这一点。考虑下面的代码：

```
function cube(s) {

var data = {};

var size = (!s ? 0.5 : s/2.0);

var cubeVertices = [
    [-size, -size,  size, 1.0],
    [-size,  size,  size, 1.0],
    [ size,  size,  size, 1.0],
    [ size, -size,  size, 1.0],
    [-size, -size, -size, 1.0],
    [-size,  size, -size, 1.0],
    [ size,  size, -size, 1.0],
    [ size, -size, -size, 1.0]
];
```

变量 size 的默认值设置为 0.5（对应于边长 1.0），或者设置为输入值的一半。因为使用 12 个三角形绘制立方体，所以需要这些三角形的顶点。另外，希望应用程序能够使用 gl.drawArrays 或 gl.drawElements 绘制立方体。将下面的代码添加到上面的 cube 函数中：

```
var cubeIndices = [
 [1, 0, 3, 2],
 [2, 3, 7, 6],
 [3, 0, 4, 7],
 [6, 5, 1, 2],
 [4, 5, 6, 7],
 [5, 4, 0, 1]
];

var cubeElements = [
  1, 0, 3,
  3, 2, 1,

  2, 3, 7,
  7, 6, 2,

  3, 0, 4,
  4, 7, 3,
```

```
    6, 5, 1,
    1, 2, 6,

    4, 5, 6,
    6, 7, 4,

    5, 4, 0,
    0, 1, 5
];

cubeTriangleVertices = [];
for ( var i = 0; i < cubeElements.length; i++ )  {
    cubeTriangleVertices.push(cubeVertices[cubeElements[i]]);
}
data.Indices = cubeIndices;
data.TriangleVertices = cubeTriangleVertices;
data.Elements = cubeElements;

return data;
}
```

在应用程序中，可以通过下面的代码生成一个(默认的)立方体：

```
var myCube = cube();
```

但是，如果要使用 `gl.drawArrays` 绘制该立方体，则必须创建一个顶点数组。可以像前面的示例一样使用下面的代码执行此操作：

```
var vBuffer = gl.createBuffer();
  gl.bindBuffer(gl.ARRAY_BUFFER, vBuffer );
  gl.bufferData(gl.ARRAY_BUFFER, flatten(myCube.TriangleVertices),
            gl.STATIC_DRAW);
```

可以将其他的顶点属性添加到立方体中。例如，对于顶点颜色，可以添加如下代码：

```
var cubeVertexColors = [
    [1.0, 0.0, 0.0, 1.0],  // red
    [1.0, 1.0, 0.0, 1.0],  // yellow
    [0.0, 1.0, 0.0, 1.0],  // green
    [0.0, 0.0, 1.0, 1.0],  // blue
    [1.0, 0.0, 1.0, 1.0],  // magenta
    [0.0, 1.0, 1.0, 1.0],  // cyan
    [1.0, 1.0, 1.0, 1.0],  // white
    [0.0, 0.0, 0.0, 1.0]   // black
];

cubeTriangleVertexColors = [];
for ( var i = 0; i < cubeElements.length; i++ ) {
    cubeTriangleVertexColors.push( cubeVertexColors[cubeElements[i]] );
}
data.TriangleVertexColors = cubeTriangleVertexColors;
```

可以用类似的方式添加纹理坐标、法向量和其他属性；还可以添加几何变换，从而允许应用程序实例化默认的立方体或更改其位置或方向。例如，对于平移变换，可以添加如下代码：

```
function translate(x, y, z) {
  for( var i = 0; i < cubeVertices.length; i++) {
    cubeVertices[i][0] += x;
    cubeVertices[i][1] += y;
```

```
            cubeVertices[i][2] += z;
        };
    }
     data.translate = translate;
```

考虑生成两个立方体的一个简单应用程序的代码：

```
    var myCube =  cube();
    var myCube2 = cube(1.0);

    myCube.scale(0.5, 0.5, 0.5);
    myCube2.scale(0.5, 0.5, 0.5);
    myCube.rotate(45, [1, 1, 1]);
    myCube.translate(0.5, 0.5, 0.0);
    myCube2.translate(-0.5, -0.5, 0.0);

    colors = myCube.TriangleVertexColors;
    points = myCube.TriangleVertices;
    points = points.concat(myCube2.TriangleVertices);
    colors = colors.concat(myCube2.TriangleFaceColors);
```

两个立方体的边长都是 1.0。首先，第一个立方体使用默认视图，第二个立方体被旋转，然后两个立方体按相反的方向平移。两个立方体的点和颜色分别合并存储在一个点数组和颜色数组中。绘制结果如图 9.19 所示。注意，两个立方体的绘制方式不同，因为一个使用立方体中的顶点颜色，而另一个使用立方体面的颜色（组成面的两个三角形的颜色是不变的）。

本书配套网站包含一个 JavaScript 文件 geometry.js，其中包含立方体、球体、圆柱体、平面、茶壶、材质、光源和纹理对象，以及许多用法示例。图 9.20 显示了使用材质对象和光源对象绘制的立方体、圆柱体和球体。图 9.21 显示了 100 个随机大小、方向和位置的发光球体。

图 9.19　两个实例化的立方体

图 9.20　立方体、圆柱体和球体

图 9.21　100 个随机发光球体

9.7.3　WebGL 中的实例化

前面的开发方法有一个缺点，场景对象的每个实例都生成一个对象，它包含该场景对象的所有数据：顶点、颜色、纹理坐标和法向量。如果在场景中放入 100 个立方体，那么会将 3600 个顶点发送到 GPU 中。默认球体有 256 个三角形，因此有 768 个顶点。如图 9.21 所示，其中的 100 个球体需要向 GPU 发送 76800 个顶点。WebGL 2.0 支持一种更高效的实例化形式，它允许将一个场景对象的单个实例放在 GPU 中，并在绘制期间根据需要多次使用它。WebGL 通过下面的函数支持这种更强大的实例化版本：

```
gl.drawArraysInstanced(type, startVertex, numberVertices, numberInstances)
```

考虑图 9.22 所示的茶壶。在第 11 章，我们将介绍如何使用该对象的数据形成一组三角形来绘制茶壶。现在只需要知道使用 1728 个三角形顶点通过下面的函数绘制 576 个三角形就足够了。

```
gl.drawArrays(gl.TRIANGLES, 0, 1728);
```

图 9.23 显示了使用下面的函数绘制的 27 个相同的茶壶：

```
gl.drawArraysInstanced(gl.TRIANGLES, 0, 1728, 27);
```

图 9.22　使用 576 个三角形绘制的茶壶

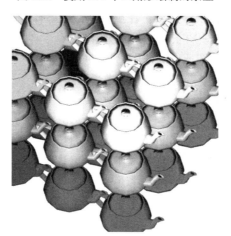

图 9.23　通过实例化绘制的茶壶

但是，即使每个茶壶都用不同的绘制颜色，并且处于不同的位置，GPU 中仍然只保存相同的 1728 个顶点。事实上，这两个应用程序之间的唯一区别就是，一个使用了函数 gl.drawArrays，另一个使用了函数 gl.drawArraysInstanced。WebGL 提供了一个内置变量 gl_InstanceID，可以使用它的值来控制每个实例的绘制。在茶壶示例中，使用 gl_InstanceID 为每个实例计算平移变换，其代码如下：

```
int d = 3;
int x = gl_InstanceID/(d*d);
int y = (gl_InstanceID-d*d*x)/d;
int z = gl_InstanceID - 3*(gl_InstanceID/3);

vec4 translation = vec4(10.0*(float(x)-1.0) - 5.0, 10.0*(float(y)-1.0)
- 5.0, 10.0*(float(z)-1.0) - 5.0, 0.0);
```

将 translation 应用于所有的顶点位置，形成 27 个茶壶的三维阵列。对于光照，可以使用 gl_InstanceID 控制每个实例的着色计算。在本例中，使用标准的 Blinn-Phong 光照模型，其漫反射分量为

```
float Kd = max(dot(L, N), 0.0);
vec4 diffuse =  Kd*vec4(x, y,z, 1.0);
```

9.7.4　对象与层级结构

面向对象设计方法的一个主要优点就是代码重用以及从少量的简单对象构建更复杂对象的能力。如 9.4 节所介绍的那样，使用一些立方体就可以构建一个机器人模型，并可以构建机器人对象的多个实例，每个实例都有自己的颜色、大小、位置和方向。一个类人机器人的类可以引用手臂类和腿类；汽车类可以引用轮子类和车身底盘类。因此，我们又得到了这种类似于 9.5 节介绍的树结构。

在面向对象的设计方法中，通常需要表示比树的双亲-孩子表示关系更复杂的关系。正如我们使用过的树结构，最复杂的对象位于树的根部，双亲与孩子之间的关系是一种"has-a"（拥有）关系。因此，杆形机器人拥有两只手臂和两条腿，而汽车拥有四个轮子和一个车身底盘。

我们也可以用一种不同的方式来理解这种层级结构，即简单的对象位于层级结构的顶端，双亲与孩子之间的关系是一种"is-a"（属于）关系。这种层级结构是一种典型的分类法。例如，哺乳动物属于动物，而人属于哺乳动物。我们曾使用这种关系对投影方法进行分类。例如，平行投影属于平面几何投影，斜投影属于平行投影。使用"is-a"关系，可以从简单对象定义多个复杂对象，并允许复杂对象继承简单对象的属性。因此，如果编写好了实现平行投影的代码，那么实现斜投影的代码可以使用平行投影的代码，并只需重新定义从一般的平行投影转化为斜投影所需的数据。对于几何对象，可以首先定义基对象，它具有一组默认的属性（如颜色和材质等），然后应用程序编程人员就可以在对象实例中使用或修改这些属性。C++和 JavaScript 等面向对象的编程语言支持这些概念，它们提供了子类和继承等语言特性。

再次考虑机器人模型。如果使用正确的实例变换，那么机器人的每个部件都可以使用立方体对象来描述。这种描述方法还缺乏用于指定机器人各个部件互连的功能。因为机器人模型具有层级结构，所以可以使用一个新的函数 add 来描述这种互连关系。例如，对于机器人的躯干：

```
torso = new Cube();

// Set attributes here

torso.add(head);
torso.add(leftUpperArm);
torso.add(rightUpperArm);
torso.add(leftUpperLeg);
torso.add(rightUpperLeg);
```

对于机器人的左上腿：

```
leftUpperLeg = new Cube();

// Set attributes here

leftUpperLeg.add(leftLowerLeg);
```

尽管这种方法乍看起来和我们之前用于开发机器人模型的方法有点类似，但是这里的 add 函数执行了一个额外的关键操作。对于每个基对象，其顶点用建模坐标系表示，它们不依赖于最终模型中对象的位置、方向或大小。模型中的每个对象一般使用适宜的大小、方向和位置来表示。例如，

立方体通常以建模坐标系的原点为中心，立方体的边与坐标轴对齐并且其长度为 1 个单位。正如我们所看到的，当执行机器人动画时，通过把各个局部建模变换矩阵级联得到每个部件的正确变换，add 函数使用了父节点以及它的每个孩子节点的实例变换为我们执行这个操作。

9.7.5　几何对象与非几何对象

假定现在希望建立一个面向对象的图形系统。该系统应该包括哪些对象呢？对于基本的图形系统，我们希望系统包含一些基本对象(如点、线段和三角形)以及一些高级对象(如立方体、球体、圆柱体和圆锥体等)。但是我们并不清楚如何处理属性、光源和观察者。例如，材质属性是作为对象(如立方体)的一部分，还是作为单独的对象？答案是其中之一或两者都是。可以建立一个立方体类，它包含在第 6 章介绍的 Phong 光照模型中的环境光、漫反射光和镜面反射光等成员属性。我们还可以单独定义材质类，其代码如下：

```
function Material(ambient, diffuse, specular, shininess)
{
  this.specular = specular;
  this.shininess = shininess;
  this.diffuse = diffuse;
  this.ambient =  ambient;
}
```

光源也是几何对象，它的属性包括位置和方向，可以很方便地增加一个光源对象：

```
function Light(type, near, position, orientation,
              ambient, diffuse, specular)
{
  this.type = type;
  this.near = near;
  this.position = position;
  this.orientation = orientation;
  this.specular = specular;
  this.diffuse = diffuse;
  this.ambient = ambient;
}
```

我们还可以定义单独的光源类型(环境光、漫反射光、镜面反射光和自发光)。采用同样的方式，还可以定义照相机对象，其代码如下：

```
function Camera(type, position, volume)
{
  this.type = type; // perspective or parallel
  this.position = position; //center or direction of projection
  this.volume = volume; // clipping volume
}
```

一旦建立了一组几何对象，就可以使用它们来描述场景。为了充分利用前面介绍的层级关系的优越性，下面介绍一种新的树结构，我们称之为**场景图**(scene graph)。

9.8　场景图

我们采用的方法是为了编写完整的应用程序(包括着色器和用户接口)。在代码中建立所需的对象以及它们之间的关系。从最后两节可以知道，可以采用更高级的方法，即利用一组预定义的对象。在场景图上下文中，场景是对象的集合，这些对象指定了我们想要观察的世界，包括几何对象(及其属性)、材质和灯光。对象可以组合成**组**(group)并按层级结构关联起来。一般来说，尽管照相机是几何对象，但它并不是场景的一部分。一旦给定一个场景和一个照相机，就有了执行绘制所需的信息。如图 9.24 所示，一个简单的场景图显示了元素之间的关系。

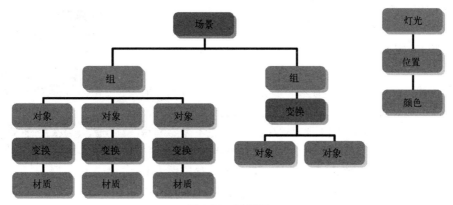

图 9.24　场景图

下面描述一个仅包含立方体的场景，立方体可以缩放和旋转并且具有光照，其代码如下：

```
myScene = new Scene();
myCube = new Cube();

// Set cube instance here

myMaterial = new Material();

// Set material properties here

myCube.add(myMaterial);
myScene.add(myCube);

// Set light properties here

myLight = new Light();
myScene.add(myLight);

// Add a camera

myCamera = new Camera;

myScene.render(scene, camera);
```

下面考虑前面介绍的第一个机器人示例。描述机器人的代码可能采用下面的形式：

```
base = new Cylinder();
upperArm = new Cube();
lowerArm = new Cube();
base.add(lowerArm);
lowerArm.add(upperArm);
```

可以使用树结构以完全机械的方式生成一个程序，从这种意义上来说，刚刚描述的场景图等价于一个 OpenGL 或 WebGL 程序。Open Inventor 以及后来出现的开放场景图(open scene graph，OSG)都采用了这种方法建立图形应用程序，这里的 Open Inventor 和 OSG 都是建立在 OpenGL 之上的面向对象的图形 API，Open Inventor 和 OSG 程序可以构建、操作和绘制场景图，

程序的执行导致对场景图的遍历，场景图的遍历又会调用
OpenGL 实现的图形函数。在浏览器世界中，`three.js` 占主
导地位。它使用的最流行的绘制器是 WebGL[①]。图 9.25 显示了
`three.js` 应用程序的基本组织框架。

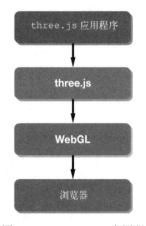

图 9.25   `three.js` 应用程
序的基本组织框架

9.9   实现场景图

上一节描述的简单场景图具有两个重要的优点，但是也带来
了主要的实现问题。首先，如果在绘制层之上的某层提供 API，
那么应用程序不需要过多地知道图形系统的细节，也不需要编写
着色器来可视化场景。其次，API 不必关联到某个特定的绘制器。
因此，能够以某种编码形式将场景描述写入数据库，然后把模型
绘制作为单独的操作，这里可以使用各种绘制器，从 WebGL 这
样的实时绘制器到光线跟踪这样能提供更加逼真的视觉效果但速
度较慢的绘制器。我们面临的挑战是，当确实需要交互行为的时候，如何从场景图 API 获得良好
的性能。如果试图实现某个 API，使它接近之前描述的 API，那么最直接的方法就是充分利用 CPU
而不是 GPU。下面介绍开放场景图(OSG)，它是学习 WebGL 场景图的基础。通过了解开放场景
图，可以知道场景图 API 的大致功能。

开放场景图(OSG)也许是最流行的一个功能齐全的场景图 API，它提供了许多在示例中不具
备的功能。除了支持更广泛的节点类型，还有两个对 OSG 尤为关键的概念。首先，像 OSG 这种
位于 OpenGL 之上的更抽象的高层软件所带来的优点之一就是，它可以实现 CPU 与图形处理单元
(GPU)之间的负载平衡。下面分析在 OpenGL 中是如何处理几何数据的。应用程序通过给定一组顶
点来生成图元。正如所看到的那样，OpenGL 主要关心的是绘制功能。所有的几何图元都会至少流
经绘制流水线的某些阶段。只有在顶点处理单元末端的时候，位于视见体之外的图元才被裁剪掉。
如果从视点方向看某个图元，当它被另外一个不透明的几何对象所遮挡时，这个图元不会出现在最
终的图像中，但是这个图元还是流经了大部分绘制流水线，而仅仅在隐藏面消除阶段才将它剔除。
尽管目前的 GPU 能够每秒钟处理数百万个顶点，但是许多应用程序所处理的几何对象非常复杂，以
至于 GPU 无法以足够高的帧率绘制这样的复杂场景。OSG 使用了**遮挡剔除**(occlusion culling)和**层次
细节**(level of detail，LOD)这两种实时绘制策略来减少复杂场景的绘制负荷。

遮挡剔除旨在裁剪那些被其他对象所
遮挡的不可见对象，裁剪的时机是它们进
入绘制流水线之前。如图 9.26 所示，位于
视见体内的一个正方形在视线方向遮挡了
一个三角形。尽管使用 z 缓存算法能够得到
反映遮挡关系的正确绘制结果，但是由于
OpenGL 独立地处理每个对象，所以它无法
发现这种遮挡关系。然而，所有几何图形
以及观察者的信息都存储在 OSG 场景图
中。因此，OSG 可以使用众多算法中的任

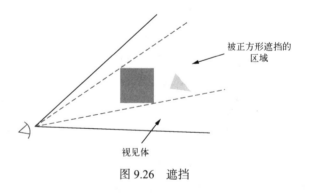

被正方形遮挡的
区域

视见体

图 9.26   遮挡

[①] `three.js` 可以绘制到 HTML5 的 canvas 元素，但不能像 WebGL 一样使用硬件，因此该绘制器的用途有限。

一种遍历场景图并裁剪被遮挡的对象。我们将在 9.10 节讨论一种基于二叉空间区分(binary spatial partitioning，BSP)的遮挡剔除方法。

第二个实时绘制策略(LOD)基于这样一个想法，它类似于前面介绍的 Mipmap 纹理映射。如果能够确定一个几何对象会被绘制在屏幕上一个很小的区域内，就不必把这个几何对象的所有细节都绘制出来。所需的这类信息也可以放到场景图中。OSG 场景图有一个 LOD 节点，该节点的孩子节点是一些反映某个对象不同几何复杂度的模型。可以通过应用程序设置这些 LOD 节点。在遍历场景图期间，由 OSG 确定使用对象的哪个 LOD 模型。

LOD 绘制技术不仅在 OSG 中很重要，而且在实时图形应用开发中也非常重要，比如使用专用的游戏引擎开发的交互式游戏等。游戏引擎是一个非常庞大而又复杂的软件对象，它可能包含数百万行的代码。尽管游戏引擎可能使用 OpenGL 或 DirectX 绘制图形，并广泛使用可编程着色器，但是它还必须处理游戏并管理可能涉及多玩家的复杂交互操作。因此，游戏引擎使用场景图来维护包括几何对象和纹理贴图在内的所有必要信息，并在处理场景图的过程中广泛使用 LOD 实时绘制技术。下一节将讨论一些与 Internet 图形有关的问题。

我们介绍的简单场景图与 OSG 的第二个主要区别是如何为每帧图像处理场景图。OSG 使用三次遍历过程，而我们实现的简单场景图只使用了一次遍历过程。遍历场景图是为了创建可用于绘制场景的几何图形对象。这个列表包含的几何对象具有最佳的几何层次细节，并且只包含那些经遮挡剔除处理后保留的几何对象。此外，还对几何对象进行了排序，以便可以正确绘制半透明表面。

第一次遍历过程处理可能由回调函数生成的场景图更新，主要处理交互作用或应用程序中几何对象的更改。第二次遍历过程建立用于绘制场景的几何对象列表，这次遍历过程使用了遮挡剔除、半透明物绘制、LOD 和包围体绘制技术。最后一次遍历过程访问几何对象列表并调用相应的 OpenGL 函数绘制几何对象。

9.9.1　`three.js` 示例

OSG 是 OpenGL 世界的标准。然而，对 WebGL 来说，占主导地位的场景图 API 是 `three.js`。下面用 `three.js` 示例结束对场景图的讨论。与 WebGL 示例一样，每个示例都包含一个 HTML 文件和一个 JS 文件。第一个示例绘制立方体的线框透视图。HTML 文件仅需要标识 `three.js` 库和本示例的 JS 文件：

```
<html>
  <script src="../build/three.js"></script>
  <script src="cube3.js"></script>
</html>
```

注意，不需要使用着色器即可访问所有 `three.js` 的基本函数。JS 文件是：

```
window.onload = function init() {

    var scene = new THREE.Scene();
    var camera = new THREE.PerspectiveCamera(45, 1.0, 0.3, 4.0);
    var renderer = new THREE.WebGLRenderer();

    renderer.setClearColor(0xEEEEEE);
    renderer.setSize(512, 512);
    document.body.appendChild(renderer.domElement);

    var cubeGeometry = new THREE.BoxGeometry(1, 1, 1);
```

```
        var cubeMaterial = new THREE.MeshBasicMaterial({color: 0xff0000,
                                                     wireframe: true} );
        var cube = new THREE.Mesh(cubeGeometry, cubeMaterial);

        scene.add(cube);

        camera.position.x = 2.0;
        camera.position.y = 2.0;
        camera.position.z = -2.0;
        camera.lookAt(scene.position);

        renderer.render(scene, camera);
    }
```

必须指定四个元素：对象、照相机、场景和绘制器。场景开始为空，然后可以向其添加对象。对于照相机，选择透视投影，使用 MV.js 中透视投影函数的参数：视域(或视角)、宽高比以及到近裁剪平面和远裁剪平面的距离。将照相机放置在对象空间中，并使用 lookAt 函数将其指向场景的中心。

对于立方体对象，首先指定它的几何形状，然后指定如何对其进行着色。盒状几何图形描述了一个正六面体，其边与对象空间中的轴对齐。在三个方向都指定单位边长，从而得到立方体。立方体的默认中心位于原点。给立方体着色最简单的方法是用一种基本材质(一种不受任何光源影响的颜色)制作它的侧面。在 three.js 中指定颜色的标准方式为 0xrrggbb，其中每对十六进制数字都指定范围为(0，255)的 RGB 基色。然后，默认设置是使用指定的颜色为立方体的所有面着色。我们指定参数"wireframe"，以便在所有侧面都具有相同颜色时可以看到立方体的形状。之后，将对象添加到场景中。

在选择了 WebGL 绘制器之后，指定窗口的大小和清屏颜色。因为我们没有使用 HTML canvas 元素，所以需要将绘制器生成的内容附加到页面(文档)。最后，将场景和照相机发送到绘制器。

将其他标准对象(例如球体、圆柱体、平面和多面体)添加到场景并对其进行缩放、旋转和平移变换也非常简单。与上一章一样，我们将扩展立方体示例(添加颜色、交互和光照)，而不是详细介绍每个立方体示例。

首先，我们要显示一个每个面都有不同颜色的实心立方体。立方体有六个外表面，但也有六个内表面。可以用下面的代码给 12 个面指定颜色：

```
        var cubeColors = [];
        cubeColors[0]  =cubeColors[1]  =0xff0000; // red
        cubeColors[2]  =cubeColors[3]  =0x00ff00; // green
        cubeColors[4]  =cubeColors[5]  =0x0000ff; // blue
        cubeColors[6]  =cubeColors[7]  =0xffff00; // yellow
        cubeColors[8]  =cubeColors[9]  =0xff00ff; // magenta
        cubeColors[10] =cubeColors[11] =0x00ffff; // cyan

        for ( var i = 0; i < cubeGeometry.faces.length; i++ ) {
          cubeGeometry.faces[i].color.setHex( cubeColors[i] );

        var cubeMaterial = new THREE.MeshBasicMaterial({vertexColors:
                                                 THREE.FaceColors});
        }
```

注意，这里的面索引在正面和背面之间交替出现。图 9.27 显示了立方体的透视图。

图9.27　使用 three.js 绘制的立方体透视图

可以应用光照模型代替立方体单个面的着色，并根据第 6 章开发的改进的 Phong 光照模型使用材质：

```
cubeMaterial = new THREE.MeshPhongMaterial({ color: 0xffc000, specular:
0xffc000, shininess: 100 });
```

第一种颜色是漫反射颜色，第二种颜色是镜面反射颜色。现在只需向场景中添加光源：

```
var directionalLight = new THREE.DirectionalLight(0xffffff);
directionalLight.position.set(0, 0, -20);
scene.add(directionalLight);
```

现在可以绘制场景了。注意，这与在第 6 章中创建的图像基本相同。

下一步是添加动画和交互。这两个功能的实现都与 WebGL 中的处理方式相同。我们在 render 函数(在 init 函数末尾调用该函数)中使用 requestAnimationFrame，其基本代码如下：

```
function render() {
  requestAnimationFrame(render);
  renderer.render(scene, camera);
}
```

可以在 HTML 文件中添加按钮以控制立方体的旋转：

```
<button id = "ButtonX">Rotate X</button>
<button id = "ButtonY">Rotate Y</button>
<button id = "ButtonZ">Rotate Z</button>
<button id = "ButtonT">Toggle Rotation</button>
```

在 JS 文件中，可以添加事件监听器以选择旋转轴：

```
var rotate = false;
var xAxis = 0;
var yAxis = 1;
var zAxis = 2;
var axis = 0;

document.getElementById("ButtonX").onclick = function(){axis = xAxis;};
document.getElementById("ButtonY").onclick = function(){axis = yAxis;};
document.getElementById("ButtonZ").onclick = function(){axis = zAxis;};
document.getElementById("ButtonT").onclick = function(){rotate = !rotate;};
```

然后，添加下面的代码进一步完善 render 函数：

```
if (rotate) {
  switch (axis){
    case 0:
      cube.rotation.x += 0.03;
      break;
    case 1:
      cube.rotation.y += 0.03;
      break;
    default:
      cube.rotation.z += 0.03;
      break;
  }
}
```

大多数交互式 three.js 应用程序都使用控件库，这些控件库通过提供 API 来访问鼠标、虚拟追踪球以及许多其他的对象，这些对象可以添加到应用程序中。

9.10　其他树结构

树和 DAG(有向无环图)为我们描述场景提供了强有力的工具，树在计算机图形学中还有许多其他的使用方式，这里介绍其中的三种。第一种使用表达式树来描述实体对象的层级结构；另外两种用来描述空间层级结构，可以用来提高许多绘制算法的效率。

9.10.1　CSG 树

前面使用对象的多边形表示方法有许多优点，但也有一些缺点。最严重的缺点是多边形只能描述像多面体这样的实心三维对象的表面。在 CAD 应用中，每当必须使用图形对象的任何体积属性(例如重量或惯性矩)时，这种局限性就会带来许多困扰。此外，因为显示对象时只是绘制它的边或表面，所以显示的图形可能存在歧义。如图 9.28 所示的线框图既可以解释为一个中间带孔的立方体(即从立方体的中间挖去一个圆柱体)，也可以解释为一个由两种不同材质组成的实心立方体。

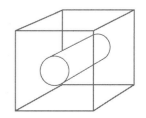

图 9.28　可能具有两种解释的线框图

构造实体几何表示法(constructive solid geometry, CSG)解决了这些问题。假定考虑一组原子几何实体(如平行六面体、圆柱体和球体)。这些对象不仅包括颜色和反射率等表面属性，还包括大小和密度等体积属性。为了描述由这类对象组成的场景，需要考虑用来构造每个对象的空间点。也就是说，因为每个对象对应一组点，所以可以使用集合代数从这些实体图元构造新的对象。

基于 CSG 的建模方法使用了三种集合运算：并、交和差。集合 A 和集合 B 的并(union)，记为 $A \cup B$，它包含集合 A 或 B 中的所有点。集合 A 和 B 的交(intersection)，记为 $A \cap B$，它包含同时属于集合 A 和集合 B 中的所有点。集合 A 和 B 的差(set difference)，记为 $A - B$，它包含属于集合 A 但不属于集合 B 的点集。图 9.29 显示了两个对象以及这两个对象经三种集合运算处理后可能的结果。

对象用代数表达式描述。例如，代数表达式 $(A-B) \cap (C \cup D)$ 可能描述了一个如图 9.30 所示的对象。

一般使用表达式树来存储、解析代数表达式，在表达式树中，内部节点存储运算符，终止节点存储操作数。例如，图 9.31 所示的 CSG 树表示图 9.30 所示的对象 $(A-B) \cap (C \cup D)$。可以使用后

序遍历(postorder traversal)来计算或绘制这棵 CSG 树。这里的后序遍历是指递归地计算节点的左子树值，然后递归地计算节点的右子树值，最后使用这两个值计算该节点本身的值。经常使用光线跟踪的变体绘制用 CSG 树表示的对象(参见习题 9.10 和第 13 章)。

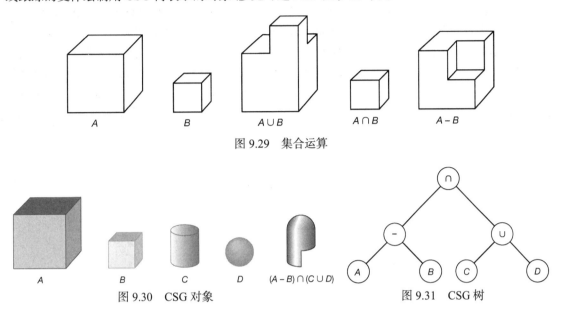

图 9.29　集合运算

图 9.30　CSG 对象

图 9.31　CSG 树

9.10.2　BSP 树

　　场景图和 CSG 树描述了对象各部分之间的层级关系。还可以使用树结构描述场景的对象空间，并把对象组之间的空间关系封装起来。可以利用对象之间的空间关系设计快速的**可见性测试**(visibility testing)，它可以确定哪些对象是可见的，因此避免了使用诸如 z 缓存这样的算法对所有的对象进行可见性测试。这些技术在计算机游戏的实时动画中变得非常重要。

　　通过观察可发现一个平面可以把一个三维空间划分或分割成两部分(半空间)，据此提出建立空间层级结构的一种方法。连续地使用平面不断划分空间，可以得到越来越小的空间分区。在二维空间中，可以使用直线划分空间。

　　考虑如图 9.32 所示的多边形，观察者位于如图所示的位置。为了绘制正确的图像，需要按一定的顺序绘制这些多边形。我们不想在每次绘制这些多边形的时候都使用深度排序这样的算法，而是事先把多边形之间的相对位置信息存储在树中。在构建树的过程中，每次使用一个多边形作为划分平面把多边形分成两组，一组位于该平面之前，另一组位于该平面之后。例如，分析一个简单的空间，在这个空间中，所有的多边形互相平行，它们的法向量与 z 轴平行。这种假设可使我们更容易地理解这个算法，只要使用其中任意一个多边形所在的平面把其他的多边形分成前后两组，那么这个假设不会影响算法的正确性。如图 9.33 所示，假设从 z 轴方向观察这个空间。

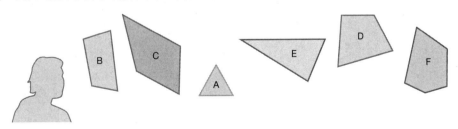

图 9.32　观察者与一组多边形

　　平面 A 把多边形分成两组,一组包含 B 和 C,它们位于 A 的前面,另一组包含 D、E 和 F,它们位于 A 的后面。使用多边形 A 所在的这个平面开始构建二叉空间分割树(binary space-partition tree,BSP tree),它保存了划分平面和用于划分的顺序。因此,在如图 9.34 所示的 BSP 树中,A 是根节点,B 和 C 位于左子树中,D、E 和 F 位于右子树中。对左子树进行递归,用多边形 C 所在的平面作为划分面,而 B 位于 C 的前面,据此可以建立左子树。对右子树进行递归,多边形 D 所在的平面把 E 和 F 区分开,E 位于 D 的前面,F 位于 D 的后面,据此可以建立右子树。注意,由于选择多边形作为划分平面的顺序可能不相同,所以对于一组给定的多边形有可能存在多棵 BSP 树。在一般的情况下,如果一个划分平面与一个多边形相交,那么就把该多边形分割成两个多边形,一个位于划分平面的前面,另一个位于划分平面的后面,这有点类似于在第 12 章介绍的深度排序算法处理重叠多边形时所使用的方法。

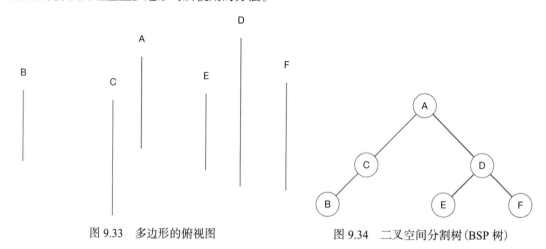

图 9.33　多边形的俯视图　　　　　　　图 9.34　二叉空间分割树(BSP 树)

　　可以使用这棵树绘制这些多边形,方法是对这棵树进行**后向中序遍历**(backward in-order traversal)。也就是说,递归地遍历这棵树,先绘制右子树,然后绘制根节点,最后绘制左子树。BSP 树的一个优点是,即使改变了观察者的位置,仍可以通过改变遍历算法而使用相同的 BSP 树。例如,如图 9.35 所示,如果观察者移动到多边形的另一侧,则可以使用标准的中序遍历算法绘制由这些多边形组成的场景,即先绘制左子树,再绘制根节点,最后绘制右子树。还需注意的是,只要平面能把一组多边形或其他对象划分成不同的组,我们称之为**簇**(clusters),就可以使用这种递归算法。因此,可以把多边形分组为多面体对象,然后又把这些多面体对象分组为簇。这样就可以在每个簇内部使用上面的递归算法。在飞行模拟器这样的应用中,场景模型不发生变化,但观察者的位置发生变化,在绘制场景的过程中使用 BSP 树可以有效地实现可见面判定。BSP 树包含绘制多边形所需的所有信息,观察者的当前位置决定了使用的遍历算法。

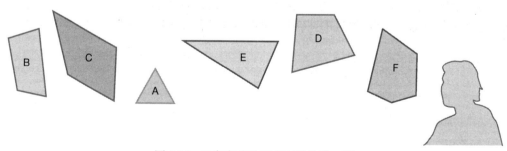

图 9.35　观察者移动到多边形的另一侧

BSP 树只是划分空间的一种层次结构形式。包围体(例如球体)是另一种划分空间的层次结构。包围球树结构的根节点是一个包含场景所有对象的球体。子树对应于包含一组对象的一个较大的球体,而叶子节点对应于每个对象的包围球。这种思想也适合于其他类型的包围体,例如第 12 章介绍的包围盒。球体非常适合于交互式游戏,因为可以快速地判定一个对象是否潜在可见或者两个对象是否可能发生碰撞。

9.10.3 四叉树和八叉树

BSP 树的一个局限性是用于划分多边形的平面可以具有任意的方向,因此构建 BSP 树的计算开销很大。例如,多边形排序与经常出现的多边形分割都需要大量的计算开销。四叉树和八叉树由于使用与坐标轴平行的划分平面或划分直线,所以可以避免出现这个问题。

考虑如图 9.36 所示的二维图像。假定该图像由黑白像素组成,它可能是一个三维场景的绘制结果。如果希望存储这个场景,则可以把该图像存储为一个二进制数组。但是注意到图像的像素之间存在大量的连贯性,同一颜色的像素会聚集在一起。如图 9.37 所示,通过画两条直线把整个区域分割成四个象限。注意到其中一个象限的像素颜色都是白色,只需给该象限赋一个颜色值即可。第一次细分空间后,对于其中的两个象限,需要再次细分,只要某个象限包含多于一种颜色的像素就一直细分下去。把细分的信息存储在一棵称为**四叉树**(quadtree)的层级结构中,在这棵树中,每一层对应于一次细分,并且每个节点都有四个孩子节点。因此,最初的原始图像对应的四叉树如图 9.38 所示。

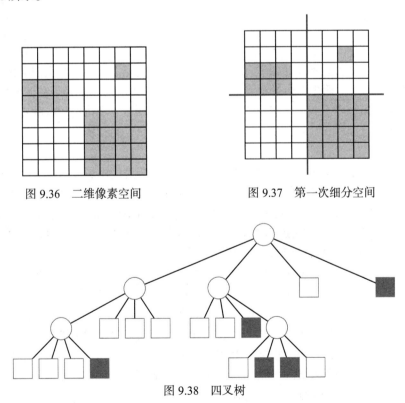

图 9.36 二维像素空间　　　　　　图 9.37 第一次细分空间

图 9.38 四叉树

由于建立四叉树所采用的方法是使用与坐标轴平行的直线来划分平面空间,所以四叉树的建立与遍历比前面介绍的 BSP 树对应的操作更简单。四叉树最重要的优点之一就是可以使用它来减少存储图像所需的内存空间。

四叉树主要用来划分二维平面空间。也可以使用四叉树划分对象空间,划分的方式类似于 BSP 树,因此可以根据观察者的位置按某个顺序遍历预先建立的四叉树,这样可以正确地绘制每个区域内的对象。在三维空间,四叉树扩展为**八叉树**(octree)。使用与坐标轴平行的平面划分空间,每次把空间划分成八个子空间,如图 9.39 所示。

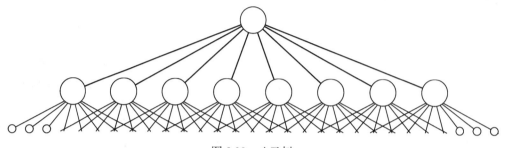

图 9.39　八叉树

八叉树可用来表示体数据集,它由称为**体素**(voxel)的体元素构成,如图 9.40 所示。前面讨论的四叉树和八叉树不仅可以按像素或体素划分空间,还可以应用于对象的空间划分。例如,为了裁剪对象,可以递归地划分二维或三维空间。每次划分后,都要把每个对象的包围盒与划分后的矩形或立方体进行比较,从而确定该对象是否位于某个划分后的子空间区域内。

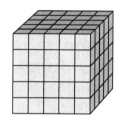

图 9.40　体数据集

小结和注释

可以使用最新的硬件设备快速绘制几何对象,这为我们开发各种建模系统提供了新的便利条件。作为计算机图形学的用户,如果希望充分利用已有的图形系统,就必须掌握大量的建模技术。本章介绍了层级建模技术。我们不仅可以深入研究本章以及下一章讨论的各种建模技术,而且还可以将这些技术组合起来形成新的建模技术。本章后面的建议阅读资料有助于进一步研究各种建模方法。

本章介绍的基本主题适用于大多数建模方法。一种方法是使用层级结构来表示场景中对象之间的关系。可以使用树和 DAG 这样的基本数据结构来表示对象之间的这种层级关系,遍历这些数据结构已成为绘制过程的一部分。应用程序编程人员在 OSG(open scene graph)、VRML 和 Java3D 中使用场景图的时候,只要对预定义的对象和用户自定义的软件模块进行组合就可以建立复杂的动画场景。对于 WebGL,three.js 是最流行的场景图软件包。

树结构模型还可用于描述复杂的着色器,这些着色器可以处理光源、材质属性、大气效应以及各种局部反射模型之间的相互作用。可以使用 RenderMan、GLSL 或 DirectX 实现这些方法。

面向对象的方法是处理复杂图形应用和基于网络的分布式应用的标准方法。遗憾的是,目前还没有一个统一的面向对象的图形 API,尽管如此,目前大多数高端系统在实际绘制图形时还处在 OpenGL/WebGL 这一层,原因是这些 API 更接近硬件层,这样可以更有效地利用硬件的性能。因此,无论是应用程序编程人员还是系统开发人员都需要熟悉各个层次的 API。特别是在网络世界中,three.js 产生了巨大的影响,尤其是在 CAD 社区中。

我们将在第 10 章介绍一种完全不同的基于过程的建模方法,它可以作为本章介绍的层级建模方法的一个补充。

代码示例

1. `robotArm.html`：包含三个组件的交互式机器臂。
2. `figure.html`：交互式类人机器人。
3. `three1.html`：使用 three.js 绘制立方体线框图。
4. `three2.html`：使用 three.js 绘制交互式彩色立方体。
5. `three3.html`：使用 three.js 基于着色模型绘制交互式立方体。

建议阅读资料

在 40 多年前的图形学文献[New73]中就有如何使用矩阵栈进行层级变换的描述。PHIGS[ANSI88]是第一个把层级变换作为标准软件包的一部分的图形 API。文献 Watt[Wat92]介绍了人物关节动画的有关内容。Lassiter 的论文[Las87]说明了在电影行业中使用的传统动画技术与计算机图形学中的动画技术之间的关系。

BSP 树首次由 Fuchs、Kedem 和 Naylor 提出[Fuc80]，主要用于可见性测试，后来用于其他许多应用领域，如 CSG 等。阅读[Mol18]可以了解 BSP 树的其他应用。

可以在文献[Mol18]中找到可见性测试的许多应用。

场景图是 Open Inventor 的核心[Wer94]。Open Inventor 的数据库格式是 VRML 语言的基础[Har96]。许多最近的 API 都使用了面向对象的方法，如 Java3D[Swo00]和 DirectX[Kov97]。要想研究 Java 和 Java 小程序，可以阅读[Cha98]和[Arn96]。树是 RenderMan 着色语言中不可或缺的一部分[Ups89]，在 RenderMan 着色语言中，可以使用树来创建着色器。Maya 等建模系统允许用户为不同的对象定义各种着色器和绘制算法。文献[Mar07]介绍了开放场景图（OSG）。

three.js 已成为 Web 应用程序（尤其是 CAD 社区）的标准场景图。它建立在 WebGL 之上，并利用了许多强大的 JavaScript 库。有关 three.js 的介绍，请参阅[Dir15]和 three.js 的网站。

文献[Ebe01]讨论了在游戏引擎的设计中如何使用场景图。另请参阅 Unity 网站。

习题

9.1　对于本章的简单机器人模型，请描述上臂顶端能够到达的顶点集。

9.2　根据关节角度找到简单机器人模型上任意点的位置方程。能否从上臂顶端的位置确定关节角度？请解释答案。

9.3　给定机器人手臂可到达的两个空间点，请根据关节角度描述这两个点之间的路径。

9.4　根据几何图形-实例变换表，编写一个简单的电路布线程序。几何图形包括电路元件的形状，例如电路的电阻器、电容器和电感器，或者逻辑电路的各种门电路（AND，OR，NOT）的形状。

9.5　把用于搜索的二叉树描述为由节点构成的链表，每个节点包含一个指向孩子节点的指针。编写一个 WebGL 程序，它可以根据对二叉树的描述以图形化的方式显示这棵二叉树。

9.6　机器人只是说明场景各个部分合成运动的一个例子，其中某些对象的运动依赖于其他对象的运动。其他的例子包括自行车（带有轮子）、飞机（带有螺旋桨）、旋转木马（带有木马）。举一个合成运动的例子，并编写一个图形程序模拟它的合成运动。

9.7　给定两个顶点数量相等的多边形，编写一个程序生成一系列的图像，使得将其中的一个多边形变换为另一个多边形。

9.8　给 9.5 节的树节点增加一个属性并对树的遍历算法做任何必要的修改。

9.9　构建一个简单的场景图系统，其中包括多边形、材质、观察者和光源。

9.10　为什么光线跟踪或光线投影算法适合于绘制用 CSG 树描述的场景。

9.11　说明如何使用四叉树绘制不同分辨率的图像。

9.12　编写一个程序，允许用户从一些基本的形状建立简单的关节人体模型。程序应该允许用户放置关节，并绘制最终的关节人体模型的动画效果。

9.13　能否设计一个独立于遍历算法的场景图结构？

9.14　在本章实现的场景图中增加一个功能，使我们能够以文本格式存储场景图，并且能够从文件中读取场景。

9.15　给场景图的对象增加动画功能。

9.16　在 9.3 节的机器人手臂的末端增加一只机械手或"夹持器"。

9.17　如果把对象划分成簇，那么 BSP 树的效率可能会更高。可以使用簇的包围盒进行可见性测试。编写程序实现这个算法并把它用于场景图绘制系统。

第 10 章　过程建模方法

到目前为止，都是假定使用表面来描述要绘制的几何对象，并且用凸多边形表示（或近似）几何对象的表面。之所以使用多边形表示几何对象，主要是因为可以很容易地使用多边形描述这些几何对象，并且能够在现有的图形系统上绘制这些对象。在计算机图形学领域取得的成就证实了多边形模型的重要性。

然而，即使在 CAD 应用、飞行模拟器、计算机动画、交互式视频游戏以及电影特效制作中大量地使用了多边形模型，但是用户和应用程序开发人员都认识到了这种建模方法的局限性。像云彩、烟雾以及水等物理对象并不适合使用这种多边形建模方法。多边形建模方法无法给这些物理对象增加物理约束条件，也无法表示物理对象的复杂行为。为了解决这些问题，研究人员提出了过程建模方法，它使用算法表示对象底层的物理现象，因此在绘制过程中只有在需要的时候才绘制多边形。

10.1　基于算法的建模

当回顾计算机图形学的发展历史时，我们发现人们希望创建更具真实感图形的愿望总是超过了计算机硬件的发展。虽然在现有的商用图形硬件上能够每秒绘制数以亿计的三角形，但是像飞行模拟、虚拟现实和计算机游戏等应用可能需要超过每秒数十亿个三角形的绘制速度。而且，当绘制速度提高以后，存储的数据也急剧增加，单个数据集包含的三角形可能超过 10 亿个。

然而，许多应用程序之所以仍有需求使用多边形建模方法，是因为它们使用了现有的软件和建模范型。精明的研究人员和应用程序开发人员认为，如果能够这样绘制一个模型，只生成那些可见的而且投影后至少具有一个像素大小的多边形，那么就不需要生成如此多的多边形。在前面的章节中已经看到了体现这种想法的一些示例。例如，在多边形到达绘制流水线之前，考虑尽可能地通过可见性裁剪把不可见的多边形剔除[①]。然而，一种更有效的方法是重新考虑建模方法并寻求一种新的建模技术，即**过程建模方法**（procedural methods），这种建模方法采用与目前介绍的建模方法完全不同的方式生成几何对象。过程建模方法包括很多具体的技术方法，它们具有的共性是都使用算法的方式描述对象，并且作为绘制过程的一部分，即只有在需要的时候才生成多边形。

在许多情况下，可以把过程建模与在计算机中表示无理数（如平方根、正弦和余弦函数等）的方法进行类比，这有助于对过程建模的理解。例如，考虑 $\sqrt{2}$ 的三种表示方法，其数值表示法为：

$$\sqrt{2} = 1.414 \cdots$$

可以在后面随意添加任意多的数字。或者使用更抽象的方法，把 $\sqrt{2}$ 定义为满足下面方程的一个正数解：

$$x^2 = 2$$

但是在计算机中，$\sqrt{2}$ 可能是运行某个算法的结果。例如，下面分析牛顿迭代法。假设 $\sqrt{2}$ 的初始近似结果为 $x_0 = 1$，并通过下面的公式进行迭代计算：

---

① 可见性裁剪包括视见体裁剪、背面裁剪和遮挡剔除。——译者注

$$x_{k+1} = \frac{x_k}{2} + \frac{1}{x_k}$$

每个 x_k 的后继值是 $\sqrt{2}$ 的一个更好的近似值。从这个角度看，$\sqrt{2}$ 是通过一个算法定义的，或者说是由一个程序定义的。对于计算机图形学中要处理的对象，可以采取类似的方法。例如，可以把一个球心在原点的球面定义为一个满足下面方程的数学对象：

$$x^2 + y^2 + z^2 = r^2$$

相对于这种方法，第 6 章开发的四面体细分过程及实现这种细分的程序则受到限制。使用第二种绘制球面的方法带来的好处是，绘制较小的球面(在屏幕空间)比绘制大球面需要更少的三角形。

多边形建模存在的另一个问题是很难把计算机图形学与物理规律结合起来。虽然可以基于多边形建模方法建立真实世界的图形对象并绘制相应的动画效果，但是要使这些图形对象像真实实体一样运动且不会相互穿透，要模拟这样的物理效果是非常困难的。

这里只介绍众多的过程建模方法中的四种。在第一种方法中，首先介绍遵守牛顿定律的粒子，然后设计一个粒子系统，该系统通过求解微分方程组(完成数千个粒子的常规数值计算任务)能够模拟一些复杂的行为。粒子的位置决定了标准几何对象在世界坐标系中的位置。

第二种方法是基于语言的建模，可以使用这种建模方法控制对象的复杂度，方法是使用类似于表示自然语言和计算机程序设计语言的文法模型代替多边形模型。利用这些模型只需使用少量的规则(这些规则可用于生成所需的图形实体)就可以近似地表示自然界的许多对象。如果把这种建模方法与分形几何结合起来，那么只需使用绘制对象所需的一定数量的多边形就能生成最终的图像。

第三种方法是分形几何，这种建模方法基于在许多自然现象中看到的自相似性。分形几何为我们提供了一种在任何需要的细节层次上生成模型的方法。

最后，本章将介绍基于过程噪声(procedural noise)的建模方法，通过这种方法可以把数量可控的随机性引入模型中。可以使用过程噪声创建纹理贴图，模拟流体模型的湍流行为，实现动画中的逼真运动行为以及绘制像云彩这样外形模糊的对象。

10.2　基于物理的建模和粒子系统

计算机图形学中建模的一大优点(也是缺点)是，可以根据选择的任何原理来构建模型。我们创建的图形对象可能与它具有的物理逼真性没有任何关联。从历史上来看，我们对建模持有的态度是，只要建立的模型看起来像真实的对象，这样的模型就足以满足大多数需求。由于摆脱了物理模型所带来的约束，这种模型可能并不为我们所知道，或者过于复杂，以至于无法实时模拟，所以可以建立计算机游戏和电影中的种种特效。在科学计算可视化等领域，这种不拘于几何对象物理属性的灵活的建模方式使得数学家可以"看到"在三维空间根本不存在的形状并以全新的方法显示信息。此外，研究人员和工程师可以建造不受现有材料和设备制造能力限制的对象原型。

然而，当要模拟真实世界中的对象并希望在显示器上观察到模拟的结果时，我们可能会陷入困境。一般来说，为一组在空间中运动的对象建模并不困难，但是要跟踪两个对象何时碰撞，而且要让图形系统按物理规律来响应这种碰撞却是非常棘手的问题。事实上，在计算机图形学中，让一个球穿墙而入，这比让这个球碰到墙面后按正确的物理规律从墙面反弹回来要容易得多。

最近，研究人员对**基于物理的建模方法**(physically-based modeling)越来越感兴趣，这是一种让图形对象遵守物理规律的建模方法。可以使用两种相关方法的任意一种来建立这种模型。一种方法是模拟底层处理过程的物理规律，并利用这种物理规律来控制图形对象的行为。例如，如果想让一个实体对象看起来像在空中翻筋斗，并在各个表面之间来回弹跳，那么至少在理论上可以使用动力学和**连续介质力学**(continuum mechanics)方面的知识推导所需的方程。这种方法涉及的内容远远超出了计算机图形学导论课的范畴，因此不再深入介绍这种方法。另一种方法是把基本的物理原理和数学约束条件结合起来控制对象的动态行为。粒子系统使用的就是这种方法。

　　粒子系统(particle system)是粒子的集合，这里的粒子通常是指质点，可以通过求解耦合微分方程组来确定粒子的动态行为。粒子系统已经在许多领域用来模拟对象的各种行为。例如在流体力学领域，研究人员使用粒子系统模拟湍流的行为。除了求解偏微分方程，还可以通过跟踪一组粒子来模拟系统的行为，其中所有粒子都受到相同的力和约束。还可以使用粒子建立实体对象模型。例如，可以使用一个三维粒子阵列来模拟可变形的实体对象，且其中的粒子由弹簧连接起来。当对象受到外力的作用时，粒子就会移动并使它们的位置近似表示实体对象的形状。

　　计算机图形学领域的研究人员已经使用粒子系统对许多现象进行了建模，如烟火、鸟的群聚行为以及波浪起伏的行为等。在这些应用中，粒子系统的动力学规律确定了粒子的位置，而在每个位置上，可以放置一个图形对象而不是一个点。

　　在所有这些示例中，我们处理的都是一组粒子，把其中的每个粒子视为一个质点。根据物理规律得到粒子的运动方程，并用数值方法求解这些方程，从而得到这些粒子在每个时间步长下的状态。在最后一步，把每个粒子作为一个图形对象来绘制，对于烟火粒子系统，粒子可能是一个有颜色的点，或者对于粒子动画系统，粒子可能是一个卡通人物。

10.3　牛顿粒子

　　下面分析一组遵守牛顿定律的粒子。虽然没有理由说不能使用其他的物理定律或自己虚构的一组物理定律，但是首先介绍牛顿粒子的好处是，利用这种简单且为大家所理解的物理定律，可以模拟范围更广的物理行为。一个牛顿粒子必须遵从牛顿第二定律，它表明粒子的质量(m)乘以粒子的加速度(**a**)等于作用于粒子上的所有外力之和(**f**)，或者表示为下面的公式：

$$m\mathbf{a} = \sum \mathbf{f}$$

　　注意，加速度和力通常都是三维向量。牛顿定律的一个结论是，对于一个理想的质点粒子，即全部质量集中在一个点上的粒子，它的状态完全由它的位置和速度决定。因此，在三维空间中，一个理想的粒子具有六个自由度，一个具有 n 个粒子的系统则有 $6n$ 个状态变量，它们表示系统中所有粒子的位置和速度。在某个参考坐标系中，第 i 个粒子的状态由两个三维列矩阵决定[①]，一个是位置矩阵：

$$\mathbf{p}_i = \begin{bmatrix} x_i \\ y_i \\ z_i \end{bmatrix}$$

另一个是速度矩阵：

$$\mathbf{v}_i = \begin{bmatrix} \dot{x}_i \\ \dot{y}_i \\ \dot{z}_i \end{bmatrix} = \begin{bmatrix} \dfrac{\mathrm{d}x}{\mathrm{d}t} \\ \dfrac{\mathrm{d}y}{\mathrm{d}t} \\ \dfrac{\mathrm{d}z}{\mathrm{d}t} \end{bmatrix}$$

---

① 这里之所以选用三维列矩阵而不是奇次坐标的表示形式，是为了使这种表示形式与物理文献中这些公式的表示形式保持一致，同时也为了简化最终得到的微分方程。

因为加速度是速度的导数，而速度是位置的导数，所以可以把粒子的牛顿第二定律写成 6 个耦合的一阶微分方程：

$$\dot{\mathbf{p}}_i = \mathbf{v}_i$$

$$\dot{\mathbf{v}}_i = \frac{1}{m_i}\mathbf{f}_i(t)$$

因此，对于具有 n 个粒子的粒子系统，它的动力学规律由 $6n$ 个耦合的常微分方程组决定。

除了状态，每个粒子还有许多其他的属性，这些属性包括它的质量(m_i)以及改变粒子行为和反映粒子显示方式的一组属性。例如，有些属性决定了绘制粒子的方式，并决定了粒子的颜色、形状和表面属性。注意，尽管一个简单粒子系统的动力学行为取决于每个被视为质点的粒子行为，但是应用程序编程人员可以指定每个粒子的绘制方式。例如，在一个表示人群的场景中，每个粒子可能表示一个人；或者在化学合成应用中，每个粒子可能表示一个分子；或者在模拟风中飘扬的旗帜的应用中，每个粒子可能表示一小块布。对于上面的任何一种情形，底层的粒子系统决定了粒子质心的位置和速度。一旦确定了粒子的位置，就可以把所需的图形对象放在这个位置上。

作用于粒子上的一组力 $\{\mathbf{f}_i\}$ 决定了系统的行为。这组力取决于粒子系统的状态，并且随时间而改变。这些力可以建立在简单物理学原理的基础上(如弹簧力)；或者建立在物理约束条件的基础上，这些物理约束条件是我们希望强加到系统上的条件；或者建立在外力的基础上，例如重力，这是希望施加到系统上的力。只要精心设计作用于系统上的力，就能得到所需要的系统行为。

可以使用数值方法求解系统的动力学状态，这里的数值方法通过逐步逼近的方法求解微分方程组的近似解。一个典型的粒子系统在一个仿真周期内需要完成三个功能，即通过用户自定义函数计算作用于 n 个粒子上的力；使用这些力通过数值微分方程求解器更新状态；根据这些粒子的新位置及其属性绘制粒子所处位置的任何图形对象。因此，粒子系统仿真循环的伪代码实现形式如下：

```
var time, delta;
var state[6n], force[3n];

state = get_initial_state();
for (time = t0; time < time_final; time += delta) {
  // Compute forces
  force = force_function(state, time);

  // Apply standard differential equation solver
  state = ode(force, state, time, delta);

  // Display result
  render(state, time);
}
```

在一个给定的具体应用中，我们主要设计用于计算作用在每个粒子上的力的函数。

10.3.1　独立的粒子

有许多简单的方法可以模拟粒子相互作用并确定作用在每个粒子上的力。如果作用在某个粒子上的力独立于其他的粒子，则作用在第 i 个粒子上的力可以用下面的方程来描述：

$$\mathbf{f}_i = \mathbf{f}_i(\mathbf{p}_i, \mathbf{v}_i)$$

在最简单的情况下，每个粒子只受重力常量的作用：

$$\mathbf{f}_i / m_i = \mathbf{g}$$

如果这个力的方向朝下，则

$$\mathbf{g} = \begin{bmatrix} 0 \\ -g \\ 0 \end{bmatrix}$$

其中，g 是正数，并且每个粒子的运动轨迹是弧状抛物线。如果增加一个与粒子速度成正比的项，则可以模拟粒子受反向摩擦力作用的情形。如果粒子的颜色等属性会随时间变化，并且每个粒子都有一个随机的生命周期，则可以使用粒子系统模拟烟火等现象。更一般的情况是，外力可以独立地作用在每个粒子上。如果允许粒子在空中随意飘移，并且把每个粒子都绘制成一个很大的图形对象而不是一个点，那么可以使用独立的粒子模拟云彩或水流。

10.3.2　弹簧力

如果在一个具有 n 个粒子的系统中，所有的粒子相互独立，那么计算粒子受力的时间复杂度为 $O(n)$。而在最一般的情形下，对某个粒子的受力计算可能需要考虑它与其他粒子之间的相互作用力，因此粒子受力计算的时间复杂度为 $O(n^2)$。对于一个含有大量粒子的粒子系统，$O(n^2)$ 的时间复杂度可能会极大地降低计算速度而使系统变得无用。通常情况下，我们可以这样降低粒子受力计算的复杂度，方法是只考虑该粒子与其他靠近它的粒子的相互作用力。

下面讨论一个示例，使用粒子建立一个随时间变化的表面，如在风中飘动的窗帘或旗帜。如图 10.1 所示的粒子网格，把每个粒子的位置视为矩形网格上的一个顶点。粒子网格的形状之所以会随时间而变化，是由于每个粒子既受到外部的作用力，如重力或风等，又受到粒子之间的相互作用力，它把粒子聚集在一起，使粒子网格看起来像是连续的曲面。通过计算某个粒子与离它最近的粒子之间的作用力，可以近似模拟粒子的第二种受力，即粒子之间的相互作用力。因此，如果 $\mathbf{p}_{ij}$ 是粒子网格第 i 行第 j 列的某个粒子，那么要计算 $\mathbf{p}_{ij}$ 与其他粒子之间的相互作用力，只需考虑它与 $\mathbf{p}_{i+1,\,j}$、$\mathbf{p}_{i-1,\,j}$、$\mathbf{p}_{i,\,j+1}$、$\mathbf{p}_{i,\,j-1}$ 四个粒子之间的相互作用力，其时间复杂度为 $O(n)$。

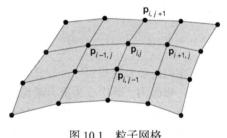

图 10.1　粒子网格

有一种方法用来模拟粒子之间的相互作用力，即认为两个相邻的粒子是用弹簧连接的，如图 10.2 所示。我们分析分别位于 $\mathbf{p}$ 和 $\mathbf{q}$ 的两个相邻的粒子，它们用一根弹簧连接起来。假设 $\mathbf{f}$ 表示 $\mathbf{q}$ 作用于 $\mathbf{p}$ 的力，那么 $-\mathbf{f}$ 表示 $\mathbf{p}$ 作用于 $\mathbf{q}$ 的力。弹簧的静止长度为 s，它表示弹簧在不受外力并且处于静止状态时两个粒子之间的距离。当弹簧被拉伸时，作用在弹簧上的弹力方向为 $\mathbf{d} = \mathbf{p} - \mathbf{q}$，也就是沿着两个粒子之间的直线方向。这个弹力遵循**胡克定律**（Hooke's law）：

图 10.2　由弹簧连接的两个粒子

$$\mathbf{f} = -k_s(|\mathbf{d}| - s)\frac{\mathbf{d}}{|\mathbf{d}|}$$

其中，k_s 是弹簧系数，它是一个常量，s 是弹簧处于静止状态时的长度。胡克定律表明，两个粒子被拉伸开的距离越大，那么把粒子拉回平衡点的力也就越大。相反，当弹簧的两个端点向中间挤压时，那么这两个端点在弹力的作用下要分开，并且其距离要恢复到静止长度。但是，这里介绍的胡克定律没有考虑系统中的阻尼力(或摩擦力)。这种没有阻尼力的弹簧-质点系统在受到扰动时就会一直振动下去。可以在胡克定律中增加一个**阻力**(drag)或**阻尼项**(damping term)。阻尼力和弹力作用在同一方向上,但是其大小依赖于粒子之间的振动速度。如图 10.3 所示,粒子之间对阻尼力有影响的振荡速度正比于速度向量在两个粒子之间连线上的投影分量。可以使用下面的数学公式表示带阻尼项的胡克定律:

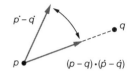

图 10.3　计算弹簧阻尼力

$$\mathbf{f} = -\left(k_s(|\mathbf{d}| - s) + k_d \frac{\dot{\mathbf{d}} \cdot \mathbf{d}}{|\mathbf{d}|} \right) \frac{\mathbf{d}}{|\mathbf{d}|}$$

其中,k_d 是阻尼系数(常量),并且

$$\dot{\mathbf{d}} = \dot{\mathbf{p}} - \dot{\mathbf{q}}$$

一个具有阻尼项的弹簧-质点系统在没有外力作用的情况下最终会恢复到静止状态。

10.3.3　吸引力和排斥力

　　使用弹簧力可以将一群粒子聚集在一起,而排斥力可以使粒子相互分开,吸引力则会将粒子拉向彼此。可以使用排斥力使粒子分散在物体的表面上,或者,如果粒子表示对象的位置,那么可以使用排斥力来使对象避免相互碰撞。可以使用吸引力来建立太阳系模型,或建立用来模拟卫星绕地球旋转的应用程序。除了符号区别,吸引力和排斥力的数学方程在本质上是相同的。粒子行为的物理模型可能包含吸引力和排斥力(参见习题 10.14)。

　　假设两个粒子分别位于位置 $\mathbf{p}$ 和 $\mathbf{q}$,排斥力作用在 $\mathbf{d} = \mathbf{p} - \mathbf{q}$ 的方向上,并且其大小与粒子之间的距离成反比。例如,可以使用下面的表达式来计算满足距离平方反比定律(inverse-square-law)的排斥力:

$$\mathbf{f} = -k_r \frac{\mathbf{d}}{|\mathbf{d}|^3}$$

只要把前面的负号变成正号,并且使用 $(m_a m_b)/g$ 代替 k_r,就可以得到质量分别为 m_a 和 m_b 的两个粒子间的吸引力,其中 g 为重力系数,它是一个常量。

　　在更一般的情况下,系统中的每个粒子都受到所有其他粒子的作用力,计算吸引力和排斥力的时间复杂度为 $O(n^2)$。在使用弹簧连接的粒子网格中,粒子的拓扑结构一般保持不变,与这种粒子网格不同,受到吸引力和排斥力作用的粒子通常会改变它们的相对位置。因此,避免吸引力和排斥力的计算复杂度为 $O(n^2)$ 所使用的策略将会更加复杂。一种方法是把空间分割为许多小的三维单元格,每个单元格包含多个粒子,也可能不包含任何粒子,如图 10.4 所示。

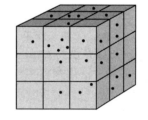

图 10.4　把空间分割成小的单元格

　　对于那些与距离成反比的作用力,可以选择大小合适的单元格,使得其他单元格的粒子对该单元格中粒子的作用力可以忽略。如果这种分割可行的话,那么 $O(n^2)$ 的计算复杂度可以降到 $O(n)$。然而,这种分割本身需要时间开销,并且粒子会从一个单元格移动到另一个单元格。第一个问题的难度取决于特定的应用,一般不费多大开销就可以得到粒子的初始分布,但是有时必须进行排序处理。解决第二个问题采用的方法是,在粒子系统的每个时间步长之后[①],检查粒子的新

---

① 即一次仿真循环结束之后。——译者注

位置并重新分布粒子，也许需要重新分割空间，从而改变单元格的大小。可以使用各种数据结构来存储粒子和单元格的信息。

另一种常用的方法是使用粒子和力场之间的相互作用来代替系统中粒子之间的相互作用。例如，当计算地球表面上某个粒子的质点所受的重力时，我们使用了重力场的值，而并没有计算粒子的质点与地球中心的某个巨大质点之间点对点的吸引力。如果只考虑地球的质量以及地球表面的质点，那么这两种方法需要相同的计算开销。然而，如果还要考虑月球对质点的吸引力，则情况将会变得更复杂。如果使用质点来计算，那么对于地球表面的某个质点，需要两次计算质点到质点的作用力。但是如果知道重力场，则质点的受力计算与前面一样。当然，如果考虑月球的作用力时，场的计算也会变得更复杂。然而对于粒子系统，通常可以忽略较远的粒子，因此这种粒子-力场方法的效率可能会更高。我们经常要计算一个网格上的近似力场，然后使用距每个粒子最近的网格点上的力场值作为这些粒子的受力。当计算每个粒子的新状态后，可以更新力场。通常这两种方法都能够将粒子受力计算的复杂度从 $O(n^2)$ 降低到 $O(n \log n)$。

10.4　求解粒子系统

下面考虑一个具有 n 个粒子的粒子系统。如果把粒子的受力情况限制于前面介绍的简单情况，则可以使用下面形式的 $6n$ 个常微分方程来描述整个粒子系统：

$$\dot{\mathbf{u}} = \mathbf{g}(\mathbf{u}, t)$$

其中，$\mathbf{u}$ 是存储 n 个粒子的位置和速度分量的数组，它包含 $6n$ 个元素；$\mathbf{g}$ 包含所有作用在粒子上的外力。因此，如果有粒子 $\mathbf{a}$ 和 $\mathbf{b}$，它们通过一根无阻尼弹簧相连，则有：

$$\mathbf{u}^{\mathrm{T}} = [\, u_0 \quad u_1 \quad u_2 \quad u_3 \quad u_4 \quad u_5 \quad u_6 \quad u_7 \quad u_8 \quad u_9 \quad u_{10} \quad u_{11} \,]$$
$$= [\, a_x \quad a_y \quad a_z \quad \dot{a}_x \quad \dot{a}_y \quad \dot{a}_z \quad b_x \quad b_y \quad b_z \quad \dot{b}_x \quad \dot{b}_y \quad \dot{b}_z \,]$$

已知外力和粒子系统在任意时刻 t 的状态 $\mathbf{u}$，那么可以计算：

$$\mathbf{g}^{\mathrm{T}} = \left[\, u_3 \quad u_4 \quad u_5 \quad -kd_x \quad -kd_y \quad -kd_z \quad u_9 \quad u_{10} \quad u_{11} \quad kd_x \quad kd_y \quad kd_z \,\right]$$

其中，k 是弹簧系数常量，d_x、d_y 和 d_z 是 $\mathbf{a}$ 和 $\mathbf{b}$ 之间距离 d 的规范化向量的三个分量。因此，必须先计算 $\mathbf{d}$：

$$\mathbf{d} = \frac{1}{\sqrt{(u_0 - u_6)^2 + (u_1 - u_7)^2 + (u_2 - u_8)^2}} \begin{bmatrix} u_0 - u_6 \\ u_1 - u_7 \\ u_2 - u_8 \end{bmatrix}$$

数值常微分方程的求解依赖于通过对 $\mathbf{g}$ 的计算来逼近下一时刻的 $\mathbf{u}$。可以根据泰勒定理把它展开成对一系列微分方程的求解，其中最简单的称为欧拉方法。假定对下面的式子

$$\dot{\mathbf{u}} = \mathbf{g}(\mathbf{u}, t)$$

在一个很小时间间隔 h 上求积分：

$$\int_t^{t+h} \dot{\mathbf{u}} \mathrm{d}\tau = \mathbf{u}(t + h) - \mathbf{u}(t) = \int_t^{t+h} \mathbf{g}(\mathbf{u}, \tau) \mathrm{d}\tau$$

如果 h 是一个很小的值，则可以使用 $\mathbf{g}$ 在时刻 t 的值近似表示它在区间 $[t, t+h]$ 上的积分值，因此，

$$\mathbf{u}(t + h) \approx \mathbf{u}(t) + h\mathbf{g}(\mathbf{u}(t), t)$$

这个公式说明，可以利用在 t 时刻的导数值来计算 $\mathbf{u}(t+h)$ 的近似值，如图 10.5 所示。

上述公式与泰勒展开式的前两项正好匹配,可以把该式写为:

$$\mathbf{u}(t+h) = \mathbf{u}(t) + h\dot{\mathbf{u}}(t) + O(h^2) = \mathbf{u}(t) + h\mathbf{g}(\mathbf{u}(t), t) + O(h^2)$$

该式说明了近似计算带来的误差与步长的平方成正比。

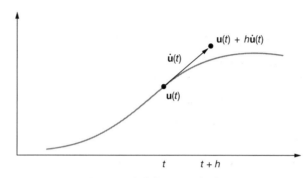

图 10.5　微分方程的近似求解

这个方法很容易实现。计算 t 时刻粒子的受力(外力和粒子之间的相互作用力),计算 $\mathbf{g}$ 的值,然后把它与 h 相乘,再把结果与当前的状态值相加。可以使用该方法不断迭代计算在 $t+2h$, $t+3h$, … 时刻的值。上述迭代过程对每个时间步长只要为粒子计算一次受力即可。

欧拉法存在两个潜在的问题:精度和稳定性。它们都受步长的影响。欧拉法的精度与步长的平方成正比。因此,要提高精度就必须减小步长,而这又会增加求解系统方程的时间开销。另一个潜在的更为严重的问题是稳定性。当一步一步进行迭代计算时,每一步的误差来自两个方面:一个是使用泰勒级数产生的近似误差,另一个是在计算函数时产生的数值误差。当计算后继的状态时,这些误差要么互相抵消,要么累积起来使误差大到我们无法接受的程度,以至于最终无法得到正确的解。我们把这种行为称为**数值不稳定性**(numerical instability)。幸运的是,对于前面使用的这种标准类型的作用力,如果把步长取得足够小,就可以确保稳定性。但遗憾的是,用于确保稳定性所取的步长也许足够小,以至于无法在合理的时间内求解数值方程。对于弹簧-质点系统来说,这种不稳定性行为尤为显著,这是因为在弹簧-质点系统中,弹簧系数常量决定了系统的刚度,从而导致了所谓的**病态**(stiff)微分方程组。

有两种通用的方法可以解决该问题。一种方法是寻求另一种类型的常微分方程求解方法,我们称之为病态方程(stiff equation)求解方法,这个话题已经超出了本书的范畴。另一种方法是寻找其他微分方程求解方法,其原理与欧拉方法相似,但每一步的精度更高。下面推导其中的一种方法,因为这样可以使我们深入理解这一类微分方程的求解方法。本章后面的建议阅读资料中给出了这两种方法的参考文献。

和前面一样,假定先在一个很小的时间区间内求微分方程的积分,即

$$\mathbf{u}(t+h) = \mathbf{u}(t) + \int_t^{t+h} \mathbf{g}(\mathbf{u}, \tau)\mathrm{d}\tau$$

这次使用区间 $[t, t+h]$ 上的平均值来近似表示上式的积分值,即

$$\int_t^{t+h} \mathbf{g}(\mathbf{u}, \tau)\mathrm{d}\tau \approx \frac{h}{2}(\mathbf{g}(\mathbf{u}(t), t) + \mathbf{g}(\mathbf{u}(t+h), t+h))$$

现在的问题是,并不知道 $\mathbf{g}(\mathbf{u}(t+h), t+h)$ 的值,而只知道 $\mathbf{g}(\mathbf{u}(t), t)$ 的值。可以使用欧拉方法求解 $\mathbf{g}(\mathbf{u}(t+h), t+h)$ 的近似值,也就是下面的式子:

$$\mathbf{g}(\mathbf{u}(t+h), t+h) \approx \mathbf{g}(\mathbf{u}(t) + h\mathbf{g}(\mathbf{u}(t), t), t+h)$$

该方法称为**改进的欧拉法**(improved Euler method)或**二阶龙格-库塔法**(Runge-Kutta method of order 2)。注意，从 t 到 $t+h$，需要对 **g** 的值计算两遍。然而，如果使用泰勒公式估计每一步的误差，则可发现误差现在为 $O(h^3)$。因此，尽管使用这种方法时每一步的计算量增加了，但是却可以使用更长的步长，当它使用的步长比稳定的欧拉法使用的步长还要大时，该方法仍是稳定的。一般来说，可以按渐增的方式提高每一步的精度，从而推导出一套方法，其称为龙格-库塔方程式。最常用的是四阶龙格-库塔方法，它的每一步的误差为 $O(h^4)$，并且需要四次函数计算。在实际中，根据这四次函数计算可以得到精度更高的结果，其误差是 $O(h^5)$。更重要的是，对于一个好的微分方程数值求解方法，为了确保数值稳定性，它应该能够动态地调节步长的大小。

10.5　约束条件

前面仅仅根据微分方程组改变粒子群的状态，这对于模拟真实世界中的碰撞等行为还是不够的。虽然一个对象碰撞墙面时的撞击力遵循牛顿定律，但是如果使用粒子群来表示该对象，那么最终实现的系统对大多数应用来说太复杂了。在实际中，可以把一些条件(比如两个实体不能互相穿透)视为约束条件，这些约束条件独立于那些决定每个粒子行为的物理定律。

可以对粒子施加两种类型的约束。一类是**硬约束**(hard constraint)，是指那些必须严格遵守的约束。例如，一个球碰撞墙面后一定会弹回来，它不可能穿墙而过。我们也不允许球仅仅接近墙面，然后就从另一个方向离开。另一类是**软约束**(soft constraint)，是指那些只需近似满足的约束。例如，就像在粒子网格中，可能希望将两个粒子以大约指定的距离分开。

10.5.1　碰撞

一般来说，虽然将硬约束施加于粒子比较困难，但是在某些情况下可以对理想的质点粒子直接进行处理。下面分析一个碰撞问题。可以把这个问题分为两部分：碰撞检测和碰撞响应。假定有一群粒子和一些其他几何对象，并且粒子之间相互排斥。因此只需考虑粒子与其他几何对象之间的碰撞。如果有 n 个粒子和 m 个用于定义几何对象的多边形，那么在仿真循环的每个时间步都要检查是否有粒子穿过多边形。

如图 10.6 所示，假设有一个粒子穿过了某个多边形。可以检测到粒子与多边形的碰撞，方法是把粒子的坐标值代入多边形所在的平面方程。如果求解微分方程所用的时间步长很小，则可以认为在一个时间步长内，粒子的速度是一个常量。因此，可以使用线性插值的方法计算粒子与多边形实际发生碰撞的时间。

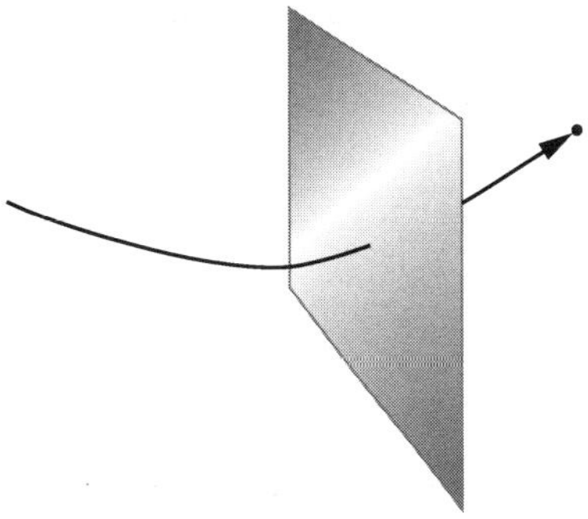

粒子与多边形发生碰撞后的情形类似于光线在对象表面的反射。如果发生**弹性碰撞**(elastic collision)，那么粒子的能量没有任何损失，因此它的速度也不会改变。然而，碰撞后粒子的方向与光线的理想镜面反射方向相同。因此，如图 10.7 所示，如果已知碰撞点 $\mathbf{P}_c$ 的法向量和粒子碰撞之前的位置 $\mathbf{P}_0$，那么类似于在第 6 章使用的方法，可以使用粒子到表面的向量以及表面的法向量来计算理想镜面反射的方向，即粒子碰撞后的方向 **r** 为：

图 10.6　穿过多边形的粒子

$$\mathbf{r} = (2(\mathbf{p}_0 - \mathbf{p}_c) \cdot \mathbf{n})\,\mathbf{n} - (\mathbf{P}_0 - \mathbf{P}_c)$$

如图 10.8 所示，粒子沿反射方向运动的距离与粒子在没有碰撞检测的情况下直接穿过多边形后运动的距离相等。

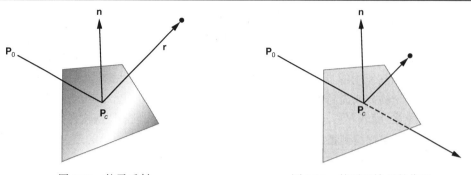

图 10.7　粒子反射　　　　　　　　　　图 10.8　粒子碰撞后的位置

碰撞后粒子速度的大小不变，但是其方向变为反射方向。或者换句话说，粒子切向速度分量的方向(即沿多边形表面方向的分量)不变，而其法向速度分量的方向正好与原来相反。

除了弹性碰撞，还有一种计算稍复杂的**非弹性碰撞**(inelastic collision)，粒子与其他的几何对象发生这种碰撞后会损失一部分能量。粒子的**恢复因子**(coefficient of restitution)是指粒子碰撞后的法向速度分量与碰撞之前的法向速度分量的比值。因此，像弹性碰撞一样需要计算反射角，而且粒子碰撞后，其法向速度分量的减小量由恢复因子决定。可进一步参阅 10.6.4 节的示例了解非弹性碰撞。

处理碰撞的最大开销就是碰撞检测。在一些游戏应用中，使用近似的碰撞检测一般就足够了。在这种情况下，可以使用包围盒这样的简单对象代替由大量多边形构成的复杂对象，这样可以简化碰撞检测。

注意，使用粒子可以避免为有限大小的对象进行复杂的计算。在许多方面，解决碰撞问题有点类似于两个任意对象之间的相互裁剪问题，从概念上讲，其计算过程非常简单，但在实践中非常耗时且麻烦。此外，如果要处理的对象大小有限，那么还必须考虑惯性力，从而增加了必须求解的方程组的维数。因此，在计算机图形学中，通常使用理想的质点粒子，从而获得一个近似的解；另外，通常把对象放在粒子所在的位置进行绘制，从而获得可接受的绘制结果。

还有一个经常出现并且能够被正确处理的硬约束就是**接触力**(contact force)。如图 10.9 所示，假定有这样一个粒子，它受到一个沿表面推动的力的作用。这个粒子既不能穿过表面，而且由于这个作用在它上面的推力，它也不能从表面反弹。可以证明，这个粒子受到切向推力分量的作用，即沿表面方向的推力分量。还可以使粒子在这个方向受到摩擦力的作用。

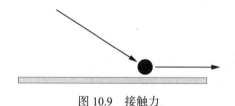

图 10.9　接触力

注意，碰撞检测的时间复杂度通常是 $O(n^2)$，而一旦检测到碰撞，碰撞响应程序一般并没有这么复杂。例如，考虑撞球游戏，球可以在桌子上四处运动；或者再考虑一个模拟分子运动的系统，分子在一个有界容器中运动。由于任何两个粒子都可能发生碰撞，所以可以在仿真循环的每个时间步长采用蛮力方法检查所有粒子之间是否会碰撞。可以利用包围盒测试法以及硬件对碰撞检测的支持来设计快速的碰撞检测算法。

10.5.2　软约束

大多数硬约束条件都难以实施。例如，如果希望一个粒子的速度不超过某个最大值，或者要求所有粒子的能量都保持不变，那么得到的数学运算远比我们已经看到的要困难得多，并且这样的约束条件并不总能得到简单的常微分方程组。

在许多情况下，可以使用软约束，也就是那些只需近似满足即可的条件。例如，如果要让位置 $\mathbf{p}$ 处的一个粒子保持在位置 $\mathbf{p}_0$ 的附近，则可以使用**补偿函数**(penalty function) $|\mathbf{p}-\mathbf{p}_0|^2$。这个函数的值越小，就越接近约束条件。这个函数是**能量函数**(energy function)的一个例子，能量函数的值表示存储在系统中的某种形式的能量值。在物理学中，能量函数可以表示系统中势能或动能的大小。物理定律可以写成微分方程的形式，比如前面用于描述粒子行为的微分方程，也可写成最小化能量函数的形式。采用后一种形式的一个优点是，可以直接使用势能或动能函数的形式表示约束条件或系统的预期行为。把这些能量表达式转换成力学公式是一个机械过程，但是它涉及的数学细节超出了本书讨论的范畴。

10.6　一个简单的粒子系统

下面构建一个可扩展为更复杂行为的简单粒子系统。我们使用的都是牛顿粒子，因此可以使用位置和速度来表示粒子的状态。此外，每个粒子都有自己的颜色索引和质量。首先给出粒子的结构：

```
function particle()
{
  var p = {
    color: vec4(0, 0, 0, 1),
    position: vec4(0, 0, 0, 1),
    velocity: vec4(0, 0, 0, 0),
    mass: 1
  };

  return p;
}
```

根据第 4 章介绍的仿射空间，如果使用四维齐次坐标表示粒子的位置、速度和受力，那么存储粒子位置的第四个分量必定是 1，而存储粒子速度和受力的第四个分量为 0。可以通过粒子的构造函数来正确设置这些值。

粒子系统是一个由粒子构建的数组：

```
var particles = [];
```

下面的代码用于系统的初始化，这些粒子随机地位于一个以坐标原点为中心、边长等于 2 的立方体内部，并且给每个粒子赋予一个随机的速度[①]。

```
for (var i = 0; i < numParticles; ++i) {
  particles[i] = p = new particle();
  p.color = vertexColors[i % numColors];
```

---

① 在这个循环和随后的循环中使用了一个临时变量 p 来简化循环的代码。这在 JavaScript 中是有效的，因为对象是通过引用传递的，对局部变量值的修改实际上是在更改对象的数据值。

```
  for (var j = 0; j < 3; ++j) {
    p.position[j] = 2.0*Math.random() - 1.0;
    p.velocity[j] = 2.0*speed*Math.random() - 1.0;
  }
}
```

然后使用位置和颜色值初始化顶点属性数据, 其代码如下:

```
for (var i = 0; i < numParticles; ++i) {
  points.push(particles[i].position);
  colors.push(particles[i].color);
}
```

10.6.1　绘制粒子

如果知道了粒子的位置, 就可以使用任何图元绘制它。最简单的情况是把每个粒子绘制成一个点。下面是绘制函数, 该函数首先更新粒子的位置, 然后绘制这些粒子。

```
function render()
{
  gl.clear(gl.COLOR_BUFFER_BIT);

  update();
  gl.drawArrays(gl.POINTS, 0, numParticles);

  requestAnimationFrame(render);
}
```

10.6.2　更新粒子的位置

使用 update 函数计算受力并更新粒子的位置和速度。一旦完成每个粒子的受力计算, 则使用下面的代码实现欧拉积分:

```
for (var i = 0; i < numParticles; ++i) {
  var p = particles[i];
  var step = speed * dt; // integration step size

  p.position = add(p.position, scale(step, p.velocity));
  p.velocity = add(p.velocity, scale(step/p.mass, forces(i)));
}
```

使用粒子的速度来更新它的位置, 并且通过计算作用在粒子上的力来更新它的速度。假定时间间隔足够短, 当更新粒子状态时, 能够计算作用在每个粒子上的力。一种更稳健的方法是通过预处理计算所有粒子的受力, 并把结果存放在一个数组中, 可以直接使用这个数组来更新粒子的状态。

使用 collision 函数来使粒子始终位于盒子里面。也可以使用这个函数来处理粒子之间的碰撞。

10.6.3　碰撞

使用 collision 函数使粒子始终位于最初与坐标轴对齐的盒子里面。所采用的方法是, 先增加每个粒子的位置, 然后检查粒子是否与盒子的边界碰撞。如果粒子与盒子的边界碰撞, 则把粒子的反弹视为理想的反射。因此, 只需在法向量方向改变速度的正负号, 并且使粒子位于盒子的同一侧。如果粒子的恢复因子 coef 小于 1.0, 那么当粒子与盒子的边界碰撞时, 它们的速度会慢下

来。下面的代码逐分量执行粒子的碰撞计算:

```
function collision(/* particle */ p)
{
  coef = (elastic ? 0.9 : 1.0);

  for (var i = 0; i < 3; ++i) {
    p.velocity[i] *= -coef;

    if (p.position[i] >= 1.0) {
      p.position[i] = 1.0 - coef * (p.position[i] - 1.0);
    }
    if (p.position[i] <= -1.0) {
      p.position[i] = -1.0 - coef * (p.position[i] + 1.0);
    }
  }
}
```

一旦更新了粒子的位置和速度,就可以在 update 函数中将这些数据重新发送到 GPU 中,其代码如下:

```
colors = [];
points = [];

for (var i = 0; i < numParticles; ++i) {
  points.push(particles[i].position);
  colors.push(particles[i].color);
}
gl.bindBuffer(gl.ARRAY_BUFFER, cBufferId);
gl.bufferSubData(gl.ARRAY_BUFFER, 0, flatten(colors));
gl.bindBuffer(gl.ARRAY_BUFFER, vBufferId);
gl.bufferSubData(gl.ARRAY_BUFFER, 0, flatten(points));
```

这种方法看似有点麻烦,因为在每个时间步长都需要把所有的数据重新发送到 GPU 中。如果忽略粒子之间的相互作用(如弹簧力、吸引力和排斥力),就可以避免将数据重新发送到 GPU,而直接在顶点着色器中进行粒子的更新(参见习题 10.23)。然而,当考虑粒子之间的作用力时,就不能以这种简单的方式处理,因为每个粒子是一个独立的顶点,它不包含其他粒子的信息,而顶点着色器以基于逐顶点的方式工作。在 10.7 节,通过使用绘制到纹理的方法,可以执行更复杂的计算。在这种方法中,因为纹理图像被所有的顶点共享,所以每个粒子通过纹理图像可以知道其他粒子的信息。在介绍这种方法之前,首先介绍作用力的计算。

10.6.4 作用力

如果作用在粒子上的力设置为零,那么粒子将在盒子里面不断地按随机路径来回反弹。如果粒子的恢复因子小于 1.0,那么粒子最终会停下来。最简单的作用力是重力。例如,如果所有的粒子都具有相同的质量,那么可以在 y 方向上增加一个重力项。根据点与点之间的距离,还可以在作用力函数中增加作用在粒子上的排斥力。下面是简单的作用力函数的代码,函数使用正在更新其作用力的粒子的标识作为输入,并使用两个按钮打开或关闭重力与排斥力:

```
function force(/* particle */ p)
{
  var force = vec4(0, 0, 0, 0);

  if (gravity) {
```

```
    force[1] = -0.5;  // simple gravity
}

if (repulsion) {
    for (var i = 0; i < numParticles; ++i ) {
    var q = particles[i];

    if ( p == q ) continue; // Don't update ourselves

    var d = subtract(p.position, q.position);
    var direction = normalize(d);

    var distanceSquared = dot(d, d);
    var scaleFactor = 0.01 / distanceSquared;

    force = add(force, scale(scaleFactor, direction));
    }
}

return force;
}
```

使用同样的计算方法, 还可以在代码中增加作用在粒子上的吸引力(参见习题 10.14)。本章末尾的习题对该系统进行了一些其他扩展。本书配套网站包含该程序的完整代码。

10.6.5   群集行为

　　粒子系统中最有趣的一类应用就是模拟粒子之间的复杂行为。也许更准确的说法是, 可以使用粒子相互作用的简单规则来生成看起来非常复杂的行为。典型的实例就是模拟鸟类的群集行为。在每只鸟不知道所有其他鸟位置的情况下, 一大群鸟是如何维持这个群体的? 对这个简单的粒子系统做一些小的改动, 并由此来研究实现这种群集行为的可能性。

　　一种方法是改变每个粒子的方向, 使粒子趋向系统的中心位置。因此, 每当更新系统的时候, 都要计算粒子的平均位置, 其代码如下:

```
var cm = [ ];

for (var k = 0; k < 3; ++k) {
    cm[k] = 0;

    for (var i = 0; i < numParticles; ++i) {
        cm[k] += particles[i].postition[k];
    }

    cm[k] /= numParticles;
}
```

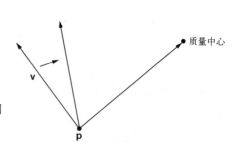

图 10.10   改变粒子的方向

如图 10.10 所示, 然后可以计算新的速度方向, 它位于两个向量之间: 一个向量是更新后的速度向量 particles[i].velocity, 另一个向量是粒子的位置 particles[i].position 到平均位置之间形成的向量(参见习题 10.20)。

10.7   基于 agent 的建模

　　到目前为止, 在所举的例子中, 尽管粒子可能具有不同的颜色并且以不同的速度向不同的位

375

置移动，但是所有的粒子都是相同的，这是因为这些粒子的受力相同。然而，对不同粒子(或不同类型的粒子)的不同行为的建模从未停止过。例如，如果希望模拟各种原子粒子的相同作用，那么有些粒子具有正电荷，有些粒子具有负电荷，而有些粒子不带电荷。因此，某个特定粒子的排斥力取决于它本身以及它周围的粒子所带的电荷。在猎物-捕食者的模拟中，猎物(如兔子)与捕食者(如狐狸)具有不同的行为。再如交通模拟，可能希望每辆车有自己的目的地。此外，通常需要包含局部信息(或本地信息)从而改变被模拟的粒子的行为。例如，如果 agent 在地面上移动，那么地形表面的局部形状会影响其行为。在这类仿真中，通常使用 **agent** 这个术语而不是粒子，并且将这个建模过程称为**基于 agent 的建模**(agent-based modeling，ABM)。

将我们的方法扩展到每个 agent 都具有自身属性的模型中是非常简单的。我们还可以使用纹理贴图存储地形。在每次仿真循环中，可以使用与 agent 位置相对应的纹素值作为 agent 在下一个位置的部分依据。一种更有趣的情形是，agent 能够对周围的环境产生影响，一个典型的例子就是蚂蚁的行为建模。当蚂蚁移动的时候，它们会留下信息素作为其他蚂蚁的化学跟踪信号，在我们看来，agent 改变了环境。

可以使用第 7 章介绍的绘制到纹理的技术来构建这类模型。下面考虑一个具有许多蚂蚁仿真特性的简化模型，该模型包含两种类型的 agent，可以用不同颜色的点来显示，其初始的随机位置位于一个矩形内。如果它们只是在二维空间中随机移动，那么在任意时刻可以看到如图 10.11 所示的图像，其中显示了 100 个 agent，每种颜色各有 50 个 agent[①]。最初，用来模拟表面的纹理是白色的，因此显示这些 agent 的时候，看到的图像是随机分布于白色背景上的点。可以通过下面的方式模拟更复杂的动态行为。每个 agent 仍然随机移动，但是把它的颜色留在表面上，采用的方法是将点绘制到纹理。在每个仿真循环中，agent 在表面留下的痕迹会扩散到它的周围。图 10.12 显示了同样的 100 个 agent 及其扩散的痕迹。从图中可以看到某个区域只有某一种颜色，这表明只有其中一种 agent 最近访问过该区域或另一种 agent 没有访问过该区域。褪了色的颜色表明 agent 很久以前访问过该区域。灰色的区域是两种类型的 agent 几乎同时访问过的地方。白色的区域表明没有任何 agent 访问过这个地方或者痕迹已经完全褪色。因为并没有使用纹理贴图中的信息来控制 agent 的移动，所以该仿真与之前列举的绘制到纹理的示例没有太大的区别。

图 10.11   模拟 100 个 agent 的一帧画面

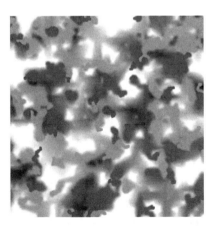

图 10.12   模拟 100 个 agent 的扩散趋势

---

① 移动到默认区域之外的 agent 将重新进入另一侧。

假定可以使用采样器读取 agent 在每个位置上的颜色,那么可以使用存储在纹理图像中过去的行为改变 agent 的下一步移动,这样使得 agent 的移动不完全是随机的。下面考虑一个近乎虚构的示例,它将生动地展示各种可能性。假如在每个仿真循环中,使用函数 `gl.readPixels` 检测纹理贴图中该位置对应的颜色。如果该位置的颜色与 agent 的颜色匹配并且具有较高的值,那么将 agent 移动到一个称为吸引子(attractor)的点。以下是核心代码:

```
for (var i = 0; i < numPoints; ++i) {
  vertices[4+i][0] += 0.01 * (2.0*Math.random() - 1.0);
  vertices[4+i][1] += 0.01 * (2.0*Math.random() - 1.0);

  if (vertices[4+i][0] >  1.0) { vertices[4+i][0] -= 2.0;}

  if (vertices[4+i][0] < -1.0) { vertices[4+i][0] += 2.0;}
  if (vertices[4+i][1] >  1.0) { vertices[4+i][1] -= 2.0;}
  if (vertices[4+i][1] < -1.0) { vertices[4+i][1] += 2.0;}
}

for (var i = 0; i < numPoints/2; ++i) {
  var x = Math.floor(511 * vertices[4+i][0]);
  var y = Math.floor(511 * vertices[4+i][1]);
  var color = new Uint8Array(4);

  gl.readPixels(x, y, 1, 1, gl.RGBA, gl.UNSIGNED_BYTE, color);

  if (color[0] > 128) { vertices[4+i][0] = 0.5; }
  if (color[0] > 128) { vertices[4+i][1] = 0.5; }
}

for (var i = numPoints/2; i < numPoints; ++i) {
  var x = Math.floor(511 * vertices[4+i][0]);
  var y = Math.floor(511 * vertices[4+i][1]);
  var color = new Uint8Array(4);

  gl.readPixels(x, y, 1, 1, gl.RGBA, gl.UNSIGNED_BYTE, color);
  if (color[1] > 128) { vertices[4+i][0] = -0.5; }
  if (color[1] > 128) { vertices[4+i][1] = -0.5; }
}

gl.bufferSubData(gl.ARRAY_BUFFER, 0, flatten(vertices));
```

二维点存储在数组 `vertices` 中,其中前四个点是矩形表面(包含纹理)的顶点。前一半粒子是绿色,后一半是品红色。所有的粒子随机移动,然后读取新位置的颜色。对于每个绿色的粒子,如果它在新位置的颜色值大于品红色颜色最大取值的一半,则把它移动到(0.5,0.5)。对于每个品红色的粒子,如果它在新位置的颜色值大于绿色颜色最大取值的一半,则把它移动到(-0.5,-0.5),图 10.13 显示了两种类型的 agent 向这些吸引子移动的扩散趋势。

图 10.13   模拟 100 个 agent 向吸引子移动的扩散趋势

注意，一旦 agent 到达吸引子，那么它们会再次随机移动。此外，还注意到，一些 agent 从未达到纹理中的高颜色值，因此这些粒子仍然在初始位置附近随机移动。可以在本书配套网站上找到完整的程序（particleDiffusion1 和 particleDiffusion2）。

10.8　使用点精灵

当使用粒子系统时，通常只通过计算一组质点的状态（位置和速度）来生成系统的动态行为。只有在仿真循环的每个时间步长之后绘制粒子系统时，才需要考虑粒子的几何形状。尽管这种方法在物理上几乎从来都不是正确的，但通常足够好，也可以在绘制期间进行调整。例如，考虑模拟在环境中移动的一群生物（人类，动物，机器人）。动画中使用的一种简单方法是，用质点粒子系统对场景建模，在这个系统中，可以对每个粒子的行为进行编程，并且每个粒子排斥任何其他接近的粒子。只有绘制场景时才需要每个生物的几何模型。在之前的一些示例中，将每个粒子绘制成一个球体，许多物理模拟（如分子系统）都选择这种几何形状。使用一种算法通过三角形近似球体的方式来绘制每个球体，通常要使用许多三角形，这取决于显示屏上绘制球体的大小。在这两种情况下，可能需要每帧绘制上千万个顶点，当有数百万个粒子时，这可能会出现问题。避免绘制三维几何图形的另一种方法是使用点精灵。

点精灵（point sprite）是绘制的一个点，它是在 draw 函数中使用 GL_POINTS（而不是某个三角形类型）绘制的顶点。当介绍 WebGL 图元时，所讨论的点类型的唯一属性是点的大小，可以使用 gl.PointSize 函数在着色器中以像素为单位进行设置。但是，当点的大小大于单个像素时，可以使用片元着色器来控制在点的绘制中每个片元的颜色。即使将顶点绘制成单个片元，也可以对该片元应用光照和纹理。

假设将点的大小设置为 N 个像素。然后，将每个点绘制为一个 $N \times N$ 的四边形，其中心位于窗口坐标中该点的位置。四边形具有局部二维坐标，左上角为 $(0, 0)$，右下角为 $(1, 1)$，可以在片元着色器中使用内置变量 gl_PointCoord 获取片元的位置。下面考虑两个示例。在第一个示例中，每个精灵显示为一个着色的球体。在第二个示例中，给每个精灵添加纹理。

下面从一个简单的顶点着色器开始，该着色器像往常一样设置点的大小和顶点的位置，其代码如下：

```
in vec4 aPosition;

uniform mat4 modelViewMatrix;
uniform mat4 projectionMatrix;

void

main()
{
    gl_PointSize = 100.0;
    gl_Position = projectionMatrix*modelViewMatrix*aPosition;
}
```

就像在第 4 章对虚拟追踪球所做的那样，可以从片元的二维位置创建虚拟球体。将片元的位置缩放至 $(-1, 1)$，其代码如下：

```
float x = 2.0*(gl_PointCoord.x - 0.5);
float y = 2.0*(gl_PointCoord.y - 0.5);
```

然后，可以获得将这些值投影到单位半球的 z 值。如果所计算的半径平方的值为负，则丢弃该片元，因为(x, y)值位于投影到半球的区域之外。最后，计算其余片元的颜色。下面是一个完整的着色器，仅包含来自半球前面的光源的漫反射光。

```
precision mediump float;

out vec4 fColor;
uniform float theta;

void
main()
{
    vec3 light = vec3(sin(0.1*theta), cos(0.1*theta), 1.0);
    light = normalize(light);

    float x = 2.0*(gl_PointCoord.x - 0.5);
    float y = 2.0*(gl_PointCoord.y - 0.5);

    float r2 = 1.0 - x*x - y*y;
    if(r2 <= 0.0)  discard; // z outside unit sphere
    var z = sqrt(r2);

    // compute diffuse color

    fColor = dot(light, vec3(x,y,z))*vec4(1.0, 0.0, 0.0, 1.0);
}
```

该示例无须任何几何处理就可以显示看起来像数千个发光球体的图像。通过使精灵的大小取决于点与照相机的距离，可以对三维空间中指定的点做进一步处理。假设在应用程序中使用随机颜色创建随机三维点：

```
for(var i = 0; i<3*numVertices; i++)  {
    vertices[i] = 2.0*(Math.random() - 0.5);
    colors[i] = Math.random();
}
```

下面是顶点着色器的代码：

```
in vec3 aPosition;
in vec3 aColor;
out vec3 vColor;

void
main()
{
    gl_PointSize = 30.0*(1.0+aPosition.z);
    vColor = aColor;

    gl_Position = vec4(aPosition, 1.0);
}
```

创建的点大小在范围$(0, 60)$内。图 10.14 显示了包含 500 000 个点精灵的一帧画面。

还可以使用 gl_PointCoord.xy 作为纹理坐标，因此可以将纹理映射到精灵。考虑片元着色器：

```
precision mediump float;

out vec4 fColor;
```

```
uniform sampler2D textureMap;
uniform float angle;
void
main()
{
    vec2 rotatedCoord;
    vec4 red = vec4( 1.0, 0.0, 0.0, 1.0 );

    float s = sin(angle);
    float c = cos(angle);

    float cx = gl_PointCoord.x - 0.5;
    float cy = gl_PointCoord.y - 0.5;

    rotatedCoord.x = 0.5-s*cy + c*cx;
    rotatedCoord.y = 0.5+s*cx + c*cy;

    float x = 2.0*(rotatedCoord.x-0.5);
    float y = 2.0*(rotatedCoord.y-0.5);

    fColor = red*vec4(texture( textureMap, rotatedCoord ).xyz,
                    1.0-x*x-y*y);
}
```

与前面的示例一样，创建一个纹理对象并将旋转角度发送到着色器。可以通过旋转 gl_PointCoord.x 和 gl_PointCoord.y 给定的坐标来旋转精灵上的纹理。因为这些坐标的范围超过 (0，1)，所以首先进行平移以便将精灵的中心移到原点。然后进行旋转并反向平移回原来的位置。最后，使用纹理贴图给精灵着色，图 10.15 显示了四个具有旋转棋盘纹理的精灵。通过使 α 分量随着我们离精灵中心的距离越来越远而减小，精灵就会变得圆润并与背景色混合。

图 10.14　500 000 个随机大小的彩色点精灵

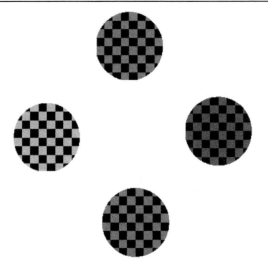

图 10.15　具有旋转棋盘纹理的精灵

10.9　基于语言的建模

类似在第 9 章中介绍的树和有向无环图（DAG），它们只能提供一种表示对象之间层级关系的方式。本节将讨论基于语言的建模来表示图形对象的关系。这些方法不仅能够作为表示对象关系的其他方式，而且它们还能引申出用来描述像树木和地形这类对象的过程建模方法。

如果观察自然界的对象（如植物），我们会发现虽然没有两种树木是完全相同的，但是可以毫不费力地说出两种树木之间的差异。虽然学者们已经提出各种方法使得程序在每次运行时以不同的方式显示场景对象，但是这些方法都有清晰的规则来定义结构。考虑使用树数据结构来生成类似植物的对象。

在计算机科学中，无论是计算机程序设计语言还是自然语言，树结构都被用于语句成分的分析。对于计算机程序，进行这种分析是编译计算机程序语句的一部分。对于自然语言，通过语句分析来确定它们在语法上是否正确。对正确语句进行语法分析得到的树结构给出了该语句的结构或语法，树中各个元素（即单词）的解释给出了该语句的意义或语义。

如果仅考察一种语言的语法，就会发现在语言的规则和用来表示语句的树的形式之间存在直接的关联。可以把这个想法扩充到绘制具有层级结构的图形对象，把一组规则和树结构模型关联起来，把这种系统称为**树文法**（tree grammars）。可以用一组符号和一组符号替换规则［也称为**产生式**（productions）］来定义文法，产生式确定了如何用一个或多个符号来替换一个符号。下面是典型的产生式规则：

$$A \to BC$$
$$B \to ABA$$

$B \to ABA$ 一旦给定一组产生式，就能生成无限数量的字符串。通常，可以随时将多个规则应用于给定的符号，如果随机选取所要应用的规则，那么每次执行程序时都能生成不同的字符串。不仅可以编写产生这种字符串的程序，而且可以把这些字符串作为输入并测试这些字符串是否是由一组给定的规则所生成的字符串集合中的有效成员。因此，可能得到用于生成某个特定类型的对象（例如树或灌木）的一组规则，也可以根据生成对象外部形状的文法来编写识别场景对象的独立程序。

对字符串中符号的解释把字符串转换成一个图形对象。有许多方法可以用来生成规则并把得到的字符串解释成图形对象。一种方法来自**海龟图形系统**(turtle graphics system)(参见习题 2.4)。在海龟图形系统中，可以使用三种基本的方式来操纵图形光标或**海龟**(turtle)。海龟可以向前移动 1 个单元，向右或向左转。假定海龟的转向角度是固定的，则可以将这三种操作分别表示为 F(前)、R(右)和 L(左)。由这些操作形成的任何字符串都有一个简单的图形解释。例如，如果转向角度是 120°，那么字符串 $FRFRFR$ 产生一个等边三角形。使用两个特殊的符号(符号[和符号])来表示海龟状态(海龟的位置和方向)的压栈和出栈操作(等价于使用括号的操作)。考虑一条产生式规则

$$F \rightarrow FLFRRFLF$$

且转向角度为 60°。这条规则的图形解释如图 10.16 所示。如果再将此规则同时应用于 F 的所有实例，那么可以得到如图 10.17(a)所示的曲线；如果把它应用到一个三角形，就能得出如图 10.17(b)所示的封闭曲线。这两种曲线分别称为 **Koch 曲线**(Koch curve)和 **Koch 雪花**(Koch snowflake)。如果每次执行算法时都按比例改变曲线的几何外形，使原始顶点的位置不变，则会发现在每次迭代中正在生成一条更长的曲线，但是这条曲线总是位于由初始顶点确定的圆的内部。在极限情况下，有了一条具有无限长度的曲线，本身永远不会相交，但位于一个有限大小的圆内。这条曲线也是连续的，但它的导数处处不连续。

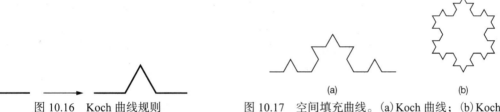

图 10.16　Koch 曲线规则　　　　　图 10.17　空间填充曲线。(a) Koch 曲线；(b) Koch 雪花

另一个经典例子是 **Hilbert 曲线**(Hilbert curve)，该曲线由四个简单的图元形成，这四个图元分别称为 A_0、B_0、C_0 和 D_0，如图 10.18 所示，每个都是 0 阶 Hilbert 曲线，图中的箭头指明了绘制每个图元开始的地方。每个 N 阶 Hilbert 曲线都有四类 Hilbert 曲线，我们称之为 A_N、B_N、C_N 和 D_N。按照下面的规则，通过结合这四类 Hilbert 曲线，可以从 $N-1$ 阶曲线生成 N 阶曲线：

$$A_N = B_{N-1} \uparrow A_{N-1} \rightarrow A_{N-1} \downarrow C_{N-1}$$

$$B_N = A_{N-1} \rightarrow B_{N-1} \uparrow B_{N-1} \leftarrow D_{N-1}$$

$$C_N = D_{N-1} \leftarrow C_{N-1} \downarrow C_{N-1} \rightarrow A_{N-1}$$

$$D_N = C_{N-1} \downarrow D_{N-1} \leftarrow D_{N-1} \uparrow B_{N-1}$$

这些规则可解释为第 N 阶模型是由特定方向的 $N-1$ 阶的四类模型的组合形成的。从图 10.19 所示的 1 阶曲线 A_1 可以看出，必须使用对应于公式中箭头的**链接**(link)来连接模型。还要注意每个模型从不同的转角开始，当画曲线的时候，若不考虑箭头并且用实线显示链接，则可以得到如图 10.20 所示的曲线。

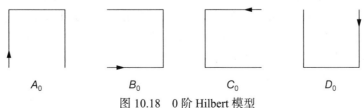

A_0　　　　　　B_0　　　　　　C_0　　　　　　D_0

图 10.18　0 阶 Hilbert 模型

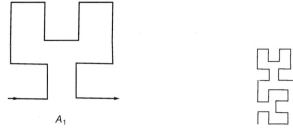

图 10.19   类型 A 的 Hilbert 规则   图 10.20   2 阶 Hilbert 曲线

当画更高阶曲线时，如果按比例缩小链接的长度，那么就像 Koch 曲线一样，可以证明，Hilbert 曲线会变得越来越长，永远不会自交，但总是位于同一个盒子的内部。在极限情况下，Hilbert 曲线填充盒子内部的每个点，我们把这样的 Hilbert 曲线称为**空间填充曲线**(space-filling curve)。

可以使用压栈(push)和出栈(pop)运算符生成植被两侧的分枝，考虑规则

$$F \rightarrow F[RF]F[LF]F$$

且转向角度为 27°(如图 10.21 所示)。注意，我们从底部开始，转向角度表示相对于向前方向的左偏角度或右偏角度。

如果从单条线段开始应用规则，则得到如图 10.21 所示的对象。可以用多种方法继续进行迭代，一种方法是将规则再次应用到序列中的每个 F 中，得到如图 10.22 所示的对象。也可以调整对应于乌龟向前移动的长度使得在后续迭代中分支变得较小。该对象类似于灌木丛，如果进行更多次数的迭代，那么所生成的对象就更像灌木丛了。然而，如果只有一条规则并且将该规则同时应用于灌木丛，则将导致每个灌木丛看上去都差不多。

图 10.21   规则 $F \rightarrow F[RF]F[LF]F$ 图 10.22   图 10.21 中的规则的第二次迭代

一个更有意义的策略是将规则随机应用于出现 F 的地方。如果这样做，则使用单个规则就可以生成如图 10.23 所示的两个对象。如果增加更多的产生式并对确定下一步哪条规则将被应用的概率函数进行控制，那么用户就可以生成各种类型的树。只要稍微修改，也可以在分支末端绘制树叶。

这个策略的一个诱人之处是，仅基于少量的规则和若干参数就定义了一类对象。假定想创建一组树。一种直接方法就是生成所需的大量对象，把每棵树表示成一组几何对象(如直线、多边形和曲线等图元)。在一个复杂场景中，由于所生成图元的数量巨大而使图形绘制系统不堪重负。可是由于可视条件的限制，其中的大部分图元并不会出现在最终绘制的图像中，这是因为它们被裁剪掉了或离视点太远而无法以可见的大小绘制出来。相反，如果使用过程建模方法，就可以用简单的算法描述对象，并且只有在我们需要的时候才把几何对象绘制出来，而且可以把几何对象绘制到我们所需的任意细节层次。

也可以直接根据形状和仿射变换来描述文法，即创建**形状文法**(shape grammar)。考虑我们的

老朋友 Sierpinski 镂垫。可以根据三个仿射变换来定义细分步骤，每一步都把初始三角形按比例缩小到原来的一半，并在不同位置放置这个小副本，如图 10.24 所示。可以随机应用这些规则，或者可以同时应用所有这三个规则。无论是哪种情况，在极限情况下，都可以得到 Sierpinski 镂垫。

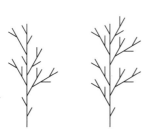

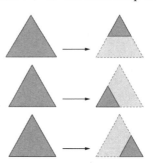

图 10.23　随机应用图 10.21 中的规则得到的结果   图 10.24　生成 Sierpinski 镂垫的三个规则

现在，介绍了三个相关的过程建模方法之后，就可以使用这些建模方法生成自然对象模型或感兴趣的数学对象模型了。例如，Koch 曲线和 Sierpinski 镂垫引入了一种产生过程的新方法，即递归地应用这种方法，而且每次执行时产生与原对象在形状上类似的细节，这种现象可以通过分形几何来研究。

10.10　递归方法和分形

基于语言的过程建模仅提供了一种用简单程序生成复杂对象的方法，另一种是基于**分形几何**（fractal geometry）的方法，它利用了许多现实世界对象的自相似性。分形几何方法是由 Benoit Mandelbrot（1924—2010）开发的，他创建了一个数学分支，使我们能研究使用普通几何工具无法描述的有趣现象。计算机图形学的研究人员使用分形几何的思想不仅创建了精美复杂的对象，而且还能对现实世界中的许多实体进行模拟，这是使用其他方法难以做到的。由分形几何方法生成的图形对象称为**分形图**（graftal）。

10.10.1　标尺和长度

分形几何有两大支柱：尺度依赖性和自相似性。可以从导致分形几何这个学科诞生的其中一个问题来考察几何依赖性和自相似性：一条海岸线的长度是多少？假定有一张海岸线的地图。由于海岸线是弯曲起伏的，而且不规则，所以测量海岸线两点之间的距离并不容易。可以使用一张地图或航空照片来完成这种测量。可以拿一根绳子，把它沿海岸线图像放置，然后测量绳子的长度，并利用地图的比例尺把测量的长度转换为实际的距离。然而，如果拿另一份地图，可以近距离地显示海岸线，那么就能看到更多的细节。增加的细节看上去很像第一张地图，但是可以看到更多的小弯和凸起，如果拿绳子测量第二张地图的长度，在考虑了两张地图比例误差的情况下，将测量到更精确的距离。可以不断地接近海岸线并试着用甚至更高的精度一直把这个实验做下去。我们会发现新的细节，也许甚至达到测量沿岸的各个鹅卵石的层次。原则上，可以一直进行这个过程直至达到分子的层次，每次都会看到具有更多细节的类似图像，并测量更长的长度。

如果想要得到任何有用的信息，或者至少两个人都认可的测量，那么就必须限制地图的分辨率，或者换句话说，必须选择能测量的最小单位。在计算机图形学中，如果使用透视图，会面临相似的问题，这是因为看到的细节取决于距离对象有多远。

可以通过考虑在 10.8 节中介绍的 Koch 雪花的递归从数学上去处理这些问题，此处，长度为 1 的每条线段都由长度为 1/3 的四条线段来替换(如图 10.25 所示)。因此，每一次替换一条线段时，都会使用原始线段 4/3 的曲线跨越相同的两个端点之间的距离。当迭代无穷次时，如果考虑极限，就会出现维数问题。这条曲线不可能是普通的一维曲线，因为在极限情况下，它有无限的长度并且它的一阶导数处处不连续。它也不是二维对象，因为它不填充平面的二维区域。可以通过定义分形维数来解决这个问题。

图 10.25　延长 Koch 曲线

10.10.2　分形维数

考虑一条长度为 1 的线段、一个单位正方形和一个单位立方体，如图 10.26 所示。在任何合理的维数(dimension)定义下，线段、正方形和立方体分别是一维、二维和三维对象。假定有一把分辨率为 h 的尺子，$h = \dfrac{1}{n}$ 是能够测量的最小单位，假定 n 是整数，可依据 h 把上述每个对象划分成相似的单位，如图 10.27 所示。把线段细分成 $k = n$ 个相同的线段，把正方形细分成 $k = n^2$ 个小正方形，把立方体细分成 $k = n^3$ 个小立方体。在每种情况下，都可以说通过把初始对象按比例因子 h 缩小并且把它复制 k 次，这样就创建了新对象。假定 d 是这些对象中任意一个对象的维数。在细分中保持不变的是，整体是部分的总和。对任意对象，在数学上都具有等式：

$$\frac{k}{n^d} = kn^{-d} = 1$$

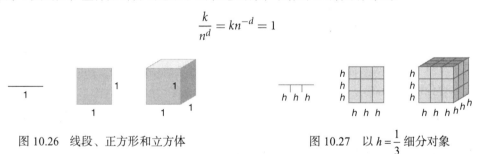

图 10.26　线段、正方形和立方体　　　　图 10.27　以 $h = \dfrac{1}{3}$ 细分对象

为了求解 d，可以把**分形维数**(fractal dimension)定义为：

$$d = \frac{\ln k}{\ln n}$$

换句话说，一个对象的分形维数是由细分创建相似对象的数量来决定的。考虑 Koch 曲线，通过用因子 3 对原始线段细分(按比例缩小)来创建 4 个相似对象，则相应的分形维数是：

$$d = \frac{\ln 4}{\ln 3} = 1.26186$$

现在考虑 Sierpinski 镂垫，按比例缩小步骤如图 10.28 所示，每次用因子 2 来细分一条边，并保留创建的 4 个三角形中的 3 个，则相应的分形维数是：

$$d = \frac{\ln 3}{\ln 2} = 1.58496$$

在这两个例子中，可以把由细分创建的对象看成比曲线占据更多的空间，但比填充的区域占据更小的空间。从四面体开始并对它的每一个面进行细分，就可以创建一个三维空间中的镂垫实体，如图 10.29 所示。让 4 个四面体保留在原始顶点上，丢弃中间的区域，这样创建的对象即使不在平面上，但它具有的分形维数是：

$$d = \frac{\ln 4}{\ln 2} = 2$$

另外，虽然每次细分都减少了体积，但增加了表面积。假定从一个立方体开始并把它划分成三部分，如图 10.30 所示。接着移去立方体中心，采用的方法是推出立方体每个面的中心块以及立方体的中心块，这样留下原始 27 个子立方体中的 20 个，该对象具有的分形维数是：

$$d = \frac{\ln 20}{\ln 3} = 2.72683$$

虽然这些构造很有趣而且迭代的任何层次都可以很容易地用图形来生成，但是它们本身对场景的建模是没有用处的。然而，如果增加随机性，将获得强有力的建模技术。

图 10.28　细分 Sierpinski 镂垫

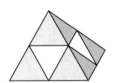
图 10.29　实体镂垫

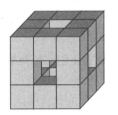
图 10.30　细分立方体

10.10.3　中点划分及布朗运动

分形曲线具有的维数为 $1 \leqslant d < 2$，具有较低分形维数的曲线比具有较高分形维数的曲线显得更光滑，这同样适用于分形维数为 $2 \leqslant d < 3$ 的表面。在计算机图形学中，有很多这样的情形，即我们想创建看起来具有随机性的曲线或表面，而这些曲线或表面上具有的大量凹凸属性却是可测量的。举例来说，一座山脉的轮廓形成一条比沙漠地平线更粗糙(具有更高的分形维数)的曲线。同样，山脉地形的表面模型比农田表面具有更高的分形维数。我们也常常希望基于多分辨率的方式来生成这些对象。例如，如果要为实时性要求很高的应用领域(比如飞行模拟器)生成地形的细节，那么应该只为飞机附近的那些区域以高分辨率来生成地形的细节。

液体中粒子的随机运动称为**布朗运动**(Brownian motion)。模仿这种运动可提供一种能生成自然曲线和表面的有趣方法。物理学家通过构造折线来模拟布朗运动，折线上的每个后继点用来自前继点的一个任意距离和任意方向来替换。真实的布朗运动是基于一个特定的随机数分布，它生成的路径与物理粒子路径相匹配。在计算机图形学中，我们更关心快速计算以及产生粗糙程度可控的曲线的能力。因此，我们在这个更宽广的意义上使用布朗运动这一术语。

虽然可以试图通过直接生成折线的方法来产生布朗运动，但更有效的方法是使用简单的递归过程。考虑如图 10.31 (a)所示的线段，找出它的中点，然后将中点在法向量上移动一个随机距离，如图 10.31 (b)所示。可以重复这个过程任意次数以便生成如图 10.32 所示的曲线。随机数生成器的方差或平均位移应该由一个因子来按比例缩小，通常是 1/2，这是因为线段在每个阶段都会缩短。也可以让中点在一个随机的方向上移动，而不仅仅是沿着法向量方向移动。如果随机数总是正数，就能创建地平线。如果使用零均值高斯随机数生成器，其方差与 $l^{(2-d)}$ 成比例，其中 l 是将被细分的线段的长度，则 d 是最终曲线的分形维数，$d = 1.5$ 对应于真实的布朗运动。

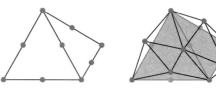

图 10.31　中点替换。(a)初始线段；(b)细分后的线段　　　图 10.32　分别用 1、2、4、8 和 16 条线段细分后的分形曲线

10.10.4　分形山脉

分形在计算机图形学中最著名的应用就是生成山脉和地形。通过添加中点位移，可以通过四面体的细分过程来生成山脉。考虑四面体的一个面，如图 10.33 所示。首先，找出边的中点，然后移动每个中点，创建四个新的三角形。再次，通过控制随机数生成器的方差，可以控制产生对象的粗糙度。注意，如果要创建拓扑结构正确且不会折叠的对象，那么对于如何生成随机数要格外小心，更多的信息请参阅本章的建议阅读资料。

图 10.33　四面体面片的中点细分

这个算法同样适用于任何网格。可以从 x–z 平面上的矩形平面网格开始，把每个矩形细分成四个小矩形，将所有顶点向上(y 方向)移动。图 10.34 显示了这个过程的一个示例。我们将在 10.11 节介绍可用于生成地形的另一种方法。

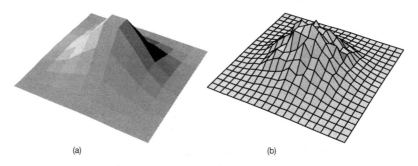

图 10.34　分形地形。(a)网格；(b)顶点移动后的细分网格

10.10.5　Mandelbrot 集

著名的 Mandelbrot 集是一个有趣的分形几何示例，利用 WebGL 的纹理映射功能可以很容易地生成 Mandelbrot 集。虽然 Mandelbrot 集很容易生成，但它生成的模式显示出极大的复杂性。它也是生成图像并使用颜色查找表的一个很好的例子。在下面的讨论中，假定读者具有复数运算的基础。

把复平面一个点表示为：

$$\mathbf{z} = x + \mathbf{i}y$$

此处 x 是 $\mathbf{z}$ 的实部，y 是虚部(如图 10.35 所示)。如果 $\mathbf{z}_1 = x_1 + \mathbf{i}y_1$，$\mathbf{z}_2 = x_2 + \mathbf{i}y_2$ 是两个复数，复数加法和乘法定义为：

$$\mathbf{z}_1 + \mathbf{z}_2 = x_1 + x_2 + \mathbf{i}(y_1 + y_2)$$

$$\mathbf{z}_1\mathbf{z}_2 = x_1x_2 - y_1y_2 + \mathbf{i}(x_1y_2 + x_2y_1)$$

纯虚数 **i** 的性质是 $\mathbf{i}^2 = -1$。复数 **z** 的模定义为：

$$|\mathbf{z}|^2 = x^2 + y^2$$

在复平面中，函数

$$\mathbf{w} = F(\mathbf{z})$$

实现复数点到复数点的映射。可以使用该函数来定义复数的递归形式：

$$\mathbf{z}_{k+1} = F(\mathbf{z}_k)$$

此处 $\mathbf{z}_0 = \mathbf{c}$ 是给定的初始值。如果为特定的起始点绘制 $\mathbf{z}_k$ 的位置，从图 10.36 中可看出有若干可能性。对一个特定函数 F，某些初始值产生直到无限大的序列，另一些可能周期性地重复，还有些序列收敛到称为**吸引子**(attractors)的点。例如，考虑函数

$$\mathbf{z}_{k+1} = \mathbf{z}_k^2$$

此处 $\mathbf{z}_0 = \mathbf{c}$。如果 **c** 位于单位圆之外，则序列 $\{\mathbf{z}_k\}$ 发散；如果 **c** 位于单位圆之内，则 $\{\mathbf{z}_k\}$ 收敛于一个位于圆心的吸引子；如果 $|\mathbf{c}| = 1$，则每个 $\mathbf{z}_k$ 都在单位圆上。如果把 $|\mathbf{c}| = 1$ 的点都考虑进去，那么可以看出，根据 **c** 的值就能生成有限数量的点或者单位圆上的所有点。

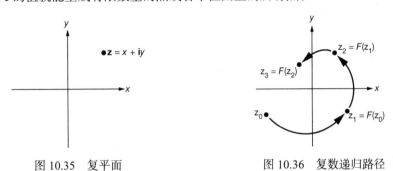

图 10.35　复平面　　　　　　　　　图 10.36　复数递归路径

一个更有趣的例子是函数

$$\mathbf{z}_{k+1} = \mathbf{z}_k^2 + \mathbf{c}$$

其中，$\mathbf{z}_0 = 0 + i0$。当且仅当由这个递归生成的点保持有限时，点 **c** 在 **Mandelbrot 集**(Mandelbrot set)中。这样，可以把复平面分成两组点：一组属于 Mandelbrot 集，一组不属于这个集合。从图形上看，可以取平面的一个矩形区域，如果颜色点在 Mandelbrot 集中的话，把它们处理成黑色，如果不在该集中则处理为白色[如图 10.37(a)所示]。然而，正是集合边缘上的点显示出最大的复杂性，因而经常要放大这些区域。

　　Mandelbrot 集的计算可能很耗时，但有一些技巧可用来加快其处理速度。也许我们希望既能够改变窗口的大小也能够改变它的中心，但是以 $\mathbf{c} = -0.5 + i0.0$ 为中心的区域是最有趣的。

　　通常在若干次迭代之后就能判断一个点是否会趋于无穷大。例如，如果 $|\mathbf{z}_k| > 2$，后继的值会更大，就可以停止迭代。更困难的是判断边界附近的点是否会收敛。因此，通常按以下方式生成该集合的近似值。首先确定最大迭代次数。对于给定的 **c**，如果能确定这个点发散，则将图像中对应 **c** 的点绘制成白色。如果在最大迭代次数之后，$|\mathbf{z}_k|$ 小于某个阈值，确定它在集合中，则把它绘制为黑色。对于 $|\mathbf{z}_k|$ 的其他值，为与 **c** 对应的点分配唯一的颜色。这些颜色通常是基于上一次迭代之后 $|\mathbf{z}_k|$ 的值，或者基于这些点收敛或发散的速度。

　　本书配套网站包含一个生成 Mandelbrot 集近似图像的程序。用户可以设置矩形的大小和中心，

以及要执行的迭代次数。z_k 的大小被限制在 0.0 ～1.0 的范围内。通过遍历所有的像素直至达到迭代的最大次数就可以生成一个大小为 $n×m$(每个像素占 1 个字节)的阵列图像。

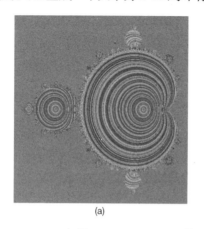

(a)　　　　　　　　　　　　　　　　　(b)

图 10.37　Mandelbrot 集。(a)伪彩色；(b)边缘细节

把绘制的图像作为纹理映射到由两个三角形组成的正方形上。因此，通过使用单位正方形可以指定顶点和纹理坐标的值，其代码如下：

```
var points = [
  vec4(0.0, 0.0, 0.0, 1.0),
  vec4(0.0, 1.0, 0.0, 1.0),
  vec4(1.0, 1.0, 0.0, 1.0),
  vec4(1.0, 0.0, 0.0, 1.0)
];
var texCoord = [
  vec2(0, 0),
  vec2(0, 1),
  vec2(1, 1),
  vec2(1, 0)
];
```

设置纹理映射的详细过程可以参见第 7 章。创建纹理图像的方法有很多，其中最简单的一种就是首先从计算 Mandelbrot 集得到的值创建一幅 $n×m$ 的灰度图像：

```
var texImage = new Uint8Array(4*n*m);
```

然后将其转换成 RGBA 图像后绘制出来,采用的方法是将迭代结果 v 给定的灰度级映射为颜色值，其代码如下：

```
v = Math.min(v, 1.0);          // clamp if > 1
texImage[4*i*m+4*j]   = 255 * v;
texImage[4*i*m+4*j+1] = 255 * (0.5 * (Math.sin(v*Math.PI/180) + 1.0));
texImage[4*i*m+4*j+2] = 255 * (1.0 - v);
texImage[4*i*m+4*j+3] = 255;
```

指定一个从灰度值到红色的映射模式：把黑色(0.0)定义为非红色，把白色(1.0)定义为全红色；对于其他灰度值，则在这两个值之间进行线性插值。对于蓝色，从灰度值为 0.0 的全蓝色变为灰度值为 1.0 的非蓝色。从灰度值到绿色的映射是按正弦变化的，绿色分配增强了灰度变化不明显的区域的细节，如图 10.37(b)所示。绘制函数的代码如下：

```
function render()
{
  gl.clear(gl.COLOR_BUFFER_BIT);
  gl.drawArrays(gl.TRIANGLE_FAN, 0, 4);
  requestAnimFrame(render);
}
```

因为所有的计算都是在 CPU 中执行的，我们仅使用着色器显示生成的纹理图像，所以代码的实现很少利用 GPU 的性能。下一节将使用片元着色器来执行所有的计算。

10.10.6 Mandelbrot 片元着色器

计算 Mandelbrot 集的每个点对应于颜色缓存中的一个片元，每个片元颜色值的计算与其周围的点没有关联。因此，只要为着色器提供片元的位置，就可以在着色器中计算这些颜色值。片元着色器可通过 GLSL 的内建变量 gl_FragCoord 获取片元在窗口坐标系中的位置。假定在应用程序中指定一个矩形，然后在构成该矩形的两个三角形上执行 gl.drawArrays(gl.TRIANGLES, 0, 6)。之后，光栅化模块生成颜色缓存中每个像素对应的片元，而不管我们是否将颜色值发送到着色器中。利用 gl_FragCoord.x 和 gl_FragCoord.y，可以生成每个片元的颜色值，这与之前编写的 CPU 版本的 Mandelbrot 集代码基本上是相同的。Mandelbrot 片元着色器的代码如下：

```
precision mediump float;

uniform float cx;
uniform float cy;
uniform float height;
uniform float width;

void main()
{
  const int max = 100;            // number of interations per point
  const float PI = 3.14159;
  float n = 1024.0;               //color buffer width
  float m = 1024.0;               //color buffer height
  float v;

  float x = gl_FragCoord.x * (width / (n - 1.0)) + cx - width / 2.0;
  float y = gl_FragCoord.y * (height / (m - 1.0)) + cy - height / 2.0;

  float ax = 0.0, ay = 0.0;
  float bx, by;

  for (int k = 0; k < max; ++k) {
    // Compute c = c^2 + p
    bx = ax*ax - ay*ay;
    by = 2.0*ax*ay;
    ax = bx + x;
    ay = by + y;
    v = ax*ax + ay*ay;

    if (v > 4.0) { break; }  // assume not in set if mag > 2
  }

  // Assign gray level to point based on its magnitude */

  v = min(v, 1.0);  // clamp if v > 1
```

```
gl_FragColor.r = v;
gl_FragColor.g = 0.5* sin(2.0*PI*v) + 1.0;
gl_FragColor.b = 1.0 - v;
gl_FragColor.a = 1.0;
}
```

注意，上面的代码与上一节编写的代码几乎相同，但是因为每个片元都会导致着色器的执行，所以代码中没有行和列的循环。我们将窗口的中心和大小作为 uniform 变量发送到片元着色器中。这个版本的代码(详见本书配套网站的程序 mandelbrot2)不仅减轻了 CPU 的负担，而且充分利用了 GPU 的两个最强大的特性。首先，充分利用了 GPU 的运算速度，它能快速执行浮点运算。其次，利用了现代 GPU 的多处理器。因此，并不像 CPU 版本的代码每次只计算一个片元的颜色，现在可以利用 GPU 中的多处理器同时计算上百个片元的颜色。本章后面的习题建议读者采用某种方法改进该代码使之具有交互性。

10.11　过程噪声

前面使用了伪随机数生成器生成 Sierpinski 镂垫并用于分形细分。其实，在计算机图形学中伪随机数生成器在其他许多方面也有应用，从纹理的生成到自然对象的模拟，比如云彩和液体。然而，我们所使用的简单随机数生成器在许多应用中并不是一个好的选择，这既有实际原因也有理论原因。

让我们从**白噪声**(white noise)的概念谈起。白噪声是电路中的热活动引起的或者是调节到没有信号的频道时从电视屏幕上看到的。理想的白噪声具有的特性是：如果检查一个样本序列就会发现样本之间没有相关性，因此不能从先前的样本预测下一个样本。从数学的角度看，白噪声的特性是其功率谱(在频域中看到的平均谱)是平坦的，所有频率都以相同的强度出现。

在计算机中能生成伪随机数序列，这些随机数生成器(例如使用过的函数 random)产生无关联的序列，虽然它们能足够好地满足大多数应用，但是长时间执行这种随机数生成器之后该序列会重复出现，因此它们并不是真正的随机序列。然而，对很多其他应用来说白噪声并不是我们需要的。人们往往想要随机性但并不希望连续样本完全无关联。例如，假定想生成一个交互式游戏中的地形，可以使用一个高度随机变化的多边形网格。真正的白噪声会由于噪声中的高频成分给出一个非常粗糙的表面。如果想要绘制一个相当光滑的高逼真地形表面，那么应该让相邻顶点彼此靠近。同样，我们希望从噪声生成器中去除高频成分或至少改变光谱的颜色。

在白噪声的高频成分中还有另一个问题：走样(混叠)。就像在附录 D 中所看到的，采样会引起奈奎斯特率(Nyquist rate)的频率混叠，这会引起图像中出现令人讨厌的视觉瑕疵。

对于这些问题，有多种可能的解决方法。假定要生成一个带宽受限的随机样本序列并且知道想要出现的是哪些频率。可以对具有低频、随机振幅和相位的正弦项之和进行采样。这种**傅里叶合成**(Fourier synthesis)方法原则上可行，但是对每个样本要进行大量的三角函数求值。另一类方法是基于图 10.38，如果处理过程是对白噪声的数字滤波，那么可以在期望的幅度和相位上设计滤波器来包含所需的频率。因为这个噪声具有不均匀的频谱，它常常被称为**有色噪声**(colored noise)。

为了了解过程噪声，可以设计一个基于图 10.38 的过程方法，这从计算上更加可行。除了希望这种过程方法能够最小化所要求的计算，还希望这种过程方法具有可重复性和局部性。如果使用随机方法来形成图案或纹理，那么当重新生成对象时，希望能精

图 10.38　生成相互关联的随机数

确地再现该图案或纹理。我们还希望只使用局部数据而不是全局数据就能够生成图案或纹理。

假设在一维、二维或三维网格上生成一个伪随机序列，其中网格中的点是整数。可以使用网格点上的值生成非整数值的点，也就是由相邻网格值所确定的单元之间的点。例如，假定要生成一个二维纹理，从生成一个包含伪随机数的矩形数组开始，可以使用这个数组通过插值计算得到任何纹理坐标为(s, t)的值。一个简单的插值方法是寻找对应于特定纹理坐标(s, t)的网格单元，并对网格单元拐角上的值进行双线性插值从而得到内部值。

这种方法产生的噪声称为**值噪声**(value noise)。可以通过选择所使用数组的单元数量来控制平滑度。例如，假定生成一个 256×256 的伪随机数数组，并使用双线性插值来生成 128×128 的纹理。可以使用数组的单个单元并只使用该单元拐角上的四个值来插值所需的 128×128 纹理值。在这种情况下，会得到非常平滑的纹理图像。或者，可以选择使用数组的较大部分。如果使用它的 4×4 部分，则 16 个单元中的每一个都将被插值以提供 64 个纹理值。因为将使用 16 个伪随机数，因而该纹理比第一个示例会显示出更多的细节变化。也可以使用伪随机数组的 128×128 部分，在这种情况下，不需要任何插值计算就能得到完全不相关的纹理。

上面这个过程方法所带来的问题是，由于在每个单元上进行双线性插值，所以当逐个单元形成纹理时，就会导致视觉上可见的瑕疵现象。通过使用一个插值公式就可以解决这个问题，该插值公式使用相邻单元的数据，可以得到更平滑的结果。最常用的方法是使用三次多项式类型(参见第 11 章)。在不详细讨论任何特定类型的情况下，我们注意到三次多项式有 4 个系数，因此需要 4 个数据点来定义它。对于一个二维过程，需要 8 个相邻单元或 16(4×4)个数据点的数据来确定单元内的值。在三维情况下，需要 26 个相邻单元或 64 个数据点的数据。虽然将得到一个更平滑的结果，但是在二维或三维中的计算量和所需的数据处理使该方法存在问题。

解决这个问题的一个办法是使用**梯度噪声**(gradient noise)。假定把三维噪声建模为连续函数 $n(x, y, z)$。在网格点(i, j, k)附近(此处 i、j 和 k 都是整数)，可以用泰勒级数的前几项来逼近 $n(x, y, z)$：

$$n(x, y, z) \approx n(i, j, k) + (x - i)\frac{\partial n}{\partial x} + (y - j)\frac{\partial n}{\partial y} + (z - k)\frac{\partial n}{\partial z}$$

向量

$$\mathbf{g} = \begin{bmatrix} g_x \\ g_y \\ g_z \end{bmatrix} = \begin{bmatrix} \frac{\partial n}{\partial x} \\ \frac{\partial n}{\partial y} \\ \frac{\partial n}{\partial z} \end{bmatrix}$$

是在(i, j, k)处的梯度。注意，$x-i$、$y-j$ 和 $z-k$ 是单元内部位置的小数部分。为了生成梯度噪声，首先在每个网格点计算规范化的伪随机梯度向量。可以通过在单位球体上生成一组均匀分布的随机点来得到这些向量。将网格点上的值固定为零，即 $n(i, j, k) = 0$。对于三维情况，每个单元都有 8 个梯度向量(单元的每个拐角有一个梯度向量)，可以利用这些梯度向量来逼近 $n(x, y, z)$。常规的技术是使用这些梯度的滤波(平滑)插值来生成单元内点的噪声，以这种方式产生的噪声以其最初的创造者命名为**柏林噪声**(Perlin noise)，或简称噪声。这个噪声函数是 RenderMan 和 GLSL 着色语言的内置函数。由于在具体实现噪声时使用了哈希表(hash table)，因此不必查找全部网格的随机梯度而只需要 256 个或 512 个伪随机数。图 10.39 显示的是在三种不同频率下的二维梯度噪声，每个都是来自同一伪随机数数组的大小为 256×256 的灰度图像。

过程噪声已经在很多方面得到应用。例如，把少量噪声添加到机器人模型的关节连接位置可以增强模型的逼真感。增加非线性(例如取噪声生成器的绝对值)就能生成用于模拟湍流流动现象以及产生纹理的序列。过程噪声也用于对模糊对象(例如模拟云彩)进行建模。

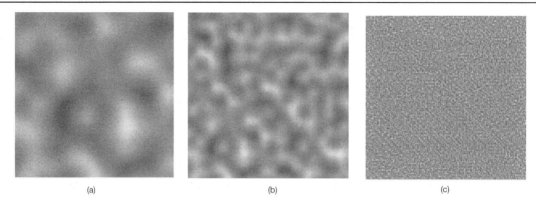

图 10.39　梯度噪声图像。(a)使用噪声；(b)使用 50×噪声；(c)使用 100×噪声

小结和注释

过程建模方法具有很多优点，因为可以控制所生成的图元的数量，并控制在过程中产生这些图元的时机。同样重要的是，过程图形提供了一种面向对象的建模方法，这是一种在将来日益重要的方法。

物理学与计算机图形学的结合提供了一系列技术，这些技术有希望产生物理上正确的动画并提供新的建模技术。最近的一个例子是 Pixar 动画工作室制作的动画视频"Up"，其中使用了物理建模方法来建模 1000 个运动的气球，这个例子说明了构建复杂的物理方程系统是解决动画真实感绘制的基础。

粒子系统只不过是基于物理建模的一个示例，但是它们代表了一种具有广泛适用性的技术。其中最有趣的也是读者在这方面能做的有益练习就是动手建立一个粒子系统。

粒子方法通常用在商业动画中，既用于模拟物理现象，比如烟火、云彩和流水，也用于确定动画角色的位置。粒子系统也已成为模拟物理现象的标准方法，常常用来取代复杂的偏微分方程模型，即使在不生成图形的应用中也会用到这种方法。在交互式游戏和仿真领域，可以对每个粒子赋予复杂的行为规则。这种将图形与人工智能结合起来的建模方法称为基于 agent 的建模。

分形提供了另一种方法，用简单的算法和程序生成看似非常复杂的图像。过程噪声几乎是所有过程建模方法的核心，而且当它与一种或多种我们介绍过的其他方法结合使用时，才能最好地证明它的真正威力。

展望未来，我们将看到图形学方法与物理学、数学和其他科学方法的进一步融合。在过去，一旦具备了可用的计算能力，我们就愿意接受"看上去还不错"的视觉效果，但无法做到真实地模拟像仿真和交互式游戏等应用中正确的物理现象。即使对于可能要花费好几天绘制一帧画面的应用，真实的物理效果还是太复杂而难以精确地模拟。然而，随着可用计算能力的持续提高以及使用这种计算能力的成本的降低，我们期望在计算机图形学的所有应用中看到越来越多的基于物理正确的高逼真建模。

代码示例

1. `particleSystem.html`：盒子中运动的粒子。可通过按钮设置作用于粒子的排斥力、重力和恢复因子。

2. particleDiffusion1.html：随机移动的粒子在其所在的位置留下颜色，这些颜色在连续的帧画面中扩散。

3. particleDiffusion2.html：相同的粒子系统，但粒子会观察其环境，并根据其颜色和新位置的颜色移动到 x 轴或 y 轴。

4. particleDiffusion5.html：随着时间推移，粒子从两个固定点加入。每个粒子绘制为一个黑点。颜色显示了每个粒子位置的扩散。

5. particleDiffusion9.html：从两个固定点扩散的单一粒子类型。在中间有一个粒子不能进入的区域。

6. mandelbrot1.html：Mandelbrot 集生成程序。注意，Mandelbrot 集中成员的计算是在片元着色器中完成的。

7. mandelbrot2.html：交互式 Mandelbrot 集生成程序。

8. geometryTest1.html：使用 geometryTest1.js 构造包含着色立方体、着色圆柱体和着色球体的场景。

9. geometryTest2.html：使用 geometryTest2.js 生成包含 100 个着色球体的场景。

10. instance1.html：一个三角形实例化两次的简单示例。

11. teapotIntance2.html：绘制 27 个实例化茶壶。

12. pointSprite8.html：10 000 个随机运动的着色点精灵（显示为圆形），开启了隐藏面消除。

13. pointSprite9.html：纹理映射后的四个着色点精灵，显示为圆形。

建议阅读资料

Reeves[Ree83]首次把粒子系统引入了计算机图形学。从那时起，它们被用于模拟多种现象，包括鸟类的群集[Rey87]、流体流动、火焰燃烧、草的模拟以及表面的绘制[Wit94a]。粒子系统也被广泛应用于物理学和数学中，并提供了一种可用来解决像流体流动和固体力学这类需要计算偏微分方程的复杂系统的替代方法，例如，读者可参考[Gre88]了解这方面的内容。我们的方法遵循 Witkin 的[Wit94b]。过程建模的很多示例可以在[Ebe02]中找到。关于使用仿真平台 NetLogo 进行基于 agent 的建模的讨论，请参考[Rai11]。在[Mol18]中讨论了显示点精灵的技术。

关于分形及其相关方法有大量的文献。Fournier 的论文[Fou82]首次提到了分形山脉。关于分形数学更深入的讨论，请参阅 Mandelbrot 的[Man82]以及 Peitgen 的[Pei88]。图文法（graph grammars）的使用出现在很多情形中[Pru90，Smi84，Lin68]。Hill 的[Hil07]和 Prusinkiewicz 的[Pru90]提出了有趣的空间填充曲线和曲面的方法。Barnsley 的迭代函数系统[Bar93]提供了另一种自相似性的使用方法，它们在图像压缩等领域都有实际的应用。

梯度噪声源于 Perlin 的[Per82，Per85，Per02]。当研究值噪声时，许多有关纹理和对象生成的应用可以在[Ebe02]中找到。

习题

10.1 从一个等边三角形开始，找出一组生成 Sierpinski 镂垫的产生式。

10.2 如何确定海岸线的分形维数？如何验证海岸线的形状确实是分形图形？

10.3 从第 6 章介绍的用于绘制近似球面的四面体细分程序开始,把这个程序转换为一个能生成分形山脉的程序。

10.4 试把一个二叉树(例如可能用于搜索)描述为节点链表(节点包含指向孩子的指针)。编写一个采用这种描述的 WebGL 程序并用图示的方式显示这棵树。

10.5 编写一个简单的弹簧-质点粒子系统,把这个粒子系统绘制成四边形网格,该系统允许用户以交互的方式把粒子放入初始位置。

10.6 通过给粒子系统添加外力来扩展习题 10.5,生成旗帜在风中飘扬的图像。

10.7 编写一个分形网格的程序,试将真实的高程数据用于网格的初始位置。

10.8 编写一个程序,给定两个具有相同顶点数目的多边形,该程序将生成把一个多边形转换为另一个多边形的图像序列。

10.9 如果使用用于 Mandelbrot 集的基本公式,但是这次固定复数 c 的值并找到获得收敛的初始点集,那么就得到了复数 c 的 **Julia 集**(Julia set)。编写一个程序显示 Julia 集。提示:使用在 Mandelbrot 集边缘附近的 c 值。

10.10 编写一个粒子系统,模拟焊接或焰火产生的火花。

10.11 扩展习题 10.10,模拟一个多面体的爆炸。

10.12 将 α 混合(参见第 7 章)、球面生成(参见第 6 章)以及分形结合起来创建云彩。

10.13 使用分形生成虚拟行星的表面,输出应该显示大陆和海洋。

10.14 在 Lennard-Jones 粒子系统中,使粒子相互吸引的力与粒子之间距离的 12 次幂的倒数成正比;另一种使它们相互排斥的力与相同距离的 24 次幂的倒数成正比。在一个盒子中模拟这个系统。为了更容易地仿真,可假定离开盒子的粒子从盒子另一端重新进入这个盒子。

10.15 创建一个粒子系统,其中感兴趣的区域被划分成相同大小的立方体。一个粒子只能和它所在的立方体中的粒子以及和它相邻的立方体中的粒子相互作用。

10.16 在动画中,粒子系统用于给出角色的位置。一旦角色的位置被确定后,就可把角色的二维图像作为纹理映射到在这些位置的多边形上。构造这样一个系统来移动角色,角色既受到使它们朝所希望的方向上移动的外力又受到用于避免碰撞的排斥力。如何能让多边形面向照相机?将粒子的寿命属性添加到粒子系统中。使用粒子的链表结构而不是数组重新实现粒子系统,使得增加或删除粒子更容易。

10.17 用着色的近似球体绘制本章粒子系统示例程序中的粒子。

10.18 通过连接链中的四个点,使用弹簧-质点系统来模拟头发或草叶。

10.19 如图 10.14 所示的粒子系统使用了点精灵而不是球体。从显示的球体来看,该图正确吗?它和我们以前使用的球体着色方法一样吗?

10.20 用各种群集算法做实验。例如,粒子可以更新其速度以向所有粒子的质心移动。另一种方法是让每个粒子朝"朋友"粒子移动。

10.21 把过程噪声添加到人物模型中,以便在静止时每个关节有轻微的移动。

10.22 使用过程噪声实现分形地形,包括移动视点以及对观察到的场景进行放大和缩小的功能。

10.23 修改一个简单的粒子系统,使得该粒子系统能够在顶点着色器中更新粒子的位置和速度。可以忽略粒子之间的作用力(如排斥力)。

10.24 修改 Mandelbrot 片元着色器,使得该程序能够估计所使用的 GPU 的浮点计算能力(FLOPS,每秒浮点运算次数)。

第11章 曲线和曲面

我们周围的世界由形状各异的物体组成。然而在计算机图形学中，仍然使用平面图形来绘制虚拟世界，对此我们总能提出充分的理由。例如，图形系统可以高效地绘制三维平面多边形，包括执行隐藏面消除、着色处理和纹理映射等操作。可以利用前面介绍的定义球体模型所采用的方法定义曲面对象，这些对象实际上是平面多边形的集合。或者，如同本章所介绍的方法，也可以给应用程序编程人员提供在程序中处理曲线和曲面对象的方法，而将这些对象的最终绘制过程留给特定的图形绘制系统去处理。

本章介绍曲线和曲面的三种建模方法，并重点介绍参数多项式的表示形式。此外还讨论了在当前的图形系统中如何绘制曲线和曲面，其处理过程通常需要将曲线和曲面对象细分成一组平面图元。由于该绘制过程是特定的图形绘制系统的一部分，所以这个绘制过程对应用程序编程人员来说是透明的。然而，理解其工作方式有助于更好地认识使用曲线和曲面所面临的现实局限性。

11.1 曲线和曲面的表示

在讨论参数多项式曲线和曲面的开发之前，首先概括性地介绍三种主要的对象表示形式：显式表示形式、隐式表示形式和参数表示形式，并且仅使用直线、圆、平面和球面为例来阐述利用各种方法建模的优缺点。

11.1.1 显式表示形式

二维曲线的**显式表示形式**（explicit form）是将一个变量［**因变量**（dependent variable）］用另一个变量［**自变量**（independent variable）］表示。在 x-y 坐标系中可以写成：

$$y = f(x)$$

幸运的话，还能够将上述关系转换为 x 关于 y 的函数：

$$x = g(y)$$

对于给定的曲线，不能保证这两种形式都存在。通常根据斜率 m 以及 y 轴截距 h 来表示直线方程：

$$y = mx + h$$

但是这个方程无法表示垂直于 x 轴的直线。对于图形系统，或者更宽泛地说，对于所有设计以及使用曲线和曲面的领域来说，这只是众多坐标系依赖性所引起的问题之一。直线和圆独立于任何表示而存在，任何不能对特定方向（如垂直方向）进行表示的形式都存在严重缺陷。

圆更能说明问题。考虑一个以原点为圆心、半径为 r 的圆。圆的**曲率**（curvature）是一个常量，反映了圆弧在某点的弯曲程度。没有能够比圆更为对称的封闭二维曲线，然而，使用显式形式来表示圆，最多只能写出半圆的方程：

$$y = \sqrt{r^2 - x^2}$$

另一个半圆的显式方程为：

$$y = -\sqrt{r^2 - x^2}$$

此外，还必须指定这两个方程成立的条件：

$$0 \leqslant |x| \leqslant r$$

在三维空间中，曲线显式表示需要两个方程。例如，仍然使用 x 表示自变量，则对应存在两个因变量：

$$y = f(x) \qquad z = g(x)$$

曲面表示需要两个独立变量，可以采用如下形式：

$$z = f(x, y)$$

同样，三维空间中曲线或曲面也许并不存在显式表示形式。例如，方程

$$y = ax + b \qquad z = cx + d$$

描述了三维空间中的直线，但是却不能表示以 x 为常数的平面上的直线。同样，由方程 $z = f(x, y)$ 表示的曲面不能表示球面，因为对于给定的 x 和 y，可以在球面上生成 0、1 或 2 个点。

11.1.2　隐式表示形式

我们所使用的曲线和曲面大多数具有隐式形式。在二维空间中，**隐式曲线**(implicit curve)的方程可以表示为：

$$f(x, y) = 0$$

例如，直线和以原点为圆心的圆有其各自的隐式表示形式：

$$ax + by + c = 0$$

$$x^2 + y^2 - r^2 = 0$$

函数 f 实际上是一种度量函数或者**隶属函数**(membership function)，它将空间上所有的点分割为曲线上的点和曲线以外的点。这样就可以通过计算 f 来判断点 (x, y) 是否位于曲线上。然而在通常情况下，对于某个 x 值，并不具备求解曲线上对应的 y 值的方法，反之亦然。隐式形式比显式形式具有较小的坐标系依赖性，因为它确实能表示所有的直线和圆。

在三维空间中，隐式表达式

$$f(x, y, z) = 0$$

表示一个曲面。例如，任何平面都可以通过常量 a、b、c 和 d 表示为：

$$ax + by + cz + d = 0$$

以原点为圆心、r 为半径的球面可以表示为：

$$x^2 + y^2 + z^2 - r^2 = 0$$

三维曲线不易于采用隐式表示，可以将曲线表示为两个曲面的交线(如果存在这样的曲面)：

$$f(x, y, z) = 0 \qquad g(x, y, z) = 0$$

因此，如果某点 (x, y, z) 同时位于两个曲面上，则该点必定位于它们的交线上。通常，在实际应用中出现的大多数曲线和曲面都具有隐式形式，但是由于难以求解曲线或曲面上的点，因此其应用受到限制。

代数曲面(algebraic surfaces)是指函数 $f(x, y, z)$ 包含三个变量的多项式之和，其中**二次(阶)曲面**(quadric surface)具有特殊的重要性，二次曲面是 f 中每一项的最高次数为 2 的曲面[①]。之所以

---

① "次(阶)"是指各个项的幂的和，所以 x^2、yz 或 z^2 都是二次多项式，而 xy^2 不是二次多项式。

对二次曲面感兴趣，不仅因为一些实用的曲面(如球面、圆柱面和圆锥面)都是二次的，而且因为这些对象与直线相交时最多产生两个交点。我们将在 11.9 节利用此特性绘制二次曲面，并在第 13 章将其用于光线跟踪。

11.1.3 参数表示形式

曲线的**参数表示形式**(parametric form)是以自变量 u 为**参数**(parameter)来表示曲线上的点的每个空间变量的值。在三维空间中，三个显式函数分别为：

$$x = x(u) \qquad y = y(u) \qquad z = z(u)$$

参数表示形式的优点之一是，它在二维和三维空间中形式一致。在二维情况下，只需去掉 z 的方程。对参数表示形式的形象描述是：随着 u 的改变，可视化点 $\mathbf{p}(u) = [x(u) \quad y(u) \quad z(u)]^T$ 的运动轨迹，如图 11.1 所示。可以将某点的导数

$$\frac{\mathrm{d}\mathbf{p}(u)}{\mathrm{d}u} = \begin{bmatrix} \frac{\mathrm{d}x(u)}{\mathrm{d}u} \\ \frac{\mathrm{d}y(u)}{\mathrm{d}u} \\ \frac{\mathrm{d}z(u)}{\mathrm{d}u} \end{bmatrix}$$

看成点沿轨迹运动的速度或者曲线的切线。

曲面的参数表示形式需要两个参数，可以使用如下三个方程：

$$x = x(u, v) \qquad y = y(u, v) \qquad z = z(u, v)$$

或者，使用列矩阵来表示：

$$\mathbf{p}(u, v) = \begin{bmatrix} x(u, v) \\ y(u, v) \\ z(u, v) \end{bmatrix}$$

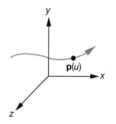

图 11.1 参数曲线

随着 u 和 v 在某区间变化，生成曲面上的所有的点 $\mathbf{p}(u, v)$。与第 6 章讲述的球面一样，由列矩阵

$$\frac{\partial \mathbf{p}}{\partial u} = \begin{bmatrix} \frac{\partial x(u, v)}{\partial u} \\ \frac{\partial y(u, v)}{\partial u} \\ \frac{\partial z(u, v)}{\partial u} \end{bmatrix}$$

和

$$\frac{\partial \mathbf{p}}{\partial v} = \begin{bmatrix} \frac{\partial x(u, v)}{\partial v} \\ \frac{\partial y(u, v)}{\partial v} \\ \frac{\partial z(u, v)}{\partial v} \end{bmatrix}$$

表示的向量确定了曲面上任一点的切平面。此外，只要这些向量互不平行，则其叉积可以确定每个点的法线(如图 11.2 所示)：

$$\mathbf{n} = \partial p/\partial u \times \partial p/\partial v$$

曲线和曲面的参数表示形式对于计算机图形学是最灵活和最健壮的表示形式。然而由于仍然使用 x、y 和 z 来表示，因此参数表示并没有完全消除对于特定坐标系或者标架的依赖。可以仅基于 $\mathbf{p}(u)$ 表示的曲线和 $\mathbf{p}(u, v)$ 表示的曲面来开发系统。例如，在三维空间中描述曲线

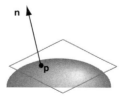

图 11.2 参数曲面上某点的切平面和法线

经常用到 **Frenet 标架**(Frenet frame),它是从曲线上每个点的切线和法线开始定义的。与第 7 章讨论的凹凸映射一样,需要计算副法向量作为坐标系的第三个方向。然而这个标架对于曲线上每一个点都是不一样的,不过就图形学应用而言,在特定标架中的 x、y、z 的参数表示形式已足够健壮。

11.1.4 参数多项式曲线

  曲线或曲面的参数表示形式并非是唯一的,可以有多种表示方式。对于曲线来说,在计算机图形学中使用最多的表示形式是参数 u 的多项式,而对于曲面来说则是参数 u、v 的多项式,其原因将在 11.2 节中概述。

  考虑下面的曲线表示形式[①]:

$$\mathbf{p}(u) = \begin{bmatrix} x(u) \\ y(u) \\ z(u) \end{bmatrix}$$

 它可以表示为如下的 n 阶[②]参数多项式:

$$\mathbf{p}(u) = \sum_{k=0}^{n} u^k \mathbf{c}_k$$

其中,每一个 $\mathbf{c}_k$ 都包含相互独立的 x、y 和 z 分量,即

$$\mathbf{c}_k = \begin{bmatrix} c_{xk} \\ c_{yk} \\ c_{zk} \end{bmatrix}$$

这 $n+1$ 个列矩阵 $\{\mathbf{c}_k\}$ 是 $\mathbf{p}$ 的系数,对于任意的 $\mathbf{p}$,系数选择有 $3(n+1)$ 个自由度。由于 x、y 和 z 分量相互独立,所以可以使用三个独立的方程,每个方程具有如下形式:

$$p(u) = \sum_{k=0}^{n} u^k c_k$$

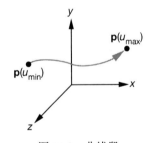

图 11.3 曲线段

这里 p 表示 x、y 或 z 之中任意一个的多项式,因此 $p(u)$ 有 $n+1$ 个自由度。我们将曲线定义在 u 的任意区间内:

$$u_{\min} \leqslant u \leqslant u_{\max}$$

但是为了不失一般性(参见习题 11.3),可以假设 $0 \leqslant u \leqslant 1$。随着 u 在其区间内的变动,生成如图 11.3 所示的**曲线段**(curve segment)。

11.1.5 参数多项式曲面

  参数多项式曲面可以定义为:

$$\mathbf{p}(u, v) = \begin{bmatrix} x(u, v) \\ y(u, v) \\ z(u, v) \end{bmatrix} = \sum_{i=0}^{n} \sum_{j=0}^{m} \mathbf{c}_{ij} u^i v^j$$

因此,必须指定 $3(n+1)(m+1)$ 个系数以确定某个特定的曲面 $\mathbf{p}(u, v)$。在以后的讨论中,将总是取

[①] 此时,不需要使用齐次坐标。在 11.8 节,我们将在齐次坐标系中推导 NURBS 曲线。

[②] OpenGL 文献通常把大于 1 的次(degree)称为阶(order)。

$n = m$，并且令 u 和 v 在矩形 $0 \leqslant u$，$v \leqslant 1$ 范围内变动，得到如图 11.4 所示的**曲面片**（surface patch）。注意，如果保持 u 或者 v 不变而变换另一个参数，则产生一簇曲线，因此可以将曲面片看作曲线簇的极限。根据这个思想，可以先定义参数多项式曲线，再利用曲线生成具有相似特征的曲面。

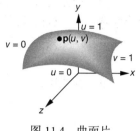

图 11.4　曲面片

11.2　设计准则

曲线和曲面在计算机图形学和计算机辅助设计中的应用方式与在其他领域以及之前的使用方式是不同的。由于计算机图形学的诸多要求，倾向于使用低阶参数多项式，这些要求包括：

- 形状的局部控制
- 平滑度和连续性
- 可导性
- 稳定性
- 易于绘制

下面通过一个简单的例子深入理解这些准则。假设想要使用可弯曲的木条建造飞机模型的框架。可以先构建一组横截面，然后使用长木条将其连接起来形成机身，如图 11.5 所示，可以由真实飞机的照片或者飞机横截面的草图入手设计如图 11.6 所示的横截面，可以尝试得到横截面的单一全局表示，但是这个表示可能并不满足需求。每根木条在断裂之前可以被平滑地弯曲为一定的程度，因此只能近似地拟合图 11.6 中的曲线，实际形成的截面曲线更像图 11.7 所示的那样。实际上，可能以多根木条构造横截面，每根木条成为横截面上的一段曲线。因此，不仅仅要求每一条曲线段必须是平滑的，而且希望曲线段在**连接点**（join point）相交处也具有一定的平滑度。

图 11.5　飞机模型

图 11.6　截面曲线

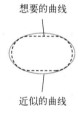

想要的曲线

近似的曲线

图 11.7　截面曲线的近似表示

注意，虽然能够确保每段曲线是平滑的，但在连接点处必须特别小心。如图 11.8 所示，尽管两条曲线段是平滑的，但连接点处的导数却是不连续的。**平滑度**（smoothness）一般是根据曲线的导数给出的，我们对不连续曲线不感兴趣。通常，一阶导数连续的曲线比一阶导数不连续的曲线更平滑（高阶导数也有类似的结论）。这些概念将在 11.3 节详细讨论。现在，需要确保多项式曲线

$$p(u) = \sum_{k=0}^{n} c_k u^k$$

所有的导数都存在，并且可以求解计算。这样，仅仅会在连接点遇到连续性问题。

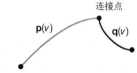

图 11.8　连接点处的导数不连续

我们倾向于单独设计每条曲线段，而不是通过单一全局计算来设计所有的曲线段。原因之一

是，希望以交互的方式控制图形形状，能够通过适当调整来达到设计要求。我们所做的任何改变只会影响工作区域内曲线段的形状。这种局部控制只是更一般的稳定性原则的一个方面：输入参数值的微小变化只会引起输出变量的微小变化。换言之，自变量的微小变化只会引起因变量的微小变化。

通过与曲线进行比较，可以将木条弯曲以逼近所需要的形状。我们更希望能够仅使用少量的**控制点** (control point) 或者**数据点** (data point) 来设计所需的形状。图 11.9 显示了一条曲线及其控制点，注意，曲线经过 [或者说**插值** (interpolate)] 某些控制点，却只是靠近其他控制点。正如将在本章中看到的，在计算机图形学和 CAD 中，如果曲线在某个感兴趣的区域不会总是改变方向并且能够平滑地靠近控制点，那么通常会让人感到满意。因此，尽管曲线 (如多项式曲线) 具有连续导数，但是并不认为具有许多拐点 (拐点处的导数会改变符号) 的高阶多项式曲线是平滑的。

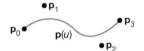

图 11.9　曲线段和控制点

上述示例说明了使用参数多项式曲线的理由。实际上，将在 11.7 节和 11.8 节讨论的样条曲线得名于造船工程师设计船体形状的可弯曲木条或者金属条。每一根样条是用钉子或重物固定在适当的位置，并且材料的弯曲特性使其成为一条多项式曲线。

回到计算机图形学，切记最终要将曲线或曲面绘制到屏幕上。因此，如果曲线和曲面有一个好的数学表示方法却不易绘制出来，那么它的价值是非常有限的。不论曲线还是曲面，都希望采用类似于绘制平面对象的方法来绘制，包括颜色计算、着色处理和纹理映射等技术。

11.3　三次参数多项式曲线

采用参数多项式表示曲线必须确定多项式的阶数 (次数)。一方面，如果曲线的阶数比较高，则有多个可供设置的参数以形成所需要的形状，但是曲线上点的计算开销很大。此外，随着曲线多项式阶数的升高，曲线会包含更多的弯曲，因而不适合绘制平滑的曲线或曲面。另一方面，如果阶数太低，也许就没有足够的参数进行设置。但是，如果只是需要在一个较小的区间内设计一段曲线，那么低阶多项式就可以满足大多数要求，尽管自由度不多，但是也足够生成所需形状的曲线段。因此，大多数设计者最初都由三次参数多项式曲线入手。

可以使用如下形式的行矩阵和列矩阵把三次参数多项式表示为：

$$\mathbf{p}(u) = \mathbf{c}_0 + \mathbf{c}_1 u + \mathbf{c}_2 u^2 + \mathbf{c}_3 u^3 = \sum_{k=0}^{3} \mathbf{c}_k u^k = \mathbf{u}^{\mathrm{T}} \mathbf{c}$$

其中，

$$\mathbf{c} = \begin{bmatrix} \mathbf{c}_0 \\ \mathbf{c}_1 \\ \mathbf{c}_2 \\ \mathbf{c}_3 \end{bmatrix} \qquad \mathbf{u} = \begin{bmatrix} 1 \\ u \\ u^2 \\ u^3 \end{bmatrix} \qquad \mathbf{c}_k = \begin{bmatrix} c_{kx} \\ c_{ky} \\ c_{kz} \end{bmatrix}$$

因此，$\mathbf{c}$ 是包含多项式系数的列矩阵，我们希望通过控制点数据确定其值。使用控制点数据的不同方式将导出几种不同类型的三次曲线。每种类型的曲线多项式都包含 12 个方程，每个方程有 12 个未知数。但是因为 x、y 和 z 是独立的自变量，因此可以将这些方程分为 3 组，每组 4 个方程，每个方程有 4 个未知数。在 11.8.4 节讨论 NURBS 曲线时，将使用齐次坐标系，因此需要使用 w 坐标，这样则有 4 个方程组，每组 4 个方程，每个方程有 4 个未知数。

特定类型的三次曲线的设计将基于参数 u 的一组值。这些值也许以插值条件的形式出现，要求曲线经过这些值对应的点；或者要求多项式插值这些值的导数；或者是要求两段曲线在连接点位置具有一些平滑性条件，以确保连接点有各种连续性条件；最后，也可以是更宽松的条件，仅仅要求曲线逼近一些点。不同的条件将定义不同类型的曲线，具有取决于如何使用一组已知数据，因此相同的数据能够定义不止一条曲线。

11.4 插值

首先讨论的三次参数多项式是三次**插值多项式**（interpolating polynomial）。尽管在计算机图形学中很少使用插值多项式曲线，但是大家比较熟悉这一类多项式，它的推导过程将说明获得其他类型的三次多项式所必需的步骤。而且通过对插值多项式的分析，可以阐述三次多项式的许多重要特性，我们就是基于这些特性来计算特定的曲线或曲面的。

假设在三维空间中有四个控制点：p_0、p_1、p_2 和 p_3，其表示形式为：

$$p_k = \begin{bmatrix} x_k \\ y_k \\ z_k \end{bmatrix}$$

求解 $p(u) = u^T c$ 的系数 c，使得多项式插值这 4 个控制点。推导过程比较简单。对于这 4 个三维插值点，有 12 个条件和 12 个未知数。但是首先必须明确在何处进行插值，即参数 u 的值，由于缺乏其他信息，而且 u 始终在区间[0, 1]变化，可以等间距取值 $u = 0, \frac{1}{3}, \frac{2}{3}, 1$。因此，这 4 个条件为：

$$p_0 = p(0) = c_0$$

$$p_1 = p\left(\frac{1}{3}\right) = c_0 + \frac{1}{3}c_1 + \left(\frac{1}{3}\right)^2 c_2 + \left(\frac{1}{3}\right)^3 c_3$$

$$p_2 = p\left(\frac{2}{3}\right) = c_0 + \frac{2}{3}c_1 + \left(\frac{2}{3}\right)^2 c_2 + \left(\frac{2}{3}\right)^3 c_3$$

$$p_3 = p(1) = c_0 + c_1 + c_2 + c_3$$

可以将这些方程写成矩阵形式：

$$p = Ac$$

其中，

$$p = \begin{bmatrix} p_0 \\ p_1 \\ p_2 \\ p_3 \end{bmatrix}$$

且

$$A = \begin{bmatrix} 1 & 0 & 0 & 0 \\ 1 & \frac{1}{3} & \left(\frac{1}{3}\right)^2 & \left(\frac{1}{3}\right)^3 \\ 1 & \frac{2}{3} & \left(\frac{2}{3}\right)^2 & \left(\frac{2}{3}\right)^3 \\ 1 & 1 & 1 & 1 \end{bmatrix}$$

通过分析会发现，如果将 p 和 c 看作 12 个元素的列矩阵，那么上述计算违反了矩阵相乘的规则。

但是换种方式，将 **p** 和 **c** 看作 4 个元素的列矩阵，其中的元素又都是 3 个元素的行矩阵，这样，通过 **c** 的一个元素 (3 个元素的列矩阵) 与 **A** 一个元素 (标量) 的乘积，得到与 **p** 的元素一致的 3 个元素的列矩阵[①]。可以证明 **A** 是非奇异矩阵，而且可以通过计算其逆矩阵来获得**插值几何矩阵** (interpolating geometry matrix)：

$$\mathbf{M}_I = \mathbf{A}^{-1} = \begin{bmatrix} 1 & 0 & 0 & 0 \\ -5.5 & 9 & -4.5 & 1 \\ 9 & -22.5 & 18 & -4.5 \\ -4.5 & 13.5 & -13.5 & 4.5 \end{bmatrix}$$

所求系数为：

$$\mathbf{c} = \mathbf{M}_I \mathbf{p}$$

已知控制点序列 $\mathbf{p}_0, \mathbf{p}_1, \cdots, \mathbf{p}_m$，当然可以插值所有控制点来定义一条 m 次多项式曲线，其推导过程与三次多项式推导过程相似。但是我们更倾向于定义一组三次插值曲线，其中每条仅插值 4 个控制点，并且只在一个很短的区间 u 内有效。为了实现连接点的连续性，使用前段曲线的最后一个控制点作为下一线段的起点 (见图 11.10)。这样我们使用 $\mathbf{p}_0, \mathbf{p}_1, \mathbf{p}_2, \mathbf{p}_3$ 定义第一条线段，使用 $\mathbf{p}_3, \mathbf{p}_4,$ $\mathbf{p}_5, \mathbf{p}_6$ 定义第二条线段，依次类推。注意，如果每条线段都定义在参数 u 的 $(0, 1)$ 区间上，那么在每段曲线的矩阵 $\mathbf{M}_I$ 都相同。尽管用这种方法生成的一组曲线是连续的，但是连接点处的导数并不连续。

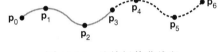

图 11.10　连接插值曲线段

11.4.1　调和函数

通过对插值多项式曲线方程稍做变换来深入探讨其平滑性。将插值系数代入多项式，得到：

$$\mathbf{p}(u) = \mathbf{u}^{\mathrm{T}} \mathbf{c} = \mathbf{u}^{\mathrm{T}} \mathbf{M}_I \mathbf{p}$$

也可以将上式写为：

$$\mathbf{p}(u) = \mathbf{b}(u)^{\mathrm{T}} \mathbf{p}$$

其中，

$$\mathbf{b}(u) = \mathbf{M}_I^{\mathrm{T}} \mathbf{u}$$

是以如下 4 个**调和函数** (blending polynomial)[②]为元素的列矩阵：

$$\mathbf{b}(u) = \begin{bmatrix} b_0(u) \\ b_1(u) \\ b_2(u) \\ b_3(u) \end{bmatrix}$$

每一个调和函数都是三次的。如果使用这些调和函数表述 $\mathbf{p}(u)$，则有：

$$\mathbf{p}(u) = b_0(u)\mathbf{p}_0 + b_1(u)\mathbf{p}_1 + b_2(u)\mathbf{p}_2 + b_3(u)\mathbf{p}_3 = \sum_{i=0}^{3} b_i(u)\mathbf{p}_i$$

从中可以看出多项式以控制点为权值进行调和，并且每个控制点对曲线的影响不同。三次插值多

[①] 使用行矩阵表示 **p** 和 **c** 的元素，在这种情况下，矩阵满足乘法规则，因为 4×4 的矩阵可以乘以 4×3 的矩阵。然而这个方法并不适用于曲面。真正的困难在于需要使用**张量** (tensor) 运算，这个主题已经超出了本书的讨论范围。

[②] 为了与国内教材保持一致以及本书译文的统一，这里将多项式理解为多项式函数，因此译为 "调和函数"。——译者注

项式的调和函数如下，曲线如图 11.11 所示：

$$b_0(u) = -\frac{9}{2}\left(u - \frac{1}{3}\right)\left(u - \frac{2}{3}\right)(u - 1)$$

$$b_1(u) = \frac{27}{2}u\left(u - \frac{2}{3}\right)(u - 1)$$

$$b_2(u) = -\frac{27}{2}u\left(u - \frac{1}{3}\right)(u - 1)$$

$$b_3(u) = \frac{9}{2}u\left(u - \frac{1}{3}\right)\left(u - \frac{2}{3}\right)$$

因为所有调和函数的零值点都位于封闭区间[0,1]内，因此调和函数曲线在区间内起伏很大，不是特别平滑。这是由于插值要求曲线必须穿过控制点而不仅仅是靠近，这种现象在插值次数较高的多项式中更为明显。再加上连接点导数的不连续性导致了插值多项式在计算机图形学中的使用非常有限。然而其推导和分析过程将有助于获得更平滑的三次曲线类型。

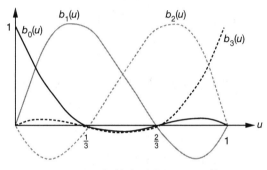

图 11.11　插值多项式的调和函数

11.4.2　三次插值曲面片

插值曲线可以自然地推广到插值曲面片。**双三次曲面片**（bicubic surface patch）可以表示为如下形式：

$$\mathbf{p}(u, v) = \sum_{i=0}^{3}\sum_{j=0}^{3} u^i v^j \mathbf{c}_{ij}$$

其中 $\mathbf{c}_{ij}$ 是包含 3 个元素的列矩阵，它表示多项式第 ij 项的 x、y 和 z 的系数。如果定义一个 4×4 的矩阵，它的每个元素都是包含 3 个元素的列矩阵：

$$\mathbf{C} = [\,\mathbf{c}_{ij}\,]$$

则可以将曲面片表示为：

$$\mathbf{p}(u, v) = \mathbf{u}^{\mathrm{T}} \mathbf{C} \mathbf{v}$$

其中

$$\mathbf{v} = \begin{bmatrix} 1 \\ v \\ v^2 \\ v^3 \end{bmatrix}$$

这样通过 **C** 的 48 个元素，即 16 个 3 元素向量，定义了一个双三次多项式曲面片。

利用已知的 16 个三维控制点 $\mathbf{p}_{ij}$ $(i=0,\cdots,3, j=0,\cdots,3)$ 可以定义如图 11.12 所示插值曲面片。如果在 u 和 v 等间距处进行插值 (即 $0, \frac{1}{3}, \frac{2}{3}, 1$)，则可以得到三组方程，每组 16 个方程，每个方程 16 个未知数。例如，对于 $u=v=0$，三个独立的方程为：

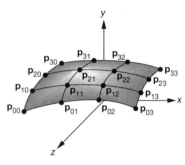

图 11.12　插值曲面片

$$\mathbf{p}_{00} = \begin{bmatrix} 1 & 0 & 0 & 0 \end{bmatrix} \mathbf{C} \begin{bmatrix} 1 \\ 0 \\ 0 \\ 0 \end{bmatrix} = \mathbf{c}_{00}$$

我们并不是写出所有方程并求解，而是采用一个更直接的方式。当 $v=0$ 时，得到一个以 u 为参数的曲线，并且插值 $\mathbf{p}_{00}, \mathbf{p}_{10}, \mathbf{p}_{20}$ 和 $\mathbf{p}_{30}$。利用插值曲线公式，可以将曲线写为：

$$\mathbf{p}(u, 0) = \mathbf{u}^{\mathrm{T}} \mathbf{M}_I \begin{bmatrix} \mathbf{p}_{00} \\ \mathbf{p}_{10} \\ \mathbf{p}_{20} \\ \mathbf{p}_{30} \end{bmatrix} = \mathbf{u}^{\mathrm{T}} \mathbf{C} \begin{bmatrix} 1 \\ 0 \\ 0 \\ 0 \end{bmatrix}$$

同样，v 的其他值($v=\frac{1}{3}, \frac{2}{3}, 1$)定义了另外三条插值曲线，曲线多项式都具有相似的形式。这些多项式组成了所有的 16 个方程：

$$\mathbf{u}^{\mathrm{T}} \mathbf{M}_I \mathbf{P} = \mathbf{u}^{\mathrm{T}} \mathbf{C} \mathbf{A}^{\mathrm{T}}$$

其中 **A** 是 $\mathbf{M}_I$ 的逆矩阵。求解这些方程得到所求系数矩阵：

$$\mathbf{C} = \mathbf{M}_I \mathbf{P} \mathbf{M}_I^{\mathrm{T}}$$

代入曲面方程，得到：

$$\mathbf{p}(u, v) = \mathbf{u}^{\mathrm{T}} \mathbf{M}_I \mathbf{P} \mathbf{M}_I^{\mathrm{T}} \mathbf{v}$$

可以从不同的角度分析上述结果。首先，插值曲面可以由插值曲线导出(其他类型的曲线也可以采用该方法推广到曲面)。另外，可以将调和函数推广到曲面，通过使用 $\mathbf{M}_I^{\mathrm{T}} \mathbf{u}$ 表示插值调和函数，可以将曲面片改写为：

$$\mathbf{p}(u, v) = \sum_{i=0}^{3} \sum_{j=0}^{3} b_i(u) b_j(v) \mathbf{p}_{ij}$$

每一项 $b_i(u) b_j(v)$ 表示一个**调和曲面片**(blending patch)，通过对 16 个简单曲面片的加权调和形成一个曲面，其权值为控制点的值。调和曲面片的基本特性由相应的插值曲线调和函数的性质决定，因此曲面的大多数特性和曲线的相似。特别是因为函数 $b_i(u) b_j(v)$ 的零值点位于 u, v 空间的单位方格之内，所以调和曲面片不是特别平滑。利用该方法从曲线得到的曲面称为**张量积曲面**(tensor product surfaces)，双三次张量积曲面是参数最高次数为 3 的曲面的子集，是一种**可分离曲面** (separable surfaces)，可以将其写成如下形式：

$$\mathbf{p}(u, v) = \mathbf{f}(u) \mathbf{g}(v)$$

其中，**f** 和 **g** 分别是适当选取的行矩阵和列矩阵。这个曲面的优点在于可以独立地处理 u 或 v 中的函数。

11.5 Hermite 曲线和曲面

生成插值曲线和曲面的方法也可以用来生成其他类型的曲线和曲面，其主要的区别在于控制点数据的使用方式。

11.5.1 Hermite 形式

假设开始时只有控制点 $\mathbf{p}_0$ 和 $\mathbf{p}_3$[1]，要求曲线分别在参数 $u = 0$ 和 $u = 1$ 时插值这些控制点。利用之前的表示方法，满足两个条件：

$$\mathbf{p}(0) = \mathbf{p}_0 = \mathbf{c}_0$$

$$\mathbf{p}(1) = \mathbf{p}_3 = \mathbf{c}_0 + \mathbf{c}_1 + \mathbf{c}_2 + \mathbf{c}_3$$

假设已知多项式在 $u = 1$ 和 $u = 0$ 处的导数，则可以得到另外两个条件。三次参数多项式的导数是如下形式的二次参数多项式：

$$\mathbf{p}'(u) = \begin{bmatrix} \frac{dx}{du} \\ \frac{dy}{du} \\ \frac{dz}{du} \end{bmatrix} = \mathbf{c}_1 + 2u\mathbf{c}_2 + 3u^2\mathbf{c}_3$$

如果用 $\mathbf{p}_0'$ 和 $\mathbf{p}_3'$ 表示导数，那么另外两个条件（见图 11.13）为：

$$\mathbf{p}_0' = \mathbf{p}'(0) = \mathbf{c}_1$$

$$\mathbf{p}_3' = \mathbf{p}'(1) = \mathbf{c}_1 + 2\mathbf{c}_2 + 3\mathbf{c}_3$$

可将其表示为矩阵形式：

$$\begin{bmatrix} \mathbf{p}_0 \\ \mathbf{p}_3 \\ \mathbf{p}_0' \\ \mathbf{p}_3' \end{bmatrix} = \begin{bmatrix} 1 & 0 & 0 & 0 \\ 1 & 1 & 1 & 1 \\ 0 & 1 & 0 & 0 \\ 0 & 1 & 2 & 3 \end{bmatrix} \mathbf{c}$$

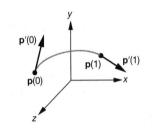

图 11.13 定义三次 Hermite 曲线

若令 $\mathbf{q}$ 表示数据矩阵：

$$\mathbf{q} = \begin{bmatrix} \mathbf{p}_0 \\ \mathbf{p}_3 \\ \mathbf{p}_0' \\ \mathbf{p}_3' \end{bmatrix}$$

求解上述方程，得到系数矩阵 $\mathbf{c}$：

$$\mathbf{c} = \mathbf{M}_H \mathbf{q}$$

其中，$\mathbf{M}_H$ 是 **Hermite 几何矩阵**（Hermite geometry matrix）：

$$\mathbf{M}_H = \begin{bmatrix} 1 & 0 & 0 & 0 \\ 0 & 0 & 1 & 0 \\ -3 & 3 & -2 & -1 \\ 2 & -2 & 1 & 1 \end{bmatrix}$$

所得多项式为：

---

[1] 使用这个编号是为了与我们的插值表示方法以及 11.6 节中用于 Bézier 曲线的编号保持一致。

$$\mathbf{p}(u) = \mathbf{u}^{\mathrm{T}} \mathbf{M}_H \mathbf{q}$$

图 11.14 显示了该方法的应用,其中插值和导数由连接点两侧的曲线段共享,因此所得曲线多项式及其一阶导数在所有曲线段上都是连续的。

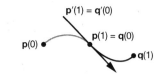

图 11.14　连接点处的 Hermite 形式

　　为了更精确地了解 Hermite 形式的平滑性,重写上述多项式为:

$$\mathbf{p}(u) = \mathbf{b}(u)^{\mathrm{T}} \mathbf{q}$$

其中新的调和函数表示为:

$$\mathbf{b}(u) = \mathbf{M}_H^{\mathrm{T}} \mathbf{u} = \begin{bmatrix} 2u^3 - 3u^2 + 1 \\ -2u^3 + 3u^2 \\ u^3 - 2u^2 + u \\ u^3 - u^2 \end{bmatrix}$$

这 4 个函数在区间 $(0, 1)$ 上没有零值点,而且比插值多项式的调和函数更加平滑(参见习题 11.21)。

　　可以通过这些调和函数进而定义一个双三次 Hermite 曲面片:

$$\mathbf{p}(u, v) = \sum_{i=0}^{3} \sum_{j=0}^{3} b_i(u) b_j(v) \mathbf{q}_{ij}$$

其中,$\mathbf{Q} = [\mathbf{q}_{ij}]$ 是 $\mathbf{q}$ 到曲面数据的扩展,表示曲面控制点数据。然而,对于曲面片而言,这个等式只是一个形式化的表达式。$\mathbf{Q}$ 的元素和 $\mathbf{p}(u, v)$ 的导数之间的关系尚不清楚,通常选择 $\mathbf{Q}$ 的 4 个元素为曲面片 4 个角点的插值点,其他元素为曲面片角点的导数。然而在大多数交互式应用中,用户输入的是控制点数据,而并非导数数据,因此,除非有这些数据的求导公式,否则没有办法获得这些导数。然而,利用 Hermite 曲线和曲面的推导方法可以推导出 11.6 节介绍的 Bézier 曲线和曲面。

11.5.2　几何与参数连续性

　　在讨论 Bézier 及样条曲线和曲面之前,先讨论有关曲线连续性和可导性的问题。考虑图 11.15 中的连接点,假设连接点左侧曲线多项式是 $\mathbf{p}(u)$,右侧的多项式是 $\mathbf{q}(u)$。建立 $\mathbf{p}(u)$ 在 $u = 1$ 时与 $\mathbf{q}(u)$ 在 $u = 0$ 时,以及其导数 $\mathbf{p}'(u)$ 在 $u = 1$ 时与 $\mathbf{q}'(u)$ 在 $u = 0$ 时的对应关系,以得到各种连续性条件。如果希望曲线是连续的,则需满足以下条件:

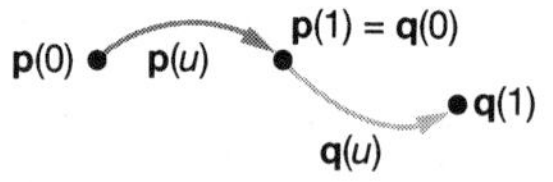

图 11.15　连接点处的连续性

$$\mathbf{p}(1) = \begin{bmatrix} p_x(1) \\ p_y(1) \\ p_z(1) \end{bmatrix} = \mathbf{q}(0) = \begin{bmatrix} q_x(0) \\ q_y(0) \\ q_z(0) \end{bmatrix}$$

所有三个参数分量在连接点必须对应相等,我们称这种特性为 C^0 **参数连续性** (parametric continuity)。

　　导数所要满足的条件与 Hermite 曲线中的要求一样,即

$$\mathbf{p}'(1) = \begin{bmatrix} p_x'(1) \\ p_y'(1) \\ p_z'(1) \end{bmatrix} = \mathbf{q}'(0) = \begin{bmatrix} q_x'(0) \\ q_y'(0) \\ q_z'(0) \end{bmatrix}$$

如果所有三个参数方程和一阶导数都对应相等，则曲线具有 C^1 参数连续性。

但是，如果仔细观察几何图形，会发现可以采取另一种方法来处理连续性。在三维空间中，曲线上某一点的导数定义了该点的切线。假设只要求两个曲线段在连接点处的导数成比例，而不是需要导数相等，即对于某个正数 α：

$$\mathbf{p}'(1) = \alpha \mathbf{q}'(0)$$

如果两条曲线的切线向量成比例，那么它们方向相同，但是大小不同，则称该连续性为 G^1 **几何连续性**(geometric continuity)[①]。对于这种情况，只需要两个约束条件，而并非三个，可以利用剩下的一个自由度来满足其他条件。将这个思想推广到高阶导数，就可以同时得到 C^n 和 G^n 连续性。

尽管在连接点处仅有 G^1 连续性的两条曲线在连接点处具有连续的切线，但是连接点两侧切线的比例(也就是在连接点两侧的切线的相对大小)具有重要的作用。如图 11.16 所示的两条不同的曲线 $\mathbf{p}(u)$ 和 $\mathbf{q}(u)$ 共享端点，并且端点处的切线指向相同的方向，但曲线不同。这个结论常被用到许多画图程序中，用户可以交互地改变切线大小，而保留其方向不变。然而在其他的应用中(例如动画)，若以一组曲线段描述对象的运动路径，G^1 连续性可能就不够了(参见习题 11.10)。

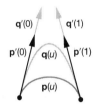

图 11.16 G^1 连续时改变切向量的大小

11.6 Bézier 曲线和曲面

将 Hermite 形式和插值形式进行对比存在争议，这两类曲线形式具有某些相似性但却明显不同。尽管它们都是三次多项式曲线形式，但是使用不同的数据，因此它们不能在同等条件下进行比较。可以采用一组控制点推导出插值曲线，也可以使用相同控制点拟合曲线导数值推导出 Hermite 曲线。同样利用这一组控制点，还可以推导出非常逼近 Hermite 曲线的 Bézier 曲线，由于采用了与插值曲线相同的数据，所以与插值曲线具有可比较性。另外，由于 Bézier 曲线不需要导数信息，因此非常适用于图形学和 CAD。

11.6.1 Bézier 曲线

再次考虑 4 个控制点：$\mathbf{p}_0, \mathbf{p}_1, \mathbf{p}_2$ 和 $\mathbf{p}_3$，假设仍要求使用三次多项式 $\mathbf{p}(u)$ 插值端点处的已知值：

$$\mathbf{p}_0 = \mathbf{p}(0)$$

$$\mathbf{p}_3 = \mathbf{p}(1)$$

Bézier 提出并不使用另外两个控制点 $\mathbf{p}_2$ 和 $\mathbf{p}_3$ 进行插值，而是使用它们来拟合曲线在 $u = 0$ 和 $u = 1$ 的切线。由于控制点在参数空间等距离分布，因此可以使用线性拟合公式：

$$\mathbf{p}'(0) \approx \frac{\mathbf{p}_1 - \mathbf{p}_0}{\frac{1}{3}} = 3(\mathbf{p}_1 - \mathbf{p}_0)$$

[①] G^0 连续性与 C^0 连续性相同。

$$\mathbf{p}'(1) \approx \frac{\mathbf{p}_3 - \mathbf{p}_2}{\frac{1}{3}} = 3(\mathbf{p}_3 - \mathbf{p}_2)$$

如图 11.17 所示，将上述公式在两个端点处代入参数多项式 $\mathbf{p}(u) = \mathbf{u}^{\mathrm{T}}\mathbf{c}$ 的导数，可以得到如下两个条件：

$$3\mathbf{p}_1 - 3\mathbf{p}_0 = \mathbf{c}_1$$

$$3\mathbf{p}_3 - 3\mathbf{p}_2 = \mathbf{c}_1 + 2\mathbf{c}_2 + 3\mathbf{c}_3$$

再加上插值条件：

$$\mathbf{p}_0 = \mathbf{c}_0$$

$$\mathbf{p}_3 = \mathbf{c}_0 + \mathbf{c}_1 + \mathbf{c}_2 + \mathbf{c}_3$$

此时，再次推导出包含 4 个方程，每个方程有 4 个未知数的 3 组方程。采用之前的方法求解，得到：

$$\mathbf{c} = \mathbf{M}_B \mathbf{p}$$

其中 $\mathbf{M}_B$ 是 **Bézier 几何矩阵**(Bézier geometry matrix)：

$$\mathbf{M}_B = \begin{bmatrix} 1 & 0 & 0 & 0 \\ -3 & 3 & 0 & 0 \\ 3 & -6 & 3 & 0 \\ -1 & 3 & -3 & 1 \end{bmatrix}$$

于是，三次 Bézier 多项式为：

$$\mathbf{p}(u) = \mathbf{u}^{\mathrm{T}}\mathbf{M}_B\mathbf{p}$$

与插值多项式一样，对于一组控制点 $\mathbf{p}_0, \cdots, \mathbf{p}_n$，使用 $\mathbf{p}_0, \mathbf{p}_1, \mathbf{p}_2$ 和 $\mathbf{p}_3$ 生成第一条曲线，使用 $\mathbf{p}_3, \mathbf{p}_4, \mathbf{p}_5$ 和 $\mathbf{p}_6$ 生成第二条曲线，依次类推。很明显，所得的曲线具有 C^0 连续性，因为在连接点的左侧和右侧使用了不同的拟合公式，所以不具备 Hermite 多项式的 C^1 连续性。

通过仔细分析图 11.18 所示的调和函数可以看到 Bézier 曲线的优势。将曲线写为：

$$\mathbf{p}(u) = \mathbf{b}(u)^{\mathrm{T}}\mathbf{p}$$

其中，

$$\mathbf{b}(u) = \mathbf{M}_B^{\mathrm{T}}\mathbf{u} = \begin{bmatrix} (1-u)^3 \\ 3u(1-u)^2 \\ 3u^2(1-u) \\ u^3 \end{bmatrix}$$

这 4 个多项式是如下 **Bernstein 函数**(Bernstein polynomial)的特例：

$$b_{kd}(u) = \frac{d!}{k!(d-k)!}u^k(1-u)^{d-k}$$

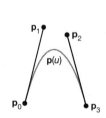

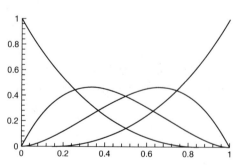

图 11.17　拟合曲线的切线　　　　　图 11.18　三次 Bézier 曲线的调和函数

该多项式具有良好的特性。首先，多项式所有的零值点位于 $u = 0$ 或者 $u = 1$ 的位置，因此，任意调和函数都有：

$$b_{id}(u) > 0, \quad 0 < u < 1$$

由于在该区间内不存在零值点，因此每个调和函数必须是平滑的，并且在区间 $0 < u < 1$ 中至多有一个导数为零的点。还可以证明，在该区间还具有如下特性(参见习题 11.5)：

$$b_{id}(u) < 1$$

并且

$$\sum_{i=0}^{d} b_{id}(u) = 1$$

在这些条件下，用调和函数表示的三次 Bézier 多项式为：

$$\mathbf{p}(u) = \sum_{i=0}^{3} b_i(u)\mathbf{p}_i$$

$\mathbf{p}(u)$ 是一个凸性组合，因此曲线必定位于 4 个控制点构成的凸包中，如图 11.19 所示。这样，尽管 Bézier 多项式曲线没有插值所有的控制点，然而也不会偏离它们。这两个特性，加之曲线采用的数据都是控制点，使用户易于以交互的方式使用 Bézier 曲线。用户可以输入 4 个控制点来定义一个初始曲线，然后通过操纵这些点来改变曲线的形状。

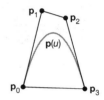

图 11.19　凸包与 Bézier 多项式曲线

11.6.2　Bézier 曲面片

可以通过修改调和函数生成 **Bézier 曲面片**(Bézier surface patch)。设 **P** 是控制点的 4×4 数组：

$$\mathbf{P} = \begin{bmatrix} \mathbf{p}_{ij} \end{bmatrix}$$

那么相应的 Bézier 曲面片为：

$$\mathbf{p}(u, v) = \sum_{i=0}^{3} \sum_{j=0}^{3} b_i(u)b_j(v)\mathbf{p}_{ij} = \mathbf{u}^{\mathsf{T}} \mathbf{M}_B \mathbf{P} \mathbf{M}_B^{\mathsf{T}} \mathbf{v}$$

这个曲面片完全包含在由控制点(参见图 11.20)形成的凸包中，并且对 $\mathbf{p}_{00}$, $\mathbf{p}_{03}$, $\mathbf{p}_{30}$ 和 $\mathbf{p}_{33}$ 进行插值。其他条件用于拟合曲面片角点位置的各种导数。

考虑 $u = v = 0$ 处的角点，可以计算 $\mathbf{p}(u)$ 和一阶偏导数：

$$\mathbf{p}(0, 0) = \mathbf{p}_{00}$$

$$\frac{\partial \mathbf{p}}{\partial u}(0, 0) = 3(\mathbf{p}_{10} - \mathbf{p}_{00})$$

$$\frac{\partial \mathbf{p}}{\partial v}(0, 0) = 3(\mathbf{p}_{01} - \mathbf{p}_{00})$$

$$\frac{\partial^2 \mathbf{p}}{\partial u \partial v}(0, 0) = 9(\mathbf{p}_{00} - \mathbf{p}_{01} - \mathbf{p}_{10 + \mathbf{p}_{11}})$$

前三个条件是 Bézier 曲线的推广，第四个条件可以看成曲面片在角点处偏离平面的程度或者**扭曲**(twist)的度量。这几个点定义的四边形如图 11.21 所示，只有扭曲为零时，这些点才位于同一平面上。图 11.22 和图 11.23 使用了 Bézier 曲面片从高程数据生成平滑的曲面。

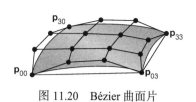

图 11.20　Bézier 曲面片

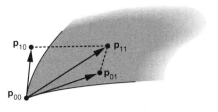

图 11.21　Bézier 曲面片在角点处扭曲

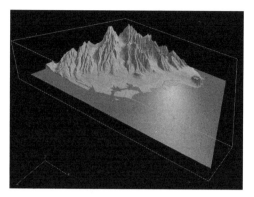

图 11.22　Honolulu 的高程数据，使用四边形网格定义 Bézier 曲面的控制点

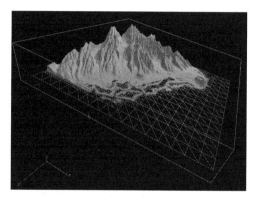

图 11.23　用来定义控制点的四边形网格的线框图，在平坦区域用较低的分辨率显示

11.7　三次 B 样条

三次 Bézier 曲线和曲面在实践中得到了广泛的应用，但它们有一个根本的局限：在连接点(或者曲面片边缘)只有 C^0 连续性。例如，如果使用三次 Bézier 曲线来设计 11.2 节的模型飞机横截面，然后尝试构建这些横截面，那么我们对曲线段连接点的平滑性可能不会感到满意。

对三次参数多项式的利用似乎达到了极限，如果需要更加平滑的曲线，则不得不使用高阶多项式，或者缩短区间来使用更多的多项式曲线段。这两种策略都是可行的，但是还有另外一个策略：使用相同的控制点数据，但不要求多项式对这些点进行插值。采用曲线逼近控制点的方式，可以在连接点获得更高的平滑性，在实际中会得到令人满意的结果。

11.7.1　三次 B 样条曲线

本节将通过 B 样条曲线的特例阐述如何在连接点获得具有 C^2 连续性的三次曲线。我们将在 11.8 节对生成 B 样条的一般性方法给出简要介绍，该方法非常通用，Bézier 曲线就是其特例。考虑控制点序列中的 4 个点：$\{\mathbf{p}_{i-2}, \mathbf{p}_{i-1}, \mathbf{p}_i, \mathbf{p}_{i+1}\}$。之前的方法是利用这 4 个点定义一条三次曲线，随着参数 u 从 0 到 1 变化，曲线的跨度从 $\mathbf{p}_{i-2}$ 到 $\mathbf{p}_{i+1}$，并插值 $\mathbf{p}_{i-2}$ 和 $\mathbf{p}_{i+1}$。换一种方法，假设随着 u 从 0 到 1 变化，使得曲线仅仅跨越中间两个控制点，如图 11.24 所示。

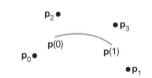

图 11.24　4 个控制点定义了中间两个控制点之间的曲线

同样，使用 $\{\mathbf{p}_{i-3}, \mathbf{p}_{i-2}, \mathbf{p}_{i-1}, \mathbf{p}_i\}$ 定义 $\mathbf{p}_{i-2}$ 和 $\mathbf{p}_{i-1}$，以及使用 $\{\mathbf{p}_{i-1}, \mathbf{p}_i, \mathbf{p}_{i+1}, \mathbf{p}_{i+2}\}$ 定义 $\mathbf{p}_i$ 和 $\mathbf{p}_{i+1}$ 之间的一段曲线。假设曲线 $\mathbf{p}(u)$ 是跨越 $\mathbf{p}_{i-1}$ 和 $\mathbf{p}_i$ 之间的曲线，其左侧的曲线 $\mathbf{q}(u)$ 跨越 $\mathbf{p}_{i-2}$ 和 $\mathbf{p}_{i-1}$，令 $\mathbf{p}(0)$ 和 $\mathbf{q}(1)$ 位置的条件对应相等，类似之前的推导方法，使用矩阵 $\mathbf{M}$ 表示的三次多项式为：

$$\mathbf{p}(u) = \mathbf{u}^{\mathrm{T}}\mathbf{M}\mathbf{p}$$

其中 $\mathbf{p}$ 是控制点矩阵：

$$\mathbf{p} = \begin{bmatrix} \mathbf{p}_{i-2} \\ \mathbf{p}_{i-1} \\ \mathbf{p}_i \\ \mathbf{p}_{i+1} \end{bmatrix}$$

可以使用相同的矩阵表示 $\mathbf{q}(u)$：

$$\mathbf{q}(u) = \mathbf{u}^{\mathrm{T}}\mathbf{M}\mathbf{q}$$

其中，

$$\mathbf{q} = \begin{bmatrix} \mathbf{p}_{i-3} \\ \mathbf{p}_{i-2} \\ \mathbf{p}_{i-1} \\ \mathbf{p}_i \end{bmatrix}$$

原则上，可以写出 $\mathbf{p}(0)$ 对应于 $\mathbf{q}(1)$ 的一组相匹配的条件，而且可以写出曲线在 $\mathbf{p}(1)$ 位置的各种导数对应于以 $\mathbf{p}(1)$ 为起点的另一个多项式的相匹配的等价条件。例如，条件

$$\mathbf{p}(0) = \mathbf{q}(1)$$

表示两条曲线连接点的连续性，而并没有要求插值任何一个控制点。根据这个条件可以得到求解 $\mathbf{M}$ 的系数的一个方程。显然，有多组类似的条件可供使用，每一组条件定义一个不同的矩阵。

实际上两段曲线是以对称方式逼近连接点的，据此可以采取捷径来推导一种最受欢迎的矩阵。不可以使用 $\mathbf{p}_{i-3}$ 表示任何在 $\mathbf{q}(1)$ 位置的条件，因为这个控制点不会出现在 $\mathbf{p}(u)$ 的方程中。同样，也不能使用 $\mathbf{p}_{i+1}$ 计算 $\mathbf{p}(0)$ 处的任何条件。对称性的两个条件如下：

$$\mathbf{p}(0) = \mathbf{q}(1) = \frac{1}{6}(\mathbf{p}_{i-2} + 4\mathbf{p}_{i-1} + \mathbf{p}_i)$$

$$\mathbf{p}'(0) = \mathbf{q}'(1) = \frac{1}{2}(\mathbf{p}_i - \mathbf{p}_{i-2})$$

可将 $\mathbf{p}(u)$ 写作系数矩阵 $\mathbf{c}$ 的形式：

$$\mathbf{p}(u) = \mathbf{u}^{\mathrm{T}}\mathbf{c}$$

上述条件可以表示为：

$$\mathbf{c}_0 = \frac{1}{6}(\mathbf{p}_{i-2} + 4\mathbf{p}_{i-1} + \mathbf{p}_i)$$

$$\mathbf{c}_1 = \frac{1}{2}(\mathbf{p}_i - \mathbf{p}_{i-2})$$

在 $\mathbf{p}(1)$ 位置应用对称性条件，则有：

$$\mathbf{p}(1) = \mathbf{c}_0 + \mathbf{c}_1 + \mathbf{c}_2 + \mathbf{c}_3 = \frac{1}{6}(\mathbf{p}_{i-1} + 4\mathbf{p}_i + \mathbf{p}_{i+1})$$

$$\mathbf{p}'(1) = \mathbf{c}_1 + 2\mathbf{c}_2 + 3\mathbf{c}_3 = \frac{1}{2}(\mathbf{p}_{i+1} - \mathbf{p}_{i-1})$$

利用这 4 个方程求解系数矩阵 $\mathbf{c}$，进而可以求解 B 样条几何矩阵（B-spline geometry matrix）$\mathbf{M}_S$：

$$\mathbf{M}_S = \frac{1}{6} \begin{bmatrix} 1 & 4 & 1 & 0 \\ -3 & 0 & 3 & 0 \\ 3 & -6 & 3 & 0 \\ -1 & 3 & -3 & 1 \end{bmatrix}$$

通过分析以下调和函数来阐述利用上述矩阵生成的多项式的重要特性。

$$\mathbf{b}(u) = \mathbf{M}_S^T \mathbf{u} = \frac{1}{6} \begin{bmatrix} (1-u)^3 \\ 4 - 6u^2 + 3u^3 \\ 1 + 3u + 3u^2 - 3u^3 \\ u^3 \end{bmatrix}$$

函数曲线如图 11.25 所示。采用与 Bézier 多项式相同的方法可以证明:

$$\sum_{i=0}^{3} b_i(u) = 1$$

而且,在区间 $0 < u < 1$:

$$0 < b_i(u) < 1$$

因此,曲线必定位于控制点的凸包内,如图 11.26 所示。注意,曲线仅仅存在于凸包的部分区域。这样定义的曲线具有 C^1 连续性。事实上,可以通过计算在 $u=0$ 和 $u=1$ 的 $\mathbf{p}''(u)$ 证明它也具有 C^2 连续性[①],并且该值在曲线左侧和右侧保持一致。正因如此,样条曲线才显得如此重要。从物理角度来看,金属可以弯曲到二阶导数连续的程度。从视觉角度来看,由 C^2 连续的三次曲线段组成的曲线看上去是平滑的,即使是在连接点。

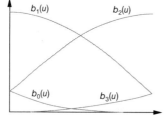

图 11.25　样条曲线的调和函数

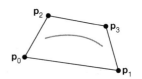

图 11.26　样条曲线凸包

　　尽管使用与三次 Bézier 曲线相同的控制点数据推导出的三次样条曲线更平滑,但是必须意识到其工作量是三次 Bézier 曲线或插值曲线的 3 倍,原因是曲线只跨越控制点 $i-1$ 和 i 之间,而使用相同数据的 Bézier 曲线则跨越控制点 $i-2$ 和 $i+1$ 之间。因此,每增加一个控制点,必须重新计算样条曲线,然而对于 Bézier 曲线,增加三个控制点才需要重新计算一条曲线。

11.7.2　B 样条和基函数

　　如果从单个控制点的角度,而不是单个区间的角度来讨论样条曲线,则有助于更深入地分析样条曲线的特性。每一个控制点对处在其相邻 4 个区间的样条都有贡献,这一特性确保了样条曲线的局部性。也就是说,如果改变一个控制点,仅仅影响 4 个相邻区间曲线。例如在 $u=0$ 和 $u=1$ 之间,控制点 $\mathbf{p}_i$ 与调和函数 $b_2(u)$ 相乘,却以权因子 $b_1(u+1)$ 影响左侧区间的曲线 $\mathbf{q}(u)$。因此为了得到左边的区间,必须将 u 值向左移 1。

　　某个控制点的总权值可以用 $B_i(u)\mathbf{p}_i$ 表示,其中 B_i 是如下形式的函数:

$$B_i(u) = \begin{cases} 0 & u < i-2 \\ b_0(u+2) & i-2 \leq u < i-1 \\ b_1(u+1) & i-1 \leq u < i \\ b_2(u) & i \leq u < i+1 \\ b_3(u-1) & i+1 \leq u < i+2 \\ 0 & u \geq i+2 \end{cases}$$

---

① 如果仅关心 G^2 连续性,而不是 C^2 连续性,那么在设计曲线时可以使用额外的自由度增加灵活性,参阅 Barsky[Bar83]。

函数曲线如图 11.27 所示。给定一组控制点 $\mathbf{p}_0,\cdots,\mathbf{p}_m$，可以用单个公式表示整个样条曲线[①]：

$$\mathbf{p}(u) = \sum_{i=1}^{m-1} B_i(u)\mathbf{p}_i$$

上述公式表明，函数集 $B(u-i)$ 中的每个函数都是由另一函数移位得到的，这个函数集形成了三次 B 样条曲线的基函数。给定一组控制点，在整个区间对基函数线性组合形成了一个分段多项式曲线 $\mathbf{p}(u)$。图 11.28 显示了 B 样条曲线以及每个基函数的贡献值。将上述观点加以推广，在区间内允许高阶多项式，并且允许不同区间使用不同的多项式，据此将在 11.8 节阐述关于样条函数的一般理论。

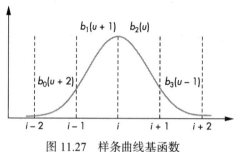

图 11.27　样条曲线基函数

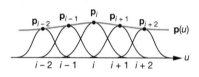

图 11.28　区间上的逼近函数

11.7.3　样条曲面

可以采用与之前相似的方法定义 B 样条曲面。从 B 样条调和函数入手，曲面片可以表示为：

$$\mathbf{p}(u, v) = \sum_{i=0}^{3} \sum_{j=0}^{3} b_i(u) b_j(v) \mathbf{p}_{ij}$$

这个公式和其他曲面片的表示形式相同，但是从图 11.29 可以看出，这个曲面片仅仅位于中央区域，因此工作量是 Bézier 曲面片的 9 倍。然而，因为继承了 B 样条曲线的凸包性质以及边缘的附加连续性，使用相同数据的 B 样条曲面片比 Bézier 曲面片平滑得多。

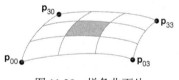

图 11.29　样条曲面片

11.8　通用 B 样条

假设已知一组控制点 $\mathbf{p}_0,\cdots,\mathbf{p}_m$。一般拟合曲线的方法就是寻找一个定义在区间 $u_{\min} \leqslant u \leqslant u_{\max}$ 上的函数 $\mathbf{p}(u) = [x(u) \quad y(u) \quad z(u)]^{\mathrm{T}}$，要求所表示的曲线是平滑的而且在某种程度上逼近控制点。假设一组称作**节点**(knot)的参数值 $\{u_k\}$ 满足条件：

$$u_{\min} = u_0 \leqslant u_1 \leqslant \cdots \leqslant u_n = u_{\max}$$

则称序列 $u_0, u_1, \cdots, u_n$ 为**节点数组**(knot array)[②]。样条曲线多项式 $\mathbf{p}(u)$ 是定义在节点上的 d 阶多项式：

$$\mathbf{p}(u) = \sum_{j=0}^{d} \mathbf{c}_{jk} u^j, \quad u_k < u < u_{k+1}$$

---

① 在 11.8 节将确定样条曲线的起始和终止条件。
② 大多数研究人员把这个序列称为节点向量，但是这个术语与仅使用向量表示有向线段的决定相矛盾。

因此，要定义 d 阶样条曲线，必须确定 $n(d+1)$ 个三维系数 $\mathbf{c}_{jk}$，可以通过在节点应用各种连续性要求并且在控制点应用插值要求来获得所需要的条件。

例如，如果 $d = 3$，则每个节点区间上的曲线多项式都是三次的，那么对于给定的 n，必须定义 $4n$ 个条件。$n + 1$ 个节点的序列包含 $n - 1$ 个内部节点。如果要求在内部节点有 C^2 连续性，则需要 $3n - 3$ 个条件。此外，如果要求插值 $n + 1$ 个控制点，则总共需要 $4n - 2$ 个条件。当然可以有多种方式确定另外两个条件，例如拟合曲线端点的切线。然而，这种特殊的样条是全局范围求解的，必须求解包含 $4n$ 个未知数的 $4n$ 个方程，而且求解每一个系数都依赖于所有的控制点。因此，尽管形成一条插值所有控制点且平滑的样条曲线，但这种样条曲线并不太适合计算机图形学和 CAD。

11.8.1　B 样条的递归定义

定义 B 样条曲线的方法是基于一组基函数或调和函数，每个基函数仅在跨越几个节点的区间内定义为非零值。因此，可以将 $\mathbf{p}(u)$ 表示为：

$$\mathbf{p}(u) = \sum_{i=0}^{m} B_{id}(u)\mathbf{p}_i$$

其中，每个函数 $B_{id}(u)$ 是区间 $(u_{i_{\min}}, u_{i_{\max}})$ 上的 d 阶多项式(除节点处)，而且在区间以外取值为零。B 样条的名字来自术语**基样条**(basic spline)，这是因为一组函数 $\{B_{id}(u)\}$ 构成了给定节点序列和阶数的基函数。尽管有很多定义样条基函数的方法，但是 **Cox-deBoor 递归**(Cox-deBoor recursion)定义的样条集尤其重要[①]：

$$B_{k0} = \begin{cases} 1 & u_k \leqslant u \leqslant u_{k+1} \\ 0 & \text{其他} \end{cases}$$

$$B_{kd} = \frac{u - u_k}{u_{k+d} - u_k} B_{k, d-1}(u) + \frac{u_{k+d} - u}{u_{k+d+1} - u_{k+1}} B_{k+1, d-1}(u)$$

第一组基函数 B_{k0} 中的每个函数在一个区间上是常数，其他地方取值为零；第二组基函数 B_{k1} 中的每个函数在两个区间都是线性的，其他地方取值为零；第三组基函数 B_{k2} 中的每个函数在三个区间上都是二次函数；依次类推(参见图 11.30)。总之，B_{kd} 中的每个函数在 u_k 与 u_{k+d+1} 之间的 $d+1$ 个区间上都是 d 阶非零多项式，并且节点处具有 C^{d-1} 连续性，而且满足凸包性的条件是：

$$\sum_{i=0}^{m} B_{i,d}(u) = 1$$

并且在区间 $u_{\min} \leqslant u \leqslant u_{\max}$，满足

$$0 \leqslant B_{id}(u) \leqslant 1$$

然而，由于每个 B_{id} 只在 $d+1$ 个区间是非零的，所以每个控制点只影响 $d+1$ 个区间，所得曲线将落在这 $d+1$ 个控制点定义的凸包中。

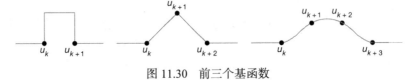

图 11.30　前三个基函数

注意，仔细分析 Cox-deBoor 公式会发现，递归的每一步都是对上一步生成的函数的线性插值，

---

① 这个公式也称为 deCasteljau 递归。

即 k 阶多项式的线性插值得到 $k+1$ 阶多项式。

一组样条基函数由所需的阶数和节点序列决定。注意，因为递归定义从 u_0 到 u_{n+1} 的样条需要 u_0 到 u_{n+d} 的节点序列，所以需要 $d-1$ 个额外的节点来定义样条，这些额外的节点值由整个样条曲线的起点和终点的条件决定。

注意，除了 $u_k \leqslant u_{k+1}$，并没有讨论关于节点取值的问题。如果递归等于 1 的时候出现了 0/0，那么可以取重复的或者多重的节点；等间距的节点序列定义的样条称为**均匀样条**(uniform spline)；然而，还可以通过采用非均匀间隔的节点但是仍采用重复($u_k = u_{k+1}$)节点得到更加灵活的样条曲线。下面讨论其中的几种情形。

11.8.2 均匀样条

如果将 Cox-deBoor 公式应用到等间距节点序列 $\{0, 1, 2, \cdots, n\}$ 上，则可以推导出 11.7 节讨论的三次 B 样条曲线。使用与前面一样的编号方式(Cox-deBoor 公式下标的移位)，在节点 k 和 $k+1$ 之间采用控制点 p_{k-1}，p_k，p_{k+1} 和 p_{k+2}，因此，得到一条仅定义在区间 $u=1$ 到 $u=n-1$ 之间的曲线，如图 11.31 所示的样条曲线并没有跨越 4 个节点。特定情况下，可以利用控制点的周期性定义跨越整个节点序列的样条曲线，如图 11.32 所示，这个**均匀周期性 B 样条**(uniform periodic B-spline)的特性在于其每个样条基函数都是通过对前一个基函数移位得到的。

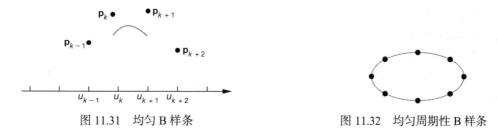

图 11.31　均匀 B 样条　　　　　　　　　图 11.32　均匀周期性 B 样条

11.8.3 非均匀 B 样条

采用多重节点序列可以使样条曲线更靠近与其关联的控制节点，如果端节点重复 $d+1$ 次，则 d 阶 B 样条必定插值该点。因此，解决样条没有足够多数据而未能插值整个控制点序列的一个方法就是重复端节点，进行强制插值，并在其他地方采用均匀间隔节点，这样形成的样条称作**开放样条**(open spline)。

节点序列 $\{0, 0, 0, 0, 1, 2, \cdots, n-1, n, n, n, n\}$ 通常用于生成三次 B 样条。而序列 $\{0, 0, 0, 0, 1, 1, 1, 1\}$ 非常特殊，它所对应的三次 B 样条恰好是三次 Bézier 曲线。通常，可以重复内部节点，从而得到任意间隔的节点序列。

11.8.4 NURBS

在讨论 B 样条时，使用向量 $[x(u) \quad y(u) \quad z(u)]^{\mathrm{T}}$ 表示 $p(u)$，而在二维空间中，只需使用 $[x(u) \ y(u)]^{\mathrm{T}}$，方程保持不变。实际上，推广到四维 B 样条，方程仍保持不变。考虑如下三维控制点：

$$\mathbf{p}_i = [x_i \quad y_i \quad z_i]$$

该点的加权齐次坐标表示为：

$$\mathbf{q}_i = w_i \begin{bmatrix} x_i \\ y_i \\ z_i \\ 1 \end{bmatrix}$$

其思想是使用权重 w_i 来调整控制点的重要性。可以使用这些加权的点来生成四维 B 样条。所得样条的前三个分量只是加权控制点的 B 样条表示:

$$\mathbf{q}(u) = \begin{bmatrix} x(u) \\ y(u) \\ z(u) \end{bmatrix} = \sum_{i=0}^{n} B_{i,d}(u) w_i \mathbf{p}_i$$

w 分量是从权重集导出的标量 B 样条多项式:

$$w(u) = \sum_{i=0}^{n} B_{i,d}(u) w_i$$

在奇次坐标系下,w 分量可能不等于 1。因此,必须通过透视除法来导出三维点:

$$\mathbf{p}(u) = \frac{1}{w(u)} \mathbf{q}(u) = \frac{\sum_{i=0}^{n} B_{i,d}(u) w_i \mathbf{p}_i}{\sum_{i=0}^{n} B_{i,d}(u) w_i}$$

现在,$\mathbf{p}(u)$ 的每个分量都是 u 的有理函数,而且由于对节点没有施加任何约束条件,因而得到**非均匀有理 B 样条曲线**(nonuniform rational B-spline,NURBS)。

NURBS 曲线保留了三维 B 样条曲线的所有特性,比如凸包性和连续性,加之其自身的两个特性,使得 NURBS 曲线在计算机图形学和 CAD 中具有重要地位。

如果对 B 样条曲线或曲面应用仿射变换,可以变换控制点得到与 B 样条曲线和曲面相同的函数。但是由于透视变换不是仿射变换,所以大多数样条在透视图里不能得到正确的处理,但是 NURBS 曲线的透视除法确保了 NURBS 曲线可以在透视图里得到正确的显示。

二次曲面通常由代数隐式形式表示,如果使用非有理样条,则只能近似表示这些曲面。然而,二次曲面可以表示为二次 NURBS 曲线的特例,因此,对于广泛应用的曲线和曲面可以采用单一的 NURBS 曲线进行建模(参见习题 11.14 和习题 11.15)。图 1.38 显示了由 NURBS 建模方法生成的网格,该网格形成了图 1.34 中的对象。WebGL 最终使用三角形绘制 NURBS 网格。

11.8.5 Catmull-Rom 样条

如果放宽曲线和曲面必须位于控制点凸包内的要求,那么就可以使用已知数据来生成其他类型的样条,其中最常见的是 Catmull-Rom 样条。

仍然使用推导 Bézier 曲线的 4 个控制点 $\mathbf{p}_0$, $\mathbf{p}_1$, $\mathbf{p}_2$ 和 $\mathbf{p}_3$。如果并不插值 $\mathbf{p}_0$ 和 $\mathbf{p}_1$,而是插值中间的 $\mathbf{p}_1$ 和 $\mathbf{p}_2$,则三次多项式为:

$$\mathbf{p}(0) = \mathbf{p}_1$$

$$\mathbf{p}(1) = \mathbf{p}_2$$

这样,与 B 样条一样,多项式将被定义在一个较小的区间内,而且每增加一个新的控制点就会生成一条新的曲线。

使用点 $\mathbf{p}_0$ 和 $\mathbf{p}_3$ 来指定控制点 $\mathbf{p}_0$ 和 $\mathbf{p}_1$ 处的切线(见图 11.33):

$$\mathbf{p}'(0) \approx \frac{\mathbf{p}_2 - \mathbf{p}_0}{2}$$

$$\mathbf{p}'(1) \approx \frac{\mathbf{p}_3 - \mathbf{p}_1}{2}$$

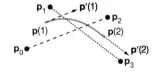

图 11.33 构建 Catmull-Rom 样条曲线

现在,通过这 4 个条件将得到曲线 $\mathbf{p}(u) = \mathbf{c}_0 + \mathbf{c}_1 u + \mathbf{c}_2 u^2 + \mathbf{c}_3 u^3$ 的 4 个方程:

$$\mathbf{p}_1 = \mathbf{c}_0$$

$$\mathbf{p}_2 = \mathbf{c}_0 + \mathbf{c}_1 + \mathbf{c}_2 + \mathbf{c}_3$$

$$\frac{\mathbf{p}_2 - \mathbf{p}_0}{2} = \mathbf{c}_1$$

$$\frac{\mathbf{p}_3 - \mathbf{p}_1}{2} = \mathbf{c}_1 + 2\mathbf{c}_2 + 3\mathbf{c}_3$$

注意，由于 u 从 0 到 1 变化，并且仅仅从 $\mathbf{p}_1$ 到 $\mathbf{p}_2$，于是 $\mathbf{p}_0$ 和 $\mathbf{p}_2$ 被参数空间的两个单位分隔，$\mathbf{p}_1$ 和 $\mathbf{p}_3$ 也是如此。除此之外，这 4 个条件确保了曲线的连续性，而且在控制点具有连续的一阶导数，即使曲线不满足凸包性。

求解这 4 个方程得到：

$$\mathbf{p}(u) = \mathbf{u}^{\mathrm{T}} \mathbf{M}_R \mathbf{p}$$

其中 $\mathbf{M}_R$ 是 Catmull-Rom 几何矩阵：

$$\mathbf{M}_R = \frac{1}{2} \begin{bmatrix} 0 & 2 & 0 & 0 \\ -1 & -0 & 1 & 0 \\ 2 & -5 & 4 & -1 \\ -1 & 3 & -3 & -1 \end{bmatrix}$$

11.9 绘制曲线和曲面

利用曲线和曲面建立场景之后，需要寻找绘制的方法。根据曲线和曲面的表示类型，有多种方法可供选择。对于显式表示形式以及参数多项式表示形式的曲线和曲面，可以在足够多的点上计算曲线或曲面，从而可以使用标准的平面对象近似它。我们将重点放在参数多项式曲线和曲面的绘制方法上。

对于隐式表示形式的曲线和曲面，可以计算从投影中心穿过像素的光线与对象的交点，然后通过这些交点来定义可以直接绘制的曲线片段或网格。然而，除了二次曲面（见 11.11 节），求交计算需要求解高阶非线性方程，而且阶数一般都非常高，难以进行实时计算。

考虑 Bézier 三次参数多项式：

$$\mathbf{b}(u) = (1-u)^3 \mathbf{p}_0 + (1-u)^2 u \mathbf{p}_1 + (1-u)u^2 \mathbf{p}_0 + u^3 \mathbf{p}_3$$

如果希望通过 u 的 N 个等间距区间取值来构建该曲线，并且将结果存储在一个数组 points 中（这有点类似于前面章节的示例程序），则绘制二维 Bézier 曲线的代码非常简单，代码如下：

```
function bezier(u)
{
    var b = [];
    var a = 1 - u;

    b[0] = u*u*u;
    b[1] = 3*a*u*u;
    b[2] = 3*a*a*u;
    b[3] = a*a*a;

    return b;
}

var d = 1.0/(N - 1);
```

```
for (var i = 0; i < N; ++i) {
    var u = i*d;
    for (var j = 0; j < 2; ++j) {
        points[i][j] = dot(bezier(u), p[i][j]);
    }
}
```

其中，控制点数据存储在 `vec2` 类型的数组 `p` 中。

11.9.1 多项式求值方法

假设有一个标准区间上的多项式：

$$\mathbf{p}(u) = \sum_{i=0}^{n} \mathbf{c}_i u^i, \quad 0 \leqslant u \leqslant 1$$

可以通过一组参数值$\{u_k\}$计算 $\mathbf{p}(u)$ 的值，然后使用折线(或者 `gl.LINE_STRIP`)来近似表示曲线。我们并不独立计算每一项 u^k，而是将各项进行组合从而得到下面的形式：

$$\mathbf{p}(u) = \mathbf{c}_0 + u(\mathbf{c}_1 + u(\mathbf{c}_2 + u(\cdots + \mathbf{c}_n u)))$$

这样，计算每一个 $\mathbf{p}(u_k)$ 仅仅需要 n 次乘法，该算法称为 **Horner 方法**(Horner's method)。对于典型的三次多项式 $\mathbf{p}(u)$，各项组合具有如下形式：

$$\mathbf{p}(u) = \mathbf{c}_0 + u(\mathbf{c}_1 + u(\mathbf{c}_2 + u\mathbf{c}_3))$$

如果$\{u_i\}$是均匀分布的，可以使用**前向差分法**(forward differences)计算 $\mathbf{p}(u_k)$，那么只需复杂度为 $O(n)$ 的加法运算，而不需要乘法。前向差分法的递归定义如下：

$$\Delta^{(0)}\mathbf{p}(u_k) = \mathbf{p}(u_k)$$

$$\Delta^{(1)}\mathbf{p}(u_k) = \mathbf{p}(u_{k+1}) - \mathbf{p}(u_k)$$

$$\Delta^{(m+1)}\mathbf{p}(u_k) = \Delta^{(m)}\mathbf{p}(u_{k+1}) - \Delta^{(m)}\mathbf{p}(u_k)$$

如果 $u_{k+1} - u_k = h$ 是一个常数，$\mathbf{p}(u)$ 是 n 阶多项式，则可以证明对于所有的 k，$\Delta^{(n)}\mathbf{p}(u_k)$ 是一个常数。图 11.34 表示如何利用该结论求解三次多项式：

$$\mathbf{p}(u) = 1 + 3u + 2u^2 + u^3$$

计算 $\Delta^{(n)}\mathbf{p}(u_0)$ 需要前 $n+1$ 个 $\mathbf{p}(u_k)$ 的值，如果已经求得 $\Delta^{(n)}\mathbf{p}(u_0)$，则可以将其复制到如图 11.35 所示的表中，使用重新整理后的递归计算 $\mathbf{p}(u_k)$ 后续的值：

$$\Delta^{(m-1)}(\mathbf{p}_{k+1}) = \Delta^{(m)}\mathbf{p}(u_k) + \Delta^{(m-1)}\mathbf{p}(u_k)$$

这个方法非常有效，但也存在缺陷，因为它只适用于均匀网格，而且易于累积数值误差。

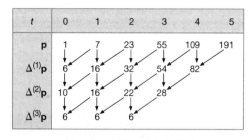

图 11.34 构造前向差分表

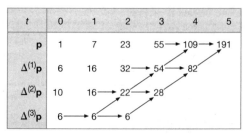

图 11.35 使用前向差分表

11.9.2 递归细分 Bézier 多项式

Bézier 曲线的递归细分算法可以实现精良雅致的绘制，该方法基于 Bézier 曲线的凸包，而且不需要显式计算多项式。假设已知一个三次 Bézier 多项式曲线(这个方法也适用于高次 Bézier 曲线)，该曲线一定位于控制点凸包内，可以将曲线分为两个独立的多项式 $l(u)$ 和 $r(u)$，其参数区间是原区间的一半。由于原多项式是三次的，分割后的 $l(u)$ 和 $r(u)$ 也是三次的。注意，因为 $l(u)$ 和 $r(u)$ 参数区间是原区间的一半，所以必须对 l 和 r 的参数 u 进行参数变换。这样，随着 u 在区间 $(0, 1)$ 范围变化，$l(u)$ 形成 $p(u)$ 的左半部分，$r(u)$

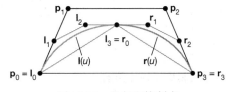

图 11.36 凸包和控制点

是右半部分，各由 4 个控制点定义并形成其凸包。使用 $\{l_0, l_1, l_2, l_3\}$ 和 $\{r_0, r_1, r_2, r_3\}$ 表示这两组控制点，$p(u)$ 的原始控制点是 $\{p_0, p_1, p_2, p_3\}$，控制点及其凸包如图 11.36 所示。注意，l 和 r 的凸包都位于 p 的凸包内，这一特性称作 Bézier 曲线的**变差缩减性**(variation-diminishing property)。

对于左边的多项式曲线，可以通过测量线段 $l_1 l_2$ 到线段 $l_0 l_3$ 的距离来判断该凸包的平面度(flatness)。如果距离足够近，则可以通过线段来代替曲线；反之，可将 l 分为两部分并且继续判断两个新凸包的平面度。由此定义了一个递归方法，而不需要计算多项式曲线的值，不过仍需要讨论如何确定 $\{l_0, l_1, l_2, l_3\}$ 和 $\{r_0, r_1, r_2, r_3\}$。下面介绍如何计算 $l(u)$ 的凸包，该计算对于 $r(u)$ 的凸包是对称的。首先考虑如下的曲线多项式：

$$p(u) = u^T M_B \begin{bmatrix} p_0 \\ p_1 \\ p_2 \\ p_3 \end{bmatrix}$$

其中，

$$M_B = \begin{bmatrix} 1 & 0 & 0 & 0 \\ -3 & 3 & 0 & 0 \\ 3 & -6 & 3 & 0 \\ -1 & 3 & -3 & -1 \end{bmatrix}$$

多项式 $l(u)$ 必须插值 $p(0)$ 和 $p(1/2)$，因此，

$$l(0) = l_0 = p_0$$

$$l(1) = l_3 = p\left(\frac{1}{2}\right) = \frac{1}{8}(p_0 + 3p_1 + 3p_2 + p_3)$$

当 $u = 0$ 时，l 的斜率必须与 p 的斜率相等，但是因为 $l(u)$ 的参数 u 的区间是 $(0, 1/2)$，而 $p(u)$ 的参数 u 的区间是 $(0,1)$，则有参数变换 $\bar{u} = 2u$。因此，l 和 p 的导数与 $d\bar{u} = 2du$ 相关，而且

$$l'(0) = 3(l_1 - l_0) = p'(0) = \frac{3}{2}(p_1 - p_0)$$

同样，中间位置的导数为：

$$l'(1) = 3(l_3 - l_2) = p'\left(\frac{1}{2}\right) = \frac{3}{8}(-p_0 - p_1 + p_2 + p_3)$$

可以对这 4 个方程进行代数求解。此外，还可以借助图 11.37 所示的几何作图法同时求得左侧和右侧控制点的集合。首先，插值条件要求：

$$l_0 = p_0$$
$$r_3 = p_3$$

可以通过在上述 4 个方程上进行代入求得曲线左、右两个端点的斜率，从而得到：

$$l_1 = \frac{1}{2}(p_0 + p_1)$$

$$r_2 = \frac{1}{2}(p_2 + p_3)$$

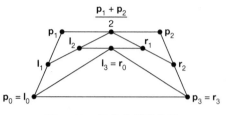

图 11.37　细分曲线的构建

内部控制点由以下方程给定：

$$l_2 = \frac{1}{2}\left(l_1 + \frac{1}{2}(p_1 + p_2)\right)$$

$$r_1 = \frac{1}{2}\left(r_2 + \frac{1}{2}(p_1 + p_2)\right)$$

最后，共享的中间控制点由下面的方程给定：

$$l_3 = r_0 = \frac{1}{2}(l_2 + r_1)$$

这个公式的优点在于可以仅使用移位(除以 2)和加法就可以确定两组控制点。然而，细分曲线算法的优点之一在于它的自适应性，而且在绘制过程中只有一侧可能需要在某个点进行细分。另外要注意，因为直到绘制流水线的光栅化阶段才需要绘制曲线，而且绘制是在屏幕坐标系或窗口坐标系中进行的，因此显示器的分辨率决定了凸包的细分次数(参见习题 11.24)。

11.9.3　基于细分算法的其他多项式曲线的绘制

曲线多项式可以是 Bézier 多项式，也可以是插值多项式，还可以是 B 样条曲线多项式，或者是一组正确选择的控制点的其他类型的多项式。由于 Bézier 细分算法的高效性，通常将其他类型的曲线转换为 Bézier 曲线，然后使用细分算法[①]。通过 Bézier 曲线公式可以推导出与其他类型曲线多项式之间的转换算法。对于三次 Bézier 曲线，可以依据 Bézier 矩阵 $\mathbf{M}_B$ 将其表示为如下形式：

$$p(u) = \mathbf{u}^{\mathrm{T}}\mathbf{M}_B\mathbf{p}$$

其中，$\mathbf{p}$ 是控制点几何矩阵(geometry matrix)。该多项式还可以表示成另一种形式：

$$p(u) = \mathbf{u}^{\mathrm{T}}\mathbf{M}\mathbf{q}$$

其中，$\mathbf{M}$ 是其他类型曲线多项式的几何矩阵，$\mathbf{q}$ 是这类多项式的控制点矩阵。假设这两个多项式定义在相同的区间上，如果令

$$\mathbf{q} = \mathbf{M}^{-1}\mathbf{M}_B\mathbf{p}$$

则上述两个多项式表示同一条曲线。对于从插值曲线多项式到 Bézier 曲线多项式，转换矩阵为：

$$\mathbf{M}_B^{-1}\mathbf{M}_I = \begin{bmatrix} 1 & 0 & 0 & 0 \\ -\frac{5}{6} & 3 & -\frac{3}{2} & \frac{1}{3} \\ \frac{1}{3} & -\frac{3}{2} & 3 & -\frac{5}{6} \\ 0 & 0 & 0 & 1 \end{bmatrix}$$

---

① 即使不使用细分算法的绘制系统也会使用其他的方法优化 Bézier 曲线的绘制。因此，仍希望将任何类型的多项式曲线或曲面转换为 Bézier 曲线或曲面。

三次 B 样条曲线多项式与三次 Bézier 曲线多项式之间的转换矩阵为：

$$\mathbf{M}_B^{-1}\mathbf{M}_S = \frac{1}{6}\begin{bmatrix} 1 & 4 & 1 & 0 \\ 0 & 4 & 2 & 0 \\ 0 & 2 & 4 & 0 \\ 0 & 1 & 4 & 1 \end{bmatrix}$$

图 11.38 显示了 4 个控制点及其定义的三次 Bézier 多项式曲线、插值多项式曲线和 B 样条多项式曲线。插值和样条形式都是作为 Bézier 曲线生成的，但是它们的控制点是原控制点使用矩阵 $\mathbf{M}_B^{-1}\mathbf{M}_I$ 和 $\mathbf{M}_B^{-1}\mathbf{M}_S$ 导出的新控制点。注意，生成的样条曲线仅位于第二和第三原始控制点之间。

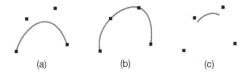

图 11.38　通过控制点转换以 Bézier 曲线形式表示的三次多项式曲线。
(a)Bézier 多项式曲线；(b)插值多项式曲线；(c)B 样条多项式曲线

11.9.4　细分 Bézier 曲面

将细分算法推广到 Bézier 曲面。考虑图 11.39 所示的三次曲面，它有 16 个控制点。一行或一列中的每 4 个控制点确定了一条可以细分的 Bézier 曲线。细分算法需要确保将曲面片一分为四，然而曲面片中心没有控制点，为此需要分两个步骤进行。

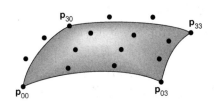

图 11.39　三次 Bézier 曲面

首先，将细分曲线算法应用于 v 方向的 16 个控制点定义的四条曲线。因此，对于参数 u 的每个值 0, 1/3, 2/3, 1，可得到两组控制点，每组 4 个，并且共享中间点。原始曲线上此时有 7 个不同的控制点，如图 11.40 所示的圆点。可以看到有三种类型的圆点：细分以后仍然保留的原始控制点(灰色)、细分之后丢弃的原始控制点(白色)，以及细分后生成的新控制点(黑色)。接下来在 u 方向对这些控制点进行曲线细分，考虑常数 v 对应的行(v 是 0, 1/3, 2/3, 1 中的某一个值)，此时每个 v 值对应一组控制点，一共 7 组，每组 4 个点，各定义一条 Bézier 曲线。若在 u 方向进行细分，同样得到两组点，每组有 4 个，并且共享中间点，如图 11.41 所示。如果将这些点分成 4 组，每组 16 个，并且共享边上的点(如图 11.42 所示)，则每个四分之一的曲面包含 16 个点，它们是细分 Bézier 曲面的控制点。

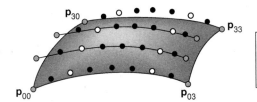

● 细分后生成的新控制点
○ 细分后丢弃的原始控制点
● 细分后仍保留的原始控制点

图 11.40　曲面第一次细分后的控制点

相比于 Bézier 曲线的平面度计算，判断新凸包是否足够扁平以停止细分的测试将变得更加困难。许多绘制系统使用固定的细分次数，通常由用户控制。如果需要绘制高质量的图形，可以细分到投影后的凸包尺寸小于一个像素。

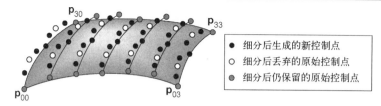

图 11.41　曲面第二次细分后的控制点

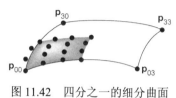

图 11.42　四分之一的细分曲面

11.10　Utah 茶壶

我们以一个三次 Bézier 曲面片递归细分的示例结束对参数曲面的讨论,该实例生成的对象是著名的 **Utah 茶壶**(Utah teapot)。为测试各种绘制算法提供测试数据源,犹他大学的 Martin Newell 创建了茶壶数据,这些数据已经在图形学领域应用了 40 余年。茶壶数据包括由 306 个控制点定义的 32 个三次 Bézier 曲面片。前 12 个曲面片定义了茶壶躯干部分,接下来的 4 个曲面片定义了壶柄,后续的 4 个曲面片定义了壶嘴,跟着的 8 个曲面片定义了壶盖,最后的 4 个曲面片定义了壶底。由于历史的原因,茶壶向上的方向为 z 而不是 y。为了使茶壶以大家熟悉的方式显示,本书网站上的示例程序交换了 z 和 y 的值。读者可以很容易获取这些茶壶数据。

为了便于说明,假定每一个曲面片细分 n 次,而且在细分之后,以线框模式或者多边形(由曲面片的 4 个角点确定)模式绘制最终顶点。绘制可以通过以下的函数来执行(线框模式),该函数将曲面片的 4 个角点(必须通过这个 4 个角点插值曲面片)存储在 points 数组中,并以线框模式或填充模式绘制成两个三角形。

```
function drawPatch(p)
{
    points.push(p[0][0]);
    points.push(p[0][3]);
    points.push(p[3][3]);
    points.push(p[0][0]);
    points.push(p[3][3]);
    points.push(p[3][0]);
}
```

注意,假定用于表示曲面片的 4×4 数组要么是 mat4 类型,要么是一个包含 4 个元素的数组(数组的每个元素是 vec4 类型)。使用三次曲线(由参数 c 中的 4 个点指定)的曲线细分器建立曲面片细分器,通过细分生成曲线的左控制点(由参数 l 表示)和右控制点(由参数 r 表示),其代码如下:

```
function divideCurve(c, r, l)
{
    // Divides c into left (l) and right (r) curve data

    var mid = mix(c[1], c[2], 0.5);
```

```
        l[0] = vec4(c[0]);
        l[1] = mix(c[0], c[1], 0.5);
        l[2] = mix(l[1], mid, 0.5);

        r[3] = vec4(c[3]);
        r[2] = mix(c[2], c[3], 0.5);
        r[1] = mix(mid, r[2], 0.5);

        r[0] = mix(l[2], r[1], 0.5);
        l[3] = vec4(r[0]);
    }
```

假设已知矩阵转置函数 transpose,则曲面片细分器的编写相对来说比较容易,尽管其效率略低。其代码如下:

```
function dividePatch(p, count)
{
    if (count > 0) {
        var a = mat4();
        var b = mat4();
        var t = mat4();
        var q = mat4();
        var r = mat4();
        var s = mat4();

        // Subdivide curves in u direction, transpose results, divide
        // in u direction again (equivalent to subdivision in v)

        for (var k = 0; k < 4; ++k) {
            divideCurve(p[k], a[k], b[k]);
        }

        a = transpose(a);
        b = transpose(b);

        for (var k = 0; k < 4; ++k) {
            divideCurve(a[k], q[k], r[k]);
            divideCurve(b[k], s[k], t[k]);
        }

        // Recursive division of four resulting patches

        dividePatch(q, count - 1);
        dividePatch(r, count - 1);
        dividePatch(s, count - 1);
        dividePatch(t, count - 1);
    }
    else {
        drawPatch(p);
    }
}
```

可以在本书配套网站上查看完整的茶壶绘制程序(使用了线框模式和多边形着色模式),以及使用参数多项式的直接求值来绘制茶壶的程序。此外,该网站还包含完整的茶壶数据。

图 11.43 显示了线框模式以及着色的茶壶。注意,不同的曲面片具有不同的曲率和大小,所以对它们采用相同深度的递归细分会生成很多不必要的小多边形。

图 11.43　绘制的茶壶

11.11　代数曲面

尽管二次曲面可以作为 NURBS 曲线的特例来生成，但是这类代数对象非常重要，值得专门讨论。二次曲面是我们在 11.1 节介绍的代数曲面中最重要的一类。

11.11.1　二次曲面

二次曲面(quadric surface)由隐式的代数方程描述，其每一项都是 $x^i y^j z^k$ 形式的多项式，其中 $i+j+k \leqslant 2$。任何二次曲面都可以表示为：

$$q(x, y, z) = a_{11}x^2 + a_{22}y^2 + a_{33}z^2 + +2a_{12}xy + 2a_{23}yz + 2a_{13}xz$$
$$+ b_1 x + b_2 y + b_3 z + c = 0$$

这类曲面对象包括椭圆面、抛物面和双曲面。利用三维列矩阵 $\mathbf{p} = [x \quad y \quad z]^T$ 可以将二次曲面的一般形式表示为二次型(quadratic form)：

$$\mathbf{p}^T \mathbf{A} \mathbf{p} + \mathbf{b}^T \mathbf{p} + c = 0$$

其中

$$\mathbf{A} = \begin{bmatrix} a_{11} & a_{12} & a_{13} \\ a_{12} & a_{22} & a_{23} \\ a_{13} & a_{23} & a_{33} \end{bmatrix} \quad \mathbf{b} = \begin{bmatrix} b_1 \\ b_2 \\ b_3 \end{bmatrix}$$

矩阵 $\mathbf{A}$ 中 10 个独立的系数以及 $\mathbf{b}$ 和 c 确定了一个二次曲面。然而，为了分类，在不改变曲面类型的前提下，应用一系列旋转和平移变换将二次曲面的表示形式转换为标准形式。在三维空间中，可以将这种变换写为：

$$\mathbf{p}' = \mathbf{M}\mathbf{p} + \mathbf{d}$$

这个变换通过矩阵 $\mathbf{M}^T \mathbf{A} \mathbf{M}$ 替换 $\mathbf{A}$ 生成了另外一个二次曲面。可以选取矩阵 $\mathbf{M}$ 为旋转矩阵，使得 $\mathbf{D} = \mathbf{M}^T \mathbf{A} \mathbf{M}$ 是一个对角矩阵，对角元素决定了二次曲面的类型。例如，椭圆曲面的二次方程可以写为如下形式：

$$a'_{11}x'^2 + a'_{22}y'^2 + a_{33}z'^2 - c' = 0$$

其中所有的系数都是正数。注意，因为可以通过仿射变换将二次方程转换为标准形式，并且二次曲面的类型不会发生改变，因此非常适合其他标准图元。

11.11.2　使用光线投射绘制曲面

可以通过求解标量二次方程确定二次曲面与光线的交点，因此二次曲面易于绘制。我们用参数方程的形式表示 $\mathbf{d}$ 方向由 $\mathbf{p}_0$ 射出的光线：

$$\mathbf{p} = \mathbf{p}_0 + \alpha \mathbf{d}$$

将其代入二次曲面方程，可以得到关于 α 的标量方程：

$$\alpha^2 \mathbf{d}^{\mathrm{T}} \mathbf{Ad} + \alpha \mathbf{d}^{\mathrm{T}}(\mathbf{b} + 2\mathbf{Ap}_0) + \mathbf{p}_0^{\mathrm{T}} \mathbf{Ap}_0 + \mathbf{b}^{\mathrm{T}} \mathbf{d} + c = 0$$

任意二次方程可能有 0 个、1 个或者 2 个实数解。可以使用这些解将一个二次曲面绘制到帧缓存中，或者作为光线跟踪计算的一部分。此外，通过下面的导数公式可以计算任意点的法向量，因此还可以将标准的光照着色模型应用于二次曲面上的每个点：

$$\mathbf{n} = \begin{bmatrix} \dfrac{\partial q}{\partial x} \\[4pt] \dfrac{\partial q}{\partial y} \\[4pt] \dfrac{\partial q}{\partial z} \end{bmatrix} = 2\mathbf{Ap} - \mathbf{b}$$

这个绘制方法可以推广到任意的代数曲面。假设已知一个代数曲面：

$$q(\mathbf{p}) = q(x, y, z) = 0$$

作为绘制流水线的一部分，从投影中心向屏幕上的每个像素投射一束光线，每束光线可以表示为如下的参数形式：

$$\mathbf{p}(\alpha) = \mathbf{p}_0 + \alpha \mathbf{d}$$

将其代入到 q 的方程则得到一个关于 α 的隐式多项式方程：

$$q(\mathbf{p}(\alpha)) = 0$$

可以通过数值计算的方法求解交点。对于二次曲面，就是求解二次曲面公式(二次方程的求根公式)。如果最高次项为 $x^i y^j z^k$，则有 $i+j+k$ 个交点，那么绘制曲面需要消耗大量时间。

11.12　曲线和曲面细分

让我们从另一个不同的角度重新分析 11.9.2 节的细分公式。曲线由 4 个点 $\mathbf{p}_0$, $\mathbf{p}_1$, $\mathbf{p}_2$, $\mathbf{p}_3$ 开始，最后得到 7 个点。使用 $\mathbf{s}_0, \cdots, \mathbf{s}_6$ 表示这些新的控制点，每一组点定义了一条分段线性曲线，如图 11.44 所示。

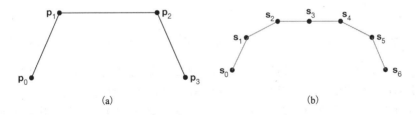

$$(a) \qquad\qquad\qquad\qquad (b)$$

图 11.44　(a)由 4 个点确定的分段线性曲线；(b)一次细分后的分段线性曲线

可以使用细分公式确定这两组点之间的关系：

$$\mathbf{s}_0 = \mathbf{p}_0$$

$$\mathbf{s}_1 = \tfrac{1}{2}(\mathbf{p}_0 + \mathbf{p}_1)$$

$$\mathbf{s}_2 = \tfrac{1}{4}(\mathbf{p}_0 + 2\mathbf{p}_1 + \mathbf{p}_2)$$

$$\mathbf{s}_3 = \tfrac{1}{8}(\mathbf{p}_0 + 3\mathbf{p}_1 + 3\mathbf{p}_2 + \mathbf{p}_3)$$

$$\mathbf{s}_4 = \tfrac{1}{4}(\mathbf{p}_1 + 2\mathbf{p}_2 + \mathbf{p}_3)$$

$$\mathbf{s}_5 = \frac{1}{2}(\mathbf{p}_2 + \mathbf{p}_3)$$

$$\mathbf{s}_6 = \mathbf{p}_3$$

第二条曲线被看成第一条的**细化**(refinement)。正如在 11.9.2 节所看到的,可以继续这个迭代的过程,并且在极限条件下收敛于 B 样条曲线。然而,在实践中,只要新点定义的分段曲线看起来足够光滑,就认为迭代已经达到足够的次数。需要执行多少次迭代取决于凸包投影的大小,这可由虚拟照相机的参数来确定。因此,细分方法允许我们以不同的细节层次绘制曲线。

这些想法及其优点并不局限于 B 样条。近几年,涌现出了各种曲线细分(subdivision curve)的方法。一些方法要求插值某些点,例如 $\mathbf{p}_0$ 和 $\mathbf{p}_3$,而另一些并不要求插值任何初始点。然而不管是哪种情形,细分曲线最终都收敛于一条平滑曲线。

11.12.1　网格细分

下面讨论如何将上述思想应用到曲面上。涉及这些思想理论层面和实践层面的**曲面细分**(subdivision surface)理论已经出现。在实际应用中,许多建模程序生成的网格都是三角形或四边形网格,因此将重点放在三角形网格和四边形网格的细分,而不是讨论通用的细分方法。如果需要细分的是更一般的网格,则可以通过细分(tessellation)方法将其转化为三角形或四边形网格。

使用 Catmull-Clark 方法可以将任意网格细分为四边形网格。首先,将每条边二等分,边的中间产生一个新的顶点。在每个多边形的**质心**(centroid)生成一个顶点,质心即是多边形顶点坐标的平均值。然后将每个原始顶点连接到它两侧的新顶点,并且将这两个新顶点连接到质心,这样就形成了一个新的四边形网格。图 11.45 显示了一些简单多边形的细分过程,注意,每种情况下的细分都生成了一个四边形网格。

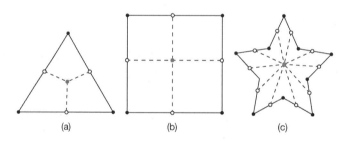

图 11.45　多边形细分。(a)三角形细分;(b)矩形细分;(c)星形多边形细分

显而易见,对生成的四边形网格进行细分会生成更加细化的四边形网格。然而,我们还没有做任何事情来创建更平滑的表面。特别是,要确保在顶点处尽可能连续。

考虑以下过程。首先,计算每个多边形顶点的平均位置(质心)。然后,用共享顶点的所有四边形的质心的平均值替代原顶点。经过这样的处理,可以得到更光滑的曲面。但是对于**度**(valence)不是 4 的顶点,平滑性急剧变化。Catmull-Clark 方案只需增加一个步骤就可以生成更平滑的曲面。将度不是 4 的每个顶点替换为:

$$\mathbf{p} = \mathbf{p}_0 + \frac{4}{k}\mathbf{p}_1$$

其中,$\mathbf{p}_0$ 是在平均化之前的顶点位置,$\mathbf{p}_1$ 是平均化之后的顶点位置,k 是顶点的度。一个顶点的度是共享此顶点的多边形的数目。与其他外部顶点相比,此方法倾向于在角点处移动边顶点。图 11.46 显示了单个矩形的一组细分,在图 11.46(a)中,原始的顶点用黑色表示,边中点用白色表示。原始多边形的质心是中心的灰色顶点,细分后的多边形的质心显示为彩色顶点。图 11.46(b)显示了平均化后的顶点位置的移动。图 11.46(c)显示了应用校正因子之后的 Catmull-Clark 细分结果。

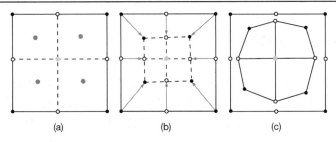

图 11.46　Catmull-Clark 细分

但是将 Catmull-Clark 细分方法应用于三角形网格并不能得到同样令人满意的结果，因为内部度较高的顶点在细分过程中没有发生改变。对于三角形网格，可以采用一个称作 **Loop 细分**（Loop subdivision）的简单的方法，可以将其看作普通细分方法的变体。该方法以标准的三角形细分方法开始，通过连接三角形每条边的中点，将一个三角形细分为 4 个三角形。细分步骤与前面的相同，但是使用各顶点不同的权重来计算质心，对于要移动的顶点，权重为 1/4，三角形的另外两个顶点的权重为 3/8。在 Catmull-Clark 方法的平均化步骤之前和之后进行加权平均计算，这样可以得到一个更平滑的曲面，Loop 细分方法使用的权值是 $\frac{5}{3} - \frac{8}{3}\left(\frac{3}{8} + \frac{1}{4}\cos\left(\frac{2\pi}{k}\right)\right)^2$。图 11.47 显示了一个简单的三角形网格以及经过细分过程之后得到的网格。

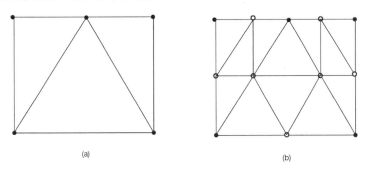

图 11.47　Loop 细分方法。(a)三角形网格；(b)一次细分后的三角形网格

图 11.48 显示了通过细分曲面算法生成的一组网格以及从最高分辨率的网格绘制的曲面。注意，原始网格包含具有不同边数的多边形以及不同度的顶点，并且每一步细分都生成了一个比细分前更加平滑的曲面。

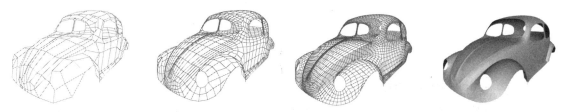

图 11.48　连续细分多边形网格及绘制的曲面(该图像由 Caltech Multi-Res 建模小组提供)

我们仍然没有解决细分过程中一些棘手的问题。例如，当需要在两个多边形的共享边上插入新顶点时，为了确保得到一致的结果所需要的数据结构。为了进一步研究这些问题，可以参考本章后面建议阅读资料中的文献。

11.13　从数据生成网格

对于之前的所有示例，都假定表示顶点位置的数据要么位于矩形网格节点上，要么位于一般图节点上。在许多情形下，所给定的一组顶点位置数据来自对象的表面，此外，这些位置数据是非结构化的。因此，虽然给定了一组位置数据，但并没有给定相邻顶点之间的拓扑关系。

11.13.1　回顾高度场

产生这类数据的一个例子就是地形。可以从飞机或卫星上测量地面随机点的高度，就像在第 5 章讨论的高度场，它们是基于对规则网格的测量数据，其中 $y = 0$ 表示地面。因此，所有的高度数据以 y_{ij} 的形式存储在一个矩阵中。这里，数据是在非结构化的随机位置获取的，所以初始点是一组值 $\{x_i, y_i, z_i\}$。这个地形示例中的数据具有某种结构，因为所有的点均位于一个表面上，并且不会存在两个具有相同 x_i 和 z_i 的点。图 11.49 显示了一组点，所有这些点都位于平面 $y = 0$ 的上方。这些点可以投影到平面 $y = 0$ 上，如图 11.50 所示。需要设计一个算法，使这些投影点可以连接成一个三角形网格，如图 11.51 所示。之后，平面 $y = 0$ 上的网格可以按相反方向投影从而把原始数据也连接成三角形网格。这些空间三角形可以被绘制成一个产生这些数据的近似表面，图 11.52 显示了该网格模型。

下一节将讨论如何从平面上的一组点生成三角形网格。

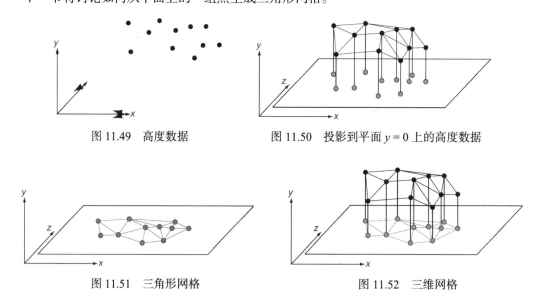

图 11.49　高度数据　　　　图 11.50　投影到平面 $y = 0$ 上的高度数据

图 11.51　三角形网格　　　　图 11.52　三维网格

11.13.2　Delaunay 三角剖分

在平面上给定一组点，有许多方法可以生成一个所有点都是顶点的三角形网格。即使 4 个顶点表示的凸四边形也有两种方式形成一个双三角形的网格，这依赖于绘制对角线的方式。在一个有 n 个顶点的网格中会有 $n-2$ 个三角形，但有多种网格三角剖分的方式。从图形学角度来看，并非所有由给定的顶点生成的网格都是等价的。如图 11.53 所示，有两种方式对 4 个点进行三角剖分。由于我们总希望生成的网格没有相交的边，所以图中 4 条黑色的边必定位于网格中(注意：它们形成了 4 个点的凸壳)。因此，只能选择对角线进行三角剖分。在图 11.53 (a)中，对角线产生了两个瘦长的三角形，而图 11.53（b）中的对角线产生了两个更健壮的三角形。我们往往倾向于选择第二种，因为瘦长的三角形不利于绘制，主要表现为顶点属性的插值会出现问题。

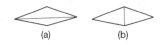

图 11.53　四边形的两种三角剖分方式

一般来说，三角形越接近于等边三角形，其绘制效果会越好。用数学术语来说，最好的三角形的内角，其最小角最大[①]。如果比较两个源自相同点集的三角形网格可以发现，较好的那个网格的所有三角形的内角的最小角最大。对于大量的三角形，虽然确定一个满足上述条件的网格有些困难，但可以采用这样一种方式来解决该问题，就是生成内角最小角最大的三角形。

如图 11.54 所示，考虑将作为网格一部分的某个平面上的一些顶点。观察顶点 v，似乎三角形 avc 或三角形 vcb 应该是网格的一部分。简单回顾一下，平面上的三个点确定了对它们进行插值的唯一的圆。需要注意的是，由 a、v、c 确定的圆不包含另一个点 b，而由 v、c、b 确定的圆则包含点 a。此外，三角形 avc 有一个比三角形 vcb 更大的最小角。因为这两个三角形共用一条边，所以在我们的网格中仅能使用其中一个。

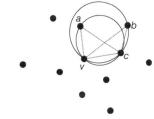

图 11.54　由可能的三角剖分确定的圆

通过上述观察可以得到一种三角剖分策略，我们称之为 **Delaunay 三角剖分**（Delaunay triangulation）。假定在平面上给定一个由 n 个点组成的点集，则 Delaunay 三角剖分具有下面的性质，其中任意一个性质都足以定义 Delaunay 三角剖分：

1. 对于 Delaunay 三角剖分中的任意一个三角形，通过其三个顶点的圆的内部不包含点集中任何其他的点。
2. 对于 Delaunay 三角剖分中的任意一条边，通过其两个端点（顶点）的圆的内部不包含点集中任何其他的点。
3. 如果考虑一个三角剖分中所有三角形构成的内角集，那么 Delaunay 三角剖分具有最大的最小内角。

有关 Delaunay 三角剖分性质的证明，可以参考本章后面的建议阅读资料。第三条优良的性质使得 Delaunay 三角剖分非常适用于计算机图形学。前两条性质是构建三角剖分所应遵循的原则。

如图 11.55 所示，首先添加 3 个顶点生成一个三角形，并使得顶点集中的所有点都位于该三角形的内部。这三个额外的顶点及所有与之相连接的边可以在最后移除。然后，从给定的数据集中随机选取一个顶点 v 并将它与之前添加的 3 个顶点相连接，因此构造了如图 11.56 所示的三个三角形。注意，由于这 4 个顶点中的任意三个所确定的圆的内部都不包含另一个顶点，所以此时不需要做任何测试。

接下来从剩下的顶点中随机选取一个顶点 u。由图 11.57 可知，顶点 u 位于 a、v 和 c 组成的三角形的内部，并且由它生成的 3 个三角形不存在问题。然而，a 和 v 之间的边是一个由 a、u、v、b 形成的四边形的对角线，且通过 a、u、v 的外接圆的内部包含 b。因此，如果使用这条边，那么将违背 Delaunay 三角剖分的准则。有一个简单的方法可以解决该问题。可以选择该四边形的另外一条对角线，即用 u 和 b 之间的边替换 a 和 v 之间的边，这个操作称为**翻转**（flipping）。执行翻转操作后的部分网格如图 11.58

[①] 这是指在一组点集可能形成的 Delaunay 三角剖分中，对于两个相邻三角形所构成的凸四边形的对角线，在互换对角线后，6 个内角的最小角不再增大。——译者注

所示。现在通过 u、v 和 b 的圆不再包含任何其他的顶点，其他任意三角形所确定的圆也不包含任何其他的顶点。因此，我们得到了给定数据点的子集的一个 Delaunay 三角剖分。

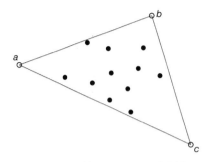

图 11.55　开始 Delaunay 三角剖分

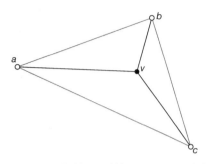

图 11.56　添加第一个数据点之后的三角剖分

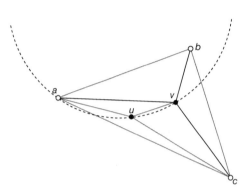

图 11.57　添加一个需要翻转操作的顶点

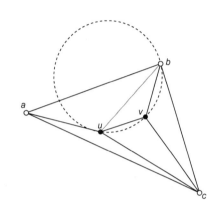

图 11.58　翻转后的网格

继续这个过程，从初始的顶点集中再随机选取并添加一个顶点，必要时执行翻转操作。注意，一般来说，仅仅对刚添加的那个顶点所对应的一条边进行翻转是不够的。翻转一条边的操作可能需要其他边的翻转，因此这个过程最好是递归描述。由于每个翻转操作都改善了三角剖分结果，这个过程终止于每个添加的顶点，而且一旦添加了所有的顶点，则可以删除最初添加的三个顶点和所有与之相连接的边。平均来说，Delaunay 三角剖分算法的复杂度为 $O(n \log n)$。

由于是在平面上构造网格并将它按相反的方向投影到最初给定的数据点，所以所采用的三角剖分方法会出现一些潜在问题。平面上一个内角几乎相等的三角形投影到初始顶点后形成了三维空间中的三角形，该三角形的三个内角未必还会保持这种几乎相等的良好特性。一个可能的解决方案是，可以将类似的 Delaunay 三角剖分策略直接应用于给定的三维数据点，而不是投影到平面上的点。对于三维数据点中的每 4 个点，可以确定一个对这 4 个点进行插值的唯一球体。因此，可以定义一个三维 Delaunay 三角剖分：在三维 Delaunay 三角剖分中，所指定的外接球体不包含任何其他的数据点，并且用这 4 个点指定一个四面体。遗憾的是，确定这样一个空间三角划分所需的工作量远远超过了平面上的三角剖分。

11.13.3　点云

Delaunay 三角剖分依赖于这样一个假设：给定的数据是 2.5 维，也就是说，我们知道它们来自一个单一的表面，并且可以从它们在平面上的投影还原。在许多情况下，我们的数据是完全非结构化的，而且这些数据集往往非常大。例如，三维激光扫描仪可以在短时间内输出上千万个数据点，这样的数据集称为点云(point cloud)，通常直接使用点图元来绘制。由于在 WebGL 中可以像多边形着色一样对点进行着色，所以高密度着色的点可以显示三维结构，尤其是在视点能够以交互的方式移动的时候。

11.14　支持曲线和曲面的图形 API

传统上，一般只在 CPU 中构建曲线和曲面，而所生成的图元会被发送到绘制系统中进行处理。然而正如我们所看到的，构建曲线和曲面会生成相当数量的图元(具体取决于所需的细分等级)。因此，使用动态细分的曲线和曲面进行实时绘制受到了限制。目前，支持现代图形硬件所有特性的图形 API(如 OpenGL 或 Direct3D)支持基于着色器的曲线和曲面细分。鉴于 OpenGL ES 及其之后出现的 WebGL 的设计目标，目前它们还不支持曲线和曲面的加速绘制。然而，为了激发读者对高级主题的探究，将简要介绍 OpenGL 和 Direct3D 绘制流水线中可用于绘制曲线和曲面的高级着色阶段。

11.14.1　曲面细分着色[①]

如果 GPU 支持的话，在 OpenGL 和 Direct3D 的几何处理流水线中，紧跟顶点着色处理之后是曲面细分着色处理。在这两个图形 API 中，曲面细分着色阶段都是通过运行两个着色器来执行的，而且在这两个着色器之间还有其他的操作，这里主要使用 OpenGL 的命名方式来描述这些操作。

与 WebGL 中可用的几何图元相比，曲面细分着色引入了一个称为 patch 的新图元。一个 patch 只不过是任意数量的顶点(这些顶点最初由当前的顶点着色器处理)的一个逻辑描述。例如，一个 patch 可能是 Bézier 曲面上的 16 个顶点。一旦处理完 patch 的输入顶点，这些顶点会传送至被曲面细分着色所使用的两个着色器中的第一个，即**曲面细分控制着色器**[tessellation control shader，在 Direct3D 中称为**外壳着色器**(hull shader)]。曲面细分控制着色器负责两个操作：指定 patch 的细分等级以及潜在地修改 patch 的顶点(例如，创建额外的顶点或减少顶点的数量)。patch 的输入顶点与输出顶点数量不一致的一个例子是称为**精灵**(sprite)的大小固定且与屏幕对齐的四边形，它通过屏幕上的位置来描述。通过曲面细分控制着色器可以为精灵创建三个额外的顶点，这样可以更充分地表示精灵的几何细节。

当曲面细分控制着色器完成了 patch 中所有顶点的处理后，图形绘制流水线会根据曲面细分控制着色器的要求确定 patch 的细分等级。实际上，曲面细分控制着色器指定了在 patch 的边界和内部所要创建的图元数量。这个处理过程生成了一组位于单位正方形内的参数化坐标(x, y)，这些坐标称为**曲面细分坐标**(tessellation coordinate)，它们会逐个传送到绘制流水线的下一个着色阶段，即**曲面细分求值着色器**(tessellation evaluation shader)。

曲面细分求值着色器负责将每个曲面细分坐标以及 patch 的输出数据变换为最终的顶点数据，随后对这些顶点进行顶点着色处理，或者将它们传送到光栅化模块中用于生成片元。回顾前面介绍的 Bézier 曲面的处理过程，当时使用了(u, v)坐标作为 Bézier 调和函数的输入。如果使用曲面细分求值着色器，那么(u, v)坐标可以确定由图形绘制流水线生成的曲面细分坐标，而且曲面细分求值着色器包含计算调和函数的代码，这样可以生成对应于该曲面细分参数的最终顶点。

使用曲面细分技术的好处就是可以在 GPU 内部生成几何图元，而不需要系统的任何其他单元

---

① 本节原文标题为"Tessellation Shading"，其中"Tessellation"直译为"镶嵌"，也就是在顶点与顶点之间自动嵌入新的顶点。这里意译为"曲面细分"，因为在自动插入大量新的顶点之后，模型的曲面会被分得非常细腻，看上去更加平滑致密。——译者注

参与处理。对于可以使用参数曲面表示的模型,通过降低 CPU 的几何计算工作量以及优化 CPU 到 GPU 的数据传输,曲面细分技术提供了一种更优的解决方案。

11.14.2　几何着色

OpenGL 和 Direct3D 都支持**几何着色**(geometry shading),它是几何处理流水线的最后一个阶段。与曲面细分着色一样,OpenGL ES 或 WebGL 也不支持几何着色器。然而考虑到完整性,我们还是对几何着色进行简要介绍。

几何着色器对每个图元仅执行一个着色器程序,因此从概念上讲它比曲面细分着色(它包含两个着色器)更简单。几何着色器的输入是用顶点描述的几何图元(例如点或三角形),而输出可以是任意数量(受指定上限的限制)的几何图元。几何着色器能够访问几何图元的所有顶点,并通过产生新的顶点且指定何时结束一个图元的输出来生成新的图元,这一切都在几何着色器的控制下执行。

类似于曲面细分着色,几何着色也得益于完全在 GPU 内部执行,因此能够满足性能优化以及降低应用内存与带宽的需求。

小结和注释

我们仅仅对曲线和曲面建模这个深奥而又重要的课题进行了简单讨论。同样,我们的重点一直放在使用标准 API(例如 WebGL)的图形系统上。早期的功能固定的 OpenGL 绘制流水线通过**求值器**(evaluator)函数来支持 Bézier 曲面,求值器用于计算任意次数的 Bernstein 多项式的值。然而,正如所看到的那样,在应用程序代码和着色器中计算这些值并不是很困难。

从这个角度来看,使用参数 Bézier 曲线和曲面具有非常大的优势。参数形式健壮且易于交互使用,这是因为定义曲线或曲面所需的顶点数据是可以被输入和交互控制的。Bézier 曲线和曲面的细分算法使我们可以使用任意所需的精度来绘制对象。

我们看到,尽管 Bézier 曲面易于绘制,但是样条曲线提供了更高的平滑度和可控性。在建议阅读资料中介绍了 CAD 社区中使用的样条的很多变体。

由于光线和二次曲面的求交计算只需要求解一个标量二次方程,因此二次曲面广泛应用于光线跟踪中。但是,判断光线与多边形定义的平面的交点是否位于多边形内比求解二次曲面的交点问题更困难。因此,很多光线跟踪器仅仅应用于无限平面、二次曲面,也许还有凸多边形。

细分曲面由于以下两个原因已经变得日趋重要。第一,因为商用图形硬件可以以高速的帧率绘制多边形,所以可以将表面细分成大量的多边形从而得到更光滑的表面,而且绘制速度要快于将表面表示为少量曲面片的情形。然而,如果未来的硬件技术将曲面的绘制过程嵌入到光栅化模块中,那么这一优势也许也不复存在;第二,因为可以将曲面细分为任意的细节层次,所以当只是投影到屏幕的一个小区域时就不需要一个高度细分的曲面,通过这样的方法可以有效地使用细分操作。

代码示例

1. `teapot1.html`:基于 Bézier 曲线递归细分的线框茶壶。
2. `teapot2.html`:基于多项式求值的线框茶壶。
3. `teapot3.html`:与 teapot2 相同,但是可以旋转。

4. `teapot4.html`：使用多项式求值和精确法向量的着色茶壶。

5. `teapot5.html`：使用多项式求值和计算每个三角形法向量的着色茶壶。

建议阅读资料

Farin 的著作[Far88]对曲线和曲面给出了精彩的介绍。有趣的是，在该书的序言里，Bézier 介绍了以他名字命名的 Bézier 曲线和曲面，而 Bézier 和 deCasteljau 几乎同时发现了 Bézier 曲线和曲面。遗憾的是，deCasteljau 的发现发表在一个未曾出版的技术报告里，所以直到近期，他才获得本应属于他的荣誉。Rogers[Rog90]、Foley[Fol90]、Bartels[Bar87]和 Watt[Wat00]等都介绍了许多其他形式的样条曲线和曲面。要想了解 NURBS，请参阅 Rogers 的[Rog00]。[Cat75]提出了 Catmull-Rom 样条。

Faux 的[Fau80]讨论了关于曲线和曲面的坐标无关表示法以及 Frenet 标架。

虽然 Glassner 编辑的[Gla89]一书中主要讨论的是光线跟踪法，但其中由 Haines 撰写的部分有大量与二次曲面和其他代数曲面相关的内容。

近期，关于细分曲线和曲面的研究非常活跃。如果希望了解该领域里的开创性工作，可以参阅[Che95]、[Deb96]、[Gor96]、[Lev96]、[Sei96]和[Tor96]。本章的讨论遵循[War04]。[Cat78]提出了 Catmull-Clark 细分方法，读者也可以参阅[War03]和[Sta03]。有关计算几何的大部分书籍都会介绍 Delaunay 三角剖分，关于这方面的内容可以参阅[deB08]。

习题

11.1 考虑代数曲面 $f(x,y,z)=0$，其中 f 的每一项最高次数为 m。请问 f 中最多可以有多少项？

11.2 显式方程 $y=f(x)$ 和 $z=g(x)$ 可以描述哪些类型的曲线？

11.3 假设已知一个多项式 $p(u)=\sum_{k=0}^{n}c_k u^k$，求多项式 $q(v)=\sum_{k=0}^{n}d_k v^k$，使得区间 (a,b) 上 p 的每个点在 $0\leq v\leq 1$ 范围内都存在一个点 v，满足 $p(u)=q(v)$。

11.4 证明：只要将三次插值曲线的 4 个控制点分别定义在参数 u 的不同值上，那么插值几何矩阵总是存在。

11.5 证明：在区间 $(0,1)$ 上，Bernstein 多项式必定小于 1。

11.6 验证三次样条曲线的 C^2 连续性。

11.7 求二次曲面的齐次坐标表示。

11.8 假定使用自适应细分方法绘制 Bézier 曲面片，从而使得每个曲面片可以细分不同次数。请问在曲面片边缘是否保留了连续性？说明其理由。

11.9 编写一个 WebGL 程序，输入一组控制点，输出相应的插值曲线、B 样条曲线和 Bézier 曲线。

11.10 假设使用一组样条曲线来描述对象的一部分动画路径。请分析 G^1 和 C^1 连续性对于动画效果的区别。

11.11 编写一个程序，以交互式方式输入任意数量的点并生成三次 Bézier 多项式曲面。要求用户可以交互式地操纵控制点。

11.12 推导 Bézier 曲面片扁平度的简单测试方法。

11.13 Bézier 曲面片是如何生成的？

11.14 基于节点序列 $\{0,0,0,0,1,1,1,1\}$ 和权值 $w_0=w_2=1$ 及 $w_1=w$ 推导开放有理二次 B 样条曲线。

11.15 使用习题 11.14 的结论证明：如果 $w = \dfrac{r}{1-r}$，$0 \leqslant r \leqslant 1$，那么开放有理二次 B 样条曲线是圆锥曲线。提示：分 $r < 1/2$ 和 $r > 1/2$ 两种情况讨论。

11.16 求解 Hermite 调和函数的零值点。为什么零值点表明 Hermite 曲线在区间 $(0, 1)$ 是平滑的。

11.17 分析 Hermite 曲面片控制点数据和曲面片角点处导数之间的关系。

11.18 对于 1280×1024 显示器，绘制三次多项式曲面需要的最大细分次数是多少？

11.19 假设有三个点 P_0、P_1 和 P_2。首先通过参数线段连接相邻的点，其中每条线段的参数 u 在区间[0,1]变化。然后对相邻两条线段进行线性插值，即在参数 u 具有相同值的点之间建立连线，然后使用相同的 u 值沿该新线段获得一个值。请描述这个过程产生的曲线表达式。

11.20 将习题 11.19 扩展为 4 个控制点。首先对使用习题 11.19 的方法生成的 3 条曲线进行线性插值，然后对生成的两条曲线继续进行插值，写出由 4 个点确定的最终曲线的表达式。

11.21 如果控制点 P_0 和 P_1 的值相同，那么三次 Bézier 曲线会发生什么？如果第一个和最后一个控制点的值相同，那么三次 Bézier 曲线会发生什么？

11.22 像 Bézier 和 B 样条这样的曲线为什么非常有用？请给出一个可以将曲线用作参考的应用程序。

11.23 假设细分 Bézier 曲面片，首先沿 u 方向细分，然后在 v 方向对生成的两个曲面片之一进行细分。证明这一过程生成的曲面存在一条缝隙，要求找到一个解决该问题的简单方法。

11.24 编写程序对三角形或四边形网格进行细分。细分程序调试成功后，请增加平均化步骤以形成更加平滑的曲面。

11.25 求解三次 Catmull-Rom 样条的调和函数及其零值点。

11.26 求解能够将 Catmull-Rom 样条数据转换为 Bézier 曲线控制点数据的矩阵，使之能够生成相同的曲线。

第 12 章　从几何到像素

到目前为止，我们已经介绍了一套强大的技术，可以从构建的应用程序中生成图像和动画。虽然已经学会了使用顶点着色器和片元着色器来实现这些技术，但是，如果缺乏在图形硬件中如何处理计算机图形应用程序的关键知识，则所学的图形学知识是不完备的。首先，尚未讨论在顶点着色器和片段着色器之间发生的过程。我们假设在这两个着色器之间存在某种黑盒，它接收顶点并神奇地输出与应用程序描述的几何图形对应的片元。本章将探讨这些过程。此外还将讨论如何最小化光栅化过程中固有的走样问题。在本章结束时，将讨论一些与使用真实显示设备相关的问题。

本章介绍的算法几乎完全集中在硬件加速绘制流水线结构中使用的方法。其他的绘制方法放到下一章探讨，包括光线跟踪和体绘制的变体。

首先介绍流水线绘制结构，然后讨论裁剪、光栅化和隐藏面消除。读者可能想知道正在使用的系统如何处理所编写的程序：如何在屏幕上画线，如何填充多边形，以及在程序中定义的视见体之外的图元会发生什么。在我们看来，如果想要高效地使用图形系统，则需要对绘制过程有更深入的了解：哪些步骤比较简单，哪些步骤会消耗硬件和软件资源。

理解这些过程需要研究相关的算法。当研究任何算法的时候，一定会仔细地考虑这样一些问题：算法的理论性能与实际性能，算法的硬件支持与软件实现，以及算法针对某个具体应用的特性。尽管可以根据屏幕上生成的像素的正确性来测试某个 WebGL 实现是否正常工作，但是针对该实现可以选择使用不同的技术。本章重点介绍一些基本算法，这些算法是实现一个标准的图形 API 所必需的，也是流水线绘制结构或光线跟踪等其他绘制方法所必需的。

尽管本章重点讨论的是一些用于实现 WebGL 绘制流水线的基本算法，但是还会看到一些其他的算法，这些算法可能被其他绘制策略或 WebGL 的上层所使用，如场景图。我们将重点讨论三个问题：裁剪、光栅化和隐藏面消除。裁剪就是把位于视见体之外的图元删除掉，从而在最终显示的图像上这些对象是不可见的。光栅化就是从裁剪后的图元生成片元的过程。这些片元的属性会影响最终显示的图像。隐藏面消除就是确定可见对象的片元，所谓可见对象就是位于视见体之内，并且在视线方向没有被其他靠近视点的对象所遮挡的对象。本章还将介绍各种输出设备的片元显示问题。

12.1　基本的绘制策略

首先介绍绘制过程的高层视图，该视图与是否使用特定的 API 无关。在计算机图形学中，图形的生成过程以应用程序为起点，而以图像的生成为终点。我们可以把这个过程视为一个黑盒子（如图 12.1 所示），它的输入是程序定义的顶点和参数（即几何对象、属性和照相机的参数设置）；它的输出是发送到帧缓存进行显示的像素阵列。

图 12.1　图形生成过程的高层视图

在这个黑盒子内部，需要完成很多任务，包括几何变换、裁剪、着色、隐藏面消除和图元(可在屏幕上显示的图元)的光栅化。虽然可以使用各种不同的策略将这些任务组织起来，但是无论采用哪种策略，我们必须做两件事情：第一，必须使每个几何对象都通过图形绘制系统；第二，必须对颜色缓存中要显示的每个像素进行颜色赋值。

假定把这个黑盒子视为能执行所有绘制过程的单个程序，该程序的输入是用于定义几何对象的一组顶点，输出的是位于帧缓存中的像素。因为该程序必须给每个像素赋一个颜色值，并且必须处理每个几何图元(以及每个光源)，所以这个程序至少有两个循环，它们分别用来对像素和几何图元进行迭代处理。

如果希望编写这样的程序，那么必须首先解决下面的问题：应该使用哪个变量控制外层循环？对该问题的不同回答决定了整个绘制过程的实现流程。有两种基本的策略，通常称为**基于图像空间**(image-oriented)的方法和**基于对象空间**(object-oriented)的方法。

在基于对象空间的方法中，程序的外层循环控制几何对象的遍历。可以认为基于这种方法的程序的循环控制结构为：

```
for (each_object) {
    render(object);
}
```

基于流水线结构的图形绘制系统适合于采用这种循环控制结构。几何对象的顶点由程序定义后流经一系列的模块，这些模块依次对这些顶点执行几何变换、着色以及可见性判定。一个多边形可能要经过如图 12.2 所示的几何步骤的处理。注意，一个多边形经过几何处理步骤后，对该多边形的光栅化处理有可能会影响帧缓存中相应像素的颜色。大部分基于对象空间方法的图形绘制系统采用绘制流水线的结构，其处理步骤对应的每一个任务都包含相应的硬件或软件模块，数据(顶点)向前流经整个图形绘制系统。

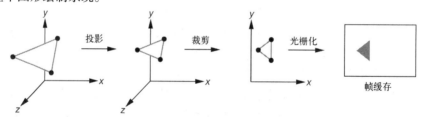

图 12.2　基于对象空间的方法

在过去，这种基于对象空间方法的主要限制在于需要大容量的内存以及单独处理每个对象所需的大量时间开销。任何经过几何处理步骤处理后的几何图元都可能会对帧缓存中的像素产生影响，因此整个颜色缓存以及其他各种缓存(如用于隐藏面消除的深度缓存)都必须具有显示屏幕大小的空间分辨率，并且在任何时候都可以访问其存储的数据。在高密度的廉价内存出现之前，前面提到的需求过于苛刻。目前，硬件图形系统可以每秒处理数以亿计的多边形，每帧可以对数十亿个片元着色。实际上，正是因为对每个图元执行相同的操作，所以构建基于对象空间的图形系统所用的硬件处理速度很快，而其成本相对低廉，许多功能可用专用的芯片来实现。

如今，基于对象空间方法的图形绘制系统的主要局限性是它们无法处理大部分的全局计算。因为图形绘制系统按任意的顺序独立地处理每一个几何图元，所以像反射这种复杂的光照效果，由于涉及几何对象之间的相互作用，除了使用近似的方法，我们无法进行精确处理。但存在两个主要的例外，一个是隐藏面消除(使用 z 缓存存储全局信息)；另一个是阴影映射(存储场景中每个灯光视图的深度信息)。

相比之下，基于图像空间方法的程序，它的最外层循环控制帧缓存中的所有像素，并考虑场景中所有对象的交互。基于这种方法的程序的外循环控制结构的伪代码为：

```
for (each_pixel) {
    assign_a_color(pixel);
}
```

对于每一个像素，可以按相反的方向来确定哪些几何对象对该像素的颜色有贡献。这种方法的优点是，与孤立地对每个图元进行逐个处理的方法相比，可以访问对帧缓存中像素有贡献的所有几何对象，从而实现对象之间的交互(例如阴影、折射等效果)。第 13 章讨论的光线跟踪是基于图像空间方法的一个示例。

虽然这种方法可以生成更加逼真的图像，但也有缺点。首先，根据对象的数量和对象之间交互的复杂性，这种方法可能无法生成足够的帧以供交互式应用程序使用。此外，如果不事先根据几何数据建立相应的数据结构，则无法确定哪些图元影响哪些像素。这样的数据结构可能非常复杂，而且意味着在绘制过程中可以随时访问所有的几何数据。对于大规模场景数据库所带来的问题是，即使采用良好的数据表示方法，也无法避免出现内存不足等问题。然而，因为基于图像空间的方法需要为每个像素访问所有的几何对象，所以这种方法非常适合于处理全局效果，例如阴影和反射。

我们倾向于使用基于对象空间的方法，虽然也可能讨论一些适合于这两种方法的算法示例。这里需要注意的是，这两种绘制方法都是由循环控制结构定义的，每种绘制方法内部都有可能包含其他的循环结构。基于 tile 的绘制方法就是这样一个示例，它将帧缓存分割成一些小的矩形片或块(tile)，其中的每个 tile 都是单独绘制的，这种方法通常用于手机和平板电脑等低功耗设备。另一个示例是 Renderman 使用的绘制系统，它首先将对象细分成一些称为"微面"(microfacet)的小片，然后再确定每个微面的颜色。

12.2　绘制流水线

首先回顾绘制流水线的功能模块，重点是那些尚未详细讨论的步骤。要绘制几何实体(如三维多边形)，即从用户程序中该几何实体的定义到最终在输出设备上的显示输出，任何一个图形绘制系统都必须执行 4 个主要任务：

1. 建模
2. 几何处理
3. 光栅化
4. 片元处理

图 12.3 显示了这些任务在一个流水线结构的图形绘制系统中的组织方式。无论采用何种绘制方法，都必须执行这 4 个任务。

图 12.3　图形绘制系统的 4 个主要任务

12.2.1 建模

建模的结果通常表现为一组用来定义几何对象的顶点数据，图形绘制系统的其余部分要用到这些几何数据。在前面的章节中已经看到过一些要求用户建模的例子，如第 6 章对球面的近似建模。在第 9 章、第 10 章和第 11 章，我们介绍了其他建模技术。

可以把建模器视为一个用来生成几何对象的黑盒子，它通常是一个应用程序。然而，建模器除了生成几何对象，还可能执行其他任务，例如裁剪任务，即删除不会显示在屏幕上的部分对象，因为这部分对象位于视见体之外。用户也可以在自己的程序中生成几何对象，并希望图形绘制系统的其余阶段能以这些几何对象生成的速度实时地处理这些对象；或者利用建模器来减少送入绘制流水线中的几何对象的数量，从而减轻图形绘制系统其余阶段的负荷。后一种方法通常意味着建模器本身执行了一些本应在图形绘制系统其余阶段执行的任务，尽管这两者使用的算法可能不相同。对于裁剪的情形，建模器如果能从应用程序获得更多的特定信息(启发信息)，那么它把图元送入标准的观察处理之前，通常可以选择使用一个好的启发信息来删除许多(如果不是大多数的话)图元。场景图(见第 9 章)执行遮挡测试等任务，以降低绘制流水线后面的阶段的负荷。

12.2.2 几何处理

几何处理作用于顶点数据，其目标是确定哪些几何对象可以在屏幕上显示，并可能更新这些对象的顶点属性。几何处理包括 4 个处理过程：投影、图元装配、裁剪和着色。

通常情况下，几何处理的第一步是利用模-视变换把几何对象的表示从对象坐标系变换到照相机坐标系(或眼坐标系)。正如在第 5 章所讲到的，变换到照相机坐标系只是观察处理过程的第一步。几何处理的第二步是利用投影变换把对象的顶点变换到规范化的视见体内，规范化的视见体是一个中心位于坐标原点的立方体，位于它里面的所有对象都是潜在的可见对象。经过这两步处理之后，顶点位于裁剪坐标系中。上面第二步的规范化处理不仅把透视投影和正投影都变换为视见体为立方体的简单正投影，而且还简化了其后面要进行的裁剪处理，我们将在 12.3 节介绍三维裁剪问题。

几何对象要经过一系列变换矩阵的变换处理，这些变换矩阵要么改变对象的几何形状和位置(建模变换)，要么改变对象的坐标表示(观察变换)。最终，只有位于指定的**视见体**(view volume)内部的那些图元经光栅化处理后才会显示到屏幕上。然而，不能简单地对所有的对象都进行光栅化处理，而是希望图形硬件只处理那些完全或部分位于视见体内部的图元。图形绘制系统必须在光栅化之前完成这个任务。这样做的一个理由是，对位于视见体之外的对象进行光栅化处理会影响系统的绘制效率，因为这些对象根本就不可见。另一个理由是，当顶点到达光栅化模块的时候，光栅化模块是不能对它们进行单独处理的，顶点必须首先装配成图元。部分位于视见体内部的图元经裁剪处理后会生成新的图元，这些新图元包含新的顶点，必须对这些新的顶点执行光照计算。在进行裁剪处理之前，必须把顶点组合成对象，这个过程称为**图元装配**(primitive assembly)。

注意，即使一个对象位于视见体的内部，如果它被其他离视点更近的对象遮挡了，那么该对象也是不可见的。**隐藏面消除**(hidden-surface removal)或**可见面判定**(visible-surface determination)算法就是基于对象之间的三维空间关系，它通常作为片元处理的一部分而执行。

正如在第 6 章所看到的，既可以采用基于顶点的方法计算顶点的颜色值，之后通过插值计算多边形内部片元的颜色值，也可以采用基于片元的方法直接计算每个片元的颜色值。如果采用基于顶点的方法计算颜色值，那么可以先在 WebGL 应用程序代码中计算这些顶点的颜色值，然后将颜色值作为顶点属性从 WebGL 应用程序代码发送到顶点着色器中，也可以先把顶点数据从 WebGL

应用程序代码发送到顶点着色器中，然后在顶点着色器中计算每个顶点的颜色。如果开启了光照，那么既可以在 WebGL 应用程序代码中也可以在顶点着色器中利用光照模型计算顶点的颜色。

　　裁剪处理完成后，保留的顶点(未被裁剪掉的顶点)仍然使用四维的齐次坐标表示。图形绘制系统通过透视除法把顶点的这种表示形式转换成规范化设备坐标系中的三维坐标表示形式。

　　以上所有这些处理统称为**前端处理**(front-end processing)。所有这些处理都涉及三维计算，并且都需要用到浮点运算，它们对硬件和软件都有相同的要求。所有的前端处理都是基于逐顶点(vertex-by-vertex)处理的模式。我们将在 12.3 节讨论裁剪，它是仅有的一个尚未讨论的几何处理阶段。

12.2.3　光栅化

　　即使在几何处理完成之后，仍然需要保留用于隐藏面消除的顶点深度信息。然而，只需要使用顶点的 x 和 y 坐标值来确定帧缓存中哪些像素的颜色值会受到图元的影响。例如，执行透视除法之后，最初在三维空间中由两个顶点定义的线段变成了在规范化的设备坐标系中由一对三维顶点定义的线段。为了生成一组片元，用来说明这些顶点所对应的像素在帧缓存中的位置，只需要顶点的 x 和 y 坐标分量，或者是这些顶点的正投影结果。通过一个称为**光栅化**(rasterization)或**扫描转换**(scan conversion)的处理过程来确定这些片元。对于线段，使用光栅化来确定哪些片元可用来近似表示投影后两个顶点之间的线段。对于多边形，使用光栅化来确定哪些片元位于投影后的二维多边形内部。

　　片元的颜色要么由顶点属性决定，要么使用第 6 章介绍的方法，通过顶点颜色的插值计算得到。对于比线段和多边形更复杂的对象，通常使用多条线段和多个三角形来近似表示它们，因此大部分的图形绘制系统没有为这类复杂的对象开发专门的光栅化算法。我们在第 11 章看到的某些特殊的曲线和曲面则属于特例。

　　光栅化模块处理的数据是规范化设备坐标系中的顶点数据，而输出的片元位于显示设备，即**窗口坐标系**(window coordinates)中。正如在第 2 章和第 5 章所讲到的，裁剪体的投影必须出现在指定的视口内。在 WebGL 中，由于最后这个变换(即从规范化设备坐标系到窗口坐标系的变换)是在投影变换之后进行的，所以最后的这个变换是在二维空间进行的。由于前面的变换已经规范化了视见体，所以它的边长为 2，且它的四条边与视口的四条边对齐(如图 12.4 所示)，因此该变换(视口变换)可用下面简单的公式表示：

$$x_v = x_{vmin} + \frac{x + 1.0}{2.0}(x_{vmax} - x_{vmin})$$

$$y_v = y_{vmin} + \frac{y + 1.0}{2.0}(y_{vmax} - y_{vmin})$$

$$z_v = z_{vmin} + \frac{z + 1.0}{2.0}(z_{vmax} - z_{vmin})$$

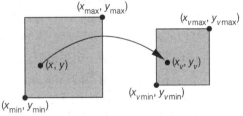

图 12.4　视口变换

　　回顾一下前面介绍的透视变换，顶点的 z 值因透视变换的规范化处理而被非线性缩放，然而对象之间最初的深度顺序仍保持不变，因此可用于隐藏面消除。我们使用**屏幕坐标**(screen coordinates)这个术语来表示一个二维坐标系，该坐标系与窗口坐标系相同，但缺少深度坐标。

12.2.4　片元处理

　　在最简单的情形下，光栅化模块负责为每个片元指定颜色，并且这些颜色就是帧缓存中与这些片元对应的像素的颜色。然而，还存在许多其他可能的情形可以确定片元的颜色。

纹理贴图中的像素通过另一条独立的像素流水线路径，像素流水线的输出与几何绘制流水线的输出在片元处理阶段汇合①。下面分析当处理一个具有明暗效果和纹理贴图的多边形时发生的情形。顶点的光照计算是几何处理的一部分。只有光栅化之后的片元处理阶段才需要用到纹理值，此时图形绘制系统已经生成了多边形内部像素对应的片元。在光栅化之后的片元处理阶段，需要对顶点的颜色值和顶点的纹理坐标进行插值计算，而纹理参数决定了纹理与片元颜色的组合方式，从而确定了颜色缓存中与片元相对应的像素的最终颜色。

如前所述，如果位于视见体内部的对象被其他离视点更近的不透明对象遮挡时，那么这样的对象是不可见的。这时所需的隐藏面消除一般基于逐片元(fragment-by-fragment)处理的模式。

对于大部分情形，假定所有的对象都是不透明的，因此位于其他对象后面的对象是不可见的。正如在第 7 章所看到的，尽管必须注意片元的空间位置关系，但对于半透明的片元，它们能够与颜色缓存中的像素颜色混合。

在大多数图形显示系统中，把帧缓存中的图像数据取出来并在输出设备上进行显示的过程是自动完成的，这并不是应用程序开发人员所关心的问题。然而，这个过程存在许多与显示质量有关的问题，例如光栅显示器显示的图像存在锯齿走样现象。在 12.8 节，将介绍用来消除锯齿的反走样算法，并讨论显示器上的色彩还原问题。

12.3 裁剪

从计算机图形学的早期开始，剪裁和光栅化一直是中心话题，并出现了大量高效的算法。但是，其中许多算法都是在引入功能强大的 GPU 之前创建的，在这些 GPU 硬件内部可以执行以前由应用程序或 API 软件实现的操作。因此，许多曾经是学习计算机图形学的关键部分的算法现在更具有学术和历史意义。

尽管不同 GPU 之间在性能上存在很大的差异，但是可以采用一些关键原则来理解适用于大多数硬件的裁剪和光栅化。首先，限制必须光栅化的图元类型非常重要。尽管我们的讨论仅限于点、线段和多边形，但也看到 WebGL 支持的唯一多边形类型是三角形。通用的多边形在发送至绘制流水线之前必须细分为三角形。其次，线段通常被视为细长的多边形，从而简化了剪裁和光栅化。实际上，GPU 经常绘制四边形，而四边形几乎总是凸多边形。例如，如果将线段视为细长的多边形，那么它是一个凸四边形，可以像绘制三角形一样轻松。因为有时需要处理多边形的边，所以会讨论线段的裁剪和光栅化，尽管不如三角形的裁剪和光栅化那么详细。

所有关键算法背后的一个关键概念是凸性。我们已经看到了凸性在处理曲线和曲面时的重要性，并指出这是使用三角形的原因，就像线段一样，三角形总是凸的。这里考虑凸对象的另一种属性，它来自集合论。假设将凸对象视为无穷点集。因此，空间中的给定点要么位于凸对象内部，要么位于凸对象外部。两个集合的**交集**(intersection)是同属于两个集合的所有点的集合。我们将使用的基本结论是两个凸集的交集仍是一个凸集。

12.3.1 裁剪简介

现在回过头去讨论几何处理阶段的裁剪处理，它是一个用来确定哪些图元或图元的哪些部分

---

① 此处原文为"像素流水线的输出与几何绘制流水线的输出在光栅化处理阶段汇合"，根据第 7 章的图 7.12，疑有误。——译者注

位于应用程序定义的裁剪体(或视见体)内部的过程。裁剪处理在透视除法之前完成[①]，如果裁剪后顶点的 w 分量不等于 1，那么有必要利用透视除法使该分量等于 1。执行透视除法之后，所有图元潜在的可见部分(还没有进行隐藏面消除处理)都位于一个立方体的内部，立方体可以表示为：

$$-w \leqslant x \leqslant w$$
$$-w \leqslant y \leqslant w$$
$$-w \leqslant z \leqslant w$$

把这个坐标系称为**规范化设备坐标系**(normalized device coordinates)，因为用于生成正确图像的信息虽然保留在这个坐标系中，但是该坐标系既不依赖应用程序定义的原始坐标单位，也不依赖某个特定的显示设备。还要注意的是，投影过程只完成了一部分，还必须执行透视除法以及最终的正投影。

12.3.2　包围盒与包围体

假定有一个具有很多边的多边形，如图 12.5(a)所示。可以采用某种裁剪算法对该多边形进行逐边裁剪。然而，可以看到该多边形完全位于裁剪窗口之外。通过观察我们发现，可以使用与坐标轴对齐的包围盒或多边形区域[参见图 12.5(b)]来进行裁剪处理，多边形的包围盒是指与裁剪窗口的边对齐且包含该多边形的最小矩形。要计算多边形的包围盒，只需要遍历多边形的顶点即可找到 x 和 y 值的最小值和最大值。

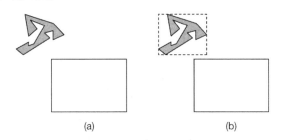

(a)　　　　　　　　　　　　(b)

图 12.5　使用包围盒。(a)多边形和裁剪窗口；(b)多边形、包围盒和裁剪窗口

有了包围盒，通常可以避免对多边形进行复杂的逐边裁剪。下面分析如图 12.6 所示的三种情况。对于位于裁剪窗口上方的多边形，因为其顶点坐标最小的 y 值大于裁剪窗口顶边的 y 值，所以不需要进行任何裁剪。对于位于裁剪窗口内部的多边形，通过比较包围盒与裁剪窗口的各条边，可以确定该多边形完全位于裁剪窗口内。只有发现包围盒横跨裁剪窗口时，才需要对该多边形进行复杂的逐边裁剪处理。无论在二维情况下还是在三维情况下，包围盒都是一种非常强大的技术，因此建模系统通常都会自动地为每个对象建立相应的包围盒，并将包围盒随对象一起存储。

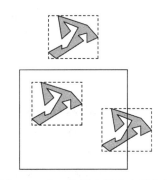

图 12.6　基于包围盒的多边形裁剪

各边与坐标轴对齐的包围盒在二维和三维情形下都适用。在三维情形下，可以在应用程序中采用三维包围盒来执行裁剪操作，从而减轻图形绘制流水线的计算负荷。其他形式的包围体(如球体)也可以很好地用于裁剪操作。包围体的另一个应用是碰撞检测(参见第 10 章)。计算机动画游戏中的

一个基本操作就是判定两个移动的实体对象是否发生碰撞。例如，下面考虑在交互式动画中处于运动状态的两个动画角色，需要知道它们何时会发生碰撞，从而及时改变其运动路线。碰撞检测问题与裁剪问题具有很多的共性，这是因为在执行碰撞检测时，需要确定一个对象的包围体何时与另一个对象的包围体相交。对象可能很复杂并且要求快速地进行碰撞检测计算，这使得该问题处理起来非常困难。通常的做法是把每个对象放在相应的包围体内部，这个包围体可以是与坐标轴对齐的包围盒，也可以是一个球体，因此只要判断它们所对应的包围体是否相交即可，如果包围体相交，那么就需要执行复杂的计算。

注意，上面讨论包围盒的情形同样适用于圆和球体。球体通常用于场景图中以支持**遮挡剔除**(occlusion culling)，该技术使用包围球来删除被其他对象遮挡的对象，从而减少需要绘制的对象的数量。

12.3.3　使用平面裁剪对象

二维裁剪模块和三维裁剪模块的主要区别在于，二维裁剪使用直线来裁剪其他的线段，而在三维裁剪中，要么使用平面来裁剪直线，要么使用平面来裁剪多边形。因此，必须修改二维裁剪中的求交计算公式。一个典型的求交计算是三维参数直线与平面相交的情形(如图 12.7 所示)。如果用矩阵的形式表示直线和平面的方程(其中 $\mathbf{n}$ 是平面的法向量，$\mathbf{p}_0$ 是平面上的某一点)，那么需要通过求解下面的方程组来计算交点对应的 α 参数值。

$$\mathbf{p}(\alpha) = (1 - \alpha)\mathbf{p}_1 + \alpha\mathbf{p}_2$$

$$\mathbf{n} \cdot (\mathbf{p}(\alpha) - \mathbf{p}_0) = 0$$

求解方程组得到 α 参数的值为：

$$\alpha = \frac{\mathbf{n} \cdot (\mathbf{p}_0 - \mathbf{p}_1)}{\mathbf{n} \cdot (\mathbf{p}_2 - \mathbf{p}_1)}$$

计算一个交点需要用到 6 次乘法运算和 1 次除法运算。然而，如果仔细研究一下视见体，就会发现上面的求交运算存在简化的可能。对于正投影观察(如图 12.8 所示)，视见体是一个正六面体，就像二维裁剪的处理情形，每次求交运算可以简化为单个除法运算。

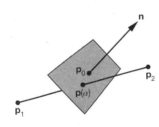

图 12.7　直线与平面相交

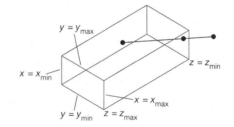

图 12.8　使用正投影观察的裁剪

当考虑一个斜投影观察(参见图 12.9)时，我们发现视见体不再是一个正六面体。读者可能会想到，为了使用视见体的表面裁剪对象，必须执行点积计算，但使用第 5 章介绍的规范化处理会带来更多好处。前面曾证明，一个斜投影等价于一个错切变换和一个正投影变换的组合变换。尽管错切变换使对象发生了变形，但正是这个变形的对象使得它经过正投影后得到了正确的投影图。错切变换也使裁剪体发生了变形：从一般的平行六面体变成了正六面体。图 12.10(a) 所示为一个斜视见体的俯视图，斜视见体内部包含一个立方体。图 12.10(b) 所示为这个斜视见体和立方体经错切后的俯视图。就投影而言，直接进行斜投影变换所需的计算量与使用一个错切变换和一个正投影变换的组合变换所需的计算量是相同的。当加入裁剪操作时，我们发现采用第二种方法具有明显的优点，这是因为该方法使用正六面体裁剪对象。这个例子说明了在算法的实现过程中考虑使用增量式处理步骤的重要性。如果单独分析投影或裁剪操作，就无法说明规范化处理的重要性。

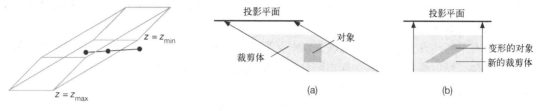

图 12.9　使用斜投影观察的裁剪　　　　　图 12.10　错切引起的视见体变形。(a) 错切之前的俯视图；(b) 错切之后的俯视图

上面有关规范化处理的观点同样适用于透视投影。通过执行第 5 章介绍的透视规范化变换而不是正投影，同样可以得到一个矩形裁剪体，从而简化其后面所有的求交运算。

12.4　光栅化

从在应用程序中定义几何实体到最终生成片元是一个漫长的绘制流水线，现在介绍流水线中几何处理的最后一步，即图元的光栅化。本章只关心线段和多边形的光栅化，这两种图元都是由顶点定义的。假定已经对图元进行了裁剪处理，剩下的图元都位于视见体的内部。

所谓片元就是潜在的像素。每个片元都具有一个颜色属性以及在屏幕坐标系中的位置属性，片元的位置属性对应于颜色缓存中某个像素的位置。片元还包含用于隐藏面消除的深度信息。为了使后面的讨论更加清晰易懂，在 12.6 节之前暂时不考虑隐藏面消除，因此可以直接在屏幕坐标系中处理光栅化问题。因为不考虑隐藏面消除、半透明片元和反走样等问题，所以可以在讨论光栅化算法时使用像素这个术语，即在这种特定的情形下，通过该算法生成的片元颜色就是像素的颜色。

进一步假定颜色缓存是一个 $n \times m$ 的像素阵列，$(0,0)$ 坐标对应于其左下角，并且可以使用图形绘制系统内部具有如下形式的单个函数来设置某个位置像素的颜色值：

```
var writePixel(ix, iy, value);
```

其中，`value` 参数要么是基于颜色索引模式的一个索引值，要么是一个指向 RGBA 颜色数组的指针。一方面，由于颜色缓存在本质上是离散的，所以讨论的像素位于整数值 `ix` 和 `iy` 对应的位置，其他位置的像素则没有意义。另一方面，屏幕坐标的取值范围与 `ix` 和 `iy` 的取值范围相同，但屏幕坐标的坐标值为实数。例如，通过计算得到某个片元对应的屏幕坐标位置为 $(63.4, 157.9)$，但是必须知道对于最佳逼近该坐标的像素，其中心位置位于 $(63, 158)$ 还是 $(63.5, 157.5)$，具体取决于像素中心的位置是整数值或半整数值。

像素具有颜色属性，颜色值存储在颜色缓存中。根据显示器的不同特性，像素显示的形状和大小不一定相同，我们将在 12.9 节详细说明这个问题。现在暂时假定像素显示为一个正方形，它的中心位置是像素的位置，而它的边长等于相邻两个像素之间的距离。在 WebGL 中，像素的中心位于半整数值的位置，选择使用这种方法定义像素的中心位置具有某些优点(参见习题 12.17)。我们还假定从颜色缓存中读取像素的颜色值与显示像素这两个过程是按特定的速率同时进行的。这个假定对于许多支持双缓存的图形绘制系统来说都是成立的，这使我们可以把光栅化处理过程与帧缓存的显示过程看成两个独立的过程。

最简单的线段扫描转换算法就是通常所说的 **DDA 算法**(DDA algorithm),它是以数字微分分析器(digital differential analyzer)命名的,这种数字微分分析器是早期用于微分方程数字仿真的机电设备。因为直线满足微分方程 $dy/dx = m$,其中,m 是直线的斜率,生成一条线段相当于求解一个简单的数值微分方程。

假定有一条线段,它的两个端点分别定义为 (x_1, y_1) 和 (x_2, y_2)。因为在颜色缓存中对线段进行光栅化处理,所以假定线段两个端点的坐标值是经过四舍五入处理后的整数值,因此线段的起点和终点分别对应于某个已知的像素[①]。线段的斜率为:

$$m = \frac{y_2 - y_1}{x_2 - x_1} = \frac{\Delta y}{\Delta x}$$

假定

$$0 \leq m \leq 1$$

可以利用对称性对斜率 m 为其他值的线段进行光栅化处理。该算法基于这样的思想:当 x 坐标值从 x_1 变化到 x_2 时,把函数 `write_pixel` 中每个 ix 值对应的像素写入帧缓存中。如果要对如图 12.11 所示的线段进行光栅化处理,那么当 x 的变化量为 Δx 时,y 的变化量必定为:

$$\Delta y = m\Delta x$$

当从 x_1 变化到 x_2 时,假定 x 的增量为 1,那么 y 的增量为:

$$\Delta y = m$$

虽然每个 x 值都是整数,但是因为斜率 m 是浮点数,所以通过计算得到的每个 y 值并不是整数,为了找到合适的像素,必须对 y 值进行四舍五入处理,如图 12.12 所示。DDA 算法的伪代码为:

```
for (ix = x1; ix <= x2; ++ix) {
    y += m;
    writePixel(x, round(y), line_color);
}
```

算法中 `round` 函数用于对一个实数进行四舍五入取整处理。我们把线段的最大斜率限制为 1 的原因可以从图 12.13 中看到。DDA 算法的一个基本思想就是对于每个 x 值,计算一个最佳的 y 值。对于斜率大于 1 的线段,由于两个着色像素之间的间隔很大,所以生成的近似线段无法令人接受。然而对于斜率大于 1 的线段,如果交换 x 和 y,那么该算法就变为对于每个 y 值,计算一个最佳的 x 值。对于同样的线段(如图 12.13 所示的线段),可得到如图 12.14 所示的近似线段。注意,利用这种对称性使我们不用考虑垂直线段或水平线段引起的任何潜在问题。读者也许希望推导负斜率线段的光栅化算法。

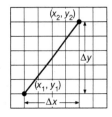

图 12.11　窗口坐标系中的线段

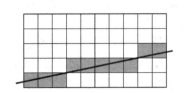

图 12.12　使用 DDA 算法生成的像素

---

① 这个假定对于算法的推导过程并不是必需的。如果对线段的端点采用定点数表示,并且使用定点数进行计算,那么在保留算法计算优势的同时会生成更加精确的光栅化结果。

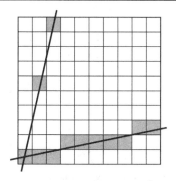 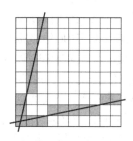

图 12.13　光栅化斜率小于 1 和大于 1 的线段所生成的像素　　图 12.14　用改进后的 DDA 算法生成的像素

因为线段是由它的两个端点确定的，所以可以使用插值方法给生成的每个像素赋予不同的颜色。通过改变所生成像素的颜色，还可以生成线段的各种点画线模式，线段的这些显示效果与基本的光栅化算法没有什么关系，因为该算法的任务是确定需要给哪些像素着色，而不是确定使用哪种颜色给像素着色。

DDA 算法似乎很有效。当然编码也很容易，但是需要对生成的每个像素进行浮点加法运算。Bresenham 设计了一种线段光栅化算法，显著地避免了所有的浮点运算，并且已经成为硬件和软件光栅化模块中使用的标准算法。

12.5　多边形光栅化算法

最早出现的光栅图形系统给用户带来的主要优势之一就是能够显示填充的多边形。那时还无法做到用不同的颜色给多边形内部的每个点进行实时着色，光栅化多边形和多边形的扫描转换这两个术语在当时是指用单色填充多边形。不同于直线的光栅化算法，目前有许多可行的多边形光栅化算法供用户选择，而直线的光栅化算法只有一种占主导地位。选择何种多边形光栅化算法主要取决于图形绘制系统的结构。我们将重点介绍那些既适合流水线绘制结构，又支持着色（明暗绘制）的多边形光栅化算法。

12.5.1　内外测试法

正如我们所看到的，WebGL 唯一支持的多边形类型是三角形。因为三角形是平面凸多边形，所以判定一个点在三角形的内部还是外部不会出现问题。

我们在实际应用中会遇到更一般的多边形。例如，可缩放矢量图形（Scalable Vector Graphics, SVG）是大多数浏览器支持的二维矢量类型 API。应用程序使用一组顶点设置复杂的多边形，多边形必须以一致的方式绘制。

对于非平面多边形[①]，可以对它的投影多边形进行光栅化处理，或者使用它的前三个顶点确定的平面作为内部区域来使用。对于非简单的平面多边形，必须确定一个给定的点是位于多边形的内部还是多边形的外部。从理论上来说，对多边形内部区域填充某种颜色的过程相当于判断多边形所在的平面上哪些点是多边形内部区域中的点。

相交测试（crossing test）或**奇偶测试**（odd-even test）是判断多边形内部-外部区域的最广泛使用

---

① 严格地说，并不存在这样的非平面多边形，因为无法定义它的内部区域，除非它是平面多边形。然而，从编程人员的观点来看，只需简单地给定一组顶点就可以定义一个多边形，而不用考虑这些顶点是否位于同一个平面内。

的方法。假定 **p** 是多边形内部的某个点,从 **p** 点发出的
射线一定与多边形的奇数条边相交。从多边形外部某点
发出并进入多边形的任意射线与多边形的偶数条边相
交。因此,如果从多边形外部发出一条直线,该直线在
到达某个待判定点之前与多边形的奇数条边相交,那么
这个待判定点位于多边形的内部。对于如图 12.15 所示的
星形多边形,其内部填充效果如图所示。奇偶测试法很
容易实现,并且可以很好地与标准绘制算法结合在一起。

图 12.15　使用奇偶测试法的多边形填充效果

通常使用扫描线代替射线,并根据扫描线与多边形交点的数量来确定多边形的内部区域和外部区域。

　　然而,我们希望使用填充算法填充星形多边形的效果应该如图 12.16 所示的那样,而不是
图 12.15 所示的效果。使用**环绕测试法**(winding test)可以解决这个问题。环绕测试法认为多边形是
一个绕某个点或某条线形成的一个结。为了实现环绕测试,把多边形的边视为有向边,即从任意
一个顶点出发,按某个特定的方向(究竟是哪个方向并不重要)环绕多边形直到回到出发点。在多
边形的边上使用箭头表示环绕的路径,如图 12.16(a)所示。下面考虑一个任意的点,该点的**环绕
次数**(winding number)定义为多边形的边环绕该点的次数。规定顺时针环绕为正,而逆时针环绕为
负(或者相反)。因此,对于位于图 12.16 所示的星形多边形之外的点,因为没有边环绕它,所以它
的环绕次数等于 0;对于图 12.15 所示的已被填充的区域,位于该区域内的点的环绕次数等于 1;
对于图 12.15 所示的星形多边形中央未被填充的区域,位于该区域内的点的环绕次数等于 2。如果
改变填充规则,即规定环绕次数为非 0 的点位于多边形内部区域,那么星形多边形内部的填充效
果如图 12.16(b)所示。

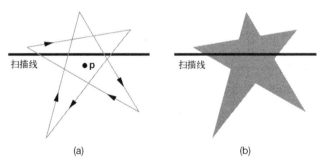

图 12.16　基于环绕测试法的多边形填充效果

12.5.2　WebGL 与凹多边形

　　因为 WebGL 只绘制三角形,而三角形总是平面凸多边形,所以还有一个问题需要解决,即如
何处理更一般的多边形。一种方法是要求应用程序确保所生成的多边形都是三角形。另一种方法
是通过软件把给定的一般多边形细分成多个平面凸多边形(一般是三角形)。把给定的一般多边形
细分成多个三角形的方法有很多。一种好的细分算法不会产生细长的三角形,如果可能的话,细
分算法生成的一组三角形应该满足良好的几何特性,如三角形条带或三角形扇形。

　　下面介绍一种多边形细分算法,该算法可用于细分(或三角剖分)一个具有 n 个顶点的任意简
单多边形。从构建该算法的开始就知道,可以正好使用 $n-2$ 个三角形来细分具有 n 个顶点的任意
简单多边形。假定通过一个有序的顶点列表 $v_0, v_1, \cdots, v_{n-1}$ 来指定该多边形,因此该多边形具有从 v_0
到 v_1 的边,v_1 到 v_2 的边,直至最后 v_{n-1} 到 v_0 的边。算法的第一步是寻找多边形最左边的顶点 v_i,

只需简单地扫描每个顶点的 x 值就可以找到该顶点。假定与顶点 v_i 相邻的两个顶点分别是 v_{i-1} 和 v_{i+1}（其中索引下标是对 n 进行求模运算计算出来的）。这三个顶点生成一个三角形 $v_{i-1}v_iv_{i+1}$。如果三角形 $v_{i-1}v_iv_{i+1}$ 是如图 12.17 所示的情形，那么只要将 v_i 从初始的顶点列表中删除掉，这时得到一个三角形和一个具有 $n-1$ 个顶点的多边形，之后可以按同样的方法对细分后得到的这个多边形进行迭代处理。

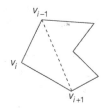

图 12.17　细分后得到一个三角形和一个多边形

然而，由于被细分的多边形可能是凹多边形，因此从 v_{i-1} 到 v_{i+1} 的线段可能与多边形的其他边相交，如图 12.18 所示。判断出现这种情形的方法是：测试多边形的其他顶点是否位于该线段的左侧且位于三角形 $v_{i-1}v_iv_{i+1}$ 的内部。如果将 v_i 与多边形的其他顶点中位于最左边的那个顶点连接起来，那么可以将原始的多边形分割成两个新的多边形（如图 12.19 所示），其中任意一个多边形至少比原始的多边形少两个顶点。之所以将 v_i 与最左边的顶点相连接是为了确保这两个新的多边形都是简单多边形。因此，之后可以使用上面提到的方法对这两个多边形进行迭代细分处理，直到生成了所有的三角形。

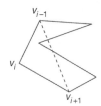

图 12.18　多边形的一个顶点在三角形内部

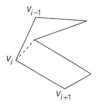

图 12.19　分割成两个多边形

对于该算法的性能分析需要注意的是，当没有顶点出现在三角形 $v_{i-1}v_iv_{i+1}$ 内部时，该算法的性能是最差的。为了确定多边形细分确实属于上述这种情形并且之后能从原始的多边形中删除一个顶点，该算法需要执行时间复杂度为 $O(n)$ 的测试。因此，最坏情况下该算法的时间复杂度为 $O(n^2)$。然而，如果事先知道多边形是凸多边形，那么就不需要这些测试，此时算法的时间复杂度为 $O(n)$。一般来说，当将多边形分割成顶点数量相等的两个多边形时，该算法的性能最优。如果每次迭代处理都出现这样的分割情形，那么该算法的时间复杂度为 $O(n \log n)$。本章后面的建议阅读资料提到了时间复杂度为 $O(n \log n)$ 的多边形细分算法，但是这些算法比本节介绍方法要复杂得多。在实际应用中，很少对顶点数量非常多的多边形进行细分处理，因为对这样的多边形进行细分处理需要用到更复杂的细分算法。

到目前为止，我们只讨论了由顶点连接的边定义的多边形对象。更复杂的情形是对象包含"洞"，例如，使用三角形绘制字母"A"。对于这种情形，三角细分问题变得更加复杂。功能固定的 OpenGL 绘制流水线支持基于软件的三角细分，但是它已经被现代 GPU 的曲面细分着色器所代替，OpenGL 4.1 之后的版本支持曲面细分着色器。然而，WebGL 目前还不支持曲面细分着色器。

> **边注 12.1　现代光栅化算法的硬件实现**
>
> 　　这些年来，图形算法的硬件实现发生了很大的变化。最早使用图形硬件的时候，图元通常由单独的硬件逻辑块生成：直线光栅化模块和多边形光栅化模块。然而，随着时间的推移，由于光栅化算法生成的每个片元都需要更多的插值计算(例如位置、颜色和纹理坐标等)，因此对光栅化模块的需求增加了，从而使算法的硬件实现变得更加复杂。
>
> 　　尽管片元的复杂性似乎不断增加，但是许多光栅化模块实现所生成片元的方式在概念上已经变得更加简单。正如在 12.3.3 节所讨论的那样，可以确定点位于平面的哪一侧。该技术的一个非常实际的应用是，投影后的图元可以表示为一组适当定向的边界"平面"(boundary "planes"，在二维帧缓存中它们实际上是直线)。因此，可以通过测试片元相对于边界集的位置来确定它是否在内部。想象一下需要光栅化一个三角形。从概念上讲，需要根据边界平面集测试视口中每个片元的位置，然后继续处理位于该区域内部的片元。假设这种巧妙的实现方式不会在视口中生成每个片元，那么这种方法可以使片元的生成和着色同时进行，从而使图形硬件可以通过多核并行性实现极其快速的处理。

12.6　隐藏面消除

　　虽然通过光栅化处理生成的每个片元都对应于颜色缓存中的某个位置，但是如果某个片元所在的对象位于另一个不透明对象的后面(即被不透明对象所遮挡)，那么我们并不希望通过给该片元对应的像素着色而显示该片元。对于位于视见体内的每个对象，隐藏面消除(或可见面判定)用来确定视见体中每个对象的哪些部分是可见的，或者确定哪些对象在视线上被其他对象所遮挡。我们将介绍一些隐藏面消除算法用来处理仅由平面多边形组成的场景。因为大部分图形绘制系统在这一步已经将曲面细分成多个多边形，所以上面的这种选择是非常合适的。对这些算法稍加修改就可以处理线段的消隐问题(参见习题 12.7)。

12.6.1　对象空间和图像空间消隐算法

　　通过对隐藏面消除算法的研究，可以清楚地发现目前有许多这样的消隐算法，我们还可以发现这些算法在处理消隐问题时存在对象空间和图像空间之间的区别，以及评估这些算法在实现过程中对后继出现的算法产生持续影响的重要性。

　　下面考虑一个由 k 个三维不透明平面多边形所组成的场景，每个多边形都被认为是一个独立的对象。当从投影中心观察场景中所有的对象对时，可以得到一种通用的**对象空间消隐算法**(object-space approach)。例如，考虑场景中两个这样的多边形 A 和 B，它们之间的位置关系为下面 4 种可能的情形(如图 12.20 所示)：

1. 在视线方向上 A 完全遮挡了 B，只显示 A。
2. 在视线方向上 B 完全遮挡了 A，只显示 B。
3. A 和 B 都完全可见，既显示 A 也显示 B。
4. A 或者 B 有一部分被对方所遮挡，必须计算被遮挡的多边形的可见部分。

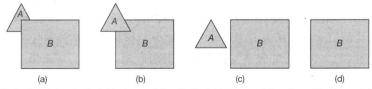

图 12.20　两个多边形。(a)B 部分遮挡了 A；(b)A 部分遮挡了 B；(c)A 和 B 都可见；(d)B 完全遮挡了 A

为了考虑更复杂的场景，可以把对上述 4 种情形的判断以及对多边形可见部分所需的计算看成单个操作。采用迭代的方法处理该问题。首先从场景中的 k 个多边形中任意选择一个多边形，并把它与其余的 $k-1$ 个多边形两两比较其位置关系，然后就可以知道该多边形的哪一部分可见(如果存在可见部分)，并绘制其可见部分。处理完这个多边形之后，从其余的 $k-1$ 个多边形中再任意选择一个多边形并重复上面的过程。每一步都要把一个多边形与其余的每个多边形进行两两比较，直到只剩下两个多边形，并对它们进行相互比较。可以很容易地确定这种方法的时间复杂度为 $O(k^2)$。因此，根本不用研究任何具体的对象空间消隐法的实现细节，就足以怀疑这种对象空间消隐算法最适合处理包含相对少量多边形的场景。

图像空间消隐算法(image-space approach)遵循观察和光线投射模型，如图 12.21 所示。下面考虑从投影中心发出并通过某个像素的一条光线。可以考虑这条光线与场景中 k 个多边形所在的每个平面相交的情形，确定该光线穿过哪些多边形所在的平面，并最终确定离投影中心最近的交点，然后使用多边形在交点处的颜色给对应的像素着色。这里用到的最基本运算就是光线与多边形的求交计算。如果显示分辨率大小为 $n \times m$ 的图像，那么必须执行 nmk 次求交运算，其时间复杂度为 $O(k)$[①]。这里也不用研究算法的细节就可以得到算法复杂度的一个上限。通常情况下，时间复杂度上限 $O(k)$ 正说明了图像空

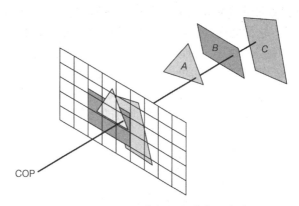

图 12.21　基于图像空间的隐藏面消除

间消隐算法的优势所在。上限 $O(k)$ 是最坏情况下的时间复杂度，在实际中，对于这种基于图像空间的消隐算法，其执行效率会更高(参见习题 12.9)。然而，因为图像空间消隐算法工作在片元或像素一级，所以其精度受到帧缓存分辨率的限制。

12.6.2　排序与隐藏面消除

对于对象空间消隐算法，$O(k^2)$ 的时间复杂度可能使读者想起某些最坏情况下的排序算法，如冒泡排序。任何基于这种蛮力方法两两比较对象的排序方法都具有 $O(k^2)$ 的时间复杂度，但是我们所介绍的对象空间排序算法与隐藏面消除本身有着更为直接的联系。如果能够根据对象离视点的距离来组织它们，那么应该可以提出一种直接绘制它们的方法。

基于这种比较，我们知道一个好的排序算法的时间复杂度为 $O(k \log k)$。我们应该希望对象空间消隐算法也具有这样的时间复杂度，而事实就是如此。对于排序问题，有多个满足这个时间复杂度上限要求的排序算法。此外，还有一些问题涉及对象之间的比较(如碰撞检测问题)，乍看起来，这类问题的时间复杂度似乎为 $O(k^2)$，而事实上可以降到 $O(k \log k)$。

12.6.3　扫描线填充算法

扫描线填充算法(scan line algorithm)之所以吸引大家的目光，是因为该方法具有按扫描显示像素的方式来生成这些像素的潜力。下面考虑如图 12.22 所示的多边形和它上面的一条扫描线。如果使用奇偶判断规则来定义多边形的内部区域，会发现在扫描线上有三组像素或三个**填充区间**(span)

[①]　为了提高绘制精度，可以对每个像素使用多条光线。

位于多边形的内部。注意到每个填充区间可以独立地进行光照或深度计算，某些具有并行区间处理能力的图形硬件采用了这种方法。对于使用单色填充多边形的简单例子，当确定了各个填充区间之后，就可以使用填充色给每个区间内的像素着色。

填充区间是由扫描线与多边形的边形成的交点序列确定的。多边形的顶点包含了用来确定这些交点的所有信息，但是用来表示多边形的方法确定了这些交点生成的顺序。例如，考虑如图 12.22 所示的多边形，它由一个有序的顶点序列表示。用来生成扫描线与多边形边线交点的最常见方法是逐一处理相邻两个

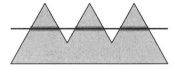

图 12.22　具有填充区间的多边形

顶点的边线。图 12.23 显示了这些交点，并按上面这种方法生成交点的顺序来编号。注意，可以通过增量计算的方式来计算边线上的这些交点的坐标值(参见习题 12.16)。然而，就多边形填充而言，这样的交点序列并不是我们所需要的。如果每次填充一条扫描线，那么我们希望对内部交点序列进行排序，即首先按扫描线，然后按每条扫描线上交点的 x 坐标值进行排序，如图 12.24 所示。使用蛮力方法可以把所有的交点排成所需的顺序。然而，对于一个非常大的或锯齿状的多边形，扫描线可能与它的很多边线相交，因此交点的数量 n 会变得非常大(例如，考虑一个横跨半数扫描线的多边形)，以至于时间复杂度为 $O(n \log n)$ 的排序对实时绘制系统而言，其计算速度太慢了。

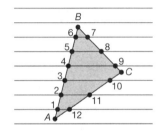

图 12.23　用顶点序列表示的多边形

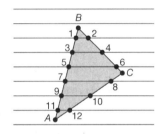

图 12.24　顶点序列的理想顺序

许多填充算法并不采用这种常规的蛮力搜索方法。有一种算法，起初它被称为 **y-x 算法**(*y–x* algorithm)，该算法为每条扫描线创建一个吊桶。随着算法对多边形边线的处理，边线与扫描线的交点放置在相应的吊桶中。在每个吊桶中，使用插入排序方法对每条扫描线上的交点序列的 x 坐标值进行排序。算法使用的数据结构如图 12.25 所示。我们再一次看到，一个合理选择的数据结构可以有效地提高算法的运行速度。甚至可以重新考虑多边形的表示方法，从而进一步提高算法的运行速度。如果这样做，则可以得到扫描线算法[①]。

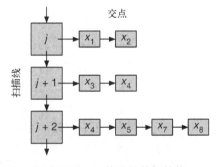

图 12.25　*y-x* 算法的数据结构

12.6.4　背面剔除

在第 6 章，注意到在 WebGL 中可以选择只绘制对象的正面(front-facing)多边形。对于无法看

[①] 根据 DDA 算法，相邻扫描线与多边形某条边上的两个相邻交点的 x 坐标值之间存在增量关系，即"边的连贯性"，利用边的连贯性可以进一步提高算法的实现效率。——译者注

到背面多边形的情形，如由凸面体组成的场景，可以在执行隐藏面
消除之前把所有的背面(back-facing)多边形剔除掉，从而减少隐藏面
消除的计算量。可以从图 12.26 推导出**剔除**(culling)背面多边形的判
定条件。从图 12.26 可以看到，如果多边形某个面朝外的法向量指向
观察者，那么观察者看到的是多边形的正面。如果法向量与观察方
向的夹角为 θ，那么多边形朝向观察者当且仅当满足条件

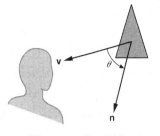

$$-90 \leqslant \theta \leqslant 90$$

图 12.26 背面判定

或者满足与之等价的条件

$$\cos \theta \geqslant 0$$

该条件的第二种表示形式更容易判断，这是因为不用计算余弦，而只需利用下面点积运算：

$$\mathbf{n} \cdot \mathbf{v} \geqslant 0$$

如果注意到背面剔除通常是在多边形变换到规范化的设备坐标系之后才进行的，则可以进一
步简化上面的判定条件。在规范化的设备坐标系中，所有的投影都是正投影，投影方向沿 z 轴方
向。因此，在规范化的设备坐标系中有：

$$\mathbf{v} = \begin{bmatrix} 0 \\ 0 \\ 1 \\ 0 \end{bmatrix}$$

因此，如果多边形所在平面的平面方程在规范化的设备坐标系中表示为：

$$ax + by + cz + d = 0$$

那么只需测试 c 的符号就可以确定所判断的多边形是正面还是背
面。可以很容易地使用硬件或软件来实现这个测试，只需注意在应
用程序中确保背面多边形剔除的正确性。

还有一种更有趣的用来判定背面的算法。该算法基于对多边形
在屏幕坐标系中的面积的计算。考虑如图 12.27 所示的具有 n 个顶
点的多边形，它的面积 a 可以表示为：

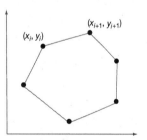

$$a = \frac{1}{2} \sum_i (y_{i+1} + y_i)(x_{i+1} - x_i)$$

图 12.27 计算多边形的面积

其中顶点坐标的标号 i 以 n 为模数(参见习题 12.26)。如果面积为负值，那么表示该多边形为背面
多边形。

12.6.5 z 缓存算法

z 缓存算法(z-buffer algorithm)是使用最广泛的隐藏面消除算法，它具有众多优点，比如可以
很容易地通过硬件或软件来实现，并且与图形的绘制流水线结构相兼容，在这种流水线绘制结构
中，该算法能够以片元通过流水线的速度快速执行。尽管该算法工作在图像空间，但是它的外层
循环遍历每个多边形而不是每个像素，所以可以把它看成在 12.5 节讨论的多边形扫描转换过程的
一部分。

假定正在对如图 12.28 所示的两个多边形中的一个多边形进行光栅化处理。从投影中心向某个
像素发出一条射线，可以使用第 6 章介绍的顶点颜色插值公式来计算该射线与每个多边形交点的

颜色。此外，还必须检测该交点的可见性。如果它是射线上离视点最近的交点，那么该交点是可见的。因此，如果正在光栅化多边形 B，并且像素点到 B 的距离 z_2 比到 A 的距离 z_1 要小，那么屏幕上显示的是多边形 B 的颜色。相反，如果正在光栅化多边形 A，那么射线与多边形 A 的交点对应的像素颜色不会显示在屏幕上。然而，由于对多边形是逐个进行处理的，所以当光栅化某个多边形的时候，并不知道所有其他多边形的信息。然而，如果保存每个片元的深度信息，那么随着对每个片元的处理，可以存储或更新它在帧缓存对应位置的深度信息。

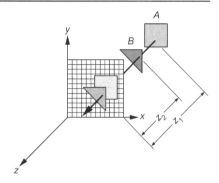

图 12.28　z 缓存算法

假定有一个缓存(z 缓存)，它与帧缓存具有相同大小的空间分辨率，其深度分辨率就是在存储距离(深度)时我们希望使用的二进制位数。例如，如果使用的显示器的分辨率为 1024×1280，并使用标准的整数表示深度值，那么可以使用空间分辨率为 1024×1280 且深度分辨率为 32 位的 z 缓存。z 缓存算法执行时，深度缓存中存储的每个元素都初始化为离投影中心的最大深度值[1]，颜色缓存初始化为背景颜色。在光栅化和片元处理的任何时刻，z 缓存总是在相应位置存储到目前为止通过该位置的射线与多边形交点的最近距离值。

下面介绍 z 缓存算法的执行过程。首先采用 12.5 节介绍的某种方法对多边形逐个进行光栅化处理。对于多边形上的每个片元，它对应于通过某个像素位置的射线与该多边形的交点，我们计算片元到投影中心的距离(即片元的深度值)，然后把片元的深度值与 z 缓存相应位置的深度值进行比较。如果片元的深度值大于 z 缓存相应位置的深度值，那么在它之前已处理的那个多边形上对应的片元离视点更近，所以当前处理的这个片元不可见。如果片元的深度值小于 z 缓存相应位置的深度值[2]，那么找到了一个离视点更近的片元。此时使用该片元的深度值来更新 z 缓存相应位置的深度值，并把颜色缓存中相应位置的颜色值更新为该片元的颜色。注意，从透视投影的角度来看，在 z 缓存算法中使用的深度距离实际上是经过了第 4 章介绍的规范化变换之后的距离。虽然这个规范化变换是非线性的，但是并没有改变距离的相对大小。然而，这种非线性变换可能导致数值上的不精确性，尤其是离近裁剪面的距离很小的时候。

对于图形绘制系统的其他处理过程，用户并不知道 WebGL 采用了哪种特定的实现算法，而对于隐藏面消除，WebGL 采用了 z 缓存算法。之所以会有这个例外，这是因为每当生成新的图像时，要求用户必须在应用程序中显式地初始化 z 缓存。

z 缓存算法非常适合于使用图像空间消隐算法来实现，因为在其实现过程中可以采用计算开销非常小的增量计算方法。假定基于扫描线光栅化方法正在逐条扫描线地光栅化一个多边形，在前文讨论过这个方法。如图 12.29 所示，多边形所在的平面方程可以表示为：

$$ax + by + cz + d = 0$$

假定 $(x_1,\ y_1,\ z_1)$ 和 $(x_2,\ y_2,\ z_2)$ 是多边形(平面)上的两个点。如果

$$\Delta x = x_2 - x_1$$

$$\Delta y = y_2 - y_1$$

$$\Delta z = z_2 - z_1$$

---

[1] 如果已经执行了透视投影的规范化变换，那么就应该用投影方向代替投影中心，这是因为变换后所有的投影线都是平行线。然而这个变换并不影响 z 缓存算法，因为可以从任意平面(如平面 $z=0$)开始测量深度距离，而不一定要从投影中心测量深度距离。

[2] 在 WebGL 中，可以使用函数 `gl.depthFunc` 来确定当距离相等时的处理方法。

则平面方程可以用微分形式写成：

$$a\Delta x + b\Delta y + c\Delta z = 0$$

该方程位于屏幕窗口坐标系中，因此每条扫描线都对应于一条 y 为常量的直线，并且当沿着扫描线扫描时，$\Delta y = 0$。在扫描线上，按单位步长增加 x 的值，对应于在帧缓存中移动一个像素，所以 Δx 是常量。因此，当在扫描线上从一个点移动到另一个相邻点时：

$$\Delta z = -\frac{a}{c}\Delta x$$

这个值也是一个常量，所以对每个多边形只需要计算一次。

尽管图像空间消隐算法在最坏情况下的性能与图元的数量成正比，但是 z 缓存算法的性能与光栅化过程生成的片元数量成正比，而这取决于光栅化后的多边形的面积。

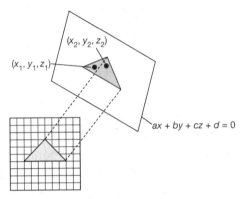

图 12.29　增量式 z 缓存算法

12.6.6　深度排序和画家算法

虽然由于 z 缓存算法的高效性和易于实现的优点而使图像空间消隐算法在硬件实现中占有支配地位，但是在应用程序中也经常使用对象空间消隐算法来减少多边形的数量。**深度排序**（depth sort）是实现对象空间消隐算法的一种最直接的方式。这里介绍的算法只处理由平面多边形构成的场景，可以把算法扩展到处理其他类型的对象。深度排序是一种称为**画家算法**（painter's algorithm）（一种更简单的消隐算法）的变异形式。

假定有一组多边形，这些多边形根据其离视点的远近进行排序。对于如图 12.30(a) 所示的例子，场景中有两个多边形，图 12.30(b) 是观察者观察到的效果，即位于前面的多边形部分遮挡了另一个多边形。为了正确地绘制场景，由于后面这个多边形有一部分区域是可见的，所以要把这部分可见区域绘制到帧缓存中（这个计算要求用一个多边形裁剪另一个多边形）。也可以使用另一种方法绘制这个场景，该方法类似于画家绘制这个场景时使用的方法。画家一般先画远处的整个多边形，然后再画前面的多边形，这样就可以在绘制过程中覆盖位于后面的且对观察者来说不可见的那部分多边形。场景中的这两个多边形都需要完全地绘制出来，最终通过这种**从后向前绘制**（back-to-front rendering）多边形的方法实现了隐藏面消除[1]。与该算法有关的两个问题是：如何对多边形进行排序，以及如何对相互重叠的多边形进行消隐处理。深度排序能够解决这两个问题，然而可以在许多应用中找到更有效的解决方法（参见习题 12.10）。

---

[1] 在光线跟踪和科学计算可视化应用中，通常使用从前向后绘制（front-to-back rendering）多边形的方法。

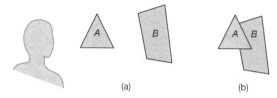

图 12.30　画家算法。(a)两个多边形和一个观察者；(b)观察时，多边形 A 部分遮挡了 B

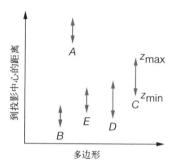

图 12.31　排序后每个多边形 z 值的取值范围

假定已经通过计算得到了每个多边形的范围。深度排序的下一步处理就是根据多边形离视点的最大 z 值对所有的多边形进行排序，正因为这个处理过程，所以把这个算法称为深度排序算法。假定多边形的顺序如图 12.31 所示，该图显示了排序后每个多边形 z 值的取值范围。如果某个多边形的最小深度值(即 z 值)大于它后面某个多边形的最大深度值，那么可以从后向前绘制这些多边形，这样可以得到正确的绘制效果。例如，在图 12.31 中，多边形 A 位于所有其他多边形的后面，因此可以先绘制该多边形。然而，其他多边形不能仅仅根据 z 的取值范围来决定是否绘制相应的多边形。

如果两个多边形的 z 值范围有重叠，那么仍然可以找到一个顺序来绘制它们，并得到正确的图像。为了找到这样的一个正确绘制顺序，深度排序算法需要按测试的难度依次执行一系列的测试。下面考虑 z 值范围重叠的两个多边形。最简单的测试方法就是检测它们的 x 取值范围或 y 取值范围是否重叠(如图 12.32 所示)。如果它们的 x 取值范围或 y 取值范围不重叠[①]，那么这两个多边形互不遮挡，可以按任意的顺序绘制这两个多边形。即使这两个测试都失败了，仍可能找到一个绘制它们的正确顺序，图 12.33 说明了这种情况，其中一个多边形的所有顶点都位于另一个多边形所在平面的同一侧。为了确定两个多边形的位置关系是否属于这种情形，可以对这两个多边形的顶点进行处理(参见习题 12.12)。

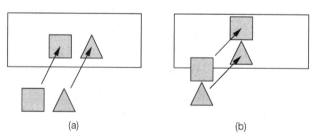

图 12.32　测试多边形的 x 取值范围和 y 取值范围是否重叠。(a)两个多边形的 x 取值范围不重叠；(b)两个多边形的 y 取值范围不重叠

还有两种难以处理的情况。如果有三个或更多的多边形循环重叠，如图 12.34 所示，那么无法找到正确的绘制顺序。最好的办法就是至少把其中的一个多边形分割成两个多边形，从而得到一个新的多边形集，然后再试图找到一个正确的绘制顺序。第二种难以处理的情况如图 12.35 所示，一个多边形可以穿透另一个多边形。如果希望继续采用深度排序，那么必须执行复杂的求交计算(相当于用一个多边形裁剪另一个多边形)。如果相交的多边形有大量的顶点，那么不如试试采用

---

① 基于 x 取值范围或 y 取值范围的测试方法只能应用于多边形在 xoy 平面上的平行投影视图。这是说明工作在透视规范化变换后的规范化设备坐标系中的好处的另一个例子。

其他计算量较少的算法。对深度排序的性能分析是非常困难的，这是因为对不同的特定应用来说，该算法使用难度较大的测试方法的次数是不同的。例如，如果处理的是用于描述实体对象表面的多边形，那么任意两个多边形都不会相交，然而显而易见的是，因为深度排序算法需要进行初始排序，所以它的时间复杂度至少是 $O(k \log k)$，其中 k 表示对象的数量。

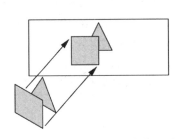

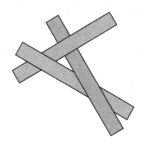
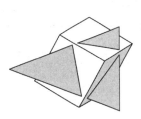

图 12.33　相互重叠的两个多边形　　图 12.34　多边形循环重叠　　图 12.35　多边形相互穿透

12.7　硬件实现

默认情况下，使用标准化 API（如 WebGL）的图形应用程序会尝试利用系统中可用的 GPU。GPU 中图形绘制流水线的实现通常在概念层面上与我们的模型相匹配，但系统的特性将取决于许多因素，例如内存、功耗和数据带宽。

对于基于光栅化的绘制流水线的实现，最常见的两种概念结构是**立即模式**（immediate-mode）绘制器和**基于图块**（tile-based）的绘制器[①]。两者的操作方式基本相同，但它们之间有一个根本区别，那就是基于图块的系统在绘制流水线中包含了一个额外的阶段，通常称为"**装箱**（binning）"或"**切块**（tiling）"步骤，我们稍后对此进行描述。

立即模式绘制器，例如 NVIDIA 和 AMD 设计的 GPU，实现了最接近我们模型的图形绘制流水线，它们完全处理由应用程序的 draw 函数发送的图元。这些类型的绘制流水线的实现通常出现在电力不受限的计算机系统中，例如个人计算机和游戏机。

立即模式绘制系统的一个特点是，它包含足够的内存来支持应用程序运行时所需的全部帧缓存集。正如我们所看到的，应用程序在内存中至少有一个颜色缓存，并可能有额外的颜色缓存（深度缓存或模板缓存）。为了进行正确的操作，绘制器需要能够访问帧缓存中的每个像素，因此，所有活动的帧缓存都必须是可访问的。一般来说，支持这种操作模式的 GPU 是独立的，通常驻留在系统中它们自己的电路上，并有足够的内存来支持它的操作。此外，这样的系统通常通过高速的总线将 GPU 的图形处理单元与内存连接起来。这与基于图块的系统形成了鲜明的对比。

相比之下，基于图块的绘制器适用于电力和内存受限的系统，如手机和平板电脑、消费电器、独立 VR 头显及类似设备。在这样的系统中，内存既昂贵又耗电。为了最小化所需的内存，基于图块的系统将帧划分为一个个**图块**（tile），图块仅仅代表帧缓存中的一个子区域，如图 12.36 所示。构成 GPU 电路的物理实现只有足够的内存来支持一个图块的帧缓存要求。这种内存限制阻止了同时访问帧缓存中的所有像素，因此需要对绘制流水线的处理进行修改。

图 12.36　基于图块的绘制系统中帧缓存的划分

① 相对于 PC 上的 GPU 绘制结构的立即模式绘制器（immediate mode renderers，IMR），基于图块的绘制（tile-based rendering，TBR）是目前主流的移动 GPU 绘制结构。——译者注

图元在基于图块的 GPU 上的处理类似于立即模式绘制器。当前图元的顶点由顶点着色器处理。然而，与立即模式绘制器将图元的所有处理过的顶点发送到光栅化模块相比，基于图块的绘制器会确定在屏幕空间投影的图元会与哪些图块相交，并在通常称为**图元装箱**(primitive binning)的过程中将其记录到相应图块的**图元列表**(primitive list)中。对绘制流水线的修改如图 12.37 所示。也就是说，在每一帧的末尾，每个图块的图元列表包含了所有与该图块相交的图元的引用，以及图形资源(例如顶点属性和纹理贴图等)，这些都是对每个图元进行着色所必需的。图 12.38 说明了一个图元与多个图块重叠的情形，示意图 12.39 说明了图元如何存储在图元列表中。

图 12.37　基于图块的绘制流水线

图 12.38　与多个图块相交的图元

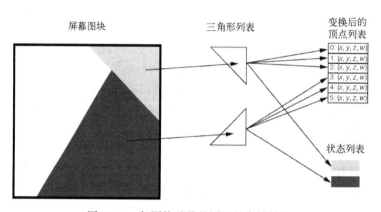

图 12.39　与图块重叠的图元的存储结构

乍一看，这种方法需要大量的内存，这似乎有违直觉。图块列表及其相关的原始记录确实需要使用内存。然而，通常情况下，一帧中的图元要比像素少得多。此外，这个过程存在一个有趣的"副作用"：每个图块都是完全独立的，它可以在没有任何其他信息的情况下被完整地绘制出来，这意味着在一个系统中可能有多个基于图块的 GPU，它们可以同时处理独立的图块，所有这些 GPU 共同生成最终的帧画面。事实上，现代手机通常有多个 GPU(目前大约 4~6 个)，每个 GPU 都能够为一个图块生成像素。

当应用程序发送了绘制一帧图像所需的所有 Draw Calls 指令时，这意味着该帧所需的所有图元都被发送到 GPU 中，并且被各自的顶点着色器和装箱模块处理，然后开始执行到绘制流水线的光栅化阶段。再次与立即模式绘制器(它会尽可能快地光栅化图元)相比，基于图块的系统直到装箱操作完成后才会开始光栅化。只有在这个时候，系统才会开始使用各个图块对应的图元列表来处理它们。列表中的每个图元都被光栅化，片元着色，并可能进行深度测试、混合或被作用于每个片元的任何其他图形操作所改变。这个过程实际上与立即模式绘制器最后的阶段相同，但由于仅局限于图块的像素处理，所以计算、数据移动和内存操作都可以在图形系统中被隔离，优化系统内存流量并降低设备的功耗。一旦处理完图块中的所有图元之后，图块中生成的像素就会被写入最终帧缓存中的适当位置。当所有的图块都被处理并写回内存时，完成了一帧的绘制并可以显示出来。

对于像我们正在使用 WebGL 开发的交互式图形应用程序，性能是首要考虑因素。我们讨论过的基于光栅化的绘制流水线在执行片元着色器(生成片元的颜色、深度和任何其他每片元的信息)之后才决定该片元是否可见(最常见的方法是通过深度测试)。这种方法有时被称为**先着色再可见性判定**(shading before visibility)，这有可能浪费计算资源，特别是当片元的着色需要大量计算时，这样的片元只会因深度(或其他像素)测试失败而被丢弃。事实上，如果知道哪个片元将用于确定像素的最终颜色，并且只需要对该片元执行片元着色器，这将是一种更有效的方法，这通常被称为**先可见性判定再着色**(visibility before shading)。这种情形对于立即模式绘制器是不可用的[①]，因为它们按照发送给它们的图元来依次处理[②]。然而，基于图块的绘制器却可以使用这种方法，因为它们会生成一个影响像素的所有图元列表(或者更具体地说，一个图块中的像素集)。

某些基于图块的绘制系统使用了一种技术，可以对图块列表中的所有图元进行深度测试，从而有效地实现中间光栅化操作。然而，这个操作并不执行图元的片元着色器，而是为每个图元写入一个标识符。在操作的最后，图块的帧缓存包含对帧画面有贡献的每个图元的标识符。然后，系统只需要为每个标识的图元执行片元着色器，它具有合适的片元位置和片元插值数据(例如纹理坐标等)以生成像素的颜色。

12.8　反走样

线段和多边形的边经光栅化处理后看起来呈锯齿状，即使在分辨率高达 1024×1280 的显示设备上，也能注意到屏幕显示的图像中存在这样的瑕疵。每当把具有无限分辨率的连续对象表示成具有有限分辨率的近似采样对象时，就会出现这种类型的误差。可使用**走样**(aliasing)这个术语来描述这种效果，因为这与数字信号处理中的混叠现象有关系。

由于帧缓存的离散特性，走样误差是由下面三个相关的问题引起的。第一，如果帧缓存的大小为 $n×m$，那么它存储的像素数量是固定的，并且只能生成某种像素图案来近似表示一条线段。许多不同的连续线段可能使用相同的像素图案来近似表示，可以说所有这些线段走样为相同的像素序列。给定某个像素序列，无法确定该像素序列是由哪条线段生成的。第二，像素固定放置在均匀的栅格上。无论把像素放在何处，除了等间隔分布的栅格位置，不能把它们放在其他地方。第三，像素具有固定的大小和形状。

乍一看，似乎无法解决上面这些问题。像 Bresenham 这样的直线段光栅化算法是一种最优算法，因为这些算法总是选择最佳逼近的像素集来近似表示线段和多边形。然而，如果显示器能够显示两种以上的颜色，那么还存在其他的解决方法。尽管数学上的直线是一维实体，它有长度而没有宽度，但是为了使光栅化后的直线是可见的，它必须有宽度。假定每个像素都显示为 1 个单位宽度的正方形，因此它在屏幕上占据了一个单位高度和一个单位宽度的方形区域。这里使用基本的帧缓存，它只能以一个像素或一个像素的倍数为处理单位[③]。此外，认为帧缓存中一条理想线

[①] 然而，许多立即模式绘制器都进行了优化，它们会尝试尽早丢弃片元(例如，在它们进入片元着色器执行之前)。对于狂热玩家来说，一种常见的技术是使用 depth pre-pass 或 z pre-pass 在第一遍绘制中提前填充深度缓冲区，以便尽早丢弃片元。

[②] 当应用程序需要多个片元的结果来确定像素的颜色时(比如使用 alpha 混合或其他像素组合技术)，在着色之前进行可见性判定也是不可行的。

[③] 有些帧缓存通过使用多重采样技术允许对小于一个像素的单位进行处理。

段的宽度为一个像素，如图 12.40 所示。当然，无法绘制这样的直线，因为它并不是由方形像素序列组成的线段。可以把 Bresenham 算法看作一种使用真实像素来近似表示一个像素宽的理想直线的光栅化方法。如果观察一个像素宽的理想直线，可发现它有一部分覆盖了许多单个像素大小的方形区域。通过扫描转换算法，对于斜率小于 1 的直线上的每个 x 值，都要精确地选择一个相应的像素值。然而，如果根据像素在理想直线上所占面积的比例来设置像素的亮度，就会得到如图 12.41（b）所示的看起来更平滑的图像。这就是所谓的**区域平均反走样**（antialiasing by area averaging），其计算过程类似于多边形的裁剪。还有其他的反走样方法，以及专门用于多边形等其他图元的反走样算法。第 1 章的图 1.41 和图 1.42 展示了绘制的太阳模型小块区域的走样和反走样版本。

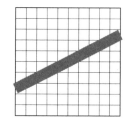

图 12.40　理想的光栅直线

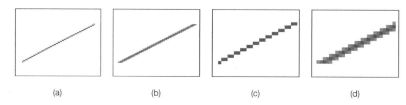

| (a) | (b) | (c) | (d) |

图 12.41　走样与反走样的线段。(a) 走样的线段；(b) 反走样的线段；(c) 放大的走样的线段；(d) 放大的反走样的线段

　　由于使用 z 缓存这种简单的算法处理消隐，因此会导致相关的问题。正如在 z 缓存算法中所描述的那样，某个像素的颜色由它所在的单个图元的颜色值决定。考虑如图 12.42 所示的像素，该像素由三个多边形所共享。如果这三个多边形的颜色互不相同，则把离视点最近的那个多边形的颜色赋给该像素。如果把这三个三角形的颜色值基于它们在该像素中所占的面积进行加权平均后赋给该像素，则可以得到更精确的图像。

　　目前只讨论了一种类型的走样：**空间域走样**（spatial-domain aliasing）。当生成一系列图像（如动画）时，还必须考虑**时间域走样**（time-domain aliasing）。下面考虑在投影平面前方一个正在移动的小对象，该投影片面被分割成像素大小的栅格状，如图 12.43 所示。如果绘制过程从投影中心发射的光线通过每个像素的中心并确定与光线相交的对象，那么有时光线与对象相交，而有时如果对象的投影非常小，则光线不会与对象相交。因此，当这个小对象移动时，观察者会看到该对象在屏幕上闪烁，这会使观察者产生不悦的体验。

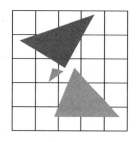

图 12.42　共享一个像素的多边形

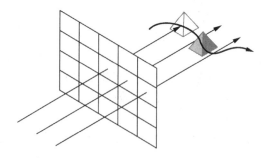

图 12.43　时间域走样

　　由于对绘制的图像内容没有进行充分的采样，所以会同时产生时间域走样和空间域走样。附录 D 讨论了采样和走样背后的理论知识。有多种方法可以处理走样问题，目前大多数 GPU 及图形 API（包括 WebGL）都支持这些方法，多重采样和**超采样**（super sampling）就是其中最流行的两种方

法。在 8.1.6 节介绍的多重采样作为一种混合技术可用于反走样,而超采样从概念上讲是一种类似的东西,但是它创建的帧缓存具有 2 倍、4 倍或者 8 倍于颜色缓存的分辨率。可以通过离屏缓存来实现超采样,也就是将图像绘制到这个高分辨率缓存中。在绘制结束时,对于颜色缓存中的每一个像素,使用离屏缓存中 4 个、16 个或 64 个对应像素的平均值作为该像素的颜色值。

基于图像的绘制系统使用了类似的方法。例如,可以使用多条光线同时通过每个像素,这是光线跟踪算法常用的一种技术。所有反走样技术的一个共性是,使用反走样绘制所需的计算量远远大于关闭反走样绘制所需的计算量,然而由于 GPU 的内部硬件支持反走样,这种额外的开销可以降到最低。

12.9 显示方面的问题

在大部分交互式应用中,应用程序编程人员都不必关心帧缓存中的内容是如何显示出来的。从应用程序编程人员的观点来看,只要利用了双缓存,那么写缓存的过程与读缓存并显示的过程就是相互独立的。为了使显示的图像不发生闪烁现象,图形显示硬件通常以 60~85 Hz 的刷新频率不断显示帧缓存中的当前内容,而应用程序编程人员只需关心程序的执行速度以及帧缓存的写入速度是否足够快。正如在第 3 章所看到的,即使要绘制的图元没有以所期望的速度通过图形绘制系统的处理,但是可以利用双缓存技术来得到平滑显示的图像。

许多其他的问题也会影响图像的显示质量,这些问题通常会使用户对程序的输出感到不满意。例如,虽然两个显示器标称具有相同的分辨率,但是它们可能显示大小不同的像素(参见习题 12.21 和习题 12.22)。

也许导致上述显示问题的最主要根源就是显示器的物理特性,比如显示器可显示的颜色范围,以及如何把软件定义的颜色映射为显示系统所支持的基色(或原色)。不同显示器的色域具有很大的区别。此外,因为不同显示系统的基色存在区别,所以即使两个不同的显示器显示的可见颜色相同,但是从图形绘制系统送入这两个显示器的基色值却可能不同。另外,程序中定义的亮度值与显示亮度之间的映射关系是非线性的。

WebGL 没有直接解决这些问题,这是因为 WebGL 使用的 RGB 颜色值独立于任何显示特性。此外,因为 RGB 基色的取值范围限制在 0.0~1.0 之间,所以很难解释人类视觉系统可察觉的整个颜色和亮度范围。然而,如果把第 2 章讨论的有关颜色和人类视觉系统方面的内容加以扩展,那么可以获得一些对 WebGL 中的颜色的额外控制。

12.9.1 颜色系统

基于人眼视觉的三色理论,对颜色的一个基本假设是,用于确定每个像素颜色的三个基色值对应于在第 2 章介绍的三刺激值。因此,某一特定的颜色对应于如图 12.44 所示的颜色立方体中的一个点,该颜色可以形式化地表示为:

$$C = T_1\mathbf{R} + T_2\mathbf{G} + T_3\mathbf{B}$$

然而,不同的 RGB 颜色系统之间存在明显的区别。例如,假定在 WebGL 中使用三元组 (0.8, 0.6, 0.0) 表示黄色。如果使用这些颜色值分别在 CRT 显示器和图像胶片记录器上显示同一个多边形,那么尽管在这两种情况下,红色分量占最大值的

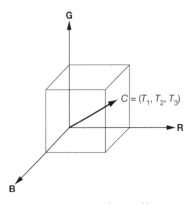

图 12.44 颜色立方体

80%，绿色分量占最大值的 60%，且都没有蓝色成分，但是看到的多边形颜色可能不尽相同。之所以出现这种情况，是因为 CRT 显示器屏幕上的磷光粉和胶片上的染料具有不同的颜色分布模型。因此，这两种显示设备可显示的颜色范围(即**色域**，color gamut)不同。

由于在图形学领域强调设备无关的图形绘制系统，因此，大部分图形 API 都没有考虑显示特性之间的真正差别。幸运的是，从有关的色度学文献中可以找到所需的信息。许多常见的颜色系统都有相应的标准。例如，CRT 显示器使用的是美国国家电视系统委员会(NTSC)制定的 RGB 颜色系统。可以把不同颜色系统的区别看成在不同的坐标系中表示三刺激值。如果 $\mathbf{C}_1 = [R_1, G_1, B_1]^T$ 和 $\mathbf{C}_2 = [R_2, G_2, B_2]^T$ 是同一种颜色在两种不同的颜色系统中的表示，那么它们之间存在一个 3×3 的颜色转换矩阵 $\mathbf{M}$：

$$\mathbf{C}_2 = \mathbf{M}\mathbf{C}_1$$

无论是根据色度学的有关文献还是通过实验来确定上式的颜色转换矩阵，都可以利用该矩阵使得在不同的输出设备上得到相似的显示效果。

即使使用上述方法，仍存在许多潜在的问题。第一，两种颜色系统的色域可能并不相同。因此，即使对三刺激值进行转换后，其中一个颜色系统的色域可能并不包括某种颜色。第二，印刷和平面艺术产业一般采用四色减色系统(CMYK)，它增加了黑色(K)作为第四个基色。RGB 和 CMYK 这两种颜色系统之间的转换通常需要大量的专业知识。第三，使用的线性颜色理论本身具有一定的局限性。在颜色立方体内部任意两种颜色之间的距离并不是在视觉上感知到的这两种颜色的距离。例如，人的视觉对蓝色的变化特别敏感。像 YUV 和 CIE(国际照明委员会)的 Lab 颜色系统就可以用来解决这类问题。

大部分 RGB 颜色系统都是基于实际系统的基色，比如 CRT 显示器使用的磷光粉的颜色和胶片使用的染料的颜色，但是没有一种颜色系统能够产生人眼可见的所有颜色。大部分图形标准都是基于理论上的三基色系统，即 **XYZ 颜色系统**(XYZ color system)，这里的 Y 基色代表颜色的亮度。在 XYZ 颜色系统中，所有的颜色都可以使用正的三刺激值来表示。使用 3×3 的矩阵把在 XYZ 颜色系统中表示的颜色转换成在标准的颜色系统中表示的颜色。从事颜色理论研究的专家通常更喜欢使用**色度坐标**(chromaticity coordinates)而不是三刺激值。某种颜色的色度是指该颜色的颜色分量分别在三基色中所占的比例成分。因此，如果三刺激值分别是 T_1、T_2 和 T_3，那么对于某个特定的 RGB 颜色，它的色度坐标为：

$$t_1 = \frac{T_1}{T_1 + T_2 + T_3}$$

$$t_2 = \frac{T_2}{T_1 + T_2 + T_3}$$

$$t_3 = \frac{T_3}{T_1 + T_2 + T_3}$$

把上面三个等式相加，得到：

$$t_1 + t_2 + t_3 = 1$$

因此可以工作在 t_1 和 t_2 所在的二维空间，只有需要的时候才通过上式计算 t_3 的值。原始三刺激值中包含的色度坐标缺失了一个与颜色强度有关的值，即 $T_1+T_2+T_3$，而原三刺激值包含了这个信息。当处理颜色系统中的有关问题时，$T_1+T_2+T_3$ 这个值通常对颜色的生成或不同颜色系统之间颜色的匹配等问题并不是十分重要。

因为每个颜色的分量必须是非负数，所以色度值的范围限制在

$$1 \geqslant t_i \geqslant 0$$

所有生成的颜色必须位于如图 12.45 所示的三角形内部。图 12.46 显示了在 XYZ 颜色系统中的色度三角形和可见光光谱颜色的曲线表示。对于 XYZ 颜色系统，该曲线必须位于色度三角形的内部。图 12.46 还显示了典型的彩色打印机或 CRT 显示器可显示的颜色范围(位于 x-y 色度坐标系中)。如果比较图中的色域三角形和可见光的光谱颜色曲线，就会发现，位于该曲线内部而又位于物理显示器的色域三角形之外的颜色是不能在物理设备上显示出来的。

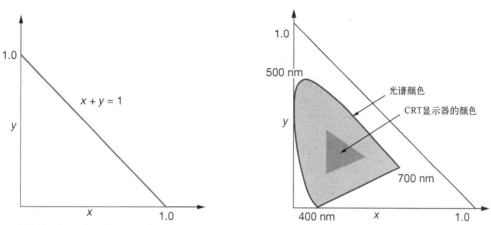

图 12.45　在色度坐标系中可产生的颜色构成的颜色三角形　图 12.46　可见光的光谱颜色和某种显示设备的色域

　　前面介绍的颜色系统存在一个缺陷，即对于 RGB 颜色，它是根据颜色本身产生和度量的方式来确定的，而不是根据人的眼睛对颜色的感知方式来确定。当看到某种特定的颜色时，并不是使用三基色来描述这种颜色，而是基于颜色的其他属性，如使用颜色的名字和颜色的亮度等来描述颜色。艺术家和一些显示设备制造商通常使用色调-亮度-饱和度颜色系统(即 HLS 颜色系统)来描述颜色。**色调** (hue)是指颜色的名字，如红色、黄色、金色等。**亮度**(lightness)是指颜色看起来的明亮程度。可以使用**饱和度**(saturation)这种颜色属性把某种纯色和与其具有相同色调的颜色混入白色后得到的柔和色区分开。可以把这三个颜色属性与典型的 RGB 颜色联系起来看，如图 12.47(a)所示。对于颜色立方体内部的某个特定点的颜色，它的亮度值表示该点离原点(黑色)的距离。如果注意到位于颜色立方体主对角线上的所有颜色(从黑色变化到白色)都是灰色且完全不饱和，就知道饱和度表示某个特定颜色离主对角线的距离。最后，色调通常表示为颜色向量在颜色立方体内的指向。通常使用一个颜色圆锥体来描述 HLS 颜色，如图 12.47(b)所示，或者使用一个顶部重合的双圆锥体来描述 HLS 颜色。从我们自己的观点来看，可以把 HLS 颜色系统看成 RGB 颜色系统的极坐标表示形式。

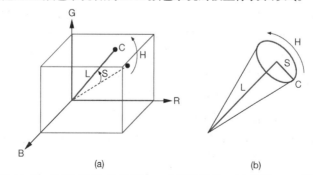

(a)　　　　　　　　　(b)

图 12.47　色调-亮度-饱和度(HLS)颜色系统。(a)使用 RGB 颜色
立方体描述 HLS 颜色；(b)使用单圆锥体描述 HLS 颜色

12.9.2　颜色矩阵

就像使用任何其他的向量类型一样，也可使用向量来操作 RGB 颜色和 RGBA 颜色。尤其是，可以通过把颜色向量与一个称为**颜色矩阵**(color matrix)的矩阵相乘来改变颜色的分量。例如，如果使用 RGBA 颜色表示，那么利用下面的矩阵相乘可以把某个 *rgba* 颜色变换为另一种新的颜色 *r'g'b'a'*：

$$\begin{bmatrix} r' \\ g' \\ b' \\ a' \end{bmatrix} = \mathbf{C} \begin{bmatrix} r \\ g \\ b \\ a \end{bmatrix}$$

因此，如果处理一个 $A=1$ 的不透明表面，则可以使用下面的矩阵把颜色从加色表示形式转换为减色表示形式：

$$\mathbf{C} = \begin{bmatrix} -1 & 0 & 0 & 1 \\ 0 & -1 & 0 & 1 \\ 0 & 0 & -1 & 1 \\ 0 & 0 & 0 & 1 \end{bmatrix}$$

12.9.3　γ 校正

我们曾在第 1 章把亮度定义为人眼感知到的光强度，并发现人类视觉系统按对数关系感知光强度，如图 12.48 所示。根据人类视觉系统所具有的这种特性，可以得到这样一个结论：如果希望亮度看起来按等间隔的步长递增，那么赋给像素的光强值应该按指数的形式递增。可以根据显示设备所能产生的最小和最大光强值通过计算得到亮度变化的步长。

对于 CRT 显示器，人类对光强度感知曲线的补偿是自动实现的，因为 CRT 显示器的光强度 I 和电压 V 之间的关系为：

$$I \propto V^\gamma$$

或者

$$\log I = c_0 + \gamma \log V$$

对于 CRT 显示器，常量 γ 近似等于 2.4，因此将该等式与亮度曲线结合起来可以产生近似的线性亮度响应。

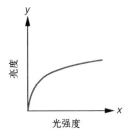

图 12.48　按对数关系变化的亮度曲线

CRT 显示器还存在另外一个问题。对于 CRT 显示设备来说，即使没有任何信号输入时，也无法让显示器显示纯黑色。这个最小的光强显示值称为**暗场**(dark field)值，这个暗场问题是一个非常棘手的问题，尤其是使用多个 CRT 显示器投影图像的时候。

平板显示器允许用户通过使用查找表来改变 γ 值从而调整它的响应曲线，我们称之为 γ 校正 (gamma correction)。选择恰当的 γ 值比较复杂，这不仅与特定的显示技术有关，而且还与观看显示器的环境光等因素有关。此外，有些图像(如 JPEG 图像)通过将 γ 值应用于 RGB 分量实现 γ 编码，而通过相应的 γ 校正(γ 编码的逆操作)实现 γ 解码。然而，生成图像的系统可能与显示该图像的显示器使用不同的 γ 值，这使得 γ 校正的过程变得更加复杂。此外，当生成纹理图像时，希望将纹理映射到对象表面之前对纹理进行 γ 编码，这对图像的显示过程又增加了一层复杂性。

sRGB 颜色空间是一种专用于计算机显示设备和打印机等设备的颜色系统。对于大部分 RGB

值的显示，sRGB 颜色空间使用的 γ 值等于 2.2，但是对于更小的 γ 值，它会增加逆 γ 值，从而显示更明亮的图像。目前包括 WebGL 在内的大部分图形绘制系统都支持 sRGB，sRGB 正逐渐成为互联网应用的标准颜色空间。

12.9.4　抖动与半色调

根据两个属性可指定一个颜色缓存，即空间分辨率(像素的数量)和精度(显示的颜色数量)。如果把这两个独立的属性看成固定不变的，那么可以认为高分辨率的黑白激光打印机只能显示精度为 1 位的像素。这个结论似乎也适用于任何黑白媒介，如书籍等，即它们都无法显示多级灰度图像。根据实际使用经验知道情况并不是这样的，解决的方法是以空间分辨率为代价换取灰度级或颜色的精度。印刷业中使用的**半色调**(halftoning)输出技术是指利用摄影术中的方法来模拟灰度级，采用的方法是创建大小变化的黑色圆点图案。人类的视觉系统倾向于将小圆点合并在一起，看到的不是小圆点，而是小区域内黑白占比的强度。

因为已显示像素的大小和位置是固定的，所以**数字半色调图案**(digital halftone)不尽相同。下面分析一个精度为 1 位的 4×4 像素阵列，如图 12.49 所示。如果从远处看这个图案，那么看到的不是孤立的像素，而是一个由黑色像素的数量所确定的灰度级。对于这个 4×4 的像素阵列，尽管有 2^{16} 种不同的黑白像素组合模式，但是只有 17 种可能的灰度，对应于该像素阵列中黑色像素的个数(0 到 16)。目前有许多用于生成半色调图案或**抖动**(dither)图案的算法。最简单的算法选择 17 种半色调图案(如本例)，并利用它们

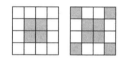

图 12.49　数字半色调图案

显示具有 17 个灰度级而不是 2 个灰度级的图像，尽管要以降低 4 倍的空间分辨率作为代价。

由于简单的算法总是使用相同的像素阵列来模拟灰度级，所以当显示任何周期性的图像时，就会产生拍频波形图案或莫尔条纹图案。当对两个具有周期性结构的现象进行成像时，就会产生这样的图案，这是因为我们看到的是它们的频率和以及频率差。这种效果与在第 7 章讨论的走样问题具有密切的关系。

很多抖动输出技术只是简单地对像素的亮度值或每个颜色分量的最低位进行随机化处理。而更高级的抖动输出算法采用了随机化过程来确保生成的图案具有正确的平均特性，同时又避免了重复性，从而不会产生莫尔条纹效果(参见习题 12.25)。

半色调(抖动)技术也通常用来处理彩色图像的输出，尤其是硬拷贝输出设备，如喷墨打印机，它要么产生所有的颜色，要么只产生黑白两种颜色。对每个颜色分量进行抖动处理可以产生更多视觉上可见的色彩。WebGL 支持以这样的方式显示图像，并允许用户开启抖动输出功能 `[gl.Enable(gl.DITHER)]`。利用颜色的抖动输出技术可以使彩色显示器输出的图像更平滑，在默认状态下，WebGL 的抖动功能处于开启状态。因为抖动输出是一种非常有效的技术，只需给每个颜色分量分配有限的位数就可以输出效果不错的图像，所以可以允许帧缓存具有有限大小的内存容量。尽管只有少数的图像显示需要抖动输出，但是如果正在使用这样的抖动输出图像，那么像拾取这样需要读取像素的应用程序应该关闭抖动输出功能，这样才能获得一致的颜色值。

小结和注释

我们在本章对图形绘制系统的实现过程进行了概述，并重点讨论了其中的一些重要的算法。不管一个图形绘制系统的实现细节如何，无论它的任务主要用硬件实现还是主要用软件实现，无论采用的是专用的图形工作站还是简单的图形终端，也无论采用何种图形 API，都必须实现相同

的任务。这些任务包括几何变换、裁剪和光栅化的实现。图形硬件、软件和图形 API 之间的关系是一个令人感兴趣的话题。

第一个用于图形生成的硬件加速器来自 Silicon 图形计算机系统的几何引擎。它通过硬件绘制流水线只执行几何变换和裁剪操作。随着硬件实现的复杂性增加，现代 GPU 应运而生。如今，GPU 是完全可编程的处理器，能够每秒执行数万亿次的计算。同样重要的是硬件的软件接口。OpenGL 的前身 Iris GL 就是作为几何引擎的 API 开发的。许多 OpenGL 文献的组织结构也是基于绘制流水线的。然而要牢记，WebGL 只是一个图形 API，它很少涉及底层的实现细节。原则上，通过 WebGL 程序生成的图像也可以使用光线跟踪方法得到。之所以强调图形的绘制流水线结构主要是基于两个原因。第一，绘制流水线结构有助于应用程序编程人员理解图像生成的过程。第二，目前基于绘制流水线的观点可以得到有效的硬件实现和软件实现。

z 缓存算法是说明图形硬件和软件之间关系的一个很好的例子。我们在 15 年前就使用了许多隐藏面消除算法，z 缓存算法只是其中的一个。随着高密度廉价存储器的出现，z 缓存算法已成为隐藏面消除算法中占支配地位的算法。

还有一个相关的例子就是图形工作站的绘制结构。在过去几年，图形工作站使用的专用图形芯片取得了巨大的进展，不仅图形绘制系统性能的增长速度远远超过了摩尔定律，而且图形处理器还增加了许多新的特性。本书采用的所有方法都是基于这种新的可编程绘制流水线结构。

那么，图形绘制系统在将来会朝什么方向发展呢？当然，图形绘制系统的运行速度会变得越来越快，而其价格会变得越来越便宜。相比于其他的因素，图形硬件的发展更有可能决定未来图形绘制系统是什么样子。目前，电子游戏产业和移动设备市场正在推动硬件的发展。现在只要花不到 100 美元就可以买到一个显卡，其性能远超几年前价格超过 10 万美元的图形工作站。同样，现在使用的手机也比过去那些图形工作站拥有更多的图形功能和性能。因此，前面介绍的各种图形功能并没有得到统一的性能加速。此外，新的硬件特性出现的速度远快于它们成为标准图形 API 的速度。然而，图形处理器运行速度的快速增长迫切要求图形学和科学界的研究人员提出新的算法，以解决那些到目前为止一直使用传统的绘制结构解决的问题。

在软件方面，最新图形硬件的低成本和高速度使得软件开发人员开发的绘制软件允许用户在绘制时间和绘制质量之间取得平衡。因此，用户可以把一些光线跟踪的对象增加到场景中，增加的数量取决于用户愿意等待的绘制时间。标准图形 API 的未来并不明朗。一方面，科学界的用户更喜欢稳定的图形 API，因此基于这种图形 API 开发的应用程序具有更长的生命周期；另一方面，用户希望使用一些新的硬件特性，而所有图形绘制系统都不支持这些新特性。OpenGL 采取了一种折中的方案。在 OpenGL 3.1 版本之前，所有的版本都向后兼容，因此使用早期 OpenGL 版本开发的图形应用程序可以确保在新版本中正常运行。然而，OpenGL 3.1 及以后的新版本废弃了早期版本中的一些核心特性，这些废弃的特性包括立即绘制模式以及固定功能绘制流水线中的许多默认行为。这种设计理念上的主要变化使得 OpenGL 能够迅速包含新的图形硬件特性。对于那些需要运行旧版本代码的用户来说，也能正常运行他的程序，这是因为几乎所有的 OpenGL 实现都支持对所有废弃功能的兼容性扩展。

目前许多处在研究阶段的高级绘制结构都使用了大规模并行机制。如何有效地使用并行机制解决计算机图形学中的问题，这仍然是一个值得讨论的问题。我们前面介绍的两种绘制方法(对象空间方法和图像空间方法)导致了用来开发并行绘制系统的两种完全不同的方法，我们将在第 13 章进一步讨论这两种方法。

本章只是初步探讨了图形绘制流水线的实现过程。有关图形绘制流水线每一阶段的算法实现都有大量的文献可以查阅。下面的建议阅读资料有助于读者进一步深入研究这方面的问题。

建议阅读资料

相比于本教材，Rogers 的[Rog98]、Foley 的[Fol90]以及 Hughes 和他的同事的[Hug13]介绍了更多有关图形绘制流水线的算法。读者也可以阅读 *Graphic Gems* 系列教材[Gra90，Gra91，Gra92，Gra94，Gra95]和 *GPU Gems* [Ngu07，Pha05]。像 Möller 和 Haines 的[Mol18]以及 Eberly 的[Ebe06]介绍了图形硬件的最新进展。

Cohen-Sutherland 裁剪算法[Sut63]是计算机图形学的早期算法，Bresenham 直线光栅化算法[Bre65，Bre87]最初用于控制笔式绘图仪的操作，也是一个早期的图形学算法。有关 Liang-Barsky 直线段裁剪算法和 Sutherland-Hodgeman 多边形裁剪算法可以参阅[Lia84]和[Sut74a]。

读者可以从有关计算几何的文献中找到三角剖分算法，如 Berg 的[deB08]，该书还讨论了 Delaunay 三角剖分，第 11 章讨论了该算法。

z 缓存算法最初由 Catmull[Cat75]提出。Sutherland 的[Sut74b]对隐藏面消除的各种方法进行了综述。

本章并没有介绍有关图形硬件的细节问题，这并不意味着图形硬件方面的内容很简单或令人感到乏味。现代图形处理器绘制图形实体的速度取决于复杂而精巧的硬件设计[Cla82，Ake88，Ake93]。Molnar 和 Fuchs 在[Fol90]中讨论了图形硬件的各种设计方法。

Pratt 在[Pra07]中给出了各种颜色系统之间的变换矩阵。Jarvis 的[Jar76]和 Knuth 的[Knu87]讨论了半色调和抖动输出技术。

习题

12.1 考虑下面两条用参数方程表示的线段：

$$\mathbf{p}(\alpha) = (1 - \alpha)\mathbf{p}_1 + \alpha\mathbf{p}_2$$

$$\mathbf{q}(\beta) = (1 - \beta)\mathbf{q}_1 + \beta\mathbf{q}_2$$

设计一个用于判断这两条线段是否相交的算法。如果相交，需要计算交点。

12.2 扩展习题 12.1 的算法，设计一个用于判断两个平面多边形是否相交的算法。

12.3 证明用一个凸对象裁剪另一个凸对象的结果最多还是一个凸对象。

12.4 采用何种方法能够并行实现基于图像空间的绘制方法和基于对象空间的绘制方法？

12.5 因为可以使用齐次坐标表示多边形的法向量和顶点坐标，所以可以对这两者都进行模-视变换操作。证明法向量经过模-视变换后并不会保持不变。

12.6 推导视口变换矩阵。要求使用表示二维仿射变换的三维缩放变换矩阵和三维平移变换矩阵来表示这个视口变换矩阵。

12.7 在光栅图形显示系统出现之前，图形显示系统只能显示直线。编程人员利用隐藏线消除技术来产生三维图像。目前有许多图形 API 可用来绘制仅仅由直线构成的线框图，且消除了线框图中由隐藏线构成的隐藏面。这种隐藏线消除问题与我们介绍的多边形的隐藏面消除有何不同？设计隐藏线消除算法，对由平面多边形的边线构成的对象进行消隐。

12.8 经常需要显示 $y = f(x, z)$ 这样函数表示的曲面，采用的方法是等间隔地取 x 和 z，然后通过计算一组 $\{f(x_i, z_j)\}$ 值来显示一个矩形网格。因为曲面的一部分在视点方向可能被其他部分所遮挡，所以需要进行隐藏面消除处理。设计两个算法，分别利用隐藏面消除和隐藏线消除方法显示这样的网格。

12.9 尽管我们认为基于图像空间的消隐算法的时间复杂度与多边形的数量成正比,但是对算法的性能研究表明其时间复杂度几乎为常量级。请解释这个结论。

12.10 考虑一个仅由实体三维多面体构成的场景,能否设计一个基于对象空间的消隐算法? 如果已知所有的多面体都是凸多面体,这对设计算法有多大帮助?

12.11 可以把基于对象空间的消隐算法类比成排序算法,然而我们知道前者的时间复杂度为 $O(k^2)$。我们还知道只有在最坏情况下,排序算法才有这么差的性能,而大部分情况下其时间复杂度为 $O(k \log k)$。能否因此认为基于对象空间的消隐算法也有同样的时间复杂度? 请解释你的回答。

12.12 设计一个算法,用来判断一个平面多边形是否完全位于另一个平面多边形的一侧。

12.13 基于图像空间的消隐算法与基于图像空间的光线跟踪有什么区别? 可否使用光线跟踪作为隐藏面消除的替代技术? 这种方法的优缺点是什么?

12.14 如何使用种子填充算法生成一个迷宫图形(就像在习题 2.7 中生成的图形)。

12.15 假定想通过下面的方法把种子填充算法扩展到任意封闭的曲线,即先对该曲线进行扫描转换,然后使用与多边形填充相同的算法填充该封闭的曲线。如果使用这种方法,会出现什么问题?

12.16 考虑多边形上位于顶点 (x_1, y_1) 和 (x_2, y_2) 之间的一条边。设计一个有效的算法用来计算所有扫描线与该边的交点。假定工作在屏幕窗口坐标系。

12.17 对于多边形填充算法来说,多边形的垂直边和水平边可能会引起问题。对于本章已介绍的多边形填充算法,如何处理这些情形?

12.18 在二维图形绘制系统中,如果两个多边形重叠,那么通过给每个多边形赋一个优先级属性,就可以确保所有的二维图形绘制系统以相同的顺序绘制它们。系统按逆优先级的顺序绘制多边形,也就是说,最后绘制最高优先级的多边形。为了考虑多边形的优先级,如何修改多边形填充算法?

12.19 光线跟踪方法中使用的标准反走样技术不仅向每个像素的中心投射光线,而且还向像素的 4 个角投射光线。相对于只向像素的中心投射光线,这种基于反走样技术的光线跟踪方法增加了哪些计算量?

12.20 尽管一个理想的像素是边长为 1 个单位的正方形,但是大部分的 CRT 显示系统产生圆形像素,可以近似地表示为具有均匀亮度的圆。如果一个完全点亮的单位正方形的光强度为 1.0,而一个完全没有点亮的单位正方形的光强度为 0.0,那么圆形像素的光强度如何随着圆的半径变化而变化?

12.21 考虑使用圆形像素进行双层显示。你认为是使用小圆还是大圆表示前景色像素更明智? 请解释你的答案。

12.22 为什么有时把 CRT 显示器中电子束的散焦现象称为“穷人的反走样”(the poor person's antialiasing)?

12.23 假定某个单色显示器的最小光强度输出为 I_{min}(因为 CRT 显示器不可能产生全黑的输出),它的最大光强度输出为 I_{max}。假定按对数关系感知光强度,那么应该如何选择光强度的 k 个级别,从而使得人眼感知的亮度变化是等间隔的?

12.24 根据下面的思想设计一个半色调算法。假定灰度级在 0.0~1.0 之间变化,并且有一个随机数生成器,它能产生均匀分布在该区间的随机数。如果选择某个灰度级 g,那么在生成的随机数中,有 g%的随机数小于 g。

12.25 因为观察者能够察觉图像中相邻亮度值之间的差异,所以对于只能显示少量颜色或灰度级的显示器,它生成的图像可能具有轮廓效应。避免出现这种视觉效应的一种方法是给像素值增加少量的噪声(抖动)。为什么这是一种行之有效的方法?应该给像素值增加多大的噪声?能否因此认为,加入噪声后得到的退化图像的质量要高于原始图像?

12.26 已知一个二维多边形的顶点 $\{x_i, y_i\}$,说明为什么可以使用公式 $\frac{1}{2}\sum_i (y_{i+1}+y_i)(x_{i+1}-x_i)$ 计算该多边形的面积。如果多边形的面积为负数,这表示什么意思?提示:考虑由两个连续顶点及其在 x 轴对应的值所形成的梯形的面积。

第13章 高 级 绘 制

本章介绍各种其他的高级绘制方法，这些方法基于在交互式应用程序中使用的标准流水线策略。有多种原因促使我们介绍这些高级绘制方法。首先，希望在场景中绘制全局光照之类的效果，但是这样的高逼真效果通常不大可能进行实时绘制。其次，希望绘制高质量的图像，其分辨率超过标准的计算机显示器。例如，数字电影的一帧画面可能超过 1000 万个像素，这需要绘制好几个小时才能完成。此外，对于智能手机这样的设备来说，用于标准计算机的最好的绘制技术也许未必是最好的。

与之前各章不同，本章将介绍许多看起来似乎不相关的主题。这些主题大部分是高级主题，因此需要进一步研究，而且随着 GPU 性能的不断发展，这些主题可能会变得越发重要。

13.1　超越流水线绘制结构

目前做的所有事情都表明，如果给定一个包含几何对象、虚拟照相机、光源和各种属性的场景描述，就能够使用可用的硬件和软件近似实时地绘制这个场景。基于这种观点，可以使用 WebGL 架构所描述的 GPU 绘制流水线来绘制场景。尽管提出了大量的技术方法来解决大多数图形应用中的问题，并克服了上述流水线绘制结构所支持的局部光照模型的不足，但是能做的事情仍然受到许多限制。例如，还不能使用目前的流水线绘制结构近似模拟许多全局光照效果。还希望生成比标准 GPU 支持的分辨率更高的图像，并且这种图像具有更少的走样现象。在很多情况下，要么以较低的绘制速度，要么使用多台计算机来实现这些目标。我们将在本章介绍各种技术，所有这些技术都是当前研究人员和从业者感兴趣的。

首先，介绍基于物理成像原理的其他绘制技术。对图像成像最初的讨论是基于对光线的跟踪。这个方法基于一个非常简单的物理模型，并导致了光线跟踪绘制模式。在前面的章节曾介绍过光线跟踪，本章将更深入地讨论这个模型，并说明如何着手编写自己的光线跟踪器。

除了光线跟踪，还将介绍其他基于物理的绘制方法。我们将研究一种基于能量守恒的方法并分析一个积分方程，即**绘制方程**(rendering equation)，该方程描述了一个具有光源和反射表面的封闭环境。虽然一般情况下不能求解这个方程，但当环境中所有的表面都是理想漫反射面时，我们提出了一个称为**辐射度**(radiosity)的绘制方法，该方法满足这个绘制方程。

我们还将介绍介于物理绘制和实时绘制之间的两种方法。一种是 RenderMan 采用的方法，另一种是基于图像的绘制方法。这两种方法虽然各不相同，但在动画产业中都是非常重要的方法。

之后介绍如何处理大规模数据集和高分辨率显示的问题。这两个问题是相关的，因为大规模数据集包含的细节要求以高分辨率显示，而这个分辨率超过了日常使用的标准 LCD 显示器的分辨率。我们将考虑充分利用商用处理器和显卡的并行解决方案。

最后介绍基于图像的绘制方法，即从给定的三维场景中的多幅二维图像生成任意视点下的图像过程。

13.2　光线跟踪

通常情况下，光线跟踪是对基于局部光照模型绘制的一个逻辑扩展。该方法基于先前的观察结果，即对于光源发出的所有光线，对最终绘制的图像有贡献的只是那些进入虚拟照相机镜头并到达投影中心的光线。图 13.1 显示了一个点光源与一些理想镜面反射面之间可能的几种相互作用方式。进入虚拟照相机镜头的光线，有的直接来自光源；有的来自光源与虚拟照相机(即视点)可见的对象表面之间相互作用形成的光线，这些光线可能是经过其他对象表面多次反射形成的反射光线；有的来自经过一个或多个对象表面的折射形成的折射光线。

离开光源的大部分光线并没有进入虚拟照相机的镜头，这些光线对最终绘制的图像没有任何贡献。因此，试图跟踪光源发出的所有光线来进行绘制是一个很耗时的方法。然而，如果按相反的方向来看光线，并且只考虑那些来自投影中心的光线，显而易见，这些**投射光线**(cast rays)对绘制的图像一定有贡献。因此光线跟踪器的初始模型如图 13.2 所示。该图包括一个成像平面，并且成像平面被划分成像素大小的区域。由于必须给每个像素赋一种颜色，所以必须至少投射一条光线通过每个像素。每条投射光线要么与对象表面相交，要么与光源相交，要么不与对象表面相交而射到无穷远处。对应于最后面这种情况的像素点可赋予背景颜色。当投影光线与对象表面相交时(目前假定场景中所有对象表面都是不透明的)，则需要在交点处进行着色计算(即计算明暗值或颜色值)。如果只是简单地利用改进的 Phong 光照模型(参见第 6 章)计算每个交点的明暗值或颜色值，那么绘制的图像与使用局部光照模型绘制的图像没有区别。然而，我们可以使用光线跟踪模型做更多的事情。

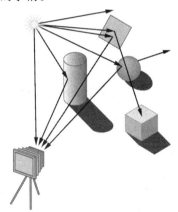 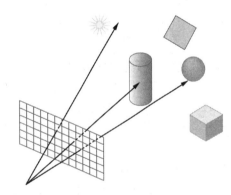

图 13.1　离开光源的光线　　　　　　　图 13.2　光线投射模型

注意，到目前为止描述的光线跟踪过程与在流水线绘制过程中所使用的处理步骤是相同的，包括对象建模、投影和可见面判断。然而，这两个过程的计算顺序不一样，流水线绘制结构基于逐顶点的绘制方式，而光线跟踪则基于逐像素的绘制方式。

在光线跟踪中，并不立即利用光照模型计算交点的明暗值或颜色值，而是先检测投射光线和对象表面之间的交点是否被光源照亮。从对象表面上的点到每个光源，都需要计算**阴影光线**(shadow rays)或**试探光线**(feeler rays)。如果阴影光线在到达光源前与某个对象表面相交，那么光线被遮挡而不能到达考虑中的那个点，该点处于阴影中，至少是这个光源的阴影。如果对象表面上的某点到光源的光线被其他对象所遮挡，则不需要计算光源在该点的光照强度。如果所有对象表面都是不透明的，而且不考虑对象表面之间反射形成的反射光，那么所得到的图像是在没有使用光线跟踪绘制得到的图像上再增加了阴影效果。这样做的代价是需要在投射光线和对象表面之间的每一个交点上做类似于隐藏面消除的运算。图 13.3 显示了分别与立方体和球体表面相交的两条投射光线(虚线)所对应的阴影光线(实线)。其中，立方体的一条阴影光线与圆柱相交，因此投射光线与立方体的交点只被其中的一个光源照亮。

假如对于一些具有高反射属性的表面，如图 13.4 所示的对象。可以跟踪阴影光线在对象表面之间的来回反射，直到反射到无穷远处，或者与光源相交为止。图 13.4 只说明了其中的两条光线的跟踪路线。左边的投射光线与一个镜面相交，其对应的阴影光线可以通过镜面反射到达左光源，因此如果该镜面位于另一个光源的前面，则投射光线与镜面的交点只被其中一个光源照亮。右边的投射光线与球面相交，在这种情况下有两条阴影光线，其中一条阴影光线通过镜面反射到左光源。此外，由于另一条阴影光线可以直接到达左光源，因此投射光线与球面的交点除了被左光源间接照亮，还被左光源直接照亮。这个计算过程通常使用递归来实现，并且还要考虑表面材质对光的吸收作用。

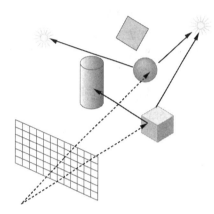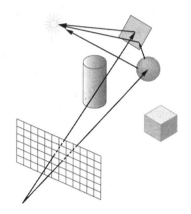

图 13.3　阴影光线　　　　　　　　　　　　　图 13.4　镜面反射表面的光线跟踪

　　光线跟踪特别适合于处理同时具有反射和折射属性的表面。利用前面介绍的基本光线跟踪模式，沿着投射光线一直到具有以下特性的对象表面(如图 13.5 所示)，即如果离开光源的光线照射到该表面上的一点，那么有一部分光线被表面吸收，而另一部分光线以漫反射形式反射出去(对漫反射项有贡献)。入射光一部分被表面吸收，其余的部分则分为折射光和反射光。从投射光线的角度来看，如果光源在交点处可见，则需要做三件事。第一，必须利用标准的反射模型，计算光源在这个交点的贡献。第二，必须沿理想反射光的方向投射一条光线。第三，必须沿折射光线的方向投射一条光线。这两条光线与原先的投射光线的处理方式一样，也就是说，它们可能和其他的对象表面相交，或终止于光源，或射到无穷远处。与上述的反射光线和折射光线相交的任何其他对象表面又会产生新的反射光线和折射光线。图 13.6 显示了一条投射光线和它经过一个简单场景的路径，图 13.7 描述了所生成的**光线跟踪树**(ray tree)。光线跟踪树是在光线跟踪过程中动态生成的，它说明了必须跟踪哪些光线。

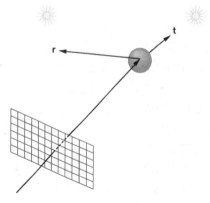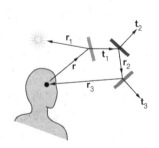

图 13.5　反射和折射表面的光线跟踪　　　　　图 13.6　简单的光线跟踪场景

尽管我们的光线跟踪器使用了 Blinn-Phong 光照模型来包含光线与对象表面交点处的漫反射项，但是忽略了在该交点处的漫反射光。如果试图跟踪这些光线，则要处理的光线太多，以至于光线跟踪器有可能永远不能结束计算。因此，光线跟踪器最适合于绘制具有高反射属性表面的场景。图 1.5 是用一个公开的光线跟踪器绘制的图像。尽管这个场景只包含几个对象，但是如果不使用光线跟踪，就

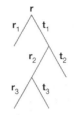

图 13.7 对应于图 13.6 的光线跟踪树

无法真实地绘制出这些表面的反射和透明效果。另外，要注意场景中阴影的复杂性，这是光线跟踪自动生成的另一个效果。该图像也说明光线跟踪器可以与纹理映射结合起来使用，这并不比使用流水线绘制结构实现纹理映射更困难。

13.3 构建一个简单的光线跟踪器

描述光线跟踪器最简单的方法就是递归，即通过一个递归函数跟踪一条光线，它的反射光线和折射光线又调用了这个函数本身。光线跟踪的大部分工作用来计算光线和对象表面的交点。实现一个可以处理各种对象的光线跟踪器之所以很困难的一个原因是，当加入比较复杂的对象时，大量的求交计算将成为一个问题。因此，大多数基本的光线跟踪器只支持平面和二次曲面。

我们已经分析了决定光线跟踪过程要考虑的一些基本要素。构造一个用于处理简单对象(如二次曲面和多面体)的递归光线跟踪器是相当容易的。这一节将讨论构建光线跟踪器所需的基本结构及相关函数。可以参考本章末尾的建议阅读资料了解具体的细节。

需要定义两个基本函数。递归函数 trace 用来跟踪一条光线，该线线由一个点和一个方向确定，函数返回与光线相交的第一个对象表面的明暗值或颜色值。递归函数 trace 会调用函数 intersect 计算指定的光线与最近对象表面的交点位置。

13.3.1 光线跟踪递归算法

这里使用伪代码来描述 trace 递归函数。递归函数的参数(即跟踪的光线)通过起点 p 和方向 d 来确定，函数返回颜色值。为了防止光线跟踪递归算法陷入死循环，可以指定一个最大的递归步数 max。为了简单起见，假定只有一个光源，而且光源属性、场景对象的描述及其表面属性都定义为全局变量。如果还有其他的光源，可以使用与处理单光源类似的方法把它们对图像的贡献添加进来。

```
function trace(p, d, step)
{
  color local, reflected, transmitted;
  point q;
  normal n;

  if (step > max) {
    return(backgroundColor);
  }

  q = intersect(p, d, status);

  if (status == light_source) {
    return(lightSourceColor);
```

```
    }
    if (status == no_intersection) {
      return(backgroundColor);
    }

    n = normal(q);
    r = reflect(q, n);
    t = transmit(q, n);

    local = phong(q, n, r);
    reflected = trace(q, r, step+1);
    transmitted = trace(q, t, step+1);

    return(local + reflected + transmitted);
  }
```

注意，当计算反射光颜色和折射光颜色时必须考虑到表面在反射和折射之前吸收了多少入射光的能量。如果递归次数超过了最大递归的步数，则返回背景颜色。否则，使用 intersect 函数计算给定的光线与最近对象表面的交点。intersect 函数必须能访问场景数据库中的所有对象，并且必须能够找到光线与支持的所有类型对象的交点。因此，光线跟踪器大部分的时间开销以及代码复杂度都隐藏在该函数里。我们将在 13.3.2 节讨论一些求交计算的问题。

如果光线没有与任何对象相交，那么 intersect 函数返回一个状态变量，并从 trace 函数返回背景颜色。同样，如果光线和光源相交，那么返回光源的颜色。如果 intersect 函数返回一个交点，那么交点处的颜色值由三部分组成：利用改进的 Phong 模型(或其他光照模型)计算得到的局部光照颜色、反射光颜色和折射光颜色(如果对象表面是半透明的)。在计算这些颜色之前，必须计算交点的法向量以及反射光线和折射光线的方向，具体计算方法可以参见第 6 章。法向量计算的复杂度取决于光线跟踪器所支持的对象类型，这个计算过程是函数 trace 的一部分。

局部光照颜色的计算要求检测光源相对于最近交点的可见性。因此从最近的交点向光源投射一条试探光线或阴影光线，并检测阴影光线是否和其他对象相交。我们发现这个过程也是一个递归过程，因为阴影光线可能与一个反射表面相交(如一面镜子)，或者半透明的对象表面相交(如一片玻璃)。另外，如果阴影光线与一个自发光对象相交，则有一部分来自该光源的光线对交点 q 的颜色有贡献。通常忽略这部分光的贡献，因为它们会非常明显地降低计算的速度。实际使用的光线跟踪算法一般采用折中的方案，这种方案实现的光照计算在物理上并不一定完全正确。

接下来，程序中有两个递归调用，分别调用 trace 计算从交点 q 发出的反射光线和折射光线对 p 点颜色值的贡献。正是因为这两个递归调用使得这段代码成为一个光线跟踪器，而不是简单的光线投射方法(在这种简单的光线投射方法中，只需发现第一个交点并用光照模型计算这个交点的颜色值)。最后，把这三种颜色值相加获得 p 点的颜色。

13.3.2　计算交点

一个典型的光线跟踪器的大部分时间用于 intersect 函数中的求交计算。因此，必须将场景对象限制为容易求交的几何对象。如果使用场景对象表面的隐式表示形式，那么可以以一种简洁的方式表示一般的求交问题。因此，如果一个对象表面定义为：

$$f(x, y, z) = f(\mathbf{p}) = 0$$

从 $\mathbf{p}_0$ 出发，方向为 $\mathbf{d}$ 的光线的方程可以用参数的形式表示为：

$$\mathbf{p}(t) = \mathbf{p}_0 + t\mathbf{d}$$

那么交点位置处参数 t 的值应满足:

$$f(\mathbf{p}_0 + t\mathbf{d}) = 0$$

上式是 t 的一个标量方程。如果 f 是一个代数曲面,那么 f 是形式为 $x^i y^j z^k$ 的多项式之和,并且 $f(\mathbf{p}_0 + t\mathbf{d})$ 是一个关于 t 的多项式。因此求交就转化为寻找多项式所有根的问题。遗憾的是,只有很少的几种情况不需要使用数值方法。

一种情况是二次曲面。正如在第 11 章看到的,所有的二次曲面都可以写为二次形式:

$$\mathbf{p}^{\mathrm{T}} \mathbf{A} \mathbf{p} + \mathbf{b}^{\mathrm{T}} \mathbf{p} + c = 0$$

将光线方程代入上式后得到一个求解参数 t 的标量二次方程,通过求解方程可得到 0 个、1 个或 2 个解(交点)。由于该二次方程的求解只需一次开平方根运算,所以光线跟踪器可以毫不费力地处理二次方程。另外,在求平方根之前,可以删除那些与二次曲面不相交的光线以及那些和二次曲面相切的光线,这样可以进一步简化计算。

例如,考虑一个球心在 $\mathbf{p}_c$、半径为 r 的球面,它可以表示为:

$$(\mathbf{p} - \mathbf{p}_c) \cdot (\mathbf{p} - \mathbf{p}_c) - r^2 = 0$$

把下面的光线方程代入上面的球面方程:

$$\mathbf{p}(t) = \mathbf{p}_0 + t\mathbf{d}$$

可以得到一个二次方程:

$$\mathbf{d} \cdot \mathbf{d} t^2 + 2(\mathbf{p}_0 - \mathbf{p}_c) \cdot \mathbf{d} t + (\mathbf{p}_0 - \mathbf{p}_c) \cdot (\mathbf{p}_0 - \mathbf{p}_c) - r^2 = 0$$

光线与平面求交的问题也比较简单。可以把光线方程代入下面的平面方程:

$$\mathbf{p} \cdot \mathbf{n} + c = 0$$

这样可以得到一个只需要做一次除法运算的标量方程。因此,对于光线

$$\mathbf{p} = \mathbf{p}_0 + t\mathbf{d}$$

可以通过计算得到交点的参数 t 的值:

$$t = -\frac{\mathbf{p}_0 \cdot \mathbf{n} + c}{\mathbf{n} \cdot \mathbf{d}}$$

然而,平面本身在场景建模中的应用是有限的。通常要么对构成凸面对象(多面体)的多个平面的求交感兴趣,要么对用于定义一个平面多边形的平面求交感兴趣。对于多边形,必须判定交点是在多边形内部还是外部。这种测试的难度取决于多边形是否是凸多边形,如果不是凸多边形,则取决于是否是简单多边形。这些问题类似于第 12 章讨论的多边形绘制问题。凸多边形和光线的求交测试非常简单,这与下面要讨论的光线与多面体的求交测试非常类似。

尽管可以通过表面定义多面体,但是也可以把多面体定义为多个平面相交形成的凸面对象。因此,一个平行六面体使用 6 个平面定义,而一个四面体使用 4 个平面定义。对于光线跟踪,这种定义方式的优点在于,可以使用简单的光线与平面求交方程推导出光线与多面体的求交测试。

我们提出了如下的测试方法。假定定义多面体的所有平面都具有一个指向外部的法向量。考虑图 13.8 所示的与多面体相交的光线,它进入和离开多面体各仅一次。该光线一定是从面向光线的平面进入,并且

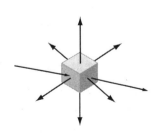

图 13.8　光线与法向量指向外部的多面体相交

从背向光线的平面离开。然而，这条光线一定也和构成多面体的其他平面相交(与光线平行的平面除外)。

　　下面考虑光线与所有正向平面(也就是那些法向量指向光线起点的平面)的交点，光线的入点一定是光线与所有正向平面交点中最远的那个交点。与此类似，光线的出点一定是光线与所有背向平面交点中最近的那个交点，而且入点一定比出点更接近光线起点。如果考虑一条与上面提到的同一多面体不相交的光线，如图 13.9 所示，则可发现光线与正向平面最远的交点比光线与背向平面最近的交点离起点更近。因此，我们的测试方法是按任意顺序通过光线-平面求交运算得到这些可能的入点和出点，并且每当求得一个交点，就要更新这些可能的入点和出点。如果发现一个可能的出点比当前入点更近，或者一个可能的入点比当前出点更远，则终止测试。

　　分析如图 13.10 所示的用于测试光线与凸多边形交点的二维示例。这里用直线代替平面，但是道理是一样的。假定光线与直线求交的顺序是 1，2，3，4。从直线 1 开始，通过计算直线的法向量和光线方向的点积，观察点积的符号就可以判断直线 1 是面向光线的初始点。光线和直线 1 的交点产生一个可能的入点。直线 2 背向光线的初始点，因此产生一个可能的出点，该出点比当前可能的入点更远。直线 3 产生一个更近的出点，但仍然比入点更远。直线 4 生成一个比当前出点更远的出点，因此不需更新出点。至此测试了所有直线，并得出光线穿过了该多边形的结论。

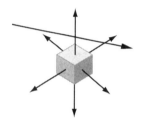

图 13.9　光线与法向量指向外部的多面体不相交

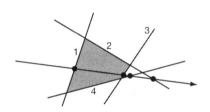

图 13.10　光线与凸多边形相交

　　图 13.11 是同样的直线及其构成的同样的凸多边形，但说明了与多边形不相交的一条光线。光线与直线 1 的交点仍然产生了一个可能的入点。光线与直线 2 及直线 3 的交点仍然是比入点更远的可能出点。但是光线和直线 4 的交点产生了一个比入点更近的出点，这种情况表明光线和多边形没有相交。

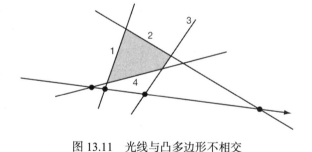

图 13.11　光线与凸多边形不相交

13.3.3　其他不同形式的光线跟踪

　　大多数光线跟踪器都采用了多种方法来判断何时结束递归过程。一种相当容易实现的方法是忽略跟踪距离超过某个阈值的所有光线，或假定这些光线都射到无穷远处。要实现这种测试方法，可以假定场景中的所有对象都位于一个以原点为中心的大球体里面。因此，如果认为该球体是用特定的背景颜色着色的对象，那么每当通过求交计算确定这个球体是最近的对象时，就可以终止某条光线的递归过程并返回背景颜色。

　　另一个简单的终止策略是检查光线剩余能量所占的比重。当光线穿过一个半透明材质或者从一个光泽的对象表面反射时，可以估算出折射光线和反射光线的能量在入射光线能量中所占的比重，以及被对象表面所吸收能量的比重。如果在光线跟踪器中增加一个能量参数：

```
function trace(p, d, steps, energy)
```

那么只需在程序中增加一行代码即可检查是否还剩下足够的能量继续跟踪光线。

可以提出许多改进方法来提高光线跟踪器的运算速度或者精确度。例如，可以很容易使用迭代的方法代替光线跟踪器里的递归过程。通过使用包围盒或包围球，可以避免大量的求交计算，因为光线与这类对象的求交运算速度非常快。包围体通常用来有效地组织对象，就像在第 9 章介绍的 BSP 树。

由于光线跟踪是一种基于采样的方法，所以必然存在走样误差。正如在第 12 章所看到的，如果采样点取得不够多，就会产生走样误差。然而在基本的光线跟踪器里，其运算量和光线的数量成正比。许多光线跟踪器使用了随机采样的方法，在这种方法中，在哪里选择下一条投射光线取决于已经投射的光线的处理结果。因此，如果光线与某个特定的区域里任何对象没有交点，那么几乎没有光线投射到这个区域；与此相反，如果光线与某个区域有很多交点，那么就要增加指向这个区域的投射光线的数量。RenderMan 采用的就是这个策略(参见 13.6 节)。虽然认为随机采样只是在随机场景里才起作用(因为可能在某些区域里的微小对象会出现采样精度不高的情况)，但是随机采样的优点是，其绘制的图像一般不会出现均匀采样绘制的图像所特有的莫尔条纹图案。

因为每条光线的处理独立于其他光线，所以光线跟踪本质上是一个并行处理过程。然而，问题是每条光线都可能和任何对象相交。因此，光线的每次跟踪都需要访问所有的对象。另外，当跟踪反射光线和折射光线时，可能会丢失一些可以帮助我们避免大量数据传送的局部信息。因此，并行光线跟踪器最适合于内存共享的并行体系结构。随着具有 64 位寻址能力的多核处理器的问世，商用计算机能够支持足够大的内存，这使得光线跟踪在许多应用领域变得切实可行。

13.4 绘制方程

大多数物理定律都可以表示为守恒定律，如动量守恒和能量守恒。由于光是一种能量，所以可以提出一种基于能量的方法来取代光线跟踪绘制方法。分析图 13.12 所示的一个封闭场景。这里使用平面来定义该封闭场景，其中包含一些对象和一个光源。从物理上看，包括光源表面在内的所有对象表面的建模方式都是一样的。尽管每个对象的表面可能有不同的参数，但是都遵循相同的物理规律。任何对象的表面都吸收并反射一部分光线。任何对象的表面都是一个发光器。从光线跟踪的角度看，之所以看到场景的明暗效果是由于无数的光线在场景中来回传播的结果。这些光线从光源出发，直到所有能量被吸收完才结束。然而，观察到的场景处于稳定的状态，也就是说，任何对象的表面都有自己的明暗效果。我们并没有看到光线是如何来回传播的，看到的也只是最后的结果。可以直接使用能量的方法实现这个稳定的状态，因此可以避免跟踪许多来回反射的光线。

现在分析如图 13.13 所示的单个对象表面。我们看到来自许多不同方向进入该表面的光线以及其他一些从该表面射出的光线。离开该表面的光线由两部分组成。如果该表面也是光源的话，那么离开表面的一部分光线来自它自己发射的光，另一部分光线是来自其他表面的入射光所形成的反射光线。因此，进入该表面的入射光线也包含来自其他对象表面的发射光与反射光。

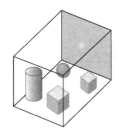

图 13.12 具有 4 个对象和一个光源的封闭场景

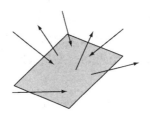

图 13.13 一个简单表面

如图 13.14 所示，考虑两个任意的点 **p** 和 **p′** 来简化分析过程。如果分析进入和离开 **p** 的光线，则其能量一定是平衡的。因此，如果在 **p** 处有一个光源，那么该光源的发射光能量与反射光能量之和必定等于所有来自 **p′** 的入射光能量。令 $i(\mathbf{p}, \mathbf{p}')$ 表示离开 **p′** 并到达 **p** 的光的强度[①]。绘制方程

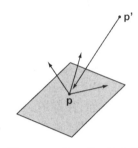

图 13.14　从 **p′** 到 **p** 的光线

$$i(\mathbf{p}, \mathbf{p}') = v(\mathbf{p}, \mathbf{p}')\left(\epsilon(\mathbf{p}, \mathbf{p}') + \int \rho(\mathbf{p}, \mathbf{p}', \mathbf{p}'')i(\mathbf{p}', \mathbf{p}'')d\mathbf{p}''\right)$$

表示能量的平衡。离开 **p′** 的光的强度由两部分组成。如果 **p′** 是发光器（即光源），那么绘制方程中存在一项 $\epsilon(\mathbf{p},\mathbf{p}')$，表示 **p′** 到 **p** 方向的光的强度。绘制方程中的第二项来自所有可能的点（**p″**）发出的在 **p′** 到 **p** 方向的反射光线的强度。函数 $\rho(\mathbf{p},\mathbf{p}',\mathbf{p}'')$ 称为**双向反射分布函数**（Bidirectional Reflection Distribution Function，BRDF），表示 **p′** 处的表面材质属性。用于漫反射表面的 Lambertian 模型和用于镜面反射的 Phong 模型都是 BRDF 的简单特例。绘制方程中的项 $v(\mathbf{p},\mathbf{p}')$ 有两个可能的值。如果在 **p** 和 **p′** 之间有一个不透明的表面，那么这个表面遮挡了 **p′**，从 **p′** 发出光线无法到达 **p** 点。在这种情况下，$v(\mathbf{p},\mathbf{p}') = 0$，否则必须考虑 **p** 和 **p′** 之间的距离，并且

$$v(\mathbf{p}, \mathbf{p}') = \frac{1}{r^2}$$

式中 r 表示两个点之间的距离。

尽管这个绘制方程的形式非常简单，但是求解该方程并非易事。主要的困难在于维度。对于每个点的材质属性都相同的表面，BRDF 是四维函数，这是因为可以分别用两个角度（如仰角和方位角）来表示入射光方向和反射光方向。如果材质属性随表面变化，则 BRDF 是六维函数，因为还需要另外两个变量来固定二维表面上的位置。另外，还没有包含光的波长这个在计算颜色时有必要考虑的变量。

有人努力尝试过使用数值方法求解这个绘制方程的一般形式。这些方法的大多数属于蒙特卡洛（Monte Carlo）方法，这是一种类似于随机采样的方法。目前，**光子映射**（photon mapping）成为一种切实可行的方法。光子映射从光源产生能携带能量的光子那一刻开始，一直跟踪每个光子直到其能量被场景中对象表面吸收为止。光子从创建到被吸收一般要经过多次反射和折射。这种方法潜在的优点在于它能模拟真实世界场景的复杂光照效果。

前面讨论光线跟踪时，我们认为，因为从光源发出的光只有很少一部分到达观察者，所以从光源开始跟踪它发射的光线是一种很低效的方法。但是，光子映射使用了很多巧妙的策略，这使得光子的跟踪过程在计算上是切实可行的。尤其是，光子映射结合了能量守恒和蒙特卡罗方法。例如，考虑光线与漫反射表面相互作用时的情况。正如所看到的，表面反射的光线向各个方向扩散。在光子映射中，当一个光子与漫反射表面相互作用时，这个光子要么被反射，要么被表面吸收。光子无论是被吸收还是被反射，如果存在反射，那么光子的反射角是以随机方式确定的，这种随机方式使得绘制的场景效果在整体上是真实的。因此，两个光子即使以相同的入射角作用于同一对象表面的同一位置，两者产生的效果也可能是截然不同的。光源产生的光子越多，其结果就越准确，但是这要以跟踪更多的光子作为代价。

可以根据一些特殊情况来简化上述绘制方程。例如，对于理想的镜面反射表面，反射函数只有当入射角和反射角相等，并且入射光和反射光位于同一个平面的时候才为非零值。在这些特殊

[①] 这里尽量避免引入辐射度的单位和专用术语。我们引入光的强度。能量是强度在时间上的积分，但是如果光源的强度不变，那么就处于稳定状态，并且这个时间上的区别就无关紧要了。大多数的参考文献处理的都是单位面积上的能量或强度，即**能量通量**（energy flux），而不是能量或强度。

的情况下，可以把光线跟踪作为求解上述绘制方程的方法。

　　另一个特殊情况是，当所有的表面是理想的漫反射表面时，也可以得到一种切实可行的绘制方法。在这种情形下，光在各个方向均匀反射。因此，光的强度函数只与 **p** 点有关。我们将在下一节讨论这种特殊情况。

13.5　全局光照和路径跟踪

　　如果观察真实场景中一个对象表面的明暗度，会发现它由三个分量组成：对象本身发射的光；直接照射对象并沿视点方向反射的光；场景中其他表面反射的光。最后一个分量称为**间接光照**（indirect illumination），无论是流水线绘制器还是光线跟踪器，对间接光照的模拟都特别困难。对于流水线绘制器，通过增加一个环境光分量来近似模拟间接光照的贡献，这是一种对真实场景间接光照非常差的近似模拟。对于基本的光线跟踪器，我们忽略了来自漫反射表面的反射光线而仅仅跟踪反射和折射光线。

　　路径跟踪（path tracing）则避免了这些问题的出现，它通过使用蒙特卡罗方法来近似模拟对象每个表面的 BRDF。假定从视点投射一条光线并计算该光线与离视点最近的表面的第一个交点，这里还假定该交点处的表面不透明并具有漫反射属性。路径跟踪方法沿着试探光线随机地选择一个或多个方向继续跟踪路径，而不是将试探光线发射到光源。在与光线相交的每个表面，通过相同的概率生成路径的方向，这样一直跟踪下去，直到光线与光源相交或确定光线射到无穷远处。对于跟踪的每条路径，都必须记录光线被每个表面吸收的累积损耗。这里要注意的是，对于纯粹的路径跟踪，不能使用点光源，这是因为路径与它相交的概率几乎是零。光源应该建模成分布式自发光表面，这样可以比光线跟踪器或流水线绘制器模拟更真实的光照效果。路径跟踪的变体增加了一些可以用其他方法计算的直接光照分量。

　　图 13.15 和图 13.16 说明了光线跟踪与路径跟踪的区别。图 13.15 显示了一条从视点发射的光线，它与一个不透明的漫反射球体相交于 P 点。通过计算到光源的阴影光线，可发现球体和光源之间没有其他的表面。现在可以计算光源在 P 点的漫反射贡献以及 P 点的反射率。最后跟踪反射光线 s，该光线射到无穷远处，对生成的图像没有贡献。在图 13.16 中，同样的一条从视点发射的光线与球体相交于 P 点，但是现在通过三次采样 BRDF 得到光线 a、b 和 c。虽然我们非常清楚这样一个事实，即从视点发射的光线会被球体反射，但是在路径跟踪中，并不向光源投射光线，也

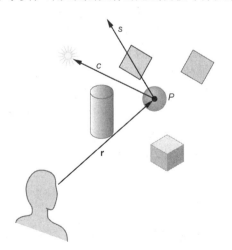

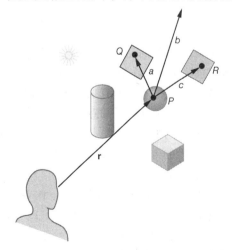

图 13.15　一条光线的光线跟踪　　　　　　　图 13.16　一条光线的路径跟踪

不计算光源在 P 点的漫反射贡献。光线 a 与灰色的多边形相交于 Q 点。在 Q 点采样 BRDF 并在多个方向生成新的跟踪光线。光线 c 与蓝色的多边形相交于 R 点,可以对 R 点做同样的处理。光线 b 不与任意的表面相交,要么与光源相交而停止,要么发射到无穷远处。如果光线 b 与光源相交而停止,那么可以沿着到达光源相反的路径,通过光源的颜色来计算对图像的颜色贡献。如果光线 b 发射到无穷远处,就会有许多选择。可以简单地丢弃这条路径,也可以和前面的做法一样,但通过背景颜色来计算对图像的颜色贡献。一种更有趣的选择是使用**全局光照模型**(global illumination model)。全局光或环境光背后的基本思想就是通过建模或对真实环境的测量来构建这样的半球体。因此,如果希望光照来自布满云彩的天空,那么可以在局部多云的天气全方位测量入射光,或者使用在第 10 章讨论的过程建模方法生成相似的光线分布。无论哪种方法,都可以将这个半球体的光照计算用于**路径跟踪器**(path tracer)。

路径跟踪是一种随机生成光线的蒙特卡罗技术,因此我们陷于这样一种矛盾之中,要么没有足够多的光线用来生成逼真的图像,要么需要花很长的时间计算足够多的路径以便生成可以接受的图像。如果使用太少的采样,那么最终生成的图像含噪严重。对于这种情况,有些路径跟踪的实现采取了渐进更新图像的折中方案:快速生成第一幅初始的噪声图像,如果场景中的对象不发生变化,则通过加入更多的路径不断地改进图像质量。此外,也有一些将路径跟踪与基于光线跟踪的直接光照相结合的技术。对这些技术的详细讨论可参考本章末尾的建议阅读资料。

13.6　RenderMan

来自动画产业的需求还有许多其他的绘制方法。尽管动画设计的过程中需要交互性,但是最终产生的图像却不需要实时绘制。更重要的是生成的图像没有瑕疵,比如由于走样引起的锯齿和莫尔条纹图案。然而,即使使用大量的计算机,如使用**渲染集群**(render farmer)来绘制动画,也无法用光线跟踪或辐射度方法绘制一部正片长度的电影所需的大量的帧画面,这两种绘制方法的唯一任务是以所需的分辨率绘制逼真的场景。此外,单独使用光线跟踪器或辐射度绘制器都无法生成所需的艺术品质级别的图像。

RenderMan 接口规范以第 1 章介绍的建模-绘制模式为基础。我们以交互的方式设计场景,并使用只能显示线条的绘制器绘制场景。但场景设计完成后,使用一个文件来描述场景中的对象、光源、材质属性、照相机、动作和纹理,然后将这个文件送入高质量的绘制系统或渲染集群。

原则上,这种脱机绘制系统可以是任何类型的绘制系统。然而,由于动画产业的特殊需求,Pixar 不仅开发了接口规范(RenderMan),还开发了名为 Reyes 的绘制系统,设计绘制系统是为了生成商业电影所需的高品质图像。与光线跟踪器一样,Reyes 每次也只是处理一个像素。与光线跟踪器不同的是,Reyes 在设计的时候并没有考虑全局光照效果。由于 Reyes 每次只处理一个像素,所以它以某个分辨率收集所有来自场景对象发出的光线,这样可以避免产生走样问题。Reyes 把多边形表示的对象或曲面表示的对象都分割为**微多边形**(micropolygon),这种微多边形是非常小的四边形,它们投影后的大小大约是半个像素。因为每个微多边形都投影到一个很小的区域,因此可以使用均匀着色的方法来简化绘制过程。在对表面分割处理时,通过对微多边形的仔细着色来实现对象表面的光滑着色。

Reyes 融合了其他许多有趣的技术。Reyes 使用了随机采样而不是点采样来减少视觉上的走样效果。一般来说,为了更有效地使用纹理,Reyes 每次只处理一帧画面上的一个小区域。注意,虽然 Reyes 是被精心设计的,但是绘制一个包含大量对象和复杂光照效果的单一场景也需要几个小时。

现在有许多这样的绘制系统,其中有一些是公用或共享软件。有些绘制系统在一个产品里包含不同的绘制类型。因此，场景中具有光泽表面的这部分对象可以使用光线跟踪方法来绘制。同理，也可以使用辐射度方法绘制对象表面的某个其他子集。总之，这些绘制系统可支持各种效果的绘制，并允许用户在绘制时间、复杂度和图像质量之间达到平衡。

13.7　并行绘制

在许多应用中，尤其是包含大型几何数据集的科学计算可视化问题，可能需要从一个包含数百 GB(吉字节)数据的数据集中绘制图像，并生成数亿个多边形。这种应用问题提出了两个直接的挑战。首先，如果要显示这么多的多边形，那么当商用显示器或投影仪的分辨率大约为 200 万像素时，我们该怎么做呢？即使是最好的显示器也只支持大约 500 万个像素。其次，如果由于生成新的数据或由于变换操作改变了原始数据而需要显示多帧图像，那么甚至需要比最快的 GPU 更快的绘制速度才可绘制如此规模的几何数据。

解决显示分辨率问题的常用方法是建立**投影幕墙**(power wall)，即由一组投影仪投射的大型投影平面(如图 13.17 所示)，其中每个投影仪的分辨率为 1280×1024 或 1920×1080(高清投影仪)。一般来说，从投影仪发射的光线在边缘处逐渐减弱，并且所有显示的图像之间稍有重叠，从而形成无缝的图像。也可以使用一组标准尺寸的液晶显示器(LCD)来组建高分辨率显示器，虽然使用该方法的代价是能够看到窗格之间的小缝隙，这会使整个窗口看起来是由许多窗格拼接而成的。

解决这两个问题的一种方法是使用通过高速网络连接起来的标准计算机集群。每台计算机都配备一个商用显卡。注意，这样的配置只是高性能计算领域重大变革的一个方面。以往，超级计算机都是由昂贵的快速处理器组成的，它在设计时通常考虑了其高度的并行性。这些处理器是根据用户需求量身设计的，一般需要特殊的接口、外设和环境，因此价格非常昂贵，一般只有一些政府实验室和大公司才买得起这种超级计算机。在过去十年中，商用处理器的速度大大提高且价格也不是很贵。此外，目前的趋势是将多个处理器集成在同一个 CPU 或 GPU 中，因此为各种类型的并发计算或并行绘制提供了可能，比如可以使用单 CPU 多显卡，或者使用多个多核 CPU，或者使用具有上百个可编程处理器的 GPU。

因此，可以使用多种分配方法将场景绘制任务分配给各种处理器来处理。最简单的方法是在每个处理器中执行同样的应用程序，但是每个处理器使用一个

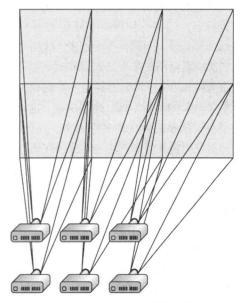

图 13.17　使用 6 个投影仪的幕墙

不同的窗口，该窗口与每个处理器在输出图像阵列中相应的显示位置一一对应。对于具有大量存储空间的现代高速 CPU 和 GPU 来说，这是一种可行的并行绘制方法。然而，对于超大规模数据集，这种方法通常无法正常工作，因为绘制系统的前端无法以足够快的速度处理几何数据。

我们将讨论三种其他的并行绘制方法。这三类方法的主要区别是：在绘制过程的哪个阶段将图元指定或分拣到显示器的正确区域。根据这种分拣操作的处理时机可以指定三种绘制方法：**sort-first 绘制方法**(sort first rendering)、**sort-middle 绘制方法**(sort middle rendering)和**sort-last 绘制方法**(sort last rendering)。

假定这里包含的大量处理器只有两种类型：几何处理器和光栅处理器。这种区分对应于第 12 章讨论的绘制流水线的两个阶段。几何处理器处理绘制流水线前端的浮点计算，包括变换、裁剪和着色。光栅处理器进行位操作，并处理光栅化等操作。注意，现代通用处理器和图形处理器都能够执行这些任务。因此，下面采用的策略既适用于 CPU 也适用于 GPU。在多核处理器芯片或 GPU 内，能够在不同的节点之间进行任务的并行处理。这种根据图元分拣的分类模式有助于组织绘制系统的结构。

13.7.1　sort-middle 绘制方法

考虑一组几何处理器(用 G 表示每一个几何处理器)和光栅处理器(用 R 表示每一个光栅处理器)，它们按如图 13.18 所示的方式连接起来。假定有一个应用程序要生成大量的几何图元。这个程序能以两种显而易见的方式来使用多个几何处理器。一种方式是，让应用程序运行在一个单独的处理器上，然后把应用程序生成的几何图元的不同部分依次传送给不同的处理器。另一种方式是，可以在多个处理器上运行这个应用程序，每个处理器只生成一部分几何图元。在这一点上，不必关心几何图元如何被传送给几何处理器(因为最好的方法通常依赖具体的应用)，但我们关心的是如何充分利用已有的几何处理器。

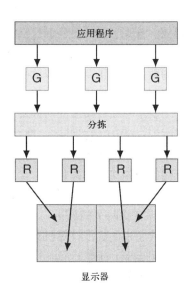

图 13.18　sort-middle 绘制方法

假定可以将任意类型的图元传送给任何一个独立工作的几何处理器。当并行使用多个处理器时，我们最关心是**负载平衡**(load balancing)问题，也就是说，让每个处理器的工作量大致相同，这样不会出现某个处理器长时间处于闲置的状态，这样会造成资源的浪费。一种显而易见的方法是根据处理器的个数均匀划分场景对象的坐标空间。遗憾的是，这种方法经常导致很差的负载平衡，这是因为在许多应用中，几何图元在对象空间里并不是均匀分布的。另一种方法是，在生成对象时将几何图形均匀地分布在处理器之间，而不依赖于几何对象的位置。因此，如果有 n 个处理器，可能把第 1 个几何实体传送给第 1 个处理器，把第 2 个几何实体传送给第 2 个处理器，把第 n 个几何实体传送给第 n 个处理器，第 $n+1$ 个几何实体传送给第 1 个处理器，依次类推。下面考虑光栅处理器。可以把每个光栅处理器对应于帧缓存的不同区域，或对应于显示器的不同区域。因此，每个光栅处理器只绘制屏幕空间的某个固定区域。

现在的问题是如何把几何处理器的输出传送给光栅处理器。注意，每个几何处理器能够处理显示器上任意位置的对象。因此，必须对几何处理器的输出进行分拣，并把几何处理器生成的图元传送给正确的光栅处理器。因此，图元在光栅化处理之前必须先实施某种分拣操作。我们称这个并行绘制结构为 sort-middle 绘制结构。

在可编程 GPU 出现之前，这种配置在高端图形工作站上很盛行，并且需要使用专用硬件处理每项任务。高端图形工作站有快速的内部总线用于分拣过程中数据的传递。目前的 GPU 包含多个几何处理器和多个片元处理器(或者是既能处理几何又能处理片元的处理器)，因此可以把它看成 sort-middle 处理器。然而，过去这种使用专用硬件的 sort-middle 绘制方法现在不再使用了。

13.7.2　sort-last 绘制方法

对于 sort-middle 绘制方法，几何处理器和光栅处理器的个数可能是不同的。现在假定每个几

何处理器连接到它自己的光栅处理器，如图 13.19 所示。基于
这种配置可以得到一组标准计算机的连接，每台计算机都有自
己的显卡。在一个具有多个集成的顶点处理器和片元处理器的
GPU 中，可以把每个处理器认为是一台独立的计算机。同样，
不必担心每个处理器是如何获取应用程序的数据，而只关注这
种配置如何处理应用程序生成的几何图元。

　　就像 sort-middle 绘制方法，为了使几何处理器达到负载平
衡，我们把几何图元传送给几何处理器的顺序并没有考虑几何
图元被光栅化后在显示器上的位置。然而，正是由于这种几何
分配及中间缺乏分拣的方式使得每个光栅处理器必定有一个与
显示器大小相同的帧缓存。因为每对几何/光栅处理器都有一个
完整的绘制流水线，所以对于几何对象的每一部分，每对几何/
光栅处理器都可以生成一幅经过消隐处理的正确图像。图 13.20
显示了三幅正确的图像，它们分别对应于几何对象的一部分，
而第四幅显示了如何把前三幅图像组合成一个包含所有几何对
象的正确图像。

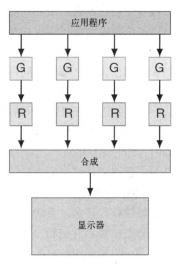

图 13.19　sort-last 绘制方法

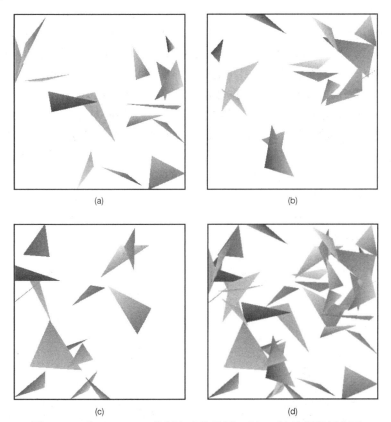

(a)

(b)

(c)

(d)

图 13.20　基于 sort-last 绘制方法的示例。(a)～(c)绘制的部分图
像；(d)合成后的图像(由新墨西哥大学的 Ge Li 提供)

　　如图 13.20 所示，可通过合成步骤对部分图像进行合成。为了进行合成计算，不仅需要几何处
理器的颜色缓存中的图像，而且还需要像素的深度信息，因为对每个像素，都需要知道哪一个光

栅处理器中包含离视点最近的点对应的像素[①]。幸运的是，如果使用标准的 WebGL 绘制流水线，那么需要的深度信息可以保存在 z 缓存里。对于每一个像素，只需要比较每一个 z 缓存里的深度值，然后把离视点最近的深度对应的颜色值写入处理器的帧缓存中。这里遇到的困难是如何才能高效地比较存储在多个处理器中的深度信息。

理论上，最简单的方法是二叉树合成(binary-tree compositing)，该方法将两个处理器中的信息进行合成。分析图 13.21 所示的例子，图中有 4 条几何／光栅绘制流水线，编号为 0～3。对 0 号和 1 号处理器的信息进行合成可以生成它们所能看见的几何对象的正确图像，与此同时，2 号和 3 号处理器对它们的信息也进行同样的合成处理。假定在 1 号和 3 号处理器上合成新的图像。因此，0 号和 2 号处理器必须将它们各自的颜色缓存和 z 缓存中的信息都传送到相邻的处理器(分别是 1 号和 3 号处理器)。然后在 1 号处理器和 3 号处理器之间重复这个过程，最终生成的图像存放在 3 号处理器的帧缓存。注意，实现代码非常简单。每组几何/光栅处理器都按常规的流水线进行绘制。合成步骤只需读像素并进行一些简单的比较操作。但是，在每一个合成步骤的后一个步骤，仍然需要使用前一步骤使用的一半数量的处理器。在最后一步，最终合成的图像位于单个处理器中。

还有另一种称为二叉交换合成(binary-swap compositing)的方法可用于处理器的信息合成，该方法可以避免处理器被闲置的问题。在这种方法中，每个处理器负责绘制最终图像的一部分。因此，为了合成正确的图像，每个处理器都能看到所有的数据。如果有 n 个处理器参与图像合成的处理，那么可以按图 13.22 所示的环形方式放置处理器。合成过程需要 n 个步骤(而不是二叉树合成所需的 $\log n$ 个步骤)。第一步，0 号处理器将其帧缓存中的第 0 个区域传送到 1 号处理器，并且从 n 号处理器接收第 n 个区域。其他的处理器也做类似的传送和接收相邻处理器的颜色缓存和深度缓存中相应区域信息的任务。这样，每个处理器都可以更新显示屏幕的一个相应区域，这个区域对应于来自两个相邻的处理器相应区域的数据。例如，0 号处理器会更新第 n 个区域。第二步，0 号处理器接收 n 号处理器的第 $n-1$ 个区域的数据，该区域恰好对应于来自 n 号和 $n-1$ 号处理器的数据。0 号处理器也要从第 n 个区域发送数据，其他处理器的一部分帧缓存也要完成做类似的数据发送任务。现在所有的处理器都有了来自 3 个处理器的正确的数据区域。通过归纳可以得到，经过 $n-1$ 个步骤之后，每个处理器仅包含最终图像的 $1/n$。虽然执行了更多的步骤，但是交换的数据要比二叉树合成的方法少得多，而且在每个步骤都使用了所有的处理器。

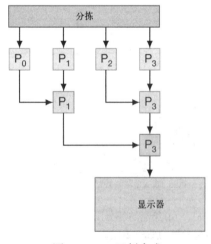

图 13.21　二叉树合成

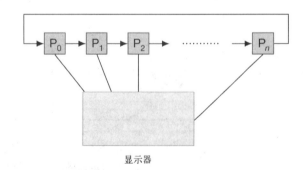

图 13.22　二叉交换合成

---

① 为了简单起见，假定所有的几何对象都是不透明的。

13.7.3　sort-first 绘制方法

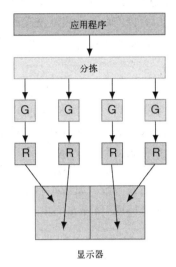

图 13.23　sort-first 绘制方法

sort-last 绘制方法最吸引人的特性之一是，可以把几何处理器和光栅处理器进行配组，并使用配有标准显卡的普通计算机。假定在绘制流水线的一开始就能确定每个图元的最终显示位置，那么就可以把要显示的每一个区域分配给每一对几何/光栅处理器，从而避免了合成网络的必要性。这种配置如图 13.23 所示。在这种配置的前端放置了一个处理器，它负责把图元分配给相应的处理器进行处理。

这种 sort-first 绘制方案可行的关键是前端的分拣处理。从某种意义上说，这似乎是不可能的，因为这意味着我们在求解这种基于几何绘制流水线的问题之前就已经知道了问题的解，即图元在显示器上的位置信息。但是事情并不是毫无希望的。许多问题具有结构化的组织形式，这使得我们可以提前获取相关的信息。还可以从绘制流水线中获取信息，从而得到从对象坐标系到屏幕坐标系的映射。此外，不必确保获取的信息总是正确的。如果一个图元跨越显示器的若干区域，该图元可以被传送给多个几何处理器。即使没有正确地把某个图元传送给相应的处理器，这个处理器也能够把它传送给正确的处理器。因为每个几何处理器都要执行一个裁剪步骤，所以能确保最后得到的图像是正确的。

sort-first 绘制方法不需要解决负载平衡问题，因为如果屏幕的某些区域只有很少的图元，那么相应的处理器不会超负荷运行。然而，相对于 sort-last 绘制方法，sort-first 绘制方法有一个主要的优点：它对于生成高分辨率图像是一种理想的方法。例如，一个 4×5 的高清显示器（1920×1080）阵列包含的像素超过 4000 万个。

13.8　隐函数和等高线图

假定有一个二维隐函数：

$$f(x, y) = c$$

对于每一个 c 值，$f(x, y)$ 可能对应有零条、一条或多条曲线。如果函数可解，那么每条曲线描述了函数 f 的**等高线**（contour），也就是常量 c 对应的曲线。对于最常见的等高线图或**地形图**（topo maps），每个 (x, y) 对应于表面上的一个点，而 c 是该点对应的高度。尽管函数 f 可能非常简单，但没有通用的方法求出给定 y 和 c 下的 x 或从 x 和 c 求出 y。然而，对应于一个或多个 c 值，可以在一个网格上对函数 f 进行采样，这样就可以得到这些 c 值所对应的近似等高线。这种方法称为**步进方格**（marching squares），我们会在下一节把它扩展到体绘制。

13.8.1　步进方格

假定在矩形阵列（或点阵或网格）上沿 x 和 y 方向的等间隔点处对函数 $f(x, y)$ 进行采样，采样值的集合为 $\{f_{ij} = f(x_i, y_j)\}$，其中，

$$x_i = x_0 + i\Delta x, \quad i = 0, 1, \cdots, N - 1$$
$$y_j = y_0 + j\Delta y, \quad j = 0, 1, \cdots, M - 1$$

这里 Δx 和 Δy 分别是在 x 和 y 方向采样的间隔。相等的间隔只是为了简化推导，并不是必需的。与此等价地，可以通过在规则的网格上对某个物理量进行测量得到 $N \times M$ 个采样值，这些采样值也可以直接来自激光测距仪或者卫星这样的设备。

假定希望对一个特定的 c 值（高度值）找到下面隐函数曲线的近似等高线：

$$f(x, y) = c$$

对一个给定的 c，可能没有等高线，也可能有一条等高线，还可能有多条等高线。如果考虑的是采样数据，那么只能求出近似的等高线。构造近似等高线的策略是生成一条**分段线性曲线**（piecewise linear curve），它由连接起来的线段构成。考虑如图 13.24 所示的矩形**单元**（cell），这个矩形单元由 4 个网格点 (x_i, y_j)，(x_{i+1}, y_j)，(x_{i+1}, y_{j+1})，(x_i, y_{j+1}) 确定。算法逐单元地找出构成分段线性曲线的那些线段，在考察一个单元时只利用单元四角处的 c 值来确定等高线是否经过该单元。

通常，单元四角处的采样值不等于高度值。然而，等高线仍有可能穿过这个单元。考虑一种简单的情形，4 个角中只有一个角（假如 f_{ij}）的采样值大于 c，其他角的采样值都小于 c：

$f_{ij} > c$

$f_{i+1, j} < c$

$f_{i+1, j+1} < c$

$f_{i, j+1} < c$

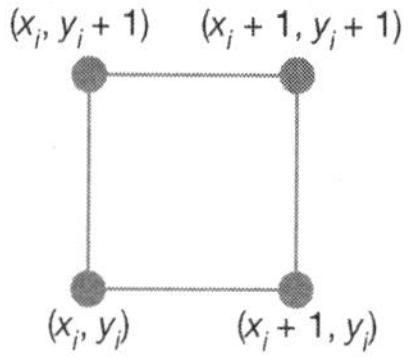

图 13.24　矩形单元

这种情形如图 13.25 所示，其中图 13.25 (a) 显示出了 4 个顶点的值相对 c 的大小关系，图 13.25 (b) 把值小于 c 的顶点用黑色表示，把值大于 c 的顶点用白色表示。通过观察可以发现，如果生成这些数据的函数 f 具有良好的性质，那么等高线必然穿过一个顶点是黑色另一个顶点是白色的两条边。换句话说，如果函数 $f(x, y) - c$ 在一个顶点处大于零，在相邻顶点处小于零，那么它在中间某处必然等于零。这种情形如图 13.26 (a) 所示。

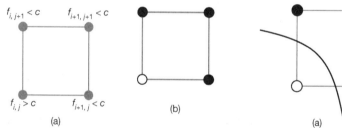

图 13.25　标记单元的顶点。(a) 对顶点阈值化；(b) 对顶点染色

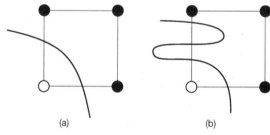

图 13.26　等高线穿过单元的边。(a) 穿过一次；(b) 穿过多次

图 13.26 (a) 所示的只是等高线穿过单元边的一种可能的方式。如图 13.26 (b) 所示，等高线也可能穿过单元边三次，还可能穿过任意奇数次。这些解释中的每一个都与采样数据相符。我们将总是使用这样的解释：对于光滑函数，等高线更有可能只穿过单元边一次，而不是穿过多次。从多种解释中做出的这个选择是 **Occam 剃刀原理**（Principle of Occam's razor）的一个例子，这个原理是：如果对一个现象有多种可能的解释都和数据相符，那么选择其中最简单的解释。

继续考虑示例单元，如果能够估计出等高线在何处与两条边相交，那么就能用一条线段把这两个交点连接起来。甚至可以立刻就把这条线段画出来，因为对其他单元的计算与我们对这个单元所做的无关。但是把交点放在哪里呢？有两个简单的策略。可以简单地认为交点在黑顶点和白顶点的正中间。可是，如果 f_{ij} 只比 c 大一点，而 $f_{i+1, j}$ 比 c 小很多，那么期望等高线和单元边的交

点到 (x_i, y_j) 的距离要比到 (x_{i+1}, y_j) 的距离更小。更复杂的策略使用插值。假定在单元的两个顶点中，一个顶点的值比 c 大，另一个顶点的值比 c 小。例如

$$f(x_i, y_j) = a \quad a > c$$

$$f(x_{i+1}, y_j) = b \quad b < c$$

如果两个顶点在 x 方向的间隔为 Δx，那么可以利用一条线段来插值出交点，如图 13.27 所示。

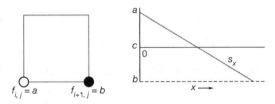

图 13.27　对单元边与等高线交点的插值

这条线段和 x 轴相交于

$$x = x_i + \frac{(a - c)\Delta x}{a - b}$$

在这个单元里用一条线段来近似等高线，并把上面插值得到的点作为这条线段的一个端点。对等高线和单元的另一条具有黑色和白色顶点的边的交点也按照类似的方法来计算。

到目前为止，我们的讨论只限于一种特殊的单元，这种单元的一个顶点被染成白色，其他顶点被染成黑色。如果只使用黑色和白色，那么总共有 $16 (= 2^4)$ 种单元顶点染色方式。所有这些情形在等高线问题中都可能出现。图 13.28 所示是所有这些情形以及在每种情形下与数据相符合的近似线段，这里的近似线段是对数据的一种简单解释。按从左到右、从上到下的顺序把这些情形编号为 0～15。如果研究这些情形，就会发现有两种对称性。一种是旋转对称性。有些情形能够通过旋转互相变换，比如第 1 种和第 2 种情形，这些情形都只有一条近似线段，这条近似线段把一个顶点和其他顶点分隔开。对第 0 种和第 15 种情形，可以把顶点的黑白颜色颠倒从而从一种情形得

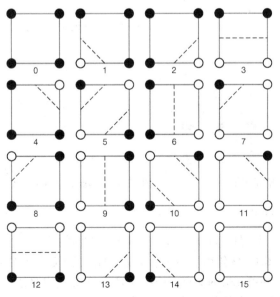

图 13.28　顶点标记(具有等高线)的 16 种情形

到另一种情形，这是另一种对称性。一旦考虑了对称性，真正不同的情形就只有 4 种。这 4 种情形如图 13.29 所示。这样，只需要能够对 4 种情形绘制近似线段的代码，而其他的情形都可以变换成这 4 种情形之一。

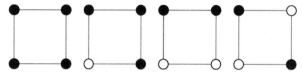

图 13.29　顶点标记的 4 种不同情形

第 1 种情形无须考虑，因为最简单的解释是等高线不经过这个单元，不用画近似线段。第 2 种情形是刚讨论过的，此时有一条近似线段。第 3 种情形也是简单的：可以画一条从一条边到另一条边的线段。

最后一种情形更困难也更有趣，因为它有歧义。如图 13.30 所示，有两个同样简单的解释，必须决定使用哪一个。如果没有其他信息，那么没有理由更倾向于某一个，这时可以从两个解释中随机挑选一个。另一种办法总是固定使用某一个解释。但是如图 13.31 所示，选择不同的解释会得出不同的结果。还有一种可能的办法是在单元的中心生成一个新的数据点，把单元细分成 4 个更小的单元，如图 13.32 所示。这个新数据点的值可以由函数的解析式求出来，也可以通过对原始单元的 4 个角的值取平均。这 4 个小的单元可望不再是歧义的情形。如果有任何一个小单元有歧义，则可以进一步将其细分。

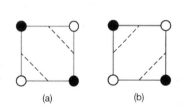

图 13.30　解释的歧义性

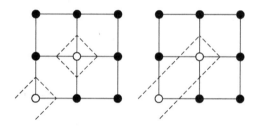

图 13.31　标记相同，等高线却不同的一个示例

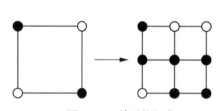

图 13.32　单元的细分

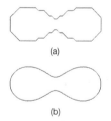

图 13.33　Cassini 卵形线。(a)使用中点；(b)使用插值

图 13.33 所示是 Cassini 卵形线，其方程定义为：

$$f(x, y) = (x^2 + y^2 + a^2)^2 - 4a^2x^2 - b^4$$

其中，$a = 0.49$，$b = 0.5$。图 13.33 给出了同一个高度值的两条等高线。在生成图 13.33(a)时总是把单元边的中点作为等高线和单元边的交点，而在生成图 13.33(b)时利用了插值来求等高线和单元边的交点。我们在一个 50×50 的网格上对函数 f 进行采样。图 13.34 来自 Honolulu 附近地区的地形数据，该图以等间隔的高度值显示了多条等高线。没有等高线的区域是海洋，而左边部分对应

于 Diamond Head 火山口。从本书配套网站可以下载
这个地形数据，它是由一些点的海拔高度组成的
阵列。这和之前的章节中用于显示网格和图像的
数据相同。

构造等高线还有其他一些方法。其中一种是从
一个单元开始，已知这个单元是包含一段等高线的，
然后顺着这段等高线扩展到相邻单元，如此不断扩
展直到绘制出这条等高线。然而，步进方格算法的
优点是可以独立地处理所有的单元（在数据中行
进），并且对于体数据，可以直接扩展到三维。

图 13.34   Honolulu 地形数据的等高线图

13.8.2 步进三角形

还可以使用三角形而不是方格显示等高线，方法是将每个方格沿着对角线划分为两个三角形，
然后单独考虑每个三角形。因为每个三角形只有三个顶点，所以只存在 8 种染色方式，而删除对
称的三角形后只有两种不同的情形：一种情形是三角形的所有顶点具有相同的颜色，另一种情形
是三角形的一个顶点具有一种颜色，而另外两个顶点具有另一种颜色。这种方法似乎不会产生任
何歧义性，因为每个方格有两条对角线，可以选择其中的一条来消除歧义。然而，如果选择了另
一条对角线，那么得到的是一条稍微不同的曲线，这有点类似于处理步进方格的歧义问题。我们
还注意到，与步进方格相比，步进方格每次处理 4 个顶点，而此处每个方格需要处理两个三角形，
因此每次需要处理 6 个顶点。

13.9 体绘制

计算机图形的开发一直关注于表面的显示。因此，即使绘制一个具有三维特性的对象，也是
在一个三维空间中把它建模成一组二维表面，然后绘制这些表面。但是，如果有一组数据，其中
每个值代表三维区域内某个点的值，那么这种方法就不那么奏效了。

考虑在三维空间某区域上定义的一个函数 f。这样，在该区域的每一点上都有一个标量值 $f(x, y, z)$，
我们说 f 定义了一个**标量场**（scalar field）。例如，f 的每一个点可能是一个对象内部的密度，
或 CT 扫描测量中 X 射线在人体中的吸收度，或一块玻璃的半透明度。标量场的可视化比迄今
我们想到的困难还要大，其原因有二。首先，三维问题有更多的数据要考虑。因此，二维数据
的常规操作，如读取文件和执行变换，在三维中呈现出实际困难。第二，当面对一个具有两个
独立变量的问题时，可以使用第三个维度来可视化标量。可是，当遇到三个独立变量的时候，
就没有多余的维度用来显示标量。然而，如果细心些，则可以拓展先前开发的方法来可视化三
维标量场。

体绘制（volume rendering）可以用来解决这些问题。可视化这种体数据集的大多数方法是已有
方法的拓展，下面几节将概要介绍几种方法，更多的细节可以参考本章末尾的建议阅读资料。

13.9.1 体数据集

从一组离散数据开始，它们可能是对一些物理过程进行测量获得的一组数据，例如用 CT 扫描
设备获得的医疗数据集。此外，也可以通过对函数 $f(x, y, z)$ 的一组点 $\{x_i, y_i, z_i\}$ 进行计算（或采样）
获得数据，从而创建**体数据集**（volumetric data set）。

假设在 x、y 和 z 的等距离点采样，如图 13.35 所示，虽做了简化，但不是必要的假设。因此

$$x_i = x_0 + i\Delta x$$

$$y_i = y_0 + j\Delta y$$

$$z_i = z_0 + k\Delta z$$

同时可以定义：

$$f_{ijk} = f(x_i, y_j, z_k)$$

每个 f_{ijk} 可以被看作中心在 (x_i, y_j, z_k)，边长为 Δx、Δy、Δz 的直平行六面体中的标量场的平均值，我们称之为六面体的一个体元素，或称为**体素**(voxel)。

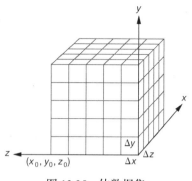

图 13.35　体数据集

因为并不需要存储每个采样点在空间中的位置信息，因此把等距离采样得到的体素值三维数组称为**结构化数据集**(structured data set)。术语结构化数据集通常作为体素集的同义词。

对于离散数据，除了要求存储标量值，还要求存储每个采样点在空间中的位置信息，这样的数据集称为**非结构化数据集**(unstructured data set)。非结构化数据集的可视化更复杂，但是可以采用与结构化数据集相同的技术进行处理，因此不再深入探讨这个主题。

相比于二维数据，虽然有多种方法可以显示这些数据集，但是基本的方法只有两种：直接体绘制和等值面方法。**直接体绘制**(Direct volume rendering)使用每一个体素产生图像；等值面方法只使用体素集的一个子集。对于函数 $f(x, y, z)$，**等值面**(isosurface)是由隐式方程

$$f(x, y, z) = c$$

定义的表面，常量 c 的值称为**等值面值**(isosurface value)。对于一个从体素集开始的离散问题，等值面方法就是寻求近似等值面。

13.9.2　隐函数的可视化

等值面的可视化是物体轮廓拓展到三维的自然延伸，这样就关联到一个隐函数的可视化。考虑在三维空间中的隐函数：

$$g(x, y, z) = 0$$

其中，g 是已知的解析表达式。如果任意点都满足该方程，则该函数描述了一个或多个表面。简单的例子包括球面、平面、更一般的二次曲面以及半径为 r、横截面为 a 的环面：

$$(x^2 + y^2 + z^2 - r^2 - a^2)^2 - 4a^2(r^2 - z^2) = 0$$

正如在第 11 章讨论的，g 是一个隶属函数，可用来判断某一个特定的点是否位于表面上，但尚没有找出表面点的一般方法。因此，给定一个特定的 g，需要可视化的方法来"看到"表面。

解决这个问题的一种方法用到了光线跟踪的一种简单形式，有时也称为**光线投射**(ray casting)。图 13.36 说明了基于该方法的一个函数、一个观察者和一个投影平面。任何投影线函数可

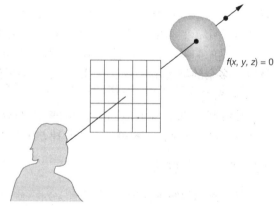

图 13.36　隐函数的光线投射

以写成下面的参数形式:

$$\mathbf{p}(t) = \mathbf{p}_0 + t\mathbf{d}$$

该式也可以按照各个独立的分量来写为:

$$x(t) = x_0 + td_x$$
$$y(t) = y_0 + td_y$$
$$z(t) = z_0 + td_z$$

代入隐式方程,可得到 t 的标量方程:

$$f(x_0 + td_x, y_0 + td_y, z_0 + td_z) = u(t) = 0$$

这个方程的解就是投影线(光线)进入或离开等值面的点。如果 f 是一个简单的函数(如二次曲线或环面),则 $u(t)$ 可直接求解,就像在 13.2 节讨论光线跟踪所看到的那样。

　　一旦得到交点,就可以将一个简单的着色模型应用于表面。所需的表面法向量可用交点处的偏导数求出:

$$\mathbf{n} = \begin{bmatrix} \frac{\partial f(x,y,z)}{\partial x} \\ \frac{\partial f(x,y,z)}{\partial y} \\ \frac{\partial f(x,y,z)}{\partial z} \end{bmatrix}$$

通常,不考虑全局光照,因此不用计算阴影光线(以确定光线是否照射到交点)或任何反射和跟踪的光线。对于简单对象(如二次曲面)组成的场景,光线投射不仅是一种显示技术,而且也用于可见面判定问题,并经常用于 CSG 模型。对于比二次曲线更复杂的函数,计算投影光线与对象表面交点的工作量过大,必须考虑其他方法。首先,将场景的表面观察扩展到某种体观察,从而使问题一般化。

　　假设考虑的并不是 $g(x, y, z) = 0$ 所描述的表面,而是一个标量场 $f(x, y, z)$,它使三维空间某区域中的每个点都有定义。如果对函数 f 的某个值 c 感兴趣,那么可视化问题就是显示等值面:

$$g(x, y, z) = f(x, y, z) - c = 0$$

有时,显示特定值 c 的单一等值面就足够了。例如,如果分析 CT 数据,则可以把 c 与想要可视化的组织的 X 射线密度对应起来。在其他情况下,可能会显示多个等值面。

　　寻找等值面通常涉及问题的离散化,也就是用某个网格上的一组采样代替连续函数 g。基本的等值面可视化方法称为**步进立方体**(marching cube),即**步进方格**(marching square)的三维版本。

13.10　等值面与步进立方体

　　假设有数据集 $\{f_{ijk}\}$,其中每个体素的值是对标量场 $f(x, y, z)$ 的一个采样,当在规则网格上采样时,离散数据就产生一组体素。我们通过使用采样数据定义一个多边形网格来寻找一个近似等值面。对于任意的 c 值,可能没有表面、有一个表面或有许多表面满足给定 c 值的公式。一旦给定了如何很好地显示三维三角形的方法,就能描述一个称为**步进立方体**(marching cube)的方法。该方法通过生成一组三维三角形来近似一个表面,其中每个三角形都是一块等值面的近似。

　　假定 $\{f_{ijk}\}$ 是通过体素中心的规则三维网格上的体素值。如果不是这样的话,则可以使用插值方法获得这种规则网格上的体素值。8 个相邻的网格点确定一个三维单元,如图 13.37 所示,它的顶点(i, j, k)被赋予数据值f_{ijk}。现在仅仅基于顶点的值就可以寻找穿过每一个单元的部分等值面。

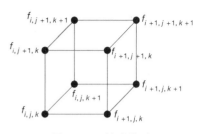

图 13.37 体素单元

对于给定的值为c的等值面,可以把每个单元的顶点染成黑色或白色,这取决于顶点值是大于还是小于c。有 256(= 2^8)种可能的顶点染色方式,但是,一旦考虑对称性,也就只有 14 种不同的情形,如图 13.38 所示[①]。只要使用这些数据的最简单解释,就可以通过顶点值之间的线性插值生成该等值面和立方体棱边的交点。最后,对这些交点进行三角细分处理,形成穿过单元的三角形网格。这些三角细分如图 13.39 所示。请注意,并不是所有的这些三角细分都是唯一的。

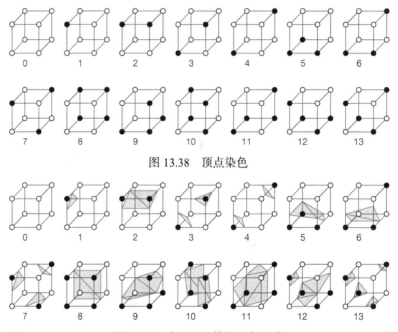

图 13.38 顶点染色

图 13.39 步进立方体的三角细分

就像等高线图的单元一样,每个三维单元都可以独立处理。根据采样数据,每个内部的体素值对 8 个单元产生影响。可以逐行处理数据,然后再逐个平面处理。这样做的时候,所生成的单元位置就可以步进(穿过)这些数据集,这也是步进算法名称的由来。

当处理完每个单元之后,可将它所产生的任何三角形发送出去以通过图形绘制流水线显示出来。在图形绘制流水线中,可以对它们进行光照计算、着色处理、旋转、纹理映射和光栅化。因为该算法很容易并行处理,并且像等高线图一样可以基于表驱动,所以步进立方体是显示三维数据的一种流行方式。

步进立方体既是一种数据简化算法也是一种建模算法。仿真系统和成像系统都可以产生包含$10^7 \sim 10^9$个体素的数据集。由于数据集如此之大,即使简单的操作(如读取数据、重新调整数据的值或旋转数据集)也是非常耗时的存储密集型任务。然而在许多这样的应用中,在执行算法之后,

---

① Lorensen 和 Cline 的原创论文[Lor87]以及许多随后的论文都指出有 15 种染色情形,但是其中有两种情况是对称的。

可能只有 $10^3 \sim 10^4$ 个三维三角形,这个数量的几何对象是图形系统非常容易处理的。这样,就能以实时的方式对表面执行旋转、着色和明暗绘制从而解释这些数据。一般来说,只有很少的体素对一个特定等值面产生影响。因此,未使用的体素信息不会在图像中显示出来。

步进立方体存在歧义问题,当将不同颜色赋予一个单元某一面的对角顶点时就会出现这种问题。考虑图 13.40(a)的单元着色。图 13.40(b)和(c)表示有两种方式把三角形赋给这些数据。如果把用两种不同的解释所生成的等值面进行比较,这两种情况出现的区域就会有完全不同的形状和拓扑结构。对一个特定的单元,若选择了错误解释就可能导致在光滑的表面出现一个洞。研究人员试图解决这个问题,但是还没有总是奏效的方法。就像我们看到的等高线图一样,一个始终正确的方案要求数据中包含更多的信息。

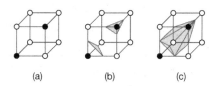

图 13.40 步进立方体的歧义问题。(a)单元; (b)单元的一种解释; (c)单元的另一种解释

13.11 步进四面体

正如可以把步进方格扩展为步进三角形,也可以把步进立方体扩展为**步进四面体**(marching tetrahedra),方法是将每个立方体剖分成 6 个四面体。与步进立方体一样,首先从 6 个面组成的立方体开始,依次使用 3 个切割面剖分立方体,每次将立方体剖分成原来的一半。如图 13.41 所示,立方体有三组对立面,用于剖分立方体的每个切割面分别通过其中的一组对立面的斜对角线,这样就把立方体剖分成 6 个四面体,每个四面体的所有顶点都是立方体的顶点。

如图 13.42 所示的四面体有 16 种可能的顶点染色方式,但是考虑到对称性,只有如图 13.43 所示的 3 种不同的染色方式。图 13.44 显示了唯一可能的三角剖分方式。

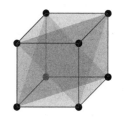

图 13.41 把立方体剖分成四面体

图 13.42 立方体剖分后生成的四面体

图 13.43 四面体顶点染色

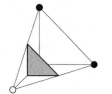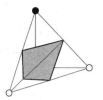

图 13.44 四面体三角剖分

尽管由于只需考虑 3 种染色方式，处理的对象也不是立方体，所以处理过程显得较为简单，然而必须考虑 6 个四面体。注意，尽管剖分立方体后不存在歧义性，但是由于有多种剖分立方体的方法，每一种剖分方法会产生不同的三角形。尽管步进立方体仍然是生成等值面最常用的方法，但对于稀疏数据集的网格化，步进四面体是一种非常重要的方法。

13.12　网格简化

我们把步进立方体看成生成等值面中三角形小面片的方法。同时，把算法的输出视为一个或多个三角形网格。这些网格很不规则，即使它们只是由三角形所组成的。

步进立方体的缺点之一是该算法可能会比实际需要显示的等值面产生更多的三角形。出现这一问题的一个原因是三角形的数量主要取决于数据集的分辨率，而不是等值面的平滑度。因此，可能通常需要创建三角形数量更少的新网格，并使简化之后与简化之前的绘制表面在视觉上难以区分。目前，解决这种**网格简化**(mesh simplification)问题的方法有很多。

有一种流行的网格简化方法称为**三角形去除法**(triangle decimation)，该方法通过移去某些边和顶点来简化网格。考虑如图 13.45 所示的网格，如果把顶点 A 移动到顶点 B，就消除了两个三角形，得到如图 13.46 所示的简化网格。可以使用局部平滑度或三角形的形状等标准来做出哪些三角形将被移去的决策，三角形的形状很重要，因为瘦长的三角形在绘制时可能会产生问题。

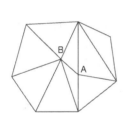　　　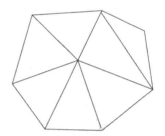

　　　　图 13.45　原始网格　　　　　　　图 13.46　简化后的网格

其他的网格简化方法是基于从原始网格产生的表面重新采样，从而形成位于该表面的新点集，这些点都是非结构化的，缺乏与原始网格的连通性。因此，可以用最佳的方式随意把它们连接起来。最流行的技术可能是第 11 章介绍的 Delaunay 三角剖分程序。

重新采样的另一种方法是把点放在原始网格上或选择一个顶点子集，然后用一个粒子系统来控制这些点(粒子)的最终位置。粒子间的排斥力使粒子移动到可以产生良好网格的位置。

13.13　直接体绘制

等值面绘制的缺点是并非所有的体素都会对最终绘制的图像有贡献。因此，可能会由于选择了错误的等值数据而漏掉数据的最重要的部分。**直接体绘制**(direct volume rendering)构造的图像中，所有的体素都会对生成的图像有贡献。通常，这些技术要么是第 7 章介绍的图像合成方法的扩展，要么是光线跟踪的应用。因为体素通常位于一个矩形网格上，一旦确定观察者的位置，则会产生一个绘制顺序：要么从前往后绘制场景，要么从后往前绘制场景。

直接体绘制的早期方法是把每个体素当成一个小立方体来处理，小立方体要么是透明的，要么是完全不透明的。如果这个图像是按从前往后的方式绘制出来的，则要一直跟踪光线直到在每条光线中遇到第一个不透明的体素时为止；然后把图像中对应的像素置为黑色。如果沿光线没有找到不透明的体素，则图像中对应的像素置为白色。如果对数据集按从后向前的顺序进行绘制，则使用画家算法只绘制不透明的体素。这两种技术都产生严重走样的图像，这是由于把每个体素都作为投射到屏幕上的一个立方体来对待，它们也不显示所有体素的信息。借助于颜色和透明度，可以避免或缓解这些问题。

13.13.1 指定颜色和透明度

首先为每个体素指定一个颜色和透明度。例如，如果数据来自人头部的 CT 扫描，那么可基于 X 射线密度来指定颜色。软组织(低密度)可以为红色，脂肪组织(中等密度)可以为蓝色，硬组织(高密度)可以为白色，空的地方可以为黑色。通常，这些颜色的指定可以基于对体素值分布的考虑，即数据的**直方图**(histogram)。图 13.47 表示一个 4 峰直方图，可以给每个峰值指定一个颜色。如果使用索引颜色，则可以通过图 13.48 所示的这类曲线确定的索引表把红、绿和蓝指定为颜色索引。如果这些数据来自 CT 扫描，则头骨对应于直方图左边的低峰，可以指定为白色，而空的地方可能对应于直方图的最右峰，可以着成黑色。

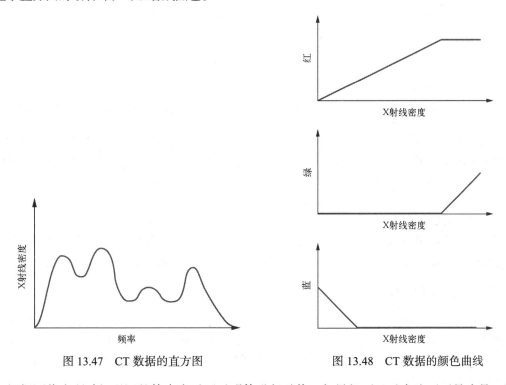

图 13.47 CT 数据的直方图   图 13.48 CT 数据的颜色曲线

根据图像中所希望强调的体素来对不透明体进行赋值。如果想要显示大脑而不是头骨，则可以把透明度零值赋予相应的头骨。颜色和透明度的指定是一个模式识别问题，不属于本书的讨论范畴。通常，用户界面允许用户以交互方式控制这些值。这里感兴趣的是在完成了这些值的指定后如何构建一个二维图像。

13.13.2 抛雪球算法

一旦指定了颜色和透明度，就可以为每个体素指定一个几何形状并应用第 7 章介绍的合成技术。一种方法是采用从后向前的顺序来绘制。考虑图 13.49 所示的一组体素。在这里，术语"前"是相对于观察者而言的。对于三维数据集，一旦确定了观察者相对于数据集的位置，"前"就定义了处理这组体素的顺序。就像在第 9 章所看到的，八叉树可以提供一种存储数据集的有效机制。确定观察者的位置决定了遍历八叉树的顺序。

　　一个用于生成图像的特别简单的方法是**抛雪球算法**(splatting)[①]。该算法给每个体素指定一个简单的形状，并把这个形状投影到成像平面上。图 13.50 表示一个球形体素及与之对应的类似于泼溅贴图或**足迹**(footprint)的投影图。注意，如果用平行投影并且为每个体素分配相同的形状，则体素投影后的足迹只是颜色和透明度有所区别。因此，不需要为每个体素执行投影，而是把足迹作为位图来存储，这样可以把它绘制到帧缓存中。

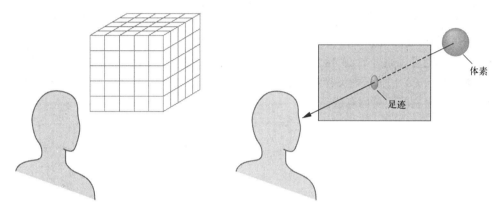

图 13.49　一组体素　　　　图 13.50　类似于泼溅贴图(或足迹)的体素投影图

　　指定每个体素的形状是在第 12 章和附录 D 所讨论的采样问题。如果生成数据的过程非常理想，则每个足迹都是三维 sinc 函数的投影。所使用的六边形或椭圆形足迹是基于平行六面体或椭球体对体素的近似，而不是使用采样定理的重构。一种更好的近似是使用高斯足迹函数，它是一个近似 sinc 函数的三维高斯投影(参见附录 D)。

　　生成最终的足迹图像的关键是如何把每个足迹合成到图像中。由于网格数据已根据它们与观察者的距离或投影平面的距离排好序，所以可以按从后向前的顺序遍历这些数据，通过每个体素的足迹来增加它对最终图像的贡献。抛雪球算法从背景图像开始，并使用后面生成的体素足迹与之合成。

13.13.3　体光线跟踪

　　另一种直接体绘制方法基于光线跟踪(参见图 13.51)，按从前向后的顺序绘制。如果沿着一条光线所使用的合成公式与上一节生成体素的足迹投影图时所使用的相同，那么就能决定光线何时与一个不透明的体素相交，并立即停止跟踪这条光线。这种方法的难点在于一条给定的光线会通过很多的数据切片，所以需要保持所有的数据都是可用的。

　　对于图形绘制系统来说，绘制顺序(从后向前或从前向后)的选择问题显然类似于在第 12 章介绍的绘制方法(基于图像空间的方法和基于对象空间的方法)的选择问题，只不过这里将体素的透明度增加到了绘制过程中。因此，体光线跟踪器可以产生具有三维视觉效果的图像，并且可以利用所有的数据。然而，当观察条件改变或对数据执行变换的时候，基于光线跟踪生成的图像必须每次都从头开始重新计算。

[①] 由于这个方法模仿了雪球被抛到墙壁上所留下的一个扩散状足迹的现象，因而得名"抛雪球算法"。——译者注

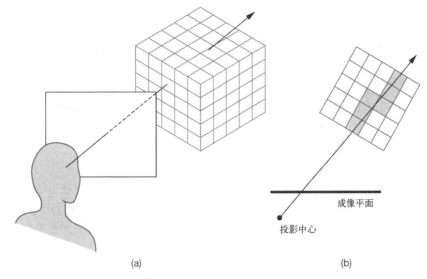

(a)　　　　　　　　　　　　　(b)

图 13.51　体光线投射。(a) 三维视图；(b) 俯视图

　　光线投射(ray casting) 通常是体光线跟踪中最常用的方法，因为一般只显示光线与体素相交处的明暗值，而并不考虑阴影光线。最近，研究人员已经研究出将大部分计算放在 GPU 中执行的各种策略。

13.13.4　基于纹理映射的体绘制

　　支持纹理映射的硬件和软件是利用三维纹理 (桌面OpenGL 支持三维纹理) 进行直接体绘制的另一种方法的基础。假设有足够的纹理内存用来存储整个数据集。现在可以定义一组平行于观察者的平面，并把纹理坐标映射为世界坐标，从而使这些平面切割纹理内存中的数据集，形成一组平行的多边形，如图 13.52 所示。现在可以将体素数据作为纹理映射到这些多边形上从而显示出来。因为只需要几百个多边形就能与大多数问题所具有的数据点数目相匹配，因而绘制硬件的负荷很小。不像其他的体绘制方法，这种方法绘制速度很快，足以让我们以实时的方式移动视点，从而实现交

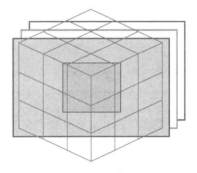

图 13.52　三维纹理内存的多边形切片

互式可视化。然而这种技术仍然存在走样问题，因为它取决于多边形与纹理阵列的角度。

13.14　基于图像的绘制

　　最近，人们对基于图像的绘制问题产生了极大的兴趣，即从一组二维图像提取三维信息或者从中产生新的图像。经过多年的发展，这个问题已经出现在不同的领域中。

　　电影业中的许多应用都关注如何从精心收集并存储的图像序列中创建新的图像。例如，假定获取了一个对象 (如人、建筑物或者 CAD 模型) 的二维图像序列，并希望从不同的视点观察这个对象。如果有一个三维模型，那么只需简单移动视点或对象就能构建新的图像。但是如果只有二维图像，则需要使用其他方法。

　　其他重要的例子包括：

- 使用航空影像获取地形信息

- 使用一组二维 X 射线图像获取计算机轴向断层三维图像(CT)
- 从机器人拍摄的图像中获取场景对象的几何模型
- 通过使用多幅图像来移除对象的光照并重新计算光照以使其看起来是在不同的环境中
- 把一幅图像变形为另一幅图像(图像变形)

这些都属于**基于图像的绘制**(Image-based rendering)问题。基于图像的绘制技术涉及的学科包括计算机图形学、图像处理和计算机视觉。

13.14.1　到立体像对的距离

通过考虑如图 13.53 所示的问题来了解一些基于图像的绘制问题。图的左边是一个位于点 $\mathbf{p_1}$ 的透视照相机,而右边是另一个位于点 $\mathbf{p_2}$ 的照相机。这两个照相机都对点 $\mathbf{p}$ 进行成像。假定知道这些照相机的所有信息(位置、方向和焦距),我们就能够从照相机拍摄到的两张图像确定点 $\mathbf{p}$ 的位置。图 13.54 是该问题简化后的俯视图,其中两个照相机(焦距为 f)都位于 x 轴上,其成像平面共面且平行于 x 轴。照相机的中心到 z 轴的距离分别为 d_l 和 d_r,因此两个中心之间的间隔为 $d = d_r - d_l$。

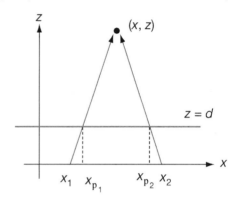

图 13.53　两个照相机对同一个点成像　　　　图 13.54　两个照相机的俯视图

如果从点 $\mathbf{P} = (\mathbf{x}, \mathbf{y}, \mathbf{z})$ 到平面 $z = 0$ 画一条垂直线,会看到两对相似直角三角形,它们具有以下两个关系:

$$\frac{a'}{a} = \frac{z}{f}$$

$$\frac{b'}{b} = \frac{z}{f}$$

注意,a 和 b 分别是 $x_{\mathbf{p_1}}$ 和 $x_{\mathbf{p_2}}$ 到照相机中心(x_1 和 x_2)的已知距离。把这两个方程相加可得:

$$a' + b' = \frac{z(a + b)}{f}$$

求解得到的 z 值为:

$$z = \frac{df}{a + b}$$

其中,

$$a = x_{\mathbf{p_1}} + d_l$$

$$b = d_r + x_{\mathbf{p_2}}$$

因此,可以从这两幅图像确定 z。这个结果与照相机的位置无关,移动照相机只会使得方程变得更复杂一些。一旦得到 z,就可以从任意的视点获得图像。

进一步仔细分析，会发现一些实际问题。首先是数值问题。照相机的位置测量值哪怕出现微小的误差也可能造成 z 值估计的较大误差。这类数值问题一直困扰着地形测量等许多传统应用。解决该问题的一种方法是使用两个以上的测量结果，然后确定一个最佳逼近理想位置的估计值。

此外还存在其他潜在的严重问题。例如，如何从投影图像中获得两个投影点的位置？给定两个照相机的投影图像，需要一种识别对应点的方法。这是计算机视觉中的一个基本问题，并且没有一个完美的解决方案。注意，如图 13.55 所示，如果存在遮挡关系，那么同一点甚至可能不存在于这两幅图像上。

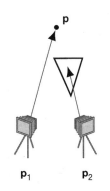

图 13.55　有遮挡的成像

许多早期的技术都基于纯图像绘制方法，它们使用统计方法来寻找对应点。其他一些技术采用交互式方法，需要用户识别对应点。最近，在计算机图形学领域出现了一些用于解决该问题的新方法。下面将介绍几种值得关注的方法。读者可以在本章末尾的建议阅读资料中找到每种方法的详细描述。

要解决基于纯图像绘制方法中遇到的问题，一种方法是使用几何模型而不是点来进行配准。例如，在一个真实环境中，或许知道许多对象都是由直平行六面体构成的。可以利用这些额外的信息获得非常精确的位置信息。

另一种解决上述问题的办法是基于图像的技术，即从一个图像序列中产生某个视点的新图像。这个一般性问题的不同形式已经应用于各个领域，例如电影行业，在虚拟现实应用程序（例如 Apple 的 QuickTime VR）中提供新的图像，以及远程观察对象。

其他一些研究人员对二维图像与三维环境中光线分布之间的数学关系进行了研究。每个二维图像都是四维光场的一个采样结果。这种解决问题的方式类似于计算机轴向断层扫描（CT）如何从二维投影构造三维图像，即从多个照相机得到的二维投影图像可用来重构三维世界。在这些技术中有两种分别称为**照明图**（lumigraph）和**光场绘制**（light-field Rendering）。因为光场包含了场景的所有信息，许多研究人员对如何测量光场的兴趣不断增加，但是由于该方法涉及的数据量极大，因此做到这一点直到最近才成为可能。光场测量的一个有趣应用是场景光照的再现。在这样的应用中，场景中的光照被移除，并使用其他位置的光源产生的光场重新照明场景。

还有一种方法是使用**基础矩阵**（fundamental matrix）和**对极几何**（epipolar geometry），这在摄影测量和地理空间成像中非常重要。

13.14.2　基础矩阵

考虑图 13.56 所示的几何图形，可以看到投影中心（**l** 和 **r**）及其成像平面（如第 5 章所述，位于照相机前面）。点 **p** 在两个成像平面的 $\mathbf{p}_L$ 和 $\mathbf{p}_R$ 处分别成像。从第 5 章可知，从 **p** 到 **l** 这条线上的所有点都成像到 $\mathbf{p}_L$。但是，这些点（如图 13.56 所示）都位于右侧照相机成像平面上的一条直线上。这条线与右成像平面相交于 $\mathbf{e}_R$。从 $\mathbf{e}_R$ 到 **l** 的直线与左侧成像平面相交于 $\mathbf{e}_L$。这条线称为**极线**（epipolar），$\mathbf{e}_R$ 和 $\mathbf{e}_L$ 称为**极点**（epipolar points）。这个几何图形显示了我们一直使用的两个结果。首先，线投影到线；其次，沿着一条线的无限个点投影到同一个点。与上一节相同（使用两个照相机），可以找到通过投影确定一个点的位置的方法。

点在右侧平面上的投影确定了通过 $\mathbf{p}_L$ 和 $\mathbf{e}_L$ 的直线（极线）。换言之，可以用 $\mathbf{F}\mathbf{p}_R$ 来描述这条直线，其中 **F** 是三维齐次坐标矩阵[①]。利用两个投影平面通过平移和旋转相关联的事实，可以证明：

[①] 此处原文为"点在左侧平面上的投影确定了通过 $\mathbf{p}_R$ 和 $\mathbf{e}_R$ 的直线（极线）。换言之，可以用 $\mathbf{F}\mathbf{p}_R$ 来描述这条直线，其中 **F** 是三维齐次坐标矩阵"，疑有误。——译者注

$$\mathbf{p}_L^T \mathbf{F} \mathbf{p}_R = 0$$

这种关系适用于点 **p** 的任何一对投影，这里的 **F** 称为**基础矩阵**(Fundamental Matrix)。矩阵 **F** 有 9 个元素，但必须是奇异的，因为它包含投影。原则上，**F** 可以在一个缩放因子内，由 7 对对应点的线性方程确定。在实际中，希望有 7 对以上的匹配点，并且能够使用数值方法来最佳拟合 **F** 的系数。一个主要的实际问题是如何从实际数据中确定匹配点。解决方案包括使用邻域数据和环境知识在投影中匹配颜色。

如果加上 $\mathbf{p}_L$ 和 $\mathbf{p}_R$ 是点 **p** 的投影这一事实，可以推导出一个相关的**本质矩阵**(Essential Matrix)，它包

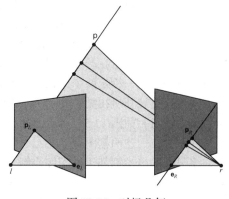

图 13.56   对极几何

含这些投影矩阵，其中每个投影矩阵由照相机的位置和特性决定。一些应用程序涉及从数据中确定照相机的参数并从另一个位置生成视图。

13.15   虚拟现实、增强现实和混合现实

目前，应用交互式绘制涉及环境的模拟和增强。**虚拟现实**(Virtual Reality)旨在创建一个完全合成的环境，其中的所有元素只存在于生成的图像中，最常见的特征是使用头显(Helmet-Mounted Display，HMD)进行观察。**增强现实**(Augmented Reality)是一个术语，通常用于实时增强相机捕捉到的物理世界，例如在手机上运行的实时驾驶应用程序中标注建筑物。最后，**混合现实**(Mixed Reality)是这三种技术的新兴技术，旨在将三维合成对象无缝地集成到现实图像中。例如，通过使用合适的设备观察时，将虚拟对象"放到"物理桌面上。这三种技术通常统称为 **XR**。

虚拟现实需要生成场景的两幅图像。这通常是通过指定两个观察变换(每只眼睛一个)来实现的。每只眼睛从同一方向观察场景(也就是说，眼睛的视线是平行的)，但它们在空间中的位置被**光瞳间距**(interpupillary distance)，即眼睛之间的距离所隔开，如图 13.57 所示。这种间隔距离通常由显示设备提供，与环境中观察者的观察方向保持一致。

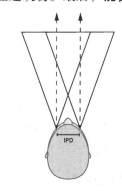

图 13.57   为生成虚拟现实图像将眼睛分隔开

类似地，混合现实系统不仅返回眼睛的位置和方向，而且通常返回用于场景中生成的对象的遮挡信息和位置信息。增强现实应用程序通常每帧生成一幅图像，但需要知道设备的位置和方向。

在 XR 这个术语中，设备的**位置跟踪**(positional tracking)用于生成必要的变换，以生成与虚拟或增强世界中的观察者的位置相关的图像。设备返回观察信息的能力用**自由度**(degrees of freedom，DOF)或 DOF 来描述，它详细说明了跟踪的值的数量。早期的 XR 设备是 3 自由度的，因为它们只跟踪观察者的欧拉角。因此，只有观察者的观察方向而不是位置用来生成观察变换，这使得设备使用者在物理世界中无论移动到哪个位置，都能够有效地定位观察者在环境中的单点位置。更先进的设备包含 6 自由度，它返回观察者的位置和方向，以使参与者获得更真实的体验。

就应用程序对这些技术的要求而言，性能是最重要的，尤其是对虚拟现实来说。一般来说，**实时性能**(real-time performance)被定义为每只眼睛每秒至少生成 45 帧图像(最好是 60 帧)。因此，

XR 应用程序每秒生成的帧数必须是单视显示器的两倍。这些增强的性能通常限制了应用程序可用的绘制技术，特别是对于通常只采用前向绘制流水线为每只眼睛生成帧图像的应用。在帧率低于要求的阈值的情况下，可以采用许多基于图像的技术，例如**异步时间扭曲**(asychronous time warp，ATW)，以便扭曲前一帧图像来近似观察者的当前位置。

与浏览器中运行的基于 Web 的应用程序不一样，对 XR 的要求似乎更严格，尽管如此，目前人们正在努力实现基于 Web 的 XR 应用开发。具体来说，WebXR 是一个正在开发的 API 标准，用于在浏览器中执行用 JavaScript 创建的 XR 应用程序。

13.16　最后一个示例

本书英文原书的封面(见图 13.58)展示了在本章讨论的许多技术。这张位于美国新墨西哥州主要旅游胜地圣达菲火车站场区的图片，是由 RedFish 网站的研究人员和开发人员通过手机和无人机拍摄的图像重构而成。每张二维图像都是从不同的视点拍摄的。该封面右下角的高分辨率区域显示了其中的一张手机拍摄的图像以及其摄像头对应的视见体。从这些图像中，他们能够应用上一节介绍的概念，从图像集找到相应的配准点并形成三维点云。封面的顶部显示了点云的一部分。然后将点云转换为三角形网格，其中一部分显示在图像的中间部分。最后，通过在特定的视点放置虚拟照相机，可以从三维空间的任意点绘制网格。绘制的网格的一部分显示在图像的底部。该图像是使用WebGL 重构的。

图 13.58　圣达菲火车站(基于图像的绘制)

开发人员正在使用这些强大的技术来帮助急救人员。例如，消防员在扑灭野火时可能会因为浓烟而无法看到周围的环境，但他会携带一个带 GPS 的智能手机。通过使用其他视点的图像，该软件可以在消防员的手机上清晰地显示其周围的环境。

小结和注释

本章的讨论说明了有许多不同的绘制方法可以使用。绘制方程包含了全局光照绘制所需的基本物理原理。但遗憾的是,对于一般的情形,即使采用数值方法,绘制方程中所包含的未知变量也太多以至于无法求解。虽然光线跟踪这种方法对场景中表面的类型做了相反的假设,但是能够处理某些全局效果。蒙特卡罗方法(比如路径跟踪和光子映射)可以处理任意的 BDRF,但是为了避免产生噪声图像,这种方法需要执行大量的计算。随着 GPU 的性能变得越来越强大,它们可以处理其他高级绘制方法所需要的大量计算。因此,对于一些实时应用,采用流水线绘制方法与其他高级绘制方法之间的区别在目前不是很大。

尽管目前计算机的速度和成本使我们使用光线跟踪一个场景或使用辐射度方法进行计算成为可能,而这在几年前却是不可能做到的,但是在计算机图形学领域,并不是所有的问题都能使用这些技术得到求解。如果观察一下电影、电视和游戏产业的发展变化,则似乎表明,我们能够使用众多的建模方法和各种商用或共享绘制系统来绘制真实感图像。然而,人们越来越赞同这样一个观点,绘制真实感的图像并不是最终的目标。因此,我们发现研究人员对这样一些领域越来越感兴趣,例如把真实感绘制、计算机建模与传统的手工动画结合起来研究。很多基于图像的绘制方法非常适合这些应用。

在图形客户端看到的大多数成果都是在计算机游戏驱动下取得的。看来,无论现在的处理器速度有多快、价格有多廉价,消费者对更优秀的计算机游戏的需求将一直激励开发者开发速度更快的高性能处理器。这就好像随着高清晰电视(HDTV)成为业界的标准,可以以合理的价格买到各种各样的高分辨率显示器。最近,人们对智能手机上的移动游戏的兴趣与日俱增。正如我们在 WebGL 中看到的那样,可以在这样的移动设备上运行三维应用程序,但是需要满足低功耗的要求。

从科学计算领域来看,商用计算机集群取代传统的超级计算机将继续对科学计算可视化发挥出巨大的作用。运行在这些计算机集群上的应用程序所生成的大规模数据集将驱动图形方面的应用开发。这种科学计算可视化应用不但需要高分辨率显示器来显示所生成的图像,而且存储大规模数据集所带来的困难也促使人们希望这些数据能够以生成这些数据的速度实时可视化。

需要特别指出的是,目前科学界已经认识到 GPU 实际上是高速执行浮点运算的小型超级计算机。单个 GPU(如 NVIDIA 的 Tesla 系列)内部具有数以千计的处理器。位于美国 Oak Ridge 国家实验室的 Titan 超级计算机具有 18 000 个 GPU,可获得 27 petaFLOPS 的峰值浮点计算能力,其使用的 GPU 可以执行大部分计算。在软件方面,设计 CUDA 和 OpenCL 这样的 API 主要用于支持通用计算而不是 GPU 中的图形计算。

我们对将来的计算机体系结构以及它将如何影响计算机图形学还不是很清楚。像 Apple Mac Pro 这样的商用计算机具有多条总线,它们支持多个显卡和多个处理器,每一个处理器都是多核的。Game Box 正开始使用一些其他的处理器,如 IBM 的 cell 处理器,它负责驱动索尼的 PlayStation 3。在高端方面,百亿亿次级($1 exaFLOP = 10^{18}$ FLOPS)超级计算机正处在研发阶段。这样的超级计算机很可能包含各种各样的 GPU、CPU 以及其他的计算部件。如何才能更好地使用这些处理器是一个开放性问题。可以非常肯定地说,在计算机图形学领域仍然有许多问题有待人们去探索。

建议阅读资料

光线跟踪方法由 Appel[App68]首次提出，并由 Whitted 的文献[Whi80]而得到推广应用。许多早期有关光线跟踪的算法都收录在 Joy 及其同事编写的论文集[Joy88]中。如果打算编写自己的光线跟踪器，那么参考 Glassner 的著作[Gla89]是非常有帮助的。光线跟踪方法中的求交测试在很多地方都有介绍，例如 Haines 编写的著作[Gla89]中的有关章节以及图形学精粹系列[Gra90，Gra91，Gra92，Gra94，Gra95]，也可以参考[Suf07]和[Shi03]。可以免费获得许多非常优秀的光线跟踪器(例如，可以参阅[War94])。关于路径跟踪以及与其相关的光线跟踪方面的介绍可以参考[Shi09]和[Suf07]。

绘制方程是由 Kajiya[Kaj86]提出的。使用点光源计算排列因子的方法在[Ke197]中有介绍。光子映射方法最早是由 Jensen[Jen01]推广的。

RenderMan 接口规范在[Ups89]中有介绍。而 Reyes 绘制结构最早在[Coo87]中有介绍。Maya[Wat02]允许使用多种类型的绘制系统。

[San10]和[Coo12]介绍了 NVIDIA 的计算统一设备架构(CUDA，Compute Unified Device Architecture)。OpenCL API [Mun12]是 Khronos 标准的一部分，Khronos 标准还包含 OpenGL 和 WebGL 等。

并行绘制的分拣分类最早由 Molnar 和他的同事[Mol94]提出。[Eld00]给出了与[Mol94]稍有不同的分拣分类，这种分类包含了着色器。也可以参考[Mol02]，该文献讨论了总线速度对并行绘制的影响。Infinite Reality Graphics 等 SGI 高端图形工作站[Mon97]使用了 sort-middle 结构的优点。sort-last 结构是作为 Pixel Flow 结构[Mol92]的一部分提出的。二叉交换合成的方法由[Ma94]首次提出。使用商用计算机集群进行 sort-last 绘制的软件在[Hum01]中有介绍。文献[Her00, Che00]介绍了有关投影幕墙的内容。

步进方格算法是步进立方体算法的特例，该算法因 Lorenson 和 Kline 的文献[Lor87]而得到推广应用。步进方格算法在许多文献中被多次研究，该算法的歧义性问题在文献[Van94]中有讨论。体绘制可视化的早期研究可参阅 Herman 的文献[Her79]和 Fuchs 的文献[Fuc77]。Levoy 在文献[Lev88]中介绍了光线跟踪体绘制算法，而抛雪球体绘制算法要归功于 Westover [Wes90]。将粒子用于可视化的文献可参考[Wit94a, Cro97]。文献[Gal95, Nie97]讨论了许多其他的可视化技术。用于构建可视化应用程序的一种方法是使用面向对象的工具包[Sch06]。

通过帧图像的变形实现基于图像的绘制是微软 Talisman 硬件的一部分[Tor96]。苹果的 QuickTime VR[Che95]基于该方法实现基于图像的绘制，即基于一个 360°的全景图，从其中的一个视点创建新的视图。Debevec 和他的同事[Deb96]研究发现，通过一个基于模型的方法可以从少量的图像构造出不同视点的新图像。其他的变形方法在[Sei96]中有介绍。照明图[Gor96]和光场绘制[Lev96]的研究奠定了基于图像绘制技术的数学基础。基于图像的光照应用可参考[Rei05]。本质矩阵是由 Longuet-Higgins[Hig81]提出的。计算机视觉中使用的基础矩阵首次出现在 1992 年 Q. T. Luang 的博士论文中，可以参考[Fau01，Har03]。有关计算机视觉中基于图像的方法的更多介绍，可以参考[Sze11]。

习题

13.1 多边形可以使用单个平面里的一组相交的直线来描述,请根据这个思想设计一个判断某个点是否在一个凸多边形内部的算法。

13.2 将习题 13.1 中的算法扩展到由相交平面构成的多面体。

13.3 试推导中心位于原点的圆环的隐式方程。推导该方程时需要注意,当一个平面横截圆环时会得到两个半径相等的圆。

13.4 利用习题 13.3 的结果,请说明可以使用二次方程对圆环进行光线跟踪,以找到所需的交点。

13.5 分析一条穿过球体的光线。求解这条光线上离球心最近的点。提示:考虑一条经过球心且垂直于该光线的直线。如何把这个结果用于求交测试?

13.6 在光线跟踪器中,可以通过增加光线的数量来获得更高的精度。假定对于每个像素,我们从像素的中心以及像素的四角处分别投射光线。与一个像素投射一条光线的光线跟踪器相比,这种方法需要增加多少额外的运算量?

13.7 在并行绘制的 sort-middle 绘制方法中,在几何处理器与光栅处理器之间必须传送哪些信息?

13.8 如果允许绘制透明的对象,那么对并行绘制策略必须做什么样的修改?

13.9 一种对并行计算机进行分类的方法是根据它们的内存是由各个处理器共享的,还是每个处理器都有自己的内存而其他的处理器是无法访问的。试说明这种分类方法对我们讨论过的绘制策略有什么影响?

13.10 将本章讨论的从两个视点对同一个点成像的简单例子扩展到更一般的情形,即这两个视点可位于三维空间的任意位置。

13.11 构造一个只能处理平面和球面的简单光线跟踪器。互联网上有许多有趣的数据集可用来测试所编写代码的正确性。

13.12 为什么最常用于体光线跟踪的方法通常被称为光线投射? 请构造一个简单的光线投射器。互联网上有许多有趣的数据集可用来测试所编写代码的正确性。

13.13 假定有一个最高项是 $x^i y^j z^k$ 的代数多项式函数。当求解光线与该函数定义的曲面的交点时,这个多项式的次数为多少?

13.14 再次分析一个最高项是 $x^i y^j z^k$ 的代数多项式函数。如果 $i = j = k$,那么当使用一条参数光线与曲面做求交运算时,所生成的多项式中包含多少个项?

13.15 对一个或多个 WebGL 实现,试计算它们每秒绘制三角形面片的个数。相对于整个绘制流水线,试确定隐藏面消除、着色计算、纹理映射和光栅化操作的时间开销比例。如果使用商用显卡,不同规格的显卡对测量的性能有何影响?

13.16 请确定所使用的显卡像素性能。判断它每秒能读写像素的数量。读像素和写像素的速度不同吗? 这与纹理映射的写操作有区别吗?

13.17 使用 WebGL 构建一个在每个处理器上绘制的 sort-last 绘制器。可以编写应用程序生成三角形或三角网格来测试它的性能。

13.18 当增加更多的处理器时,请解释为什么 sort-first 绘制方法的性能最终会变得更差。

13.19 请编写一个 WebGL 程序执行步进方格算法。

附录 A 初始化着色器

着色器初始化需要用到一组 WebGL 函数，这些函数尽管是着色器初始化所必需的，但并不涉及图形学的任何核心概念，因此在正文中并没有介绍这些函数，而是放在附录中单独介绍。着色器初始化需要执行一系列操作，包括读入着色器源代码、编译着色器以及将各个着色器链接成一个程序对象，这些操作需要用到一些在不同的应用程序中基本保持不变的 WebGL 函数。

在 WebGL 中至少有三种输入着色器的方法。第一种方法是将着色器源代码直接定义成应用程序中的字符串。例如，简单的直通顶点着色器和片元着色器可以用字符串来定义，然后就可以编译着色器，其代码如下：

```
var vshader = "attribute vec4 position;\
                void main() { gl_Position = position; }";
var fshader = "void main() { gl_FragColor =\
                    vec4(1.0, 0.0, 0.0, 1.0); }";
```

然而，除了一些非常小的着色器，这种方法对大部分着色器的读入并不实用，因此不再进一步介绍这种方法。尽管可以将所有的代码都放在一个单独的 HTML 文件中，但我们更喜欢使用多个文件，这包括一个 HTML 基文件(用于读取必要的初始化文件)和应用程序文件。对于着色器，将它们放在 HTML 基文件中，之所以这样做是为了使其更好地运行在所有的当代浏览器中。我们将在第一个着色器初始化方法(参见 A.1 节)中详细描述其初始化细节。

第三种方法用于更加复杂的应用程序读取着色器，对于这种情形，着色器程序的代码可能更长或者希望应用程序能使用多个着色器。在这种方法中，将着色器放在单独的文件中，每个文件只包含 GLSL 代码。

A.1 HTML 文件中的着色器

这里使用第 2 章的 Sierpinski 镂垫示例程序介绍着色器初始化。对于这种着色器初始化方法，着色器位于 HTML 文件的< script>标签内，其代码如下：

```
<script id="vertex-shader" type="x-shader/x-vertex">
attribute vec4 vPosition;
void main()
{
  gl_Position = vPosition;
}
</script>

<script id="fragment-shader" type="x-shader/x-fragment">
void main()
{
  gl_FragColor = vec4(1.0, 0.0, 0.0, 1.0);
}
</script>
```

<script>标签内有两类信息：id 属性表示着色器的引用，在应用程序中可以使用该引用，type

属性规定了 HTML 内容的类型。现在介绍着色器初始化函数 `initShaders`,可以在应用程序中调用该函数,其代码如下:

```
initShaders(gl, vertexShaderId, fragmentShaderId);
```

其中,参数 `gl` 是 WebGL 绘制上下文,参数 `vertexShaderId` 和 `fragmentShaderId` 是 HTML 文件中的标识符。

着色器初始化的第一步是从 HTML 文件中获得顶点着色器的标识符,其代码如下:

```
var vertElem = document.getElementById(vertexShaderId);
```

这里忽略了错误检测。之后就可以创建顶点着色器对象,然后从 HTML 文件中将着色器源代码附加到顶点着色器对象中,最后编译着色器,其代码如下:

```
var vertShdr = gl.createShader(gl.VERTEX_SHADER);
gl.shaderSource(vertShdr, vertElem.text);
gl.compileShader(vertShdr);
```

按照相同的步骤,使用参数 `gl.FRAGMENT_SHADER` 可以创建片元着色器对象。之后可以将编译好的顶点着色器和片元着色器附加到程序对象中,其代码如下:

```
var program = gl.createProgram();
gl.attachShader(program, vertShdr);
gl.attachShader(program, fragShdr);
```

然后执行链接操作。如果链接成功,就得到一个程序对象标识符并将其返回给应用程序,其代码如下:

```
gl.linkProgram(program);
return program;
```

下面给出具有错误检测功能完整的着色器初始化代码:

```
function initShaders(gl, vertexShaderId, fragmentShaderId)
{
var vertShdr;
var fragShdr;

var vertElem = document.getElementById(vertexShaderId);
if (!vertElem) {
  alert("Unable to load vertex shader " + vertexShaderId);
  return -1;
}
else {
  vertShdr = gl.createShader(gl.VERTEX_SHADER);
  gl.shaderSource(vertShdr, vertElem.text);
  gl.compileShader(vertShdr);

  if (!gl.getShaderParameter(vertShdr, gl.COMPILE_STATUS)) {
    var msg = "Vertex shader failed to compile.  The error log is:"
      + "<pre>" + gl.getShaderInfoLog(vertShdr) + "</pre>";
    alert(msg);
    return -1;
  }
}

var fragElem = document.getElementById(fragmentShaderId);
if (!fragElem) {
```

```
    alert("Unable to load vertex shader " + fragmentShaderId);
    return -1;
  }
  else {
    fragShdr = gl.createShader(gl.FRAGMENT_SHADER);
    gl.shaderSource(fragShdr, fragElem.text);
    gl.compileShader(fragShdr);

    if (!gl.getShaderParameter(fragShdr, gl.COMPILE_STATUS)) {
      var msg = "Fragment shader failed to compile.  The error log is:"
        + "<pre>" + gl.getShaderInfoLog(fragShdr) + "</pre>";
      alert(msg);
      return -1;
    }
  }

  var program = gl.createProgram();
  gl.attachShader(program, vertShdr);
  gl.attachShader(program, fragShdr);
  gl.linkProgram(program);

  if (!gl.getProgramParameter(program, gl.LINK_STATUS)) {
    var msg = "Shader program failed to link.  The error log is:"
      + "<pre>" + gl.getProgramInfoLog(program) + "</pre>";
    alert(msg);
    return -1;
  }

  return program;
}
```

A.2　从源文件读取着色器

我们通常更喜欢将着色器作为 GLSL 文件(如 fshader.glsl 和 vshader.glsl)放在一个单独的目录中而不是放在 HTML 文件中，这样就可以让应用程序从该目录直接读取着色器文件。例如：

```
var program = initShaders(gl, "shaders/vshader.glsl",
                              "shaders/fshader.glsl");
```

下面考虑函数 initShaders 的另一种实现形式，其代码如下：

```
function loadFileAJAX(name)
{
  var xhr = new XMLHttpRequest();
  var okStatus = (document.location.protocol === "file:" ? 0 : 200);
  xhr.open('GET', name, false);
  xhr.send(null);
  return xhr.status == (okStatus ? xhr.responseText : null);
}

function initShaders(gl, vShaderName, fShaderName)
{
  function getShader(gl, shaderName, type)
  {
    var shader = gl.createShader(type);
    var shaderScript = loadFileAJAX(shaderName);
```

```
    if (!shaderScript) {
      alert("Could not find shader source: " + shaderName);
    }

    gl.shaderSource(shader, shaderScript);
    gl.compileShader(shader);

    if (!gl.getShaderParameter(shader, gl.COMPILE_STATUS)) {
      alert(gl.getShaderInfoLog(shader));
      return -1;
    }

    return shader;
  }

  var vertexShader = getShader(gl, vShaderName, gl.VERTEX_SHADER);
  var fragmentShader = getShader(gl, fShaderName, gl.FRAGMENT_SHADER);
  var program = gl.createProgram();
  if (vertexShader < 0 || fragmentShader < 0 ) {
    alert("Could not initialize shaders");
    return -1;
  }

  gl.attachShader(program, vertexShader);
  gl.attachShader(program, fragmentShader);
  gl.linkProgram(program);

  if (!gl.getProgramParameter(program, gl.LINK_STATUS)) {
    alert("Could not initialize shaders");
    return -1;
  }

  return program;
}
```

　　除了文件加载函数，这个版本和第一个版本几乎相同，但它使用了一个标准的方法读取外部文件。读取外部文件的细节并不重要，这种执行文件读取操作的方法还有很多。关键的问题是，许多浏览器会拒绝执行读取外部文件的操作，这就是所谓的**跨域请求**(cross-origin request)，这被视为一种安全漏洞。某些浏览器允许远程执行这种操作并只能使用远程文件，这种操作是安全的，但是不允许在本地执行远程代码。读者可以从本书配套网站上找到一些这样的示例程序并试着在浏览器上运行。

附录 B　空　　间

在计算机图形学中，需要表示和处理像点和线段这样的几何元素。在研究各种类型的抽象空间时，可以找到必要的数学知识。在这个附录中，回顾了三类这样的空间：（线性）向量空间、仿射空间和 Euclid 空间。**（线性）向量空间**（linear vector space）只包含两类对象：标量（例如实数）和向量。**仿射空间**（affine space）比向量空间增加了一类元素：点。**Euclid 空间**（Euclidean space）又增加了距离的概念。

在计算机图形学中，所感兴趣的向量是有向线段和用来表示它们的 n 元数组。附录 C 讨论处理 n 元组的工具：矩阵代数。在这个附录中，我们关注一些基本的概念和规则。也许下面的看法是有帮助的：这些实体（标量、向量、点）可以看成抽象数据类型，而公理则定义了这些实体的运算。

B.1　标量

实数及其运算是**标量场**（scalar field）的一个例子。令 S 为一个集合，其中的元素 α, β, $\cdots$ 称为**标量**（scalar）。在两个标量之间定义了两种基本的运算，这两种运算通常称为加法和乘法，并且分别用算符 "$+$" 和 "$\cdot$" 表示[①]。因此，$\forall \alpha, \beta \in S, \alpha + \beta \in S, \alpha\beta \in S$。这两种运算满足交换律、结合律和分配律，即 $\forall \alpha, \beta, \gamma \in S$：

$$\alpha + \beta = \beta + \alpha$$

$$\alpha \cdot \beta = \beta \cdot \alpha$$

$$\alpha + (\beta + \gamma) = (\alpha + \beta) + \gamma$$

$$\alpha \cdot (\beta \cdot \gamma) = (\alpha \cdot \beta) \cdot \gamma$$

$$\alpha \cdot (\beta + \gamma) = (\alpha \cdot \beta) + (\alpha \cdot \gamma)$$

有两个特殊的标量：加法单位元（0）和乘法单位元（1）。$\forall \alpha \in S$，这两个单位元满足：

$$\alpha + 0 = 0 + \alpha = \alpha$$

$$\alpha \cdot 1 = 1 \cdot \alpha = \alpha$$

每个元素 α 都有一个加法逆元素，记作 $-\alpha$。每个非零元素 α 都有一个乘法逆元素，记作 α^{-1}。这两个逆元素满足：

$$\alpha + (-\alpha) = 0$$

$$\alpha \cdot \alpha^{-1} = 1$$

实数及通常的实数加法和乘法构成了一个标量场，复数（加法和乘法分别是复数的加法和乘法）和有理函数（两个多项式的比）也是如此。

B.2　向量空间

向量空间中除了有标量，还包含第二类实体——**向量**（vector）。向量定义了两种运算：向量-

---

① 如果不会产生混淆的话，通常把 $\alpha \cdot \beta$ 写成 $\alpha\beta$。

向量加法和标量-向量乘法。设 u, v, w 是向量空间 V 中的向量。向量-向量加法是封闭的($u + v \in V$, $\forall u, v \in V$)，满足交换律($u + v = v + u$)，也满足结合律($u + (v + w) = (u + v) + w$)。有一个特殊的向量：**0 向量**(zero vector)。$\forall u \in V$，都有：

$$u + 0 = u$$

每个向量 u 都有一个加法的逆元，记作$-u$，它满足

$$u + (-u) = 0$$

标量-向量乘法是这样定义的，对任意的标量α 和任意的向量 u，αu 是 V 中的一个向量。标量-向量乘法满足分配律，因此，

$$\alpha(u + v) = \alpha u + \alpha v$$

$$(\alpha + \beta)u = \alpha u + \beta u$$

　　要用到的两个向量空间的例子是几何向量(有向线段)和实数的 n 元组。考虑如图 B.1 所示的有向线段。如果标量是实数，那么标量-向量乘法只改变向量的长度，但不改变向量的方向(参见图 B.2)。

　　向量–向量加法可以由**三角形法则**(head-to-tail axiom)来定义，这个规则对于有向线段很容易用图形来表示。如图 B.3 所示，把 u 和 v 的首尾相连，就可以得到向量 $u + v$。读者可以证明这样定义的向量-向量加法满足向量场的所有规则。

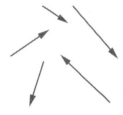

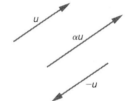

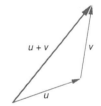

图 B.1　有向线段　　　　图 B.2　标量-向量乘法　　图 B.3　向量加法的三角形法则

　　向量空间的第二个例子是标量的 n 元组，通常是实数或者复数的 n 元组。因此，一个向量可以写成下面的形式：

$$v = (v_1, v_2, \ldots, v_n)$$

标量-向量乘法和向量-向量加法由下面的公式给出：

$$u + v = (u_1, u_2, \ldots, u_n) + (v_1, v_2, \ldots, v_n)$$

$$= (u_1 + v_1, u_2 + v_2, \ldots, u_n + v_n)$$

$$\alpha v = (\alpha v_1, \alpha v_2, \ldots, \alpha v_n)$$

由 n 元实数组构成的空间记作 $\mathbf{R}^n$，在这个向量空间中，可以利用矩阵代数来处理向量的运算(参见附录 C)。

　　在向量空间中，线性无关和基的概念非常重要。n 个向量 u_1, u_2,$\cdots$, u_n 的**线性组合**(linear combination)是形如下式的一个向量：

$$u = \alpha_1 u_1 + \alpha_2 u_2 + \cdots + \alpha_n u_n$$

如果使得

$$\alpha_1 u_1 + \alpha_2 u_2 + \cdots + \alpha_n u_n = 0$$

成立的唯一一组标量是

$$\alpha_1 = \alpha_2 = \cdots = \alpha_n = 0$$

则称这组向量是**线性无关的**(linearly independent)。在一个向量空间中，线性无关向量组中向量数目的最大值是这个空间的**维数**(dimension)。如果一个向量空间的维数是 n，那么任何 n 个线性无关的向量都构成了一个**基**(basis)。如果 $v_1, v_2, \cdots, v_n$ 是 V 的一个基，那么任何向量 v 都可以由这组基向量唯一地表示为：

$$v = \beta_1 v_1 + \beta_2 v_2 + \cdots + \beta_n v_n$$

其中$\{\beta_i\}$是 v 关于基 $v_1, v_2, \cdots, v_n$ 的**表示**(representation)。如果 $v_1', v_2', \cdots, v_n'$ 是另一个基(基中向量的数目是不变的)，那么 v 关于这个基也有一个表示，即

$$v = \beta_1' v_1' + \beta_2' v_2' + \cdots + \beta_n' v_n'$$

存在一个 $n \times n$ 矩阵 $\mathbf{M}$，使得

$$\begin{bmatrix} \beta_1' \\ \beta_2' \\ \vdots \\ \beta_N' \end{bmatrix} = \mathbf{M} \begin{bmatrix} \beta_1 \\ \beta_2 \\ \vdots \\ \beta_N \end{bmatrix}$$

在附录 C 中有 $\mathbf{M}$ 的推导过程。这个矩阵给出了一种通过简单的线性变换来改变表示的方法，该方法只涉及矩阵乘法所需的标量运算。更一般地，一旦知道了向量空间的一个基，就可以只对表示进行处理。如果标量是实数，那么就可以对实数 n 元组进行运算并使用矩阵代数，而无须在原来的抽象向量空间中进行运算。

B.3　仿射空间

在向量空间中，没有位置和距离这样的几何概念。如果把由有向线段构成的向量空间作为几何问题的自然向量空间，则会遇到困难，因为这些向量就像物理中的向量那样，具有大小和方向但没有位置。图 B.4 所示的向量都是相同的。

如果利用坐标系来考虑问题，则可以把一个向量用一组基向量来表示，这组基向量定义了一个**坐标系**(coordinate system)。图 B.5(a)中有一个特殊的参考点，即**原点**(origin)，3 个基向量都以原点为起点。然而，因为向量没有位置，所以向量可以位于任意位置，如图 B.5(b)所示。此外，我们没有办法表示这个特殊的点，因为向量空间中只包含向量和标量。

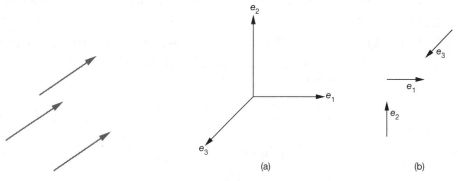

图 B.4　相同的向量　　　图 B.5　坐标系。(a)起点位于原点的基向量；(b)任意位置处的基向量

这个困难可以通过引入仿射空间来解决，仿射空间比向量空间多一类实体——点。设 P、Q、R

为仿射空间中的点。在仿射空间中定义了一种新的运算：**点-点减法**(point-point subtraction)，这种运算的结果是一个向量。因此，如果 P 和 Q 是任意两个点，减法

$$v = P - Q$$

的结果总是 V 中的一个向量。反之，对任意的 v 和 P，总可以找到一个 Q 使得上面的关系成立。这样可以定义一种向量-点加法：

$$Q = v + P$$

由三角形法则可得，对任意三点 P、Q、R，都有：

$$(P - Q) + (Q - R) = (P - R)$$

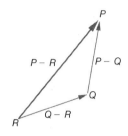

如果用从点 Q 到点 P 的线段来表示向量的大小，并用箭头表示向量的方向，那么三角形法则可以用图 B.6 来表示。

　　仿射空间的许多性质来自仿射几何，也许其中最重要的性质是：如果使用标架而不是坐标系，那么就可以在仿射空间中既表示向量又表示点。一个**标架**(frame)包括一个点 P_0 和一组向量 $v_1, v_2, \cdots, v_n$，这组向量定义了向量空间中的一个基。给定一个标架，任一向量可以唯一地表示为：

图 B.6　点的三角形法则

$$v = \alpha_1 v_1 + \alpha_2 v_2 + \cdots + \alpha_n v_n$$

任一点可以唯一地表示为：

$$P = P_0 + \beta_1 v_1 + \beta_2 v_2 + \cdots + \beta_n v_n$$

这里的两组标量 $\{\alpha_1, \cdots, \alpha_n\}$ 和 $\{\beta_1, \cdots, \beta_n\}$ 分别给出了向量和点的表示，每个表示包括 n 个标量。可以把点 P_0 看作标架的原点，所有点都是相对于这个参考点定义的。

　　如果不改变原点，就只需关心和坐标系变换相对应的标架变换。然而，在计算机图形学中，通常需要改变标架，并在不同的标架下表示对象。例如，通常在一个物理标架下定义对象，视点或者照相机可以在这个标架下表示。但是，作为图像生成过程的一部分，在照相机标架下表示对象的位置是有好处的。照相机标架的原点通常位于投影中心。

B.4　Euclid 空间

　　虽然仿射空间包含了构建几何模型的必要元素，但是在仿射空间中不能度量两个点相距多远，或者说没有向量长度的概念。Euclid 空间中有这样的概念。严格地说，Euclid 空间只包含向量和标量。

　　设 E 是一个 Euclid 空间，它是一个包含标量 $(\alpha, \beta, \gamma, \cdots)$ 和向量 $(u, v, w, \cdots)$ 的向量空间。假定这里的标量是通常的实数。我们定义一种新的运算——**内积**(点积)，该运算由两个向量得到一个实数。内积必须满足这样的性质：对于任意 3 个向量 u、v、w 和标量 α、β，都有：

$$u \cdot v = v \cdot u$$

$$(\alpha u + \beta v) \cdot w = \alpha u \cdot w + \beta v \cdot w$$

如果 $v \neq 0$，那么 $v \cdot v > 0$：

$$\mathbf{0} \cdot \mathbf{0} = 0$$

如果

$$u \cdot v = 0$$

那么 u 和 v 是**正交的**(orthogonal)。一个向量的大小(长度)通常定义为：

$$|v| = \sqrt{v \cdot v}$$

一旦把仿射空间中的概念(例如点)添加到 Euclid 空间中，很自然就得到了两点之间距离的一种度量，因为对于任意两个点 P 和 Q，$P - Q$ 是一个向量，因此

$$|P - Q| = \sqrt{(P - Q) \cdot (P - Q)}$$

可以使用内积来定义两个向量之间夹角的度量：

$$u \cdot v = |u||v| \cos \theta$$

容易证明，按上式定义的 $\cos \theta$ 在 -1 和 1 之间，而且如果两个向量正交，那么 $\cos \theta$ 为 0；如果两个向量平行($u = \alpha v$)，那么 $\cos \theta$ 的绝对值为 1。

B.5　投影

由正交性可以导出一些重要的几何概念。**投影**(projection)的概念来自这样一个问题：求从点到直线或者平面的最短距离。该问题等价于下面的问题：给定两个向量，把其中一个向量分解成两个分量，使得一个分量平行于另一个向量，另一个分量正交于另一个向量。如果用有向线段来表示向量，那么这个分解如图 B.7 所示。假定 v 是第一个向量，w 是第二个向量，则 w 可以写成：

$$w = \alpha v + u$$

其中，αv 是平行分量，u 是正交分量。为了使 u 和 v 正交，必须有：

$$u \cdot v = 0$$

于是，

$$w \cdot v = \alpha v \cdot v + u \cdot v = \alpha v \cdot v$$

由此可得：

$$\alpha = \frac{w \cdot v}{v \cdot v}$$

向量 αv 是 w 在 v 上的投影。正交分量 u 为：

$$u = w - \frac{w \cdot v}{v \cdot v} v$$

可以把这个结果推广到从任意一组线性无关向量构造出一组正交向量。

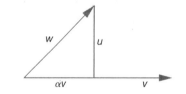

图 B.7　一个向量在另一个向量上的投影

B.6　GRAM-SCHMIDT 正交化

给定 n 维空间中的一组基向量 $a_1, a_2, \cdots, a_n$，可以直接构造出另一个基 $b_1, b_2, \cdots, b_n$，这个新构造出的基是**标准正交的**(orthonormal)，即其中的每个向量的长度都为 1，并且两两正交：

$$b_i \cdot b_j = \begin{cases} 1 & i = j \\ 0 & i \neq j \end{cases}$$

因此，使用正交坐标系(笛卡儿坐标系)并不失一般性。

采用递推的方法来构造标准正交基。设

$$b_2 = a_2 + \alpha b_1$$

通过选择一个合适的 α 可以使得 b_2 和 b_1 正交。把上式两边和 b_1 做内积，得到：

$$b_2 \cdot b_1 = 0 = a_2 \cdot b_1 + \alpha b_1 \cdot b_1$$

可以求得：

$$\alpha = -\frac{a_2 \cdot b_1}{b_1 \cdot b_1}$$

和

$$b_2 = a_2 - \frac{a_2 \cdot b_1}{b_1 \cdot b_1} b_1$$

这样，通过从 a_2 中减去平行于 b_1 的分量，即 a_2 在 b_1 上的投影，就得到了两个正交向量 b_1 和 b_2。

一般的递推步骤为找到一个形如下式的向量：

$$b_k = a_k + \sum_{i=1}^{k-1} \alpha_i b_i$$

使得它和 b_1，$\cdots$，b_{k-1} 正交。由 $k\text{--}1$ 个正交条件可以得出：

$$\alpha_i = -\frac{a_k \cdot b_i}{b_i \cdot b_i}$$

可以在正交化过程的最后归一化每个向量，即把 b_i 替换成 $b_i/|b_i|$，还可以在刚计算出每个 b_i 时立刻就归一化，后一种方法的效率更高。

建议阅读资料

现在有许多关于线性代数和向量空间的书都非常值得一读。对于计算机图形学的研究人员来说，更可取的方法是从向量空间的思想出发，并把线性代数看作一种处理一般向量空间的工具。遗憾的是，大多数线性代数教科书只考虑由实数 n 元组构成的 Euclid 空间 $\mathbf{R}^n$。读者可以参考 Bowyer 和 Woodwark 的[Bow83]，以及 Banchoff 和 Werner 的[Ban83]。

仿射空间可以从多个角度切入，Foley 的[Fol90]采用了一种更几何化的方法。

习题

B.1　证明全体复数构成一个标量场。在这个标量场中，加法单位元和乘法单位元分别是什么？

B.2　证明全体有理函数构成一个标量场。

B.3　证明全体实系数有理函数构成一个向量空间。

B.4　证明基所包含的向量的个数是唯一的。

B.5　考虑 n 个实函数组成的集合 $\{f_i(x)\}$，$i = 1,\cdots,n$。说明如何从该集合构造一个函数的向量空间。求这个空间的维数并写出它的一个基。

B.6　证明次数不超过 n 的全体多项式构成一个 n 维向量空间。

B.7　最重要的 Euclid 空间是由 n 元组 $(a_1,\cdots, a_n)$ 构成的空间 $\mathbf{R}^n$。定义这个空间中的向量-向量加法和标量-向量乘法。$\mathbf{R}^n$ 中的点积运算是什么？

B.8　给定 $\mathbf{R}^3$ 中的三个向量，如何判断它们是否构成一个基？

B.9　考虑 $\mathbf{R}^3$ 中的三个向量：$(1, 0, 0)$、$(1, 1, 0)$ 和 $(1, 1, 1)$。证明它们是线性无关的。从这些向量导出一个标准正交基，设第一个基向量是 $(1, 0, 0)$。

附录 C 矩 阵

在计算机图形学中，矩阵主要用来表示坐标系变换和标架变换。术语"向量"在向量分析和线性代数中的含义并不完全相同。遗憾的是，在计算机图形学中，这两个领域的知识都要用到，因此对术语见"向量"的解释也引起了混淆。为了避免混淆，我们使用术语"行矩阵"和"列矩阵"，而不是线性代数中的术语"行向量"和"列向量"。用"向量"来表示有向线段，偶尔也像在附录 B 中那样，用"向量"来表示向量空间中的元素，这时把它看成一种抽象数据类型。

本附录回顾了在计算机图形学中处理矩阵时会用到的一些主要结论。我们几乎总是使用 4×4 矩阵，因此，线性代数中有关一般矩阵的内容(例如任意方阵的逆)在图形学中用处不大。大多数图形系统直接用硬件或者软件实现 4×4 矩阵的求逆。

C.1 定义

一个**矩阵**(matrix)是由标量组成的 $n×m$ 阵列，这个阵列在概念上组织成 n 行 m 列。通常，n 和 m 分别称为矩阵的行和列**维数**(dimension)。如果 $n = m$，则称这个矩阵是 n 阶的**方阵**(square matrix)。几乎总是把标量当作实数，尽管这里的大多数结果对于复数也是成立的。矩阵 $\mathbf{A}$ 的元素是标量集合 $\{a_{ij}\}$，$i = 1, \cdots, n$，$j = 1, \cdots, m$ 中的元素。可以利用 $\mathbf{A}$ 中的元素把 $\mathbf{A}$ 表示为：

$$\mathbf{A} = [\, a_{ij} \,]$$

把矩阵 $\mathbf{A}$ 的行和列互换，就得到了一个 $m×n$ 矩阵，该矩阵称为 $\mathbf{A}$ 的**转置**(transpose)，记作 $\mathbf{A}^{\mathrm{T}}$，可表示为：

$$\mathbf{A}^{\mathrm{T}} = [\, a_{ji} \,]$$

只有一列的矩阵($n×1$ 矩阵)称为**列矩阵**(column matrix)，只有一行的矩阵($1×m$ 矩阵)称为**行矩阵**(row matrix)。用小写字母表示列矩阵：

$$\mathbf{b} = [\, b_i \,]$$

行矩阵的转置是列矩阵，记作 $\mathbf{b}^{\mathrm{T}}$。

C.2 矩阵的运算

矩阵有三种基本的运算：标量-矩阵乘法、矩阵-矩阵加法和矩阵-矩阵乘法。读者可以假定标量是实数，尽管当矩阵的元素和标量属于同一类型时，所有这三种运算都可以按相同的方式来定义。

标量-矩阵乘法(scalar-matrix multiplication)对于任意大小的矩阵都有定义，这种运算简单地把矩阵的每个元素都乘以一个标量 α，可以表示为：

$$\alpha \mathbf{A} = [\, \alpha a_{ij} \,]$$

矩阵-矩阵加法(matrix-matrix addition)定义为对两个矩阵的对应元素相加。只有当两个矩阵的尺寸相同时矩阵的和才有意义。两个相同尺寸的矩阵的和由下式给出：

$$\mathbf{C} = \mathbf{A} + \mathbf{B} = [\, a_{ij} + b_{ij} \,]$$

按照**矩阵-矩阵乘法**(matrix-matrix multiplication)的定义,一个 $n{\times}l$ 矩阵 **A** 与一个 $l{\times}m$ 矩阵 **B** 的乘积是下面的 $n{\times}m$ 矩阵:

$$C = AB = [\, c_{ij} \,]$$

其中,

$$c_{ij} = \sum_{k=1}^{l} a_{ik}b_{kj}$$

因此,矩阵-矩阵乘法只有在 **A** 的列数等于 **B** 的行数时才有定义。可以把 **AB** 说成 **A** 左乘 **B**,也可以说成 **B** 右乘 **A**。

标量-矩阵乘法具有一些简单的性质。例如,对于任意矩阵 **A** 和任意标量 α、β 都有:

$$\alpha(\beta A) = (\alpha\beta)A$$

$$\alpha\beta A = \beta\alpha A$$

所有这些性质都来自一个事实:标量-矩阵乘法可以归结为对矩阵的标量元素进行的标量乘法。矩阵-矩阵加法满足交换律,对任意 $n{\times}m$ 矩阵 **A** 和 **B** 都有:

$$A + B = B + A$$

矩阵加法也满足结合律,对任意三个 $n{\times}m$ 矩阵 **A**、**B** 和 **C** 都有:

$$A + (B + C) = (A + B) + C$$

虽然矩阵-矩阵乘法也满足结合律:

$$A(BC) = (AB)C$$

但几乎总是有 $AB \neq BA$,不仅如此, **AB** 和 **BA** 两者中还可能一个有定义而另一个根本没有定义。这些结果表明,当在图形学中用矩阵表示像平移和旋转这样的变换时,执行变换的顺序是重要的。先旋转再平移不等价于先平移再旋转。不过,先旋转然后平移最后缩放,与先旋转然后再执行先平移后缩放的组合变换,二者的效果相同。

单位矩阵 **I** 是这样一个方阵,它的对角线上的元素都是 1,其余的元素都是 0:

$$I = [a_{ij}], \quad a_{ij} = \begin{cases} 1 & i = j \\ 0 & i \neq j \end{cases}$$

如果其中的矩阵乘法有定义的话,则有:

$$AI = A$$
$$IB = B$$

C.3　行矩阵和列矩阵

我们对 $1{\times}n$ 行矩阵和 $n{\times}1$ 列矩阵特别感兴趣。三维空间中的一个向量或者一个点[①]在某个标架的表示为一个列矩阵:

$$p = \begin{bmatrix} x \\ y \\ z \end{bmatrix}$$

---

① 第 4 章介绍的齐次坐标表示区分了点的表示和向量的表示。

用小写字母表示列矩阵。$\mathbf{p}$ 的转置是行矩阵：

$$\mathbf{p}^{\mathrm{T}} = [\,x \quad y \quad z\,]$$

因为 $n \times l$ 矩阵和 $l \times m$ 矩阵的乘积是 $n \times m$ 矩阵，所以 n 阶方阵和 n 维列矩阵的乘积是 n 维列矩阵。我们用二维、三维或者四维列矩阵表示点（或者向量），用方阵表示点（或者向量）的变换。于是，下面的公式是变换后的点（或向量）的表示：

$$\mathbf{p}' = \mathbf{Ap}$$

而下式表示多个变换的**级联**（concatenation）：

$$\mathbf{p}' = \mathbf{ABCp}$$

注意，因为矩阵-矩阵乘法满足结合律，所以上式中不需要括号。

许多图形学的专著中用行矩阵来表示点。如果使用行矩阵，那么因为矩阵乘积的转置满足下面的性质：

$$(\mathbf{AB})^{\mathrm{T}} = \mathbf{B}^{\mathrm{T}}\mathbf{A}^{\mathrm{T}}$$

所以 3 个变换的级联可以表示为：

$$\mathbf{p}'^{\mathrm{T}} = \mathbf{p}^{\mathrm{T}}\mathbf{C}^{\mathrm{T}}\mathbf{B}^{\mathrm{T}}\mathbf{A}^{\mathrm{T}}$$

这种表示形式的优点在于：书写变换的顺序和执行变换的顺序是一样的，都是先 $\mathbf{C}$，接着 $\mathbf{B}$，最后 $\mathbf{A}$。然而，几乎所有的科技、数学和工程文献都使用列矩阵而不是行矩阵，因此我们也使用列矩阵。虽然选择使用列矩阵还是行矩阵在概念上是简单的，但是在实际应用时读者必须要小心 API 采用的是哪种表示，因为在这两种表示中不仅变换矩阵相乘的顺序是相反的，而且对应的变换矩阵也不相同，它们是互为转置的关系。

C.4　秩

在计算机图形学中，矩阵主要用来表示点和变换。如果一个方阵表示点或者向量的变换，那么通常会对这个变换是不是**可逆的**（invertible）感兴趣。假定：

$$\mathbf{q} = \mathbf{Ap}$$

想知道能否找到一个方阵 $\mathbf{B}$ 使得

$$\mathbf{p} = \mathbf{Bq}$$

把其中的 $\mathbf{q}$ 替换掉，得到：

$$\mathbf{p} = \mathbf{Bq} = \mathbf{BAp} = \mathbf{Ip} = \mathbf{p}$$

于是，

$$\mathbf{BA} = \mathbf{I}$$

如果存在这样一个矩阵 $\mathbf{B}$，则称它是 $\mathbf{A}$ 的**逆**（inverse），并称 $\mathbf{A}$ 是**非奇异的**（nonsingular）。我们把不可逆的矩阵称为是**奇异的**（singular）。$\mathbf{A}$ 的逆记作 $\mathbf{A}^{-1}$。

关于逆矩阵的一个基本结论为：一个方阵存在逆，当且仅当它的行列式不等于零。$\mathbf{A}$ 的行列式记作 $|\mathbf{A}|$，虽然这是一个标量，但除了对于阶数较低的方阵，计算行列式和求逆矩阵所需的计算量差不多。对于 n 阶矩阵，这两个计算的复杂度都为 $O(n^3)$。对于计算机图形学中感兴趣的 2 阶、3 阶和 4 阶矩阵，可以直接计算出它们的行列式和逆矩阵。此外，还可以借助几何推理求逆矩

阵。例如，平移变换的逆是一个返回初始位置的平移变换，因此一个平移矩阵的逆必然还是平移矩阵。第 4 章已讨论过这些内容。

　　对一般的行维数和列维数不相等的非奇异的矩阵，秩的概念非常重要。可以把一个方阵看作一个行矩阵，其中的每个元素是列矩阵，或者等价地看成一个列矩阵，其中的每个元素是行矩阵。按照附录 B 中的向量空间的概念，一个 $n \times m$ 矩阵的行是 Euclid 空间 $\mathbf{R}^m$ 中的元素，而它的列是 $\mathbf{R}^n$ 中的元素。可以确定一个矩阵有多少行(或者列)是**线性无关的**(linearly independent)。行(列)**秩**(rank)是线性无关的最大行(列)数。一个 $n \times n$ 矩阵的行秩和列秩相等，并且方阵是非奇异的，当且仅当它的秩等于 n。因此，一个矩阵是可逆的，当且仅当它的行(或列)是线性无关的。

C.5　表示的变换

　　可以利用矩阵来表示基的变换。假定有一个 n 维向量空间，设 $\{u_1, u_2, \cdots, u_n\}$ 和 $\{v_1, v_2, \cdots, v_n\}$ 是这个向量空间的两个基。于是，一个给定的向量 v 可以表示为：

$$v = \alpha_1 u_1 + \alpha_2 u_2 + \cdots + \alpha_n u_n$$

也可以表示为：

$$v = \beta_1 v_1 + \beta_2 v_2 + \cdots + \beta_n v_n$$

因此，$(\alpha_1, \alpha_2, \cdots, \alpha_n)$ 和 $(\beta_1, \beta_2, \cdots, \beta_n)$ 是 v 的两个不同的表示，这两个表示都可以等价地写成 Euclid 空间 $\mathbf{R}^n$ 中的向量或者 n 维列矩阵的形式。当处理表示而不是向量时，必须确保所用的记号能够体现出这两者的差异。我们可以把向量 v 的表示写成：

$$\mathbf{v} = [\, \alpha_1 \quad \alpha_2 \quad \dots \quad \alpha_n \,]^{\mathrm{T}}$$

还可以写成：

$$\mathbf{v}' = [\, \beta_1 \quad \beta_2 \quad \dots \quad \beta_n \,]^{\mathrm{T}}$$

这要看我们用的是哪个基。

　　现在考虑如何从表示 $\mathbf{v}$ 变换到表示 $\mathbf{v}'$。基 $\{u_1, u_2, \cdots, u_n\}$ 中的每个向量都可以用基 $\{v_1, v_2, \cdots, v_n\}$ 来表示，因此，存在一组标量 γ_{ij} 使得：

$$u_i = \gamma_{i1} v_1 + \gamma_{i2} v_2 + \cdots + \gamma_{in} v_n, \quad i = 1, \cdots, n$$

可以把所有表示 u_i 的式子写成矩阵形式：

$$\begin{bmatrix} u_1 \\ u_2 \\ \vdots \\ u_n \end{bmatrix} = \mathbf{A} \begin{bmatrix} v_1 \\ v_2 \\ \vdots \\ v_n \end{bmatrix}$$

其中 $\mathbf{A}$ 是下面的 $n \times n$ 矩阵：

$$\mathbf{A} = [\, \gamma_{ij} \,]$$

可以利用列矩阵把 v 用基 $\{u_1, u_2, \cdots, u_n\}$ 表示的式子写成：

$$\mathbf{v} = \mathbf{a}^{\mathrm{T}} \begin{bmatrix} u_1 \\ u_2 \\ \vdots \\ u_n \end{bmatrix}$$

其中，

$$\mathbf{a} = [\,\alpha_i\,]$$

b 定义为：

$$\mathbf{b} = [\,\beta_i\,]$$

于是可以把 v' 用基 $\{v_1, v_2, \cdots, v_n\}$ 表示的式子写成：

$$\mathbf{v}' = \mathbf{b}^{\mathrm{T}} \begin{bmatrix} v_1 \\ v_2 \\ \vdots \\ v_n \end{bmatrix}$$

矩阵 **A** 把这两个基联系起来，因此通过直接的替换可得：

$$\mathbf{b}^{\mathrm{T}} = \mathbf{a}^{\mathrm{T}}\mathbf{A}$$

矩阵 **A** 是这两个基之间的变换的**矩阵表示**（matrix representation），利用这个矩阵可以在两个基下的表示之间来回切换。换句话说，可以处理由标量组成的矩阵而不是抽象的向量。对于几何问题，虽然向量是有向线段，但可以通过标量的集合来表示它们，并且可以通过对这些标量的操作来表示基的变换或者向量的变换。

C.6　叉积

给定三维空间中两个不平行的向量 u 和 v，它们的叉积是这样一个向量 w，该向量与 u 和 v 都正交。不管在哪个坐标系下表示向量，都有

$$w \cdot u = w \cdot v = 0$$

因为重要的是 w 的方向而不是它的长度，所以可以再任意指定一个条件，这样就有 3 个条件来确定 w 的表示中的 3 个分量。在一个特定的坐标系下，如果 u 的表示的分量是 α_1、α_2、α_3，v 的表示的分量是 β_1、β_2、β_3，那么 u 和 v 的**叉积**（cross product）在这个坐标系下的表示定义为：

$$\mathbf{w} = \mathbf{u} \times \mathbf{v} = \begin{bmatrix} \alpha_2\beta_3 - \alpha_3\beta_2 \\ \alpha_3\beta_1 - \alpha_1\beta_3 \\ \alpha_1\beta_2 - \alpha_2\beta_1 \end{bmatrix}$$

注意，向量 w 是由 u 和 v 定义的，只有需要计算 w 在一个特定坐标系下的表示时我们才使用上式。叉积 $u \times v$ 的方向和右手坐标系是一致的[①]。例如，如果把右手坐标系的 x 轴和 y 轴看作两个向量，那么叉积 $x \times y$ 指向 z 轴的正方向。

C.7　特征值和特征向量

方阵是一种算子，它把一个列矩阵变换成相同维数的另一个列矩阵。因为列矩阵可以表示点或者向量，所以我们对这样的问题感兴趣：什么时候点或者向量经过变换后保持不变？例如，对每个旋转矩阵都有一个特别的点——不动点，这个点在变换之后保持不变。考虑一个稍微一般些

[①] 右手坐标系的三个坐标轴的正方向是这样定义的：右手拇指、食指和中指的方向分别对应于 x 轴、y 轴和 z 轴的正方向。等价地，在一张纸上，如果 x 轴的正方向从左向右，y 轴的正方向从下向上，那么 z 轴的正方向垂直纸面向外。

的问题：矩阵方程

$$\mathbf{Mu} = \lambda\mathbf{u}$$

何时会对某个 λ 有一个非平凡解(即 $\mathbf{u}$ 不是零矩阵)？如果存在这样的解，那么 $\mathbf{M}$ 把某些向量 $\mathbf{u}$ 变换成自身与一个标量的乘积，这些向量称为这个矩阵的**本征向量**(eigenvector)。使这个关系成立的标量 λ 称为这个矩阵的**本征值**(eigenvalue)。本征值和本征向量也称为**特征值**(characteristic value)和**特征向量**(characteristic vector)。特征值刻画了矩阵的许多性质，这些性质在诸如表示变换这样的操作下保持不变。

可以通过求解与上面等价的矩阵方程

$$\mathbf{Mu} - \lambda\mathbf{u} = \mathbf{Mu} - \lambda\mathbf{Iu} = (\mathbf{M} - \lambda\mathbf{I})\mathbf{u} = 0$$

来找出特征值。这个方程有非平凡的解，当且仅当行列式[①]

$$|\mathbf{M} - \lambda\mathbf{I}| = 0$$

如果 $\mathbf{M}$ 的阶数为 n，那么这个行列式是 λ 的 n 次多项式。这样总共有 n 个根，其中有些可能是重根或者是复根。对每个不同的根，可以找到与之相对应的特征向量。注意，每个特征向量和一个标量数相乘的结果仍然是特征向量，所以可以选择具有单位长度的特征向量。对应于不同特征值的特征向量是线性无关的，因此，如果 $\mathbf{M}$ 有 n 个相异的特征值，那么对应于这些相异特征值的任何 n 个特征向量都构成 n 维空间的一个基。

如果有重根，那么情况会更复杂。然而，对于要在图形学中用到的矩阵来说，不需要担心这种情况。如果 $\mathbf{R}$ 是一个 3×3 旋转矩阵，$\mathbf{p} = [x\,y\,z]^\mathrm{T}$ 是其不动点，那么

$$\mathbf{Rp} = \mathbf{p}$$

因此，每个旋转矩阵必定有一个特征值为 1。无论是在三维空间中考虑问题还是使用第 4 章介绍的四维齐次坐标表示，这个结果都是成立的。

假定 $\mathbf{T}$ 是一个非奇异阵。考虑下面的矩阵：

$$\mathbf{Q} = \mathbf{T}^{-1}\mathbf{MT}$$

它的特征值和特征向量是下面方程的解：

$$\mathbf{Qv} = \mathbf{T}^{-1}\mathbf{MTv} = \lambda\mathbf{v}$$

在上式两边左乘 $\mathbf{T}$，得到：

$$\mathbf{MTv} = \lambda\mathbf{Tv}$$

因此，$\mathbf{Q}$ 的特征值和 $\mathbf{M}$ 的特征值相同，并且 $\mathbf{M}$ 的特征向量是 $\mathbf{Q}$ 的特征向量用 $\mathbf{T}$ 变换的结果。我们称矩阵 $\mathbf{M}$ 和 $\mathbf{Q}$ 是**相似的**(similar)。计算机图形学中用到的许多变换都涉及相似矩阵。对这个结果的一个解释是，矩阵的一些基本属性，例如特征值，在坐标系变换后保持不变。如果能够找到一个相似变换把 $\mathbf{M}$ 变换为一个对角阵 $\mathbf{Q}$，那么 $\mathbf{Q}$ 的对角线上的元素是这两个矩阵的特征值。

可以从几何的角度来理解特征值和特征向量。考虑一个中心在原点的椭球面，它的对称轴分别平行于三个坐标轴。该椭球面的方程为：

$$\lambda_1 x^2 + \lambda_2 y^2 + \lambda_3 z^2 = 1$$

其中，λ_1、λ_2 和 λ_3 都是正数，这个方程还可以写成矩阵形式：

---

① 更一般的结果(称为 Fredholm 二择一定理)为：n 个未知数 n 个方程的线性方程组 $\mathbf{Ax} = \mathbf{b}$ 有唯一解，当且仅当 $|\mathbf{A}| \neq 0$，如果 $|\mathbf{A}| = 0$，则存在多个非平凡解。

$$\begin{bmatrix} x & y & z \end{bmatrix} \begin{bmatrix} \lambda_1 & 0 & 0 \\ 0 & \lambda_2 & 0 \\ 0 & 0 & \lambda_3 \end{bmatrix} \begin{bmatrix} x \\ y \\ z \end{bmatrix} = 1$$

因此，λ_1、λ_2 和 λ_3 都是上式中对角阵的特征值，并且分别是椭球面的三个半轴的长度平方的倒数。如果通过旋转矩阵来进行坐标系变换，就得到了一个新的椭球面，这个新的椭球面的对称轴不再和三个坐标轴分别平行。然而，我们并没有改变椭球面的三个半轴的长度，这样的属性在坐标系变换后保持不变。

C.8 向量和矩阵对象

尽管一直使用"行矩阵"和"列矩阵"，而不使用"向量"这个术语，然而还是有许多文献喜欢使用向量来表示行矩阵或列矩阵。对于本书而言，更棘手的问题是，GLSL 就是以这种方式使用了向量。因此，为了在示例程序中更好地使用向量和矩阵，我们分别创建了两个 JavaScript 对象（向量对象和矩阵对象）。这两个对象定义在文件 MV.js 中，它们被所有示例程序所使用。

MV.js 分别为两个分量、三个分量和四个分量组成的向量定义了 vec2、vec3 和 vec4 类型，并且为这些类型定义了重载算术运算符和一些常用的构造函数，用户可以使用这些构造函数创建这些类型并可使多个向量类型出现在单个应用中。本书的向量对象并不是专为齐次坐标设计的，而是用于一般的向量。向量对象还包含一些标准的方法，如向量的归一化处理、叉积运算、点积运算和计算向量的长度。

MV.js 支持 2×2、3×3 和 4×4 的方阵（mat2、mat3 和 mat4），并且重载了标准的算术运算符从而支持向量和矩阵之间的运算。我们还在矩阵对象中包含了许多存在于早期 OpenGL 版本中的函数以及被最新版本的 OpenGL 所废弃的函数，比如大部分的变换函数和观察函数。在许多情况下，使用与 OpenGL 相同的函数名，比如 rotate、scale、translate、ortho、frustum 和 lookAt。

建议阅读资料

关于线性代数和矩阵的标准参考书包括 Strang 的 [Str93]，Banchoff 和 Werner 的[Ban83]。还可以参考 Rogers 和 Adams 的[Rog90]，以及 *Graphics Gems* 系列[Gra90, Gra91, Gra92, Gra94, Gra95]。

在图形学的文献中关于使用行矩阵还是列矩阵的分歧很早就有。早期的图形学书籍[New73]使用了行矩阵。虽然一些书仍然使用行矩阵[Wat00]，但现在的趋势是使用列矩阵[Fol90]。在 API 内部，可能不清楚它采用的是哪一种表示，因为方阵的元素可以表示成包含 n^2 个元素的一个简单的数组。一些 API（例如 OpenGL）只允许用户定义的矩阵右乘内部的状态矩阵，而其他的 API（例如 PHIGS）既允许左乘也允许右乘。

习题

C.1 考虑 $\mathbf{R}^3$ 中的两个基：$\{(1, 0, 0), (1, 1, 0), (1, 1, 1)\}$ 和 $\{(1, 0, 0), (0, 1, 0), (0, 0, 1)\}$。求解在这两个基下的表示之间的变换矩阵，证明这两个矩阵互为逆矩阵。

C.2 考虑由次数不超过 2 的多项式构成的向量空间。证明 $\{1, x, x^2\}$ 和 $\{1, 1 + x, 1 + x + x^2\}$ 都是这个向量空间的基。请写出多项式 $1 + 2x + 3x^2$ 在这两个基下的表示。求解在这两个基下的表示之间的变换矩阵。

C.3　假定在 $\mathbf{R}^3$ 中，$\mathbf{i}$、$\mathbf{j}$ 和 $\mathbf{k}$ 分别是直角坐标系的 x 轴、y 轴和 z 轴正方向的单位向量。证明叉积 $u \times v$ 可由下式给出：

$$u \times v = \begin{vmatrix} \mathbf{i} & \mathbf{j} & \mathbf{k} \\ u_1 & u_2 & u_3 \\ v_1 & v_2 & v_3 \end{vmatrix}$$

C.4　证明在 $\mathbf{R}^3$ 中

$$|u \times v| = |u||v|| \sin \theta|$$

其中 θ 是 u 和 v 的夹角。

C.5　求二维旋转矩阵

$$\mathbf{R} = \begin{bmatrix} \cos \theta & -\sin \theta \\ \sin \theta & \cos \theta \end{bmatrix}$$

的特征向量和特征值。

C.6　求三维旋转矩阵

$$\mathbf{R} = \begin{bmatrix} \cos \theta & -\sin \theta & 0 \\ \sin \theta & \cos \theta & 0 \\ 0 & 0 & 1 \end{bmatrix}$$

的特征值和特征向量。

附录 D　采样与走样

我们目前已经见到了各种将连续表示的实体转换为该实体离散近似表示的应用，这种转换会导致屏幕显示的图像出现视觉上可见的误差。我们使用了走样这个术语来刻画这种误差的特性[①]。当处理缓存内容时，总是把它作为数字图像来处理，因此，如果使用不慎，那么这些误差会造成极端的情形。本附录将讨论数字图像的性质，介绍有助于理解引起走样误差的相关因素以及如何减轻因误差引起的走样效果。

从一个连续的二维图像 $f(x, y)$ 开始讨论。图像的 f 值要么表示单色图像的灰度级，要么表示彩色图像的某个颜色分量值。在计算机中，我们只能处理数字图像，它是一个 n 行 m 列共 nm 个像素组成的阵列，每个像素占用 k 位。将连续图像转换为离散图像需要经过两个处理步骤。第一步，必须在 nm 个网格点上对连续图像进行**采样**(sample)，从而获得一组采样值 $\{f_{ij}\}$，其中的每一个采样值 f 都是在连续图像上一个区域内测得的。然后通过**量化**(quantization)过程把每一个采样值转换成一个 k 位的像素值。

D.1　采样理论

如图 D.1 所示，假定有一个矩形网格，要在其网格点上获取采样值 f。如果假定网格在空间上是等分的，那么一个理想的采样器生成的采样值可能为：

$$f_{ij} = f(x_0 + ih_x, y_0 + jh_y)$$

其中 h_x 和 h_y 分别是在 x 方向和 y 方向网格点之间的距离。现在不考虑这样一个事实，即实际使用的采样器不可能有如此的精度，而是考虑另外两个重要的问题。第一个问题是，在这种理想化的采样过程中会产生什么样的误差？也就是说，原始图像经采样后有多少信息包含在采样图像中？第二个问题是，能否把数字图像还原为连续图像而不产生额外的误差？后一个步骤称为**重构**(reconstruction)，它用来描述显示过程，如将帧缓存中的内容显示到显示器上就需要用到重构。

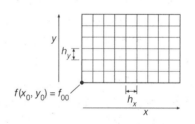

图 D.1　采样网格

要从数学上分析这些问题，需要用到傅里叶变换理论，它是应用数学的一个分支，非常适合于解释信号处理中的问题。傅里叶变换理论的本质是，无论是时间函数还是空间函数都可以分解为一系列的正弦函数，也可能分解为包含无数个频率的正弦波。这是一个在声学中最为大家熟悉的概念，在声学中，通常将某个特定的声音与它的频率或**频谱**(spectrum)联系起来。对于一个二维图像，我们认为它是由两个空间频率的正弦曲线构成的，把它们组合到一起就生成了该图像。图 D.2(a)显示了一个一维函数；图 D.2(b)显示的是两个正弦函数，可以用这两个函数合成图 D.2(a)所示的一维函数；图 D.3 显示的是二维周期函数。因此，每个二维空间函数 $f(x, y)$ 都有两种等价

---

① 这里使用走样(aliasing)这个术语来描述这种效果，因为这与数字信号处理中的混叠(aliasing)现象有关系，在以下的译文中把"aliasing"统一翻译成"走样"。——译者注

的表示形式:一种是它的空间表示形式 $f(x,y)$,另一种是它的频谱表示形式,即频率域表示 $g(\xi,\eta)$,g 的值表示在二维空间频率域 (ξ,η) 上对 f 的贡献。通过使用这种频率域函数的表示方法,可以发现在频率域解释包括采样在内的许多现象都会变得更容易。

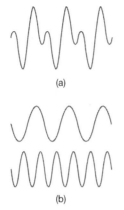

图 D.2　一维函数的分解。(a) 函数;(b) 分量函数　　　　图 D.3　二维周期函数

为了不被数学问题所困扰,如果在不加证明的情况下能够接受一个基本定理,即**奈奎斯特采样定理**(Nyquist sampling theorem),那么就可以解释采样的因果关系。该理论包括两部分:可以利用它的第一部分讨论采样误差,而利用第二部分讨论重构问题。我们将在 D.2 节讨论第二部分。

奈奎斯特采样定理(第一部分):当且仅当对连续函数的采样频率大于该函数最高频率的两倍时,该连续函数的理想采样值才包含原函数的所有信息。

因此,如果不想丢失信息,则必须在频率域把采样函数的频率限制在一个窗口内,该窗口之外的函数的频率值为零,并且该窗口以原点为中心,其宽度小于采样频率。避免出现采样失真现象的最低频率,即采样频率的一半,被称为**奈奎斯特频率**(Nyquist frequency)。如果在某个频域窗口之外,函数的频谱值为零,那么该函数称为**带宽受限**(band-limited)函数。对于一个二维图像,它的采样频率分别取决于二维采样网格在 x 方向和 y 方向上的网格点之间间隔,即 $1/h_x$ 和 $1/h_y$。奈奎斯特采样定理认为一个理想的采样过程要采集无限个采样点,其中的每个采样点都对应采样网格点上的精确值。实际上,只能采集有限数量的采样点,这是因为采样点的数量受到帧缓存分辨率的限制。因此,无法得到一个真正的带宽受限函数。尽管该结论是傅里叶理论的一个数学推论,但是可以观察到,在一组有限的采样点中存在固有的不确定性,这只是因为我们不知道位于采样区域之外的函数[1]。

如果违背奈奎斯特采样定理,那么其结果必然会导致走样误差。只要分析一下理想的采样过程就会明白"走样"这个术语的由来。无论是原函数还是它的一组采样点都有频率域的表示形式。采样函数的频谱成分是对原函数频谱的多次复制得到的,采样点之间的距离为采样频率。考虑如图 D.4 (a) 所示的一维函数,图中标示了采样点。图 D.4 (b) 显示的是原始一维函数的频谱;图 D.4 (c) 显示的是采样函数的频谱,它是对图 D.4 (b) 中频谱的多次复制得到的[2]。因为使用的采样频率大于奈奎斯特频率,所以在各个重复的频谱之间有一定的间隔。

---

[1]　这句话的意思是,除了一组采样点,对其所对应的基本函数毫无所知。如果掌握了函数的其他信息,如函数的周期性、函数在某个有限区间的表示形式,就可以确定整个函数。

[2]　因为傅里叶变换产生的频率域成分都是复数的形式,所以显示的是频谱的幅度。

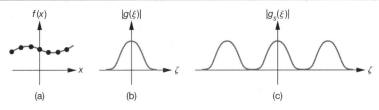

图 D.4　带宽受限函数。(a)函数及其在空间域中的采样点；(b)原函数的频谱；(c)采样函数的频谱

现在考虑图 D.5 所示的情形。这种情形违背了奈奎斯特采样定理，因此在各个重复频谱之间出现了相互重叠的现象。考虑该图的中间部分，其对应的放大形式如图 D.6 所示，该图只显示了中心位于原点的中间部分的频谱以及它的右侧频谱，右侧频谱的中心位于 ξ_s。频率 ξ_0 超过奈奎斯特频率 $\xi_s/2$。然而，在采样的过程中还从右侧的复制频谱中产生了一个小于奈奎斯特频率的复制频率 ξ_0，它位于 $\xi_s - \xi_0$ 的位置。如果处理的是数字声音，则可以听到这个频率上的声音；如果处理的是二维图像，则可以看到这个频率上图像。我们说频率 ξ_0 在 $\xi_s - \xi_0$ 位置发生走样。注意，一旦发生走样，则就无法将原函数中位于该频率的数据与通过采样过程在该频率放置的数据区分开。

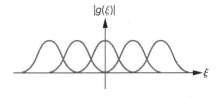

图 D.5　重复频谱之间的重叠

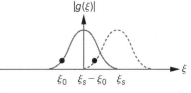

图 D.6　走样

我们不使用傅里叶分析方法，通过仔细分析如图 D.7 所示的正弦函数也可以说明走样和频率数据的不确定性。如果以两倍于正弦函数的频率对它进行采样，那么从两个采样点就可以把它还原为初始的正弦函数。然而，同样的这两个采样点既可以来自两倍于该频率的正弦函数，也可以来自其他频率为基频率多倍的正弦函数。所有这些频率都是同一原始频率的走样。然而，如果知道数据是带宽受限的，那么采样结果只能描述原始正弦函数。

如果对真实世界中的图像进行频谱分析，将发现大部分图像的频谱成分集中在低频部分。因此，虽然不可能构造大小有限的带宽受限图像，但是由于图像中只有很少的频率成分大于

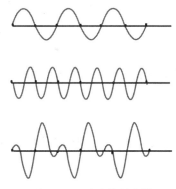

图 D.7　正弦函数的走样

奈奎斯特频率，而小于奈奎斯特频率的频率成分一般不发生走样，所以图像的走样误差很小。这个结论的一个特例情况就是连续图像中包含规则性(周期性)的数据。在频率域表示中，这种规则性使得图像的大部分数据集中在几个频率上。如果其中的某个频率大于奈奎斯特频率，那么会出现非常明显的走样现象，如拍频波形图案(beat pattern)或莫尔条纹图案。读者可能已经注意到的这类走样的例子还包括：当电视里的人物穿着条纹衬衫或格子领带时的画面效果；打印计算机屏幕上的图像(半调图像)时出现波形图案的效果；耕作过的农田的数字图像也会出现波纹图案的效果。

通常在扫描图像之前要进行滤波预处理，或者控制扫描仪要采样的数据区域，这样可以减少走样现象。图 D.8 显示了对同一幅图像进行扫描处理的两种不同方式。图 D.8 (a)使用的是一个理想的扫描仪，它在连续图像的某个点上测量采样值，所以可以使用下面的公式计算采样值：

$$f_{ij} = f(x_i, y_i)$$

图 D.8(b) 使用的是一个更为实际的扫描仪，它通过对一个小区域内采样点的加权平均来计算某点的采样值，计算公式如下：

$$f_{ij} = \int_{x_i - s/2}^{x_i + s/2} \int_{y_i - s/2}^{y_i + s/2} f(x, y)w(x, y)\mathrm{d}y\mathrm{d}x$$

通过选取窗口 s 的大小以及权重函数 w，可以削弱图像中的高频成分，从而减少走样现象。幸运的是，实际的扫描仪必须在一个大小有限的区域进行扫描，我们把这个区域称为**采样孔径**(sampling aperture)，因此，即使用户对走样问题一无所知，他们在使用扫描仪的时候也使用了反走样技术。

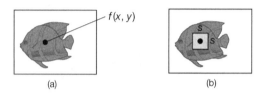

图 D.8　扫描图像。(a)点采样法；(b)区域平均法

D.2　重构

假定有一组采样点(无限个采样点)，并且使用的采样频率远大于奈奎斯特频率。从采样点到连续函数的重构问题基于奈奎斯特采样定理的第二部分。

奈奎斯特采样定理(第二部分)：可以从连续函数 $f(x)$ 的采样点 $\{f_i\}$ 重构该连续函数，计算公式为：

$$f(x) = \sum_{i=-\infty}^{\infty} f_i \, \mathrm{sinc}(x - x_i)$$

其中的函数 $\mathrm{sinc}(x)$ 如图 D.9 所示，它定义为：

$$\mathrm{sinc}(x) = \frac{\sin \pi x}{\pi x}$$

从二维连续函数 $f(x, y)$ 的理想采样点 $\{f_{ij}\}$ 重构该二维函数的计算公式为：

$$f(x, y) = \sum_{i=-\infty}^{\infty} \sum_{j=-\infty}^{\infty} f_{ij} \, \mathrm{sinc}(x - x_i) \, \mathrm{sinc}(y - y_j)$$

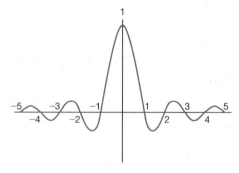

图 D.9　sinc 函数曲线

上面这些公式都基于这样的事实：可以利用低通滤波器从图 D.4 所示的采样过程生成的无数个重复频谱中获取一个频谱，从而可以恢复一个在频率域中没有走样的函数，这里的低通滤波器是指除区间 ($-\xi_s/2$, $\xi_s/2$) 之外值为零的滤波函数。一维函数的重构过程如图 D.10 所示。二维函数的重构需要使用如图 D.11 所示的二维 sinc 函数。遗憾的是，无法利用物理显示器将 sinc 函数显示出来，这是因为该函数存在小于零的一侧。下面分析该函数在 CRT 显示器上的显示问题。我们从一个用来表示一组采样点的数字图像开始讨论。对于每个采样点，在

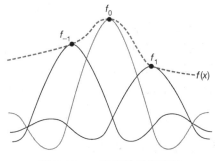

图 D.10 一维函数重构过程

光栅显示器上某个栅格点的中心位置显示一个光点，如图 D.12 所示。采样值的大小用来决定光点的光强，或者用来调制轰击屏幕的电子束所包含的电子数量。通过使用电子束聚焦等技术，可以控制光点的形状。根据重构公式可知，电子束应该显示二维函数 sinc 的形状，但是因为电子束轰击荧光物质后释放能量，屏幕上所有光点的亮度肯定是非负值。因此，显示过程必定会产生误差。通过分析显示的光点与理想 sinc 函数的近似程度，可以评价某个实际显示器的显示性能。图 D.13 显示了 sinc 函数和它的几个一维近似表示。大部分 CRT 显示器上的光点形状呈高斯形状，而 LCD 显示器矩形像素的亮度形状呈矩形形状。注意，可以使近似光点变得更宽或变得更窄。如果在频率域分析光点的轮廓，会发现比较宽的光点在低频更加准确，而在高频却不太准确。在实际中，采用折中的方案来选取光点的大小。不同显示器在视觉上可见的差异表现在其光点轮廓的不同。

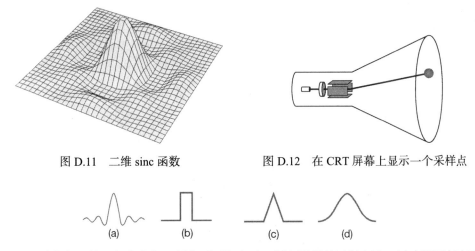

图 D.11 二维 sinc 函数   图 D.12 在 CRT 屏幕上显示一个采样点

| (a) | (b) | (c) | (d) |

图 D.13 显示光点。(a)理想的光点；(b)矩形近似表示；(c)逐段线性近似表示；(d)高斯近似表示

D.3 量化

对采样的数学分析可以解释很多重要的现象。然而，还没有讨论如何将每个采样点量化成 k 个离散的量化级。已知标量函数 g 的取值范围为：

$$g_{min} \leqslant g \leqslant g_{max}$$

量化器（quantizer）是一个函数 q，如果 $g_i \leqslant g \leqslant g_{i+1}$，则

$$q(g) = q_i$$

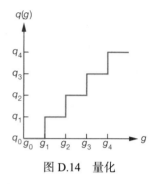

因此，对每一个 g 值，都给它赋一个值，该值是 k 个量化级中的某个值，如图 D.14 所示。通常情况下，设计一个量化器要考虑量化级 $\{q_i\}$ 的选择以及阈值 $\{g_i\}$ 的选择。如果知道 g 和 $p(g)$ 的概率分布，那么通过下式可以计算使均方差最小的值：

$$e = \int (g - q(g))^2 p(g) \mathrm{d}g$$

然而，通常根据第 1 章讨论的人的感知来设计量化器。一个简单而实用的方法是，对于所设计量化器，不应该检测到单级变化产生的效果，

图 D.14   量化

但是能够检测到两极变化产生的效果。对于视觉系统给定的阈值，为了检测亮度上的变化，通常需要为每个采样点分配至少 7 个或 8 个比特位 (或 128 级或 256 级)。我们还需要考虑人眼对光强的响应呈对数分布这个特性。为此，通常要求量化级按指数分布，从而使得从一级变化到下一级时，会得到几乎相等的视觉误差。

建议阅读资料

本附录中的内容是数字信号处理的基础，所有标准的教材都有介绍。Pratt[Pra07]讨论了图像处理中的采样理论，而 Hughes[Hug13]则讨论了计算机图形学中的采样理论。

参 考 文 献

Ado85　Adobe Systems Incorporated, *PostScript Language Reference Manual*, Addison-Wesley, Reading, MA, 1985.

Ake88　Akeley, K., and T. Jermoluk, "High Performance Polygon Rendering," *Computer Graphics*, 22(4), 239–246, 1988.

Ake93　Akeley, K., "Reality Engine Graphics," *Computer Graphics*, 109–116, 1993.

Ang90　Angel, E., *Computer Graphics*, Addison-Wesley, Reading, MA, 1990.

Ang08　Angel, E., *OpenGL: A Primer,* Third Edition, Addison-Wesley, Reading, MA, 2008.

Ang12　Angel, E., and D. Shreiner, *Interactive Computer Graphics*, Sixth Edition, Addison-Wesley, Boston, MA, 2012.

ANSI85　American National Standards Institute (ANSI), *American National Standard for Information Processing Systems—Computer Graphics—Graphical Kernel System (GKS) Functional Description,* ANSI, X3.124-1985, ANSI, New York, 1985.

ANSI88　American National Standards Institute (ANSI), *American National Standard for Information Processing Systems—Programmer's Hierarchical Inter active Graphics System (PHIGS),* ANSI, X3.144-1988, ANSI, New York, 1988.

App68　Appel, A., "Some Techniques for Shading Machine Renderings of Solids," *Spring Joint Computer Conference,* 37–45, 1968.

Arn96　Arnold, K., and J. Gosling, *The Java Programming Language,* AddisonWesley, Reading, MA, 1996.

Bai12　Bailey, M., and S. Cunningham, *Graphics Shaders*, Second Edition, CRC Press, Boca Raton, FL, 2012.

Ban83　Banchoff, T., and J. Werner, *Linear Algebra Through Geometry,* SpringerVerlag, New York, 1983.

Bar83　Barsky, B.A., and C. Beatty, "Local Control of Bias and Tension in BetaSplines," *ACM Transactions on Graphics,* 2(2), 109–134, 1983.

Bar87　Bartels, R.H., C. Beatty, and B.A. Barsky, *An Introduction to Splines for Use in Computer Graphics and Geometric Modeling*, Morgan Kaufmann, Los Altos, CA, 1987.

Bar93　Barnsley, M., *Fractals Everywhere,* Second Edition, Academic Press, San Diego, CA, 1993.

Bli76　Blinn, J.F., and M.E. Newell, "Texture and Reflection in Computer Generated Images," *CACM,* 19(10), 542–547, 1976.

Bli77　Blinn, J.F., "Models of Light Reflection for Computer-Synthesized Pictures," *Computer Graphics,* 11(2), 192–198, 1977.

Bli88　Blinn, J.F., "Me and My (Fake) Shadow," *IEEE Computer Graphics and Applications,* 9(1), 82–86, January 1988.

Bow83　Bowyer, A., and J. Woodwark, *A Programmer's Geometry*, Butterworth,London, 1983.

Bre65　Bresenham, J.E., "Algorithm for Computer Control of a Digital Plotter," *IBM Systems Journal*, 25–30, January 1965.

Bre87　Bresenham, J.E., "Ambiguities in Incremental Line Rastering," *IEEE Computer Graphics and Applications*, 7, 31–43, May 1987.

Can12　Cantor, D., and B. Jones, *WebGL Beginner's Guide,* PACKT, Birmingham, UK, 2012.

Car78　Carlbom, I., and J. Paciorek, "Planar Geometric Projection and Viewing Transformations," *Computing Surveys*, 10(4), 465–502, 1978.

Cas96　Castleman, K.C., *Digital Image Processing,* Prentice-Hall, Englewood Cliffs, NJ, 1996.

Cat78a　Catmull, E., "A Hidden-Surface Algorithm with Antialiasing," *Computer Graphics*, 12(3), 6–11, 1978.

Cat78b　Catmull, E., and J. Clark, "Recursively Generated B-Spline Surfaces on Arbitrary Topological Meshes," *Proceedings of Computer-Aided Design,* 10,350–355, 1978.

Cha98　Chan, P., and R. Lee, *The Java Class Libraries: Java.Applet, Java.Awt, Java.Beans* (Vol. 2), Addison-Wesley, Reading, MA, 1998.

Che95　Chen, S.E., "QuickTime VR: An Image-Based Approach to Virtual Environment Navigation," *Computer Graphics*, 29–38, 1995.

Che00　Chen, K.L., et al., "Building and Using a Scalable Display Wall System," *IEEE Computer Graphics and Applications*, 20(4), 29–37, 2000.

Cla88　Clark, J.E., "The Geometry Engine: A VLSI Geometry System for Graphics," *Computer Graphics*, 16, 127–133, 1982.

Coh85　Cohen, M.F., and D.P. Greenberg, "The Hemi-Cube: A Radiosity Solution for Complex Environments," *Computer Graphics,* 19(3), 31–40, 1985.

Coh88　Cohen, M.F., S.E. Chen, J.R. Wallace, and D.P. Greenberg, "A Progressive Refinement Approach to Fast Radiosity Image Generation," *Computer Graphics,* 22(4), 75–84, 1988.

Coh93　Cohen, M.F., and J.R. Wallace, *Radiosity and Realistic Image Synthesis*, Academic Press Professional, Boston, MA, 1993.

Col01　Colella, V.S., E. Klopfer, and M. Resnick, *Adventures in Modeling: Exploring Complex, Dynamic Systems with StarLogo*, Teachers College Press,Columbia University, NY, 2001.

Coo82　Cook, R.L., and K.E. Torrance, "A Reflectance Model for Computer Graphics," *ACM Transactions on Graphics*, 1(1), 7–24, 1982.

Coo87　Cook, R.L., L. Carpenter, and E. Catmull, "The Reyes Image Rendering Architecture," *Computer Graphics*, 21(4), 95–102, July 1987.

Coo12　Cook, S., *CUDA Programming: A Developer's Guide to Parallel Computing with GPUs* (Applications of GPU Computing Series), Morgan Kaufmann, San Francisco, 2012.

Coz12　Cozzi, P., and C. Riccio (Eds.), *OpenGL Insights*, CRC Press, 2012. CRC Press, Boca Raton, FL, 2012.

Coz16　Cozzi, P., *WebGL Insights*, CRC Press, 2016.

Cro81　Crow, F.C., "A Comparison of Antialiasing Techniques," *IEEE Computer Graphics and Applications,* 1(1), 40–48, 1981.

Cro97　Crossno, P.J., and E. Angel, "Isosurface Extraction Using Particle Systems," *IEEE Visualization*, 1997.

Cro08　Crockford, D., *JavaScript: The Good Parts,* O'Reilly, Sebastopol, CA, 2008.

Deb96　Debevec, P.E., C.J. Taylor, and J. Malik, "Modeling and Rendering Architecture from Photographs: A Hybrid Geometry-and Image-Based Approach," *Computer Graphics*, 11–20, 1996.

deB08　de Berg, M., O. Cheong, M. van Kreveld, and M. Overmars, *Computational Geometry, Third Edition,* Springer-Verlag, Berlin Heidelberg, 2008.

DeR88　DeRose, T.D., "A Coordinate-Free Approach to Geometric Programming," SIGGRAPH Course Notes, *SIGGRAPH*, 1988.

DeR89　DeRose, T.D., "A Coordinate-Free Approach to Geometric Programming," in *Theory and Practice of Geometric Modeling*, W. Strasser and H.P. Seidel（Eds.）, Springer-Verlag, Berlin, 1989.

Dir13　Dirksen, J., *Learning Three.js–the JavaScript 3D Library for WebGL,* Packt Publishing, Birmingham, UK, 2013.

Dre88　Drebin, R.A., L. Carpenter, and P. Hanrahan, "Volume Rendering," *Computer Graphics*, 22（4）, 65–74, 1988.

Duc11　Duckett, J., *HTML & CSS*, Wiley, Indianapolis, IN, 2011.

Ebe06　Eberly, D.H., *3D Game Engine Design,* Morgan Kaufmann, San Francisco, 2006.

Ebe02　Ebert, D., F.K. Musgrave, D. Peachey, K. Perlin, and S. Worley, *Texturing and Modeling, A Procedural Approach*, Third Edition, Morgan Kaufmann, San Francisco, 2002.

Eld00　Eldridge, M., I. Homan, and P. Hanrahan, "Pomegranate, A Fully Scalable Graphics Architecture," *Computer Graphics*, 11（6）, 290–296, 2000.

End84　Enderle, G., K. Kansy, and G. Pfaff, *Computer Graphics Programming: GKS—The Graphics Standard*, Springer-Verlag, Berlin, 1984.

Far88　Farin, G., *Curves and Surfaces for Computer-Aided Geometric Design,* Academic Press, New York, 1988.

Fau01　Faugeras, O., and Q.T. Luong, *The Geometry of Multiple Images*, MIT Press, 2001.

Fau80　Faux, I.D., and M.J. Pratt, *Computational Geometry for Design and Manufacturing*, Halsted, Chichester, England, 1980.

Fer03　Fernando, R., and M.J. Kilgard, *The Cg Tutorial: The Definitive Guide to Programmable Real-Time Graphics*, Addison-Wesley, Reading, MA, 2003.

Fer04　Fernando, R., *GPU Gems: Programming Techniques, Tips, and Tricks for Real-Time Graphics*, Addison-Wesley, Reading, MA, 2004.

Fla11　Flanagan, D., *JavaScript, The Definitive Guide*, Sixth Edition, O'Reilly, Sebastopol, CA, 2011.

Fol90　Foley, J.D., A. van Dam, S.K. Feiner, and J.F. Hughes, *Computer Graphics,* Second Edition, Addison-Wesley, Reading, MA, 1990（C Version 1996）.

Fol94　Foley, J.D., A. van Dam, S.K. Feiner, J.F. Hughes, and R. Phillips, *Introduction to Computer Graphics,* Addison-Wesley, Reading, MA, 1994.

Fou82　Fournier, A., D. Fussell, and L. Carpenter, "Computer Rendering of Stochastic Models," *CACM*, 25（6）, 371–384, 1982.

Fuc77　Fuchs, H., J. Duran, and B. Johnson, "A System for Automatic Acquisition of Three-Dimensional Data," *Proceedings of the 1977 NCC*, AFIPS Press, 49–53, Montvale, NJ, 1977.

Fuc80　Fuchs, H., Z.M. Kedem, and B.F. Naylor, "On Visible Surface Generation by a Priori Tree Structures," *SIGGRAPH 80*, 124–133, 1980.

Gal95　Gallagar, R.S., *Computer Visualization: Graphics Techniques for Scientific and Engineering Analysis,*

CRC Press, Boca Raton, FL, 1995.

Gin14   Ginsburg, D., and B. Purnomo, *OpenGL ES 3.0 Programming Guide*, Addison-Wesley, 2014.

Gla89   Glassner, A.S. （Ed.）, *An Introduction to Ray Tracing,* Academic Press, NewYork, 1989.

Gla95   Glassner, A.S., *Principles of Digital Image Synthesis,* Morgan Kaufmann, San Francisco, 1995.

Gon17   Gonzalez, R., and R.E. Woods, *Digital Image Processing*, Fourth Edition,Pearson, 2017.

Gor84   Goral, C.M., K.E. Torrance, D.P. Greenberg, and B. Battaile, "Modeling the Interaction of Light Between Diffuse Surfaces," *Computer Graphics (SIGGRAPH 84)*, 18（3）, 213–222, 1984.

Gor96   Gortler, S.J., R. Grzeszczuk, R. Szeliski, and M.F. Cohen, "The Lumigraph,"*Computer Graphics*, 43–54, 1996.

Gou71   Gouraud, H., "Computer Display of Curved Surfaces," *IEEE Trans. Computers,* C-20, 623–628, 1971.

Gra90   *Graphics Gems I*, Glassner, A.S. （Ed.）, Academic Press, San Diego, CA,1990.

Gra91   *Graphics Gems II*, Arvo, J. （Ed.）, Academic Press, San Diego, CA, 1991.

Gra92   *Graphics Gems III*, Kirk, D. （Ed.）, Academic Press, San Diego, CA, 1992.

Gra94   *Graphics Gems IV* , Heckbert, P. （Ed.）, Academic Press, San Diego, CA, 1994.

Gra95   *Graphics Gems V* , Paeth, A. （Ed.）, Academic Press, San Diego, CA, 1995.

Gre88   Greengard, L.F., *The Rapid Evolution of Potential Fields in Particle Systems,* MIT Press, Cambridge, MA, 1988.

Hal89   Hall, R., *Illumination and Color in Computer Generated Imagery,* SpringerVerlag, New York, 1989.

Har96   Hartman, J., and J. Wernecke, *The VRML 2.0 Handbook*, Addison-Wesley, Reading, MA, 1996.

Har03   Richard Hartley and A. Zisserman, *Multiple View Geometry in Computer Vision*, Cambridge University Press, 2003.

Hea11   Hearn, D., M.P. Baker, and W.R. Carithers, *Computer Graphics*, Fourth Edition, Prentice-Hall, Englewood Cliffs, NJ, 2011.

Hec84   Heckbert, P.S., and P. Hanrahan, "Beam Tracing Polygonal Objects," *Computer Graphics,* 18（3）, 119–127, 1984.

Hec86   Heckbert, P.S., "Survey of Texture Mapping," *IEEE Computer Graphics and Applications,* 6（11）, 56–67, 1986.

Her79   Herman, G.T., and H.K. Liu, "Three-Dimensional Display of Human Organs from Computed Tomograms," *Computer Graphics and Image Processing,* 9, 1–21, 1979.

Her00   Hereld, M., I.R. Judson, and R.L. Stevens, "Tutorial: Introduction to Building Projection-Based Tiled Display Systems," *IEEE Computer Graphics and Applications,* 20（4）, 22–26, 2000.

Hes99   Hestenes, D., *New Foundations for Classical Mechanics （Fundamental Theories of Physics）,* Second Edition, Kluwer Academic Publishers, Dordrecht, the Netherlands, 1999.

Hig81   Longuet-Higgins, H.C. "A computer algorithm for reconstructing a scene from two projections". *Nature.* **293**, 133–135. 1981.

Hil07   Hill, Jr., F.S., and S.M. Kelley, *Computer Graphics*, Third Edition, Prentice Hall, Upper Saddle River, NJ, 2007.

Hop83   Hopgood, F.R.A., D.A. Duce, J.A. Gallop, and D.C. Sutcliffe, *Introduction to the Graphical Kernel System: GKS*, Academic Press, London, 1983.

Hop91   Hopgood, F.R.A., and D.A. Duce, *A Primer for PHIGS,* John Wiley & Sons, Chichester, England, 1991.

Hug13   Hughes, J.F., A. van Dam, M. McGuire, D. Sklar, J.D. Foley, S.K. Feiner, K. Akeley, *Computer Graphics: Principles and Practice*, Third Edition, Addison-Wesley, Boston, MA, 2013.

Hum01   Humphreys, G., M. Eldridge, I. Buck, G. Stoll, M. Everett, and P. Hanrahan, "WireGL: A Scalable Graphics System for Clusters," *SIGGRAPH 2001*, 129–140, 2001.

ISO88   International Standards Organization, *International Standard Information Processing Systems—Computer Graphics—Graphical Kernel System for Three Dimensions (GKS-3D)*, ISO Document Number 8805:1988(E), American National Standards Institute, New York, 1988.

Jar76   Jarvis, J.F., C.N. Judice, and W.H. Ninke, "A Survey of Techniques for the Image Display of Continuous Tone Pictures on Bilevel Displays," *Computer Graphics and Image Processing,* 5(1), 13–40, 1976.

Jen01   Jensen, H.W., "Realistic Image Synthesis Using Photon Mapping," A K Peters, Wellesley, MA, 2001.

Joy88   Joy, K.I., C.W. Grant, N.L. Max, and L. Hatfield, *Computer Graphics: Image Synthesis*, Computer Society Press, Washington, DC, 1988.

Kaj86   Kajiya, J.T., "The Rendering Equation," *Computer Graphics,* 20(4), 143–150, 1986.

Kel97   Keller, H., "Instant Radiosity," *SIGGRAPH 97*, 49–56, 1997.

Kil94a   Kilgard, M.J., "OpenGL and X, Part 3: Integrated OpenGL with Motif," *The X Journal,* SIGS Publications, July/August 1994.

Kil94b   Kilgard, M.J., "An OpenGL Toolkit," *The X Journal,* SIGS Publications, November/December 1994.

Kil96   Kilgard, M.J., *OpenGL Programming for the X Windows System,* Addison-Wesley, Reading, MA, 1996.

Knu87   Knuth, D.E., "Digital Halftones by Dot Diffusion," *ACM Transactions on Graphics,* 6(40), 245–273, 1987.

Kov97   Kovatch, P.J., *The Awesome Power of Direct3D/DirectX,* Manning Publications Company, Greenwich, CT, 1997.

Kue08   Kuehhne, R.P., and J.D. Sullivan, *OpenGL Programming on Mac OS X,* Addison-Wesley, Boston, MA, 2008.

Kui99   Kuipers, J.B., *Quaternions and Rotation Sequences,* Princeton University Press, Princeton, NJ, 1999.

Las87   Lasseter, J., "Principles of Traditional Animation Applied to 3D Computer Animation," *Computer Graphics*, 21(4), 33–44, 1987.

Lev88   Levoy, M., "Display of Surface from Volume Data," *IEEE Computer Graphics and Applications,* 8(3), 29–37, 1988.

Lev96   Levoy, M., and P. Hanrahan, "Light Field Rendering," *Computer Graphics*, 31–42, 1996.

Lin84   Liang, Y., and B. Barsky, "A New Concept and Method for Line Clipping," *ACM Transactions on Graphics*, 3(1), 1–22, 1984.

Lin68   Lindenmayer, A., "Mathematical Models for Cellular Interactions in Biology," *Journal of Theoretical Biology,* 18, 280–315, 1968.

Lin01   Linholm, E., M.J. Kilgard, and H. Morelton, "A User-Programmable Vertex Engine," *SIGGRAPH 2001*, 149–158, 2001.

Lon81   Longuet-Higgins, H. C., "A Computer Algorithm for Reconstructing a Scene from Two Projections," *Nature*, 293 (5828), 133–135, 1981.

Lor87   Lorensen, W.E., and H.E. Cline, "Marching Cubes: A High Resolution 3D Surface Construction Algorithm," *Computer Graphics,* 21(4), 163–169, 1987.

Ma94   Ma, K.L., J. Painter, C. Hansen, and M. Krogh, "Parallel Volume Rendering Using Binary-Swap Compositing," *IEEE Computer Graphics and Applications,* 14(4), 59–68, 1994.

Mag85   Magnenat-Thalmann, N., and D. Thalmann, *Computer Animation: Theory and Practice,* Springer-Verlag, Tokyo, 1985.

Man82   Mandelbrot, B., *The Fractal Geometry of Nature,* Freeman Press, New York, 1982.

Mar15   Marschner, S., and P. Shirley, *Fundamentals of Computer Graphics,*A. K. Peters/CRC Press, 2015.

Mat13   Matsuda, K., and R. Leas, *WebGL Programming Guide: Interactive 3D Programming with WebGL (OpenGL),* Addison-Wesley, Boston, MA, 2013.

Max51   Maxwell, E.A., *General Homogeneous Coordinates in Space of Three Dimensions,* Cambridge University Press, Cambridge, England, 1951.

McF11   McFarland, D.S., *JavaScript and jQuery,* Second Edition, O'Reilly, Sebastopol, CA, 2011.

Mia99   Miamo, J., *Compressed Image File Formats,* ACM Press, New York, 1999.

Mol92   Molnar, S., J. Eyles, and J. Poulton, "PixelFlow: High-Speed Rendering Using Image Composition," *Computer Graphics,* 26(2), 231–240, 1992.

Mol94   Molnar, S., M. Cox, D. Ellsworth, and H. Fuchs, "A Sorting Classification of Parallel Rendering," *IEEE Computer Graphics and Applications,* 26(2), 231–240, 1994.

Mol18   Akeninie-Möller, T., E. Haines, N. Hoffman, A. Pesce, S. Hillaire, M. Iwanicki, *Real-Time Rendering,* Fourth Edition, A.K. Peters/CRC Press, 2018.

Mon97   Montrym, J., D. Baum, D. Dignam, and C. Migdal, "InfiniteReality: A Real-Time Graphics System," *SIGGRAPH 97,* 293–392, 1997.

Mun09   Munshi, A., D. Ginsberg, and D. Shreiner, *OpenGL ES 2.0 Programming Guide,* Addison-Wesley, Upper Saddle River, NJ, 2009.

Mun12   Munshi, A., B.R. Gaster, T.G. Matson, J. Fung, and D. Ginsberg, *OpenCL Programming Guide,* Addison-Wesley, Upper Saddle River, NJ, 2012.

Mur94   Murray, J.D., and W. Van Ryper, *Encyclopedia of Graphics File Formats,* O'Reilly, Sebastopol, CA, 1994.

New73   Newman, W.M., and R.F. Sproull, *Principles of Interactive Computer Graphics,* McGraw-Hill, New York, 1973.

Ngu07   Nguyen, H. (Ed.), *GPU Gems 3,* Addison-Wesley Professional, Boston, MA,2007.

Nie97   Nielson, G.M., H. Hagen, and H. Muller, *Scientific Visualization: Overviews,Methodologies, and Techniques,* IEEE Computer Society, Piscataway, NJ,1997.

Ope05   OpenGL Architecture Review Board, *OpenGL Reference Manual,* Fourth Edition, Addison-Wesley, Reading, MA, 2005.

OSF89   Open Software Foundation, *OSF/Motif Style Guide,* Prentice-Hall, Englewood Cliffs, NJ, 1989.

Ost94   Osterhaut, J., *Tcl and the Tk Toolkit,* Addison-Wesley, Reading, MA, 1994.

Pap81   Papert, S., *LOGO: A Language for Learning,* Creative Computer Press,Middletown, NJ, 1981.

Par12   Parisi, T., *WebGL: Up and Running,* O'Reilly, Sebastopol, CA, 2012.

Pav95   Pavlidis, T., *Interactive Computer Graphics in X*, PWS Publishing, Boston, MA, 1995.

Pei88   Peitgen, H.O., and S. Saupe (Eds.), *The Science of Fractal Images*, Springer-Verlag, New York, 1988.

Per85   Perlin, K., "An Image Synthesizer," *Computer Graphics*, 19(3), 287–297, 1985.

Per89   Perlin, K., and E. Hoffert, "Hypertexture," *Computer Graphics*, 23(3), 253–262, 1989.

Per02   Perlin, K., "Improved Noise," *Computer Graphics*, 35(3), 2002.

Per05   Pharr, M., and R. Fernando (Eds.), *GPU Gems 2: Programming Techniques for High-Performance Graphics and General-Purpose Computation*, Addison-Wesley Professional, Boston, MA, 2005.

PHI89   PHIGS+ Committee, "PHIGS+ Functional Description, Revision 3.0,"*Computer Graphics*, 22(3), 125–218, July 1989.

Pho75   Phong, B.T., "Illumination for Computer Generated Scenes," *Communications of the ACM*, 18(6), 311–317, 1975.

Por84   Porter, T., and T. Duff, "Compositing Digital Images," *Computer Graphics*, 18(3), 253–259, 1984.

Pra07   Pratt, W.K., *Digital Image Processing*, Fourth Edition, Wiley-Interscience, 2007.

Pru90   Prusinkiewicz, P., and A. Lindenmayer, *The Algorithmic Beauty of Plants*, Springer-Verlag, Berlin, 1990.

Rai11   Railsback, S.F., and V. Grimm, *Agent-Based and Individual-Based Modeling: A Practical Introduction*, Princeton University Press, Princeton, NJ, 2011.

Ree83   Reeves, W.T., "Particle Systems—A Technique for Modeling a Class of Fuzzy Objects," *Computer Graphics*, 17(3), 359–376, 1983.

Rei05   Reinhard, E., G. Ward, S. Pattanaik, and P. Debevec, *High Dynamic Range Imaging: Acquisition, Display, and Image-Based Lighting*, Morgan Kaufmann, San Francisco, 2005.

Rey87   Reynolds, C.W., "Flocks, Herds, and Schools: A Distributed Behavioral Model," *Computer Graphics*, 21(4), 25–34, 1987.

Rie81   Riesenfeld, R.F., "Homogeneous Coordinates and Projective Planes in Computer Graphics," *IEEE Computer Graphics and Applications*, 1(1), 50–56, 1981.

Rob63   Roberts, L.G., "Homogeneous Matrix Representation and Manipulation of N-Dimensional Constructs," MS-1505, MIT Lincoln Laboratory, Lexington, MA, 1963.

Rog90   Rogers, D.F., and J.A. Adams, *Mathematical Elements for Computer Graphics*, McGraw-Hill, New York, 1990.

Rog98   Rogers, D.F., *Procedural Elements for Computer Graphics*, Second Edition, McGraw-Hill, New York, 1998.

Rog00   Rogers, D.F., *An Introduction to NURBS: With Historical Perspective*, Morgan Kaufmann, San Francisco, CA, 2000.

Ros10   Rost, R.J., B. Licea-Kane, D. Ginsberg, and J.M. Kessenich, *OpenGL Shading Language*, Third Edition, Addison-Wesley, Reading, MA, 2009.

San10   Sanders, J., and E. Kandrot, *CUDA by Example: An Introduction to GeneralPurpose GPU Programming*, Addison-Wesley, Saddle River, NJ, 2010.

Sch16   Schnneiderman, B. , C. Plaisant, M. Cohen, S. Jaobs, N. Elmqvist, and N. Diakopoulos, "Designing the User Interface: Strategies for Effective Human-Computer Interaction (6th Edition)," Pearson, 2016.

Sch88　　Schiefler, R.W., J. Gettys, and R. Newman, *X Window System,* Digital Press, Woburn, MA, 1988.

Sch06　　Schroeder, W., K. Martin, and B. Lorensen, *The Visualization Toolkit: An Object-Oriented Approach to 3D Graphics,* Fourth Edition, Kitware, Clifton Park, NY, 2006.

Seg92　　Segal, M., and K. Akeley, *The OpenGL Graphics System: A Specification,* Version 1.0, Silicon Graphics, Mountain View, CA, 1992.

Sei96　　Seitz, S.M., and C.R. Dyer, "View Morphing," *SIGGRAPH 96*, 21–30, 1996.

Sel16　　Sellers, G., R. S. Wright Jr., and N. Haemel, *The OpenGL SuperBible* Seventh Edition, Addison-Wesley, 2016.

Shi03　　Shirley, P., R.K. Morley, and K. Morley, *Realistic Ray Tracing*, Second Edition, A.K. Peters, Wellesley, MA, 2003.

Shi09　　Shirley, P., M. Ashikhmin, and S. Martin, *Fundamentals of Computer Graphics*, Third Edition, A.K. Peters, Wellesley, MA, 2009.

Sho85　　Shoemake, K., "Animating Rotation with Quaternion Curves," *Computer Graphics*, 19(3), 245–254, 1985.

Shr13　　Shreiner, D., *OpenGL Programming Guide: The Official Guide to Learning OpenGL, Version 4.3,* Eighth Edition, Addison-Wesley, Reading, MA, 2013.

Sie81　　Siegel, R., and J. Howell, *Thermal Radiation Heat Transfer,* Hemisphere, Washington, DC, 1981.

Sil89　　Sillion, F.X., and C. Puech, "A General Two-Pass Method Integrating Specular and Diffuse Reflection," *Computer Graphics,* 22(3), 335–344,1989.

Smi84　　Smith, A.R., "Plants, Fractals and Formal Languages," *Computer Graphics,* 18(3), 1–10, 1984.

Sta03　　Stam, J., and C. Loop, "Quad/Triangle Subdivision," *Computer Graphics Forum,* 22, 1–7, 2003.

Str93　　Strang, G., *Introduction to Linear Alegbra,* Wellesley-Cambridge Press,Wellesley, MA, 1993.

Suf07　　Suffern, K., *Ray Tracing from the Ground Up,* A.K. Peters, Wellesley, MA, 2007.

Sut63　　Sutherland, I.E., *Sketchpad, A Man–Machine Graphical Communication System, SJCC,* 329, Spartan Books, Baltimore, MD, 1963.

Sut74a　　Sutherland, I.E., and G.W. Hodgeman, "Reentrant Polygon Clipping,"*Communications of the ACM*, 17, 32–42, 1974.

Sut74b　　Sutherland, I.E., R.F. Sproull, and R.A. Schumacker, "A Characterization of Ten Hidden-Surface Algorithms," *Computer Surveys*, 6(1), 1–55, 1974.

Swo00　　Swoizral, H., K. Rushforth, and M. Deering, *The Java 3D API Specification,*Second Edition, Addison-Wesley, Reading, MA, 2000.

Sze11　　Szeliski, R., *Computer Vision*, Springer, 2011.

Tor67　　Torrance, K.E., and E.M. Sparrow, "Theory for Off–Specular Reflection from Roughened Surfaces," *Journal of the Optical Society of America*, 57(9),1105–1114, 1967.

Tor96　　Torborg, J., and J.T. Kajiya, "Talisman: Commodity Realtime 3D Graphics for the PC," *SIGGRAPH 96*, 353–363, 1996.

Tuf90　　Tufte, E.R., *Envisioning Information*, Graphics Press, Cheshire, CT, 1990.

Tuf97　　Tufte, E.R., *Visual Explanations*, Graphics Press, Cheshire, CT, 1997.

Tuf01　　Tufte, E.R., *The Visual Display of Quantitative Information, Second Edition*, Graphics Press, Cheshire,

CT, 2001.

Tuf06   Tufte, E.R., *Beautiful Evidence*, Graphics Press, Cheshire, CT, 2006.

Ups89   Upstill, S., *The RenderMan Companion: A Programmer's Guide to Realistic Computer Graphics*, Addison-Wesley, Reading, MA, 1989.

Van94   Van Gelder, A., and J. Wilhelms, "Topological Considerations in Isosurface Generation," *ACM Transactions on Graphics,* 13(4), 337–375, 1994.

War94   Ward, G., "The RADIANCE Lighting Simulation and Rendering System," *SIGGRAPH 94*, 459–472, July 1994.

WAR03   Warren, J., and H. Weimer, *Subdivision Methods for Geometric Design,* Morgan Kaufmann, San Francisco, 2003.

War04   Warren, J., and S. Schaefer, "A Factored Approach to Subdivision Surfaces," *IEEE Computer Graphics and Applications*, 24(3), 74–81, 2004.

Wat92   Watt, A., and M. Watt, *Advanced Animation and Rendering Techniques,* Addison-Wesley, Wokingham, England, 1992.

Wat98   Watt, A., and F. Policarpo, *The Computer Image*, Addison-Wesley, Wokingham, England, 1998.

Wat00   Watt, A., *3D Computer Graphics*, Third Edition, Addison-Wesley, Wokingham, England, 2000.

Wat02   Watkins, A., *The Maya 4 Handbook*, Charles River Media, Hingham, MA, 2002.

Wer94   Wernecke, J., *The Inventor Mentor*, Addison-Wesley, Reading, MA, 1994.

Wes90   Westover, L., "Footprint Evaluation for Volume Rendering," *Computer Graphics*, 24(4), 367–376, 1990.

Whi80   Whitted, T., "An Improved Illumination Model for Shaded Display," *Communications of the ACM*, 23(6), 343–348, 1980.

Wil78   Williams, L., "Casting Curved Shadows on Curved Surfaces," *SIGGRAPH 78*, 27–27, 1978.

Wit94a   Witkin, A.P., and P.S. Heckbert, "Using Particles to Sample and Control Implicit Surfaces," *Computer Graphics,* 28(3), 269–277, 1994.

Wit94b   Witkin, A. (Ed.), "An Introduction to Physically Based Modeling," Course Notes, *SIGGRAPH 94,* 1994.

Wol91   Wolfram, S., *Mathematica*, Addison-Wesley, Reading, MA, 1991.

Wys82   Wyszecki, G., and W.S. Stiles, *Color Science*, Wiley, New York, 1982.

尊敬的老师:

您好!

为了确保您及时有效地申请培生整体教学资源,请您务必完整填写如下表格,加盖学院的公章后传真给我们,我们将会在 2~3 个工作日内为您处理。

请填写所需教辅的开课信息:

采用教材			□中文版 □英文版 □双语版
作 者		出版社	
版 次		**ISBN**	
课程时间	始于 年 月 日	学生人数	
	止于 年 月 日	学生年级	□专 科 □本科 1/2 年级 □研究生 □本科 3/4 年级

请填写您的个人信息:

学 校			
院系/专业			
姓 名		职 称	□助教 □讲师 □副教授 □教授
通信地址/邮编			
手 机		电 话	
传 真			
official email(必填) **(eg:XXX@ruc.edu.cn)**		**email** **(eg:XXX@163.com)**	
是否愿意接收我们定期的新书讯息通知: □是 □否			

系 / 院主任:_____(签字)

(系 / 院办公室章)

___年___月___日

资源介绍:

--教材、常规教辅(PPT、教师手册、题库等)资源。

(免费)

--MyLabs/Mastering 系列在线平台:适合老师和学生共同使用;访问需要 Access Code。

(付费)

100013　北京市东城区北三环东路 36 号环球贸易中心 D 座 1208 室

电话:(8610)57355003　　传真:(8610)58257961

Please send this form to: